『十二五』國家重點圖書出版規劃項目
二〇一一—二〇二〇年國家古籍整理出版規劃項目
國家古籍整理出版專項經費資助項目

# 中國古農書集粹

王思明——主編

鳳凰出版社

ISBN 978-7-5506-4072-6

圖書在版編目（CIP）數據

五省溝洫圖説、吳中水利書、築圍説、築圩圖説、耒耜經、農具記、管子地員篇注、於潛令樓公進耕織二圖詩、御製耕織圖詩、農説、梭山農譜、澤農要錄、區田法、區種五種、耕心農話、理生玉鏡稻品、江南催耕課稻編、金薯傳習錄、御題棉花圖、木棉譜、授衣廣訓、栽苧麻法略/（清）沈夢蘭等撰. -- 南京 : 鳳凰出版社, 2024.5
（中國古農書集粹 / 王思明主編）
ISBN 978-7-5506-4072-6

Ⅰ. ①五… Ⅱ. ①沈… Ⅲ. ①農學－中國－古代
Ⅳ. ①S-092.2

中國國家版本館CIP數據核字(2024)第043154號

| | |
|---|---|
| 書名 | 五省溝洫圖説 等 |
| 著者 | (清)沈夢蘭 等 |
| 主編 | 王思明 |
| 責任編輯 | 孫 州 |
| 裝幀設計 | 姜 嵩 |
| 責任監製 | 程明嬌 |
| 出版發行 | 鳳凰出版社(原江蘇古籍出版社)<br>發行部電話025-83223462 |
| 出版社地址 | 江蘇省南京市中央路165號,郵編:210009 |
| 印刷 | 常州市金壇古籍印刷廠有限公司<br>江蘇省金壇市晨風路186號,郵編:213200 |
| 開本 | 889毫米×1194毫米 1/16 |
| 印張 | 49.25 |
| 版次 | 2024年5月第1版 |
| 印次 | 2024年5月第1次印刷 |
| 標準書號 | ISBN 978-7-5506-4072-6 |
| 定價 | 460.00圓 |

(本書凡印裝錯誤可向承印廠調换,電話:0519-82338389)

#《中國古農書集粹》編委會

**主　編**

王思明

**副主編**

惠富平　熊帝兵

**編　委**

沈志忠　盧　勇　丁曉蕾　夏如兵　陳少華　何紅中

劉馨秋　李昕升　劉啓振　朱鎖玲　何彦超

# 序

中國是世界農業的重要起源地之一，農耕文化有着上萬年的歷史，在農業方面的發明創造舉世矚目。中國幾千年的傳統文明本質上就是農業文明。農業是國民經濟中不可替代的重要的物質生産部門，在傳統社會中一直是支柱産業。農業的自然再生産與經濟再生産曾奠定了中華文明的物質基礎。在漫長的歷史進程中，中華農業文明孕育出南方水田農業文化與北方旱作農業文化、漢民族與其他少數民族農業文化等不同的發展模式。無論是哪種模式，都是人與環境協調發展的路徑選擇。中國之所以能够在十九世紀以前的一兩千年中，長期保持着世界領先的地位，就在於中國農民能够根據不斷變化的人口狀況以及自然、經濟環境作出正確的判斷和明智的選擇。

中國農業文化遺産十分豐富，包括思想、技術、生産方式以及農業遺存等。在傳統農業生産過程中，形成了以尊重自然、順應自然，天、地、人『三才』協調發展的農學指導思想；形成了以種植業爲主，種植業和養殖業相互依存、相互促進的多樣化經營格局；凸顯了『寧可少好，不可多惡』的農業經營策略和精耕細作的技術特點；藴含了『地可使肥，又可使棘』『地力常新壯』的辯證土壤耕作理論；總結了輪作復種、間作套種和多熟種植的技術經驗；形成了北方旱地保墒栽培與南方合理管水用水相結合的農業生産模式。與世界其他國家或民族的傳統農業以及現代農學相比，中國傳統農業自身的特色明顯，既有成熟的農學理論，又有獨特的技術體系。

世代相傳的農業生産智慧與技術精華，經過一代又一代農學家的總結提高，涌現了數量龐大、種類繁多的農書。《中國農業古籍目録》收録存目農書十七大類，二千零八十四種。閔宗殿等學者在此基礎上又根據江蘇、浙江、安徽、江西、福建、四川、臺灣、上海等省市的地方志，整理出明清時期二百三十六種『新書目』。[一]隨着時間的推移和學者的進一步深入研究，還將會有不少沉睡在古籍中的農書被不斷地揭示出來。作爲中華農業文明的重要載體，這些古農書總結了不同歷史時期中國農業經營理念和傳統農業科技的精華，是人類寶貴的文化財富。

中國古代農書豐富多彩、源遠流長，反映了中國農業科學技術的起源、發展、演變與轉型的歷史進程與發展規律，折射出中華農業文明發展的曲折而漫長的發展歷程。這些農書中包含了豐富的農業實用技術、農業經濟智慧、農村社會發展思想等，覆蓋了農、林、牧、漁、副等諸多方面，廣泛涉及傳統社會中農業生産、農村社會、農民生活等主要領域，還記述了許許多多關於生物學、土壤學、氣候學、地理學、水利工程等自然科學原理。存世豐富的中國古農書，不僅指導了我國古代農業生産與農村社會的發展，也包含了許多當今經濟社會發展中所迫切需要解決的問題——生態保護、可持續發展、農村建設、鄉村振興等思想和理念。

作爲中國傳統農業智慧的結晶，中國古農書通過各種途徑傳播到世界各地，對世界農業文明産生了深遠影響，例如《齊民要術》在唐代已傳入日本。被譽爲『宋本中之冠』的北宋天聖年間崇文院本《齊民要術》被日本視爲『國寶』，珍藏在京都博物館。而以《齊民要術》爲对象的研究被稱爲日本『賈學』。江户時代的宮崎安貞曾依照《農政全書》的體系、格局，撰寫了適合日本國情的《農業全書》十

[一] 閔宗殿《明清農書待訪録》，《中國科技史料》二〇〇三年第四期。

卷，成爲日本近世時期最有代表性、最系統、水準最高的農書，被稱爲『人世間一日不可或缺之書』。據不完全統計，受《農政全書》或《農業全書》影響的日本農書達四十六部之多。[一]中國古農書直接或間接地推動了當時整個日本農業技術的發展，提升了農業生產力。

朝鮮在新羅時期就可能已經引進了《齊民要術》。[二]高麗宣宗八年（一〇九一）李資義出使中國，宋哲宗（一〇八六—一一〇〇）要求他在高麗覆刊的書籍目録裏有《氾勝之書》。高麗後期的一三四九年與一三七二年，曾兩次刊印《元朝正本農桑輯要》。朝鮮太宗年間（一三六七—一四二二），學者從《農桑輯要》中抄録養蠶部分，譯成《養蠶經驗撮要》，摘取《農桑輯要》中穀和麻的部分譯成吏讀，並以此爲底本刊印了《農書輯要》。朝鮮的《閒情録》以《陶朱公致富奇書》爲基礎出版，《農政會要》則主要引自《授時通考》。《農家集成》《農事直説》以及姜希孟的《四時纂要》主要根據王禎《農書》等多部中國古農書編成。據不完全統計，目前韓國各文教單位收藏中國農業古籍四十種，[三]包括《齊民要術》《農政全書》《授時通考》《御製耕織圖》《江南催耕課稻編》《廣群芳譜》《農桑輯要》等。

中國古農書還通過絲綢之路傳播至歐洲各國。《農政全書》至遲在十八世紀傳入歐洲，一七三五年法國杜赫德（Jean-Baptiste Du Halde）主編的《中華帝國及華屬韃靼全志》卷二摘譯了《農政全書》卷三十一至卷三十九的《蠶桑》部分。至遲在十九世紀末，《齊民要術》已傳到歐洲。達爾文的《物種起源》和《動物和植物在家養下的變異》援引《中國紀要》中的有關事例佐證其進化論，達爾文在談到人

---

〔一〕韓興勇《〈農政全書〉在近世日本的影響和傳播——中日農書的比較研究》，《農業考古》二〇〇三年第一期。

〔二〕[韓]崔德卿《韓國的農書與農業技術——以朝鮮時代的農書和農法爲中心》，《中國農史》二〇〇一年第四期。

〔三〕王華夫《韓國收藏中國農業古籍概況》，《農業考古》二〇一〇年第一期。

工選擇時說：『如果以爲這種原理是近代的發現，就未免與事實相差太遠。……在一部古代的中國百科全書中，已有關於選擇原理的明確記述。』〔一〕而《中國紀要》中有關家畜人工選擇的内容主要來自《齊民要術》。〔二〕中國古農書間接地爲生物進化論提供了科學依據。英國著名學者李約瑟（Joseph Needham）編著的《中國科學技術史》第六卷『生物學與農學』分册以《齊民要術》爲重要材料，説它『即使在世界範圍内也是卓越的、傑出的、系統完整的農業科學理論與實踐的巨著』。〔三〕

世界上許多國家都收藏有中國古農書，如大英博物館、巴黎國家圖書館、柏林圖書館、聖彼得堡（列寧格勒）圖書館、美國國會圖書館、哈佛大學燕京圖書館、日本内閣文庫、東洋文庫等，大多珍藏有《齊民要術》《茶經》《農桑輯要》《農書》《農政全書》《授時通考》《花鏡》《植物名實圖考》等早期刻本。不少中國著名古農書還被翻譯成外文出版，如《齊民要術》有日文譯本（缺第十章），《天工開物》與《茶經》有英、日譯本，《農政全書》《授時通考》《群芳譜》的個别章節已被譯成英、法、俄等文字，《元亨療馬集》有德、法文節譯本。法蘭西學院的斯坦尼斯拉斯·儒蓮（一七九九—一八七三）翻譯的法文版《蠶桑輯要》廣爲流行，並被譯成英、德、意、俄等多種文字。顯然，中國古農書已經是全世界人民的共同財富，也是世界了解中國的重要媒介之一。

近代以來，有不少學者在古農書的搜求與整理出版方面做了大量工作。晚清務農會於光緒二十三年（一八九七）鉛印《農學叢刻》，但是收書的規模不大，僅刊古農書二十三種。一九二〇年，金陵大學在

〔一〕［英］達爾文《物種起源》，謝藴貞譯。科學出版社，一九七二年，第二十四—二十五頁。

〔二〕《中國紀要》即十八世紀在歐洲廣爲流行的全面介紹中國的法文著作《北京耶穌會士關於中國人歷史、科學、技術、風俗、習慣等紀要》。一七八〇年出版的第五卷介紹了《齊民要術》，一七八六年出版的第十一卷介紹了《齊民要術》中的養羊技術。

〔三〕轉引自繆啓愉《試論傳統農業與農業現代化》，《傳統文化與現代化》一九九三年第一期。

全國率先建立了農業歷史文獻的專門研究機構，在萬國鼎先生的引領下，開始了系統收集和整理中國古代農業歷史文獻的研究工作，着手編纂《先農集成》，從浩如煙海的農業古籍文獻資料中，搜集整理了三千七百多萬字的農史資料，後被分類輯成《中國農史資料》四百五十六册，是巨大的開創性工作。

民國期間，影印興起之初，《齊民要術》、王禎《農書》、《農政全書》等代表性古農學著作均有石印本或影印本。一九四九年以後，爲了保存農書珍籍，曾影印了一批國内孤本或海外回流的古農書珍本，如中華書局上海編輯所分别在《中國古代科技圖録叢編》和《中國古代版畫叢刊》的總名下，影印了《天工開物》（崇禎十年本）、《便民圖纂》（萬曆本）、《救荒本草》（嘉靖四年本）、《授衣廣訓》（嘉慶原刻本）等。上海圖書館影印了元刻大字本《農桑輯要》（孤本）。一九八二年至一九八三年，農業出版社以《中國農學珍本叢書》之名，先後影印了《全芳備祖》（日藏宋刻本），《金薯傳習録、種薯譜合刊》（前者刊本僅存福建圖書館，後者朝鮮徐有榘以漢文編寫，内存徐光啓《甘薯蔬》全文），以及《新刻注釋馬牛駝經大全集》（孤本）等。

古農書的輯佚、校勘、注釋等整理成果顯著。萬國鼎、石聲漢先生都曾對《四民月令》《氾勝之書》等進行了輯佚、整理與深入研究。到二十世紀末，具有代表性的古農書基本得到了整理，如夏緯瑛的《管子地員篇校釋》和《呂氏春秋上農等四篇校釋》，石聲漢的《齊民要術今釋》《農桑輯要校注》《農政全書校注》等，繆啓愉的《齊民要術校釋》和《四時纂要》，王毓瑚的《農桑衣食撮要》，馬宗申的《授時通考校注》等。特别是農業出版社自二十世紀五十年代一直持續到八十年代末的《中國農書叢刊》，先後出版古農書整理著作五十餘部，涉及範圍廣泛，既包括綜合性農書，也收録不少畜牧、蠶桑、水利等專業性農書。此外，中華書局、上海古籍出版社等也有相應的古農書整理著作出版。

一些有識之士還致力於古農書的編目工作。一九二四年，金陵大學毛邕、萬國鼎編著了最早的農書簡目《中國農書目錄彙編》，存佚兼收，薈萃七十餘種古農書。但因受時代和技術手段的限制，規模較小。一九四九年以後，古農書的編目、典藏等得以系統進行。一九五七年，王毓瑚的《中國農學書錄》出版（一九六四年增訂），含英咀華，精心考辨，共收農書五百多種。一九五九年，北京圖書館據全國二十五個圖書館的古農書書目彙編成《中國古農書聯合目錄》，收錄古農書及相關整理研究著作六百餘種。一九九〇年，中國農業歷史學會和中國農業博物館據各農史單位和各大圖書館所藏農書彙編成《農業古籍聯合目錄》，收書較此前更加豐富。二〇〇三年，張芳、王思明的《中國農業古籍目錄》收錄了古農書存目二千零八十四種。經過幾代人的艱辛努力，中國古農書的規模已基本摸清。上述基礎性工作爲古農書的搜求、彙集、出版奠定了堅實的基礎。

目前，以各種形式出版的中國古農書的數量和種類已經不少，具有代表性的重要農書還被反復出版。但是，仍有不少農書尚存於各館藏單位，一些孤本、珍本急待搶救出版。部分大型叢書已經注意到古農書的彙集與影印，《續修四庫全書》『子部農家類』收錄農書六十七部，《中國科學技術典籍通匯》『農學卷』影印農書四十三種。相對於存量巨大的古代農書而言，上述影印規模還十分有限。可喜的是，在鳳凰出版社和中華農業文明研究院的共同努力下，《中國古農書集粹》被列入《二〇一一—二〇二〇年國家古籍整理出版規劃》。本《集粹》是一個涉及目錄、版本、館藏、出版的系統工程，工作於二〇一二年啓動，經過近八年的醞釀與準備，影印出版在即。《集粹》原計劃收錄農書一百七十七部，後根據時代的變化以及各農書的自身價值情況，幾易其稿，最終決定收錄代表性農書一百五十二部。

《中國古農書集粹》填補了目前中國農業文獻集成方面的空白。本《集粹》所收錄的農書，歷史跨度時間長，從先秦早期的《夏小正》一直至清代末期的《撫郡農産考略》，既展現了中國古農書的萌芽、形成、發展、成熟、定型與轉型的完整過程，也反映了中華農業文明的發展進程。明清時期是中國傳統農業發展的巔峰，它繼承了中國傳統農業中許多好的東西並將其發展到極致，而這一階段的農書恰是本《集粹》收錄的重點。本《集粹》還具有專業性强的特點。古農書屬大宗科技文獻，而非傳統意義的歷史文獻，本《集粹》更側重於與古代農業密切相關的技術史料的收錄。本《集粹》所收農書覆蓋面廣，涵蓋了綜合性農書、時令占候、農田水利、農具、土壤耕作、大田作物、園藝作物、竹木茶、植物保護、畜牧獸醫、蠶桑、水産、食品加工、物産、農政農經、救荒賑災等諸多領域。收書規模也爲目前中國農業古籍集成之最。

《中國古農書集粹》彙集了中國古代農業科技精華，是研究中國古代農業科技的重要資料。同時，中國古農書也廣泛記載了豐富的鄉村社會狀況、多彩的民間習俗、真實的物質與文化生活，反映了中國古代農民的宗教信仰與道德觀念，體現了科技語境下的鄉村景觀。不僅是科學技術史研究不可或缺的第一手資料，還是研究傳統鄉村社會的重要依據，對歷史學、社會學、人類學、哲學、經濟學、政治學及其他社會科學都具有重要參考價值。古農書是傳統文化的重要載體，是繼承和發揚優秀農業文化遺産的主要文獻依憑，對我們認識和理解中國農業、農村、農民的發展歷程，乃至整個社會經濟與文化的歷史脉絡都具有十分重要的意義。本《集粹》不僅可以加深我們對中國農業文化、本質和規律的認識，還可以鑒古知今，把握國情，爲今天的經濟與社會發展政策的制定提供歷史智慧。

本《集粹》的出版，可以加强對中國古農書的利用與研究，加深對農業與農村現代化歷史進程的必然性和艱巨性的認識。祖先們千百年耕種這片土地所積累起來的知識和經驗，對於如今人們利用這片土地仍具有指導和借鑒作用，對今天我國農業與農村存在問題的解決也不無裨益。現代農學雖然提供了一些『普適』的原理，但這些原理要發揮作用，仍要與這個地區特殊的自然環境相適應。而且現代農學原理並不否定傳統知識和經驗的作用，也不能完全代替它們。中國這片土地孕育了有中國特色的傳統農業，積累了有自己特色的知識和經驗，有利於建立有中國特色的現代農業科技體系。人類文明是世界各個民族共同創造的，人類文明未來的發展當然要繼承各個民族已經創造的成果。中國傳統的農業知識必將對人類未來農業乃至社會的發展作出貢獻。

王思明

二〇一九年二月

# 目録

# 五省溝洫圖説

（清）沈夢蘭 撰

《五省溝洫圖説》，（清）沈夢蘭撰。沈夢蘭，生卒年不詳，字古春，浙江烏程（今屬湖州）人。乾隆四十八年（一七八三）進士，曾任湖北宜都、黄梅知縣。嘉慶四年（一七九九），沈氏在講解《周禮》時，孔慶鎔問及《周官》『溝洫』之制的問題，沈氏用古人平土之法回答了提問，並在此基礎之上，結合當時西北地方水利淤塞的現實，詳細考證了直隸、山東、河南、山西、陝西等省的地勢，準之人功，以五溝、五塗之製作成圖，並附文解説，撰成此書。

該書首先繪製了四幅溝洫圖，並附簡要説明；後引述古代文獻中的溝洫制度内容，並對之進行逐句解説；還結合西北五省的水道實際，探討溝洫之法、之設、之制，論述溝洫制度對農業生産的重要性，闡釋推行排灌溝洫制的十八種益處。其次載錄了五省的水道圖，分别論述各河道起迄地址與流經地方，涉及了近四十條支流水道的原委。全書最後徵引了徐貞明的《潞水客談》、施璜的《近思錄發明》、劉天和的《問水集》、汪武曹的《黄河考》等著述中與五省水利相關的論説，重申西北水利的重要性，同時也補充了前文未能詳備之處。此外，該書還另外附有甽田、區田圖説，沈氏自己的《議開三堂窪書事》《江堤埽工議》《荆江論》《荆江論注釋》《水利説諭沔陽業民》《補錄續輯三十四則》及有關水利論稿與書信數篇，雖然也是沈氏對水利建設的見解，但與『西北五省』無關或關係不大。

該書所論述的水道之法，融匯古今，簡明詳切，較爲實用可行。《清史稿》曾給予此書高度評價：『凡南北形勢、河道原委、歷代沿革、衆説異同，與夫溝遂經畛之體、廣深尋尺之數，以及蓄水、止水、蕩水、均水、舍水、瀉水之事皆備。』此書的部分内容被《清經世文編》所收錄。

該書有清光緒五年（一八七九）太原重刊本（附『補錄』三十四則）、光緒六年（一八八〇）江蘇書局重刻本和光緒十七年（一八九一）祁縣刻本等。今據南京圖書館藏清光緒五年太原重刊本影印。

（熊帝兵）

# 五省溝洫水道圖說

所願學齋書鈔六種之一

歷城李兆勛署撿

光緒五年閏三月重刊於太原

重刊五省溝洫圖說鑒訂姓氏以先後鑒訂爲次

善化賀藕庚先生

侯官林少穆先生

安肅徐笑麓先生

歷城李仙根先生

南海朱子勤先生

婺源江容方先生

仁和趙子勉先生

長沙左楚英先生鑒定



歸安費景福梅生

黃岡鄧　琛獻之

分水王家坊少崖

曲陽劉清濯芰塘

錢塘張喜田小軒

歷城李兆勷涑生

吳江袁　敬禮端

宛平俞　恒久甫

歷城李兆勛汾生參閱

竊惟國家值休明之運必有宏博大儒以雄詞鉅筆敷張神藻闡揚經術於秦漢之上使郡國聞之知朝廷之大四裔聞之知中朝之尊後世聞之知昭代之盛而經術之用實爲經國之大業載兩間常道更萬世而不可易者也先達沈古村先生者烏程名孝廉也嗜古力學於六經精義融會貫通旋又設帳闕里得搜孔壁藏書益潛心於古訓鍵戶覃思者數年蒐羅日富穿穴日深遂以經學震耀海內著有易書詩禮孟學若干卷五省溝洫圖說一卷當出宰荆襄時僅剞劂三種傳播藝林識者謂其學有根柢薈



萃古人切要之旨括經義之巵言不愧爲鄭賈功臣嗣於咸豐十一年粵逆犯浙燬其版與槀而是書遂不可復得矣今其文孫鏡秋大令痛先人手澤與刦灰俱燼十餘年來苦意搜訪始於數千里外友人處得有曩日刋本亟謀重付厥梓而出以相示余循覽數四竊歎其用心之苦發明之精非尋常經生家言宜乎神靈呵護歷刦常新也夫易有施孟梁邱

本朝專取紫陽本義周禮則有臨川新義東岩詳解孟子學則遵趙岐注先生博採旁搜櫽括衆說成一家言而總以發明聖賢之微旨爲後學示之正鵠至溝洫之制始於夏備於周而毀壞於秦世代綿邈後儒不敢輕議東南地勢平闊力田者稍存遺意獨西北五省山地犖确古制蕩焉無存先生詳察地利參考古法而爲之圖說尤能補前人所未備開萬世無疆之利雖先生未竟其用而埽工水利治績至今猶膾炙人口所謂坐而言者起而行凡筆之於書者皆可見諸實事嗚呼盛矣我

國家久道化成右文稽古聲教訖海內外士生其間皆以窮經致用爲先務宏才鉅製應運而迭興若先生諸集尤



醕而醕者也余既欽鏡秋之克承先志而尤幸斯文之將絕復續行見衣被士林備

聖天子輶軒之采藏諸石室金匱以羽翼經傳則是編之重刊也豈獨家學不墜云爾哉是爲序同治七年戊辰仲夏之月會稽後學章文瀾拜譔

讀書以明理而有俗儒通儒之分所謂俗儒者黙守章句勦襲陳言不知時運之變遷氣數之升降言井田則追復三代以前論封建則更立六國之後甚至一字之詁貽禍青苗此安石官禮所以爲誤國之書也若通儒則不然素絢悟禮貧富悟詩善易者不言易觸類旁通隨處與書相發明而後可以道古可以證今宰相須用讀書人正謂此也烏程沈古村先生以乙科起家知宜都縣事通達政體有神君之譽所著詩書學二種未刊其周易學周禮學孟子學及五省溝洫圖説俱於嘉慶丙子歲刊行嗣於咸豐



年間東南遭粵匪之難板燬於兵燹而先生逝已久矣同治戊辰晤令孫鏡秋大令於太原府署出先生著書圖見示並述從友人處借得遺書一函恐其久而失傳也謀重刋以存手澤丐序於余余不敏何足以序先生文先取周禮學讀之如正之非征旬之非均息之訓止郎之訓乘鄉燕大射之異儀中下大夫之異命皆以經詁經不爲注誤洵稱鄭氏功臣伏念我

聖朝經學昌明

皇清經解一書超軼前代稽古之士咸資模楷宜與萬氏以四世傳經人尤推重集中有周禮辨非爲經學五書之一及讀先生之辨辨非昭然發蒙向使先生達而在上效東漢白虎故事與萬氏講論同異不難奪戴憑之席而折充宗之角惜無人上諸

朝廷列於四庫僅以五省溝洫圖説採入兩浙海塘志與

皇朝經世文編良可慨已然猶自謙曰學足徵先生不眩異矜奇無門戶之見實事求是以折衷於經爲講學家所難能焉鏡秋以名法之學名於燕晉異日出而治民必能傳其家學如雋不疑之以經斷獄異霍子孟之不學無術



爲通儒而不爲俗儒即以此書作治譜觀可也爰是不揣譾陋而欣然爲之序同治七年歲在戊辰季秋上浣吳縣後學吳重熙蓮旉謹序

謹按道光朝林文忠公上

畿輔水利議內採五省溝洫圖説三則得

旨下直督議行會洋務起未果　珂清敬記

## 原序

憶自丙辰歲余從業師　古村沈先生讀經書文先生嘗言典謨乃夏史臣追紀之詞故篇首均以稽古冠之所謂虞夏書也漢儒訓爲同天鑿已關雎之詩美后妃能求賢以佐治以雎鳩之同聲相應與君子之同氣相求君子指后妃與樛木章同也黍離憫西周蒹葭爲思東周齊風終日射侯不出正兮正謂射節中庸正鵠是也魯論克己復禮見春秋傳蓋古語而夫子引之克己云者猶書言能自云爾著有易書詩禮孟學各若干卷先生之言曰讀三代



時書須作三代人想以經解經是爲得之秦漢而後古制胥湮諸儒空言聚訟援据漢法强作解人譬如阿房咸陽楚人一炬樵夫牧豎搆茅屋數椽於上以爲秦時宮闕如是如是概無當焉而學者顧舍經而求詁惑不解矣歲己未直隸刊勸與修水利歌先生曰此西北第一要政也宜用溝洫法官爲經理之因作五省溝洫圖說具載書鈔中戊辰科大挑先生之官湖北道里遙遠音問闊疎頃奉到剞劂四種來書云詩書學二種以校讐未竣尚有待其爲我序之余肅然開函莊誦儼如二十五年前侍坐時也時

道光元年歲在辛巳春王正月穀旦襲封七十三代衍聖公受業門人闕里孔慶鎔頓首拜譔

嘉慶四年歲次己未衍聖公孔慶鎔從夢蘭讀周官經以溝洫問蘭曰此古人平土法也地之於水猶人身之血脈通則利塞則病故文川雍爲災川亡爲荒三代之時盡力溝洫冀雍兗豫諸州罔非沃土是以舉方三千里之地給千八百國諸侯之用而無不足也今西北水利廢塞不講久矣余嘗按之古法考之地勢準之人功計不過二十日而周官五溝五涂之制可以悉復公欲聞而知之乎因爲作圖而條系西北水道於後名曰五省溝洫圖說云烏程沈夢蘭



# 五省溝洫圖說

烏程沈夢蘭古春著

溝洫圖一 圖方二百四十步今田二百四十畝格方八十步今田二十六畝三分畝之二

溝洫圖二 圖方二里今田二千一百六十畝每長格今田八十畝 以上圖皆南畝

溝洫圖三 圖方二十里以下圖皆東畝○按古法九九開方具詳蘭周官圖考中合圖作十數以便整算

溝洫圖四 圖方二百里

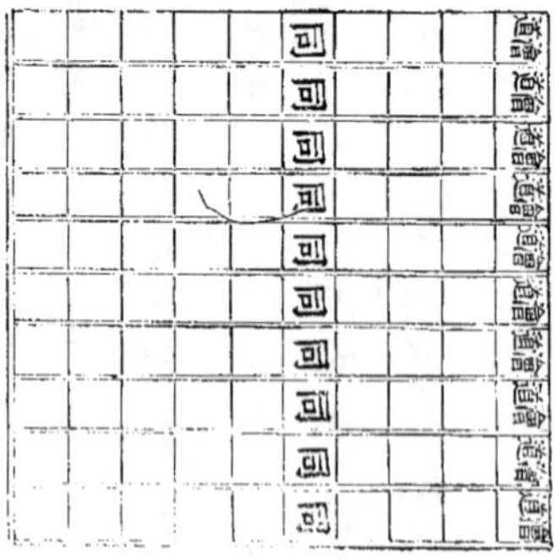


司馬法六尺爲步步百爲畝畝百爲夫夫三爲屋屋三爲井井十爲通通十爲成成十爲終終十爲同同十爲封封十爲畿按今法五尺爲步二百四十步爲畝三百六十步爲里周祈名義考周尺纔得六寸六分是古百步當今八十步古百畝今二十六畝三分畝之二古方三里爲今方二里也周禮匠人爲溝洫耜廣五寸二耜爲耦一耦之伐廣尺深尺謂之甽田首倍之廣二尺深二尺謂之遂九夫爲井井間廣四尺深四尺謂之溝方十里爲成成間廣八尺深八尺謂之洫方百里爲同同間廣二尋深二仞謂之



澮遂人凡治野夫間有遂遂上有徑十夫有溝溝上有畛百夫有洫洫上有涂千夫有澮澮上有道萬夫有川川上有路以達於畿鄭註涂容乘車一軌道容二軌軌廣八尺涂廣如洫道廣如澮則徑畛亦如其遂溝之廣匠人凡防廣與崇方其閷三分去一如防上廣四尺則下廣六尺也今以工部營造尺六寸六分準古周尺算之方二里者爲田二千一百六十畝內爲遂爲徑者九廣共二十三尺七寸六分爲溝爲畛者三廣共一十五尺八寸四分爲防者一廣四尺并之四十三尺六寸乘長二里三千六百尺得十五

萬六千九百六十尺以二千一百六十除畝去七十一尺弱地方二十里者爲田二十一萬六千畝內爲洫爲涂者十廣共一百零五尺六寸爲澮爲道者一廣共二十一尺一寸二分爲大防者一廣八尺幷之百三十四尺七寸零乘長二十里得四百八十四萬九千二百尺以二十一萬六千除畝去二十二尺通計溝涂地畝去九十四尺遂廣深各一尺三寸二分自相乘（一七四二四）乘長四百尺得六百九十六尺九十六寸以夫田二十六畝三分畝之二除得二十六尺強溝廣深自乘（六九六九六）乘長一千二百尺得八千三百六十五尺零以九夫田二百四十畝除得三十五尺洫廣深自乘（二七八七八四）乘長三千六百尺得十萬零三百六十二尺零以二千一百六十畝除得四十六尺澮廣十尺零五寸六分深九尺二寸四分相乘（九七五七四四）乘長三千六百尺得三十五萬一千二百七十尺以二萬一千六百畝除得十七尺弱通計溝洫工畝科一百二十四尺溝洫之大畧如此

溝洫之法先視通河以爲川次視支流小水及地形低窪便於疏濬省工力者每距二十里爲一澮川縱則澮橫除



山澤城邑及沙礫不可耕外每距七百二十步爲一洫方二十里則十洫而爲一終之地畫爲一百通每橫距八十步爲一遂（據東畝言）七百二十步則九遂縱距二百四十步爲一溝七百二十步則三溝而爲一通之地皆經畫標識之合方二十里造一冊其田若干戶戶若干畝逐一註明擇其老成衆素信服者董司其事（不可假手胥吏）歲冬十月農事既登開濬洫澮廣深如法其土即堆兩岸以填塗道人工按畝科計田率人耕三十畝工率日挑二百尺人十日而洫澮畢次開溝遂又十日而皆畢矣（如天寒凍早溝遂至明春開亦可）其田多非自種者即著佃戶開濬照佃科工產主量給飯資畝率穀米一升工畢之後丈量地畝畝折四步均攤以歸畫一每歲春冬各令撈取洫澮新淤以糞田畝畝率三四十尺以爲常例

溝洫之設旱潦有備利一淤泥肥田墝确悉成膏腴利二溝涂縱橫戎馬不能踰越足資阻固利三商賈貿遷舟載通行車脚費省物價可平利四蝗蝻閒作溝深易於捕治不致越境利五東南耕田人不過十餘畝西北人力無所施用俗語所謂望天收溝洫既開縵田悉作甽田利六西

北地廣人稀而歲入無多家無蓋藏惟水利興將饒沃無異東南利七東南民奢而勤西北民儉而惰以西北之儉師東南之勤民食自裕利八邪教之起由多游民百姓皆從事於隴畝風俗自靖利九東南轉輸一石費至數石故昔人謂西北有一石之收則東南省數石之賦利十河流漲發時憂衝決使五省徧開溝洫計可容漲流二萬餘萬丈利十一漲流既有所容河堤搶築歲費漸次可裁利十二軍政莫善於屯田溝洫通利荒土開墾悉可耕種因此召募開屯不費餉而兵額充足利十三經畫一定邱段分



明民間無爭佔之端里胥無分灑之弊利十四每地方二十里同溝共井相救相助聯保甲興社倉諸事便易利十五也又似不便而實極便者三每畝須折地四步一不便然無溝洫車行皆在田間蹂躪無算今折地畝六十分之一而禾稼無踐踏之患實一便也每歲須挑淤三五十尺二不便然河淤足以肥田故並河淹地來年多得豐收今東南種地冬春必罱河泥兩次以糞田畝以閒時三五日之功而獲終歲數倍之入實二便也溝洫既開道途或至迂遠三不便然無溝洫積潦不能宣泄行旅困踣有守至十數日者有舍車復登舟者有翻車被壓損者今迂遠不過十餘里而道路無泥濘之患實三便也

溝洫之制無地不宜而西北爲尤亟西北地勢平衍而多散漫河流飃勁而多渾濁自古稱黃河一石水六斗泥他如陝西之涇渭山西之沁汾直隸滹沱永定等河皆與黃河無異故其漲也則渾流洶涌而衝決爲患其退也則河泥滯澱而淤塞爲患古人於是作爲溝洫以治之縱橫相承淺深相受伏秋水漲則以疏洩爲灌輸河無汎流野無熯土此善用其決也春冬水消則以挑濬爲糞治土薄者



可使厚水淺者可使深此善用其淤也自溝洫廢而決淤皆害水土交病矣

大興陸鋼紫英撫繪

長沙鄧月秋鐫

五省溝洫圖說

九所願學齋書鈔

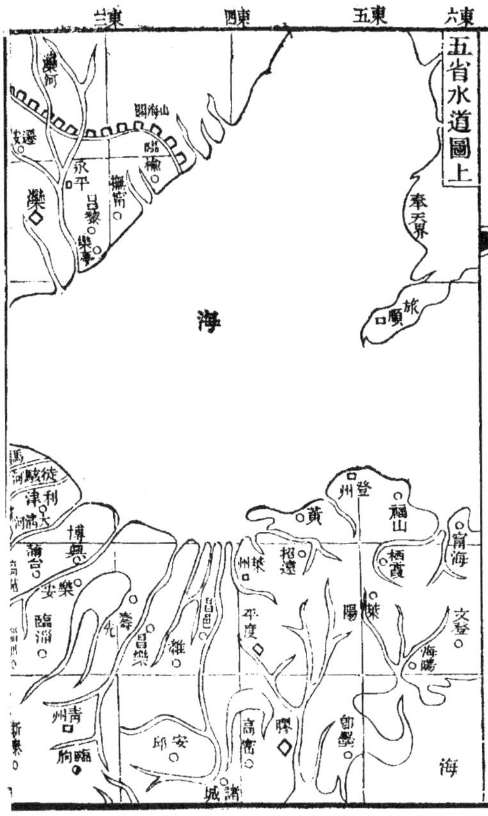


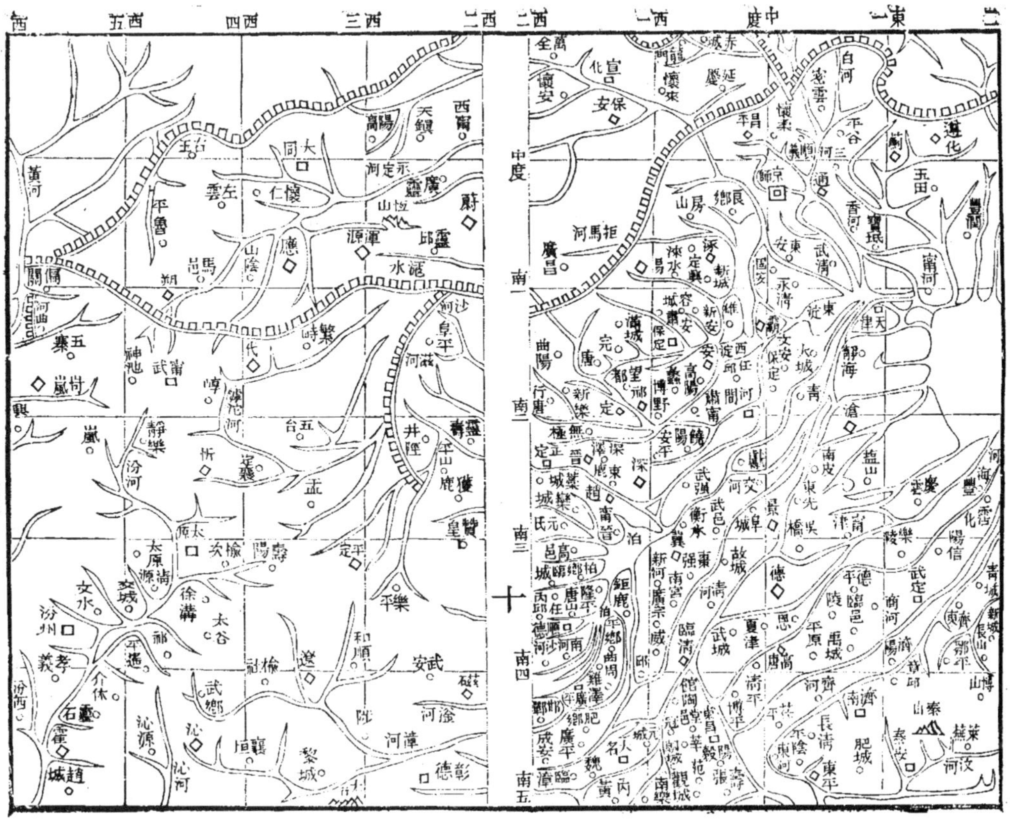

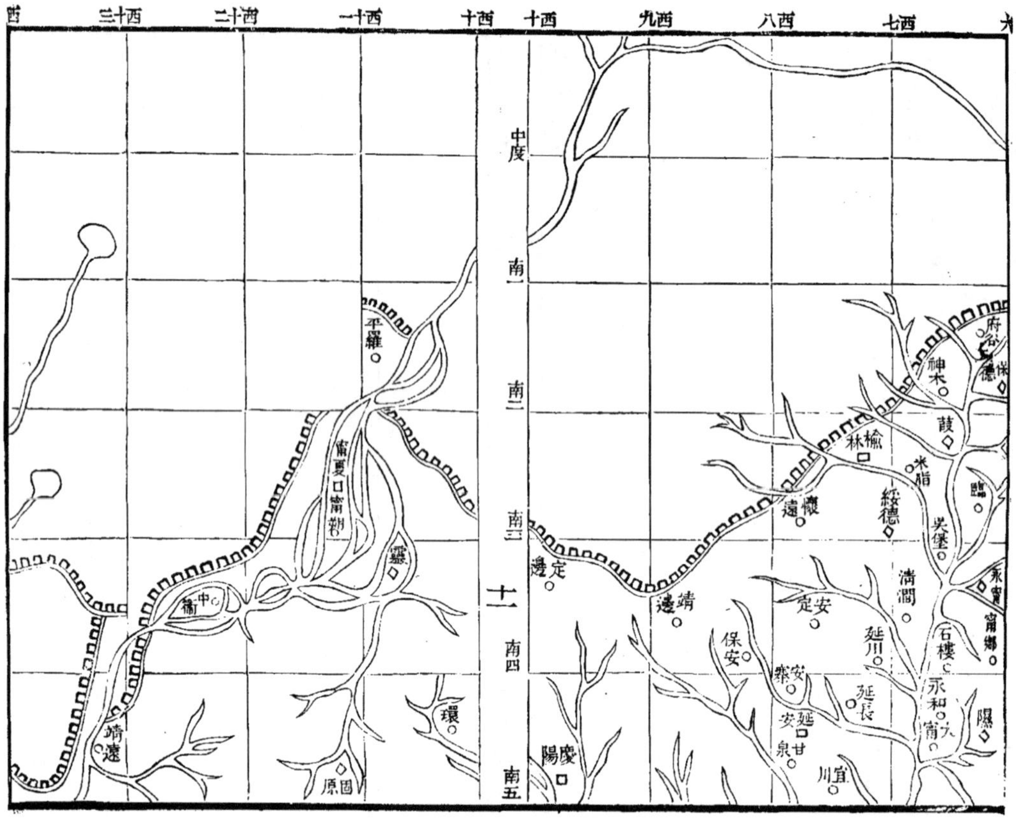
十三西
十二西
十一西
十西
十西
九西
八西
七西
中度
南一
南二
南三
十二
南四
南五
平羅
寧夏
寧朔
靈州
中衛
靖遠
環
固原
定邊
靖邊
保安
安定
安塞
延川
延長
延安
甘泉
宜川
慶陽
榆林
懷遠
綏德
米脂
葭
神木
府谷
保德
吳堡
清澗
石樓
永和
寧鄉
隰
臨

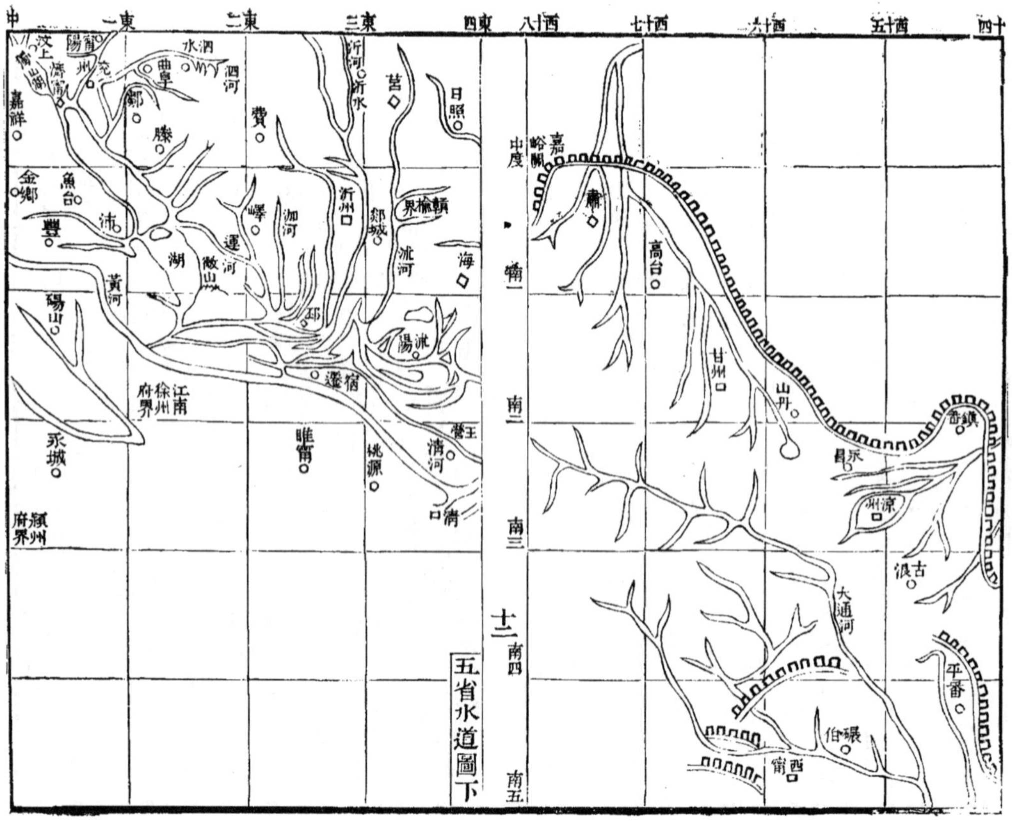
中
一東
二東
三東
四東
八十西
七十西
六十西
五十西
四十
汶上
南陽湖
濟甯
兖州
曲阜
泗水
泗河
鄒
滕
嘉祥
金鄉
魚台
沛
豐
黃河
碭山
湖
微山
運河
嶧
伽河
費
沂河
沂水
莒
日照
沂州
郯城
贛榆界
沭河
海
邳
沭陽
宿遷
江南徐州府界
睢甯
桃源
清河
王營
清口
永城
潁州府界
中度
南一
南二
南三
十二
南四
南五
嘉峪關
肅
高台
甘州
山丹
永昌
涼州
古浪
鎮番
大通河
平番
碾伯
西甯
五省水道圖下

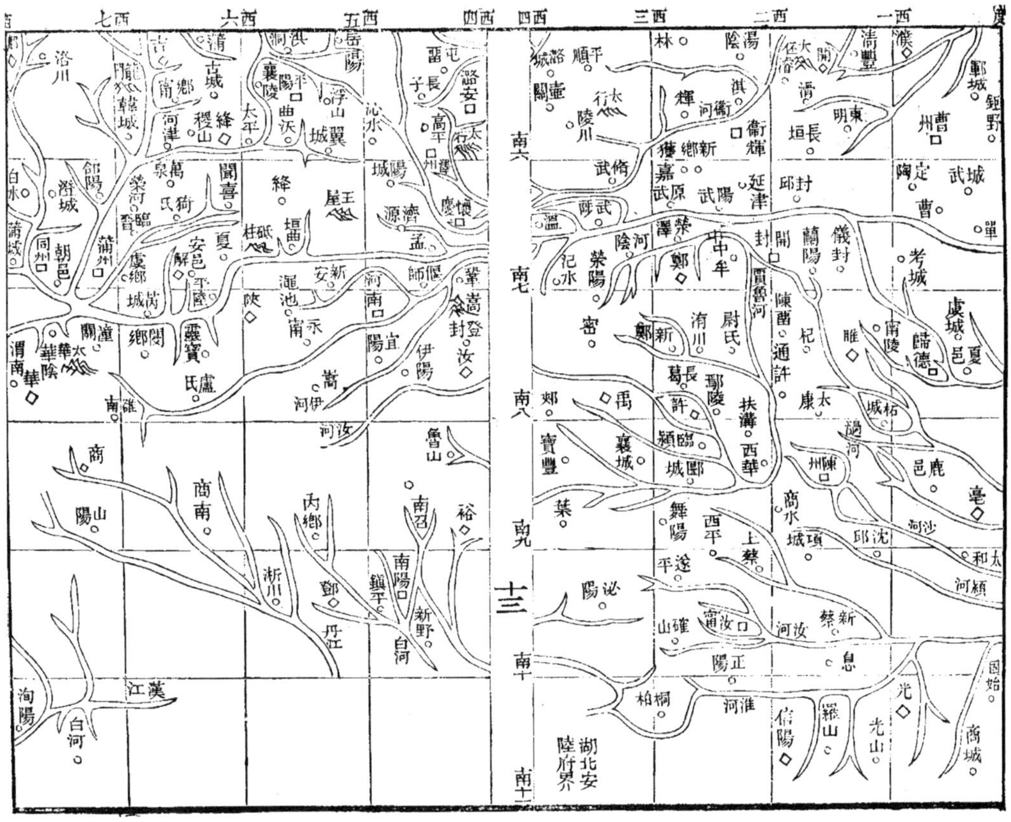
十三
湖北安陸府界
漢江

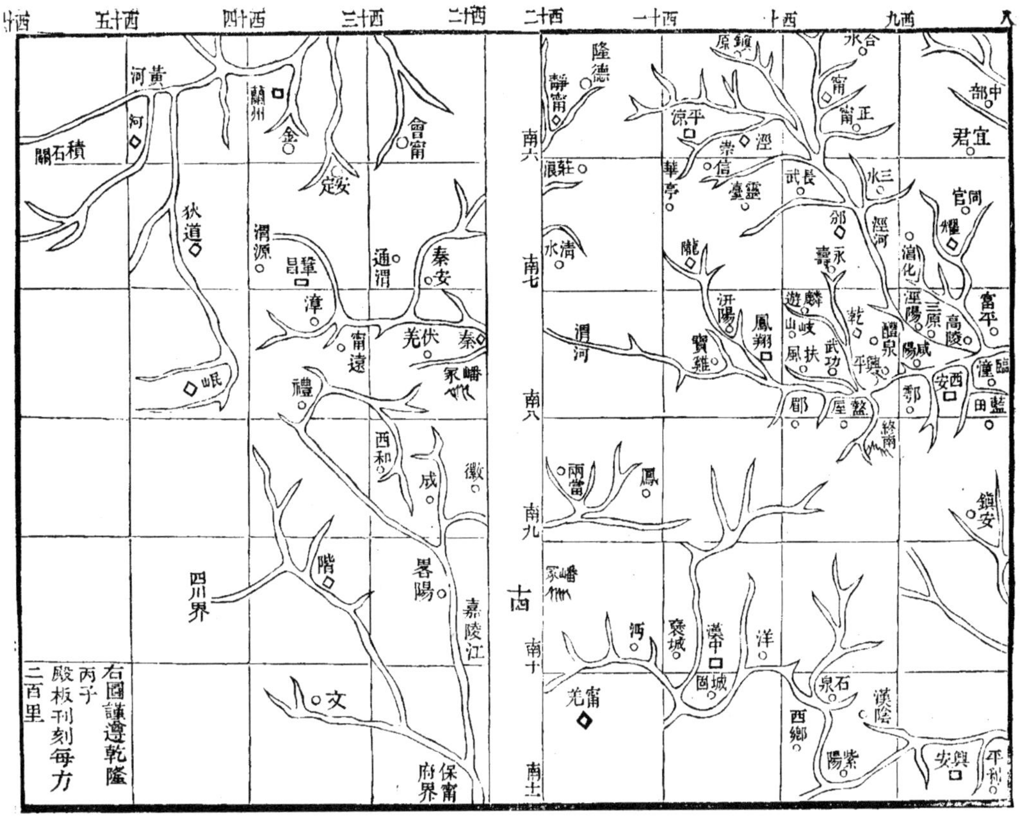
十四
四川界
保甯府界
嘉陵江
右圖謹遵乾隆丙子殿板刊刻每方二百里

灤河卽濡水俗名上都河出獨石口外至御馬廠經波羅城舊桓州城過多倫湖合哈柳圖河經郭家屯合庫兒勒河經熱河至金狗屯合興州河鞍子嶺水經喀喇河屯合宜孫河樺榆溝及熱河諸水經上下板城合白河老牛河柳河清河寬河入喜峯口經遷安之灤陽合龍井關河三台營董家口諸水經五華山至永平府合青龍河經灤州至樂亭分二港一東南入海一南經齊家莊東南入海

薊運河卽泃水出遵化龍井關南山經城東南至桃家莊合沙河馬蘭河經薊州合盤山東水經上下倉白龍港合



平谷三河玉田諸縣水至港黃口合豐潤之還鄉河經韓沽至青蛇子入海

白河出赤城五郎海山入盤鹽口經甯遠堡甯江堡合獨石水龍門水經靖安堡出東河口入古道谷口經高家店至密雲與潮河合經懷柔合七渡河經順義通州合沙河玉河經州城東至張家灣經舊漷縣香河河西務武清楊村至天津合永定河滹沱河運河入海

永定河出山西馬邑縣洪濤山至縣城西南合管涔山之灰河經山陰至安銀驛合黃水河至應州合渾河及懷仁縣水經大同瓮城驛合武州川諸水經渾源陽高天鎮廣靈蔚州入直隸界經西甯懷安保安東洋河清水河自宣化來注之經懷來合延慶州之嬀河入邊城經昌平宛平過蘆溝橋經良鄉固安永清霸州東安合玉帶河過三角淀經武清合子牙河過楊柳青至西沽與白河會入海

拒馬河卽淶水出山西廣昌至紫荆關入長城經易州淶水至涿州合房山縣之胡良河琉璃河經固安新城易水自定興來會俗名白溝河經雄縣任邱至趙北口合長流河徐河豬龍河匯爲玉帶河經保定霸州至永清入永定



河

長流河卽雹水出直隸易州經安肅容城至新安與徐河會徐河出易州五迴山經滿城淸苑至安州合滿城之府河完縣之方順河慶都之慶都河至新安會長流河入趙北口

唐河卽滱水出山西渾源州至倒馬關入直隸界經曲陽唐縣定州祁州合沙河滋河二水沙河出山西繁峙启頭山入直隸茨溝營經阜平合龍泉關水經王快鎮启城曲陽唐縣新樂定州無極深澤至祁州合滋河滋河出山西

五臺烏牛山穿長城入直隸平山經靈壽唐縣正定無極
晉州深澤祁州合沙河唐河爲豬龍河經博野蠡縣肅甯
高陽至安州匯爲玉帶河亦名清水河
滹沱河出山西繁峙縣泰戲山經三泉鎮沙澗驛合華巖
水嵗水經代州崞縣合陽武河銅河沙河至忻州經定襄
合雲中河牧馬河經五臺合清河經盂縣合龍花河秀水
河入長城黑山關經直隸平山井陘靈壽獲鹿正定藁城
晉州束鹿入大陸澤爲北泊經冀州衡水武邑武强交河
獻縣分二派一由滄州杜林鎮合漳河至青縣與運河會



一由河間景河鎮經青縣大城至子牙河經靜海合清水
河至西沽與白河永定河會
槐河出直隸贊皇縣經元氏高邑欒城柏鄉至甯晉入泊
滏陽河出磁州經邯鄲廣平肥鄉曲周雞澤平鄉鉅鹿合
邢臺任縣南和之南泊水至隆平入北泊
漳水清漳東源出山西樂平縣大黽谷至和順縣經南安
驛合清河至遼州合西源西源出西北賦嶺經橫嶺義成
長城諸鎮過松樹坪合武鄉水與東源會合箕山水千畝
泉水入河南涉縣界至林縣交漳口與濁漳會濁漳西源一
出長子發鳩山合梁水藍水至潞安漳溝鎮合府西水石
子河經屯留潞城合欽水絳河潞水至襄垣合北源北源
出沁州伏牛山合聖鼓山水經城西合后泉銅鞮水經虒
亭驛至襄垣合西源經黎城合榆社水至洺河鎮入河南
林縣壺關口經牛魯城與清漳合流經彰德安陽磁州臨
漳入直隸界經成安廣平分二派一東流經魏縣元城入
山東冠縣合衞河經館陶至臨清入運一東北流經廣平
肥鄉入山東邱縣分二派一由威縣清河故城棗强衡水
景州武邑阜城交河南皮至滄州合滹沱東派入直沽一



由龍堂經廣宗鉅鹿新河入北泊
衞河出山西潞安府合陵川高平諸水經澤州入河南懷
慶府界至方山入沁水曰大丹河一自方山至清化鎮經
温縣武陟修武合靈泉馬方泉五里泉經獲嘉合陵川之
五峪水至合河鎮合輝縣百泉水經新鄉衞輝至淇縣合
淇水淇水出山西平順陵川之高山浙山曰浙水合花鋣
山水漥水盈盈水入河南林縣經六嶺山至淇縣合淇泉
與衞河會經滑縣濬縣湯陰安陽合洹河至內黃經大名
南樂元城入山東冠縣合漳河支流經館陶至臨清入運

河
魏河出直隸開州入山東界經濮州合洪河小流河經范縣壽張東平合水堡河壈邱坡水天鵞坡水入運河
汶河出山東萊蕪縣原山合牟汶嬴汶司馬河至董家集合方下河會河董家河經泰安合泮河新泰蒙陰之小汶河經甯陽至汶上之戴邨壩合淨泉水至南旺分南北流爲運河
運河北流自十里閘經東平壽張合古灘河趙王河魏河洪河小流河及水堡河壈邱坡天鵞坡諸水過張秋鎮經東阿陽穀聊城堂邑博平清平至臨清合衛河經武城德州入直隸經景州東光南皮滄州至興濟鎮合滹沱漳河經青縣靜海至天津合白河永定河至大沽入海　南流自柳林閘經獨山湖至濟甯合府河洸河至魯橋合泗河及曲阜滋陽諸水經獨山湖至魚臺合界河龍山河荆溝河郭河入江南沛縣界合玉花河經嶧縣過微山湖合巨龍河經邳州合泇河沂河經駱馬湖至宿遷分一派爲鹽河由沭陽海州入海運河由桃源清河入黃至雲梯關入海



泗河出山東泗水縣陪尾山經泉林至曲阜合崳河經孔林北至兗州分二派一穿府城至濟甯合洸河諸水入運一由城東南合曲阜之雩河鄒縣之白馬河至棗林入運
沂河出山東沂水縣東鎮沂山合永福寶山諸水經蘇村集葛溝集合蒙陰之東汶河經沂州合費縣祊河諸水經郯城入江南界分三派其二皆西流經邳州城西入運其一南流匯爲駱馬湖至十字河入運
大清河由汶上戴邨壩西經東平合蘆泉諸水經東阿平陰長清齊河合玉符河至濟南合趵突泉經濟陽合繡江河經齊東青城濱州蒲臺至利津牡蠣觜口入海
小清河出章邱分水嶺合鄒平縣水經滸山泊至新城合長山之孝婦河經高苑博興合烏河至樂安經清水泊之北入海
淄水出淄川縣經臨淄樂安入清水泊與北洋河會北洋河出益都經青州城北至壽光樂安合淄水入海
瀰河出臨朐縣合龍泉河經益都合陸康河查家河七里河南洋河經壽光合大小丹河槐河至黑洋口入海
白狼河出昌樂經濰縣分二派一北流合大小于河由長

泊至固堤集入海曰于河口一東流合東于河寒浞河經
長泊南入海曰白狼河口
濰水出莒州箕屋山合西北水經諸城合福山水長山水
經相州集合大小浯河經安邱合東汶河經濰縣昌邑入
海曰淮河口
膠河出山東膠州膠山經高密合五龍河由分水嶺分南
北流北流為北膠河合藥石河經平度州至昌樂新河橋
入海南流為南膠河合白沙河大小沽河至麻灣口入海
黃河源出星宿海西巴顏喀喇山東麓名阿爾坦河東南



流經查靈海鄂雲海過巴顏圖渾嶺至大雪山郎古積石
合三崑都崙河齊普河及烏藍等河入河州歸德堡邊界
西甯東南邊界至小積石山經蘭州合灕水洮水湟水莊
浪河阿干河浩尾河經金縣至靖遠衛北流經中衛靈州
甯夏當長城斷處出邊經河套鄂爾多斯窊渾等地東流
經吳喇忒旗南歷三受降城合大土爾根河經古東勝州
南流入山西平魯縣邊界經偏頭所西西岸入陝西府谷
縣界經河曲合清水六澗等河經保德神木興縣合大會
川經葭州臨縣永甯吳堡綏德甯鄉合榆林米脂脊延諸

水經青澗石樓延川永和延長合延安隰州蒲縣水經宜
川吉州鄉甯韓城河津出龍門合汾水盤水經榮河郃陽
臨晉朝邑蒲州合洛水至華陰合渭水東流至潼關河自古東勝州至潼關千八百餘里東岸為山西西岸為陝西
入河南閿鄉縣界北岸為山西經靈
寶陝州平陸出三門過底柱經澠池垣曲合清水沇水經
新安以下南岸俱屬豫省洛陽至孟津經孟縣鞏縣合濟水經溫縣
合洛伊澗瀍諸水經汜水武陟合沁水經滎陽河陰滎澤
原武鄭州陽武中牟延津祥符封邱陳留蘭陽儀封考城
入山東界經曹縣單縣入江南界經碭山豐沛蕭縣徐邳



睢甯宿遷桃源清河會淮水經山陽阜甯至安東雲梯關
入海
洛水出陝西雒冢嶺山至靈峪口入河南界經盧氏永甯
宜陽洛陽合澠池之澗水穀水瀍水經孟津至偃師合伊
水經鞏縣至汜水入黃
濟瀆出河南濟源縣王屋山經縣城北分二派一由柏香
鎮南入黃一由鎮北經溫縣武陟至澗溝村入黃
淮水出河南桐柏縣桐柏山經信陽州合明港河經正陽
羅山合獅河經息縣合小黃河經光山固始合泼水及光

山諸水曲河史河石槽河入江南界經潁州霍邱壽州合
潁水經懷遠鳳陽臨淮五河盱眙泗州爲洪澤湖睢河自
碭山永城蕭縣宿州靈壁睢甯來注之經桃源至淸河入
黃
南汝水出河南遂平縣洪山龍陂經上蔡汝陽合小沙河
吳寨河經確山新蔡合洪河經固始由江南潁州入淮
沙河出河南魯山縣堯山合達老河經寶豐葉縣合昆水
經舞陽合汝水至郾城上蔡商水入潁
汝水出嵩縣經伊陽汝州寶豐郟縣襄城葉縣至舞陽入



沙河
潁水出登封縣少室山經密縣禹州分二派一經新鄭長
葛許州至臨潁東境一由襄城至臨潁北境合流經商水
縣合汝水至周家口與滎陽水會
滎陽水出滎陽縣南諸山經河陰滎澤鄭州合京河索河
經中牟爲賈魯河至開封府朱仙鎭西經通許尉氏扶溝
合洧川經西華至周家口與潁汝合流至陳州府分二派
一爲過河一爲沙河經沈邱項城太和至潁州合流至潁
上入淮

沁水出山西沁源縣車家嶺合五龍川靑龍河西川河大
南川經屯留岳陽合和川邢堡諸水經沁水縣合海河海
子河玉溪河經澤州陽城合蘆水澤河長河水入河南界
經懷慶濟源與大丹河會大丹河出潞安府西南山經高
平縣合浮雲河耳白水白羊河水經澤州合白河黃沙河
至懷慶分二派一小丹河經修武獲嘉入衞河其大丹河
會沁水經温縣至武陟入黃
汾水出山西靜樂縣管涔山經縣東合㶟河羊兒河社干
河經石峽山合嵐河石樓山水天成泉水至天門關經向



陽店合石橋河經太原府合楡次水經淸源徐溝合樂平
壽陽諸水經交城合祁縣水文水縣水經平遥至汾陽縣
合馬跑泉水經孝義縣合義河孝河經介休合平遥諸水
至靈石合狐岐山水經汾西霍州合彘水經趙城合霍水
經洪洞合澗河經臨汾平陽襄陵太平曲沃絳州合翼城
之澮河經稷山河津至滎河縣入黃
渭水出陝西渭源縣鳥鼠山經鞏昌隴西合赤亭水經甯
遠合漳河經漳縣合山丹河南峪河經伏羌合華川水經
秦安合靜甯莊浪之羅玉河諸水經秦州合秦州河經淸

水合牛頭河丁華嶺水黃交峪水經隴州寶雞合塔河金陵河經鳳翔合汧陽河代魚河經岐山合石頭河經扶風郿縣合洪河清湫河經武功盩厔合岐山扶風麟遊永壽乾州諸水經興平鄠縣咸陽合豐澇滈潏諸水經西安府長安咸甯高陵與涇水會合灞滻二水經臨潼合湭化清峪漆沮諸水經渭南華州合符峪水經同州華陰至倉頭村入黃

涇水出甘肅平涼府笄頭山經府城北合盧河諸水經華亭崇信合潘雲澗至涇州合汭水及鎮原縣水至長武合



盤口河及馬蓮河合環縣合水甯州正甯縣諸水來注之經邠州合正甯之温涼河三水縣之汃水永壽縣之大谷鎮水經永壽涫化醴泉涇陽至高陵縣之上馬渡與渭水合

洮河出洮州衞西傾山經岷州衞合西淀水疊藏河經臨洮府合東結河三坌河經沙泥驛至蘭州入黃

湟水出甘肅西甯府入鎮海營至府城西有南北兩川河及沙塘水至西大通堡與大通河會大通河出青海經甘州府至西大通堡合湟水至蘭州入黃

洛水出甘肅慶陽府安化縣白於山經保安合黑水河經安塞甘泉鄜州合采銅川水經洛川合街子河經中部合華池河清水河葫蘆河洛水沮水經宜君白水澄城合大峪河諸水經蒲城同州至朝邑趙渡鎮入黃

徐氏潞水客談曰當今經國訏謨無過西北水利然概而行之則效遠而難臻驟而行之則事駭而未信蓋西北皆可行也曷先之畿輔畿輔諸郡皆可行也曷先之京東近山瀕海之地近山瀕海皆可行也曷先之數井以示其可行之端則效近而易臻事狎而易信此誠作事謀始之善術也昔鄭子產作封洫而人歌孰殺魏史起決漳水而國興浮言民不可與慮始自古已然況溝洫自鄭註誤謬至今垂二千年無從索解一旦創爲是說雖有賢達之士猶將起而譁之其掣肘得咎殆甚於子產史起時矣爲今日計惟先講貫於周禮考工文字俾知先王順水之性而物土之宜其道本至簡極易後儒以爲必塞溪壑平洞谷夷邱陵破墳墓壞廬舍徙城郭易疆隴且驅天下之人竭天下之糧窮數百年專力於此不治他事而後可以望天下之地盡爲溝洫者皆爲鄭註所惑耳註同方百里積萬井四千九十六井出田稅二千三百四井治洫三千六百井治澮已去其十分之六遂徑溝畛川涂尙不在此數無怪蘇氏云云此惑既明然後就近山瀕海之區近山則上源易制瀕海則下流易闢高下治而中央亦漸次可行不拘三十里或十數里如古畎澮法爲之謹其蓄洩而勤其工作三五年後必有成效如其不效則古法乃眞



不可行矣若夫未嘗爲之而臆斷其不可此非蘭之所能識也

徐氏又曰陝西河南故渠廢堰在在有之山東諸泉引之率可成田而畿輔諸郡或支河所經或澗泉自出皆足以資灌溉蘭謂溝洫之制非專爲灌溉設也周禮考工記詳言溝遂徑畛之體與夫廣深尋尺之數而不及畜水止水蕩水均水舍水寫水之事惟稻人掌稼下地於是乎有之稻爲芒種與澤草俱生東南卑溼厥土塗泥舍稻之外別無宜種高高下下徧作水田不得不從事於灌溉自黃梅以後舶趠風起雨澤稀少炎天三伏土熱水渴十日不得雨桔槔之聲動連阡陌晝夜不得停此東南農民所以倍勞而禹貢揚州之田爲惟下下也職方豫兗幽并四州或宜五種或宜四種或宜三種禾黍性喜高燥能耐旱乾雨澤過多反被渰損故溝洫之開所以除水害也西北地多平原霖潦無所容洩大雨時行之候一晝夜閒平地水高數尺而畿輔如桑乾滹沱瓡挾淶易濡泡沙滋諸水併流橫溢河間文霸一帶彌望汪洋連年稽浸昔人謂水聚之則害散之則利棄之則害用之則利所以東南多水而得

水利西北少水而反被水害也溝洫一開則水少而受之有所容水多而分之有所洩雨暘因天蓄洩隨地水害除而水利在其中矣如爲灌溉而設則溝洫之内必如東南稻田常常有水然後可而絕潢斷港既無本源土燥水渾尤易涸竭孟子云七八月之閒雨集溝澮皆盈其涸也可立而待也人見其無裨灌溉遂并溝洫廢之而水患亟矣西北灌溉之利見於古者魏史起之引漳河秦鄭國之溉關中漢白公之穿涇渠馬援之引洮水以至甯夏靈州之漢渠唐渠至今猶賴其利而其地多在山陝之閒者何哉



灌溉必通巨川然後源流長遠雖逢亢旱而無虞涸竭西北巨川大半匯河入海而河自孟津以上禹迹未改土厚水深穿渠引河有利無害誠使山陝一帶徧開支渠既溉田畝兼殺河勢洵數省之利也孟津而下河流遷徙無常自漢唐以來隄防纍纍河日高而土日薄捍禦不暇遑言穿引哉河流既不敢穿引山泉又不可徧得溝洫之無裨灌溉時勢使然而顧謂急宜開濬者則以灌溉之資在西北尚可緩而蓄洩之不可不亟講也抑又聞之秦人歌曰涇水一石其泥六斗且溉且糞長我禾黍厚水以灌之謂之溉撈泥以壅之謂之糞撈泥之與厚水其勢相等而糞比溉尤肥美溝洫既開之後河淤灌入洫澮撈取近便未及厚水儘先罱泥則河之高者日以深土之薄者日以厚如果民勤官勸歲歲遵行不過十年河行地中隄防盡撤兗豫之閒無殊山陝矣斯時而再談灌溉未晚也

施氏近思録發明云周定王以前溝洫制行千餘年無河患向以爲臆度之言今知可數計也於何知之以今河隄知之黃河自河南滎澤至江南清河長千二百餘里河面闊七八里至三四百丈不等折算五里臨河堤高一丈乘



闊五里得九百丈以乘長千三百里積二萬萬餘丈自有明以來不惜財不惜力四防二守以待伏秋之異漲者恃有此數也今以溝洫廣深計之地方二十里容積二萬六千七百八十四丈地方百里容積六十六萬八千六百丈黃河所經之地除邊外不計及河南開歸以南河高於地水皆由京索入淮不能注河外甘陝晉豫四省約方千里者三可容二萬萬丈直隸山東一帶運河所經又可分道沁流以減河勢雖逢水漲仍屬平漕無患者一以隄束水水無旁分淤泥亦無旁散冬〻春水消淤留沙墊河身日高

地勢日下加堤之外更無別法築垣居水豈能久長如使淤泥散入澮洫每畝歲挑三十尺以糞田畝則地方二十里歲去淤土六百四十八萬尺餘水注入中流刷深河底雖逢水消仍得暢流無患者二葢天生黃河縈繞西北聯絡涇渭汾沁諸巨川爲五省通血脉人顧隄而塞之其費不貲其患且無巳夫以五省之地容五省之水則水無弗容以五省之人治五省之水則水無弗治此古法所宜亟復哉

劉氏問水集云汶泉遇旱則微運舟恆苦淺澀若於武陟境內引沁水至長垣界經張秋出永通閘濟運漕河通利黃河亦可少殺張氏居濟一得沁河由武陟獲嘉原武陽武至封邱劉廣挑通六里至王參莊入荆隆口舊河由祥符長垣蘭陽東明曹縣定陶曹州至雙河集往東由鉅野縣安興墓巡檢司至鄆城縣東由宋家窪入南旺湖北流出兼濟閘濟運又於雙河集分一支由曹單金鄉柳灘河入魚臺南陽湖又於鄆城東分一支由鉅野嘉祥小黃河入濟甯牛頭河皆可濟運前明胡世甯范守巳楊一魁張國維皆有引沁入衞之議常居敬駮之云沁水渾濁臨德



一帶必至淤塞蘭謂畿南數府土地磽确正宜淤填以資肥沃或又謂沁水盛大勢難容受按聊城東北有徒駭河漯河馬頰河鈎盤河老黃河去海甚近今龍灣魏灣四女寺哨馬營三堂窪等處減水皆可入海葢德滄棣博之閒係河入海故道宣泄之便無過於此不患水大也

汪武曹黃河考禹厮二渠一由濬縣大伾山北流經臨漳新河東鹿至昌黎碣石入海爲經流案古黃河由直沽入海今天津海河即逆河也夾右碣石乃島夷貢道耳一由大伾山東流至濟南千乘入海爲漯川周定王五年河徙自宿胥口扶漯川東流至滑縣長壽津與漯川分經開州内黃清豐至阜城歸禹河故道由天津直沽口入海漢元光三年河決瓠子東南注鉅野通於淮泗及宣房功成復周時故道其後河由館陶分爲屯氏河又有屯氏別河至平原又分屯別北瀆屯別南瀆北瀆東至陽信故城北入海南瀆自平原受大河東出謂之篤馬河東北至陽信故城南入海程大昌謂河行頓邱東南指此汪氏駁之非也而屯氏別河經信成縣則張甲河出焉張甲河截清河於廣宗北出又分爲右瀆左瀆以入於清河而鳴犢河又別出於靈縣鳴犢又合屯氏而入清河即今衞河經東光由大河故

濱入海成帝時河再決平原千乘王莽始建國元年河決魏郡東漢時王景於魏郡決口南導河從長壽津南挾漯東行經安德樂陵至利津入海唐時淸豐縣西南之馬頰河受大河水東北流至安德合篤馬河至無棣入海昭宗景福二年決厭次改流至濱州海豐無棣故城入海宋仁宗時河決開州商胡埽合漳衛至天津入海爲北流嘉祐五年又決爲二股河由大名合馬頰篤馬至海豐入海爲東流金明昌五年大河南徙分二派北派自東平由大淸河至利津入海南派由泗河入淮元泰定元年改流從古



汴渠入淮明初一由孫家渡出壽州一由沐河出徐州小浮橋一由白河至宿州一由渦河至懷遠皆入淮河至雲梯關入海水性就下河之北行則就衛河漳河出直沽東行則就濟河大淸河出千乘南行則就汴河淮河出雲梯自三代以來黃河遷徙無常而未嘗自闢一入海之道也今東北二道河久不行而漳衛猶行北瀆如故以及山東之大淸河徒駭篤馬等河流皆不絕蘭謂凡河經入海諸故道皆宜廣爲疏闢以爲宣導之地誠使五省舉行溝洫河之漲流有所容淤泥復有所渫而其入海也又可任其所之不擇南東北三道皆得暢流而無滯如是而河猶爲患未之有也蘇子由謂河不兩行則禹之漯川不應至唐時猶存矣東漢德棣之閒河播爲八千餘年無河患明劉大夏治張秋分黃河爲四派五旬而河工竣賜名鎭曰安平此近事可徵也潘氏河防一覽援引蘇說以爲秦溝濁河諸口屢決屢塞之所由致按嘉靖閒徐邳豐沛一帶水行地面僅深三四尺河身高於故道至三丈有餘（見黃河考）是河直無路可行不得不迸出一途以暢其就下之性耳使河身深廣彼此皆得暢流河必舍此而就彼有是理哉



自古治水皆訾鯀而稱禹鯀之治水以隄禹之治水以疏以瀹以排以決而談河政者卒惟鯀之是爲者有說焉隄之爲道可以見功而兼可以不任過黃河方決之頃城郭爲江湖人民爲魚鼈爲禍至慘要其決口不過廣數十丈與深一二丈耳國家不惜財不惜力夫役之工雲屯蟻聚之料山積捐數十百萬之帑銀以塞數十百丈之決口爲之一二年未有不可塞者幸而隄成則曰保障之力也不幸而隄潰則曰天災難回也河性喜決也黃强淸弱水力不敵也土少隄薄人工不至也無敢咎隄之非者且溝洫

不行河無容地泆之東流則東沈放之西去則西没雖有
神禹排瀹難施故築隄者亦出於時勢之不得已以爲一
時權宜之計則可以爲國家經久之制則誤矣



畎田圖　縱四百尺橫十六尺古四畝當今田一畝十六步

區田圖　縱十六步橫十五步今田一畝

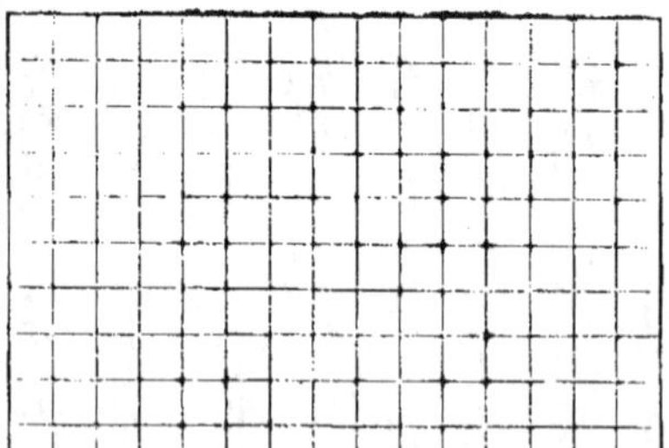

漢書食貨志趙過爲搜粟都尉過能爲代田一畮三甽歲代處故曰代田古法也后稷始甽田以二耜爲耦廣尺深尺曰甽長終畮一畮三甽一夫三百甽而播種於甽中苗生葉以上稍耨隴草因隤其土以附苗根故其詩曰或耘或芓黍稷儗儗芸除草也芓附根也言苗稍壯每耨輒附根比盛暑隴盡而根深能風與旱故儗儗而盛也其耕耘下種田器皆有便巧率十二夫爲田一井一屋故畮五頃用耦犂二牛三人一歲之收嘗過縵田畮一斛以上善者倍之按古法六尺爲步百步爲畝一畝三畎三隴低爲畎



高爲隴畎隴廣各一尺當今六寸六分長六百尺當今四百尺今法五尺爲步二百四十步爲畝則長四百尺者該廣十六尺爲十二甽隴矣孟子深耕易耨又云易其田疇易卽所謂代田歲代處者謂以今歲之畎易爲來歲之隴畎隴歲相代呂氏春秋任地篇凡耕力者欲柔柔者欲力息者欲勞勞者欲息棘者欲肥肥者欲棘急者欲緩緩者欲急溼者欲燥燥者欲溼辨土篇畝欲廣以平甽欲小以深下得陰上得陽然後咸生今西北地無畎隴乃漢志所謂縵田故地利不盡然溝洫不開則畎水無從蓄泄亦不能爲代田矣故論溝洫而以畎畝終焉

孫氏穀齋區田說昔湯有七年之旱伊尹始作區田元王楨農書推本氾勝之之法以爲每田一畝廣十五步每步五尺計七十五尺每行占地一尺五寸計分五十行其長十六步計八十尺分五十三行長廣相乘得二千六百五十區空一行種一行隔一區種一區除隔空可種六百六十二區區深一尺用熟糞二升與區土相和布種勻覆以手按實令土與種相著苗出時每一寸留一株每區十行留百株別製廣一寸長柄小鋤鋤多則糠薄若鋤至八遍



每穀一斗得米八升如雨澤時降則可坐享其成旱則澆灌不過五六次卽可收成結實時鋤四旁土深壅其根其爲區先於閒時旋旋掘下春種大麥豌豆夏種粟米黑豆高粱䅟黍秋種小麥隨天時早晚地氣寒煖物土之宜節次爲之不必貪多毋論平地山莊歲可常熟近家瀕水爲上其種不必牛犂惟用鍫钁墾劚更便貧家大率區田一畝足食五口丁男兼作婦人童子量力分工定爲課業若糞治得法灌溉以時雖遇災旱不能耗損矣齊民要術云兖州刺史劉仁之在洛陽嘗爲之畝可三十餘石康熙丁

亥朱公龍耀爲蒲令邑處萬山中高陵陡坡非雨澤不能有秋爰取區田法試之後在平定亦然收每區四五升畝可三十石盛柚堂云近衢州詹公文煥監督大通於官舍隙地爲之一畝之收五倍常田又聊城鄧公鐘音亦曾行此畝多常田二十斛蘭按區田之法祇可救旱不能救澇且須逐區鑿掘不能用犂亦不如畎田便易至其和糞布種鋤土壅地諸法皆可施之畎田而今人行之有成效者書之爲治畎者法



書五省溝洫圖說後

人莫不趨利而避害亦莫不好逸而惡勞溝洫之廢垂二千年有其舉之斯其勞在耳目之前而其利在五年十年之後古人謂可與樂成難與圖始者此也道在鼓舞而作新之夫所謂鼓舞作新者非事更張也

國家設官分職西北五省自東河總督以下直隸有清河永定河大名水利通州運河天津河道五員山東有運河濟東水利登萊水利兗沂河道四員河南有開歸河北陝汝水利南汝水利四員山西有冀甯水利雁平水利河東



水利三員陝西有乾鄜水利鳳邠水利甘肅有甯夏水利蘭州屯田鞏秦屯田安肅屯田道六員我

皇上御極以來巡守各道准予便宜陳奏凡以監司大員有董率屬僚之責也所有溝洫事宜應歸五省水利屯田河道專管以一事權一切緊要章程准其專摺具奏其循例題請事件應照漕運總督事例請歸河督統轄以聯指臂之勢則呼應靈而事無掣肘矣至各府州縣額設水利同知通判州同州判縣丞主簿巡檢閘官各十員請屬各道管轄以專責成間有佐雜員少及地方事繁不敷委用

處所查州縣額設教諭訓導二員如令一司學校一司溝洫於古法教養相資之義亦屬相符且教職籍隸本省於水土多所諳悉尤屬人地相宜其各鄉邑司事人員前明左忠毅光斗條陳北直水利有興設屯學之議

國朝雍正四年　怡親王議開京東西南天津四局擬設局長局副効用名目似可準酌施行每地方二十里設立效用十八局副一人令該地方紳衿公舉老成殷實眾素信服者聯名保薦試用三年如有成效給予頂帶準作生監一體應試本係生監準作廩生每局副十八設一局長



統領彈壓準作貢生挨選訓導及佐雜各官如係舉人進士出身即以州同州判用其一切計典照例舉行在

朝廷無添設之官而在士民多一仕進之路亦古者孝悌力田科之意也至民間田畝已開溝洫者照古法定為甽田未開者名為緩田編入黃册所有甽田一切應辦差役概行優免派令緩田按畝攤辦其紳衿向例免差者尤應開治溝洫以為民先如恃符不開照緩田例一體當差倘敢抗違以知法犯法論如有胥役地棍藉端把持滋擾諸情弊照光棍例治罪三五年後民間一例開成甽田所有差役令地方官僱役充當其夫價口糧準其動用雜項在

奏銷內作正開銷以免賠累以上諸條

國制攸關非敢私議但溝洫之舉廢壞已久非徹底根究詳明則其說終不備謹附於後俟採風者擇焉甲子三月日識



受業陳　彥
潘奕湶
姪崧曾襄校
孫男珂清重校刊

與王懷祖觀察書

嘉慶八年六月日閱邸抄知閣下有巡視水道之命畿輔水利自　怡賢親王後不講者數十年矣
皇上勤求民莫簡任儒臣閣下本經術以布諸經綸此千載一時也慶幸無似按直省水道永定河濁最難治滹沱次之漳衛潮白又次之猪龍拒馬又次之南北泊爲三郡之委輸東西淀乃七十二清河及永定子牙之匯注而海河則全省之尾閭也今二泊大半民佔爲田淀河淤淺與平地等海河三面受水白露以前潮强不能收納俗名曰



攔江尾閭不通胸臆不暢大雨時行之候欲無橫溢難已先儒謂治水從低處起天津東南有地名三堂窪即宋史所稱三塘濼界在靜海及東省海豐樂陵之間周圍七百餘里墟無人烟誌稱蘆葦叢雜爲蝗蝻發生及私梟竄處之所此處建閘疏洩極爲便利他如南泊之穆家口北泊之營上村西淀之龍灣東淀之勝芳臺山石溝等處皆導水之要隘也又直省故瀆尚有形址可導以行水者如武清東安之古龍河大廣順冀河間之古漳河交河阜城之古清河深冀衡武之滹沱故道武强之龍沼河棗强之黃壚古河清豐南樂之馬頰朱龍等河長者百餘里餘亦不下數十里閣下桑鄉在胸史鄭爲手奚事井蛙聒耳厭瀆聽聞而蘭頗有請者北省水濁土鬆諸河挾沙帶泥所在淤墊前　怡親王時開濬中亭牤牛等河及雹河猪龍滏陽諸故道不數十年已皆爲斷港今衡冀一帶挑挖鹽河旋掘旋淤迄無成效夫捐鉅萬之　帑銀興數年之工作不旋踵而湮塞隨之此畿輔水利所以屢修而卒不治也自古治水之道首重溝洫大江以南水清瀏而土塗泥河無移徙且多水鄉溝洫無所事事所謂盡力溝洫者其爲



西北言之歟鄭氏註周官經不解遂匠二職之文復牽就其詞爲旁加十里之說謂百里之內洫澮居其六而田畝居其四由是溝洫之法後世無問津者今按經文尋尺計之每畝去地四步挑土一方有奇而五溝五塗之制靡不畢具昔徐氏貞明曰畿輔水利皆可行也曷先之數井以示其可行之端試取近山瀕海之地不拘十數里或數十里溝塗如法爲之俟有成效然後推而廣焉直省無窮之利基於此矣蘭經生也罔識體要著有五省溝洫圖說伏乞鑒裁倘閣下不棄而驅策之當謹執鞭弭以從事

八年十一月日再與懷祖觀察書

接省信同鄉嵇二尹公旋知前書幷溝洫圖說早呈台覽
兼稔閣下按臨東郡勞勩宣房逖聽之餘無任馳溯夢蘭
寄硯天雄拘墟尠見側聞黃河衝溜由封邱漫口趨利津
歸海曹考一帶千里斷流爲百餘年來所未有實堪駭異
顧今歲河之變遷則固意中事也前四月間蘭由清江抵
臺莊黃水纔深尺四寸糧艘之渡黃者米石全行起剝外
每船需縴夫百餘名蝗附蛇行傴僂邪許於淇溜中輒淺
閣不得動下游瀦淤則上游潰溢理勢必然其不至氾濫



橫流而徑由利津入海者則我
國家之福庇爾已顧聞議者仍回河之雲梯者惑也自古
河之入海其道有三北直沽東千乘南雲梯也直沽口卽
古逆河尚已千乘在三代前爲漯川故道自東漢至南宋
全河由是入海得無河患者千餘年雲梯關者淮瀆入海
之道耳河之穿汴渠貫豫省抵清口而合淮入海也自元
泰定間始也禹貢豫州厥土惟壤下土墳壚顏氏注曰柔
土曰壤壚疏也豫省土性疏柔河自西北盤折萬餘里來
注之少急則決少迂則淤其入雲梯也爲道里又遙遠有

明三百年間而河決屢告者職是故也我
朝定鼎以來河工歲修計不下千百萬其不惜財不惜力
爲我民捍患者非謂其當合淮也亦順其已然者而已今
河旣由東入海矣顧障而南之舍其近且利者之故道而
必納諸迂遠而淤高者以使之入海其毋乃不順矣乎或
者曰河東入海可也如漕運何是又否否夫漕之不能不
涉黃入運者勢也往者糧艘由呂梁洪入運涉黃水二百
餘里近由楊莊入運然涉黃亦不下三十里其涉於南與
涉於東一也且運河所患者水之少耳故以汶河之東入



海者築戴村壩而西之中建七十二牐以蓄焉又設泉河
通判一員而爲之厲禁凡東省百四十道泉民間不許導
引溉田以併力濟運猶不足濟沿河額設淺夫若干名歲
歲挑濬之以爲常例此運河之形勢然也今舉汶河之西
注者徹戴壩而東之其各處泉源任民間溉灌田畝黃河
大溜自歸利津外其南北兩岸酌啓牐壩若干座以減河
流以通運道（聞黃水從江家莊入運南距分水口約百里今濟甯一帶並係清水云云則自柳林閘以南仍用汶河接濟亦無不可）是一舉而河漕兩利民間又得導引泉源
而收灌溉之用於無窮此孰非河伯之佑相我

國家而爲之效順乎若夫墊淤之患則有周官溝洫之法在既稗土肥兼綱河勢詳前圖說中不具載如必欲挽而南之則考城以下乾河千里疏瀹難施其封邱决口距荆隆半里許多係流沙楗搴豈堪鞏固且河之改道積漸使然自三代以來北東南移徙靡常曾有能回河者乎則其效可覩已語云利不十不變法仲春以前衡工如可竣事雖徐邳河身淤墊伏秋之交難保其無他患然爲目前計自無更迻之理至桃汛未能合龍宜亟爲改計矣否則漕運之誤將不在故道而在循故道也惟閣下察之



受業姪崧曾參校

## 蓮華橋記

甲子三月朔大河頭二幫啣尾過張秋行甚駛客告古春子曰河由大清兼濟漕運信矣然新決一帶漕艘截流而渡人力較難施其有萬全之策乎古春子曰是作浮橋可耳黄河正溜其緊處不過四三十丈如造平底渡船七隻船式如蓮華之瓣尖其首裹以鐵片鋭若分水之犀以迎溜也團其腹填以沙礫帖若卧水之鵝以禦浪也排列之若橋洞然鑲之以板跳嵌之以竹纜竹得板以覆可耐久跳藉纜以牽可喫勁也下安錨椗爲之泊上設欄柱爲之



扶中穿篙杆爲之橛旁加練繚綰之而中洪可跕足矣其近岸處所凡平底船皆可用岸之樁纜全橋關鍵係焉輪盤緊扣之望而眡其跳如繩之直而弦之急也則雖有風浪繂失登之如平地矣募船匠百名俾充河兵司其啓閉每歲漕運事竣儲廠修理糧艘抵境時設之所費者小而所濟者大此可久者也客曰子之說未之前聞曷記之爲舟長三丈六尺腹廣三之二肩尾底廣半之舟底長三丈自肩之首底長之半也鋭之至鐵裹止三分其舟長以其一爲之深以其深爲之艎六分其艎長去二以爲中空餘

四以爲跳鑿四分其跳而厚其一以其跳厚爲之鑿深跳之長如腹之廣也加鑲焉四尺也纜之長亦如之欄之長亦如之跳與纜皆銷穿鑷物曰銷見釋名鈕鈕鼻以穿銷者焉以其鑿廣跳廣二尺鑿廣四尺爲之纜銷貫兩跳閒以約纜者不用鈕人之過之者見其欄與跳也不知其有纜也七舟錨椗十五欄十二竹纜板跳二十四柱二十八銷五十二鈕五十六練錸二穿橛十四中五舟則錨之餘二舟則練之岸則纜之椿之其櫻纜盤椿岸各二邊船跳纜欄柱惟足用問篙橛之製曰此仿浙江迎潮船法也凡江船頭皆有穿潮將來時用篙入穿拴住以竿迎潮頭打開潮上而舟與俱上亦名曰弄潮云

蓮華橋式格方三尺

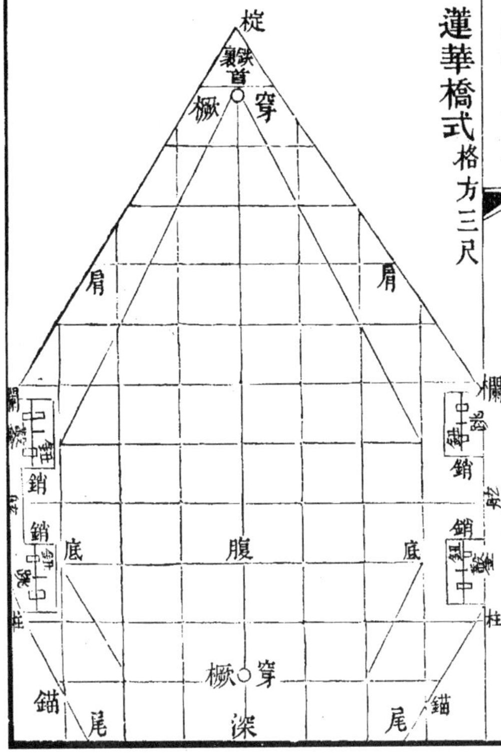




## 答姚念山書

書來諭以黃河穿運必致梗阻兄之言是也前明胡范諸公議引沁水入衛常居敬駁之云沁水渾濁臨德一帶必致淤塞矧引黃水入運其淤墊可勝道哉蓋西北諸省黃河經由處所除甯夏溝渠修治外其不講溝洫久矣今據考工記廣深尋尺計之每地方二十里容積二萬六千七百八十四丈是田野皆水櫃也每畝挑淤三十尺則方二十里者歲挑六百四十八萬尺是畎澮皆淺夫也餘水回入中流刷深河底是畎澮皆刷黃清水也禹治水曰濬畎澮距川溝洫不開欲無河患難已書未既適報墊埽者至杞人之憂未有艾也

附念山書讀啓稿具見經濟之學究本窮源佩服無斁此說乾隆初年有申給諫及嵇相國條奏俱經議駁蓋黃河穿運兩頭必須清水抵禦方可刷黃否則必致倒灌淤墊即如年來洪澤湖水稍弱黃水漲時即致捫口欄縵淺阻無法可施其明效也今若歸大清故道南有汶水尚可抵禦至臨清以北本係濁流與黃相遇必致淤成平陸運道從此梗阻矣弟在此兩年每見臨清口外漳衛漲發之時或汶水稍弱即將臨清板閘嚴密堵閉以免內灌其板閘以外箝口壩內淤高四五尺至七八尺不等隨掘隨淤必俟汶水蓄足高於衛水尺許啓閘沖出數尺淤泥立時刷通此中機宜真有不可解者是以去年張秋決後議聽河歸故道者不一而足並有欲截漳流專引衛水敵黃卒不果行也二月二十日

議開三堂窪書事

辛酉夏直省霪雨如注潮白永定滹沱漳衛運各河迸發水圍天津城浸沒城甎十七層田廬漂蕩男婦老幼奔避上城者以千計官吏皇皇無所措手足時余在仲兄縣署謂此間距海口不遠且黄河故道必有疏洩處徒恃捍禦勞民傷財且危險恐懼忠典史趙君趨進曰民間稱中堂窪可消水赴各衙門具呈道府恐滋事擲不納仲兄毅然曰城危在旦夕但有消水法余當任其咎中堂窪者宋史謂之三塘濼在津東南隅界連鹽山慶雲及山東海豐樂



陵諸縣邑南北中共三窪亦名三堂窪袤延七百餘里墟無人烟志稱蘆葦蒹雜爲蝗蝻發生及鹽梟竄聚之所雍正八年　怡親王興四局水利曾勘履其處乾隆三十五年直大水津沒城甎二十層募能疏水者二人出應命一人請隄上口講指畫似議掘隄者然羣鹽徒起而譁之應曰何與我事各官府將畢集汝等隨我往訴之官可耳鬨然偕之去行約十里許其一人駕小舟載大炮一轟而隄開河水陡落歸漕矣自是以來每遇内河水發諸鹽徒糾聚亡命千餘人攜帶各兵器守隄上晝夜輪流勿稍懈以故道府恐械鬥勿敢准時有回民黑某等詣縣請懸賞千金願糾衆開隄遇有人命事伊等自抵償勿爲官府累當是時水勢且增長南城垣裂陷丈餘百姓呼號聲夜達旦急切不暇作他計當給銀五百兩爲伊等安家費及備船隻費瀕行誡以宜慎爲之勿造次釀大獄黑某等唯唯去此七月二十日事二鼓後啓行翌午水落半尺許仍汪洋如故咸知被伊等誆却矣廿四日回民覆以中堂窪看守人夥不敢開開四擋口地形較高消水較少前領銀五百兩已用訖乞免追仲兄領之廿五日東南風大作海水逆



入攔江口民間恐海嘯益懽懼晡時風息海水挾河水去洪流以消詢之土人俱稱白露前未有事也由是人心始定余語仲兄曰天津三面受水沽口疏泄不及上游並受其害所謂尾閭不通胸腹交病者也議開中堂窪策誠善然倉猝召募爲之事鹵莽不可訓今水已幸退矣宜爲前車之鑒應於三堂窪處所詳請酌建閘壩若干座及啓閉章程每歲桃花汛啓閘洩水先期示諭居民毋得齊集窪地晒鹽捕魚阻遏水道霜降以後聽其營業悉如舊禆益畿輔非淺鮮兄以爲然會賑務倥偬差繇絡繹未果也

謹按以上圖說先生館闕里時所著也慶鏴玩索有年道光辛巳先生由鄂寄示刊本已敬爲之序明年先生卒於官茲哲嗣吉甫茂才來出示續刊江隄埽工議荆江論諭沔陽民水利說知先生樹績於楚北者倍矣並聞吉甫隨侍江干於狂飆駭浪中不避艱險躬率夫匠併力趨工故事得迅蕆而民不致擾惜先生未莅西北諸省一試溝洫之制爲可慨已甲申七月既望門人孔慶鏴拜跋



## 江隄埽工議

嘉慶癸酉歲九月之杪湖北試用知縣臣沈夢蘭奉兩湖督臣馬札開荆郡修築隄工需員辦理飭赴荆宜施道衙門聽候差委等因遵由公安旋郡沿隄閱視情形訖謹參末議備採擇焉竊惟治水之道必順乎水之性夫可蓄可導可行可止而不可磯者水之性也故善者因之其次利導之其次整齊之最下者與之爭禹之治水也行所無事者因之也曰疏瀹曰排决者利導而整齊之也築隄而防之則與水爭矣隄防起於漢時河决瓠子伐淇園之竹蓄



木樾以塞之而宜防之功成後世商胡各埽由是昉焉荆郡濱臨大江舊有九穴十三口元時可通者郝穴赤剝楊林采穴調絃小岳六處明初六穴復湮其五而隄防之議亟矣夫防川古所愼至水勢氾溢不得已而隄以爭之則必操其制勝之具以締固其根基而牢籠其繫屬然後可以頂其衝迎其溜任風搏浪擊而無有崩裂之患埽者防川之勝具也夫水之橫逆可以裂地維不能擧其連綿者而裂之其狂瀾暴漲可以崩山麓不能併其粘滯者而崩之此以柔制剛以直制橫海塘之用柴河工之用料胥是

法也徒築以土之磴磴壘以石之碿碿石河工惟玲瓏壩用碿子以減水洩漲
一遇風水激盪而碿碿者崩磴磴者裂矣附列條議如左
一大隄支埦潰缺各日宜用埽料鑲修以資鞏固也查
選料之法蘆葦䕩稭均以長爲上倣照南河草壩以稭
向外鋪一層料築一層土陂陀而上以至隄頂夯硪一
切仍須如法
一伏秋三汛險要工段宜用捲埽樁挂以備搶護也查
江水不似黃强當其漲發時渾濁浩瀚與河無異倣照
河工防險法用龍尾捲埽沿岸樁挂抵禦風浪俾老隄



土石不致崩墜
一江北隄岸宜加挑水壩二道以迴洪溜也查江勢日
趨沙鎮窖金洲址逐漸增長皆由原築磯頭不能挑水
折成迴溜所致除開腰河及蜡林口外應於江杆洲黑
窰廠加築草壩挑溜直趨引河以刷洲址以護沙鎮
一埽料工段宜照歲修例加倍以垂永久也查埽工頂
冲迎溜均可無虞惟新料和土着水久則耗朽以致蟄
陷勢所不免應照例加高培厚夯築結實三五年後與
土合一方可停止

以上諸條程工估料核與築土疊石難易懸殊查沿江洲
渚蘆葦彌望竹木各料均係土産若搬運土石則近隄既
無山阜民地率多窪下沙淤又不適用也料件整齊而輕
鬆擔荷省力鋪築省工與夫零襍而重笨者其工作亦迥
不侔也謹議



男師申　錫地　孫男熙齡　珂清　增齡　校字

荆江論

窖金洲為荆江一巨患數十年於兹矣查江面寬八百七十餘丈洲闊至六百丈佔其四分之三無怪年常水大也玉路口江最窄不及五分之一然亦百六十丈以十餘丈磯頭挑之所謂雖鞭之長不及馬腹中流折迴遂成旋溜而已嘗與諸紳耆籌之有議堵玉路口放江走南岸者無論　國家經費有常數十萬金驟難籌款果堵截矣而下游不通上游必漲萬城一帶在在可虞欲護沙鎮而貽害郡城此謬論也有議開窖金洲者查乾隆五十三年間僅



止一老洲耳三十年內又添一新洲較老洲而更大溜於之來無窮畚鍤之去有限區區民力與造物爭衡多見其不知量矣為今日計惟有抽溝之法以水治水尚不失古人排決之遺意查新老兩洲間原有腰河一股現在淤平仿照臨清挑甎板閘法挑汛前兩頭築箭口壩挖淺大汛時啟壩冲刷通暢可期其蜡林口接連沙灘刻下無從築壩只可於有水處用混江龍疏濬到水涸後再議開溝并加挑水壩以助水勢所謂日計不足月計有餘數年之後南流順軌北岸淤生隄工穩固矣夫地之於水猶人身之血脈無一息之停古之人順其勢而利導之是以榮衛調和而無偏痼之疾今議者動求一勞而永逸正如醫家者流偏攻偏補本病未除而變症劇作未見其能瘳也計開

一江面西寬八百七十餘丈北自楊林洲至拖船埠寬一百六十丈南寬三十餘丈東寬二百餘丈

一窖金老洲長九百五十丈中寬六百丈東寬四十丈

一新洲長千二百五十丈中寬六百丈西寬五百二十丈㙇下灘西連蜡林洲口長二百丈寬百餘丈北連老洲長千六百餘丈寬百二十丈至八九十丈不等

一蜡林洲長四百十丈東寬百二十丈西寬百十五丈



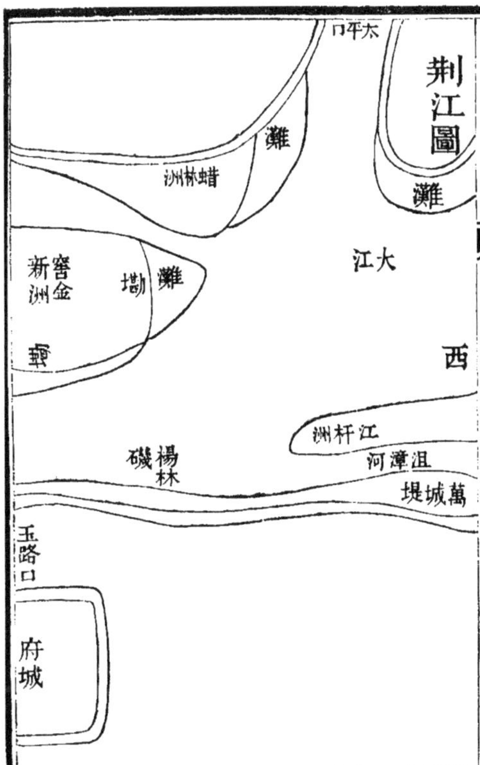

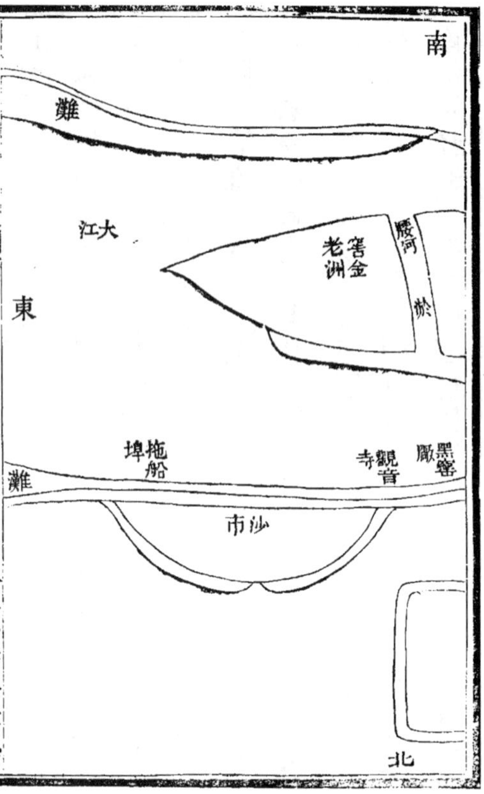




昔吾鄉蕭山來先生觀察荊南時江走南岸尙無所謂窖金洲也公相度形勢知江流將梗阻爰設壺觴觴紳士而告之爲未雨綢繆之舉衆紳等以千二百金應命公大笑卻之曰數十年之後十數倍於兹將無濟彼時自知之耳至今人傳誦之勿衰蘭偶閱圖卷爲都人士作借箸之籌幸無爲先生再笑焉時嘉慶戊寅春王旣望前署松滋縣事浙湖沈夢蘭譔圖并跋問抽溝之後不能刷洲奈何曰荊江所患者大溜全趨北岸將奪沙鎮耳如南流通暢洲淤不生如一贅疣然於人何害而刻期刷淨爲耶再混江能濬淤不如鐵布網之得實濟也附記

## 荊江論註釋

雙丰將軍荊江論曰凡水之若干作百分爲度人力只費一分水力自能倍之人力始終一分水力自能倍而又倍以比例法明之有如一四九十六二十五乃至百分其逐漸加增之速也如是謹案一四九至百分者言疏濬之效以十年爲率也假如人力始一分水力一年倍作二至次年加人力一分爲三併始之一分則成四矣二年水力倍作四至次年加人力爲五併前之四分則成九矣三年水力倍作六加次年人力爲七併前之九分則成十六矣四



年水力倍作八加次年人力爲九併前之十六則二十五矣五年水力倍作十加次年人力爲十一併前二十五則三十六矣六年水力倍十二加次年人力爲十三併前三十六則四十九矣七年水力倍十四加次年人力爲十五併前四十九則成六十四矣八年水力倍十六加次年人力爲十七併前六十四則八十一矣九年水力倍十八加次年人力爲十九併前八十一則成百分矣謹釋

七月十八日奉檄會丈窖金洲南北江水情形量得洲北江深七丈餘洲南江深八尺至丈四五尺不等大溜

全趨北岸南流水口紓邪自蜡林頭至老洲尾一交冬令二十里均成陸地歷今一十五年頃率夫役耙試經旬溜緩沙滯去少來多以鐵梳二十柄求一分之效於八九兩月之間人力有所不逮宜抽溝以借水力也一抽蜡林嘴沿蘆葦而東俾大江兩下如建瓴則南北之溜分矣一抽江杆心塞胥箕而南俾沮漳直注如激弩則北流減其一支南流增其一支矣戊寅孟秋下澣附識

受業陳　彥參校

孫男珂　清重刊



水利說諭沔陽業民

照得水之爲利其用無涯非直隴畝之間灌溉禾黍而已凡水中生殖菱芡菰茭之屬足資食用者厥類甚夥即以楚省而論蘄水一帶廣種荷蓮其實則珍果也其藕則嘉蔬也其葉則包匭者無不利用也至於白蓮藕粉上貢京師非其較著者歟本縣生長浙水籍任菱湖前人詩云村墟船作市地絶水爲鄰其風土可想見已唐太守崔公元亮勸諭民築淩波塘窪下者栽菱角高阜者植桑秧由是人烟稠集號稱樂土可知裁成輔相道在人爲民生在勤勤則不匱非虛言也沔陽西北據漢東南跨江幅幀三百餘里無岡巒林麓列乎其間古七澤中一支庶也前十年間建設新隄各閘口沮洳之域以次涸消奉文清丈淤田在州屬者七十四萬餘畝按則陞科其積年逋賦酌徵花利銀若干給民永爲世業　恩至渥也癸酉秋汛泛漲新田間被淹漬水口高仰疏洩維艱訟寃陞者以百計准予覆丈於今暮春之初奉委會勘茲土閱視四鄉淤田未經涸出者約什之一水深三四尺不等業民以現未播種呈訴紛紛彼蓋知利在土田而不知水之爲利與土田無

以異也今試量其淺深程其早晚水二三尺者以種藕蓮四五尺者以種菱芡六七尺者無所宜種矣編竹圍斷以養魚苗尚可以致陶朱之富所嘆者惰農自安乃逸乃諺雖授以膏腴之產其將不耕而穫不菑而畬乎是則寃已

嘉慶戊寅清和之望勘視泗屬寃陞訴案畢作是說以諭之浙湖沈夢蘭



受業潘奕泳參校

## 代河東道張惺堂觀察復蘭沚方伯書乙丑六月

前在晉陽承諭鹽池事宜某抵河東後遵即勘視情形查鹽池南靠中條東自白沙堰起西至長樂堰止三面隄堰凡十七皆以姚暹渠爲委輸池形如盤渠則其帶也渠源出王峪口合史家峪雕厓溝巫咸河諸水經夏縣安邑運城解州虞鄉與涑水河共入臨晉之五姓河由永濟孟明橋以達黃長百二十餘里先時運商額設歲修銀五千兩三年輪修大工則動商捐乾隆十一年大修借銀三萬餘兩十九年借銀二萬八千餘兩二十六七兩年借銀五萬



兩四十二年借銀二萬七千餘兩俱在運庫內借款興修在額引銷價銀並餘眭錠內分年歸款此歷來修理渠堰之章程也乾隆四十三年大修之舉奉文停止胥役以歲修爲具文未克功歸實用自是以來渠身日高橋洞日塌今五姓河已淤成平陸若不大加挑濬設遇霖潦盛漲則條山諸水無歸將以鹽池爲壑水衝沙壓之後必至數載乏鹽不獨解安三城有決口之虞抑且豫陝三省亦恐有淡食之患關係洵非淺鮮但大修停止至今幾三十年廢圮益久則修葺益難刻下庫項無款可挪所有歲修銀

兩不及二十分之一仰屋持籌殊堪焦灼嗣據商人前任
甯汝光道王麗游擊張肇業等呈稱保護鹽池係該商身
命所關原無容上廑憲慮緣河東向例坐商澆晒鹽池運
商出給銷價銀每名二十四兩查雍正八年官辦革除案
內乾隆七年唐縣引歸官辦案內三十三年隰州改食土
鹽案內應給銷價均奉部覆仍歸坐商各在案乾隆五十
七年課歸地丁案內運商裁革彼時未經將銷價聲明併
行除去此項始無所出復將運商額設歲修銀兩派令坐
商按畦代納商修無力職此之由刻下運商名色雖除但



零星販戶其獲利營生事同一例該販戶利在池鹽則鹽
池工程仍應商販均攤以昭平允商等公同籌議情愿遵
照銷價舊例每販鹽十觔酌存銀一釐每名二萬八千八
百觔計銀二兩八錢八分比從前銷價銀數不過七分之
一該商販衆擎易舉無不踴躍急公從此積少成多併現
存歲修銀兩通盤核算半年之後可期完工庶鹽池可保
而　國課無虧等語某察看情形惟有如此辦理可期蕆
事謹將查勘并籌辦緣由略陳梗概統候尊裁

孫男珂清重校刊

補錄續輯三十四則

畿輔志卷六雍正七年

上諭農事爲國家首務督率貴有專司現今畿輔之地營
種水田行之已有成效設立巡農御史當先行於直隸每
年差御史一員於田功初起之時巡歷州縣查察農民之
勤惰地畝之修廢以定州縣之考成其有荒廢農田者即
行參處該御史亦勤加勸課督令耕耘九十月間禾稼納
場回京覆旨至明年二月照例另派一員前往其該御史
出巡一應供給車馬俱照現今巡察御史之例按月給發



務使農業興修田功畢舉游手之人咸歸南畝以副朕重
農務本之至意

北魏崔楷冀定水患疏東北數州頻年淫雨汎濫爲灾若
李鑿畎澮所在疏通多置水口從河入海瀉其磽鹵洩此
陂澤九月農罷量役計功十月昏正立匠表度當境修治
不勞役遠終春自罷未須久功即以高下營田水種秔稻
陸藝桑麻必使室有久儲門餘豐積實上葉禦灾之方亦
中古井田之利

宋何承矩屯田水利疏云水田之盛誠可以限戎馬而省

轉粟之費萬世之利也

明邱濬大學衍義補云今雄霸等州縣在畿甸近地當四方無事人民繁庶之際按宋何承矩故跡而舉行之亦助國用省漕運之一助也

河南河庫供搶修名曰部撥協濟者約銀四十七萬六千餘兩供俸薪兵饟名曰外解河銀柴價者約銀二十二萬六千六百餘兩二共七十萬二千六百餘兩河東河庫及興舉大工在外

畿輔志卷四十六雍正三年秋直隸水旣賑旣貸烝民旣



乂

天子乃臨軒而咨命　怡賢親王曰畇畇畿甸非三代井畝之區平平衍千里而無一溝一澮流行而翕注之不達於川乃瀦在田非地利之異於古乃人事之未修也夫水聚之則爲害散之則爲利用之則爲利棄之則爲害倣遂人之制以興稻人之稼無欲速無惜費無沮於浮議於是以大學士臣朱軾爲輔行偏歷三輔所以爲疏瀹排決計者甚備事具河渠志中而於其間經度高下酌畫蓄洩一切引水漑田之法課導助補旌敘鼓舞之方咸條列以請

指授乃遵而行之四年先之灤玉諸州邑濬流圩岸建閘開渠皆官爲經理而工本之費借　帑以給歲納什一焉是秋田成歲稔凡一百五十頃有奇而民間之聞風興起自行播種者若霸州文安大城保定新安安州任邱共七百十四頃有奇於積潦停洳中隨方插蒔盡獲收穫於是爭求節水疏流以成水利而四局之設自茲起矣曰京東局轄白河以東豐玉薊寶平武灤遷隸焉曰京西局轄苑口以西宛涿房淶唐望安新霸任定行滿樂隸焉曰京南局轄滹沱以西正平井邢沙南磁永隸焉曰天津局轄苑



口以東津靜滄南興富二場隸焉局有長有副有效力委員凡相度估料開築運造皆委員與地方官偕而查報地數花名給發農本則專責之地方官田成工訖工程工本令守土者遵前規而達之營田府自五年分局至七年營成水田六千頃穗秸積於場圃秔稻溢於市廛向稱淤萊沮洳之鄉率富完安樂極一時之盛我

皇上愛養元元與之圖萬世之安則營田之政必將垂裕無疆所謂盡力溝洫以佐平成之績者與神禹比隆不可以不紀也故於河渠之後志水利營田以著其實效云

畿輔志卷九十四　怡賢親王營田疏云竊周禮遂人所掌畎遂溝洫澮川之制甚備澇則導畎達於川旱則引川注之畎所以歲不能灾也今南方之制雖不如古然陂堰池塘爲旱潦備者無所不至北方本三代分田授井之區而畿輔土壤之膏腴甲於天下東南濱海西北負山有流泉潮汐之滋潤無秦晉巖阿之阻格豫徐黃淮之激宕言水利於此地用力少而成功多者也宋何承矩於雄鄚霸州諸軍築隄六百里置斗門引淀水溉田民享其利元脫脫大興水利西自檀順東至迂民鎮數百里內盡爲水田



明萬歷間徐貞明汪應蛟試有成效卒爲浮議所阻竊意潤物者水其爲人害者由人不能用水也農田之利興則泛溢之害消矣請擇沿河瀕海施功容易之地若灤薊文霸雄新等處各設營田專官經畫課導小民力不能辦者動支正項代爲經理田熟歲納十分之一以補庫額其有力之家率先遵奉者圩田一頃以上分別旌賞違者督責不貸有能出貲代人營治者民則優旌官則議敘仍照庫帑例歲收十分之一歸完原本至各屬官田約數萬頃遣官會同有司首先舉行爲農民倡率其濬流圩岸以及濬水節水引水戽水之法一一仿照成規酌量地勢次第興修一年田成二年小稔三年而粒米狼戾小民睹水田之利自必鼓舞趨效將凡可通水之處無非多稔之鄉矣更有請者伏念濬河築圩損數夫之產利千耦之耕常有富家百頃俱享平成貧人數畦偏值挖壓若概償官價不惟所費不貲亦非民情所願請計畝均攤通融撥抵其河淀汙地已經成熟報陞必須挖掘者將附近官地照數撥補如有豪强抗拒不遵者嚴加治罪則事無中撓人皆樂從矣至浮議之惑民其說有二一曰北方土性不宜稻也凡



種植之宜因地燥溼未聞有南北之異今玉豐滿涿等處及正廣所屬不乏水田何嘗不歲歲成熟乎一曰北方之水暴漲則溢旋退卽消能爲害而不能爲利也夫山谷之泉源不竭滄海之潮汐日至長河大澤遇旱未嘗涸也況陂塘之儲有備無患乎此等浮議愚民易惑臣等宣布
皇仁悉心開導無不感激歡騰勸功趨事云云

元郭守敬言先時自燕京之西麻村分引盧溝一支東流穿西山而出是謂六合口自岔口以東燕京以北溉田萬頃其利不可勝計今若按故跡使山後通流上可以致西

山之利下可以廣京畿之漕

畿輔志永定河濁泥善肥苗稼凡所淤處變瘠爲沃其收數倍河所經由兩岸窪鹹之地甚多若相其高下開濬長渠如懷來保安石徑山引灌之法分道澆灌則斥鹵變爲肥饒而分水之道既多則奔騰之勢自減從高而下自近而遠一河之潤可及十餘州縣此轉害爲利之一奇也

永定河入長淘河則河淤入三角淀則淀淤下淤則旁溢防其溢則隄益加高而河亦與之俱高汛水漲發往往溢出隄上而有潰之患雍正三年十二月　怡親王奏准



於每年水退之後挖去淤泥俾河形不致淤高治河之策無踰此者

西淀河自茅兒灣出經保定北名玉帶河霸州南之苑家口名會同河至文安蘇橋分三支名三汊河自此而下匯爲東淀兩淀相望數十里

一統志明嘉靖八年廣平知府高汝行倣古井田法開渠建閘引滏水灌田稻田盛興

南北泊郎古大陸澤滚河冶河沙河泜河沛河槐河午河李陽河七里河入北泊百泉河牛尾河野河豐河沙河洺

河劉累河程二寨河聖水河順水河柳林河入南泊

許汝霖北河聖功頌序前議者欲合支流爲一過其入淀悉會注漕創鑿新道以歸於海

皇上洞燭其弊謂水勢合則猛分則弱今諸河分流若併歸運則漕運有妨併歸子牙則屯田有害悉屏羣議

明隆慶四年河決邳州自雄甯至宿遷淤百八十里漕運不得進侍郎翁大立請開泇河以遠河勢開蕭縣河以殺河流十月大立又奏開泇口就新衝復故道三策

涑水出絳縣橫嶺山經聞喜至安邑合姚暹渠入五姓湖



至永濟孟明橋入黃

巫咸河出中條經夏縣合趙村尉郭横洛渠諸水入姚暹渠　姚暹渠出平陸王峪口合史峪雕厓溝等水至五里橋爲李綽堰西轉爲姚暹渠南行合巫咸河經安邑苦池灘入五姓湖

萬歷十九年工部議覆潘季馴條議一放水淤平內地以圖堅久謂遥縷二隄防河善法但直河以西地勢卑窪歲歲患水宜將遥隄查閱堅固卸將縷隄相度地勢開缺放水沙隨水入地隨沙高庶患消而費可省

徐氏渭曰自禹治水後九州諸大水不大泛溢決徙者蓋田以井故也田井間之水自遂而溝而洫而澮溝深廣各四尺洫廣深倍之蓋取其細流以澤田而水勢之分千條萬派如髮之析而約於梳齒無臃腫不通之患廢井田而爲阡陌則凡向所析之細流盡併而爲陸矣猶髮之舊約於梳齒者今還束而髻之其勢併其力自悍矣又何怪乎

明宏治二年河決支流爲三一出封邱下曹濮一出中牟下尉氏一由蘭陽出宿州白公昂往治之乃築陽武隄以防張秋引中牟決口入淮浚宿州古睢河入泗皆浚而深



廣之又疏月河十餘以殺其勢水患稍息昂又以河入淮非正道恐不能容乃自魚臺歷德州至吳橋修古河隄又自東平至興濟疏小河十二道引水入大清河及古黃河以入海河口悉作石堰以時啟閉後其事卒寢不行

康濟論徐有貞治張秋有撓其議者曰不能塞河顧開之耶徐出二壺一竅五竅者各一注而瀉之則五竅者先涸議遂決

明嘉靖間河臣周用疏云天下有溝洫天下皆容水之地黃河何所不容天下皆修溝洫天下皆治水之人黃河何所不治水無不治則荒田何所不墾一舉而興天下之大利平天下之大患矣語見康濟論古人先得我心甲子五月記按用字行之吳江人弘治進士謚恭肅

陽信故城在今慶雲縣界信成今清河縣靈縣在今博平縣界

漢成帝時馮逡言清河承河下流土壤輕脆易傷宜浚屯氏以助大河泄暴水許商以用方不足且勿浚後三歲果決館陶又決平原入千乘孫禁言可由篤馬河入海商以在九河南非禹故迹不可遺患至永平十三年方止



宋熙寧二年司馬光言張鞏等欲塞二股河北流恐勞費末易或幸而可塞東流淺狹隄防未全是移恩冀深瀛之患於滄德等州也帝曰東流北流之患孰輕重光曰兩地皆王民無輕重帝曰河水常分二流何時當有成功光曰分爲二流鞏等不見成功於國家亦無所害西北之水併於山東故害大分則小矣帝曰防捍兩河何以供億光曰併爲一河則勞費自倍分二流則勞費減半今減北流財力之半以備東流不亦可乎　今水學云宋景德景龍兩決橫隴爲河之經流慶歷又決商胡橫隴斷絕商胡決河

自魏至恩冀乾寧入海爲北流嘉祐河流派別於魏之第六埽遂爲二股自魏恩東至德滄入海爲東流主東流者文彥博呉安持等主北流者歐陽修蘇轍等盈廷聚訟後東流斷絶竟北流矣

元至正十一年河防使賈魯塞黄陵岡決口沉大船百二十隻用椿木六十九萬餘株藁秸草料七百三十三萬五千餘束繩索竹篾鐵猫鐵纜諸物稱是八閱月而功成用中統鈔百八十四萬五千餘錠後世治河防者祖焉史氏以石人一隻眼挑動黄河天下反爲魯之罪誠爲過論然



魯之勞民傷財亦已甚矣至正十四年河決金鄉魚臺墳墓多壞彥斌母柩漂流三百餘里自是以後河決鄭州濟州范陽東平東明歲不絶書則魯功安在哉

續文獻通考宋熙寧間河決澶州曹村北流斷絶河由梁山濼分二派一合南清河入淮一合北清河入海至明洪武二十四年河決原武故道遂淤至正統十三年決滎陽過開封之西南而城北之新河又淤

嘉靖三十七年河北徙新集淤而爲陸二百五十餘里視故道高三丈有奇河自段家口析爲六股曰大溜溝小溜溝秦溝濁河胭脂溝飛雲橋俱由運河至徐洪又分一股由碭山堅城集下郭貫樓又析五小股龍溝母河梁樓溝楊氏溝胡店溝亦由小浮橋會徐洪河分爲十一流

日知錄漢平當言經義治水有決河深川而無隄防壅塞之文宋開寶之詔亦曰朕每閲前書詳究經瀆但言導河至海隨山浚川未聞力制湍流廣營高岸今之言治水者計無出於隄塞二事洪範言鯀陻洪水汩陳其五行後世治河之臣皆鯀也

明郭秉聰韓廷偉等言黄河自古爲患國朝則借之以濟



運渠之利故今之治河與古不同古也專除其害今也兼資其利古也導之北以順其就下之性今也導之南以避其沖決之虞蘭按禹貢貢道均達於河河之利濟久矣非自今伊始也至云導之北者順其就下之性則導之南者非矣水性不以古今異未有逆其性以爲導者也

嘉靖六年河決徐州及曹單城武豐沛等縣東溢逾漕入昭陽湖運道大阻詹事霍韜言古黄河自孟津至懷慶東北入海今圖便宜之策原武懷孟間審視地勢引河注於衛河不惟徐沛水勢可殺其半京師形勢其壯自倍便利

一也元人漕舟涉江入淮至封邱陸運百八十里至淇門入御河達京師今如導河入衛冬春水平漕舟由江入淮泝流至於河陰順流至於衛河夏秋水迅乃由徐沛達於臨清是得兩運道便利二也都御史胡世寗言河流分則勢小合則勢大河自汴以來南分二道一出汴城西滎澤中牟陳潁至壽州入淮一出汴城東祥符陳留亳州至懷遠入淮其東南一道自歸德宿虹睢寗至宿遷出其東分五道一自長垣曹鄆出陽穀一自曹州雙河集出魚臺塌場口一自儀封歸德出徐州小浮橋一出沛縣飛雲橋一出徐沛之中境山北溜溝六路皆入漕河今諸道皆塞惟沛縣一道僅存所謂合則勢大宜因其故道而分其勢云云疏並下工部



鄭元慶小谷口薈蕞諺云黃土接城頭淮揚一旦休高堰去寶應高一丈八尺去高郵二丈二尺有奇高寶隄去興化泰州田高丈許其去堰不啻卑三丈矣見潘宮保兩河議周竹岡云高堰原以障洪澤湖之水每年隄加高一尺次年湖水亦加高一尺仍漫隄而過但湖水長至一丈二尺外再欲加高修防費大此康熙二十二年之言也四十年總河張公題奏龍門壩石工原估九層必須加砌五層高出水面方資扞禦可見高堰之隄益加而益高矣夫以淮揚兩郡城郭田廬俱在釜底吁可畏哉

宋史河渠志黃河隨時漲落故舉物候爲水勢之名立春後東風解凍水至一寸則夏秋一尺頗爲信驗故謂之信水二三月爲桃花水春末爲菜花水四月麥黃水五月瓜蔓水六月礬山水七月豆花水八月荻苗水九月登高水十月復槽水十一十二月蹙凌水非時暴漲謂之客水水退淤澱夏則膠土肥腴初秋則黃滅土頗爲疏壤深秋則白滅土霜降後皆沙也



胡氏錐指黃河故道以今輿地考之自大積石山東北流逕西寗衛西南塞外至河州入塞合離水洮水逕蘭州合湟水浩亹水逕金縣靖遠寗夏中衛靈州平魯榆林西出塞逕廢豐州折而東逕三受降城南廢勝州東入塞南逕府谷河曲保德神木葭州興縣吳堡綏德臨縣永寗寗鄉清澗石樓延川永和大寗延長宜川吉州鄉寗韓城河津合汾水逕郃陽滎河臨晉朝邑華陰合渭水逕蒲州折而東至垣曲閿鄉靈寶芮城陜州平陸過底柱逕澠池垣曲

新安洛陽濟源孟縣孟津鞏縣合洛水逕溫縣合濟水逕汜水滎陽武陟合沁水經河陰滎澤獲嘉原武陽武延津胙城新鄉汲縣濬縣宿胥口（南爲滑縣）至大伾折而北歷內黃湯陰安陽臨漳魏縣成安肥鄉曲周平鄉廣宗鉅鹿爲禹貢導河至於大陸故瀆今漳水自鉅鹿南宮新河冀州東鹿深州衡水武邑武強阜城獻縣大城交河青縣靜海天津入海即徒駭故道也自滑縣開州觀城濮州范縣朝城陽穀茌平禹城平原陵縣德平樂陵商河武定青城蒲臺高苑博興利津爲東漢以後河道濬縣清豐觀城聊城平原陵縣商河齊東武定蒲臺利津爲唐歷五代以迄宋初河道馬頰河自清豐朝城莘縣堂邑博平絕王莽河經清平夏津高唐恩縣平原陵縣安德合篤馬河經德平樂陵海豐爲宋時二股河道自開州大名元城冠縣館陶邱縣臨清威縣清河夏津武城恩縣德州吳橋景州東光南皮交河滄州青縣靜海天津爲宋時北流故道金明昌五年河自陽武延津封邱長垣蘭陽東明曹濮鄆范壽張至梁山濼分二派一今大清河自東平東阿平陰長清齊河濟陽齊東武定青城濱州蒲臺至利津入海一今會通河自



東平汶上嘉祥濟甯合泗水至清河縣入淮是也

隄防之與溝洫利害顯然隄防立則水無旁分淤泥亦無旁散河日高而土日薄民不受水之利而害則無窮矣溝洫行則漲流有所容淤泥亦有所渫土日高而河日深民不受水之害而利且無窮矣

以上諸條　先大父於前書刊成後復加采輯也珂清謹藏行笥垂五十年茲以家庋原版悉付劫灰重行校刊因補錄之仍以冶山上公原序冠諸首其周易周禮孟子學三種甫於他處乞得原本擬即重付手民尚有詩書學二種初未梓行稿經堂兄熙齡攜歸吳中今兄雖返道山或不致於散軼亦當次第續刊焉光緒五年歲在己卯閏三月孫男珂清謹識

門下再晚學生章彭齡

俞培之

曾孫壻朱　壿

魯毓麟

王茂甲

曾孫鑒瓚元孫炳校字

此書刊既竣見晉省濬文書局奉
衞中丞劄准
宮保曾制府由行營遞到江蘇
吳中丞新刊本後列河工三省交界圖一幀此原本所佚
者今補鐫於後
光緒七年歲在辛巳二月孫男珂清謹又識

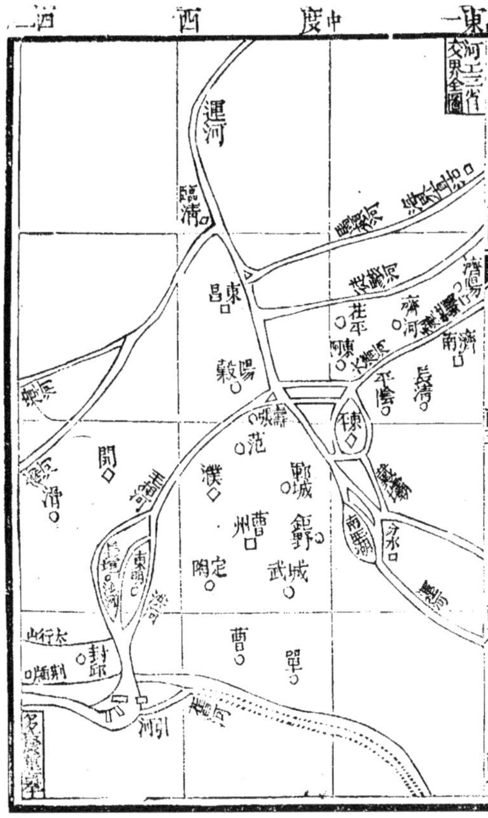




後序

經生家如聚訟世傳註疏箋譜等書往往髮齡就傳白首茫然至不能舉其篇目遑言施於行事哉夫經者徑也萬世不易之常道也使謂古法必不可行於今日則經訓似屬空言祖龍一炬洵非過舉然自西漢除挾書令古經漸出後代作者創立制度雖不必盡襲古人迹未嘗不師其意以致治平其有泥古而害今者特用法者非其人而不可謂爲說經者病且以是病經也顧經學明矣其書亦盛傳當時矣而不能見諸實事則行不遠見諸事而行之遠矣而非有克承家學公善於世者則傳之也不永古今來著作宏富身沒而名隨滅如累代經籍志中空挂書目而無其書者何可勝數幸而子若孫克承家學抱殘守闕亦勤亦摯而人不及時無大有力者爲之提倡而表彰之抑猶經學之小阨也夫以解經之難如彼傳經之難如此而望承學之士本經術以爲吏治豈易言哉雪溪沈君鏡秋趺宕多才不屑爲舉子業由丞尉洊升邑宰權平陸有能聲以辟佐新章改分陝右遂棄弗顧挾名法家言遨遊燕豫幷冀間素善予相得甚歡每翦燭論文心知其學有本

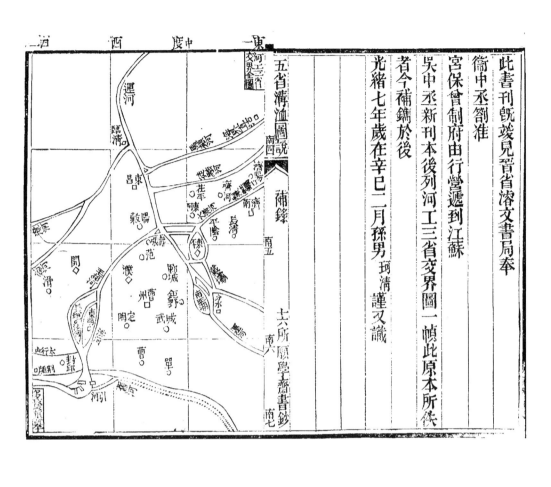

原者已卯春手一編示曰試爲我校之初不解所謂亟亟展視則　古村先生所願學齋書鈔而予十年前曾購得初印本而什襲藏之者也噫異矣吉光片羽希世之珍君胡乎得之旣而知　先生爲君尊大父且謂全稿凡六種已梓者易禮孟子學及五省溝洫圖說原板爲六丁取去詩書學二稿先長兄玉士携至吳中恐遂散佚近因三晉大祲深思善後之策莫急於興水利水利之要莫便於溝洫溝洫之法莫詳於圖說擬先付剞劂爲善後之一助而次及易禮孟子何如予甚服鏡秋之紹家學而善不私己



也謹取舊藏本參互考訂以歸之即於閏三月始事朞年成越三年辛巳春恭逢

儁中丞涖晉念切民依適江蘇

吳中丞以蘇局新刊本郵寄

宮保曾制府行營轉咨發局飭屬仿行蓋蘇局梓於庚辰春距鏡秋開梓之期遲一稔異地同心先後一揆文得人而傳人與時相際烏虖盛矣而鏡秋以易禮孟子等集亦將次告竣復謂予曰是書之成有日子與有勞焉願丐一言以誌顛末予維經義炳若日星坐而言尤貴起而行

古村先生本經術以發爲吏治談名理而不腐精考据而不煩乃若溝洫圖說酌古宜今其道易明其教易行亦旣措施於沔陽荆江等處至今猶利賴之則是書有裨實用而非經生家常言也益信從此承學之士曉然於古法之果可行於今日在法古而不泥古毋使議古者藉爲口實是則　先生著作之本意亦即鏡秋重刊之盛心也歟或者猶以缺詩書爲憾而又何憾也夫豐城劍氣歷刦不磨神物之出有時離亦有時合三吳爲人才淵藪安知不有珍惜瑯嬛如予者乎君其勤加搜訪他時合浦珠還幸即



報予予雖不敏猶能吮墨濡毫以賛全集之成也

光緒七年歲在辛巳仲春月分水後學少崖王家坊拜譔

# 吳中水利書

（宋）單　鍔　撰

《吴中水利書》，（宋）單鍔撰。單鍔（一〇三一—一一一〇），字季隱，宜興（今屬江蘇）人。宋嘉祐四年（一〇五九）進士，但是及第後不願做官，而對吴中水利尤其關注，著成《吴中水利書》。蘇軾曾將該書獻給朝廷，但是並未受到當朝者的重視。單氏還著有《詩》《易》《春秋》等義解。

鑒於太湖地區水患嚴重，頻繁發生災害的現實，單氏曾獨自乘坐小舟，往來於蘇州、常州、湖州之間三十餘年，從事實地考察，不放過一溝一瀆，探尋其源流與地勢，並將其所見所聞撰成該書，重點在於論述太湖地區洪澇的原因以及治理策略。

全書首先總結了前人探求太湖水患的原因，立足太湖流域全域，觀察地勢，結合河流的特點，探求各水道的變遷過程與影響，分析河流水量吐納關係與矛盾，揭示出太湖洪澇彌漫的原因在於：納而不吐，泄水不暢，導致河湖水位抬高，從而造成災害。單氏據此提出上、中、下游並舉的綜合治理方案，即修復五堰，減少上游來水；開通夾苧干瀆，浚治江陰十四港，導湖西岡坡來水，北入長江；鑿吴江岸爲木橋，浚治白蜆、安亭二江，以擴大湖水出路；疏排地區積水，修復水網圩田，以便於生産、生活；修復運河堰埭與潴水陂塘，以利灌溉與航運。

單氏所提出的太湖水患治理的上節、中分、下疏之法，謀求來水與去水平衡，解決蓄泄矛盾，兼及圍墾、治田、灌溉、航運等項，頗具科學性，多有創新之見，對後世影響較大。稍晚的郟僑在《水利書》中，基本繼承了單氏的觀點。明代永樂年間，『夏原吉疏吴江水門，濬宜興百瀆；正統中，周忱修築溧陽二壩，皆用鍔説』（《四庫全書總目·吴中水利書》）。但是書中過分強調決放湖水，也有一定局限性。

該書流傳甚廣，明清時期曾多次刻印，太湖地區的地方志以及水利古籍有的全文轉載，有的摘要徵引。南京圖書館等藏有清嘉慶二十二年（一八七一）刊本、清光緒二十六年（一九〇〇）和《常州先哲遺書》本。今據南京圖書館藏清光緒二十六年刻本影印。

（熊帝兵）

# 三吳水利書

庚子仲秋月
弇山鐸署刊



欽定四庫全書總目六十九

吳中水利書一卷 兩江總督採進本

宋單鍔撰鍔字季隱宜興人嘉祐四年進士歐陽修知舉時所取士也得第以後不就官獨留心于吳中水利嘗獨乘小舟往來於蘇州常州湖州之間經三十餘年凡一溝一瀆無不周覽其源流考究其形勢因以所閱歷著爲此書元豐六年蘇軾知杭州日常爲狀進於朝會軾爲李定舒亶所劾逮赴御史臺鞫治其議遂寢明永樂中夏原吉疏吳江水門濬宜興百瀆正統



中周忱修築溧陽二壩皆用鍔說嘉靖中歸有光作三吳水利錄則稱治太湖不若治松江鍔欲修伍堰開夾苧千瀆以截西來之水使不入太湖不知揚州藪澤天所以豬東南之水也水爲民之害亦爲民之利今以人力遏之就使太湖乾枯於民豈爲利歟其說特與鍔異歲月緜邈陵谷變遷地形今古異宜各據所見以爲論要之舊法未可全執亦未可全廢在隨時消息之耳蘇軾進書狀載東坡集五十九卷中此書卽附其後書中有併圖以進之語載於其上加

貼黃云其圖畫得草略未敢進上乞下有司討會單鍔別畫此本刪此貼黃惟存別畫二字自爲一行蓋此書久無專刻志書從東坡集中錄出此本又從志書錄出故輾轉舛漏如是也



# 吳中水利書

宜興單鍔季隱

竊觀三州之水爲害滋久較舊賦之入十常減其五六以日月指之則水爲害于三州逾五十年矣所謂三州者蘇常湖也朝廷屢責監司監司每督州縣又間出使者尋按舊蹟使講明利害之原然而西州之官求東州之利目未嘗歷覽地形之高下耳未嘗講聞湍流之所從來州縣憚其經營百姓厭其出力均曰水之患天數也按行者駕輕舟于汪洋之陂視之茫然猶擿埴索途以爲不可治也間有忠于國志于民深求而力究之然猶知其一而不知其二知其末而不知其本詳于此而略于彼故有曰三州之水咸注之震澤震澤之水東入于松江由松江以至于海自慶歷以來吳江築長堤橫截江流由是震澤之水常溢而不泄以至壅灌三州之田此知其一偏者也或又曰由宜興而西溧陽縣之上有伍堰者古所以節宣歙金陵九陽江之水由分水銀林二堰直趨太平州蕪湖後之商人由宣歙販運簰木東入二浙以伍堰爲艱阻因相爲之謀罔給官長以廢伍堰伍堰既廢則宣歙金陵九陽之水或遇五六月山水暴漲則皆入于宜興之荊溪由荊溪而入震澤蓋上三州

之水東灌蘇常湖也此又知其一偏者耳或又曰宜興之有百瀆古之所以洩荆溪之水東入于震澤也今已湮塞而所存者四十九條疏此百瀆則宜興之水自然無患此亦知其一偏者也三者之論未嘗參究其詳以鍔視其蹟自西伍堰東至吳江岸猶人之一身也伍堰則首也荆溪則咽喉也百瀆則心也震澤則腹也旁通震澤衆瀆則脈絡衆竅也吳江則足也今上廢伍堰之固而宣歙池九陽江之水不入蕪湖反東注震澤下又有吳江岸之阻而震澤之水積而不洩是猶有人焉桎其手縛其足塞其衆竅以水



沃其口沃而不已腹滿而氣絶視者恬然猶不謂之已死今不治吳江岸不疏諸瀆以洩震澤之水是猶沃水于人不去其手桎不解其足縛不決其竅塞恬然安視而已誠何心哉然而百瀆非不可治伍堰非不可復吳江岸非不可去蓋治有先後且未築吳江岸之先伍堰之廢已久然而三州之田尚十年之間熟有五六伍堰猶未爲大患自吳江築岸已後十年之間熟無二三欲具驗之閱三州歲賦所入之數可以見矣且以百瀆言之古者所以洩西來衆水入震澤而終歸于海蓋震澤吐納衆水今納而不吐鍔竊

視熙甯八年時雖大旱然連百瀆之田皆魚游鼈處之地低汙之甚也其田去百瀆無多遠而田之苗是時亦皆旱死何哉蓋百瀆及旁穿小港瀆歷年不遇旱皆爲泥沙堙塞與平地無異矣雖去震澤甚邇民力難以私舉時官又無留意疏導者苗卒歸于槁死自熙甯八年迄今十四載其田卽未有不耕之日歲歲訴潦民益憔悴昔嘉祐中邑尉阮洪深明宜興水利方是時吳中水洪屢上書監司乞開百瀆監司允其請遂鳩工于食利之民疏導四十九條是年大熟此百瀆之驗歲水旱皆不可不開也宜興所利非止



百瀆東有蠡河橫亙荆溪東北透湛瀆東南接罨畫溪昔范蠡所鑿與宜興西蠡運河皆以昔賢名呼爲蠡河遇大旱則淺澱中旱則流通又有孟涇洩滆湖之水入震澤其他溝瀆湮塞其名不可縷舉夫吳江岸界于吳淞江震澤之間岸東則江岸西則震澤江之東則大海百川莫不趨海自西伍堰之上衆川由荆溪入震澤注于江由江歸于海地傾東南其勢然也慶歷二年欲便糧運遂築此隄橫截江流五六十里致震澤之水常溢而不洩浸灌三州之田每至五六月間湍流峻急之時視之吳江岸之東水常低岸

西之水不下一二尺此隄岸阻水之跡自可覽也又睹岸東江尾與海相接處汙澱茭蘆叢生沙泥漲塞而江岸之東自築岸以來沙漲成一村昔爲湍流奔湧之地今爲民居民田桑棗場圃吴江縣由是歲增舊賦不少雖然增一邑之賦反損三州之賦知幾百倍耶夫江尾昔無茭蘆壅障流水今何致此蓋未築岸之先源流東下峻急築岸之後水勢緩無以滌蕩泥沙以至增積茭蘆生矣茭蘆生則水道狹水道狹則流洩不快雖欲震澤之水不積其可得耶今欲洩震澤之水莫若先開江尾茭蘆之地遷沙村之民運



其所漲之泥然後以吴江岸鑿其土爲木橋千所以通糧運每橋用耐水土木樁二條各長二丈五尺横梁三條各長六尺柱六條各長二丈除首尾占閣外可得二丈餘栱道每一里計三百六十步一里爲橋十所計除占閣外可開水面二十三丈每三十步一橋也一千條橋共開水面二千丈計一十一里四十步也隨橋栱開茭蘆爲港走水仍于下流又開白蜆安亭二江使太湖水由華亭青龍入海則三州水患必大衰減常州運河之北偏乃江陰縣也其地勢自河而漸低上自丹陽下至無錫運河之北偏古有洩

水入江瀆一十四條曰孟瀆曰黄汀堰瀆曰東函港曰北戚氏港曰五卸堰港曰梨溶港曰蔣瀆曰歐瀆曰魏瀆涇曰支子港曰蠡瀆曰牌涇皆以古人名或以姓稱之昔皆以洩衆水入運河立斗門又北洩下江陰之江今名存而實亡今存者無幾二浙之糧船不過五百石運河止可常存五六尺之水足可以勝五百石之舟以其一十四處立爲石䃮斗門每瀆于岸北先築隄岸則制水入江若無隄防則水汎濫而不制將見灌浸江陰之民田民居矣昔熙甯中有提舉沈披者輒去五卸堰走運河之水北下江中遂害



江陰之民田爲百姓所訟即罷提舉亦嘗被罪始欲以爲利而適足以害之此未達古人之智以至敗事也竊見錢塘進士余默兩進三州水利徒能備陳功力瑣細之事殊不知本末惟有言得常州運河晉陵至無錫一十四處置斗門洩水北下江陰大江雖三尺童子亦知如此可以爲利然余默雖能言斗門一事合鍔鄙策奈何無法度以制入江之水行之則豈止爲一沈披耶又睹主簿張實進狀言吴江岸爲阻水之患涇函不通其言然則然矣惟言吴江岸而不言措置水之術蓋古之所剏涇函在運河之下用長

梓木爲之中用銅輪刀水衝之則草可刈也置在運河底下暗走水入江今常州有東西兩函地名者乃此也昔治平中提刑元積中開運河嘗云見函管但見函管之中皆泥沙以爲功力甚大非可易復遂已今先開鑿江湖海故道堙塞之處洩得積水他日治函管則可若未能開故道而先治函管是知末而不知本也竊見常州運河之北偏皆江陰低下之田常患積水難以耕植今河上爲斗門河下築隄防以管水入江百姓由是緣此河隄可以作田圍此洩水利田之兩端也宜興縣西有夾苎干瀆在金壇宜興武



進三縣之界東至滆湖及武進縣界西南至宜興北至金壇通接長塘湖西接伍堰茅山辟步山水直入宜興之荆溪其夾苎千蓋古人亦所以洩長塘湖東入滆湖洩滆湖之水入大吳瀆塘口瀆白魚灣高梅瀆四瀆及白鶴溪而北入常州之運河由運河而入一十四條之港北入大江今一十四條之港皆名存而實亡纍有知利便者獻議朝廷欲依古開通北入運河以注大江自滆湖長塘湖兩首各開三分之二焉彼田戶皆豪民不知利便惟恐開鑿已田陰構胥吏皆柅而不行元豐之問金壇長官奏請乞開朝廷

又降指揮委江東及兩浙兩路監司相度及近縣官員相視又爲彼豪民計構不行儻開夾苎干瀆通流則西來他州入震澤之水可以殺其勢深利于三州之田也鍔于熙甯八年歲遇大旱竊觀震澤水退數里清泉鄉湖乾數里而其地皆有昔日邱墓街井枯木之根在數里之間信知昔爲民田今爲太湖也太湖卽震澤也以是推之太湖寬廣逾於昔時昔云有三萬六千頃自築吳江岸及諸港瀆堙塞積水不洩又不知其愈廣幾多頃也鍔又嘗見低下之田昔人爭售之今人爭棄之蓋積年之水十無一熟積空頭



之稅或遇頻年不收則飢餓匃殍鬻妻子以償王租或置其田舍其廬而逋至于酒坊處有水鄉沽賣不行以致敗闕者比年尤甚皆緣水傷下田不收故也鍔又嘗游下鄉竊見陂澇之間亦多邱墓皆爲魚鼈之宅且古之葬者不卽高山則于平地陸野之間豈卽水穴以危亡魂耶嘗得唐埋銘于水穴之中今猶存焉信夫昔爲高原今爲汙澤今之水不洩如故也昨熙甯間檢正張諤命屬吏殿丞劉懿相視蘇秀二州海口諸浦瀆爲沙泥壅塞將欲疏鑿以決流水懿相視回申以謂若開海口諸浦則東風駕海水倒注

反灌民田諺謂慤曰地傾東南百川歸海古人開海口諸浦所以通百川也若反灌民田古人何爲置諸浦耶百川東流則有常西流則有時因東風雖致西流風息則其流亦復歸于海其勢然也凡江湖諸浦港勢亦略同慤雖信其如此然猶有說蓋以昔視諸浦無倒注之患而今乃有之蓋昔無吳江岸之阻諸浦雖暫有泥沙之壅然百川湍流浩急泥沙自然滌蕩隨流以下今吳江岸阻絕百川湍流緩慢緩慢則其勢難以滌蕩沙泥設使今日開之明日復合又聞秀州青龍鎮入海諸浦古有七十二會蓋古人爲七



十二會曲折宛轉者蓋有深意以謂水隨地勢東傾入海雖曲折宛轉無害東流也若遇東風駕起海潮洶湧倒注則于曲折之間有所回激而泥沙不深入也後人不明古人之意而一皆直之故或遇東風海潮倒注則泥沙隨流直上不復有阻凡臨江湖海諸港浦勢皆如此所謂今日開之明日復合者此也今海浦昔日曲折宛轉之勢不可不復也夫利害挂于眉睫之間而人有所不知今欲洩三州之水先開江尾去其泥沙茭蘆遷沙上之民疏吳江岸爲千橋次置常州運河一十四處之斗門石䃮隄防管水入江次開道臨江湖海諸縣一切港瀆及開通西涇水旣洩矣方誘民以築田圍昔郟亶嘗欲使民就深水之中壘成圍岸夫水行于地中未能洩積水而先成田圍以狹水道當春夏湍流浩急之時則水常湧行于田圍之上非止壞田圍且淹浸廬舍矣此不智之甚也欲乞朝廷指揮下兩浙轉運使擇智力了幹官員分布諸縣則不越數月其功可畢所有創橋疏通河港置斗門利便制度不在規規而言也今所畫三州江湖溪海圖一本但可觀大略港瀆之名亦布其一二耳欲見其詳莫若下蘇常湖諸縣各畫溪河溝



港圖一本各言某河某瀆通某縣某處俟其悉上合而爲一圖則纖悉若視于指掌之間也鍔又睹秀州青龍鎮有安亭江一條自吳江東至青龍由青龍洩水入海昔因監司相視恐走透商稅遂塞此一江其江通華亭及青龍夫籠截商稅利國能有幾耶堰塞湍流其害實大又況措置商稅不爲難事竊聞近日華亭青龍人戶相率陳狀情願出錢乞開安亭江見有狀准本縣官吏未與施行近又訪得宜興西滆湖有二瀆一名白魚灣一名大吳瀆洩滆湖之水入運河由運河入一十四處斗門下江其二瀆在塘口瀆

之南又有一瀆名高梅瀆亦洩滆湖之水入運河由運河入斗門在吳瀆之南近聞知蘇州王覿奏請開海口諸浦鍔竊謂海口諸浦不可開今開之不逾時或遇東風則泥沙又合矣嘗觀考工記曰善溝者水齧之善防者水淫之蓋謂上水湍流峻急則自然下水泥沙齧去矣今若俟開江尾及疏吳江岸為橋與海口諸浦同時興工則自然上流東下齧去諸浦沙泥矣凡欲疏導必自下而上先治下則上之水無不疏若先治上則水皆趨下漫滅下道而不可施功力其勢然也故今治三州之水必先自江尾海口諸浦



疏鑿吳江岸及置常州一十四處之斗門築隄制水入江北與吳江兩處分洩積水最為先務也然鍔觀合開三州諸瀆港不必全藉官錢蓋三州之民憔悴之久人人欲開故半可以資食利戶之力也今略舉其一二若開江尾疏吳江岸為橋遷吳江岸東一村之民開地復為昔日之江置一十四處之斗門并築一十四條隄制水入江開夾苧干臼鶴溪白魚灣大吳瀆塘口瀆宜興東蠡河則上非官錢不可開也若宜興之橫塘百瀆蘇州之海口諸浦安亭江江陰之季子港春申港下港黃田港利港宜興縣之塘頭瀆

及諸縣凡有自古洩水諸港浜瀆盡可資食利戶之力也莫若先下三州及諸縣鈔錄諸道江湖海一切諸港瀆溝浜自古有名者及供上丈尺之料功力之費或係官錢或係食利私力期之以施工日月同日開鑿同日疏放若或放水有先後則上水奔湧東下衝損在下開浚未畢溝港以故須同日決放也或者有謂昔人創望亭呂城奔牛三堰所以慮運河之水東下不制是以制堰以節之以通漕運自熙寧治平間廢去望亭呂城二堰然亦不妨綱運者何耶鍔曰昔之太湖及西來眾水無吳江岸之阻又一切通江



湖海故道未嘗堙塞故運河之水常慮走洩入于江湖之間是以制堰以節之今自慶歷以來築置吳江岸及諸港浦一切堙塞是以三州之水常溢而不洩二堰雖廢水亦常溢去堰若無害今若洩江湖之水則二堰尤宜先復不復則運河將見涸而糧運不可行此灼然之利害也又若宜興創市橋去西津堰蓋嘉祐中邑尉阮洪上言監司就長橋東市邑中創一橋使運河南通荊溪初開鑿市街乃見昔日橋柱尚存泥中咸謂古為橋于此也又運河之西口有古西津堰今已廢去久矣且古之廢橋置堰以防走透運

河之水今也置橋廢堰以通荆溪則溪水常倒注運河之內今之與古何利害之相反耶鍔以爲古無吳江岸衆水不積運河高于荆溪是以塞橋置堰以防洩運河之水也今因吳江岸之阻衆水積而常溢倒注運河之內是以創橋廢堰見利而不見害也今若治吳江岸洩衆水則運河之水再防走洩當于北門之外創一堰可也其利害蓋如此也或又曰竊觀諸縣高原陸野之鄉皆有塘圩或三百畝或五百畝爲一圩蓋古之人停蓄水以灌溉民田以今視之其塘之外皆水塘之中未嘗蓄水又未嘗植苗徒牧養牛



羊畜放鳧鴈而已塘之所創有何益耶鍔曰塘之爲塘是猶堰之爲堰也昔日置塘蓄水以防旱歲今日三州之水久溢而不洩則置而爲無用之地若決吳江岸洩三州之水則塘亦不可不開以蓄諸水猶堰之不可不復也此亦灼然之利害矣苟堰與塘爲無益則古人奚爲之耶蓋古之賢人君子大智經營莫不除害興利出于人之所未到後之人淺謀管見不達古人之大智顛倒穿鑿徒見其害而未見其利也若吳江岸止知欲便糧運而不知遏三州之水反以爲害又若廢青龍安亭江徒知不漏商旅之稅又不

知反狹水道以遏百川今之人所以戾古者凡如此也鍔竊觀無錫縣城內運河之南偏有小橋由橋而南下則有小瀆瀆南透梁溪瀆有小堰名單將軍堰自橋至梁溪其瀆不越百步堰雖有亦不渡船筏梁溪即接太湖昔所以爲此堰者恐洩運河之水昔熙寧八年是歲大旱運河皆旱涸不通舟楫是時鍔自武林過無錫因見將軍堰既不渡舟筏而開是瀆者古人豈無意乎因語邑宰焦千之曰今運河不通舟楫竊觀將軍堰接運河去梁溪無百步之遠古人置此堰瀆意欲取梁溪之水以灌運河千之始以鍔言



爲狂終則然之遂率民車四十二管車梁溪之水以灌運河五日河水通流舟楫往來信夫古人經營利害凡一溝一瀆皆有微意而今人昧之也嘗見蘇州之茜涇昔范仲淹命工開導以洩積水以入于海當時諫官不知蘇州患在積水不洩咸上疏言仲淹走洩姑蘇之水蓋不知其利而反以爲害今茜涇自仲淹之後未復開鑿亦久堙塞鍔存心三州水利凡三十年矣每睹一溝一瀆未嘗不明古人之微意其間曲折宛轉皆非徒然鍔今日之議未始增廣一溝一瀆其言與圖符合若非觀地之勢明水之性則無以

見古人之意今并圖以獻惟執事者上之朝廷庶幾
三州憔悴之民有望于今日也

貼黃

其圖畫得草略未敢進上乞下有司計會單鍔

別畫

一先開吳江縣江尾茭蘆地

一先遷吳江沙上居民及開白蜆江通青龍鎮安亭
江通海

一先去吳江岸土爲千橋

一先置常州運河㪷門二十四所用石䃘并築堤管



水入江

一次開夾苧千白鶴溪白魚灣塘口瀆大吳瀆令長
塘瀉湖相連走洩西水入運河下㪷門入江

一次開宜興百瀆見今只有四十九條東入太湖

一次開蘇州茜涇白茅七鴉福山梅里諸浦

一次開江陰下江黃田春申季子竈子諸港

一次根究臨江湖海諸縣凡洩水諸港瀆並皆疏鑿

伍堰水利

昔錢舍人公輔爲守金陵嘗究伍堰之利雖知伍堰之利而不知伍堰以東三州之利害鍔知三州之水利而未知伍堰以西之利害一日錢公輔以世所論伍堰之利害與鍔參究方知始末利害之議完也公輔以爲伍堰者自春秋時吳王闔閭用伍子胥之謀伐楚始創此河以爲漕運春冬載二百石舟而東則通太湖西則入長江自後相傳未始有廢至李氏時亦常通運而制牛于堰上挽曳船筏于固城湖之側又常設監官置廨宇以收往來之稅自是河道淤塞堰埭低狹虛務添置者十有一堰往來舟筏莫能通行而水勢遂不復西及遇春夏大水江湖汎漲則圍頭王母龍潭三㵎合爲一道而奔衝東來河之不治



愈可見也今若開通故道而存留銀林分水二堰則諸堰盡可去矣所欲存二堰者蓋本處銀林堰以西地形從東迤邐西下自分水堰以東地形從西迤邐東下而其河自西壩至東壩十六里有餘開淘之際須隨逐處地形之高下以濬之然後江東兩浙可以無大水之患然銀林堰南則通建平廣德北則通溧水江甯又當增修高廣以俟商旅舟船往還之多可以置官收稅如前之利此伍堰之所以不可不復也

今莫若治伍堰使上之水不入于荆溪而由分水銀林二堰直趨太平之蕪湖下治吳江之岸爲千橋使

太湖之水東入于海中治百瀆之故道與夫蘇常湖三州之有故道旁穿于太湖者雖不可縷舉而槪可以跡究也難者曰雖復伍堰奈何伍堰之側山水東下乎復堰無益也鍔答曰由伍堰而東注太湖則有宣歙池廣溧水之水苟復堰使上之水不入于荆溪其餘之水甯有幾耶比之未復十須殺其五六耳難者乃服

按宋神宗元豐間議興水利蘇文忠公知杭州上封事獻單鍔書史不槪載且罹中丞李定舒亶劾奏非神宗決桑田之詠幾釀大禍矣蓋其時以蘇公見忌而豈有于錄鍔哉易曰屯其膏施未光也鳴呼南渡之治可以鑒矣



歸震川曰太湖入海之道獨有一路所謂吳松者顧江自湖口距海不遠有潮泥填淤反土之患爲民所占所以松江日隘昔人別鑿港浦以求一時之利而松江之勢日失海口遂至堙塞豈非治水之過歟宜興單鍔著書爲蘇子瞻所稱然欲修伍堰開夾苎千瀆以截西來之水使不入太湖不知揚州藪澤天所以豬東南之水也今以人力遏之夫水爲民之害亦爲民之利就使太湖乾枯于民豈爲利哉治吳之水宜耑力于松江松江既治則太湖之水東下而餘水不勞餘力矣或曰禹貢三江既入震澤底定吳地尙有東江婁江與松江爲三震澤所以入海非一江也曰張守節史記正義云一江西南上太湖爲松江一江東南上至白蜆湖爲東江一江東北下曰婁江本言二水皆松江之所分流水經所謂長瀆歷湖口東則松江出焉江水奇分謂之三江口者也而非禹貢之三江大抵說三江者不一惟郭景純以爲岷江浙江松江爲近蓋經特紀揚州之水今之揚子江錢塘江松江並在揚州之境而松江由震澤入海經蓋未之及也由此觀之則松江獨承太湖之水其源近不可比擬揚子江而深闊當與相雄長范蠡云吳之與越三江環之夫環吳越之境非岷江浙江松江而何則古三江並稱無疑故治松江則吳中必無他水之患然必令深闊與揚子江埒而後可言復禹之績也　按此以岷江松江錢塘江爲三江與蔡注不同更參之按太湖禹貢曰震澤爾雅曰具區左傳曰笠澤史記曰五湖皆此也五湖者張勃吳錄云周行五百里故名虞仲翔云東通長洲松

江南通烏程霅溪西通義興荊溪北通晉陵滆湖東連嘉興韭溪水凡五道故謂之五湖按今湖中自有五湖曰菱湖莫湖游湖貢湖胥湖五湖之外又有三小湖梅梁湖金鼎湖東皋里湖總謂之太湖　宜興有三湖太湖滆湖洮湖洮湖又在滆湖西北義興記太湖射湖貴湖陽湖洮湖是謂五湖

進單鍔吳中水利書　蘇軾

臣竊聞議者多謂吳中本江海太湖故地魚龍之宅而居民與水爭尺寸以故常被水患蓋理之當然不可復以人力疏治是殆不然臣到吳中二年雖爲多



雨亦未至過甚而蘇常湖三州皆大水害稼至十七八今年淫雨過常三州之水遂合爲一太湖松江與海渺然無辨者蓋因二年不退之水非今年積雨所能獨致也父老皆言此患所從來未遠不過四五十年耳而近歲特甚蓋人事不修之積非特天時之罪也三吳之水瀦爲太湖太湖之水溢爲松江以入海海水日兩潮潮濁而江清潮水常欲淤塞江路而江水清駛隨輒滌去海口常通故吳中少水患昔蘇州以東官私船舫皆以篙行無陸挽者古人非不知爲挽路以松江入海太湖之咽喉不敢鯁塞故也自慶歷以來松江始大築挽路建長橋植千柱水中宜不甚礙而夏秋漲水之時橋上水長高尺餘況數十里積石壅土築爲挽路乎自長橋挽路之成公私漕運便之日葺不已而松江始艱噎不快江水不快輭緩而無力則海之泥沙隨潮而上日積不已故海口湮滅而吳中多水患近日議者但欲發民浚治海口而不知江水艱咽雖暫通快不過歲餘泥沙復積水患如故今欲治其本長橋挽路固不可去惟有鑿挽路于舊橋外別爲千橋橋谼各二丈千橋之積爲二千丈水道松江宜加迅駛然後官私出力以浚海口海



口既浚而江水有力則泥沙不復積水患可以少衰臣之所聞大略如此未得其詳舊聞常州宜興進士單鍔有水學故召問之出所著吳中水利書一卷且口陳其曲折則臣言止得十二三耳臣與知水者考論其書疑可施用謹繕寫一本繳連進上伏望聖慈深念兩浙之富國用所恃歲漕都下百五十萬石其他財賦供饋不可悉數而十年九澇公私凋敝深可愍惜乞下臣言與鍔書委本路監司躬親按行或差强幹知水官吏考實其言圖上利害臣不勝區區謹錄奏聞伏候敕旨

單鍔字季隱宜興人錫之弟登嘉祐四年進士己亥劉煇榜不就官獨乘一小舟徧歷三州蘇常湖水道經三十年一溝一瀆無不周覽考究著吳中水利書蘇軾知杭州時嘗錄其書進于朝不果行遂隱居不仕李公擇志其墓云才不竟于所用命不副于所學後至明時夏原吉治水疏吳江水門濬宜興百瀆周忱撫吳修築溧陽二壩皆如鍔策鍔墓在頤山之右



吳中水利書終

## 跋

顧甯人先生曰士君子立言當爲千百世計不當第爲一世之言夫言而世爲天下則孔孟之言盡之矣士生三代後安所得千百世不可變之計而言之也今讀吾邑先哲單季隱先生所著吳中水利書庶乎近焉先生少年成進士辭官不就蓋以身爲循吏惠澤祗及一時且不能及於桑梓欲爲吳中不虛生之人當爲吳中創不朽之業於是講求水利嘗乘小舟徧歷蘇常湖三州水道經三十年一溝一瀆無不繪圖其著爲書也詳悉各水之源流復伍堰治百瀆開茭蘆爲木橋立斗門細察人言推源風潮倒注之害



徧觀陳跡揣想水道曲折之由以三十年之耳目心思確見確聞者勒爲一書追用古人之成法不雜一己之偏私論雖創而實因也世有此書洵非一世之言千百世不可變矣惜乎蘇文忠公上之於朝而未能用迨至前明夏原吉等治水始悉遵先生之說然後知先生法之良也後世博雅之儒卽能創立水利之說較之先生以數十年心力身歷三州者必有間矣此書久無專刻時或散見於他書難免舛悞且恐日久其全篇有殘缺之慮光奇亟爲梓之庶使吳中士君子家置一編以備稽考焉

光緒庚子仲秋月邑後學任光奇謹識

# 築圍説

（清）陳　瑚　撰

《築圍説》，（清）陳瑚撰。陳瑚（一六一一——一六七四），字言夏，號確庵，太倉州（今屬江蘇）人。明崇禎十六年（一六四三）舉人，通五經，務實學，曾給當事者提出救荒的建議，但是没有被採納。入清不仕，避地昆山蔚村，講學之餘，領導鄉人築圍防水。著有《聖學入門》《治病説》《救荒定議》等書。

該書約成於清初，篇幅較小，題爲一卷，無序無跋，實際上是單篇傳世。全書首先討論了當地受水害的狀況及原因，簡單闡述了以往治水、治田、治岸經驗以及弊端，極力宣導田主出財，佃户出力，協手築圍。繼而詳細論述『築圍事宜』十七條，總結了組織管理、合理分工、工程技術、賞罰補償以及善後矛盾的協調等築圍經驗，提出規劃久遠、權衡利弊、嚴格技術等築堤修圍的基本原則。全書所描述的工程不大，但技術與工程管理並重，且係基於陳氏組織蔚村周邊鄉鄰築圍切身實踐而作，頗爲可貴。

此書先於太倉、昆山等地流傳，後經邵廷烈校訂，收入《棣香齋叢書》。今據南京圖書館藏《棣香齋叢書》本影印。

（熊帝兵）

築圍說　　　　棣香齋叢書

陳　瑚確菴著　　後學邵廷烈子顯校

善治水者必先治田善治田者必先治岸有一丈之岸則障一丈之水有一尺之岸則障一尺之水葢低鄉之河容受衆流較田反高若非四圍築隄則蕩然巨浸不可復田故古人治低田之法大約岸高二丈低亦不下一丈大水之年江河之水雖汎濫衍溢而隄岸尚高出於塘浦之外則水不能入於民田民田既不容水則塘浦之水高於三江三江之水高於大海不煩決排而水自湍流此低田之

賴圩岸甚於都邑之賴城郭也崑山之田居蘇郡之下下而二保之田又居崑山之下下三四年來歷遭水患稞粒不收則二保之中又蔚村爲最㆔其中有甚場淸盛荒霜等字一十八圩其田不下萬畝一遭水發則鹽鐵七浦之水自東而來巴城陽城之水自西而來總以村田爲壑訪之父老皆云歷數十年未見修築隄岸實因田界州縣二治圩段太廣勢如連雞相與袖手坐視因循不治小民一遭水澇工力難繼且蔡涇一帶佃田之家不以農務爲急往往破損古岸逐取魚蝦之利至於大戶管租之人利於

田荒其間報災分數得上下其手因以自肥於是彼此耽悞日復一日而村中之田遂成一積荒之勢矣嗟乎天時雖有水旱田畝即有高低而救弊補偏裁成輔相則存乎其人第人之常情但見目前不規久遠往往惜小費而悞大計愚嘗約畧其費爲田一畝當出粟三升爲田十畝當出粟三斗百畝之田出粟三石歲當入租百石是以三石而易百石也千畝之産出粟三十石歲當入租千石是以三十石而易千石也較之歷年賠糧之費有出無入相去不萬萬乎蓋旱則開河水則築隄所謂因勢利導甚便之

舉也田主出財佃戶出力所謂同舟共濟不易之分也當此之時大戶苦於賠糧小民迫於饑餓人情所欲不謀同辭苟非及時舉行則村岸終無修築之期村田永無成熟之望不將使數百年之沃壤竟爲洿池藪澤而已耶愚於其中田無寸壤然目擊心傷竊同村中二三友人私行勘丈畫爲圖式并條列事宜仰冀仁人君子之採擇焉

築圍事宜

一本村場字圩甚字圩上柏字圩下柏字圩小字圩南鱗字圩北鱗字圩東維離字圩西維離字圩大莊離字圩

小莊離字圩郭存表字圩清盛字圩荒霜字圩歸字圩共十五圩東北一帶接連太倉州界防備字圩松茶字圩范先字圩共三圩通共十八圩周圍十八里内田若干畝業戶某人佃戶某人田甲某人畫爲圖式一樣造册三本一呈縣一送本區大戶一留村

一圍岸分段須别難易自斜塘而南至瀾漕而西以及宋涇而北至西堰而止其田稍高其岸稍濶爲易段自横涇而北至蔡涇而南以及宋涇而東亦至西堰而止岸已全没田又低窪爲難段大約東南爲易西北爲難須

酌量緩急分工派段庶爲均平

一每圩必有田甲太倉謂之圩長卽周官土均稻人之遺意凡田事責成田甲則易辦如治兵之有什伍長也其間或一人獨充或二人朋充村中十五圩共二十餘人大約田甲一人所管佃戶十家爲率當嚴其督課厚其體恤免本身工役田主仍照所種之田給米以示優異其有舊無田甲者僉報夫長一名代之

一田圩既大工役既衆非擇人統理則散而無紀須於村中公推一二公直勤愼者總管其事仍免田若干畝起

工之日總管督催田甲田甲督催佃户如身之使臂臂
之使指庶幾有所統領而無渙散不一之弊
一本村田圩既廣圍岸坍壞積數十年凡西自莫家匯平
莊田一帶其田數萬皆以本村爲藩蔽今一舉不獨關
係本匯并爲鄰匯永利其總管任勞任怨須不畏强禦
實心幹事工成之日請縣給獎示勸
一照田起夫大約二十畝出夫一名十畝者二人朋充五
畝者四人朋充其年老鰥寡免其工役
一先期幾日揷標分段令田甲播告各户至期照段如式

挑築田甲躬行倡率日出而作日入而息某日起工某日完工不許歸家午飯致悞工務有不依期不如式者輕則罰酒犒衆重則禀官枷責若田甲不行簡舉并究

一分段之法易段三十步爲一號難段十五步爲一號其間舊岸不無高低廣狹須酌量工力難易分别均派每號則定一樁上書第幾號某圩田甲某人以便稽察

一岸之高厚以水爲準大約離水六尺其蔡涇一帶雖係難段然屬裏圩又非外塘可比則以離水五尺爲準須每段分挿標記或先期築一樣墩爲式亦可

一蔡涇一帶田中尚有積水須先期着田甲催佃戶車戽極乾以便起工

一東南一角三圩係太倉州界一齊起夫興工仍公議果敢任事者一二人總管其任其縣界之人有種州田者則築州界之岸其州界之人有種縣田者則築縣界之岸毋得彼此推諉

一築岸之期起工太早恐寒天氷凍不能堅牢太遲又恐春水漲發不及終事今擇於正月解凍之時起工約於二月完工

一取土修岸所毀田畝本年量減租額卽着鬮泥塡補次年仍照舊額償租

一岸須春杵堅實凡下脚不實則上身不堅務期十倍工夫堅築其底然後漸次累高加土一層又築一層每加一次須築一次此一勞永逸之計又蔡涇一帶難段難於一次完工須先築一次完後卽築南邊易段易段完後再加築難段一次庶爲堅牢

一古人云有田無岸與無田同岸不高厚與無岸同岸高厚而無子岸與不高厚同子岸者圍岸之輔也較圍岸

又畢一二尺葢慮外圍水浸易壞故內又作此以固其
防圍岸一名圩岸又名正岸子岸一名副岸又俗名塌
皖今議得正岸面闊三尺脚闊六尺塌皖面脚俱闊三
尺一齊修築
一古者阡陌之世凡圩皆有圍凡田皆有岸卽通力合作
八家而止近世大朋車之法牽連百家此後世權宜之
術而非古人之制也故圍田無論大小中間必有稍高
稍低之别若不分彼此各立戧岸則高低互相觀望圍
岸雖築不能全熟法於圍內細加區分某高某低某稍

高某稍低某太高某太低隨其形勢截斷另築小岸以防之此家自爲守人自爲理之法

一本村壩堰必在春水將發之日稍爲遲緩村中水大每每壩亦無用最宜早備其小者皆係附近居民看管其大者如方家橋堰郭毋漊堰大浜堰西堰宋涇堰則議村中人家田稍多者分任其應壩堰時大戸量給酒米椿笆庶使易辦以上二條尤善後事宜皆爲至急

# 築圩圖説

(清)孫 峻 撰

《築圩圖説》，（清）孫峻撰。孫峻，字耕遠，松江府青浦孫家圩里（今屬上海）人。監生。孫氏世代業農，修築本圩塘岸，盡心盡力。嘉慶間，因受水災，民多受其害，病死、餓死的情況較爲嚴重，孫氏遂撰此書，亦稱爲《築圍圖説》，指導築圩，隨後三十年無水患。

此書約成於清嘉慶十九年（一八一四），《清史稿·藝文志》政書類著録作『築圩圖式』。鑒於青浦地勢低窪，經常遭受大雨而導致田禾受損的現實，孫氏留心地勢、民情，結合以往築圩的經驗，撰成此書，從全域的角度論述圩區特徵與規劃：首先繪製了築圩八圖，論述了不同形制圩區的救災方式及難易程度；然後總結圩內的規劃佈置及工程設施，詳細分析了無畔、無塘、無搶的弊端，闡述修築塘岸、搶岸、畔岸等技術；末附『築圩六弊』，附帶討論築圩時稻把、租價及派夫等計算辦法，分析圩區抗災的常見問題，且繪製築岸圖式四幅。

該書重在總結『仰盂圩』與『釜形圩』的治理經驗，通過修築『圍』『搶』解決圩內高低、旱澇矛盾，分級、分區、分格控制內水。圩內開挖倒溝、溇沼，通外河，資蓄泄，實行內外分開、高低分排，以有效控制圩內水位。

該書討論築圩，也述及災時世俗人心。語言通俗，兼用方言土語，鄉農易曉易明，所述內容切合水鄉實際，議論明確，籌劃盡善，利害有論，形式有圖，啓閉有節，工程有式。

該書刊刻不多，今據清末刻本影印。

（熊帝兵）

# 築圩圖說

孫家圩里耕遠氏孫峻繪圖

## 圩形如釜圖

謂周高中下勢如釜形

高塍水內瀦低塍受害明證

圩分或方或圓或偏闊或
狹長或小或大雖各別不
同然四周高中央低下大
率相類不遠〇圖內四周
高塍凡四十七區中央低
塍凡一十四區有半低無
圍岸搶岸分區分格高塍
瀉水一寸低腰頗深三寸
有奇若天雨三四五寸四
周內瀉水直下低塍則没
脹齊腰禾
苗埭矣

一

## 有塘有搶水涤易施戽救圖

田土高低水涤淺深禾苗災損次第

青綠依然者

没稻眼者

露梢者

螞蝗搭者

遊青者

水裏苗者

水底耗者（耗音毛無也盡也）

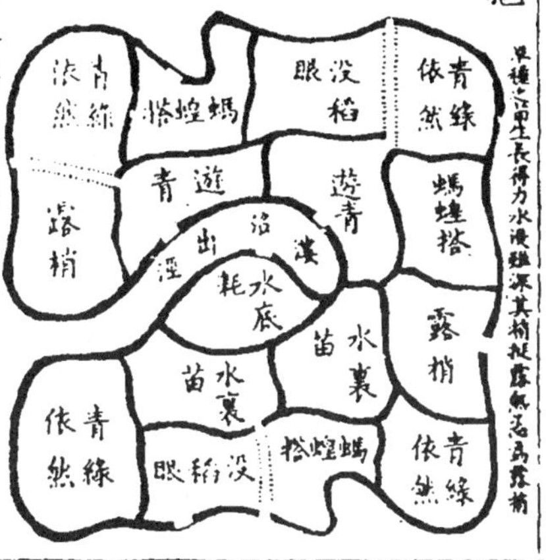


## 有塘無搶水涤難施戽救圖

是圖與前圖高下
情形原同一致但
無搶岸歲禾苗遭
涤不特災損不同
抑且無從戽救
或潤前圍搶截內
瀉尚有青綠依然
者此圍無搶內瀉
直下宜没稻眼者
青綠依然矣先生
何能終若是乎曰
否已進外湖矣試
看後文有上塘下
塘無圍岸搶岸論

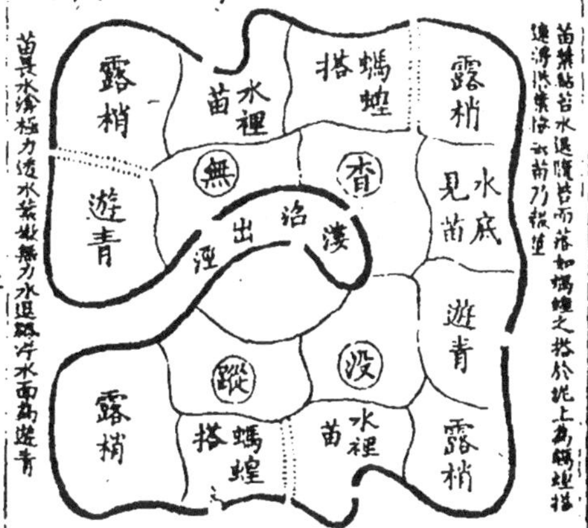


二

## 水潦無虞圖

頭塍水從
闕口放
二塍水從
倒溝放
小圩下塍
水從漊沿
放
外潮汎漲
不能開放
已搶格分
區易施戽
救

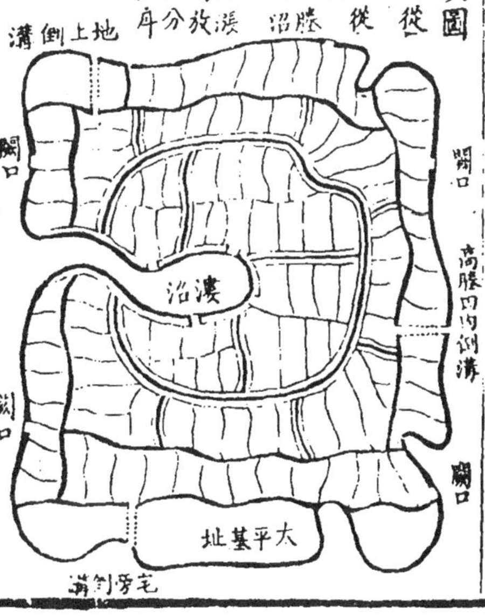

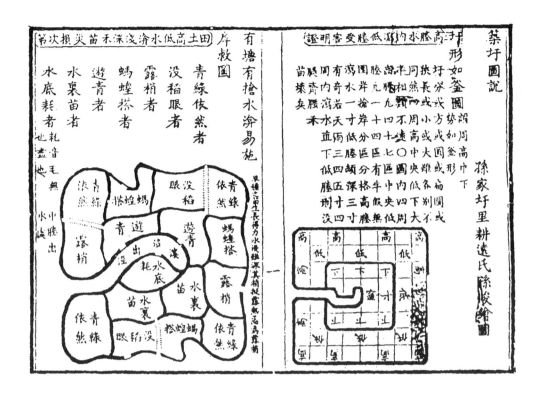

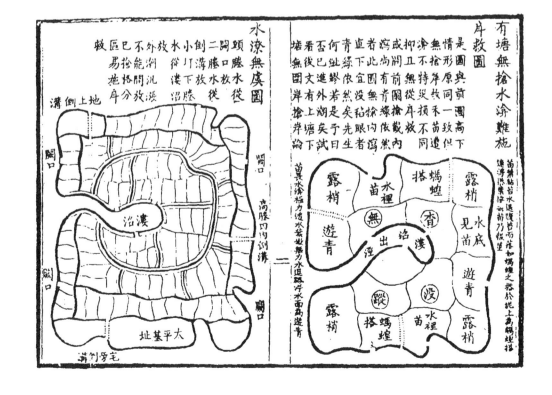

小圩圍畔圖（漊沿下塘附）

圍即拾名雖異而功用則同
畔即堅實闊厚之圍岸
拾岸形式異而功用益圍

畔岸有五德

信　義　儉　剛　貞

斷上塍暗鑿水俾下
塍甬殺有發
利牧牛有草
有十分闊大需泥六分
有十分工程力勞六分
杜豪強挈鈕桀并役佔
易指剝削易起
保大岸根本抵固永無
坍廢

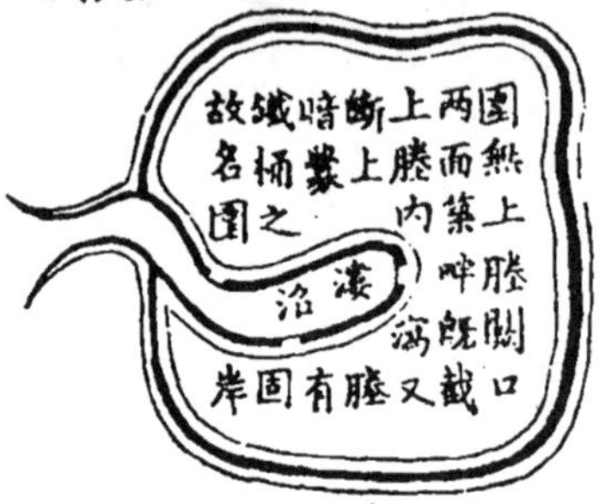


三

上塘下塘圖（下塘畔岸附）

沿河港者上塘
上塘平易有築三寸五寸者有築一尺八尺五者有可弗築者
沿漊沿者下塘
下塘險峻無畔易廢
下塘岸趾低下塘岸孤危必築畔岸以嚴其防

外塘裡塘圖

沿河浜爲外塘
沿草蕩爲裡塘
草蕩墾辟成熟裡塘不廢即圍岸矣

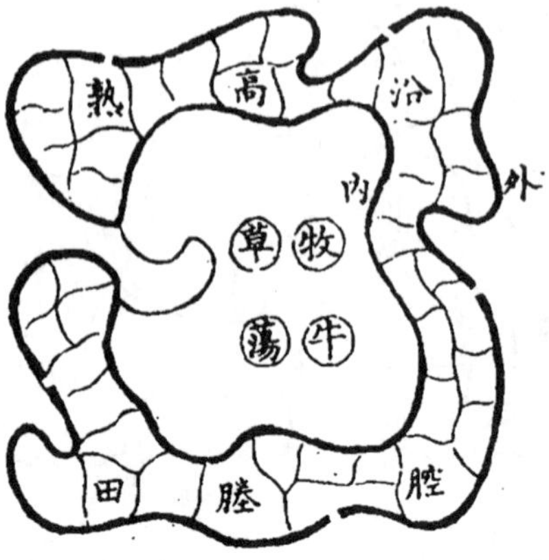


四

未經疏鑿圖

此圩圖式田塍垦遠雖有長溝畢竟消水運難須于中圩相度低陷處開挑漊沿通涇以資蓄洩

旱年壩塞漊口蓄水灌溉
水年開通漊口洩水耕作

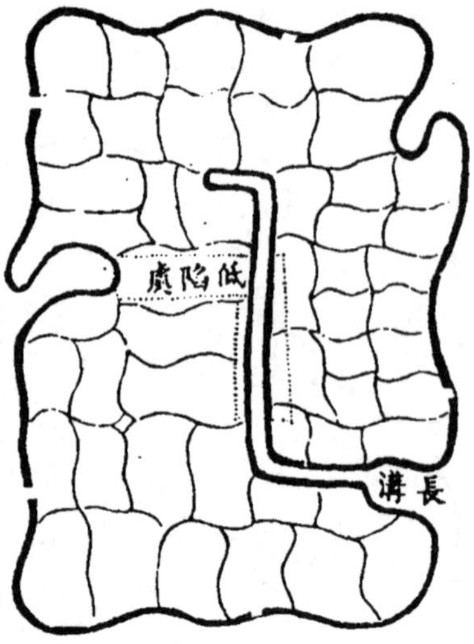

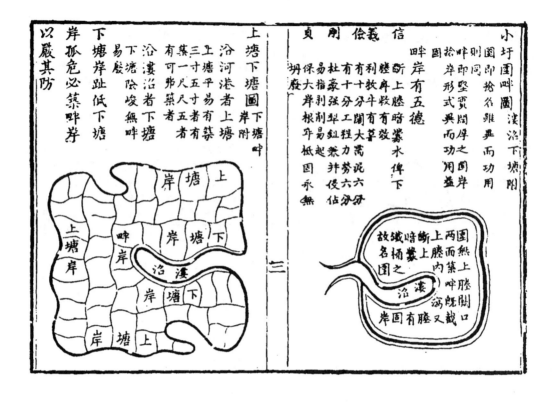

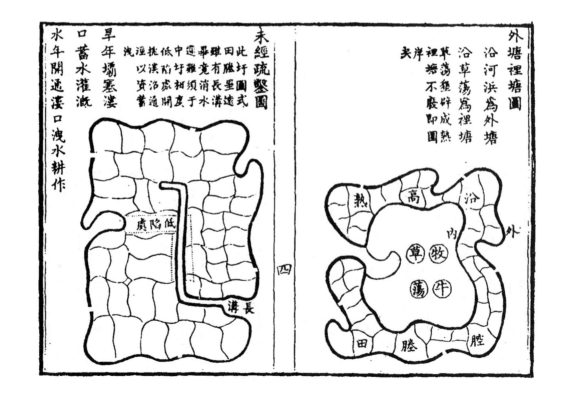

# 築圩圖說

孫家圩里耕袁氏孫峻著說

## 築圩要論

凡築圩岸必先計分消高塍內水撤除上塍水沿河港多開闕口○民情貪便倒拔中塍水從上塍田內撤倒溝疏消下塍水相度瀉下厥閘閉闕中圩低陷處疏鑿漊沼通深○漊口啓閉參贊蓄洩否則淹留內水災害禾苗易起廢岸之心故築圩首務分消內水

## 高低圩分有塘岸無搶岸論

搶此亮切讀去聲○圩有搶岸屋有搶角舟人有掉搶

四鄉田土高低圩形方圓闊狹大小原無一致但水性

五

之就下人情之觀望無不同者圩內田土有高低尺許者有尺四五者甚至二三尺不等外潮有塘扞禦內瀉低下禾苗仍淹欲施戽救連塍數百畝汪洋數百畝中有青綠依然者沒稻眼者露梢者螞蝗搭者遊青者水底苗者水底耗者欲會同共舉種高塍者必情懷觀望

## 平勻圩分有塘岸無搶岸論

圩內田土無高下而平均如砥者斷無是也即有焉而當戽救時亦必推諉觀望蓋大水之來早晚莫測已種者欲施戽救未種者樂於袖手或俱種矣蚤種有滋壅者青綠依然遲種缺膏壅者黃秧沓沒遲種之家欲約同戽救蚤種之家必躲乖觀望無搶岸之弊有如此

## 有上塘下塘無圍岸搶岸論

沿外港爲上塘沿漊沼爲下塘

塘岸內四面內瀉水凡八九重以大圩大分水傾瀉入小圩小分內大圩瀉水一寸小圩頓深幾寸若無圍岸搶岸攔截上塍內瀉天雨三四五寸小圩沒腿齊腰外潮驟漲即有塘岸扞禦試問下塘闕口誰人填塞新苗遭水三四寸即白小圩已水深尺外禾苗無蹤填塞誰來益下塘闕口不塞必外潮翻入淹沒中塍及小高塍矣稍低於上塍者俗名小高頭我故曰人知

六

從上瀉下下塍爲受水之壑不知由下淹上下塍爲名水之門圍岸搶岸之築不特利益下塍而中塍及小高塍均受其益

## 築岸始事於三秋高闊毋拘於尺寸論

圩岸或修或築務于三秋禾稻登場時保正傳知通圖業佃預留岸趾腳墢至三春修築庶不推諉于關礙春花又必詢明該圩人於大水年辰水至某所範准水平圩之低陷築著之處俱立石爲準因地制宜不必拘限尺寸

## 圍岸即搶岸論

逶迤周帀無高塍惧事關口直同鐵桶之固名圍縱橫條直有捍格左右不通高下之勢名搶圩之田必有高下者田之種必有多寡者高低圍截大小分搶不但水勢均偣易施戽救抑且免人躲乖觀望少風浪鼓盪傷禾

畔岸即堅實高闊之圍岸搶岸論

低區所珍惜者泥土下塘圍搶諸岸通體高厚泥土莫給畔岸事半功倍易於措手抑且高闊之岸岸趾必鬆則纍洩戽救不効畔岸單下人衆踐踏牛羊蹂躪故得岸趾堅實無纍水滲漏之慮

七

搶岸亦須築畔論

圍岸因在高下相鄰之地必築畔岸以堅實其岸趾固不待言若搶岸而在高下相鄰之處亦須築畔庶免高水纍洩且杜奸民偷鑿侵佔以致旋築旋廢等弊若在平均之處但禁鏟削岸草（俗於插種時有斬岸脚之惡習）以保久遠

塘岸圍岸搶岸宜高宜闊論

一圩之大田土高下不齊一圩之衆人心誠僞不齊凡走圩潃禾（一二處進水害及全圩俗名走圩）往往在高坵進水（種高田與種下塍者每若秦人視越）或一關疏防若塘圍搶岸通體高闊即使惧事亦止一區一格

無畔岸論

下塘圍搶諸岸凡在高下相鄰之處不築畔岸以堅實木岸基趾則暗纍莫支必動廢岸之心蕣外潮潃禾有推足之候纍水害苗無間斷之時隨施戽救則反爲水弄徐圖潮退則苗漸消磨是徒有圩岸之空名而難施戽救之實力也且有五弊

一弊　漂青（去聲）墊（纍洩清水下田戽動浑水出港壯氣走矣）

八

二弊　養草脚（水深則芸耘延遲荒淤蔓矣）

三弊　招觀望（隔岸稍高之田欲思戽救因纍洩漸平且觀望矣）

四弊　惹風波（大水年辰必多大風波浪飜颺苗搡渣滓）

五弊　弄弄水（人弄水水亦弄人日施戽救一宿仍平甚有且戽且大者）

（畔岸築則有五德畔岸廢則召五弊）

或問無畔之弊既聞命矣敢問無塘無搶之弊可悉舉乎予曰不難言其槩蕣低鄉被水則無禾上拖

國課下負私逋竭舉家男婦手胼足胝之勞竟啼饑號寒於卒歲不寧惟是如嘉慶九年低區急築民間乘

災致亂率衆擄擾釀成大獄罹牢禁置
國典者不一其人且有愚悖之夫不能憂先於事迨水
既滃禾始衝風冒雨從水底邏泥漸染寒癘痼其軀
而殀其身者殆難悉數縱
國課緩徵富户平糶亦不過倖免須臾何如先事圖功
有備無患乎

畸角田論

圩分廣闊塘矣圍矣擒矣然猶未為妥竟尚有天井田
瓠裏低沉煞蕩三項名色應商度另起私溝（認償過出水租）



水

官溝私溝論

凡圩中溝道在初原係版荒科則草蕩圩人各擅爬挖
成渠以便沿腔高田出水日久成例遂名官溝私溝者
荒蕩漸次墾熟從上倒拔阻于人之上塍從下撤溝格
于人之下塍於是議償租值起溝（俗有出水租過水米名色）或倒拔
從上或順撤從下各式共式名曰私溝

築圩見識論

大事不可小道經理小不忍姑息之心皆是也要知種

高田者三春時向有築圩勞民之例故免派挑濬蒲灘
塘工若以彼易此勞費頗殊低田除築岸基址不免稍
窄然錢粮折則（八分科新荒對折荒三折版荒六折）稽雖窄猶寬明乎此
則不卹乎彼矣

地勢民情不同論

低區大岸犁鉏侵佔者本係種高坵之貪心乃有大驛
官路界在高下坵者於種下坵之人忍心殘剝一遭水
潦之年併其所得而亡之事應但於低者一面築岸庶
高者不致日見侵削低者自無水滃之患

築圩六弊

水寬民慢之弊

水來不可必，智者憫之，愚者忄之。小淹没三年四載，一至大淹没十年八載，一遇假歲，年常多水，低鄉孰不爭先厭羊？惟水寬則民漫耳，又況人情苟且，偷安者十居七八，惰築之弊，原由於是。

高低心力不齊之弊

種高圩者十之五，不築雖減收，亦無大害；築則似爲低區均徭，未免勞力傷財。種低圩者亦十之五，不築惟希冀水之不來，築則高圩之人不肯協力，遂致力有不逮，此人心之不齊也。

不能相責相濟之弊

凡築圩岸，必循業食佃力之例。弊因業不信佃，食不先給，佃亦不信業，用力不前。抑且佃情浮撼，每慮明年又在何處，豈懼低田之易淹？

不能自勉稱副之弊

上塘下塘，高闊必齊，外塘裡塘，兩面皆周，築圩之宏綱也。搶則二十三十畝一區，或十畝十五畝作格，或顧兩家合區，或顧一家獨搶，皆細目也。縣諭撮要築塘宏綱舉矣，小民不自張細目，反謂有塘之圩被水仍淹，視畚鍤爲多事，可慨也。

功虧一簣、有旋築旋廢之弊

民情偷安者固多，謀久遠者亦復不少，築塘築搶盡美矣。然岸趾無畔，不實不堅，時施鼻救，暗費莫支，築圩之鎡錳方拋，廢岸之心情已起，物先腐也圩民伺後，鉏剗隨之，蟲後生之功敗垂成，由乎未盡善也。

難築易廢之弊

水不常來，愚民怠築，憂先於事，故能無憂；事至而憂，無濟於事，不晚也。低鄉可恤可珍者，泥土圩岸築高一墢，田土多成一坎；搶岸築成一條，田土頓低一路。小不忍之心，人盡同也。告以若藥不瞑眩，厥疾不瘳，似聖賢不因築圩岸而云然也。澤坎低蕩，三年五載，挑運仍平；遺荒遺難，家計貧難，十年不起。居高塍種高圩者，每忌築岸叢下塍不荒工作，殷忙亟根須倍常之飯，用牛羊無放牧之空場，抑且圍搶層窨內瀉，格截反有撒倒溝管閘口之勞擾。凡此皆不露之隱衷，亦難施於其救。故築圩之舉，一齊人傅之也；惰築之弊，衆楚人咻之

也水災是天意遭逢亦命數應主於荒即枉費盤纏絲岸亦都不熟等囈愚民信爲見道之言遂聽之難築之難原於是

水不常來圩岸視爲贅疣風飋雨打增修泥不旁求自從築岸田中溝塹坑坎尚未拔平修闊增高須從隙地運泥竟不求尋焉剗削犁鉏任意不之顧忌彼此犁鉏剗削任情任意不相顧焉俗情斬岸侭于插種時有斬岸腳之習氣侵殘兩面相侔張恐李過深深殘剗李有同情相侔不異作壅三春刈草連茹茀擇草有護岸之蓋禁人肆掠三春作青壅拾草塘泥連根和土不爲擇地佔饕岸趾禾苗穊容油油佔剗岸腳種植禾苗油油繁茂粢穢之區百卉易蕃人情故貪無畔壘水高岸無畔㶒水莫支巳曾訝爲不祥之器田多坎窞築岸未到三年五載田土不得平均政好摳塡淺塹深溝田坎既有薄趾廢岸何致狠惡易廢之易本於是

十三

築圩岸築窄田步明算稻把有數明算租值有數法 頂石米租田築窄一畝平價作值時銀三兩

農家種稻六棵爲一肋砟稻十二棵爲一鋪捆稻兩鋪爲一个

畝田二百四十步 每步三十六方每方大小准木尺橫竪各一尺

每方種稻朗者一棵六毫句者一棵七毫密者一棵八毫

以棵數算值

一棵一毫四絲三忽 十棵一箇四毫三絲 一百棵十四箇三毫 一千棵一百四十三文 一萬棵一千四百三十文 一畝一萬四千六百八十八棵二千一百文

十四

以个數算值

一个三箇四毫三絲二忽 十个三十四箇三毫二絲 一百个三百四十三箇二毫 一畝六百十二个二千一百文

以方數算值

一方二毫四絲三忽一微 十方兩箇四毫三絲一忽 一百方念四箇三毫一絲 一千方二百四十三箇一毫 一畝八千六百四十方二千一百文

右法細瑣總因鄉人愚悖明小暗大而設書教之築岸觀其每有築窄田步少收稻把之苦難問以棵稻價值必以半箇六毫對問其方田種值必以三棵四

棵對因是設法以曉之俾知明算有數計値亦微或可動其築圩愛岸之情

再有鰥寡孤獨及梗化頑民而築岸適當其地每致一夫違梗百夫束手立有此法便於算償或問誰爲算償曰攸關利害于一區一格者即從區內格內計畝派償

築圩派夫不同法

圩分平正地位狹窄耳目易周者通圩計畝一律派夫若圩分廣闊田土高下懸殊者假使通力合作則民情之嚮背必不一是應圖保圩總及在圩圩甲察識地勢民情或東西或南北分段舉辦若圩分可築大小圩者大圩需工從大圩內望畝派夫（望畝者不從細號計小畝止從俗例計畝）小圩需工從小圩內望畝派夫

通圩合築一律派夫公之不公也不公事償矣分圩分辦不公之公也公則事舉矣

圩岸非業食佃力不能築然不可太泥業主須明涵育之義亦非　官府嚴催督責不能成然猶不可必須盡薰陶之義（薰是發給書冊俾民家喻户曉陶是出示查勘傳保勘限工程）築岸圖式附

十五

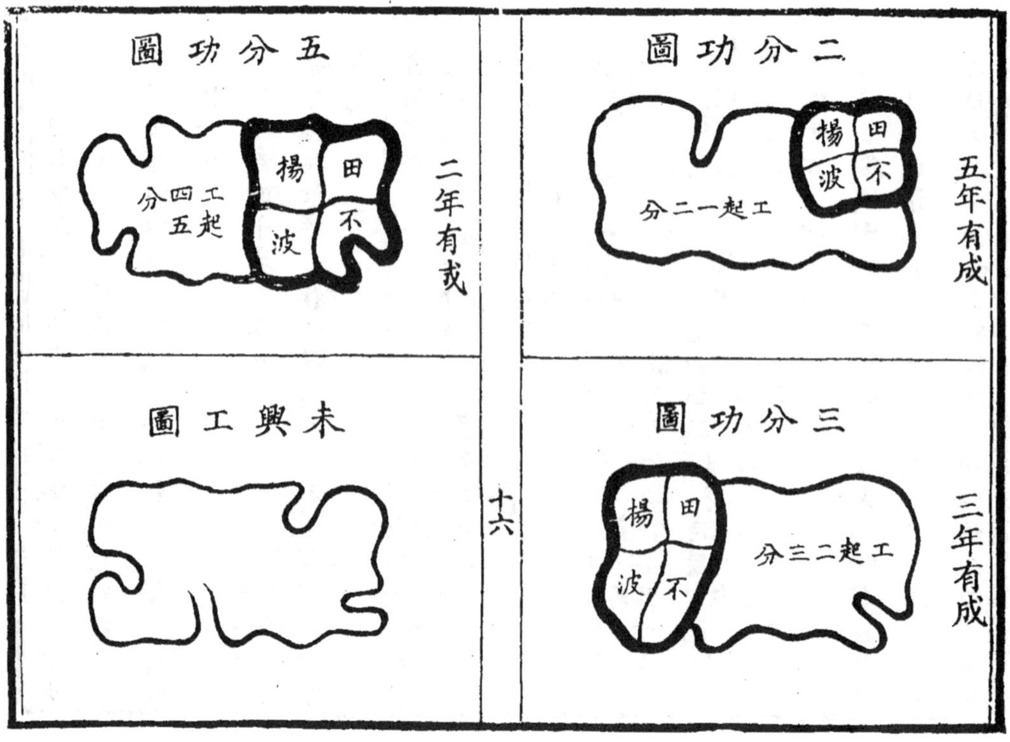

# 耒耜經

（唐）陸龜蒙 撰

《耒耜經》，（唐）陸龜蒙撰。陸龜蒙，字魯望，自號江湖散人或天隨之，人稱甫里先生，唐蘇州長洲縣（今屬江蘇蘇州）人，平生事迹見《新唐書·隱逸傳》。該書是他晚年隱居松江甫里，從事農耕時所作。

本書以記載江東犁爲主，還談及爬、礪礋、碌碡等其他幾種水田整地農具。據書中所記，這種耕犁由鐵製的犁鑱、犁壁和木製的犁底、壓鑱、策額、犁箭、犁轅、犁梢、犁評、犁建、犁盤共十一個部件構成。這種耕犁的轅是彎曲的，後世稱之爲曲轅犁。因本文末有『江東之田器盡於是』一句，還被稱爲江東犁。

江東犁的最大特點是犁轅縮短、彎曲，又有可以旋轉的犁盤，回轉靈活，克服了直轅犁『回轉相妨』的缺點。江東犁增設了犁箭、犁評和犁建，可以調節耕地的深淺。延長了犁底，使操作時能保持平穩，特別適用於水田。犁梢稍向上彎，有把手，便於壓犁和抬犁相配合，掌握耕垡的寬窄。犁鏵同樣兼有翻土和碎垡功能。江東犁特別適於土質黏重、田塊較小的南方水田使用，同時也適用於南北方的旱地使用。

該書衹有文字，没有圖像，宋元以後曲轅犁在流傳中已有所改進，因而唐時的實物形狀已不得而知。中國歷史博物館及中國農業博物館有根據《耒耜經》文字所製的復原模型。

該書被收在陸氏的《笠澤叢書》和《甫里先生文集》中，流傳很廣，有《百川學海》《説郛》《居家必備》《夷門廣牘》《津逮秘書》《學津討原》《唐人説薈》《五朝小説》《小十三經》及《叢書集成》等本。今據南京圖書館藏《津逮秘書》本影印。

（熊帝兵）

# 耒耜經

唐陸　龜蒙　譔

耒耜者古聖人之作也自乃粒以來至于今生民賴之有天下國家者去此無有也飽食安坐曾不求命稱之義非揚子所謂如禽者邪予在田野間一日呼甿就而數其目恍若登農皇之庭受播種之法淳風泠泠聳豎毛髮然後知聖人之旨趣朴乎其深哉孔子謂吾不如老農信也因書為耒

耜經以備遺忘且無愧於食

經曰耒耜農書之言也民之習通謂之犂冶金而爲之者曰犂鑱（本作鋭）曰犂壁斲木而爲之者曰犂底曰壓鑱曰策額曰犂箭曰犂轅曰犂梢曰犂評（去聲）曰犂建曰犂槃木與金凡十有一事耕之土曰墢墢猶塊也起其墢者鑱也覆其墢者壁也草之生必布於墢不覆之則無以絶其本根故鑱引而居下壁偃而居上鑱表上利壁形下圓負鑱者曰

底底初實于鑱中工謂之鼈肉底之次曰壓鑱背有二孔係于壓鑱之兩旁鑱之次曰策額言其可以扞其壁也皆貤然相戴自策額達于犂底縱而貫之曰箭前如桯而樛者曰轅後如柄而喬者曰梢轅有越加箭可弛張焉轅之上又有如槽形亦如箭焉刻爲級前高而後庳所以進退曰評進之則箭下入土也深退之則箭上入土也淺以其上下類激射故曰箭以其淺深類可否故曰評評之

上曲而衡之者曰建建犍也所以柅其轅與評無是則二物躍而出箭不能止橫於轅之前末曰槃言可轉也左右繫以樫乎軛也轅之後末曰梢中在手所以執耕者也轅車之胷梢取舟之尾止於此乎鑱長一尺四寸廣六寸壁廣長皆尺微橢（音墮）底長四尺廣四寸評底過壓鑱二尺策減壓鑱四寸廣狹與底同箭高三尺評尺有三寸槃增評尺七焉建惟稱絕轅修九尺梢得其半轅至梢中間

掩四尺犂之終始丈有二耕而後有爬去聲渠疎之義也散墢去芟者焉爬而後有礰音格礋宅焉有磟碡音鹿毒焉自爬至礰礋皆有齒磟碡觚稜而已咸以木爲之堅而重者良江東之田器盡於是耒耜經終焉

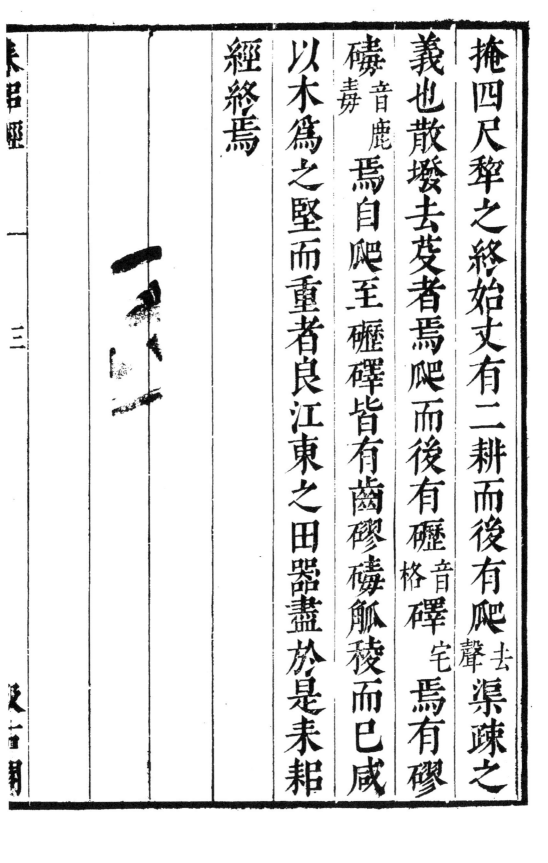

耒耜經終

# 農具記

（清）陳玉璂　撰

《農具記》，（清）陳玉堪撰。陳玉堪，字賡明，號椒峰，清江蘇武進（今常州）人。康熙六年（一六六七）進士，授内閣中書。熟悉天文、地志、兵刑、禮樂、河渠、賦役相關知識，在當時被稱爲『俊才』。著有《學文堂集》四十三卷及史論數百卷。

該書是陳氏就平時親眼見到的農具，『詢之老農，又考之古昔所稱、圖譜所載』，記録而成。全書論及從墾耕至糧食加工的農具六十餘種，依據用途分爲十類，各附簡短的説明，陳述各農具的要點及特徵，多有新意。然限於篇幅，記録過於簡略，所記載的農具數量及代表性欠佳，且未附相應圖譜，影響了實際作用。但農具專論存世的不多，故此書價值仍然不可小覷。

該書有《檀几叢書》本、《學文堂集》本等。今據《檀几叢書》本影印。

（熊帝兵）

# 檀几叢書卷四十二

武林　王晫　丹麓輯
天都　張潮　山來校

## 農具記

毘陵陳玉璂椒峰著

農之爲具不一，而負牛之具曰犁。犁，利也，利發土，絶草根也。山海經曰：后稷之孫叔均始教牛耕。陸龜蒙耒耜經云：耒耜通謂之犁。耒耜即易所稱神農氏斲木爲耜、揉木爲耒也。其制有冶金而爲之者，曰犁鑱曰犂壁斵木而爲之者曰底曰壓鑱曰策額曰箭曰轅曰梢曰犂評曰建曰槃如是而犂之事畢服牛之具曰軛曲木竅其兩旁通貫耕索下繫以控牛項潘岳藉田賦葱犗服於縹軛是也驅牛之具曰鞭紉麻合鞭鞭有鳴鞘人以聲相之用警牛行也衣牛之具曰衣牛於牧養中毛最疏畏寒每冬月編織冗麻衣之如袒褐所云牛衣也漢王章嘗臥牛衣中晉劉實口販手織賣牛衣自給牛衣之制最近古也如是而牛之事畢耕田之器則有若耙以耘也有若钁主誅

也爾雅則謂之鍤也有若臿顏師古曰鍬也有若鋒古農法云鋒地宜淺鋒苗宜淺以其柄如耒首如刃故名也有若擠農家不能盡有牛耕嘗數家爲朋工力相易曰可劚地數畝以其齒劚土如相荅故名也有若田盪均泥器也使和水土凹凸相平也又鐵齒兩行列盪去草根也計插秧之始一月之內凡三盪越數日曰頭盪越十日曰二盪又越十餘日曰三盪也有若長鑱後偃而曲上橫木如拐兩手按之探柄以起墢杜少陵歌長鑱長鑱白木柄是也有若錢詩

曰。庤乃錢鎛。錢與鏟同體而異名也。有若鎛。詩又曰。其鎛斯趙。以薅荼蓼。鎛廹也。廹去地草也。考工記。凡器皆有國工。獨無鎛。非無鎛也。夫人而能爲鎛。不必國工也。有若耨。制與鎛略同。易繫曰。耒耨之利。以教天下是也。有若耰鉏。制又與耨略同。賈誼云。秦人借父耰鉏。是也。如是而耕之事畢。灌田之器。則有若桶。穮水爲之龔。其田也。有若杓。亦穮木如盂。置之柄首。佐桶爲用也。有若瓦竇罌塼堰中放水使入。亦使出也。有若筐若籃。郭璞云。一器也。所以實灰土使肥田也如是而藏之事畢藏種之器則有若篠若蕢魯論丈人以杖荷篠又備蕢而過孔氏之門器之從草者也有若種簞形如甕用貯穀種使之風處不致鬱浥器之從竹者也有若穀盅編竹作圈長短無定入穀中以通氣亦器之從竹者也有若畚晉王猛少貧賤嘗鬻畚此也南方以蒲竹爲之北方以荊柳爲之也有若稻包種之將布必先浸之水際三日以俟其萌而以草束爲界俗曰稻包無定制也如是而藏種之器畢布種之器則有若瓠種竅瓠貯種穿兩首以木

笠爲賈。鴻種於耕犁，隨掩過覆。上淺則雖暴雨不至撻撻也。有若秧馬，榆棗爲腹。楸梧爲首。昂其首尾。以便兩髀較之偃僂而作者，勞佚殊也。有若薅馬，似籃而長，兩端攀以竹系。實踏間。篠裳斂之於內，使不礙踊行也。有若臂篝。狀同魚笱。穿臂於內，猶衣袖，便插苗也。有若簑。雨具也。有若笠，避雨亦蔽日也。二者自耕而穫，皆佃需，而有種尤急也，如是而有極之器。耒收穫之器，則有若推鐮，形如偃月，作兩股短叉，架以橫木。兩首穿小輪。中嵌鐮刃，前向以斷禾莖也。有若笐。椸竹木如屋。禾悉倒挂其穗。久雨之際。比積梁爲有功也。有若喬扦。竹長短相紮。每三爲數架田中。挂禾把以風泄濕也。有若朳。不木爲之。平土壤之聚穀便曬日也。有若竹杷。如畚子。聚薪之物。亦以攤穀也。有若嚨槃。形底而圓。邊緣微起。下繫竹二。兩端俱出。利扛移攤布也。有若摜簟。摜。抖擻也。簟。承所遺稻也。置木石之物於簟。環稻把摜之。子粒隨落也。有若稻牀。制如鞍而大。足前昂後低。以竹爲界。而中空之。亦摜稻落子粒也。有若格爪。如刀環。以攫草禾之束。或積或擲速於手挚也有若杈木幹鐵首二其股利如戈戟箭取禾稼也有若箒掃遺穗也有若擔負禾具也有若鉤禾既成稇鉤而負之也有若連枷用木條四以生革編之又或獨梃皆於柄首造擐軸乘而轉之以撲禾也有若風車如馬牛蹲立中使圓轉受風以米穀漸加於背而落於口還可使乾雜可使淨也有若銍若艾詩曰奄觀銍艾釋云穫禾短鎌也有若斗若斛以量穀知多寡也有斛盪制如尺量穀使平也如是而收穫之器畢作場之器則有若磟碡或木

或石刊木括之中受箕軸利旋轉以便桿場圃也有若平板長廣相稱兩耳繫索牽土使平也有若極杭重之木數尺剡項爲鈕以執手兩人共舉聲相呼答用築田岸使堅或用築場也有若櫌呂氏春秋曰椎也摩田亦擊壞也如是而作場之器也戽水之器則若有桔槔長木爲衡三面如牆堵仰而欽置小板數十如斗而以木貫之如索水間以架相承岸橫輥軸二寸木制如椎者十七八叉立橫木衆人俯之而以足踐椎首尾旋轉如轆轤以引水上田也有若水車

桔槔置之近水旁用筏逆如風帆者五六相爲牽絆使乘風引水也有若牛車制如前筩以牛引之省人力也如是而戽水之器畢治穀之器則有若臼杵臼也有若碓臼之變也廣雅云臼礰下力切碓也有若礲制如磨礲穀出米也有若篩簁比羅疏而淺上有長條可掛以篩穀也有若磨以竹爲齒外實以土下架木爲牀以磨穀出米俗呼礱或曰礲也有若竹揚杴刳木爲首謂之木杴可撩穀物又或以竹爲之即云颺籃也有若箕簸揚米去糠也莊子曰箕之簸

物去粗留精是也如是而治穀之器具余廬叢芻課奴子耕田見農具凡若干詢之老農又考之古昔所稱圖譜所載有合有不合有名異而實同有名實俱異而所用亦殊者因為文記之使知所考云。

李研齋云文字有經有緯離極考核極典古極長極與使人讀之自有線路可尋又云文字碎而愈樸[redacted]鳴夏云於璅屑處見奇古於物俗處見精詳是註爾雅之才記考工之法　原評

[illegible]書卷四十二　平露堂

# 管子地員篇注

題（周）管　仲　撰
（清）王紹蘭　注

《管子地員篇注》，題（周）管仲撰，（清）王紹蘭注。王紹蘭（一七六〇——一八三五），字畹馨，號南陔，清浙江蕭山（今杭州蕭山區）人，乾隆五十八年（一七九三）進士，嘉慶間官至福建巡撫，善於審理冤案、處理疑難糾紛，具有良好的官聲。王氏富於藏書，善於校讎，精通小學，著有《讀書雜記》《漢書地理校注》《説文段注訂補》等。

《地員》爲《管子》中的一篇，是先秦時期論述土地的專文，雖然題爲管仲所撰，但是目前學者多認爲是戰國時期管仲學派的佚名之作。全文共六節，論述水泉的深淺、地勢的高低、土壤的種類等，涉及平原地區的土壤五種、丘陵地區的土壤十五種、山地的土壤五種，闡述了不同土壤與地表植物、地下水源之間的關係，揭示了植物生態原理及其分佈規律，還涉及水産、畜牧、養殖等内容。土壤分類是全書的精華内容，比《尚書·禹貢》的劃分更加細緻，是先秦時期極爲寶貴的農學論文。

鑒於《地員》内容豐富而龐雜，文字晦澀難懂，而且傳世的注釋本多有淺陋疏略的弊端，王紹蘭博采《説文》《爾雅》《淮南子》以及各家的見解，繁簡因文所宜，對其内容進行分條逐句注解，編成四卷。全書尤其強調文字訓詁與考據方法的運用，與尹知章的注本相比，又增加了許多新的内容與見解，對《地員》精髓的解釋以及相關古奧概念的界説多有幫助。然而王氏所注之文連篇累牘，遠超過原文，而對《地員》本文實際内容的關注則相對較少，難免有繁冗、臆斷等不足之處。

此書有清光緒十七年（一八九一）寄虹山館刻本。今據清光緒十七年刻本影印。

（熊帝兵）

管子地員篇注敘

敘曰紹蘭幼而無學長而無述老而無成入此歲來季巳七十有五矣平晝閒居瀏覽舊書遺日至管子地員篇見其博大閎洨高者爲山平者爲林隅者爲阪屬者爲麓肥者爲墳沃者爲衍虛者爲丘阜者爲陵流者爲水原者爲泉溝者爲瀆鍾者爲澤水周曰州口卪曰邑樹穀曰田耕治曰疇眾萌曰民最貴曰人丈夫曰士婦人曰女心感物曰聲言含一曰音辨民器曰工述創物曰巧天祿謂之艸喬條謂之木上飛謂之鳥下丞謂之獸有足謂之蟲無足謂之豸水



蟲謂之魚鱗蟲之長謂之龍暨夫五粟五沃五位五隱五浮五悉五壚五壏五剽五沙五塥五猶五弘五殖五觳五凫五桀之土性大苗細苗大葦無細葦無槁葛大水腸細水腸忍隱大稷細稷大邯鄲細邯鄲大荔細荔大秬細秬大蕡細蕡大穋秜細穋秜大華細華青粱鴈膳大菽細菽陵稻黑鵝馬夫白稻之種類竝皆究其形狀物其土宜益天之所生地之所載罔不畢檄矣讀既終篇目爲噗者久之喜其足資多識世所傳尹知章注淺陋疏畧學所發明因博采古今通人所說條分句解可簡則簡可緐則緐疑者闕

爲自惟謏智無能管窺萬一積日成帙釐爲四卷將欲總括大恉又無能畢肖形容惟宙合篇曰天地萬物之橐宙合有橐天地天地苴萬物故曰萬物之橐宙合之意上通於天之上下泉於地之下外出於四海之外合絡天地以爲一裹至于無閒不可名而由是大之無外小之無內故曰有橐天地有郎又古通用由各本譌作山劉績謂止字之誤攷說文宙舟輿所極覆也从宀由聲則宙合之宙聲亦兼義此文當作由明矣今郎取宙合之言以儞地員之美其始庶幾乎道光十有四季歲在甲午仲秋之月廿又七日王紹蘭敘

管子地員注敘

秦雜燒詩書百家語所不去者醫藥卜筮種樹之書顧劉歆七略農廑九家種樹之書傳者已尠後世農業益輕氾勝之尹都尉諸書第見於齊民要術所稱引並戰國依託神農之說亦盡亾之佩綸嘗旁涉諸子惟管子地員篇及呂覽上農任地辨土審時諸篇於農家爲近蓋出於古農稷之官之遺訓非李悝商鞅所能爲而地員尤合經義其正土則壤遠迹禹貢而周禮大司徒土會之灋土均之灋土圭之灋與夫稻人草人之所掌三虞三衡之所守職方之圖溝洫



之制無不同條共貫旁推交通乘馬書云命之曰地均以實數地員隸於雜篇實發揮乘馬之旨以經義論之周禮其經管子其緯也以筦書論之乘馬其經地員其緯也故惠氏士奇莊氏存與頗取是篇以說周禮而邵氏郝氏之爾雅段氏桂氏之說文咸取資焉舊注旣嫌簡略間亦譌誤管子義證讀書雜志據善本紬類書校讐至精審矣然亦未能條通大義而俞正燮之解黃肅爲廣潤則謬引蒙莊宋翔鳳之解五沝爲費弦則强通廣雅李光地以鳴馬爲鳴烏則過尊朱子之言程瑤田以髍䐧爲雕胡則誤信楊慎

之集皆諸家說不安處卒無有善注行世者今年夏初於蕭山胡兵備許得其鄉先生王氏紹蘭地員攷證四卷節解而支分句釋而字詁其義訓衷於爾雅說文頗足證明筦書砭補尹注復綴集異聞會稡舊說決是非以定準裁時先生年七十有五孜孜手寫塗乙縱橫可謂好學不勌者矣但其閒略有可議者禮祈年田祖則龡豳雅祭蜡則龡豳頌故是篇出於農官而兼明樂理其辨呼音爲方言之準其辨鳴音爲淸聲之原千餘年來三代妙道微言日就淪晦聖祖皇帝深通六律該綜九流於此篇悟宮居中位



爲君之理證以呂覽淮南得黃鐘律本古樂復明律呂正義前後篇敷暢其說而斯注於起音一章援據獨略並江永律呂新義亦未一及不宜疎漏若此則疑其爲初創之長編而非已成之定本也兵備以先生遺書煨燼旣錄其說文段注訂補不忍棄置是編欲佩綸循王氏念孫定爾雅義疏之例爲之刪繁存要然後刊行佩綸以筦子孤學先生碩儒未敢輕爲去取昔秦近君說堯典篇目兩字之說至十餘萬言說曰若稽古三萬言漢儒已然未足爲病也惟管子之義大較本於周禮因學記聞謂呂惠卿手實之法

乃因於此先生宗深寗之旨遂謂立后即新莽之自占手實即新莽之實定所掌持之有故言之成理不知立后當破爲立戸手實當詁爲取實即周禮稽夫家乘馬地均以實數之法初與司市無涉烏可執盜新孱宋之粃政重誣周公管子哉兵備方督水工檢戸口行荒政以惠民退食之暇相與討論古書諒以佩綸之言爲允也光緒十六年庚寅八月豐潤張佩綸識



# 管子地員注敘

余既刊南陔先生所爲說文段注訂補已又求其地員注久而後得之周衰職方氏廢其遺說猶頗傳於戰國地員著爲乘馬輕重之術筦國準民一於籠天下之利夫欲籠天下之利將必出於權貧富險斂散制奪予其循類而爲之也必先窮動植百物之原物土之宜別生分類相肥墝諺燥溼以知其美惡少多盛衰弛易而後輕重之術施焉然則地員之學固王政所不廢而亦揆度地數所從出者也先生精名物訓故其說經大氐網羅百家鉅細貫綜浩渺無涯斯



注陳義尤繁富一字之證纍累萬言若釋瀆田則辨及溝洫釋黍秫則辨及麻麋至於邱陵墳衍之名草木鱗介之屬尤徧引爾雅山海經諸書窮原竟委務於博侈往往非地員本義蓋先生所著說文集注數百卷爲書過宂無意問世既萃其精者爲段注訂補復頗劉入是書以存其所自得非獨爲地員發也其說七尺爲施至引月令鄭注謂以天施地生爲義說泉黄而糗則汎引傳記之言黄泉者說其民壽則引論衡謂上世壽百歲若此類皆恠迂失地員意而其他諸說正譌發微精博幽窅遠非舊注所及表章羽

翼之力亦以勤矣余悼先生書多不傳斯注脫於兵火文多瓌滅因復爲補正校而刊之使好地員之學者得以尋焉光緒十七年二月同里後學胡燏棻識



# 管子地員篇注卷一

蕭山王紹蘭著　後學胡燏棻校刊

## 地員第五十八

說文地元气初分輕清陽爲天重濁陰爲地萬物所陳列也从土也聲員讀伍員之員說文員物數也从貝口聲凡員之屬皆从員䞓物數紛䞓亂也从員云聲員爲物數䞓从員則物數紛䞓謂之䞓即物數紛䞓謂之員員从貝者貝下云海介蟲也古者貨貝而寶龜周而有泉至秦廢貝行錢取寶藏貨財爲義从口聲者口下云回也象回帀之形取回圍知帀爲義故伍員字子胥矣周秦名字解故云員與胥皆取多之意說文員物數也小雅正月篇員于爾幅毛傳員益也益物亦多也爾雅釋詁胥皆也又云胥相也春秋桓三年穀梁傳胥之爲言猶相也訓爲皆訓爲相俱眾辭也漢書揚雄傳木雍檜欃以爲儲胥服虔注儲胥猶言餘也明皆眾多之意矣紹蘭按物數謂之員人數亦謂之員漢書儒林傳文學掌故補郡屬備員備員猶言備數也昭帝時增博士弟子員滿百人宣帝末增倍之元帝更爲設員千人成帝增弟子員三千人禮樂志郊祭樂人員六十二人大樂鼓員六人嘉至鼓員十人邯鄲鼓員十人騎吹鼓員三人江南鼓員二人淮南鼓員四人巴俞鼓員三十六人歌鼓員二十四人楚嚴鼓員一人梁皇鼓員四人臨淮鼓員三十五人茲邡鼓員三人凡鼓十二員百二十八人郊祭員十三人夜誦員

五人剛別柎員二人主調篪員二人鐘工磬工簫工員各一人竽工員三人琴工員五人柱工員二人繩絃工員六人鄭四會員六十二人張瑟員八人安世樂鼓員二十人沛吹鼓員十二人族歌鼓員二十七人陳吹鼓員十三人商樂鼓員十四人東海鼓員十六人長樂鼓員十三人縵樂鼓員十三人凡鼓八員百二十八人治竽員五人楚鼓員六人秦倡員二十九人秦倡象人員三人雅大人員九人楚四會員十七人巴四會員十二人銚四會員十二人齊四會員十九人蔡謳員三人齊謳員六人竽瑟鐘磬員五人百官公卿表吏員十三萬二百八十五人是員爲數衆多也周官胥徒之胥亦謂其有材智而衆多自天官大宰下胥之數更僕未可終是以伍員取物數紛賦命名而字子胥也此篇自山林陬藪墳衍丘陵水泉濆澤州邑田疇民人士女聲音工巧以至艸木鳥獸蟲豸魚龍凡地之所載紛紛云云無所不有而尤重於五土之辨九穀之宜蓋將以養萬民之生盡萬物之性也故以地員名篇焉



夫管仲之匡天下也

史記管晏列傳管仲夷吾者潁上人也正義引韋昭云管夷吾姬姓之後管嚴之子敬仲也爾雅釋言匡正也論語憲問篇管仲相桓公霸諸侯一匡天下馬融曰匡正也天子微弱桓公率諸侯以尊周室一正天下也皇氏義疏曰一匡天下故天下一切皆正也按爾雅皇匡竝訓爲正皇匡疊韵故

毛詩豳風破斧篇四國是皇毛傳皇匡也齊詩作四國是匡王氏詩攷引董氏曰齊詩作四國是匡賈公彥引以爲據夏官匡人鄭注匡正也主正諸侯以法則其職云掌達灋則匡邦國而觀其慝使無敢反側以聽王命鄭注引書曰無反無側王道正直此管仲匡天下之義也故本書以大匡中匡小匡名篇小匡篇云兵車之會六乘車之會三案六三互譌史記齊世家作兵車之會三乘車之會六正義引左傳魯莊十三年會北杏以平宋亂僖四年侵蔡遂伐楚六年伐鄭圍新城是兵車會三也又引左傳魯莊十四年會于鄄十五年又會鄄十六年同盟于幽僖五年會首止八年會于洮九年會葵丘是乘車會六也本書封禪篇正同史記然則此誤明矣大匡篇誤與此同穀梁莊二十七年傳曰衣



裳之會十有一未嘗有歃血之盟也范甯云十三年會北杏十四年會鄄十五年又會鄄十六年會幽二十七年又會幽僖元年會檉二年會貫三年會陽穀五年會首戴七年會甯母九年會葵丘傳又曰兵車之會四未嘗有大戰也范甯云僖八年會洮十三年會鹹十五年會牡丘十六年會淮邵蘭泰論語桓公九合諸侯不以兵車則衣裳之會當有九不得有十一之數故穀梁疏引鄭釋廢疾云自柯之明年葵丘以前去貫與陽穀固已九合矣如鄭所言柯盟在莊十三年冬北杏之會在是年春則鄭不數北杏矣其明年爲莊十四年今自十四年會鄄始至僖九年會葵丘止中閒去貫去陽穀鄭意謂衣裳之會莊十四年會鄄一也十五年又會鄄二也十六年會幽三也二十七年又會幽四也僖元年會檉五也五年會首止六也七年會甯母七也八年會洮八也九年會葵丘九也正符九合諸侯不以兵車之數以孔子九合之言證之則穀梁十一會之說非矣以康成釋廢疾之說證之則楊疏所稱或云二說及皇疏謂鄭於范甯所解十一會但不取北杏陽穀之說皆非矣惟劉

光伯說與鄭合故取其意而詳說之九合諸侯一匡天下封禪篇云
桓公曰寡人北伐山戎過孤竹西伐大夏涉流沙
東馬縣車上卑耳之山南伐至召陵登熊耳山以
望江漢兵車之會三而乘車之會六九合諸侯一
匡天下而戒篇云於是管仲與桓公盟誓爲令遂
南伐楚北伐山戎果三匡天子而九合諸侯矣

其施七尺

說文尺十寸也人手卻十分動脈爲寸口十寸爲
尺所以指尺規榘事也指尺猶言指斥易繫辭尺蠖攷工記弓人作斥蠖卽其說咫下云中婦人手長八寸謂之咫周尺也夫下



云周制以八寸爲尺十尺爲丈人長八尺謂之丈
夫王制古者周尺以八尺爲步今以六尺四寸爲
步鄭注周尺之制未詳聞也案禮制周猶以十寸
爲尺蓋六國時多變亂法度或言周尺八寸則步
更爲八八六十四寸今案攷工記玉人瑑圭璋八
寸璧琮八寸瑑琮八寸如果周尺八寸則當云尺
不當云八寸矣琬圭九寸剡圭九寸璧琮九寸大
璋中璋九寸如果周尺八寸則當云尺有一寸不
當云九寸矣言八寸言九寸知周初亦以十寸爲
尺故鄭云案禮制周猶以十寸爲尺也管仲匡天

下當用周初十寸之尺漢書律厤志十寸爲尺尺
者蒦也說文蒦規蒦商也名大尺爲施者說文施旗皃从
㫃也聲齊欒施字子旗知施者旗也是施爲旗有
衺迆之義王風丘中有麻篇將其來施施鄭箋施施舒行伺閒獨來見己之貌孟子離婁篇施從良人之所之趙岐注施者邪施而行史記屈原賈生列傳庚子日施兮漢書賈誼傳作庚子日斜宙合篇千里之路不可扶以繩萬家之都不可
平以準明當各隨地勢迆邐丈量故名其度曰施
度地之制據王制古以八尺爲步今以六尺四寸
爲步夏官射人若王大射則以貍步張三侯鄭司
農云貍步謂一舉足爲一步於今爲半步半步僅



得三尺後鄭不從謂侯道各以弓爲度弓之下制
長六尺是康成以一步爲六尺小司徒注引司馬
法亦云六尺爲步管子以七尺爲施者月令孟夏
之月其數七鄭注火生數二成數七但言七者亦
舉其成數此謂地二生火天七成之今地員是任
土之法亦用天七之數蓋取天施地生爲義說文
七作ㄎ解云陽之正也从一微陰從中衺出也是
又取陽施陰生爲義且一者地也乚象陰氣從地
中衺出更與施衺義合故云其施七尺

瀆田悉徙

此言五施之土也說文瀆溝也溝水瀆廣四尺深四尺是瀆卽溝也說文又云田暌也暌列也樹穀曰田象四口十仟佰之制也十數之具也一爲東西丨爲南北則四方中央備矣瀆田謂脊溝瀆之田也古者井田溝洫之瀳紹蘭讀說文當爲二字而得之田部當田相値也𠷎耕治之田也𠷎𠷎或省小雅信南山篇南東其畝毛傳云或南或東齊風南山篇衡從其畝釋文衡卽訓爲橫韓詩曰東西耕曰橫從韓詩作由云南北耕曰由地官遂人夫閒有遂遂上有徑鄭注云以南畝圖之則遂從溝橫洫從澮橫賈疏云其田



南北細分者是一行隔爲一夫十夫則於首爲橫溝十溝卽百夫於東畔爲南北之洫十洫則於南畔爲橫澮九澮則於四畔爲大川攷工記匠人一耦之伐廣尺深尺謂之甽田首倍之廣二尺深二尺謂之遂鄭注云遂者夫閒小溝遂上亦有徑賈疏云按遂人云夫間有遂遂上有徑彼溝洫法此井田法雖不同遂在夫間遂上有徑則同攷云亦有徑也案彼鄭云以南畝圖之遂縱溝橫洫縱澮橫九澮而川周其外以彼遂在夫間故以南畝遂則縱矣此井田云田首倍之爲遂以南畝圖之遂

卽橫也然則以井田之法圖之匠人從甽起南畝而耕則甽從遂橫溝從洫橫澮從川橫南北爲一行其甽如此左首丨畫自上而下卽甽從下一畫卽遂橫中丨畫卽溝從上一畫卽洫橫右丨畫卽澮從尾一畫卽川橫其凵冂爲田從形甽右之丨與溝左之丨從相値溝右之丨爲澮左之丨亦從相値卽詩所謂南其畝韓詩傳所謂南北耕曰由也遂上之一與洫下之一橫相値是井田法之南畝亦有東畝矣東畝而耕則甽橫遂從溝橫洫從澮橫川從東西爲一行其𠷎如此首一畫卽甽橫



右丨畫卽遂從中一橫卽溝橫左丨畫卽洫從下一畫卽澮橫尾丨畫卽川從其コ匚爲田橫形甽下之一與溝上之一橫相値溝下之一與澮上之一亦橫相値卽詩所謂東其畝韓詩傳所謂東西耕曰橫也遂左之丨與洫右之丨從相値是井田法之東畝亦有南畝矣以溝洫之法圖之遂人不言甽從遂起南畝而耕則遂從溝橫洫從澮橫川從南北一行其甽如此左首丨畫自下而上卽遂從上一畫卽溝橫中丨畫卽洫從下一畫卽澮橫右丨畫卽川從其凵冂爲田從形遂右之丨與洫左

之丨從相值洫右之丨與川左之丨亦從相值卽詩所謂南其畝韓詩傳所謂南北耕曰由也溝下之一與澮上之一横相值是溝洫法之南畝亦有東畝矣東畝而耕則遂横溝從洫横澮從川横東西一行其㽞如此首一畫卽遂横左丨畫卽溝從中一畫卽洫横右丨畫卽澮從下一畫卽川横其𠂇爲田横形遂下之一與洫上之一横相值洫下之一與川上之一亦横相值卽詩所謂東其畝韓詩傳所謂東西耕曰横也溝右之丨與澮左之丨從相值是溝洫法之東畝亦有南畝矣田從相值



卽南北相當横相值卽東西相當此濱田之說也悉從者說文咸下云皆也悉也是悉與皆同義從說文作𨑨解云迻也迻遷徙也謂有濱之田每歲皆徙易其人卽周官易田左氏傳爰田之濩紹蘭讀說文䢆字而得之辵部䢆䢆田易居也左氏作爰僖十五年傳晉於是乎作爰田孔疏引服虔孔晁皆云爰易也賞衆以田易其疆畔國語作轅晉語焉作轅田韋昭注引賈侍中云轅易也爲易田之法賞衆以田易疆界也犂經正義按爰播文以爲車轅字見說文受部作爰作轅賁一字也然總系假借正字當作䢆徐鍇繫傳云䢆乃爰轅之正字謂以田相換易也蓋

古訓爰字原有代易義漢書張湯傳傳爰書師古注爰換也以文書代換其口辭史記酷吏傳裴駰集解引蘇林爰易也義亦同惟以田相換易別字作䢆不作爰蓋於古相傳如此廣韵二十二元䢆易田名是也地官大司徒不易之地家百畮一易之地家二百畮再易之地家三百畮大鄭注不易之地歲種之地美故家百畮一易之地休一歲乃復種地薄故家二百畮再易之地休二歲乃種故家三百畮遂人辨其野之土上地中地下地以頒田里上地夫一廛田百畮萊五十畮中地夫一廛田百畮萊百畝下地夫一廛田百畮萊二百畮注萊謂休不耕者公羊宣十五年傳何休解詁司空謹别



田之高下美惡分爲三品上田一歲一墾中田二歲一墾下田三歲一墾肥饒不得獨樂墝埆不得獨苦故三年一換主易居財均力平漢書食貨志曰民受田上田夫百畮中田夫二百畮下田夫三百畮歲耕種者爲不易上田休一歲者爲一易中田休二歲爲再易下田三歲更耕自爰其處地理志曰秦惠公用商君制轅田張晏云周制三年一易以同美惡商鞅始割列田地開立阡陌令民各有常制孟康云三年爰土易居古制也末世浸廢商鞅相秦復立爰田上田不易中田一易下田再

易爰自在其田不復易居也段氏說文注云按何
云換主易居班云更耕自爰其處孟云爰土易居
許云趄田易居爰轅趄換四字音義同也古者每
歲易其所耕則田廬皆易紹蘭按大司徒所言是
六鄉之制遂人所言是六遂之制上地即不易之
地中地即一易之地下地即再易之地趄田之灋
本爲周制而左傳云晉於是乎作爰田晉語云爲
作轅田作者創始之詞似晉自惠公以前不行此
灋者賈侍中謂賞衆以田易疆界明其於常制外
別爲此賞以說衆也孟子梁惠王篇五畝之宅趙



注廬井邑居各二畝半以爲宅冬入保城二畝半
故云五畝也公羊宣十五年傳廬舍二畝半漢書
食貨志井方一里八家共之各受私田百畝公田
十畝是爲八百八十畝餘二十畝以爲廬舍二十
畝以八家計之即是二畝半廬舍之二畝半即信
南山所云中田有廬鄭箋謂農人作廬焉以便其
田事者也邑居保城之二畝半即七月所云入此
室處鄭箋謂當避寒氣而入所穹窒墐戶之室以
居之者也班志徧自爰其處何休孟康及許書皆
徧易居謂易其田中之廬非易其邑中之室知者

東山云自我不見於今三年此從征軍士有受不
易之地者二歲當易居有受再易之地者三歲當
易居今三年來歸而追敘之曰伊威在室蠨蛸在
戶又曰鸛鳴于垤婦嘆于室此室即邑中之室又
申敘之曰穹窒熏鼠我征聿至則東歸所居仍是
三年以前之室故知室皆不易其所易之居乃田
中之廬也趄正字爰轅假借字趄从走以亘爲聲
二部亘求亘也从二从回回古文回象亘回形上
下有所求也亘爲上下亘回故趄有換易之誼矣
此濱田悉從之說也



五種無不宜

種當爲穜說文種先穜後孰也从禾重聲即下文
大亟細亟禾名也非此義穜埶也从禾童聲埶穜
也詩曰我埶黍稷此謂五穀之穜亦當从禾旁童
爲正經典多借種爲穜說文宜所安也物性與土
性相安故曰宜地官大司徒職云以土宜之法辨
十有二土之名物辨十有二壤之物而知其種以
教稼穡樹埶以土會之灋辨五地之物生一曰山
林其植物宜皁物二曰川澤其植物宜膏物三曰
丘陵其植物宜覈物四曰墳衍其植物宜莢物五

曰原隰其植物宜叢物左氏成二年傳先王疆理天下物土之宜而布其利皆此義也夏官職方氏河南曰豫州其穀宜五種正北曰并州其穀宜五種鄭注並云五種黍稷菽麥稻荀子儒效篇王制篇並云序五種

其立后而手實

尹知章注謂立君以主之手常握此地之實數也紹蘭案立后蓋自占之譌自壞其中二畫上下兩畫稍長即爲立字占上丨稍衺爲丿即成后字自占者漢書食貨志各以其物自占師古曰占隱度也各隱度其財物多少而爲名簿送之於官也謂自占度土地所宜而手握其實數



之名簿也管子欲知五方物土之宜以布其利故令民自占而手實本爲良法美意逮漢武行自占之法而算及緡錢車船食貨志諸賈人末作貰貸賣買居邑貯積諸物及商以取利者雖無市籍各以其物自占率緡錢二千而算一諸作有租及鑄率緡錢四千算一非吏比者三老北邊騎士軺車一算商賈人軺車二算船五丈以上一算匿不自占占不悉戍邊一歲沒入緡錢有能告者以其半畀之王莽再行自占及實定所掌之法而貢及鳥獸魚鼈百蟲畜牧桑蠶織紝紡績補縫工匠醫巫卜祝及它方技商販賈人食貨志諸衆取物鳥獸魚鼈百蟲於山林水澤及畜牧者嬪婦桑蠶織紝紡績補縫工匠醫巫卜祝及它方技商販賈人坐肆列里區謁舍皆各自占所爲於其所在之縣官除其本計其利十一分之而以其一爲貢敢不自占自占不以實者盡沒入所采取而作縣官一歲諸司市常以四時中月實定所掌爲物上中下之賈實定所掌即手實也呂惠卿行自供手實之法而檢括及尺椽寸土且抄及雞豚宋史呂惠卿傳又用弟和卿計制五等丁產簿使民自供手實尺土寸椽檢括無遺至雞豚亦徧抄之隱匿者許告而以貲三之一充賞民不勝其困自供即自占也其違管子之本意甚矣

其木宜蚖菕與杜松

蚖杬假借字爾雅釋木杬魚毒郭璞注杬大木似栗生南方皮厚汁赤中藏卵果文選吳都賦緜杬杶櫨劉逵注引異物志曰杬大樹也其皮厚味近苦澀剝乾之正赤煎訖以藏眾果使不爛敗以增



其味豫章有之玉篇杬木名出豫章煎汁藏果及卵不壞也說文艸部芫魚毒也从艸元聲中山經首山艸多朮芫郭注芫華中藥急就篇有杬華師古注以爾雅郭注爲誤郝氏正義云顏監所據者漁人以芫華藥魚耳以今驗之藥魚者不皆用芫華而創瘍有所謂魚尾者以杬子敷之即瘥是亦杬子名爲魚毒之證紹蘭按郝說是也从艸之芫其華自可藥魚从木之杬其皮自可藏果卵而皆名魚毒正如釋木權黃英釋艸亦云權黃華菋荎藸釋草亦云菋荎藸艸木之同名異實者正多不

得執魚毒之佴而合芫艸杬木爲一物也　蕎亦棆之異文爾雅釋木棆無疵郭注棆梗屬似豫章釋文引字書無椊棆也本又作椊說文木部棆毋杶也从木侖聲讀若易卦屯按棆杶疊韵棆葢杶類因名毋杶說文杶木也从木屯聲引夏書杶榦栝柏故景純謂棆爲梗屬似豫章淮南子脩務訓楩枏豫章之生也七年而後知豫章二木名然則棆亦大木矣　爾雅釋木杜甘棠郭注今之杜棃邵氏正義云杜之甘者爲棠杜與棠相似而實殊甘棠味滑美而杜味澀酢此味之殊也下文云杜赤棠



白者棠此色之殊也說文牡曰棠牝曰杜此性之殊也召南甘棠篇蔽芾甘棠毛傳甘棠杜也釋文甘棠艸木疏云今棠棃爾雅又云杜赤棠白者棠郭注棠色異異其名唐風杕杜篇有杕之杜毛傳杜赤棠也疏引陸璣疏云赤棠與白棠同耳但子有赤白美惡子白色爲白棠甘棠也少酢滑美赤棠子澀而酢無味俗語云澀如杜是也赤棠木理韌亦可以作弓榦戴氏毛鄭詩補注爾雅謂杜甘曰棠毛公失其句讀段氏說文注云召南甘棠毛曰甘棠杜也釋木曰杜甘棠本無不合棠不實杜

實而可食則謂之甘棠凡實者皆得謂之杜則皆得謂之甘棠牡棠牝杜析言之也杜得偁甘棠互言之也紹蘭案說文棠牡曰棠牝曰杜从木尙聲此棠兼棠與杜而言牡無實者牝有實者是棠本無實而杜有實也又曰杜甘棠也从木土聲此專說棠下之牝曰杜而別其實之甘者爲棠則甘棠之名出於杜舉味澀色赤之杜足兼味甘色白之棠故杜得偁甘棠且陸璣以白棠爲甘棠而云微酢則甘棠亦不純甘而舍人注爾雅云白者爲棠赤者爲杜爲甘棠爲赤棠六書故卷二十一所引如此按爲甘棠爲赤棠在赤者爲杜之下明謂杜爲甘棠亦爲赤棠其非以甘棠解白棠赤棠解赤杜明矣與陸說異是



直以杜赤棠爲甘棠然則毛云甘棠杜也未嘗失其句讀而爾雅亦不煩讀爲杜甘曰棠矣　禹貢靑州貢松鄭風山有扶蘇篇山有橋松毛傳松木也鄭箋橋松在山上釋文橋本亦作喬毛作橋王肅云高也鄭作槁枯槁也孔疏傳以橋松共文嫌爲二木故云松木以明橋非木也　魯頌閟宮篇徂來之松地官大司徒設其社稷之壝而樹之田主各以其野之所宜木遂以名其社與其野鄭注若以松爲社者則名松社之野以別方面續漢書祭祀志注馬融周禮注曰社稷在右太社在中門之外惟

松白虎通社稷篇引尚書逸篇曰大社惟松通典卷四十八引白虎通云論語魯哀公問主於宰我宰我對曰夏后氏以松松者所以自竦動論語八佾篇皇氏義疏夏居河東河東宜松御覽卷九百五十三引禮斗威儀君乘木而王其政平則松爲長生又引尸子荆有長松文梓說文松木也从木公聲窠松或从容

其草宜楚棘

草當爲艸說文草草斗櫟實也非此義艸百卉也从二屮楚叢木一名荆也荆楚木也是楚荆一木而云艸者其榦細而可束故艸木通偁矣詩漢廣篇翹翹錯薪言刈其楚鄭箋楚雜薪之中尤翹翹者鄭風揚之水篇不流束楚傳曰激揚之水可謂不能流漂束楚乎蓋言楚之細且輕也士喪禮楚焞置于燋鄭注楚荆也荆焞所以鑽灼龜者學記夏楚二物鄭注夏槄也楚荆也二者所以撲撻犯禮者疏引盧植云撲作教刑然則古教刑亦用楚故廉頗肉袒負荆矣史記廉頗藺相如列傳荆之言彊也禹貢疏引爾雅李巡注荆彊也荆彊雙聲漢書地理志左馮翊襄惪有彊梁原淮南子墬形訓高誘注作荆梁原水經注作荆渠原是荆彊古通也南山經峄勺之山其木多荆西山經小華之山其木多荆



東山經餘峩之山其下多荆中山經䰠山其木多荆櫐山其木多荆堯山其木多荆楚之言齟也爾雅釋言㸚齟也㸚齟亦彊也小雅楚茨以楚楚狀茨之貌茨爲疾棃有二肉刺卽楚之齟彊可見矣古人以楚名國亦偁荆亦偁荆楚商頌殷武云奮伐荆楚禹貢鄭注謂荆楚之域國有道則後服國無道則先彊是其義也左氏傳晉有寺人披字伯楚蓋取披翦荆楚爲義亦曰勃鞮披卽勃鞮之合聲爾　說文棘小棗叢生者从竝朿易習坎上六寘于叢棘虞翻曰坎多心故偁棘獄外穜九棘故偁叢棘邶風凱風篇首章吹彼棘心毛傳棘難長養者段氏謂傳棘下當有心字是也以下傳棘薪可證二章吹彼棘薪傳棘薪其成就者魏風園有桃篇園有棘傳棘棗也小雅湛露篇在彼杞棘鄭箋杞也棘也異類喻庶姓諸侯也士喪禮決用正王棘若檡棘鄭注正善也王棘與檡棘善理堅刃者皆可以爲決世俗謂王棘矺鼠秋官朝士左九棘右九棘鄭注樹棘以爲位者取其赤心而外刺象以赤心三刺也御覽卷九百五十九引春秋元命包樹棘聽訟其下者棘赤心有刺言治人者原心不失其赤實也爾雅釋艸髦顛棘郭注細葉有刺蔓生一名商棘廣雅云女木也釋木終牛棘郭注卽馬棘也其

刺蟲而長北山經北嶽之山其木多棘東山經尸胡之山其下多棘中山經合谷之山是多薝棘郝氏箋疏：按本艸天門冬一名顛勒，卽爾雅髦顛棘也。薝，玉篇丁敢切，疑薝顛聲近而轉升山其木多棘苦山其上有木焉名曰黃棘黃華而員葉其實如蘭服之不字大𩇕之山有艸焉其狀葉如榆方莖而蒼傷其名曰牛傷郭注猶言牛棘郝氏箋疏：按牛棘見爾雅郭注方言云山海經謂刺爲傷卽指此下文講山亦云反傷赤實紹蘭案此文以棘爲艸下文五沃之土言其棘其棠又與羣木相次山海經亦或謂棘爲艸或謂棘爲木爾雅顛棘屬釋艸牛棘屬釋木以顛棘卽薝棘小棘



也故爲艸屬牛棘卽王棘大棘也故爲木屬而中山經又以牛傷爲艸與雅異說棘从竝朿朿木芒也棘多芒刺造字者因以二朿相竝古多用棘爲藩衛左氏哀八年傳囚諸樓臺栫之以棘故虞翻謂獄外種九棘昭十三年傳遇諸棘闈杜注棘里名闈門也葢其地多棘施棘於門以藩其里謂之棘闈猶今場屋施棘於牆以藩其舍亦謂之棘闈矣棘之言急而讀若革論語顏淵篇棘子成漢書古今人表作革子成大雅文王有聲篇匪棘其欲鄭箋棘急禮器引作匪革其猶鄭注革急也然則嚴密之地必施棘者亦取其多刺因以備警急也

見是土也命之曰五施五七三十五尺而至於泉

說文土地之吐生萬物者也二象地之上韵會所引如此今本作地之下地之中丨物出形也巛水原也象水流出成川形此篇首言土自五施至一施凡五等皆謂平地之土與下文山陵陝阸六施至二十施者不同平地五等之土五施爲最厚而深五七三十五尺而後至泉韓獻子所謂土厚水深者也故於五種無不宜矣

呼音中角



謂五施之地深試呼之其音中角下云如雉登木以鳴音疾以清也月令孟春之月其音角鄭注屬木者以其清濁中漢志角觸也物觸地而出戴芒角也呂氏春秋孟春紀高誘注角木也位在東方淮南時則訓注同

其水倉

倉蒼省文說文蒼艸色也玉藻大夫佩水蒼玉鄭注謂玉有水蒼者視之文色所似也吳越春秋越王無余外傳有蒼水使者又云青泉赤淵分入洞穴青泉猶蒼水也

其民彊

說文彊弓有力也因以爲彊有力之通偁漢書地
理志河內殷虛康叔之風既歇而紂之化猶存故
俗剛強又云鍾代石北民俗懁忮臣瓚曰今北土
名彊直爲懁中皆其比也

赤壚歷彊肥五種無不宜

說文墶赤剛土也禹貢下土墳壚鄭注壚疏也歷
彊尹注云歷疏也彊堅也肥者馬融注禹貢墳有
膏肥也此土色赤其性疏彊而肥故亦五種無不
宜矣

其麻白



月令孟秋食麻與犬鄭注麻實有文理屬金金者
西方之行西方色白故麻以白爲貴齊民要術種
麻篇凡種麻用白麻子白麻子爲雄麻胡麻篇今
世有白胡麻八稜胡麻白者油多九穀攷北方蓺
麻三月下種夏至前後牡麻開細碎花花落後拔
而漚之取其皮是爲夏麻其色白詩言八月載績
夏刈之則八月可績也苴麻其俗呼子麻八九月
閒子孰則落詩言九月叔苴傳苴麻子也叔拾也
拾取子盡乃刈其皮而剥之是爲秋麻色靑而黯
不潔白也色不潔白之謂苴故閒傳曰苴惡貌也

斬衰貌若苴齊衰貌若枲枲卽牡麻夏刈色白者王禎農書
紵麻有二種一種紫麻一種白麻會見涇縣需紵
者云是白麻謂苴枲之麻爲黃麻而李時珍曰大
麻卽今火麻一曰黃麻䌟麻今之白麻也所謂黃
麻同所謂白麻者人自爲說然則苴枲之麻今南
方無晚刈之黑色者又不及䌟紵之白故統偁之
口黃麻北人刈麻異時故黑白異色今爲類舉而
互證之可以得古人以苴枲譬況斬齊之貌矣紹
蘭按此文其麻白葢卽楚辭之瑤華夏刈之白麻
及紵䌟之白麻也地官舍人鄭注五穀六米別爲



書賈疏黍稷稻粱苽大豆皆有米麻與小豆小麥
三者無米九穀攷云穀中無米者或指麻與大小
豆耳紹蘭謂豳風七月篇七月食瓜八月斷壺九
月叔苴采荼薪樗食我農夫毛傳叔拾也苴麻子
也鄭箋瓜瓠之畜麻實之糝乾荼之菜惡木之薪
亦所以助男養農夫之具內惟薪樗供炊飪之用
而毛以苴爲麻子鄭於苴麻之實言糝說文糝爲
糂之古文解云以米和羹也一曰粒也曰米曰粒
則麻實之糝非米而何故詩人以苴與瓜瓠及荼
統言食我農夫也然則麻之有米明矣但食醫六

臍無麻耳不得謂麻無米也坿識於此餘詳五麻
下
其布黃
晏子春秋外篇昔者秦繆公乘龍而理天下以黃
布裹烝棗至東海而捐其布吳越春秋外傳乃使
國中男女入山采葛以作黃絲之布文選蜀都賦
黃潤比筒籝金所過劉逵注黃潤謂筒中細布也
司馬相如凡將篇曰黃潤鮮美宜製禪揚雄蜀都
賦曰筒中黃潤一端數金
其艸宜白茅與雚



易大過初六藉用白茅虞翻曰巽柔白爲茅召南
野有死麕篇白茅包之毛傳白茅取絜清也小雅
白華篇白華菅兮白茅束兮毛傳白華野菅也已
漚爲菅鄭箋人刈白華於野已漚名之爲菅菅柔
忍中用矣而更取白茅收束之茅比於白華爲脆
白虎通五祀篇苴以白茅謹敬絜清也　雚當爲
萑說文萑部雚水鳥也（今本作小爵也此據類篇所引訂正）从萑吅
聲詩曰雚鳴于垤經典通作鸛非此義艸部萑薍
也从艸萑聲薍𦵔也𦵔萑之初生一曰薍一曰騅
菼𦵔或从炎蒹萑之未秀者薕蒹也詳見下

其木宜赤棠
爾雅杜赤棠唐風杕杜篇毛傳杜赤棠也疏引樊
光云赤者爲杜陸璣疏云赤棠子澀而味酢無味
俗語云澀如杜是也赤棠本理韌亦可以作弓榦
名南甘棠疏引舍人曰杜赤色名赤棠六書故卷
二十一引舍人云白者爲棠赤者爲杜爲甘棠爲
赤棠中山經陰山其中多彤棠其葉如榆而方其
實如赤菽食之已聾西山經中皇之山其下多蕙
棠郭注彤棠之屬也郝氏箋疏云蕙與棠二物彤
棠蓋赤棠也中山經陰山其中多彤棠彤疑彤字



之譌是也紹蘭又案西山經昆侖之丘有木焉其
狀如棠（郭注棠棃也）黃華赤實其味如李而無核名曰
沙棠可以禦水食之使人不溺蓋亦赤棠之類故
云如棠赤實而味如李李之味亦有澀者
見是土也命之曰四施四七二十八尺而至於泉
四施於五施校淺七尺尙是土厚水深故亦五種
無不宜
呼音中商
謂四施之地校五施爲淺試呼之其音中商下云
如離羣羊也月令孟秋之月其音商鄭注屬金者

以其濁文宮漢志商之爲言章也物成孰可章度也呂氏春秋孟秋紀注商金也其位在西方時則訓注同

其水白而甘

淮南子修務訓謂神農相土地之宜嘗水泉之甘苦今本土地下奪之字據太平御覽卷七十八引補吳越春秋闔閭內傳相土嘗水此四施之土其水甘再施之土其泉鹹一施之土其水苦皆嘗水之瀀說文白西方色也陰用事物色白从入合二二陰數甘美也从口含一一道也左氏僖二十四年傳有如白水大荒南經白水山白水出焉而生白淵大荒東經有甘山者甘水出焉生甘淵皆其比也淮南子原道訓味者甘立而五味亭矣色者白立而五色成矣此水白而甘蓋亦五色成五味亭矣

其民壽

論衡齊世篇語偁上世之人堅彊老壽百歲左右

黃唐無宜也

黃唐疊韵說文黃地之色也从田从炗炗亦聲炗古文光淮南子天文訓黃者土悳之色是黃義也說文唐大言也是唐有大義衆經音義卷二卷三卷十卷二十四竝云唐徒也徒空也是唐有空義土色雖黃以大而空故無所宜也御覽卷八百三十九



引作黃墳禹貢釋文引馬融云墳有膏肥也若然地得土之正色又有膏肥不得云無宜唯宜黍秫矣疑引作墳爲誤

唯宜黍秫也

唯唯古通用唯之言獨也大學唯仁人鄭注以爲獨仁人也說文黍禾屬而黏者也以大暑而種故謂之黍从禾雨省聲孔子曰黍可爲酒禾入水也糜穄也穄糜也程氏九穀攷云說文以禾况黍謂黍爲禾屬而黏者非謂禾爲黍屬而不黏者也是故禾屬而黏者黍則禾屬而不黏者糜對文異散文則通偁黍謂之禾屬要之皆非禾也爾雅秬黑黍內則飯黍稷稻粱白黍黃粱鄭氏注黍黃黍也韓非子吳起欲攻秦小亭置一石赤黍東門外經傳中見黑黍白黍黃黍赤黍不見黑糜白糜黃糜赤糜是以知散文通偁黍也糜一曰穄飯用米之不黏者黏者釀酒及爲餌餈酏粥之屬故簠簋實糜爲之以供祭祀故又異其名曰穄黍之不黏者獨有異名祭尚黍也不黏者有糜與穄之名於是黏者得專偁黍矣聞之農人云黍糜二穀皆有黑白黃赤之異及與人案取其種凡持以至者有黑

黍白黍又有赤黍雜黑黍中者黑黍中更有青黍
而獨無黃黍惟穈則類多黃者然則黃黍者穈也
穄也內則直呼爲黍而今人乃以爲稷謬矣山西
無論黏與不黏統呼之曰穈黍又冒黃粱之名呼
黏者曰軟黃粱不黏者曰硬黃粱太原以東則呼
黏者爲黍子不黏者爲穈子武邑人亦呼之曰黍
子穈子而呼黍之米曰黃米穈之米曰稷米北方
稷穄音相邇曲阜孔葓谷繼涵云彼地稷穄二字迥别民閒呼穈子爲穄無誤呼稷者
穄奪稷名承譌日久論者因謂稷穄一物而以黏
不黏分黍稷失之矣說文穈穄互釋稷齋互釋其



爲二物甚明以穄冒稷稷既非稷矣以釀酒之黏
黍充黍之盛簋實其性黏著幾與遷實之餌餈無
以異且少牢特牲饋食之禮尸嘏主人本爲炊穈
爲飯不相黏著故有摶黍之儀若用黏黍爲之則
爲乎必令佐食者摶之而後授尸哉且穈之爲黍
不但內則黍黃黍之注可爲左證周官土訓掌道
地圖以詔地事注云說九州所宜若云荊揚地宜
稻幽并地宜麻釋文云麻一本作穈案此穈字必
穈字之譌蓋鄭注所謂若云者實據職方氏職方
荊揚但云宜稻與此注合而幽州宜三種并州宜

五種注皆有黍無麻是麻當作穈穈卽謂黍二字
可互通也然穈之譌麻穈黍之可互通亦非以臆
見斷之也伏生大傳淮南子劉向說苑皆云大火
中種黍菽而呂氏春秋則云日至樹麻與菽麻生
於二三月夏至後則刈牡麻矣今云日至樹麻其
爲樹穈之譌無疑淮南子劉向並言黍菽呂氏言
穈菽是穈黍互通之確證也又夏小正五月初昏
大火中種黍菽穈以伏生淮南子劉向書證之穈
字爲衍文因下有菽穈之文而衍也菽穈者豆鬻
也下正傳云已在經中又言之是何也時食豆鬻



而祀之言菽穈又言之者特著其時食豆鬻耳與
上種黍菽文不相複而轉寫者不明傳意謂傳已
在經中之云連穈字言之遂於上經妄增一字也
近日刻本不知穈爲衍字謂是穈字之譌改穈爲
穈失之愈遠矣穈音門乃赤苗嘉穀春時下種者改者之意本欲改爲穈穄之穈而
又譌爲穈芑之穈是又不知穈穈之爲二物其音又復不同也諸書言種黍皆云
大火中是以夏至而種也說文獨言以大暑而種
蓋言種黍之極時其正時實夏至也氾勝之種植
書黍暑也種者必待暑說與說文同亦以極時言
之矣紹蘭案黍暑疊韵漢書律歷志鶉火初柳九

度小暑中張三度大暑於夏爲六月氾勝之書雖云黍者暑也種者必待暑其下卽云先夏至二十日是其以暑音解名黍之義非定爲小暑大暑之暑大暑於夏爲六月氾書謂先夏至二十日則在四月末五月初夏小正書傳淮南說苑外尙書考靈曜云夏火星昏中可以種黍菽夏小正大火中在五月月令昏火中在季夏而仲夏農乃登黍天子以雛嘗黍鄭注此嘗雛也而云以嘗黍不以牲主穀也必以黍者黍火穀氣之主也又孟秋農乃登穀天子嘗新注云黍稷之屬於是始孰鄭謂孟秋登穀爲新黍明以仲夏所登所嘗爲舊黍而蔡邕以爲此時黍新孰今蟬鳴黍呂氏春秋仲夏紀農乃登黍高誘注亦云稙黍孰先進之按豳風五月鳴蜩故仲夏新黍謂之蟬鳴黍稙者早種早種者仲夏先登則孟秋登穀嘗新明是晚種之黍謂之新者黍火穀氣之主以大火中所種者爲正且別於早種先登之黍爲舊故偁之曰新也齊民要術言種黍之法三月上旬種者爲上時四月上旬爲中時五月上旬爲下時夏種黍穄與植穀同時非夏者大率以椹赤爲候諺曰椹釐釐種黍時此



槩言種之早晚大氐早者三月上旬晚者亦不過五月上旬與氾書先夏至之說正合崔寔四民月令曰四月蠶入簇時雨降可種黍禾謂之上時夏至先後各二日可種黍此雖以四月爲上時又偁夏至後然亦明言後二日皆無季夏大暑種黍之說且齊民要術引雜陰陽書黍生于榆六十日秀秀後四十日成崔寔曰二月榆莢成以此推之黍百日乃成則仲夏登早黍二月卽當種之更知晚黍無種于大暑者段氏說文注謂許書大暑大字爲傳寫妄增是也　說文秫稷之黏者从禾朮象形朮秫或省禾稷齋也五穀之長齋稷也九穀攷云稷黏者爲秫北方謂之高粱或謂之紅粱通謂之秫秫周官食醫職宜稌宜黍宜稷宜粱宜麥宜苽見稷則不見秫內則菽麥蕡稻黍粱秫惟所欲見秫則不見稷故鄭司農說九穀稷秫竝見後鄭不從入粱去秫以其闕粱而秫重稷也故自漢唐以來言稷之穀者屢異而秫爲黏稷則不能異緻文之士其講說秫之義者雖異而天下之人呼高粱爲秫秫呼其稭爲秫稭者卒未有異也其黏者黃白二種所謂秫也以秫爲黏稷於是他穀之黏

者以假借通俗之曰秫陶淵明使公田二頃五十畝種秫者稻之黏者也崔豹古今注所謂秫爲黏稻是也廣雅疏證曰唐本艸注引氾勝之種植書云三月種秔稻四月種秫稻世說任誕篇云今年田得七百斛秫禾不了麴櫱事名醫別錄云秫米味甘微寒止寒熱利大腸療漆瘡唐本注云此米功用是稻秫也爾雅釋文云江東人皆呼稻米爲秫米齊稻米以治漆瘡亦驗皆是也然則孫炎注爾雅謂黏粟爲秫烏在其不可也所以必辨之者惡夫以秫爲黏粟恐其亂稷而已不黏者赤白二種白者膚色如粉民俗多種赤者故得專紅粱之名也周官籩人職朝事籩實有白黑鄭司農說稻曰白黍曰黑余以爲黑者黑黍白者白稷皆指其穀色言若稻必舂後乃見白耳貂蘭案爾雅衆稷衆秫衆字不可解齊民要術粱篇引作粟秫即引孫炎曰秫黏粟豈叔然所見爾雅本作粟秫故以黏粟解秫歟然粟是粱非稷爾雅不應以粟爲秫也



宜縣澤

周語澤水之鍾也說文澤光潤也此二義皆不得言縣蓋澤爲瀑之譌說文瀑一曰沫也瀑賣也馬融長笛賦山水猥至濆瀑噴沫猶後人所謂瀑布亦云縣瀑矣

行廧落地潤數毁難以立邑置廧

尹注云土既虛脃不堪版築故爲行廧及籬落也其地濕潤則數穨毁故不可立邑置廧廧即牆之今字

其艸宜黍秫與茅

黍秫茅皆見前

其木宜櫄櫰桑

櫄即杶之或字說文杶木也从木屯聲夏書曰杶榦栝柏櫰或从㚘杶古文杶段氏注云依汗簡所載作杶近是即屯字側書耳集韵徑作杻非也禹貢杶榦栝柏攷工記鄭注云禹貢荆州貢櫄榦栝柏賈疏引鄭書注云櫄榦栝柏四木名是鄭所見夏書作櫄不作杶也爾雅釋木釋文引方志云櫄樗栲漆相似如一唐風疏云郭璞爾雅注引俗語與此同中山經成侯之山其上多櫄木郭注似樗樹材中車轅吳人呼櫄音輴車嬰𥕞之山其下多櫄櫄又名椿說文椿杶也左氏襄十八年傳孟莊子斬其椿以爲公琴是也櫄即杶杶即今椿樹說文舂作萅蓋故書杶或作橁以今字書之因爲椿矣

讀書雜志云尹以櫰爲柔桑非也櫄櫰桑三者皆木名櫰讀爲唐風隰有杻之杻爾雅杻檍郭璞

曰似棣細葉葉新生可飼牛材中車輞關西呼杻
子一名土橿西山經曰英山其上多杻橿是也擾
字古讀若狃故與杻通左傳公山不狃論語作弗
擾是其證也紹蘭案小雅南山有臺篇北山有杻
毛傳杻檍也唐風疏引陸璣疏云杻檍也葉似杏
而尖白色皮正赤爲木多曲少直枝葉茂好二月
中葉疏華如楝而細蘂正白蓋樹今官園種之正
名曰萬歲旣取名於億萬其葉又好故種之共汲
山下人或謂之牛筋或謂之檍材可爲弓弩榦也
攷工記弓人凡取榦之道檍次之鄭司農云檍讀



億萬之億檍說文作橿解云梓屬大者可爲棺椁
小者可爲弓材从木啻聲今本別出檍字解云杶
也旣於橿爲複出又混梓屬之橿爲似榑之檽謬
亦甚矣杻之見於山海經者自英山多杻外其餘
多杻之山尚有二十一所惟中山經丙山獨云其
木多弥杻郭注弥義所未詳郝氏箋疏云方言弥
長也東齊曰弥郭注弥古彌字然則弥杻長杻也
杻木多曲少直見陸璣詩疏此杻獨長故著之此
櫻爲杻之說也一曰櫻蓋榎之譌說文夏作夓與
夓形相近因誤榎爲櫻爾雅釋木槐小葉曰榎大

而散楸小而散榎郭注槐當爲楸楸細葉者爲榎
老乃皮粗散者爲楸小而皮粗散者爲榎左傳曰
使擇美榎邢疏引襄二年穆姜使擇美榎以自爲
櫬與頌琴是郭邢所見左氏作榎今本作櫝邢疏
又引樊光云大者老也散措皮也謂樹老而皮粗
散者爲楸小少也樹小而皮粗散者爲榎襄二年
孔疏引樊光作爲櫝說文櫝楸也春秋傳曰樹六
櫝於蒲圃櫝榎古今字山榎謂之槄亦爲之條釋
木槄山榎釋文榎舍人本作櫝秦風終南篇有條
有梅毛傳條槄疏引李巡曰山榎一名槄孫炎曰



詩云有條有梅條槄也陸璣疏云槄今山楸也亦
知下田楸耳皮葉白色亦白材理好宐爲車板能
溼又可爲棺木宐陽共北山多有之此櫻譌榎之
說也　說文桑蠶所食葉木从叒木易否九五繫
于包桑京房曰桑有衣食人之功荀爽曰桑者上
元下黃以象乾坤也禹貢沇州桑土旣蠶詩豳鄘
譜疏引鄭注其地尤宐蠶桑豳風七月篇爰求柔
桑毛傳五畝之宅樹之以桑鄭箋柔桑稺桑也蠶
始生宐稺桑蠶月條桑猗彼女桑傳女桑荑桑也
箋條桑枝落之采其葉也女桑少枝長條不枝落

者東而朵之衛風氓篇桑之未落其葉沃若傳桑女功之所起沃若猶沃沃然箋桑之未落謂其時仲秋也桑之落矣其黃而隕箋桑之落矣謂其時季秋也鄭風將仲子篇無踰我牆無折我樹桑傳桑木之衆也是古人樹桑於牆下故孟子云樹牆下以桑也公羊文二年傳虞主用桑何休解詁引士虞記曰桑主不文吉主皆刻而諡之中山經縣嬰用桑封桑封者桑主也桑之見於山海經有常桑有非常之桑西山經鳥山其上多桑東山經嶽山其上多桑中山經煇諸之山其上多桑穀山其



下多桑大堯之山其木多桑隅陽之山其木多桑視山其上多桑雞山其上多桑雅山其上多美桑夫夫之山其木多桑即公之山其木多桑柴桑之山其木多桑此常桑也北山經洹山三桑生之其樹皆無枝其高百仞中山經宣山其上有桑焉大五十尺其枝四衢其葉大尺餘赤理黃華青柎名曰帝女之桑海外北經三桑無枝在歐絲東其木長百仞無枝海外東經湯谷上有扶桑在黑齒北居水中有大木九日居上枝一日居下枝大荒北經衛丘南帝俊竹林在焉竹南有赤澤水名曰封

淵有三桑無枝此皆非常之桑也此文宜桑蓋亦常桑矣

見是土也命之曰三施三七二十一尺而至於泉

三施於五施校淺十有四尺矣

呼音中宮

三施之地溪淺當五施之中試呼之其音中宮下云如牛鳴窌中也月令中央土其音宮鄭注屬土者以其最濁漢志宮中也居中央暢四方唱始施生爲四聲綱也呂氏春秋季夏紀注宮土也位在中央爲之音主時則訓注作五音之主是也

其泉黃而糗



讀書雜志云後漢書馮衍傳注引作黃而有臭是也上文云其水白而甘下文云其泉鹹又云其水黑而苦則此文當作其泉黃而有臭無取於糗也尹注非紹蘭案其泉黃左傳隱元年傳不及黃泉史記鄭世家集解引服虔注云天元地黃泉在地中故言黃泉孟子滕文公篇下飲黃泉淮南子天文訓高注云黃鐘鐘者聚也陽氣聚於黃泉之下也說文寅正月陽气動去黃泉欲上出糗讀若臭味之臭謂氣也左氏僖四年傳一薰一蕕十年尚猶有臭有臭本兼薰蕕而言此文有臭對上下甘

鹹苦爲文是彼以味言此以臭言上云見是土也泉在土中明水臭出於土臭月令中央土其臭香鄭謂土之臭孟冬之月盛德在水其臭朽鄭謂水之臭然則有臭當香朽互文以見義矣或曰黄而有臭黄者土色中央土其臭香有臭當屬香言故月令又曰水泉必香也

流徙

讀書雜志據下云水流徙謂此亦當有水字是也紹蘭案說文流水行也易習坎彖辭水流而不盈荀爽曰陽動陰中故流小雅沔水篇沔彼流水呂



氏春秋盡數篇流水不腐徙遷流也漢書溝洫志大司空掾王横引周譜云定王五年河徙亦其義矣

斥埴

斥說文作㡿鹵下云西方鹹地也東方謂之㡿西方謂之鹵經典通作斥禹貢青州海濱廣斥釋文引鄭注斥謂地鹹鹵說文埴黏土也禹貢徐州厥土赤埴墳釋文埴鄭作戠讀曰熾文選蜀都賦李善注引鄭注熾赤也攷工記摶埴之工二鄭注埴黏土也紹蘭案埴之言殖也殖之言䵒也䵒之言

黏也說文殖脂膏久殖也䵒黏也春秋傳曰不義不䵒𥹋䵒或从刃黏相箸也左氏隱元年傳借昵爲䵒攷工記弓人說相膠云凡昵之類不能方故書昵或作樴杜子春云樴讀爲不義不昵之昵或爲𥹋𥹋黏也康成謂樴脂膏膱敗之膱膱亦黏也賈疏云若今人頭髮有脂膏者則謂之膱然則埴也殖也膱也䵒也𥹋也戠也樴也皆謂黏耳殖與埴聲義並同膱乃殖之異文𥹋即䵒之或字昵則䵒之假借戠樴又埴殖之假借皆以聲近故也

宜大菽與麥

尗菽古今字說文尗豆也象尗豆生之形也大雅生民篇蓺之荏菽毛傳荏菽戎菽也鄭箋戎菽大豆也孔疏曰釋艸云戎菽謂之荏菽孫炎曰大豆也此箋亦以爲大豆樊光舍人李巡郭璞皆云今以爲胡豆璞又云春秋齊侯來獻戎捷穀梁傳戎菽也管子亦云北伐山戎出冬葱及戎菽布之天下今之胡豆是也按爾雅戎菽皆爲大豆注穀梁者亦以爲大豆也郭璞等以戎胡俱是夷名故以戎菽爲胡豆也后稷種穀不應捨中國之種而種戎國之豆即如郭言齊桓之伐山戎始布其豆種

則后稷之所種者何時絕其種乎而齊桓復布之
禮有戎車不可謂之胡車明戎菽正大豆是也郭
氏爾雅正義云釋詁戎壬大也壬通作任又通作
荏是戎荏皆言大也先後鄭釋周官九穀皆分大
豆小豆爲二種農桑輯要引氾勝之書云大豆保
歲易爲宜古之所以備凶年也王禎農書云大豆
有黑白黃三種白者粥飲皆可伴食是也夏小正
云五月初昏大火中大火者心也心中種黍菽糜
是也淮南主術訓亦云大火中則種黍菽今南方
種大豆者多於二月氾勝之書云三月榆莢時有



雨高田可種大豆夏至後二十日尚可種是種有
蚤晚晚者以五月爲期也菽之穫在後小雅小明
云歲聿云暮采蕭穫菽而豳風又云七月烹葵及
菽蓋種有蚤晚故穫有先後矣春秋定元年十月
隕霜殺菽顏師古漢書注以爲菽大豆周之十月
於夏爲八月菽尚未穫霜早則爲災也詩疏所引
郭說蓋郭氏音義之文郭所引春秋莊三十一年
文也逸周書王會篇云山戎菽徐邈穀梁注亦云
今之胡豆與郭注同然荏菽爲后稷所樹不應至
桓公始布天下孫炎原本鄭箋以爲大豆者是也

說文麥芒穀秋種厚薶故謂之麥麥金也金王
而生火王而死从來有穗者从夊來周所受瑞麥
來麰一來二縫象芒朿之形段注說文云一來二縫不可通惟思文正
義作一麥二夆今定爲二麥一夆夆卽鏠字之省許書無峯則山耑字可作夆凡物之標末皆可偁
夆夆者朿也二麥一夆爲瑞麥如二米一稃爲瑞黍萕同夆則亦同稃矣廣韵十六咍引埤蒼曰秠
麰之麥一麥二稃周受此瑞麥此一二兩字亦是互爲二麥一稃亦猶異晦同穎之類其
字以从象二麥以朿象一芒朿故云象其芒朿之形天所來也故爲行來之
來詩曰貽我來麰麰來麰麥也秝齊謂麥秝也稍
麥莖也麪麥末也餅麪養也麧堅麥也䴭麥覈屑
也十斤爲三斗䵃小麥屑之覈麩小麥屑皮也麷



煮麥也讀若馮麰麥甘鬻也九穀攷云案來小麥
也麰大麥也王禎農書載雜陰陽書曰大麥生於
杏二百日秀秀後五十日成小麥生於桃二百一
十日秀秀後六十日成農桑輯要載崔寔曰凡種
大小麥得白露節可種薄田秋分種中田後十日
種美田二書言大小麥皆宿麥也呂氏春秋孟夏
之昔殺三葉而穫大麥高誘注大麥旋麥也案旋
之言疾也與宿麥對言是謂大麥爲春麥玉篇云
麰春麥也蓋同之矣嘗居北方見種麥者多矣然
皆小麥也崔寔曰正月可種春麥盡二月止亦不

分大小麥也廣志旋麥三月種八月熟出西方似亦言小麥而非高氏注之旋麥矣麰大麥也故崔寔言種大小麥竝以白露節爲始惟麰麥早晚無常是大小麥之外復有麰麥說者以麰爲大麥類然則麰乃大麥之別種非謂大麥盡名麰也思文之詩貽我來牟帝命率育臣工之詩於皇來牟將受厥明來牟之於民食也豈不重哉孟子於麰麥自播種而耰之以至於熟言之綦詳故先鄭大小麥竝列九穀矣而後鄭遂大麥至大小豆則從先鄭竝錄之每求其故不可得說者謂戎菽后稷之



所殖而大麥用處甚少也然乎哉月令仲秋之月乃勸種麥毋或失時其有失時行罪無疑鄭氏注麥者接絕續乏穀尤重之尚書大傳主秋者虛昏中可以種麥鄭氏注虛北方元武之宿八月昏中見於南方淮南子虛中則種宿麥說苑主秋者虛昏中可以種麥素問云升明之紀其類火其藏心其穀麥鄭氏月令注麥實有孚甲屬木說文麥金也李時珍曰三說各異而別錄云麥養肝氣與鄭說合孫思邈云麥養心氣與素問合夷考其功除煩止渴收汗利溲止血皆心病也當以素問爲準

葢許以時鄭以形而素問以功性故立論不同耳案陶氏別錄言小麥微寒以作麪溫陳藏器云小麥受四時氣足自然兼有寒溫麪熱麩冷言宿麥之性斯爲備矣麥微寒者得金氣而生成於夏宜其屬火也然考素問亦不專言麥屬火金匱眞言論東方青色其味酸其類艸木其穀麥是以麥屬木也至藏氣發時論則謂肺色白宜食苦麥羊肉杏薤皆苦以味苦言則是麥火也然則論物之所屬有以形言者有以色言者有以質言者有以味言者用是穀者神而明之斯投無不當也麥簠簋



實熬之爲麷則籩實也考之禮經九穀之爲簠簋實也黍稷稻粱而外麥與苽皆簠簋實玉藻諸侯朔月四簋疏云以此而推天子朔月太牢當黍稷稻粱麥苽各一簋食醫職凡會膳食之宜牛宜稌羊宜黍豕宜稷犬宜粱雁宜麥魚宜苽故膳夫職王之饋食用六穀鄭司農說以食醫之六物當之是麥苽爲簠簋實矣鄭氏小宗伯注六齍謂黍稷稻粱麥苽舂人注齍盛謂黍稷稻粱之屬可盛以爲簠簋實疏云屬中兼有麥苽內則苽食麥食折稌竝配之以羹其上以食目之注云人君燕食所

用案此記其饌則亂而與上黍稷稻粱白黍黃粱之爲飯者別之曰食故鄭氏以爲燕食所用然既配之以羹則三者亦皆是飯也公食大夫禮賓三飯以湆醬注云每飯歠湆湆蓋大羹湆是飯必歠羹矣簠簋實外其在醢人之職則羞豆之實酏食糝食見於內則者皆用稻米其在籩人之職則朝事之籩其實麷蕡白黑鄭司農說麷麥曰麷麻曰蕡稻曰白黍曰黑羞籩之實糗餌粉餈注云二物皆粉稻米所爲合蒸曰餌餅之曰餈糗者擣粉熬大豆句爲餌餈之黏著以粉之耳餌言糗餈言粉



互相足在膳夫之職凡王之饋珍用八物見於內則者淳熬用陸稻焞毋用黍食炮豚若將用稻粉糔溲爲酏以付之此三珍有膏醯醢則並豆實也然則九穀之爲豆實見於禮經者有稻有黍其爲籩實則麥麻黍稷稻菽也麥末曰麪一曰穖廣雅穖謂之麪水和麪作之如餈曰餅餅麪餈也餈籩實則餅亦籩實醢人職酏食鄭司農云以酒酏爲餅賈疏云若今起膠餅文無所出故後鄭不從案起膠餅即麪餅可充籩實而以爲豆實宜從鄭不從也鄭氏舍人職注九穀六米別爲書賈疏云黍

稷稻粱苽大豆皆有米麻與小豆小麥三者無米故云九穀六米然考小宗伯及舂人職注並以麥爲簠簋實是麥有米明矣光武自無蔞至南宮馮異復進麥飯兔肩飯則米爲之也說文獨詳記食麥飯之名陳楚之閒相謁食麥曰餥楚人相謁食麥曰飵秦人謂相謁而食麥曰䭡餷䬯相謁食麥也方言亦詳記之曰陳楚之內相謁而食麥饘謂之餥楚曰飵凡陳楚之郊南楚之外相謁而飧或曰飵或曰䬯秦晉之際河陰之閒曰䭡餷說文言麥飯方言言麥饘蓋皆言麥有米也但今世麥皆



䃺之爲麪其舂米炊飯則久失其節度矣若豆大小雖異其無米則一余以爲穀中無米者或指麻與大小豆耳六米蘄指食醫之六穀賈氏所釋鄭義恐未得其審與紹蘭按地官載師疏引孝經援神契黑墳宜黍麥御覽卷八百三十八引春秋說題辭麥之爲言殖也寢生觸東而不息精射直刺菽麥含芑事且立也又引春秋佐助期麥神名含神霧習也

其艸宜萯雚

夏小正王萯秀月令王瓜生鄭注云今月令云王萯生夏小正云王萯秀未聞孰是豳風七月篇四月秀葽毛傳云葽艸也鄭箋云夏小正四月王萯

秀葽其是乎說文葽艸也从艸要聲詩曰四月秀葽劉向說此味苦苦葽也與顥芳云劉向說苦葽蓋卽說文芙艸也味苦江南食之以下氣者也藋見前當作藋

其木宜杞

鄭風將仲子篇無折我樹杞毛傳杞木也孔疏云四牡傳杞枸檵此直云木名則與彼别也陸璣疏云杞柳屬也生水旁樹如柳葉粗而白色理微赤故今人以爲車轂今共北淇水旁魯國泰山汶水邊純杞也（姤九五虞翻曰杞杞柳木名也釋文杞鄭云柳也孟子告子篇趙岐注杞柳柜



柳也東山經東始之山有木焉其狀如楊而赤理其汁如血不實其名曰芑郝氏箋疏按李善注西京賦引此經作杞云杞如楊赤理是知杞假借作芑也李善又云杞卽梗木也未知其審紹蘭按經云其狀如楊明卽杞柳之類非梗柟大木李說失之）此杞爲杞柳之杞也小雅湛露篇在彼杞棘毛無傳鄭箋杞也棘也異類喻庶姓諸侯也（杞棘與桐椅對文椅梓也蓋卽與梓並舉之杞故鄭以爲庶姓諸侯矣）此卽左氏傳杞梓自楚往之杞也（襄二十七年傳杜注杞梓皆木名）小雅四牡篇集于苞杞傳杞枸檵也四月篇隰有杞桋傳杞枸檵也陸璣疏云一名苦杞一名地骨春生作羹茹微苦其莖似莓子秋孰正赤莖葉及子服之輕身益氣（政和本艸卷十二凡兩引）此卽左氏傳圃生杞爾雅杞枸檵之杞也（左氏昭十二年傳杜注世所偁枸杞也疏引舍人云句杞也表記疏引孫炎云卽今枸杞也說文檵枸杞也杞枸杞也御覽卷九百九十引吳普本艸云枸杞一名枸芑一名羊乳名醫别錄生常山平澤及諸丘陵阪岸陶注俗諺云去家千里勿食蘿摩枸杞此言其補益精氣强盛陰道也）小雅南山有臺篇南山有杞傳箋無文釋文引艸木疏云其樹如樗一名狗骨此杞既非杞柳枸檵亦非杞梓之杞北山篇言采其杞箋云登山而采杞非可食之物既不可食其非枸檵可知若杞柳及杞梓之杞則當言伐不得言采困學紀聞以南山之杞爲梓杞北山之杞爲枸杞失之然則詩言杞類不止三矣表記引詩



豐水有芑鄭注芑枸檵也按下武毛傳芑艸也蓋謂水艸不謂枸檵且其字从艸不从木鄭注禮時未見毛詩三家詩蓋有从木作杞說爲枸檵者山海經亦多借芑爲杞自東始之山外西山經小華之山其木多杞東山經餘莪之山其下多芑中山經其木多芑（今本譌作芑）歷石之山其木多芑槃山其木多芑堯山其木多芑柴桑之山其木多芑榮余之山其木多芑內惟柴桑榮余兩山之芑與柳連文爲杞柳之杞餘山皆言剌芑則杞棘之杞也

見是土也命之曰再施二七十四尺而至於泉

再施校五施淺二十有一尺

呼音中羽

再施之地校三施又淺試呼之其音中羽下云如鳴馬在野也月令孟冬之月其音羽鄭注屬水者其音最清漢志羽宇也物藏聚宇覆之也呂氏春秋孟冬紀注羽水也立在北方時則訓注羽屬水也說文作䨽水音也

其泉鹹

說文鹵西方鹹地也鹹銜也北方味也从鹵咸聲周書洪範潤下作鹹月令冬其味鹹鄭注云鹹水之味凡鹹者皆屬焉內經素問岐伯曰水生鹹是也



水流徙

已見前

黑埴

埴見前說文黑火所熏之色也从炎上出囪此禹貢沇州厥土黑墳之屬墳言其肥埴言其黏義亦同也釋名土黑曰盧盧然解散也與此異

宜稻麥

爾雅釋艸稌稻郭璞注今沛國呼稌周頌豐年篇豐年多黍多稌毛傳稌稻也內則折稌鄭注稌稻也天官食醫牛宜稌鄭司農云稌稉也引爾雅曰稌稻按說文稻稌也从禾舀聲稌稻也从禾余聲引周禮曰牛宜稌稉沛國謂稻曰稬从禾耎聲稴稻不黏者从禾兼聲讀若風廉之廉段氏曰風廉之廉疑當同食部作風溓溓也秔稻屬从禾亢聲稉秔或从更聲盖稻是大名稌與稬皆稻之黏者稴若秔皆稻之不黏者故稻之言舀也臼部舀抒臼也詩曰或舂或舀謂無論種之剛柔皆可舂而舀也故謂之稻稌之言舒也其字从余得聲八部余語之舒也是稌爲稻之舒緩者而沛國郎呼稻爲稌故謂之稌稬之言偄也其字从耎得聲大部耎稍前大也讀若畏偄是稬爲稻之遲偄者而沛國郎呼稻爲稬故謂之稬穀梁襄五年會吳于善稻傳吳謂善伊謂稻緩段氏說文注曰謂稻爲緩郎沛國謂稻曰稬而郭璞曰今沛國呼稌然則稌稬本一語稍分輕重耳紹蘭謂稬與緩聲兼義稌與緩義兼聲皆稻之偄而黏者今呼糯米米部無糯字故爾雅毛傳內則鄭注皆云稌稻謂稌爲稻中之一種惟先鄭以稌爲稉稉則稴而不黏非其義矣稴之言溓也水部溓薄冰也从水兼聲食部䭑嗛也口部嗛小食也讀若風溓溓薄

沐謂之濂㵚小食謂之餰猶稻不黏謂之穛攷工記輪人則雖有深泥亦弗之濂也鄭司農云濂讀爲黏謂泥不黏著輻也是濂即讀黏泥之黏者爲濂稻之不黏者爲穛義相反而實相成也秔之言炕也火部炕乾也从火亢聲爾雅釋木守宮槐葉晝宵炕釋文引樊光本作抗齊民要術種槐柳篇引孫炎云炕張也秔作稉稉之言埂土部埂秦謂阬爲埂从土叓讀若井汲綆葉張抗謂之炕土阬謂之埂汲井索謂土綆猶稻不黏謂之秔亦謂之稉九穀攷云按稌稻大名也稬偄也其黏者也稉之爲言硬也說文石部無硬字不黏者也食醫之職牛宜稌鄭司農說稌稉也又



引爾雅曰稌稻是又以稉釋稻稉其不黏者也孔子曰食夫稻亦不必專指黏者言職方氏揚荆諸州亦但云其穀宜稻吾是以知稌稻之爲大名也紹蘭謂說文稻稌稬穛秔五字相次稉即秔之或字稻篆在前稌下云稻也稬下云沛國謂稻曰稬皆不言黏與不黏穛下云稻不黏者則上文稌稬爲黏稻可知矣秔下云稻屬亦不言黏與不黏以文次穛後穛爲稻不黏則秔亦不黏可知矣而稻下云稌也稻以黏爲善舉稌之黏者則稬之黏及穛秔之不黏皆統之又可知矣然則稻是大名稌

則稻之黏者亦稻之屬不得爲大名先鄭之誤在以稌爲稉不在以稉釋稻稻爲大名固得兼稉稌不得兼稉故不得爲大名程氏不究稌从余聲秔从亢聲稉从叓聲之義爲先鄭說所誤而以稌與稻竝爲大名失之矣文選魏都賦水澍稉稌陸蒔黍稷稉稌與黍稷對文明分黏不黏二種亦稌不得爲稉及不得爲大名之證麥見前

其艸宜苹蓨吳本如此花齋本作萍萍水艸非其類也

小雅鹿鳴篇食野之苹毛傳苹萍也鄭箋苹藾蕭也孔疏云釋艸文郭璞曰今藾蒿也初生亦可食陸璣疏葉青白色莖似箸而輕脆始生香可生食



又可烝食是也易傳者爾雅苹蓱其大者蘋是水中之艸非鹿所食故不從之 說文蓨苗也苗蓨也爾雅釋文蓧蓨郭注未詳邵氏正義曰蓧與蓨古通用史記周勃世家封爲條侯表作蓨侯漢書地理志信都國脩縣脩音條括地志作蓨是也下文云苗脩玉篇以蓧苗蓨三字轉相訓是苗即蓧也苗蓨古音相近易云其欲逐逐漢書作其欲攸攸是也蓨一名蓫小雅我行其野云言采其蓫毛傳蓫惡菜也齊民要術引詩義疏云今羊蹄似蘆菔莖赤煑爲茹滑而不美多噉令人下利揚州謂之羊蹏

幽州謂之蓫一名蓨亦食之詩釋文蓫本又作蓄本艸云羊蹄一名蓄陶注今人呼爲禿菜即蓄字音譌也神農本艸羊蹄味苦寒一名東方宿一名連蟲陸一名鬼目名醫别錄名蓄生陳留孫伯淵曰說文堇艸也讀若釐藋艸也芨堇艸也廣雅堇羊蹄也毛詩言采其蓫箋云蓫牛蘈也陸德明云本又作蓄陸璣云今人謂之羊蹄陶宏景云今人呼禿菜即是蓄音之譌詩云言采其蓄按陸英疑即此艸之華此艸一名連蟲陸又陸英即蒴藋一名堇也亦苦寒西山經符禺之山其艸多條其狀如葵而赤華黃實如嬰兒舌食之使人不惑石脆之山其艸多條其狀如韭而白華黑實食之已疥北山經高是之山其艸多條蓋亦蓨之異種也



其木宜白棠

爾雅釋木杜赤棠白者棠名南甘棠疏引舍人曰白者亦名棠唐風杕杜疏引樊光曰白者爲棠六書故引舍人同陸璣疏云白色爲白棠甘棠也少酢滑美詳見杜及赤棠下

見是土也命之曰一施七尺而至於泉

此平地五等之土最薄而淺韓獻子所謂土薄水淺其惡易覯者也

呼音中徵

一施之地淺試呼之其音中徵下云如負豬豕覺而駭也月令孟夏之月其音徵鄭注屬火者以其徵清漢志徵祉也物盛大而繁祉也呂氏春秋孟夏紀注徵火也位在南方時則訓注同

其水黑而苦

說文黑火所熏之色也周書洪範火曰炎上炎上作苦月令孟夏之月其味苦其臭焦鄭注云火之臭味也凡苦焦者皆屬焉內經素問岐伯曰火生苦是也水色本黑而此言其味苦與四施之土其水白而甘者異矣

# 管子地員篇注卷二

蕭山王紹蘭著　　後學胡燏棻校刊

凡聽徵如負豬豕覺而駭

此謂聽一施之地呼音中徵也徵豕駭爲韻說文豬豕而三毛叢居者豕彘也竭其尾故謂之豕象毛足而後有尾讀與豨同荀子正論篇今人或入其央瀆竊其豬彘竊豬者負而走豬覺而駭故下云則必援劍戟以逐也說文哮豕驚聲也潛夫論豕駭懼負聲出爾雅釋樂徵謂之迭徐景安樂書引劉歆云徵者祉也事也其聲抑揚遞續其音如事之緒而爲迭見玉海卷七白



虎通禮樂篇徵者止也陽氣止然則豬豕方寢負之而走其覺而驚駭之聲正是抑揚遞續迭爲如緒旋卽哮然而止故云凡聽徵如負豬豕覺而駭也

凡聽羽如鳴馬在野

此謂聽再施之地呼音中羽也羽馬野爲韻說文馬怒也武也象馬頭髦尾四足之形廣韻馬韻引象下無馬字以說文牛羊鹿豕等字例之無者是也魯頌駉篇駉駉牧馬在坰之野小雅車攻篇蕭蕭馬鳴毛傳言不讙譁也孔疏軍旅齊肅唯聞蕭蕭然馬鳴之聲爾雅羽謂之柳劉歆云羽者宇也物也其聲低平掩映自下而高五音備成如物之聚而爲柳也白虎通云羽者紆也陰氣在上陽氣在下然則蕭蕭猶肅肅也馬鳴曠野蕭蕭然聲正低平掩映自下而高又復柳然聚而紆徐氣肅上下故云凡聽羽如鳴馬在野也

凡聽宮如牛鳴窌中

此謂聽三施之地呼音中宮也宮中爲韻說文牛大牲也牛件也件事理也象頭角三封及尾之形及字據韻會十一尤引補牟牛鳴也窌窖也窖地藏也爾雅宮謂之重劉歆云宮者中也君也爲四音之綱其聲



重厚如君之德而爲重白虎通宮者容也含也含容四時者也然則牛在窌中牟然而鳴其音含容厚重左氏僖三十二年傳柩有聲如牛其聲亦相近故云凡聽宮如牛鳴窌中也

凡聽商如離羣羊

此謂聽四施之地其音中商也商羊爲韻說文羊祥也从𦍌象頭角足尾之形羣輩也芈羊鳴也綿婢切夏官職方氏八蠻七閩鄭注閩蠻之別也國語曰閩芈蠻矣閩蠻芈芈蠻皆雙聲小雅無羊篇誰謂爾無羊三百維羣周易乾文言及檀弓皆言離羣齊民要術羊有疥者間別之不別相

染污或能合羣致从家政法云羊有病輒相污欲令別別即離羣也爾雅商謂之敏劉歆云商者章也臣也其聲敏疾如臣之節而敏疾白虎通云商者張也陰氣開張陽氣始降也然則羊性喜羣若離其羣則芈芈然傷其類周禮職方氏釋文羊劉昌宗音如羊鳴近米聲正敏疾開張故云凡聽商如離羣羊也

凡聽角如雉登木以鳴音疾以清

此謂聽五施之地呼音中角也角木爲韻鳴清爲韻說文雉有十四種盧諸雉喬雉鳪雉鷩雉秩秩海雉翟山雉翰雉卓雉伊雒而南曰翬江淮而南



曰摇南方曰𢑚東方曰甾北方曰稀西方曰蹲从隹矢聲邶風匏有苦葉篇有鷕雉鳴雌鳴求其牡毛傳鷕嶋雉聲也說文鳴嶋雉鳴也小雅小弁篇雉之朝雊尚求其嶋鄭箋雊雉鳴也夏小正正月雉震雊震也者鼓其翼也雊也者鳴也正月必雷雷不必聞惟雉爲必聞何以謂之震則雉震雊相識以雷說文雊雄雉鳴也雷始動雉鳴而句其頸孫楚翟賦爾雅釋鳥翟山雉體沖和之淑質飾羽儀於茂林斑五色之文章揚皦皦之清音此謂雉登木以鳴也爾雅角謂之經劉歆云角者觸也民也其聲圓長經貫清濁如民之象而爲經白虎通云角者躍也陽氣動躍然則雉登高木鼓翼句頸以鳴正如鴝咮而出其聲迅疾圓長鷕从唯諾之唯其聲短雊从句股之句其聲長此雉雉聲也故句然而長句如矩而云圓者周髀算經云圓出於方又如聞雷動躍經貫清音故云凡聽角如雉登木以鳴音疾以清也

凡將起五音

此下將言五音分數及相生之敘故又發凡也司馬相如有凡將篇義本此以急就篇急就奇觚與衆異例之凡將當取篇首發端二字以爲偁



先主一而三之四開以合九九

先主一而三之四開以合九九尹注一而三之即四也以是四開合於五音九也又九九之爲八十一也讀書雜志云主當爲立字之誤也史記律書置一而九三之以爲法置一即立一也紹蘭按開猶分也分而積之也先立一以爲數始說文云道立於一分其一而三之得三是一開也又分其三而三之得九是再開也又分其九而三之得二十七是三開也又分其二十七而三之得八十一是四開也三二十七爲八十一正合九九八十一之數故云四開以合九九也劉歆三統術曰太極

元氣函三爲一此先立一之證行于十二辰始動於子參之於丑得三此分一而三之得三之證又參之於寅得九此分三而三之得九之證又參之於卯得二十七此分九而三之得二十七之證又參之於辰得八十一此分二十七而三之得八十一之證又曰本起於黃鐘之數始於一而三之三三積之卽此義也尹注失之

以是生黃鐘小素之首

律書黃鐘者陽氣踵黃泉而出也漢志黃鐘黃者中之色君之服也鐘者種也天之中數五五爲聲



聲上宮五聲莫大焉地之中數六六爲律律有形有色色上黃五色莫盛焉故陽氣施種於黃泉孳萌萬物爲六氣元也淮南子天文訓黃鐘者鐘也黃也黃者土德之色鐘者氣之所種也日冬至德氣爲土土色黃故曰黃鐘白虎通禮樂篇月令十一月律謂之黃鐘何言陽氣動於黃泉之下動養萬物也小之言少也乾鑿度曰太素者質之始鄭注太素者質始形也諸所爲物皆成苞裹元未分別按質始形謂其素質渾淪形象尚微故俾太素逮積微成著一生二二生三三生九九九八十一

以生黃鐘則太素之質漸分而少郎呂氏春秋古樂篇所謂伶倫取竹嶰兩節間長三寸九分吹之爲黃鐘之宮曰舍少者舍字未詳高誘注云舍成舍矣亦未詳御覽卷五百六十五引作含說苑修文篇亦作含然於高注不可通故俾小素黃鐘爲六氣元爲萬物元元者首也故俾小素之首也生黃鐘術曰始於一神生於無形成於有形然後數形而成聲漢志曰黃鐘初九律之首皆其義矣

以成宮

月令中央土其音宮律中黃鐘之宮鄭注聲始於宮宮數八十一黃鐘之宮最長也十二律轉相生



具終六十焉季夏之氣至則黃鐘之宮應禮運曰五聲六律十二管還相爲宮也鄭注五聲宮商角徵羽也其管陽曰律陰曰呂布十二辰始於黃鐘管長九寸下生者三分去一上生者三分益一終於南呂更相爲宮凡六十也孔疏云以十二管更相爲宮以黃鐘爲始當其爲宮備有五聲言黃鐘下生林鐘林鐘上生大蔟大蔟下生南呂南呂上生姑洗姑洗下生應鐘應鐘上生蕤賓蕤賓下生大呂大呂上生夷則夷則下生夾鐘夾鐘上生無射無射下生中呂此則相生之次也隨其相生之次每辰各自爲宮各有五聲十二管相生之次至中呂而布黃鐘爲第一宮下生林鐘爲徵上生大蔟爲商下生南呂爲羽上生姑洗爲角林鐘爲第二宮上生大蔟爲徵下生南呂爲商上生姑洗爲羽下生應鐘爲角大蔟爲第三宮下生南呂爲徵上生姑洗爲商下生

應鐘爲羽上生蕤賓爲角南呂爲第四宮上生姑洗爲徵下生應鐘爲商上生蕤賓爲羽下生大呂爲角姑洗爲第五宮下生應鐘爲徵上生蕤賓爲商下生大呂爲羽上生夷則爲角應鐘爲第六宮上生蕤賓爲徵下生大呂爲商上生夷則爲羽下生夾鐘爲角蕤賓爲第七宮下生大呂爲徵上生夷則爲商下生夾鐘爲羽上生無射爲角大呂爲第八宮上生夷則爲徵下生夾鐘爲商上生無射爲羽下生中呂爲角夷則爲第九宮下生夾鐘爲徵上生無射爲商下生中呂爲羽上生黃鐘爲角夾鐘爲第十宮上生無射爲徵下生中呂爲商上生黃鐘爲羽下生林鐘爲角無射爲第十一宮下生中呂爲徵上生黃鐘爲商下生林鐘爲羽上生大蔟爲角中呂爲第十二宮上生黃鐘爲徵下生林鐘爲商上生大蔟爲羽下生南呂爲角是十二宮各有五聲凡六十聲南呂最處於末故云終於南呂以此言之則南呂爲是然諸本及定本多作終於南事則是京房律法按漢元帝時郞中京房知五聲之音六律之數上使大子大傅章元成等親試問房於樂府房對受學故小黃令焦延壽等



六十律相生之法以上生下皆三生二以下生上皆三生四陽下生陰陰上生陽終於中呂而十二律畢矣中呂上生執始執始下生去滅上下相生終於南事六十律畢矣夫十二律之變至於六十猶八卦之變至於六十四也宓犧作易紀陽氣之初以爲律法建日冬至之聲以黃鐘爲宮大蔟爲商姑洗爲角林鐘爲徵南呂爲羽應鐘爲變宮蕤賓爲變徵此聲氣之元五音之正也故各終一日其餘以次運行當日者各自爲宮而商徵以類從焉禮運篇曰五聲六律十二管還相爲宮此之謂也以六十律分期之日黃鐘自冬至始及冬至而復陰陽寒燠風雨之占生焉於以撿攝羣音考其高下黃鐘下生林鐘黃鐘爲宮大蔟商林鐘徵一日律九寸色育下生謙待色育爲宮未知商謙待徵六日律八寸九分小分八微強執始下生去滅執始爲宮時息商去滅徵六日律八寸八分小分七大強丙盛下生安度丙盛爲宮屈齊商安度徵六日律八寸七分小分六微弱分動下生歸嘉分動爲宮隨期商歸嘉徵六日律八寸六分小分四強質末下生否與質末爲宮形晉商否與徵六日

管子地員篇注〈卷二〉八　寄虹山館

律八寸五分小分二強大呂下生夷則大呂爲宮夾鐘商夷則徵八日律八寸四分小分三弱分否下生解形分否爲宮開時商解形徵八日律八寸三分小分一強陵陰下生去南陵陰爲宮蔟嘉商去商徵八日律八寸二分小分一弱少出下生分積少出爲宮爭南商分積徵六日律八寸小分九強大蔟下生南呂大蔟爲宮姑洗商南呂徵一日律八寸未知下生白呂未知爲宮南授商白呂徵六日律七寸九分小分八強時息下生結躬時息爲宮變虞商結躬徵六日律七寸八分小分九少強屈齊下生歸期屈齊爲宮路時商歸期徵六日律七寸七分小分九弱隨期下生未卯隨期爲宮形始商未卯徵六日律七寸六分小分八強形晉下生夷汗形晉爲宮依行商夷汗徵六日律七寸五分小分八弱夾鐘下生無射夾鐘爲宮中呂商無射徵六日律七寸四分小分九強閉時下生閉揜間時爲宮南中商閉揜徵八日律七寸三分小分九微弱蔟嘉下生隣齊蔟嘉爲宮丙質商隣齊徵八日律七寸二分小分九微強爭南下生期保爭南爲宮物應商期保徵八日律七寸一分小分

九強姑洗下生應鐘姑洗爲宮蕤賓商應鐘徵一日律七寸一分小分一微強南授下生分烏南授爲宮南事商分烏徵六日律七寸小分九大強變虞下生遲內變虞爲宮盛變商遲內徵六日律七寸小分一半強路時下生未育路時爲宮離躬商未育徵六日律六寸九分小分二微強形始下生遲時形始爲宮制時商遲時徵五日律六寸八分小分三弱依行上生色育依行爲宮謙待商色育徵七日律六寸七分小分三大強中宮上生執始中呂爲宮去滅商執始徵八日律六寸六分小分六弱南中上生丙盛南中爲宮安度商丙盛徵七日律六寸五分小分七微弱丙質上生分動丙質爲宮歸嘉商分動徵八日律六寸四分小分八強懋應上生質未懋應爲宮否與商質未徵七日律六寸三分小分九強蕤賓上生大呂蕤賓爲宮夷則商大呂徵一日律六寸三分小分二微強南事下生南事窮無商徵不爲宮七日律六寸三分小分一弱盛變上生分否盛變爲宮解形商分否徵七日律六寸二分小分三大強離宮上生陵陰離宮爲宮去南商陵陰徵七日律六寸一分小分五

徵強制時上生少出制時為宮分積商少出徵八日律六寸小分七弱林鐘上生大蔟林鐘為宮南呂商大蔟徵一日律六寸謙待上生未知謙待為宮白呂商未知徵五日律五寸九分小分九弱去減上生時息去減為宮結宮商時息徵七日律五寸九分小分二弱安度上生屈齊安度為宮歸期商屈齊徵六日律五寸八分小分四弱歸嘉上生隨期歸嘉為宮未卯商隨期徵六日律五寸七分小分六徵強否與上生形晉否與為宮夷汗商形晉徵五日律五寸六分小分八強夷則上生夾鐘夷則為宮無射商夾鐘徵八日律五寸六分小分二弱解形上生開時解形為宮閉掩商開時徵八日律五寸五分小分四強去南上生族嘉去南為宮隣齊商族嘉徵八日律五寸四分小分六大強分積上生爭南分積為宮期保商爭南徵七日律五寸三分小分九半強南呂上生姑洗南呂為宮應鐘商姑洗徵一日律五寸三分小分三強白呂上生南投白呂為宮分烏商南授徵五日律五寸三分小分二強結躬上生變虞結躬為宮遲內商變虞徵六日律五寸二分小分六少強歸期上生



路時歸期為宮未育商路時徵六日律五分一分小分九徵強未卯上生形始未卯為宮遲時商形始徵六日律五寸一分小分二徵強夷汗上生依行夷汗為宮色育商依行徵七日律五寸小分五強無射上生中呂無射為宮執始商中呂徵八日律四寸九分小分九強閉掩上生南中閉掩為宮丙盛商南中徵八日律四寸九分小分三弱隣齊上生內負隣齊為宮分動商內負徵七日律四寸八分小分六徵強期保上生惣應期保為宮質未商惣應徵八日律四寸七分小分九徵強應鐘上生蕤賓應鐘為宮大呂商蕤賓徵一日律四寸七分小分四徵強分烏上生南事分烏窮次無徵不為宮七日律四寸七分小分三徵強遲內上生盛變遲內為宮分否商盛變徵八日律四寸六分小分八弱未育上生離宮未育為宮陵陰商離宮徵八日律四寸六分小分一少強遲時上生制時遲時為宮少出商制時徵六日律四寸五分小分五強又京房易云十二律得位者生五子失位者生三子不失不得生四子五律五得二位各生五子謂黃鐘大蔟姑洗林鐘南呂也五五二十五并本五凡三十也失位者生三子亦五律謂大呂夾鐘中呂夷則無射三五十五并本五凡二十二十就三十合成五十也不得不失者生四子謂蕤賓應鐘也二四為八并本二為十也十就五十合為六十也言其得位者謂以陽居陽以陰居陰失位者謂以陽居陰以陰居陽不得不失者處陰陽交際之間也又黃鐘大蔟等七律各統一日自為宮其餘五十三律隨所生日六七等為其日之宮則周一期日數如京房所述然其所生者則黃鐘生色育執始大呂生分否陵陰之類是也釋文南事律名京房律始於執始終於南事凡六十律書曰置一而九三之以為法

實如法得長一寸凡得九寸命曰黃鐘之宮漢志曰三統合於一元故因元一而九三之以為法十一三之以為實實如法得一黃鐘初九律之首陽之變也又曰五聲之本生於黃鐘之律九寸為宮或損或益以定商角徵羽故黃鐘為天統律長九寸九者所以究極中和為萬物元也

三分而益之以一為百有八為徵

謂宮數八十一三分之得二十七者三以一二十七益八十一得百有八為徵也按律書曰律數九九八十一以為宮三分去一五十四以為徵月令孟夏之月其音徵鄭注三分宮去一以生徵徵數五十四又鄭注禮運云下生者三分去一上生者三分益一然則管子以宮上生徵故三分益一為百有八司馬及鄭以宮下生徵故三分損一為五

十四數琴惟倍也漢志以九寸爲宮或損或益以
定商角徵羽孟堅於宮不先言損後言益其說與
律書禮注同矣
不無有三分而去其乘適足以是生商
玉海卷六引此文無不無二字有之言又也徵數
百有八又三分之得三十六者三凡四爲乘聘禮乘皮
設鄭注物四爲乘此謂去其四九三十六適足七十二之
數爲商也按律書徵三分益一七十二以爲商月
令孟秋之月其音商鄭注三分徵益一以生商商
數七十二其數雖合惟管子以下生損一司馬及



鄭皆上生益一爲異
有三分而復於其所以是成羽
復於其所謂復如前之三分而益之以一也商數
七十二又三分之得二十四者三以一二十四益
七十二得九十六爲羽也按律書商三分去一四
十八以爲羽月令孟冬之月其音羽鄭注三分商
去一以生羽羽數四十八管子以商上生羽故三
分益一爲九十六司馬及鄭以商下生羽故三分
損一爲四十八數差惟倍鄭注月令黃鐘之宮曰
黃鐘之宮最長也是謂宮數八十一爲最長明不



取徵長百八羽長九十六之說矣
有三分去其乘適足以是成角
羽數九十六又三分之得三十二者三去其四八
三十二適足六十四之數爲角也按律書三分益
一六十四以爲角月令孟春之月其音角鄭注三
分羽益一以生角角數六十四其數皆合亦管子
以下生損一司馬及鄭以上生益一爲異生黃鐘
術曰音始於宮窮於角
墳延者六施六七四十二尺而至於泉
禹貢沇州厥土黑墳徐州厥土赤埴墳豫州下土



墳壚馬融云墳有膏肥也周禮地官艸人掌土化
之灋以物地相其宜而爲之種凡糞種墳壤用麋
故書墳作盆鄭司農云墳壤多盆鼠也康成謂墳
壤潤鮮爾雅釋詁延長也方言延長也延年長也
凡施于年者謂之延施于衆長謂之永然則墳延
之地謂之膏肥而引長矣
陝之芳七施七七四十九尺而至於泉
陝讀陝隘之陝陝隘之陝从大部之夾夾持也从大俠二人宏農陝之陝从亦部之
夾夾盜竊褱物也从亦有所持俗謂蔽人俾夾是也二字易相混說文陝隘也芳
卽方方之言旁也方旁古通用繫辭旁行淮南子主術訓作方行堯典方鳩史記

五帝本紀作旁聚說文丞部作旁迷人部作旁救咎繇謨方施新序節士篇作旁施立政方行漢書地理志作旁行呂刑方告論衡變動篇作旁告士喪禮旁寸鄭注今文旁爲方 陝之芳謂

陝隘之旁

祀陝八施七八五十六尺而至於泉

祀當爲阸形之誤也阸通作阸阸又譌爲祀 說文阸塞也阸

陝謂阸塞陝隘之地

杜陵九施七九六十三尺而至於泉

杜陵之名昉於此漢書地理志京兆尹杜陵故杜

伯國宣帝更名右扶風杜陽杜水南入渭莽曰通

杜是杜陵本由杜水得偁初爲杜伯國至宣帝始



叓名故宣帝紀云尤樂鄠杜之閒率常在下杜元

康元年以杜東原上爲初陵更名杜縣爲杜陵鄠

杜皆屬右扶風明杜陵初名杜縣以杜陽爲下杜

而杜陽下師古引緜詩自土沮漆齊詩作自杜杜

與土方言有重輕說文杜从木土聲毛詩鴟鴞篇

桑土韓詩作桑杜與自土作自杜正同此九施之

杜陵亦是杜之言土以其大阜純土非土戴石石

戴土之比因名杜陵矣楊愼經說曰晉有士會士當爲土土爲古杜字如詩言桑土而陶唐氏御龍氏豕韋氏唐杜氏爲士氏之族漢儒欲左傳之行乃推漢爲陶唐之後於士會復晉之下增六字其處者爲劉氏蓋士會本于唐杜氏而劉氏又本于土會也若作士女之土上與唐杜下與劉氏何涉緇蘭按楊說多不可信此說是也左氏襄二十四年傳范宣子曰昔匄之祖自虞以上爲陶唐氏在夏爲御龍氏在商爲豕韋氏在周爲唐杜氏晉主夏盟爲范氏杜即土之正字潛夫論志氏姓篇周衰有隰叔子違周難於晉國生子輿爲李以正於朝朝無閒官故氏爲士氏李與理通是以士爲爲理官因爲士氏也今按晉語訾祏曰昔隰叔子違周難於晉國生子輿爲理以正於朝朝無姦官韋注云隰叔杜伯之子宣王殺杜伯隰叔避害適晉子輿士蔿之字理士官也是節信之說全本晉語而傳但言爲理不言爲士注亦但解理爲士官並無爲士氏之文則節信誤無據矣左氏文十三年傳疏引世本士蔿生士伯缺缺生士會然則隰叔避杜伯之難適晉省杜氏爲士氏其子即偁士蔿士仍讀杜不必爲理官而後氏爲土也士蔿之孫爲范武子偁士會即偁土季士會之子爲范文子土燮士燮之子爲范宣子土匄故宣子偁匄之祖在周爲唐杜氏晉爲范氏范氏者武子始食采於隨後改封范也則楊氏說爲有徵矣此外尚有士渥濁亦偁士貞亦偁士伯



亦偁士貞伯又有士魴又有士鞅亦偁士弱亦偁士莊子亦偁士莊伯又有士文伯又有士彌牟亦偁偁士景伯亦偁士伯又有士吉射又有士皋夷皆當爲土氏即杜氏也學者多見士會寡見土會故其所習蓋後漢時已然也惟楊說劉氏本於士會今知不然者左氏昭二十九年傳云有陶唐氏旣衰其後有劉累學擾龍于豢龍氏以事孔甲則夏時已有劉氏早在士會之前但劉累爲陶唐氏之後士會爲唐杜氏之後相承爲一族尒族兄殺胜日文十三年傳云其處者爲劉氏據處字則傳文本作留氏賈逵之徒欲行左氏因改留爲劉以附會其說是漢儒於傳文止改一字亦非增六字也

延陵十施七十尺而至於泉

元注闕

環陵十一施七十七尺而至於泉

此謂陵形圜轉如環也說文環璧也肉好若一謂

之環从王睘聲環之言還也還之言營也齊風還
篇子之還兮齊詩作子之營兮漢書地理志爾雅釋丘
逆出其右而還之畫丘又云水出其前而左營丘檀弓疏所引如此今本無前而二字以其規畫如環謂之畫丘以其
營帀如環謂之營丘說文營帀居也說文△部引韓非曰
自營爲△衆經音義卷□□引蒼頡篇亦作自營爲△韓子五蠹篇作
自環者謂之私然則環陵猶漢書地理志北海郡
之營陵矣

蔓山十二施八十四尺而至於泉

蔓之言曼也魯頌閟宮篇孔曼且碩毛傳曼長也



爾雅釋詁延長也謂山形曼延而長說文蔓葛屬
周南葛覃篇葛之覃兮毛傳覃延也鄭箋葛延蔓
于谷中唐風葛生篇葛生蒙楚蘞生蔓于野毛傳葛
生延而蒙楚蘞生蔓于野北山經有蔓聯之山此
蔓山亦其比矣

付山十三施九十一尺而至於泉

付附省說文附附婁小土山也从𨸏付聲春秋傳
曰附婁無松柏今本左氏傳作部婁部附借字附婁雙聲徐言曰
附婁疾言曰附付山蓋土山之小者

付山白徒十四施九十八尺而至於泉

付山見前徒之言土也說文作𡋯从辵土聲史記
夏本紀述禹貢云雲夢土爲治漢書地理志引禹
貢雲夢土作乂夏官職方疏引鄭書注云其中有
平土丘水去可爲作畎畝之治其中卽謂雲夢之
中平土丘水去可爲治正用史記土爲治之說知
鄭所據禹貢亦是土在雲夢之下班志江夏郡有
雲杜縣應劭曰左傳若敖取于䢵今䢵亭也是䢵在雲地左氏宣四年傳說此事云鬭伯比
淫于䢵子之女生子文焉䢵夫人棄諸夢中是夢與雲連雲夢一藪也杜土同聲縣
詩自土齊詩作自杜鴟鴞篇桑土韓詩作桑杜縣
名雲杜以其地爲雲夢之土卽鄭云其中有平土



丘非謂禹貢本作雲土漢因之立雲杜縣也楚語
云又有藪曰雲連徒洲州洲古今字說文州水中可居曰州周遶其旁从重
川義本爾雅韋昭注楚有雲夢藪澤也連屬也水中之
可居曰洲徒其名也楚語但言雲而韋注釋以雲
夢可知言雲卽兼夢徒與土杜皆同聲徒洲卽土
洲謂水中有土可居亦卽鄭云其中有平土丘雲
杜之名實本於此雲連徒洲當是四字藪名其義
爲雲夢連屬土洲然則徒卽土白徒卽白土謂付
山之白土者

中陵十五施百五尺而至於泉

爾雅釋地中陵朱滕
青山十六施百一十二尺而至於泉
說文青東方色也水經河水又北過北地富平縣
西酈注云河側有兩山相對水出其間卽上河峽
也世謂之爲青山峽卽其比也
青龍之所居庚泥不可得泉
淮南子地形訓青金八百歲生青龍青龍入藏生
青泉高誘注東方木色青按青龍入藏卽青龍所
居也法言問神篇龍蟠于泥云庚泥者說文庚萬
物庚庚有實也其泥庚庚而實故不可得泉



赤壤埶山十七施百一十九尺而至於泉其下清商
不可得泉
說文壤柔土也禹貢豫州厥土維壤地官大司徒
辨十有二壤之物而知其種鄭注壤亦土也變言
耳以萬物自生焉則言土土猶吐也以人所耕而
樹蓺焉則言壤壤和緩之貌艸人墳壤用麋勃壤
用狐鄭注勃壤粉解者墳壤潤解穀梁隱三年傳
其日有食之何也吐者外壤食者內壤楊疏引糜
信云齊魯之間謂鑿地出土鼠作穴出土皆曰壤
疏云壤字爲穀梁音者皆爲傷徐邈亦作傷或當字從壤蓋如糜信之言也 大雅緜篇

毛傳陶其土而復之陶其壤而穴之九章筭術商
功章今有穿地積一萬尺問爲堅壤各幾何荅曰
爲堅七千五百尺爲壤一萬二千五百尺術曰穿
地四爲壤五劉徽注壤謂息土爲堅三堅謂築土爲墟四墟謂穿阬
此皆其常率以穿地求壤五之求堅三之皆四而一以
壤求穿四之求堅三之皆五而一以堅求穿四之
求壤五之皆三而一緝蘭按此術葢取穿地一萬
尺而四分之爲二千五百尺故云穿地四也五其
二千五百尺爲壤一萬二千五百尺故云爲壤五
也三其二千五百尺爲堅故云爲堅三也四其二



千五百尺爲穿地一萬尺故云爲墟四也虛墟古今字虛
卽空卽穿地故劉徽云墟謂穿阬穿地四其二千五百尺積一萬
尺而加其一則五之得壤土一萬二千五百減其
一則三之得堅土七千五百尺故云以穿地求壤
五之求堅三之皆四而一也壤土五其二千五百
尺積一萬二千五百尺而減其一則四之得穿地
一萬尺又減其一則三之得堅土七千五百尺故
云以壤求穿四之求堅三之皆五而一也堅土三
其二千五百尺積七千五百尺而加其一則四之
得穿地一萬尺又加其一則五之得壤土一萬二

千五百尺故云以堅求穿四之求壤五之皆三而一也然則堅土實而壤土浮故劉徽解爲息土息土猶言息壤也海內經鯀竊帝之息壤以堙洪水郭注息壤者言土自長息無限故可以塞洪水也開筮曰滔滔洪水無所止極伯鯀乃以息石息壤以塡洪水漢元帝時臨淮徐縣地踊長五六里高二丈卽息壤之類也赤壤者土柔和而色赤泰誓疏引殷本紀文王獻洛西之地赤壤之田方千里泰誓孔疏引殷本紀云紂爲長夜之飲時諸侯或叛妲己以爲罰輕紂欲重刑乃爲熨斗以火燒之然使人舉輒爛其手不能勝紂怒乃更爲銅柱以膏塗之亦加以炭火之上使有罪者緣之足滑跌墜火中紂與妲己以爲大樂名曰炮烙之刑是紂焚炙之事也後文王獻洛西之地赤壤之田方千里請紂除炮烙之刑紂許之皇甫謐作帝王世紀亦云然按今本史記殷本紀但云好酒淫樂嬖於婦人



愛妲己妲己之言是從而諸侯有畔者於是紂乃重辟刑有炮烙之法因西伯羑里西伯出而獻洛西之地以請除炮烙之刑紂乃許之無長夜之飲以上云云亦無赤壤之田方千里七字如果出皇甫謐所作書何必引殷本紀且言帝王世紀亦云然亦者亦殷本紀明殷本紀先有是言帝王世紀亦有是言故僞亦云然豈孔所見殷本紀與裴張司馬各本不同與是其比也勢者說文勢健也讀若豪書敘西旅獻獒太保作旅獒釋文獒馬融云作豪酋豪也孔疏引鄭云獒讀曰豪西戎無君名强大有政者爲酋豪國人遣其酋豪來獻見于周孫伯淵何郄海竝云獒當爲勢紹蘭按此說是也許氏此勢字乃壁中故文但未明引書詞說文此例甚多獒卽勢之假借字以許說證之書敘蓋本作西旅獻勢太保作旅勢馬鄭所見本竝借作獒故馬破其字作豪鄭亦破字讀曰豪皆不知有訓健讀若豪之勢因不知古文書敘本作勢勢健爲豪獻勢者勢來獻也言西旅之勢來獻太保乃作旅勢耳義自通曉不煩破字爲豪而其竝訓爲酋豪固不誤也

訓解勢爲健與鄭强大之說合讀若豪亦與馬鄭酋豪之說合而云讀若者謂勢之音義若豪而不破字則校馬鄭爲長某氏傳乃以叙僞獻勢謂犬高四尺曰獒是謂望文生義失之遠矣是勢有健義左氏宣十二年傳晉師在敖鄗之間敖鄗孌韻猶磝礐也磝礐雙聲爾雅釋山多小石磝多大石礐說文無磝字謂其山勢健而墝堅傳僻之間明是敖山鄗山杜注敖鄗二山在滎陽縣西北晉語范獻子聘於魯問具山敖山則魯亦有敖山敖山蓋卽勢山之省文然則此十七施之地問其壤則赤而和柔問其山則勢而伉健故云赤壤勢山矣韓非子師涓鼓新聲師曠曰此所謂清商也平公曰清商固最悲乎是清商有悲意此



山其下淸商故不可得泉

陞山

按陞卽陙之譌字陙誤爲陲陲又誤爲陞也說文陙磊也磊衆石也故下文云其下駢石不可得泉因有陙山之僞矣

白壤十八施百二十六尺而至於泉

禹貢冀州厥土惟白壤釋文引馬融云壤天性和美也釋名土白曰漂漂輕飛散也壤𦢊也肥𦢊意也畢氏疏證云兩𦢊字今本一作瀼一作濡瀼字說文所無濡字音不近皆非也說文𦢊益州鄙人言盛諱其肥謂之𦢊从肉襄聲方言凡人言盛及其所愛諱其肥晠謂之𦢊郭璞注云肥𦢊多肉

漢書鄒陽傳壞子王梁代晉灼引方言以臃爲壞知二字義同亦得通用此切證也故竝改紹蘭按說文諱認也認誡也臃下云諱其肥及方言諱其肥臧兩諱字非其義臧喊二字皆說文所無文選鄒陽上吳王書李善注引方言云瑋其肥盛盛字是矣瑋字亦說文所無盧氏校方言據宋曹毅之本作偉是也說文此解本方言知舊本亦作偉不作諱矣

其下騂石不可得泉

騂讀騈脅之騈說文騈駕二馬也从馬幷聲左氏僖二十三年傳聞其騈脅杜注騈脅合幹晉語作骿脅韋昭注骿幷幹也莊子騈拇篇騈拇枝指釋文騈廣雅云竝也李頤云併也司馬彪云騈拇謂足拇指連第二指也崔譔云諸指連大指也騈拇猶騈脅也白虎通聖人篇引傳曰帝嚳騈齒御覽卷三百六十八引春秋元命包曰武王騈齒又引孝經鉤命決曰夫子騈齒騈齒猶騈拇也然則騈之言幷也隊山之下多石其石兩兩幷連故云騈石而不可得泉矣



徙山十九施百三十三尺而至於泉

徙方本作陡是也方氏靈皐管子刪定本說文無陡字陡讀斗斗絕之斗謂山勢斗然而起漢書匈奴傳匈奴有斗入漢地師古曰斗絕也是斗之義史記封禪書成山斗入海索隱云斗入海謂斗絕曲入海也此即斗山之證然則陡山形若成山矣

其下有灰壤不可得泉

灰說文作烎解云从火餘夷也从火从又又手也火既滅可以執持古樂府拉雜摧燒之當風揚其灰此十九施之地其下土性散揚如从火餘夷故云灰壤而不可得泉矣下文五位之土不塥不灰五隱之土芬然若灰灰之義盡亦如此

高陵土山二十施百四十尺而至於泉

易同人九三升其高陵虞翻曰巽爲高師震爲陵以巽股升其高陵文選西京賦于後則高陵平原高陵與平原對文即此所謂高陵謂陵之高者至漢書地理志在馮翊瑱邪郡之高陵則又以地有高陵受偁矣周語山土之聚也荀子勸學篇積土成山爾雅釋山土戴石爲砠郭注土山上有石者高陵純土無石故曰土山



山之上命之曰縣泉其地不乾

爾雅釋水沃泉縣出縣出下出也曹風下泉篇冽彼下泉毛傳下泉泉下流也疏引李巡曰水泉從上溜下出郭璞注從上溜下釋名縣出曰沃泉水從上下有所灌沃也此縣泉即謂沃泉縣出者

其艸如茅與走

如即茹之省文非如若之如也易泰初九拔茅茹鄭注茹牽引也釋文茅鄭音苗虞翻注茹茅根王弼注茅之爲物拔其根而相牽引也神農本艸茅根一名茹根類聚卷八十二引易注茅一名茹子是茅以根名故得茹茅之偁矣　走蓋⿺辶疌之壞字⿺辶疌即萐之省文廣雅釋艸烏萐射干也王氏疏證曰神農本艸射干一名烏扇一名烏蒲生南陽川谷名醫別錄射干一名烏翣一名烏吹一名艸薑陶隱居注射干即烏翣根庭臺多種之黃色方多作夜干



字烏翣者即其葉名矣按翣與萐通翣扇一聲之轉射干之葉橫張如扇故謂之烏扇又謂之烏萐也然則烏萐即射干單言之則爲萐省其文即爲⿺辶疌爾

其木乃樠鑿之二尺乃至於泉

左氏莊四年傳卒於樠木之下杜注樠木木名釋文樠郎蕩反又莫昆反又武元反孔疏云此字之音或爲曼或爲蔄以蔄爲聲當作曼以兩爲聲當作㒼字體難定或兩爲之音杜直云木名不知木何所似木有似榆者俗呼之爲㒼榆蓋爲㒼也紹蘭按莫昆武元二反是也說文樠从木蔄聲蔄平也从廿五行之數二十分爲一辰兩蔄平也讀若蠻是樠从蔄聲蔄从廿兩乃會意字非从兩聲故讀若蠻然則樠聲近蠻故後漢書馬融列傳廣成頌用樠字與悍獵獢獌單爲韻亦是讀樠若蠻明不得云以兩爲聲當作㒼矣以兩爲聲則字當作樠說文無樠字玉篇始有之樠力掌切松脂非漢以前所有之字何得據爲左傳之音段氏說文注樠下云舊有樠樠二字一蔄聲一兩聲左傳樠木音義云郎蕩反馬援傳章懷注曰水經注武陵樠溪蠻土俗樠作㒼是皆認樠爲樠木別其字而強說其音也紹蘭謂段說是矣而未盡也蓋樠聲轉而爲莽蠻中土音因呼爲㒼㒼樠聲近樠之爲樠實始於此故玉篇廣韻因有之有樠字也陸氏因之爲明蕩反也孔氏四之有兩聲作㒼之說也而忘其爲蠻俗土音且忘其本爲蔄聲之樠矣至孔疏㒼惀之證尤爲疏幷齊民要術種榆白楊篇引爾雅曰榆白枌即引廣志曰有姑榆有㒼榆是㒼榆即榆中之一種非謂別木更非謂樠疏乃云木有似榆者俗呼㒼榆蓋爲㒼是謂㒼榆非榆而似榆直欲以樠當㒼榆而音明此誤之又誤者也　說文樠松心木段氏注云蓋松心微赤故與璊璊同音此說是也段氏又云疑



有奪誤當作松心也一曰樠木也廣韻廿二元注曰松心又木名也所據古本也蒙上文松木言之故曰松心謂之樠又松心有脂莊子所謂液樠一曰樠木也者別有木名樠如左傳樠木馬融廣成頌陵喬松履脩樠漢書烏孫國山多松樠小顏云樠木名其心似松是小顏所據已同今本矣紹蘭按松心木三字連讀謂樠木之心如松心微赤故偁松心木廣韻云云乃陸法言等所說非據說文古本小顏解樠字正據許說故曰其心似松不謂樠即松心許書松樠檜樅四篆相次其解檜云柏

葉松身如段所云樠卽松心豈檜卽松之身乎其
解樅云松葉柏身如段所云樠卽松心豈樅卽松
之葉乎是知檜身似松故云松身非卽松之身樅
葉似松故云松葉非卽松之葉足證樠心似松故
云松心其非卽松之心明矣說文又云朱赤心木
松柏屬从木一在其中一者赤心也朱爲松柏屬明非
卽松亦非卽柏赤心木三字連讀正松心木三字
連讀之證古本說文樠下其不作松心一曰樠木
又明矣然則樠爲松心木而非松心亦非別有木
名樠樠葢長木與松相等故漢書松樠竝稱廣成



頌亦喬松脩樠對舉也至段氏謂松心有脂以莊
子液樠爲證據莊子人間世云匠石見櫟社樹曰
散木也以爲舟則沈以爲棺槨則速腐以爲器則
速毀以爲門戶則液樠以爲柱則蠹是不材之木
也釋文樠李軌云木名司馬彪云液津液也樠謂
脂出樠樠然也崔譔云黑液出也是樠之言滿也
液樠謂櫟出黑脂樠樠然滿也樠樠然者形容櫟
液滿出之貌其非松心有脂爲液樠又明矣此亦
誤之又誤者也御覽卷九百六十一引山海經樠樹生蜀中七八月吐穗成有鹽梅
粉可以酢羹音謾今本中山經作樠云橐山多樠木郭注今蜀中有樠木七八月中吐穗穗如有鹽
粉著狀可以酢羹音備郝氏箋疏云或所見本異是也

山之上命之曰復呂

上云山之上命之曰縣泉下云山之上命之曰泉
英此復呂亦泉名也復之言白也孟子梁惠王篇趙岐注復白也
復呂猶白呂也禮運疏引焦延壽六十律相生之
法云未知下生白呂未知爲宮南授商白呂徵六
日律七寸九分小分八強謙待上生未知謙待爲
宮白呂商未知徵五日律五寸九分小分九弱白
呂上生南授白呂爲宮分烏商南授徵五日律五
寸三分小分二強白呂葢取復呂爲義白西方色



呂亦陰律然則復呂爲陰泉之名矣上文五音聽
地泉亦以律名泉之證

其艸魚腸與蕕

魚腸竹類初學記卷二十八引梁簡文帝脩竹賦
玉潤桃枝之麗魚腸金母之名竹得偁艸者說文
竹冬生艸也爾雅竹之類皆列釋艸西山經高山
其艸多竹中山經荆山其艸多竹大堯之山其艸
多竹師每之山其艸多竹夫夫之山其艸多竹皆
其證也　說文蕕水邊艸也爾雅作莤釋艸莤蔓
于郭注多生水中一名軒于江東呼莤邵氏正義

曰蔓于一名軒于者子虛賦菴閭軒于張揖云軒于蕕艸也生水中揚州有之又謂之于後漢書馬融傳注云于一名蕕生於水中紹蘭按左氏僖四年傳一薰一蕕十年尚猶有臭然則蕕生水邊其氣不香之艸蕕正字莤借字說文莤爲縮酒字

其木乃柳鑿之三尺而至於泉

說文柳小楊也齊風折柳樊圃毛傳柳柔脆之木王風揚之水篇不流束蒲鄭箋蒲蒲柳疏引陸璣疏云蒲柳有兩種皮正青者曰小楊其一種皮紅者曰大楊其葉皆長廣似柳葉皆可以爲箭故春



秋傳曰董澤之蒲可勝既乎今人以爲箕鏟之楊也此爾雅所謂楊蒲柳也大雅皇矣篇其檉其椐毛傳檉河柳也疏引某氏云河柳謂河旁赤莖小楊也陸璣疏云生河旁皮正赤如絳一名雨師枝葉似松此爾雅所謂檉河柳也鄭風將仲子篇無折我樹杞疏引陸璣疏云杞柳屬也生水旁樹如柳葉粗而白色理微赤故今人以爲車轂今共北淇水旁魯國泰山汶水邊純杞柳也今本純杞下奪柳字據御覽卷九百五十六引補此爾雅所謂楥柜柳也郭注或曰柳當爲柳柜柳似柳皮可以煮作飲釋木又有旄澤柳郭注生澤中者邵氏正義旄爲澤柳細葉猗儺垂枝映水因風眠起有似於舞今人謂之垂絲柳夏小正正月柳稊稊也者發孚也北山經湖灌之山有木焉其葉如柳而赤理郝氏箋疏云柳有一種赤者名赤柳晉書地理志云丹陽丹陽山多赤柳中山經虖山其木多柳熊山其木多柳風伯之山其木多柳卽公之山其木多柳堯山其木多柳眞陵之山其木多柳柴桑之山其木多柳榮余之山其木多柳海外北經平丘有柳海外東經嗟丘有柳大荒西經王母之山爰有白柳其海內西經所云鴈門山雁出其閒在高柳北高柳在代北蓋又以地多



高柳受偁矣御覽卷九百五十七引許愼淮南子注展禽之家有柳樹身行惠悳因號柳下惠又引崔寔四民月令三月三日以上巳祓除采柳絮柳絮愈創按柳與楊爲類楊葉大柳葉細楊之言揚也春秋元命包謂楊州以地多赤楊得名亦作揚州李巡注爾雅曰厥性輕揚故曰揚州今楊之枝葉多飛揚而上起是其驗也柳之言聚也鄭注天官縫人謂柳之言聚諸飾之所聚孫炎注爾雅亦云柳爲星聚今柳之枝葉多叢聚而下垂是其驗也種雖殊而類則一故小雅采薇云楊柳依依岐

陽石鼓亦云佳楊及柳矣

山之上其名曰泉英

淮南子墜形訓龍淵有玉英高誘注龍淵龍所出游淵也玉英轉化有精光也中庸淵泉如淵是淵亦泉也以泉有玉英故名之以泉英

其艸蘄白昌

爾雅釋艸薜山蘄郭注云廣雅曰山蘄當歸當歸今似蘄而麤大邵氏正義云說文云蘄艸也繫傳不言爲山蘄以艸之名蘄者不一種也山蘄一名薜一名白蘄葉似山蘄竆七八月之間華其色紫



本艸云當歸一名乾歸不云名山蘄廣雅以爲山蘄即當歸據時驗也郭云當歸今似蘄而麤大者釋文云蘄古芹字當歸葉似芹較麤大爾古今注謂古人相贈以芍藥相送以文無文無一名當歸芍藥一名將離故也說近凡俗然漢末人即有以當歸寄遠者是亦舊時相傳之說也廣雅釋艸山蘄當歸也王氏疏證曰神農本艸當歸一名乾歸生隴西陶注云今隴西四陽黑水當歸多肉少枝氣香名馬尾當歸稍難得西川北部當歸多根枝而細歷陽所出色白而氣味薄不相似呼爲艸當歸唐本注云當歸苗有二種一種似大葉芎藭一種似細葉芎藭細葉者名蠶頭當歸大葉者名馬尾當歸陶偁歷陽者蠶頭當歸也御覽引范子計然云當歸出隴西無枯者善此說蘄也　說文茚昌蒲也茀茚茀也廣雅釋艸卬昌陽菖蒲也王氏疏證云玉篇茚菖蒲也艸生池水邊廣韻茚菖蒲別名集韻茚菖蒲也或作茚神農本艸菖蒲久服輕身不忘不迷惑延年一名昌陽陶注云今處處有生石磧上概節爲好生下溼地大根者名昌陽此藥甚去蟲并蚤蝨蟄文類聚引吳普本艸云菖蒲一名堯韭一名昌陽亦作昌羊淮南說林訓云昌羊去蚤蝨而來蛉窮高誘注云昌羊昌蒲也名醫別錄云白昌一名水宿一名莖蒲陳藏器云一名昌陽生水畔人亦呼爲菖蒲與石上菖蒲別根大而臭一名水菖蒲案此與陶注生下溼地根大者名昌陽正合但本艸經及吳普本艸竝云菖蒲一名昌陽恐俱是大名不分水石也且管子地員篇云山之上其艸蘄白昌又云其山之芴有彼黃蝱及彼白昌似生石上者亦名白昌也周官醢人朝事之豆其實昌本鄭注云昌蒲根也公食大夫禮醯醢昌本注云昌本昌蒲本菹也僖三十年左傳饗有昌歜杜注云昌蒲菹也韓非子難篇文王嗜菖蒲菹呂氏春秋任地篇冬至後五旬七日昌始生昌者百艸之先生者也此說白昌也

其木乃楊鏨之五尺而至於泉

爾雅釋木楊蒲柳郭注可以爲箭左傳所謂董澤之蒲說文楊蒲柳也今本作木也類聚卷八十九初學記卷二十八御覽卷九百五十七所引竝如此易大過九二枯楊生稊虞翻曰楊葉未舒偁稊巽爲楊乾爲老老楊故枯兌爲雨澤枯楊得澤生稊陳風東門之楊其葉牂牂鄭箋楊葉牂牂三月中也夏小正三月委楊楊則苑而後記之魏策惠子謂田需曰今夫楊橫樹之則生倒樹之則生劉本倒作側御覽卷九百五十七引同今本作倒折而樹之又生然使十人樹楊一人拔之則無生楊矣中山經風雨之山多楊海外北經平丘有楊海外東經嗟丘有楊大荒南經讙頭維宜芑苣穋楊是食此楊宜

食蓋非常之人食非常之楊也文選子虛賦檗離朱楊郭璞曰朱楊赤莖柳也建康實錄引春秋元命包說楊州云地多赤楊御覽卷九百五十七引廣志白楊一名高飛木葉大於梆崔豹古今注白楊葉圓青楊葉長埤雅黃楊木性堅緻難長俗云歲長一寸閏年倒長一寸世重黃楊以其無火然則獨無黑色之楊耳

山之材

尹注材猶旁也紹蘭按材無旁義下云山之側此亦不得言旁材蓋⿰木尗之譌玉篇⿰木尗同椒則此謂山



之椒也楚詞離騷馳椒丘且焉止息王逸注土高四墮曰椒漢書外戚傳釋輿馬於山椒兮孟康曰山椒山陵也廣雅釋丘四隤曰陵是孟康解椒爲陵與四墮曰椒之義正合然則山之椒謂山四下隤阤處文選月賦菊散芳於山椒李善以山椒爲山頂失之

其艸兢與薔

兢蓋蔹之譌說文蔹白蔹也篆文作蘞亼壞僅存兢形因誤爲兢矣說文又云蘞或从斂唐風葛生篇蘞蔓于野毛傳蘞生蔓於野疏引陸璣疏云蘞似栝樓葉盛而細其子正黑如燕薁不可食幽州人謂之烏服其莖葉煑以哺牛除熱紹蘭按許云白蔹陸璣謂其子正黑不同者神農本艸白斂一名兔核一名白艸名醫別錄一名白根生衡山二月八月采根暴乾然則白以根言黑以子言據別錄云采根暴乾是其用在根故偁白蔹也孫伯淵曰爾雅萰兔荄郭璞云未詳玉篇萰白蘞也經云一名兔核核與荄聲相近即此矣　爾雅薔虞蓼郭注虞蓼澤蓼周頌小毖篇予又集于蓼毛傳云言辛苦也良耜疏引某氏曰薔一名虞蓼孫炎曰



虞蓼是澤之所生故爲水艸也按說文薔下云薔虞蓼謂薔虞爲蓼也故蓼下云辛菜薔虞也是許讀爾雅與某氏孫郭並異

其木乃格鑿之二七十四尺而至於泉

格當爲⿰木咎字之壞也說文格長木也非木名大荒西經西海之外大荒之中有方山者上有青樹名曰柜格之松柜格二字爲名亦不得謂之格木⿰木咎木也从木咎聲讀若皓學者多見格寡見⿰木咎⿰木咎壞爲格遂相承作格耳⿰木咎即爾雅釋木之狄臧⿰木咎釋文引舍人本⿰木咎作皋古皋咎通用虞書皋陶漢書古今人表作咎繇大雅緜篇鼛鼓說文鼛从鼓咎聲攷工記作皋鼓許讀⿰木咎若皓皓从告聲

古𣅀告亦通用春官樂師詔來瞽𣅀舞鄭司農云𣅀當爲告左氏定四年𣅀鼬公羊作浩油浩亦从告聲漢書高帝紀高祖嘗告歸之田服虔曰告音如嗥呼之嗥嗥亦从𣅀聲也明橰即槔也樊光本正作橰是其證矣據說文當讀狄臧爲句謂狄臧一名槔猶唐棣栘常棣棣樕樸心釋木固有此例玉篇作楸臧槔也葢讀楸爲句謂楸一名臧槔非許義也六書故以橰爲烏臼亦取橰臼聲同爾士昏禮舅即席古文舅作咎晉語舅犯史記晉世家作咎犯舅从臼聲是咎與臼通

山之側其艸葍與蔞

說文葍䔰也䔰葍也藑茅葍也一名舜舜艸也楚謂之葍廣韻引作葍玉篇引同今本秦謂之藑蔓地連華小雅我行其野篇言采其葍毛傳葍惡菜也鄭箋葍葍也亦仲春生可采也爾雅釋艸葍䔰郭注大葉白華根如指正白可啖齊民要術引陸璣詩義疏曰河東關內謂之葍幽兗謂之燕葍一名爵弁一名藑根正白著熱灰中温噉之饑荒可蒸以禦飢漢祭甘泉或用之其華有兩種一種莖葉細而香一種莖赤有臭氣又引風土記曰葍蔓生被樹而升紫黃色子大如牛角形如蟦二三同葉長七八寸味甘如蜜其大者名抹又引夏統別傳注獲葍也



一名甘獲正圓赤麤細蘭按葍藑雙聲其根華白者名葍赤者名藑葍赤謂之藑猶玉赤謂之瓊故爾雅又云葍藑茅郭注云葍華有赤者爲藑邵氏正義謂木槿名舜而藑茅亦名舜者正謂其華赤似木槿是也離騷云索藑茅以筳篿王逸注藑茅靈艸是楚謂之葍亦謂之藑陸璣云關內謂之葍是秦謂之藑亦謂之葍藑葍互偁但以赤白爲別爾夏統別傳注名葍爲獲又名甘獲而云赤麤兩獲字葢皆藑字之譌迻徬於左旁而譌爲犭又誤夐爲隻耳周南漢廣篇言刈其蔞毛傳蔞艸中之翹翹然釋文引馬融云蔞蒿也孔疏云釋艸購商蔞舍人曰購一名商蔞郭云商蔞蔞蒿也生下田初生可啖江東用羹魚也陸璣疏云其葉似艾白色長數寸高丈餘好生水邊及澤中正月根芽生旁莖正白生食之香而脆美其葉又可烝爲茹說文蔞艸也可以烹魚邵氏爾雅正義云楚辭大招吳酸蒿蔞不沾薄只王逸注蒿蘩艸也蔞香艸也是蔞可以爲羹紹蘭按大招言吳酸言沾薄明是說羹故楚辭一作芼蔞注云芼菜也言吳人善爲羹其菜若蔞味無沾薄言其調也是其明證蔞亦蒿屬因有蔞蒿之

傰馮融郭璞皆云蘡蕅楚詞一本作蕅蘡者到言之耳猶上文云膾苴蓴只注云苴蓴蘘荷也史記司馬相如列傳作猼且漢書作巴且說文蘘荷一名蒚葙大招到言之則曰苴蓴矣蕅蘡一艸用以芼薁王逸以蕅爲蘩召南采蘩毛傳云蘩皤蒿也夫人執蘩菜以助祭鄭箋云執蘩菜者以豆薦蘩菹夏小正二月榮菫采蘩菫菜也蘩由胡由胡者蘩母也蘩母者旁勃也皆豆實也左氏隱三年傳疏引陸璣疏云凡艾白色者爲皤蒿今白蒿也春始生及秋香美可生食又可蒸然則蘩可蒸可生



食可爲菹以充豆實未聞其可爲薁且豆實明非薁薁在鉶也王逸亦知蘩不可爲薁故其注沽薄云蘥蕅蘡以爲韲韲則菹類但薁言沽薄於事爲安韲菹言沽薄於義不合而蘡可烹魚爲薁可蒸爲茹又未聞其堪爲菹韲也以是知叔師之說非矣蘡高丈餘故傳謂艸中之翹翹然也

其木乃品榆蟿之三七二十一尺而至於泉

讀書雜志云品榆當作區榆區與樞同類故竝言之字本作蓲或作樞又作櫙竝讀如謳歌之謳爾雅釋木櫙荎郭注曰今之刺榆唐風山有樞傳樞荎也釋文竝烏侯反云本或作蓲爾雅疏引陸璣詩疏曰其針刺如柘其葉如榆瀹爲茹美滑如白榆是也區字本有謳音故蓲通作區今則脫其匚胡禮反而爲品矣紹蘭按唐風山有樞魯詩作山有蓲見石經殘字爾雅藲荎御覽卷九百五十六引作蓲荎注云音歐迭又引郭注有詩曰山有蓲五字蓋景純引魯詩也鮑刻御覽引郭注作樞校書者據毛詩改之釋木又云無姑其實夷郭注無姑姑榆也生山中莢圓而厚剝去皮合漬之其味辛香所謂蕪荑邵氏正義云頤九二枯楊生荑釋文引鄭注云枯謂无姑



山榆荑木更生謂山榆之實是鄭亦以無姑爲山榆矣秋官壺涿氏謂之牡橭杜子春云橭讀爲枯枯榆木名是也春秋繁露郊語篇蕪荑生於燕橘柚死於荆此言物性之相感也說文梗山枌榆有朿莢可爲蕪荑者段氏注云齊民要術分姑榆刺榆山榆爲三云刺榆木甚堅肕山榆可以爲蕪荑依許說則刺榆山榆一物也賈氏言種植皆得諸目驗豈許有未諦與紹蘭按齊民要術種榆篇云廣志曰有姑榆有郎榆案今世有刺榆木牢肕可以爲犢車材梜榆可以爲車轂及器物山榆可以

爲蕪荑然則姑榆乃廣志所言與郎榆爲二種賈氏自分之三種爲刺榆梜榆山榆不言姑榆段氏所引旣非賈氏本文且山有樞傳樞荎也爾雅藲荎郭云今之刺榆無姑其實夷郭注無姑姑榆生山中莢圓而厚取皮合漬所謂蕪荑是山樞卽刺榆亦卽姑榆可爲蕪荑生山中亦謂之山榆傳山樞者詩人對隰榆爲文耳通偁爲山榆故許解梗字言山枌榆卽謂山榆說詩之山有樞也言有朿朿卽刺朿木芒也正字刺君殺大夫曰刺刺直傷也借字卽謂刺榆說爾雅之藲荎也言莢可爲蕪荑者卽謂姑榆說爾雅之無姑其實夷也許以十



一字兼括山榆刺榆姑榆證以毛詩而合證以爾雅而合其說洵爲諦審況姑榆之莢可爲蕪荑則莢榆卽姑榆亦卽刺榆亦卽山榆賈分刺榆梜榆山榆爲三梜卽莢莢艸實正字梜檢柙也借字顯與詩雅相違段氏乃云賈說得諸目驗而疑許說未諦豈詩人雅訓及許郭諸儒皆未經目驗鄉壁虛造者斯不然矣蕪荑雙聲說文醟下云醟醶榆醬也醶下云醟醶也醟醶亦疊韻亦雙聲蕪荑醟醶聲竝相近蓋山枌榆所爲者卽榆醬也郭注謂姑榆莢皮合漬其味辛者亦謂榆醬說文榆逗榆白逗枌也枌榆也段氏注謂榆也上當疊枌字枌榆連讀是也唐風山有樞篇隰有榆謂榆有山隰之別陳風東門之枌毛傳枌白榆也疏引孫炎曰榆白者名枌爾雅釋木榆白逗枌句郭注枌榆先生葉卻著莢皮色白邵氏正義云或以榆爲白枌者誤也鄭注內則云榆白者枌玉篇云枌白榆也此別枌與榆之異赤榆未生葉時先著莢莢旣拆葉方生白榆則先生葉卻著莢此爲異爾白榆名枌故亦偁爲枌榆也枌皮本白剝而去其麤皵中更白而滑內則所謂堇荁枌榆免薨滫瀡以滑之殆榆取其葉枌取其皮與紹蘭按榆不取葉取其莢莢者



榆實說文莢艸實故齊民要術引崔寔曰二月榆莢成及青收乾以爲旨蓄注云司部收青小蒸暴之至冬以釀酒滑香宜養老此卽內則所謂榆以滑之者也枌不取皮亦取其莢崔寔曰色變白將落可作醟醶隨節早晏勿失其適注云榆醬是枌與榆之別卽在莢之青白莢初生而青者爲榆謂其蘿蕍初萌也莢將落而白者卽爲枌謂其紛紜將隕也白者作醟醶醬此卽內則所謂枌以滑之者也枌莢白故取其白榆莢青故取其青夏官司爟掌行火之政令四時變國火鄭司農說以鄹子曰春

取榆柳之火論語陽貨篇鑽燧改火馬融引周書月令亦云春取榆柳之火皇氏義疏謂榆柳色青春是木木色青故春用榆柳也其言榆色青亦謂榆莢不謂榆葉也幼官篇論冬政有小榆中榆之名正以三寒將盡氣轉青陽因卽取榆爲義矣

凡艸土之道各有穀造

艸土謂艸有土宜說文麗下引易曰百穀艸木麗於土（類篇所引如此今本作麗於土因篆文麗而誤）故曰艸土穀讀穀則異室之穀王風大車篇傳穀生爾雅釋言穀生也造讀䔵稡之䔵說文䔵艸皃从艸造聲段氏注云



按左氏傳僖子使助薳氏之䔵杜注䔵副倅也釋文曰說文䔵从艸五經文字艸部曰䔵倅也春秋傳从竹攷李善注長笛賦䔵弄曰說文䔵倅字如此注江淹詩步櫩䔵瓊弁曰說文䔵稡字如此然則左傳文選从竹之䔵皆从艸之䔵之譌而說文艸皃之下本有一曰䔵稡也五字今人言集湊人多言稡倅周禮作萃作倅亦湊集意也小徐注䔵字云艸相次也蓋識此意然則此文穀造謂艸木各有穀生之地䔵稡之次如下文葉下於⿱艹鬱十二衰之類是也造卽䔵之省文

或高或下各有艸土

高者爾雅釋地高平曰陸地官大司徒鄭注高平曰原水經汾水注引春秋說題辭高平曰太原原端也平而有度又引尙書大傳大而高平者謂之太原下者釋地下溼曰隰秦風車鄰疏引李廵曰下溼謂土地窊下常沮洳名爲隰也釋地又云下者曰隰李廵曰下者謂下溼之地隰溼也御覽卷二十二引春秋說題辭下溼曰隰隰者溼也下而澤也公羊昭元年傳上平曰原下平曰隰何休解詁曰分別之者地勢各有所生原宜粟隰宜麥當



教民所宜因以制貢賦紹蘭按說文上高也上平曰原卽高平曰原

葉下於⿱艹鬱

中山經苦山有艸焉員葉而無莖赤華而不實名曰無條服之不癭郝氏箋疏曰管子地員篇葉下於⿱艹鬱房注葉艸名唯生葉無莖與此經合卽是物也　說文無⿱艹鬱字蓋卽鬱之異文豳風七月篇六月食鬱及薁毛傳鬱棣屬薁蘡薁也是毛不以鬱與薁爲艸類爾雅釋艸藿山韭邢疏引韓詩六月食鬱及藿說文藿艸也引詩曰食鬱及藿許用韓

詩說以薁爲䓕而解爲艸與毛訓薁爲木異義則
三家詩亦當有說鬱爲艸者矣說文又云鬱芳艸
也此鬱鬯之鬱遠方鬱人所貢合釀降神明非鬱
下於莞之鬱本艸別有鬱金非鬱人所貢一名鬱
香明得單偁爲鬱唐本注云此藥苗似薑黄花白
質紅末秋出莖心無實根黄赤取四畔子根去皮
火乾之生蜀地及西戎馬藥用之破血而補戎人
謂之馬蒾嶺南者有實似小豆蔻不堪噉按鬱爲
馬藥而不堪噉蓋卽此鬱矣尹注以爲鬱棲莊子
至樂篇陵舄得鬱棲司馬彪云鬱棲蟲名李軌云
鬱棲糞壤也皆不以爲艸名
鬱下於莧　莧下於蒲　蒲下於葦
元註闕
葦下於雚
雚當作萑萑乃水鳥非艸名說文萑亂也从艸隹
聲亂菼也八月亂爲葦也菼萑之初生一曰亂一
曰騅菼菼或从炎蒹萑之未秀者蒹蘆也葦大葭
也葭葦之未秀者王風大車篇毳衣如菼毛傳菼
騅也蘆之初生者也鄭箋菼亂也毳衣之屬衣繢
而裳繡皆有五色焉其青者如鵻孔疏云菼騅釋



言文郭璞曰菼艸也如鵻在青白之閒釋艸葭蘆
菼亂孫炎郭璞皆以蘆亂爲二艸李巡舍人樊光
以蘆亂爲一艸此傳菼爲蘆之初生則意同李巡
之輩以蘆菼爲一也秦風蒹葭篇蒹葭蒼蒼傳蒹
蘼葭蘆也孔疏蒹蘼葭蘆釋艸文郭璞曰蒹似萑
而細高數尺蘆葦也陸璣疏云蒹水艸也堅實牛
食之令牛肥彊青徐州人謂之蒹兗州遼東通語
也召南騶虞篇彼茁者葭傳葭蘆也箋云記蘆始
出者著春田之早晚疏引李巡曰葦初生衞風碩
人篇葭菼揭揭傳葭蘆菼亂也疏引李巡曰分別
葦類之異名郭璞曰蘆葦也亂似葦而小如李巡
云蘆亂共爲一艸如郭云則蘆亂別艸大車傳曰
菼騅也蘆之初生則毛意以葭菼爲一艸也陸璣
云亂或謂之荻至秋堅成則謂之萑其初生三月
中其心挺出其下本大如箸上銳而細揚州人謂
之馬尾以今語驗之則蘆亂別艸也段氏說文注
於亂下八月亂爲葦句改從七月毛傳作八月亂
爲萑葭爲葦其說云此正申明未秀爲菿旣秀爲
萑之恉八月秀之時也言葭爲葦者類言之也豳
風八月萑葦傳云亂爲萑葭爲葦謂至是月而亂

秀爲萑葭秀爲葦矣許正用毛語蒹下云凡經言
萑葦言蒹葭言葭菼皆竝舉二物蒹菼萑一也今
人所謂荻也葭葦一也今人所謂蘆也萑一名薍
一名雛一名蒹葦一名華釋艸曰葭華蒹薕每二
字爲一物又曰葭蘆菼薍亦每二字爲一物葭蘆
卽葭華也菼薍卽蒹薕也夏小正傳毛公許君說
皆同舍人李巡樊光則云蘆薍爲一艸陸璣郭璞
則又蒹葭菼爲三矣夏小正七月秀萑葦傳曰未
秀則不爲萑葦秀然後爲萑葦又曰萑未秀爲菼
葦未秀爲蘆按已秀曰萑未秀則曰蒹曰薍曰菼
也剡下云兩一曰謂剡之一名也釋言云菼騅也
菼薍也王風傳云菼騅也蘆之初生者也箋云菼
薍也按毛釋爲騅恐其與蓷無別也故又申之曰
蘆之初生者也菼別於蘆析言之也統言之則菼
亦偁蘆鄭恐萑葦無別也故又申之曰薍也剡與
騅皆言其青色薍言其形細莖稹密許云萑之初
生亦以正毛也紹蘭按段據毛傳補正許書薍爲
萑葭爲葦之奪文其說是也而於大車傳強爲之
說謂毛釋菼爲騅恐與蓷無別故申之曰蘆之初
生此非毛恉無論蓷爲充蔚騅爲菼之一名判然

管子地員篇注《卷二　四三》寄虹山館

二艸不能相溷又蓷在中谷有蓷篇菼在大車篇
中隔兔爰葛藟采葛三篇訓菼爲騅何以恐其與
蓷無別且毛公卽欲申之何不云萑之初生而云
蘆之初生自違其薍萑葭葦之例段說原本戴氏
毛鄭詩攷正戴說大車傳云按蘆字譌當作萑孔
沖遠不能攷正而溷蘆菼爲一非也夏小正七月
秀萑葦傳曰未秀則不爲萑葦秀然後爲萑葦故
先言秀又曰萑未秀爲菼葦未秀爲蘆是菼與蘆
乃萑葦二物初生之名凡詩中曰蒹葭曰葭菼曰
萑葦及今人曰蘆荻皆竝舉二物蒹葭萑荻一也
葭蘆葦一也許叔重說文解字多本毛詩於菼字
云萑之初生然則毛詩轉寫譌失顯然矣是戴說
據許說直破毛傳之蘆爲萑校段爲長爾雅以葭
華葭蘆爲一艸皆葦之未秀者也菼薍蒹薕雛爲
一艸皆萑之未秀者也葦醜芀則言葦兼有萑以
其偁葦醜萑固葦之醜也但非卽葦耳毛傳以薍
爲萑同一艸菼雛蒹薕屬之葭爲葦同一艸蘆屬
之皆本釋艸爲說許說同毛惟爾雅不言萑萑芄蘭卽
雀瓢萑蓷卽充蔚於葦醜兼之說文不言蘆蘆菔也一曰薺根於
葦葭統之三書竝以萑葦異艸而同類各以已秀

管子地員篇注《卷二　四四》寄虹山館

末秀別其名與夏小正之說皆合何得謂毛統㑹荻爲蘆且爾雅云葭葦茶葦醜芀毛於鴟鴞予所捋茶傳云茶雈苕也荀子勸學篇則云繫之葦苕皆本爾雅爲文毛不言葦而言雈者夏小正云灌茶茶雈葦之秀是雈與葦之秀皆爲茶荀說本爾雅爲葦苕正合小正之葦毛說本小正爲雈苕亦正合爾雅之葦誠以雅㑹葦醜葦醜得有雈竝非通雈於葦也毛既不通雈於葦益知其不通荻於蘆矣管子此文言葦下於雈則葦雈異艸更屬顯然又可爲經傳諸書說雈葦者加一證也



蘿下於蔞

蘿當作雈蔞見前

蔞下於苹

爾雅釋艸苹馬帚郭注似蓍可以爲埽彗邢疏苹艸似蓍者今俗謂蓍苹可以爲埽彗故一名馬帚夏小正七月苹秀苹也者馬帚也說文苹馬帚也廣雅釋艸馬帚屈馬第也王氏疏證云夏小正七月苹秀至又相似也紹蘭按說文葿敊也从艸屈聲廣雅之屈卽葿之省文第卽敊之譌字敊壞爲帚帚與弟形相似傳寫者因誤爲弟後人以字書無弟又從而加竹耳廣雅此文謂馬帚與屈皆爲馬敊義本許書故於釋器又云箒謂之刷是其明證矣箒刷皆今字

苹下於蕭

說文蕭艾蒿也从艸肅聲蕭蒿疊韻謂蕭名艾蒿不謂蕭爲艾也王風采葛篇彼采蕭兮毛傳蕭所以供祭祀疏引陸璣云今人所謂荻蒿者是也或云牛尾蒿似白蒿白葉莖麤科生多者數十莖可作燭有香氣故祭祀以脂爇之爲香許愼以爲艾蒿非也御覽卷一百八十五引詩義疏此下有禮



王度記曰士蕭庶人艾艾蕭不同明矣曹風下泉篇浸彼苞蕭傳蕭蒿也大雅生民篇取蕭祭脂傳取蕭合黍稷臭達牆屋既奠而後爇蕭合馨香也天官甸師祭祀共蕭茅鄭大夫曰蕭字或爲莤杜子春讀爲蕭蕭香蒿也康成謂詩所云取蕭祭脂郊特牲云蕭合黍稷臭陽達於牆屋故既薦然後焫蕭合馨香合馨香者是蕭之謂也今本郊特牲作然後焫蕭合羶薌鄭注蕭薌蒿也染以脂合黍稷燒之羶當爲馨聲之誤也爾雅釋艸蕭荻郭注卽蒿采葛疏引李巡曰荻一名蕭邵氏正義曰荻

今本誤作荻唐石經作萩釋文萩音秋今改正按春官鬱人疏引王度記士以蕭庶人以艾白虎通義亦引之是蕭與艾定爲二物也蕭艾皆香艸而離騷云何昔日之芳艸今直爲此蕭艾也蓋蕭可以爇艾可以灸古之育材者芳艸各有其用而采蕭采艾亦各以時今不辨其爲芳艸而與蕭艾竝見燒薙故騷人歎之說楚辭者不達其意以蕭艾爲惡艸誤矣莊子列御寇篇河上有家貧恃緯蕭而食者御覽引司馬彪曰蕭蒿也緯織也織蒿爲箔段氏說文注曰按陸璣語非是此物蒿類而似



艾一名艾蒿許非謂艾爲蕭也齊高帝曰蕭即艾也乃爲誤耳紹蘭按郊特牲言蕭合黍稷又言焫蕭合羶薌鄭注謂羶當爲馨聲之誤今據生民云取蕭祭脂又云取羝以軷鄭彼箋云取蕭艸與祭牲之脂爇之於行神之位馨香既聞取羝羊之體以祭神然則祭牲之脂即是羝羊之脂先以其脂焫蕭後以其體祭神是羶即脂薌即黍稷以蕭染脂合黍稷燒之即是合羶薌此郊特牲舊本自作羶與毛鄭所據別本不同鄭破羶爲馨失之矣御覽卷九百九十七引釋名蕭橚在門內蕭肅也臣將入於此自肅警之處也地圖篇使百吏肅敬蕭敬即肅敬也央本作肅敬

蕭下於薜

爾雅薜有四一曰薜山蘄郭璞注引廣雅山蘄當歸當歸今似蘄而麤大一曰薜白蘄注即上山蘄一曰薜牡蘩注未詳說文薜牡蘩也一曰薜山麻注人家麻生山中此云蕭下於薜薜下於萑似非謂山蘄白蘄之薜或即山麻之薜歟

薜下於萑

爾雅釋艸萑蓷郭注今茺蔚也葉似荏方莖白華



華生節閒一名益母王風中谷有蓷毛傳蓷鵻也疏引李巡曰臭穢艸也陸璣疏云舊說及魏博士濟陰周元明皆云菴閭是也韓詩及三蒼說悉云益母故曾子見益母而感按本艸云益母茺蔚也一名益母故劉歆曰蓷臭穢臭穢即茺蔚也釋文蓷韓詩云茺蔚也說文蓷萑也（萑下云艸多皃按說文解蓷爲萑義本爾雅蓷萑二篆又相聯次則萑下當云蓷也一曰艸多皃宋刻鼎臣本亦同今本顯係傳寫脫落楚金本迻廁萑篆於苹蓷之閒非許書舊本也）廣雅釋艸益母茺蔚也王氏疏證曰王風中谷有蓷暵其乾矣中谷有蓷暵其脩矣中谷有蓷暵其濕矣傳云蓷鵻也暵菸貌

陸艸生於谷中傷於水脩且乾也雖遇水則濕箋云雖之傷於水始則濕中而脩久而乾按說文云暵乾貌也引說卦傳燥萬物者莫暵於火則暵即是乾乾之與濕正相反也既云暵其乾矣而又云暵其濕矣於義固不可通艸傷於水先濕後乾而詩乃先乾後濕於文亦復不順且神農本艸云茺蔚一名益母生海濱池澤則此艸性亦不畏濕也此由誤解濕爲水濕故致多所抵捂說文云鸝水濡而乾也引詩鸝其乾矣蓋亦承毛公之誤而爲說耳今按濕當讀爲㬤㬤亦且乾也前釋詁云㬤聚也衆經音義引通俗文云欲燥曰㬤玉篇邛立切云欲乾也㬤與濕聲近故通暵其乾矣暵其脩矣暵其濕矣三章同義艸乾謂之脩亦謂之濕猶肉乾謂之脩亦謂之㬤釋名脯搏也乾燥相搏著也又云脩脩縮也乾燥而縮也玉篇㬤邛及切胸脯也是其例矣紹蘭按說文日部暵乾也耕暴田曰暵引易曰燥萬物者莫暵於火火離也水部鸝水濡而乾也引詩曰鸝其乾矣許於暵下引易於鸝下引本詩則中谷有蓷篇當以鸝爲正字今詩假暵爲鸝疏證直以暵乾之暵讀之故於義不可



通今讀以水濡而乾之鸝首章言蓷傷於水始而稍濡故云鸝其乾矣謂鸝然濡而乾者乾多濡少也二章言蓷傷於水既而漸濡故云鸝其脩矣謂鸝然濡而乾者乾濡將半也卒章言蓷傷於水久而甚濡故云鸝其濕矣謂鸝然濡而乾者濡多乾少也濕當爲溼幽溼也濕亦假借字是三章皆謂濡而乾經文以乾脩溼分濡乾之多少耳以許解鸝說毛義於文自順鄭箋云始則溼中而脩久而乾其意謂雖傷水而溼既而且乾久而乃乾順事說之然於經文爲倒明非經指亦非傳意也傳不破字故以暵爲菸貌艸有因乾而菸者有因濡而菸者亦有因濡且乾而菸者而說文云菸鬱也鬱如韭鬱之鬱溼則鬱乾則不鬱且艸菸鬱則必臭蓷爲茺蔚劉歆謂之臭蔵李巡以爲臭蔵艸凡艸之臭多由於溼多由於溼而乾若乾枯之艸即菸亦不臭蔵更知蓷非傷旱而傷於水本艸謂茺蔚生海濱池澤但蓷即不畏溼設爲水所淹何能不傷兄毛云陸艸又與本艸異也若如疏證所說乃雖傷於旱則首章言乾二章當言益乾三章當言甚乾何以已乾者轉爲且乾且之言將也先既乾

而後將乾於文亦不詞是知毛許之義甚精而謂說文承毛公之誤斯不然矣二章之脩即脩脯之脩脩脯亦乾中有溼內則爲熬鄭注云熬於火上爲之也今之火脯似矣欲濡欲乾人自由也如鄭此言脯可濡可乾亦自可濡而乾故濡乾由便脩與脯同是以毛訓脩爲且乾亦謂且乾且濕乾濕將半也日部無㬎字有㬎字衆微杪也从日中視絲非其義是㬎爲廣雅玉篇通俗文之今字不足以難毛許也

萑下於茅



茅見前

凡彼艸物有十二衰各有所歸

衰讀如差等之差正字當作㾮說文衰艸雨衣非此義㾮減也本義爲疾減引伸之凡減殺皆謂之㾮經典省文作衰左氏桓二年傳皆有等衰杜預注衰殺也襄二十五年傳自是以衰淮南子說山訓上有三衰下有九殺說林訓大小之衰然高誘注衰差也是衰即降殺之等也此言自葉璧至萑茅凡艸物有十二等之衰其類聚之地又各有所歸也

九州之土爲九十物

說文州水中可居者曰州周遶其旁从重川昔堯遭洪水民居水中高土故曰九州一曰州疇也各疇其土而生之九州冀沇青徐揚荊豫梁雝也九州之土禹貢冀州既載公羊莊十年疏引鄭注不書其界者時帝都之使若廣大然爾雅釋地兩河間曰冀州公羊疏引李巡注兩河間其性氣相近故曰冀州冀近也說文北部冀北方也釋名冀州亦取地以爲名也其地有險有易帝王所都亂則冀治弱則冀彊荒則冀豐也厥土惟白壤釋文引馬融注壤天性和美也沛河惟沇州史記夏本紀集解引鄭注言沇州之界在此兩水之閒說文沇古文作沿沿山閒陷泥地讀若沇州之沇九州之渥地也故以沇名焉釋地沛河間曰沇州公羊疏引李巡注沛河間其气專質厥性信謹故曰沇州沇信也釋名沇州取沇水以爲名也晉書地理志引春秋元命包云沇之言端也信也蓋取沇水以爲名焉經典通作兖蓋沇變爲兖三即橫水迻水旁於上而橫之後又省作兖耳錢氏曉徵說厥土黑墳釋文引馬融注墳有膏肥也海岱惟青州公羊疏及夏本紀集解引鄭注今青州界東自海西至岱東嶽曰岱山釋名青州在東取物生而青也厥土白墳海岱及淮惟徐州公羊疏引鄭注徐州界又南至淮水釋地沛東曰徐州公羊疏引孫炎注沛東至海也李巡注沛東至海其氣寬舒稟性安徐徐舒也釋名徐州徐舒也土氣舒緩也厥土赤埴墳說文埴黏土也釋文鄭作戠讀曰熾文選蜀都賦李善注引鄭注熾赤也淮海惟揚州公羊疏引鄭注揚州界自淮而南至海以東也釋地江南日揚州公羊疏引孫炎注自江至南海也李巡注江南其氣躁勁厥性輕揚故曰揚州也釋名揚州州界多水水波揚也揚亦从木作楊漢曹全碑沇豫荊楊建康實錄引春秋元命包地多赤楊厥

土惟涂泥夏本紀集解引馬融注涂泥漸洳也荆及衡陽惟荆州公羊疏引鄭注荆州界自荆山南至衡山之南釋地漢南曰荆州邢疏引李巡注漢南其氣躁剛禀性彊梁故曰荆荆彊也釋名荆州取名於荆山也必取名於荆者荆警也南蠻數爲寇逆其民有道後服無道先彊常警備之也厥土惟涂泥荆河惟豫州公羊疏引鄭注豫州界自荆山而北至河釋地河南曰豫州公羊疏引孫炎注自東河至西河之南曰豫州李巡注河南其氣著密厥性安舒故曰豫豫舒也釋文引元命包云豫之言序也言陽氣分布各得其處故其氣平靜多序也釋名豫州地在九州之中京師東都所在常安豫也厥土惟壤下土墳壚夏本紀集解引馬融注豫州地有三等下者墳壚也陳祥道禮書卷三十四引鄭注壚疏也華陽黑水惟梁州公羊疏引鄭注梁州界自華山之南至於黑水也爾雅釋文引太康地記梁州者言西方金剛之氣彊梁故因以爲名說文崋山在宏農華陰从山華省聲經典多借華爲崋厥土青黎釋文引馬融注黎小疏也黑水西河惟雝州公羊疏引鄭注雝州界自黑水而東至於西河釋地河西曰雝州公羊疏引李巡注其氣蔽壅受性急凶故曰雝雝壅也釋名雝州在四山之內雝翳也按雝州之雝當作邕說文邕四方有水自邕成池者从川从邑經典多借雝雝隸也非其本義又作雍今字也厥土惟黃壤此禹貢九州之土也此文九州之土卽下文上土之粟土沃土位土蘟土壤土中土之㤥土壚土壏土剽土沙土下土之猶土弞土殖土觳土鳧土也九十物者上土三十物中土三十物下土三十物

管子地員篇注　卷二　三十五　寄虹山館

# 管子地員篇注卷三

蕭山王紹蘭著　後學胡燏棻校刊

每州有常而物有次

讀書雜志云每州有常困學紀聞周禮類引作每土有常是也下文上土中土下土各有三十物故曰每土有常而物有次不當言每州也此涉上文九州而誤紹蘭按此謂每土各有常性而土宜之物九十及其種三十六皆有次弟也

羣土之長是唯五粟

說文羣輩也周語獸三爲羣猶人三爲衆則羣土猶言衆土謂上中下三等之十五土也粟土在上土且列於其首故爲羣土之長長若令長之長矣土名粟者說文粟嘉穀實也从卤从米孔子曰粟之爲言續也謂土之形性臭味皆如粟亦取續義舊穀既沒新穀既升新舊相續生生不窮故名粟土此篇言土必以五者五土數也鴻範五行五曰土土爰稼穡是其義矣

五粟之物或赤或青或白或黑或黃

物謂大重細重以下之物也其物五色說文赤南方色也从大从火青東方色也木生火从生丹丹

管子地員篇注　卷三　一　寄虹山館

青之信言必然白西方色也陰用事物色白从入合二二陰爻火所熏之色也从炎上出囧黃地之色也从田从炗炗亦聲釋名赤赫也太陽之色也青生也象物生時色也白啟也如冰啟時色也黑晦也如晦冥時色也黃晄也猶晄晄象日光色也謂粟土所生之物具此五色也

五臭五章

章明也史記五帝本紀引堯典鄭注學記五色弗得不章皋陶謨言五章鄭注謂彩章各異此謂五粟之物五采相章也



五粟之狀淖而不肕

士虞禮嘉薦普淖鄭注淖和也左氏成十六年傳有淖於前杜注淖泥也肕亦作韌說文肉部無肕韋部亦無韌新坿有之解云柔而固也而非正字心部忍能也漢書食貨志言苗稍壯每耨輒附根比盛暑隴盡平根深能風與旱師古曰能讀曰耐許書解忍爲能耐之能其意葢卽以忍爲柔忍之忍大雅抑篇荏染柔木言緡之絲鄭箋云柔忍之木荏染然人則被之弦以爲弓意與許同肕韌行而忍之本義廢矣亦作刃周官山虞凡服耜斬季材鄭注云季猶穉也服與耜宜用穉材尚柔刃也服牝服車之材禮記月令季夏之月令澤人納材葦注云蒲葦之屬此時柔刃可取作器物也刃亦柔忍之義故忍之字从刃得聲矣本書心術下篇人能正靜者筋肕而骨彊尹注能靜則和氣全故筋骨肕彊也然則淖而不肕謂其土和柔而不彊勁也

剛而不觳不濘車輪不污手足

尹注觳薄也濘泥莊子天下篇其道大觳郭注觳義與瘠同此謂五粟之土性雖剛而不瘠薄也濘與污皆謂泥污



其種大重細重

其種之種當作穜說文穜埶也重種之省禾名也說文種先穜後孰也从禾重聲稑疾孰也引詩曰黍稷種稑今詩省作重豳風七月篇黍稷重穋毛傳云後孰曰重魯頌閟宮篇亦有黍稷重穋之文經典多借穜埶之穜爲種稑之種又借種稑之種爲穜埶之穜其本義皆廢幸有此省文之重可證也天官內宰上春詔王后帥六宮之人而生穜稑之種而獻之于王此穜種互借鄭司農云先種後孰謂

之穜元謂詩曰黍稷穜稑是也鄭所據詩亦借穜不若許引及省文作重之本爲善黍稷重穋四穀竝列明重自爲一穜其穀則先穜而後孰者重之穜類又有大小之分故云其穜大重細重也

白莖白秀無不宜也

說文莖艸木幹也玉篇所引如此今本作枝柱爾雅釋艸不榮而實者謂之秀大雅生民篇實發實秀毛傳引釋艸文說文秀字無解釆下云禾成秀也釆卽穗之正字是秀爲禾結穗之偁九穀攷云秀禾作釆也从禾禾下乃者象禾作釆鬚蘂外吐之形禾作釆時先生其所謂孚而未成孚者兩葉中含鬚蘂敷莖不得以華名之故爾雅云不榮而實謂之秀也昔之人因象其敷蘂甤甤之形而制秀字然秀卽其釆也命其孚中之所含者曰秀併其孚而言之卽曰釆故制釆字从禾爪者象其秀含於孚中之形也說文釋釆爲禾成秀是也



五粟之土若在陵在山在隫在衍

土猶地也此說五粟之地陵山墳衍也說文陵大𨸏也𨸏大陸山無石者爾雅釋地大𨸏曰陵大雅皇矣疏引李巡曰土地獨高大名阜阜最高大爲

陵爾雅又有八陵東陵阠南陵息愼邵氏正義云阠息愼於經傳無攷禹貢云至于東陵水經以爲地在廬江金蘭西北史記正義謂岳州有巴陵蓋是東陵然以咸夷西隃例之則東陵不應在南莊子釋文引司馬彪云東陵陵名今屬濟南也元和郡縣志云東陵在章丘縣南二十八里莊子所云東陵雖在東方然不聞其名阠猶之漢有南陵縣水經注有南陵究俱不聞其名息愼也史記五帝本紀云北山戎發息愼集解引鄭氏云息愼或謂之肅愼此東北之國不可以當南陵耳西陵威夷邵氏云威夷者漢書地里志引詩周道郁夷顏師古注韓詩作郁夷言使臣乘馬行於此道文選注引薛夫子章句云威夷險也則韓詩本作威夷漢郁夷故城在金隴州隴阪在焉故玉篇云隴夷險阻也中陵朱滕邵氏云朱滕於經傳無攷紹蘭按釋詁滕虛也朱滕蓋卽朱虛史記呂后本紀正義引十三州志云丹朱游故虛故云朱虛本猶丘朱猶丹也水經巨洋水注引地里風俗記曰丹山在西南丹水所出東入海丹水由朱虛丘阜



矣據是二說朱虛本丹朱所游因名其故虛曰朱虛山曰丹山水曰丹水說文虛大丘也十三州志言虛猶丘地里風俗記亦云朱虛丘阜則朱虛是丘而可以當中陵之名者丘亦陵也漢書地理志北海郡營陵班固自注云或曰營丘應邵曰師尚父封於營丘陵亦丘也卽其明證故朱虛得併陵班志朱虛屬瑯邪郡續志屬北海國瑯邪北海皆齊地齊者中也郊祀志齊所以爲齊以天齊也蘇林注當天中央齊也故朱虛得併中陵虛滕同義故又得併朱滕矣指其騰上言之謂之滕指共穹大言之謂之虛其資一也班志云朱虛凡山丹水所出酈道元云城東北二十里有丹山世謂之凡山縣在西南非山也丹凡字相類音從字變也是漢志凡山本作丹山酈時已謂之凡山而朱虛爲丘爲阜爲陵酈云縣非山者謂縣治非山不謂朱虛非山也別有說北陵西隃雁門是也郭注卽雁門山也邵氏云西隃者穆天子傳云乃絕隃之關陘郭氏彼注以爲卽北陵西隃也史記趙世家云反巠分先俞於趙集解引徐廣云爾雅曰西俞雁門是也正義云西先磐相近

蓋陘山西隃二山之地竝在代州雁門縣皆趙地也海內西經雁門山雁出其門在高柳北郭氏彼
注云雁門山即北陵雁之所出因以名云陵莫大於加陵郭注今所在未聞邵氏云
風俗通義云國語周單子會晉厲公於加陵爾雅曰陵莫大於加陵言其獨言厲也陵有天性自然
者案今國語無此文淮南人間訓亦云晉厲公之合諸侯於嘉陵加柯聲相近加陵即柯陵也春秋
成十七年同盟於柯杜注柯陵鄭西地周語云柯陵之會韋注柯陵鄭西地名梁莫大
於湨梁郭注湨水名梁隄名墳莫大於河墳郭注墳大防紹蘭按爾雅說六
陵而云八陵者經文先言五方之陵又舉陵之最大者其曰梁莫大於湨梁墳莫大於河墳皆牽連
書之非以梁墳充八陵之數亦非謂其形狀如陵從而類列爲爾雅者數其目有八即題其下曰八
陵此正見古人行文之法唯變所適一目一題亦不必盡拘典要如釋言而及荻亂釋宮而及隄杠
釋器因木謂之虡而及茱謂之藙因醢鬻而及康謂之蠱澱謂之垽皆其例矣小雅天保
篇如山如阜毛傳大阜曰陵文選長楊賦注引韓
詩無矢我陵薛君章句曰四平曰陵釋名大阜曰
陵陵隆也體高隆也　易說卦傳艮爲山周語山
土之聚也地官大司徒鄭注積石曰山說文山宣
也宣气散生萬物有石而高象形釋名山產也中
山經禹曰天下名山經五千三百七十山六萬四
千五十六里居地也言其五臧蓋其餘小山甚衆
不足記云天地之東西二萬八千里南北二萬六
千里出水之山者八千里受水者八千里出銅之
山四百六十七出鐵之山三千六百九十　隤當



爲墳墳即濆之借字說文土部墳墓也非此義水
部濆水厓也爾雅釋地墳莫大於河墳釋丘墳大
防周南汝墳毛傳墳大防也疏引李巡曰墳謂厓
岸狀如墳墓名大防也地官大司徒墳衍鄭注水
厓曰墳此皆借墳爲濆也釋水汝有濆汝墳疏引
李巡曰汝旁有肥美之地名大雅常武篇鋪敦淮
濆毛傳濆厓鄭箋陳屯其兵於淮水大防之上此
皆用濆本字也濆肥聲之轉故李巡以濆爲水旁
肥美之地此文其墳當同此義矣方言青幽之閒
凡土而高且大者謂之墳則兼墳墓水厓大防而
言　地官大司徒辨其山林川澤丘陵墳衍原隰
之名物鄭注下平曰衍以土會之灋辨五地之物
生四曰墳衍其動物宜介物其植物宜莢物其民
晳而瘠春官大司樂凡六樂者四變而致毛物及
墳衍之示鄭注墳衍孔竅則小矣左氏襄二十五
年傳井衍沃杜注衍沃平美之地是以平釋衍美
釋沃也
其陰其陽
說文陰闇也水之南山之北也从𨸏侌聲陽高明
也从𨸏昜聲爾雅釋山山西曰夕陽山東曰朝陽

穀梁僖二十八年傳水北爲陽山南爲陽秋官柞氏賈疏引爾雅曰山南曰陽山北曰陰邵氏爾雅正義云蓋釋爾雅之舊說是也

盡空桐柞莫不秀長

禹貢徐州嶧陽孤桐應劭曰梧桐生於嶧山陽巖石之上采東南孫枝爲琴聲甚清雅御覽卷九百五十六引風俗通鄘風定之方中篇椅桐梓漆御覽引陸璣疏云梓實桐皮曰椅今民云梧桐也有青桐白桐赤桐宜琴瑟今雲南牂柯人績以爲布似毛布小雅湛露篇其桐其椅鄭箋桐也椅也同類而異名喻二



王之後也大雅卷阿篇梧桐生矣毛傳梧桐柔木也月令季春之月桐始華蔡邕章句曰桐之後華者夏小正三月拂桐芭拂也者拂也桐芭之時也或曰言桐芭始生貌拂然也爾雅釋木榮桐木郭注卽梧桐說文桐榮也榮桐木也北山經虢山其下多桐東山經孟子之山其木多桐中山經條谷之山其木多桐莊子逸篇桐乳致巢司馬彪云桐子似乳著其葉而生其葉似箕鳥喜巢其中也困學紀聞卷十所引如此御覽引淮南萬畢術桐木成陰取十石瓦甕滿水中置桐罌蓋之三四日氣如雲作又引

董仲舒請雨書秋以桐魚九枚又引遁甲經注梧桐以知日月正閏生十二葉一邊有六葉從下數一葉爲一月至上十二葉有閏十三葉小葉者視之則知閏何月也紹蘭按春官大司樂雲和之琴瑟空桑之琴瑟龍門之琴瑟先鄭以雲和爲地名後鄭以雲和空桑龍門皆山名而不言琴瑟用何木爲之文選張衡東京賦雲和之瑟李善注引周禮雲龢之瑟鄭元曰雲和山名也出美木用爲瑟其聲清亮也此但據鄭注爲說亦統偁美木不云木名當存以俟攷楚辭大招定空桑只王逸云空



桑瑟名也周官云古者弦空桑而爲瑟漢書禮樂志空桑琴瑟結信誠張晏引傳曰空桑爲瑟一彈三歎祭天質故也王逸所引周官云張晏所引傳皆古周禮傳說之遺在鄭前者是空桑山以空桑之木得名其桑可爲瑟也既可爲瑟自可爲琴故云空桑之琴瑟北山經空桑之山無艸木明非此山郭注云上已有此山疑同名也按已上無空桑之山蓋佚東山經空桑之山郭注此山出琴瑟材者是也文選枚乘七發龍門之桐高百尺而無枝使琴摯斫斬以爲琴是龍門之桐可爲琴也既可爲琴自可爲瑟故云龍門之

琴瑟漢書地理志左馮翊夏陽禹貢龍門山在北
者是也此可補鄭注之闕　說文柞柞木也小雅
車舝篇陟彼高岡析其柞薪鄭箋析其木以爲薪
者爲其葉茂盛蔽岡之高也采菽篇維柞之枝其
葉蓬蓬鄭箋柞之幹猶先祖也枝猶子孫也其葉
蓬蓬喻賢才也大雅緜篇柞棫拔矣鄭箋柞櫟也
棫白桵也孔疏云釋木其實梂不言櫟是柞陸璣
疏云周秦人謂柞爲櫟葢據時人所名而言之棫
白桵釋木文郭璞曰桵小木也叢生有刺實如耳
璫紫赤可食陸璣疏云三蒼說棫即柞也其材理



全白無赤心者爲白桵直理易破可爲櫝車又可
爲矛戟矜西山經大時之山其上多柞申山其上
多柞中山經首山其陰多柞良餘之山其上多柞
升山其木多柞銅山其木多柞衡山其上多柞仁
舉之山其木多柞琴鼓之山其木多柞涿山其木
多柞豐山其下多柞大支之山其木多柞龜山其
木多柞眞陵之山其木多柞紹蘭按柞櫟棫判然
三木自鄭解柞爲櫟陸璣說周秦人謂柞爲櫟見秦
風晨風疏陸疏又云此秦詩也宖從其方土之言柞櫟是也　郭璞注山海經柞
櫟櫟即柞而柞與櫟混矣自陸璣引三蒼謂棫即

柞而柞又與棫混矣今知不然請列六證以明之
說文柞柞木也櫟木也棫白桵也三篆隔離甚遠
絕不相蒙其證一也西山經大時之山多柞白於
之山多櫟羭次之山多棫三木異種各產一山其
證二也爾雅釋木無柞其釋櫟云其實梂郭注有
梂彙自裹與說文梂櫟實正合柞則不聞有梂釋木
栩杼郭注柞樹其說亦本於陸璣唐風鴇羽疏引陸疏云今柞櫟也徐州人謂櫟爲杼是因方語各
殊又混柞與櫟及栩杼爲一矣其釋棫云白桵郭注桵小木叢生
有刺實如耳璫紫赤可啖明與柞之僅可爲薪者
不同且車舝箋云柞葉茂盛蔽岡之高明是大木



亦與小木叢生之棫異物其證三也管子書無棫
此云盡宖桐柞莫不秀長其榆其柳其檿其桑其
柘其櫟柞與櫟竝列於五粟之土明不以柞爲櫟
其證四也夏官司爟掌行火之政令四時變國火
鄭司農說以鄹子曰秋取柞楢之火論語陽虎篇
鑽燧改火馬融引周書月令亦云秋取柞楢之火
淮南子時則訓其樹櫟高誘注櫟可以爲車轂木
不出火惟櫟爲然古人秋取火於柞而櫟不出火
明柞非櫟櫟不可以爲柞其證五也大雅緜旱麓
皇矣三篇皆柞棫竝舉而皇矣篇云帝省其山柞

棫斯拔松柏斯兌柞棫與松柏對文松柏爲二木則柞棫亦二木一山之中柞也棫也松也柏也四木森然竝茂明不以柞爲棫故逸周書程寤解太姒夢小子發取周庭之梓樹于闕間化爲松柏柞棫亦是分爲四木其不謂柞卽棫較然可知其證六也然則謂柞爲櫟屬或可謂柞卽櫟則非謂柞爲棫類或可謂柞卽棫則非其假柞爲柞櫟者乃秦人之方言猶楊假蒲栘不得謂楊卽蒲蒻之蒲楔假荆桃不得謂楔卽荆棘之荆樧假楊樧不得謂樧卽楊栘之楊也爾雅樧羅郭注今楊樧也晨風疏引陸璣疏云樧今人謂之楊樧



其榆其柳

榆柳皆見前

其檿其桑

說文檿山桑也禹貢青州厥篚檿絲某氏傳檿桑蠶絲中琴瑟弦孔疏檿絲是蠶食檿桑所得絲韌中琴瑟弦也大雅皇矣篇其檿其柘毛傳檿山桑也爾雅釋木檿桑山桑郭注似桑材中作弓及車轅攷工記弓人取榦有檿桑鄭司農云檿桑山桑鄭語檿弧箕服韋昭注山桑曰檿綤蘭按桑之言陽也桑本陽木故桑葉春生秋落檿之言陰也禹貢檿絲史記五帝本紀作畣絲畣有陰義說文畣酒味苦也从丙今聲侌爲霒之古文霒下云雲覆日也从雲今聲畣與侌皆从今得聲是畣爲侌也陰陽正字本作侌昜檿畣聲近因借畣爲檿檿之性屬陰故葉有點文漢書師古注其材柔忍堪作弓車而絲中琴瑟之弦矣桑見前

其柘其櫟

說文柘桑也大雅皇矣篇其檿其柘檿柘皆桑屬而柘之用爲多夏官司爟掌行火之禁令四時變國火鄭司農說以鄹子曰季夏取桑柘之火論語



陽貨篇鑽燧改火馬融引周書月令亦云季夏取桑柘之火皇氏義疏曰桑柘是黃季夏是土土色黃故季夏用桑柘也淮南子時則訓孟夏之月爨柘燧火是柘用爲燧火也攷工記弓人凡取榦之道七柘爲上又云荆之榦鄭注榦柘也可以爲弓弩之榦賈疏引禹貢鄭注榦柘榦也淮南子原道訓高誘注烏號柘桑其材堅勁烏跱其上及其將飛枝必橈下勁能覆巢烏隨之烏不敢飛號呼其上伐其枝以爲弓因曰烏號之弓也齊民要術種柘法十五年任爲弓材欲作快弓材者宜於山石

之閒北陰中種之其高原山田土厚水淡之處多掘淡阬於阬之中種桑柘隨阬淺淺或一丈丈五直上出阬乃扶疏四散此樹條直異於常材是柘用爲弓弩幹也御覽卷九百五十引風俗通柘材爲弓彈而放快是柘用爲弓又爲彈也投壺云矢以柘若棘毋去其皮鄭注取其堅且重也是柘用爲投壺矢也月令季春之月命野虞毋伐桑柘鄭注愛養蠶食也今本脫養字此據齊民要術引補　齊民要術柘葉飼蠶絲可作琴瑟等弦清鳴響徹勝於凡絲遠矣是柘用飤蠶又中琴瑟之弦也御覽引崔寔四民



月令柘染色黃赤人君所服注云黃者中尊赤者南方人君之所向是柘用爲染也齊民要術柘三年閒劚去堪爲渾成扶老杖十年中四破爲杖任爲馬鞭胡牀十五年任爲弓材亦堪作履裁截碎木中作錐刀靶二十年好作犢車材欲作鞍橋者生枝長三尺許以繩繫旁枝木橛釘著地中令曲如橋十年之後便是渾成柘橋是柘用爲杖履馬鞭胡牀犢車鞍橋錐刀靶也柘之見於山海經者東山經姑兒之山其下多柘中山經甗山多柘師每之山其木多柘琴鼓之山其木多柘崍山其木

多柘句檷之山其木多柘楮山多柘此皆柘桑之柘惟北山經發鳩之山其上多柘木借柘爲樜說文所謂樜木出發鳩山者與柘木異也時則訓八月其樹柘高注謂柘說未聞紹蘭按中秋金王柘性堅勁故八月樹柘矣　秦風晨風篇山有苞櫟毛傳櫟木也孔疏云釋木櫟其實梂孫炎曰櫟實橡也有梂彙自裹也陸璣疏云秦人謂柞櫟爲櫟河內人謂木蓼爲櫟椒樧之屬其子房生爲梂木蓼子亦房生故說者或曰柞櫟或曰木蓼璣以爲此秦詩也宜從其方土之言柞櫟是也說文櫟木



也梂櫟實段氏注櫟字云按陸意謂秦詩當是柞櫟今覩許櫟梂二篆連屬正與陸所云木蓼子房生爲梂者合然則許意謂木蓼也艸部云草斗櫟實也一曰樣斗木部栩下云柔也其實草一曰樣此則謂草斗爲櫟實正陸所謂秦人謂柞櫟爲櫟又云栩今柞櫟也草下櫟實字非木部之櫟許意栩柔樣草爲一物是名柞櫟亦名櫟而非柞也亦非子梂生之櫟也柞與棫爲類櫟似椒樧鄭箋大雅云柞櫟也則以柞與柞櫟合爲一耳其注梂字云此櫟實與草下櫟實各物草下當云草斗柞櫟

實損柞字耳釋木曰櫟其實梂陸璣椒椴之屬其子房生爲梂木蓼子亦房生然則何爲以梂字專系諸木蓼也曰艸部以茮系諸茱椴矣則以梂系諸櫟也茮與梂皆謂聚生成房橡斗不尒也梂與茮古通用椒聊箋云一梂之實蕃衍滿升非其常也此假梂爲茮也木蓼唐本艸謂之木天蓼蘇頌云木高二三丈三四月開花似柘花五月採子子作球又段注柞字云詩有單言柞者如維柞之枝析其柞薪是也有柞棫連言者如皇矣旱麓緜是也陸璣引三蒼棫卽柞與許不合假令許謂棫卽柞則二篆當連屬之且詩不當或單言棫或單言柞或柞棫竝言也鄭詩箋云柞櫟也孫炎爾雅注櫟實橡也齊民要術援爾雅注合柞栩櫟爲一亦皆非許意紹蘭按段逃許意分柞與櫟及柞櫟其說甚悉然則柞是薪櫟是木蓼柞櫟是栩柔草斗唐風鴇羽疏引陸璣疏云今柞櫟也徐州人謂櫟爲杼或謂之爲栩其子爲皁或言皁斗其殼爲汁可以染皁今京洛及河內多言杼汁謂櫟爲杼五方通語也判然三種各不相蒙自鄭箋以柞爲櫟而柞與櫟混管子此文分柞與櫟爲二木可證其說詳柞下郭璞以栩杼爲柞樹而柞與栩混孫炎以櫟實爲橡陸璣以謂櫟爲杼五方通語而櫟與柔樣



混樣卽橡之今字說文栩下云柔也其實草一曰樣樣下云栩實草下云草斗櫟實也一曰樣斗按此樣實卽段氏謂與栩下櫟實各物當作柞櫟實者後人據孫說輒刪作字耳陸璣引秦人謂柞櫟爲櫟河內人謂木蓼爲櫟方言參雜本易溷淆又引說者或曰柞櫟或曰木蓼益滋糾葛而又斷以己意謂秦時定從柞櫟遂令後人并河內人謂木蓼之櫟亦混於秦人謂柞櫟之櫟矣至應劭注漢書司馬相如傳謂櫟爲采木徐廣注史記李斯列傳謂采一名櫟此卽莊子不材之社櫟古以爲椽謂之采椽不斲者也西山經白於之山下多櫟中山經句欐之山其木多櫟郭璞謂櫟卽柞誤與鄭同

其槐其楊

說文槐木也爾雅釋木櫰槐大葉而黑守宮槐葉晝聶宵炕釋文炕樊光本作抗初學記卷二十八引孫炎云聶合炕張也御覽卷九百五十四引爾雅此文其注引儒林祭酒杜行齊說在朗陵縣南有一樹似槐葉晝聚合相著夜則舒布卽守宮槐江東有樹與此相反紹蘭按槐名櫰者說文無櫰字西山經中曲之山有木焉其狀如棠而員葉赤實如木瓜名曰櫰木食之多力此廣雅所謂褱櫰斲者此槐也非櫰卽懷荀子勸學篇蘭槐之根是爲芷

大戴禮勸學篇作蘭氏之根懷氏之苞是其證也褱槐疊韵秋官朝士掌建邦外朝之灋面三槐三公位焉鄭注槐之言懷也懷來人於此欲與之謀御覽引春秋元命包樹槐聽訟其下注云槐之言歸也情見歸實也淮南時則訓九月其樹槐高誘注槐懷也可以懷來遠人也即其義矣是天子外朝樹槐也大公金匱請樹槐於王門內是王之門內樹槐也御覽引尚書曰北社惟槐是社樹槐也白虎通社稷篇引左氏宣二年傳晉靈公不君宣子驟諫公使鉏麑賊之晨往寢門闢矣麑退觸槐而死晉語獻子執而紡之於庭槐是大夫之庭樹槐也五經通義



士冢樹槐是士之墓樹槐也御覽引三輔黃圖元始四年起明堂辟雍爲博士舍三十區爲會市但列槐樹數百行諸生朔望會此市是學樹槐也類聚卷八十八引中山經首山其木多槐條谷之山其木多槐歷山其木多槐御覽引淮南子曰槐之生也入季春五日而兔目十日而鼠耳更旬而始規二旬成葉注云規葉始開今淮南子無此語初學記類聚竝引莊子無下二句困學紀聞引作莊子逸篇成葉作而葉成無注文規葉始開四字蓋淮南用莊子或高注或許注如此也豈內篇有佚文抑出淮南中經及外書散見於它說者楊見前

羣木蕃滋數大條直以長

羣木謂桐柞以下衆木也說文蕃艸茂也茲艸木多益滋即茲之借字孟子梁惠王篇趙岐注訓數爲密左氏桓六年傳季良言碩大蕃滋說文條小枝也史記司馬相如列傳長千仞大連抱夸條直暢皆其義也

其澤則多魚

周頌潛篇猗與漆沮潛有多魚按此文多魚蓋謂常有之魚如周頌所云多魚也山海經每言多某魚皆異魚間有常魚今錄之以廣異聞凡言有不言多及多



下無魚字者多不錄南山經猨翼之山水多怪魚郭注凡言怪者皆謂貌狀倔奇不常也尸子曰徐偃王好怪沒深水而得怪魚入深山而得怪獸者多列於庭也浮玉之山萿水多鮆魚郭注鮆魚狹薄而長頭大者尺餘太湖今饒之一名刀魚郝氏箋疏曰爾雅鮤鱴刀郭注今之鮆魚也亦呼爲魛魚也紹蘭按此常魚西山經英山禺水多蚌魚其狀如鼈其音如羊竹山丹水多人魚郭注如鯑魚四腳泰器之山觀水多文鰩魚狀如鯉魚魚身而鳥翼蒼文而白首赤喙常行西海游于東海以夜飛其音如鸞雞其味酸甘食之已狂見則天下大穰郝氏云初學記引此經行作從是也樂游之山桃水多鰼魚其狀如蛇而四足是食魚也英鞮之山涴水多冉遺之魚魚身蛇首六足其目如馬耳食之使人不眯可以禦凶邽山濛水多鰠魚魚身而鳥翼音如鴛鴦見則其邑大水鳥

鼠同穴之山渭水多鰠魚其狀如鱣魚動則其邑有大兵濫水多
䰻魮之魚其狀如覆銚鳥首而魚翼魚尾音如磬石之聲是生珠玉北山經求
如之山滑水多滑魚其狀如鱓赤背其音如梧食之已疣郭注鱓魚似蛇郝氏
曰按藏經本郭注有作鮨魚三字玉篇廣韵並云鮨魚名紹蘭按滑魚涉滑水而誤西山經欒游之
山桃水多鮹魚郭音滑疑此及藏經本郭注之鮹皆鮹之譌玉篇廣韵之鮹皆汎言魚名非謂此經
之魚也桃水之鮹其狀如蛇此經之其狀如鱓郭云鱓魚似蛇足證此魚與桃水如蛇之鮹爲一類當
作鮹不當作鮹矣東山經子桐之水多鮹魚其狀如魚而鳥翼郭注音滑蓋亦此二鮹之類故玉篇
魚部鮹下云魚如鳥廣韵十四黠鮹魚名出山海經直引東山經之文又其證也帶山彭
水多儵魚其狀如雞而赤毛三尾六足四首其音如鵲食之可以已憂郭注音由郝氏曰
按儵當爲鯈玉篇作鯈云徒堯切又是流切是也紹蘭按說文魚部鯈魚名从魚攸聲鯈即鰷之正
字周頌潛篇鰷鱨鄭箋鰷白鰷也爾雅釋魚鯈黑鰦郭注即白鯈江東呼爲鮂莊子秋水篇鯈魚出
游從容釋文鯈徐音條李軌音由白魚也一音條謂白鯈魚也淮南子覽冥訓若觀鯈魚高注
鯈魚小魚也淮南借儵爲鯈故高云小魚然則鯈是魚之小而常有者說文黑部儵青黑繒發白色
也从黑攸聲此經亦借儵爲鯈而別是一魚玉篇儵徒堯切白鯈魚也似雞赤尾六足四目又直流
切是以此經非常之怪魚當白鯈恆有之小魚其誤已甚郝氏沿譌亦失之段氏說文注引此經云
此異物非常有者玉篇合二物爲一疏矣其說是也今本作赤毛三尾六足四首與希馮所見舊本
亦異郝氏云首當爲目字之誤也今圖正作四目玉篇本此經亦作四目可證此說良是也譙
明之山譙水多何羅之魚一首而十身其音如吠犬食之已癰涿光
之山囂水多鰼鰼之魚其狀如鵲而十翼鱗皆在羽端其音如鵲可以禦火
食之不癉少咸之山敦水多鰤鰤之魚食之殺人獄法之山



滾澤之水多鱳魚其狀如鯉而雞足食之已疣北嶽之山諸懷
之水多鮨魚魚身而犬首其音如嬰兒食之已狂縣雍之山晉水多
鮆魚其狀如儵而赤麟其音如叱食之不驕郭注小魚曰儵按麟當爲鱗經云其狀如儵謂如
帶山彭水之儵狀如雞而赤毛三尾六足四目者郭云小魚及圖讚云微蔑鮆魚是誤以爲西山經
浮玉之山苕水之鮆魚非此經之鮆魚失經恉矣龍侯之山決決之水多
人魚其狀如鯑魚四足其音如嬰兒食之無癡疾陽山留水有鮥父之
魚其狀如鮒魚魚首而彘身食之已嘔碣石之山繩水多蒲夷之魚
東山經樕螽之山食水多鱅鱅之魚其狀如犂牛其音如彘鳴
栒狀之山汲水多箴魚其狀如儵其喙如箴食之無疫疾番條之
山減水多鱤魚郭注一名黃頰郝氏曰按鱤一名魠說文魠哆口魚也玉篇魠黃頰
魚郭注上林賦云魠鱤也一名黃頰與此注合又謂之鱨小雅魚麗篇毛傳鱨楊也陸璣疏今黃頰
魚也江東呼黃鱨魚亦名黃頰魚尾微黃大者長尺七八寸許也紹蘭按此常魚姑兒之
山姑兒之水多鱤魚犲山其下多水中多堪孖之
魚郭注未詳音序郝氏曰按玉篇孖从子从予不从二子葛山之首澧水多
珠蟞魚其狀如肺而有目六足有珠其味酸甘食之無癘跂踵之山深澤
有魚焉其狀如鯉而六足鳥尾名曰鮯鮯之魚諸
鉤之山廣員百里多寐魚郭注即鮇魚音味旄山蒼體之
水多鱃魚其狀如鯉而大首食者不疣郭注今蝦鰌子亦或作鱃秋音紹蘭按此常魚也
東始之山泚水多茈魚其狀如鮒一首而十身其臭如蘪蕪食之不糟女
烝之山膏水多薄魚其狀如鱣魚而一目其音歐見則天下大旱欽山

師水多鱃魚子桐之山子桐之水多鰨魚其狀如魚而鳥
翼出入有光其音如鴛鴦見則天下大旱太山鉤水多鱃魚中山經渠
豬之山渠豬之水多豪魚狀如鮪赤喙尾赤羽可以已白癬牛首
之山勞水多飛魚其狀如鮒魚食之已痔衕騩山正回之水多
飛魚其狀如豚而赤文服之不畏雷可以禦兵熊耳之山浮濠之水多
人魚傅山厭染之水多人魚橐山橐水多脩辟之
魚狀如黽而白喙其音如鴟食之已白癬郝氏曰此魚即鼃屬也鼃亦名鼃魚見漢書東方朔傳
紹蘭按今浙東呼水雞亦偁田雞鼃屬也可食其狀其音正同脩辟之魚說文鼃蝦蟆也从黽圭聲
圭雞聲相近又有𪓰字解云水蟲也薉貉民食之从黽奚聲此更與雞同聲浙東所食者蓋即𪓰也
說文謂之水蟲其解魚亦云水蟲是鼃屬即魚屬故爾雅在水者黽列之釋魚也此魚名脩辟者脩



之言縮也且乾而縮也王風中谷有蓷篇暵其脩矣毛傳脩且乾也釋名脩縮也乾燥而縮也鼈黽
之屬其皮鼀鼀然且乾而縮因謂之脩辟之言躄也躄而蹩躠也莊子馬蹄篇蹩躠為仁玉篇蹩躠
旋行貌鼈黽之屬其行先先然蹩躠而躄因謂之辟玉篇鼊鼊鼄似龜而大文如瑇瑁可飾物廣韵
鼊鼄鼊似龜而浸胡無指爪其甲有黑珠文如瑇瑁可飾物此經言脩辟之狀如黽不云似龜其非
有甲之龜鼊可知且鼊从黽不从龜說文雖無鼊字而有䵶字解云䵶屬頭有兩角出遼東从黽句
聲蟲魚之同名異物者甚多既有似龜之龜鼊亦容有似黽之龜鼊以其脩丩然而句形跛然而躄
謂之龜鼊以其皮縮而乾行躄而躄躄謂之脩辟是以龜為鼊屬非即鼊也脩辟之魚似黽非即黽
也而皆鼃類鼃類皆可食漢書東方朔傳言水多鼃魚貧者得以人給家足霍光傳言丞相擅減宗
廟羔菟鼃此脩辟之魚可食已癬故知其為鼃黽之類是亦常魚也陽華之山楊水
多人魚半石之山來需之水多鯩魚黑文其狀如鮒食者不睡

合水多鰧魚狀如鱖居逵蒼文赤尾食者不癰可以為瘻少室之山休
水多鯑魚狀如盩蜼而長距足白而對食者無蠱疾可以禦兵郝氏謂盩當為盩是也
景山雎水多文魚荊山漳水多鮫魚郭注鮫鮒魚類也皮有珠
文而堅尾長三四尺末有毒螫人皮可飾刀劍口錯治材角今臨海郡亦有之郝氏謂郭注鮒字譌
李善注南都賦引此注云鮫鯌屬是也岷山江水多鰲魚朝歌之山
潕水多人魚葴山視水多人魚雅山澧水多大魚
郝氏曰史記秦始皇本紀占夢博士曰水神不可見以大魚蛟龍為候紹蘭按齊策靖郭君將城薛
齊人有請者曰臣請三言而已矣曰海大魚君曰更言之對曰君不聞大魚乎網不能止鉤不能牽
蕩而失水則螻蟻得意焉此澧水之大魚亦常魚
牧則宜牛羊



說文牧養牛人也从攴牛詩曰牧人乃夢羌西戎
牧羊人也牛大牲也牛件也件事理也象角頭三
封尾之形羊祥也从𦍌象頭角下象足尾之形孔
子曰牛羊之字以形舉也
其地其樊
說文楙藩也从爻林詩曰營營青蠅止于楙經典
通作樊爾雅釋言樊藩也郭注云謂藩籬邵氏正
義云樊說文作楙引詩云營營青蠅止于楙漢書
戾太子傳引作止于藩樊藩古字通詩疏引孫炎
云樊圃之藩也莊子養生主云不蘄畜乎樊中大

宗師云吾願游乎其蕃（傳說止此）齊風東方未明篇折柳樊圃毛傳柳柔脆之木樊藩也圃菜園也折柳以藩園無益於禁矣鄭箋柳木之不可以爲藩猶是狂夫不任挈壺氏之事孔疏云太宰九職園圃毓艸木注云樹果蓏曰圃園其藩也是圃內可以種菜又可以樹果蓏其外列藩籬以爲樊小雅青蠅篇營營青蠅止于樊毛傳興也樊藩也鄭箋興者蠅之爲蟲污白使黑污黑使白喻佞人變亂善惡也言止于藩欲外之令遠物也孔疏云孫炎曰樊圃之藩然則園圃藩籬是遠人之物欲令蠅止之故箋云外之令遠物使遠於近人之物又藩以細木爲之下章棘榛卽是爲藩之物故下傳曰榛所以爲藩明棘亦然此章言藩下章言所用之木互相足也（詩疏止此）此云其樊亦是用細木爲藩以爲園圃矣



倶宜竹箭藻龜楢檀

說文竹冬生艸也象形下垂者箁箬也箭矢竹也（今本脫竹字據類聚卷八十九御覽卷九百六十三補）筱箭屬小竹也簜大竹也是竹爲總名箭則竹之小者可以爲矢後人因謂矢爲箭其大者謂之簜也經典多竹箭連文以竹爲簜以箭爲篠爾雅釋地東南之美者有會稽之竹箭焉釋艸簜竹篠箭禹貢篠簜旣敷史記夏本紀作竹箭旣布大射儀簜在建鼓之閒鄭注簜竹也疏引鄭書注篠箭簜大竹也夏官職方氏東南曰揚州其利金錫竹箭鄭注箭篠也禮器如竹箭之有筠也鄭注箭篠也又云丹漆絲纊竹箭鄭注揚州貢篠簜楚語王孫圉曰又有藪曰雲連徒洲金木竹箭之所生也山海經或言竹或言箭或連言竹箭西山經英山其陽多箭羭次之山其下多竹箭翠山其下多竹箭高山其艸多竹北山經京山多竹虫尾之山其下多竹泰頭之山其下多竹箭軒轅之山其下多竹中山經渠豬之山其上多竹蔓渠之山其下多竹箭牡山其下多竹箭長石之山其西有谷焉名曰共谷多竹夸父之山多竹箭荆山其艸多竹大堯之山其艸多竹師每之山其艸多竹龜山多扶竹丙山多筀竹夫夫之山其艸多竹纍山其木多椶柟荆芑竹箭䉋箘是竹箭本艸類亦得爲木類而西山經於黃山下云無艸木多竹箭中山經於雲山下云無艸木有桂竹是竹箭又於艸木之外別爲一類矣　藻龜蓋

卽下文求黽之譌求本作莍莍誤爲菒又誤爲藻
黽與龜亦形近而譌也說見求黽下　說文楢柔
木也工官以爲耎輪从木酋聲讀若糗夏官司爟
掌行火之禁令四時變國火以救民疾鄭司農說
以鄹子曰秋取柞楢之火論語陽貨篇鑽燧改火
馬融注引周書月令有更火秋取柞楢之火皇氏
義疏云柞楢色白秋是金金色白故秋用柞楢也
中山經岷山其木多楢郭注楢剛木也中車材音
秋岐山其木多楢玉山其木多楢葛山其木多楢
繁績之山其木多楢鮮山其木多楢几山其木多

楢文選游天台山賦濟楢谿而直進李善注引顧
愷之啓蒙記注曰之天台山次經油谿謝靈運山
居賦曰凌石橋之莓苔越楢谿之縈紆注曰所居
往來要經石橋過楢谿人跡不復過此此天台谿
以楢名亦偁油谿水經若水注云自朱提至僰道
三津之阻行者苦之故俗爲之語曰楢谿赤木盤
蛇七曲盤羊烏櫳氣與天通此又益州之楢谿也
按楢从酋聲酋之言遒也楢木遒勁故郭璞以爲
剛木許云柔木主爲耎輪而言工官爲輪必用火
煣木使耎徐鍇謂耎輪爲車輪外固抱之牙是也

攷工記輪人云牙也者以爲固抱也凡揉牙外不
廉而內不挫旁不腫謂之用火之善賈疏云古者
車輞用一木爲之要當木善火齊又得乃可圖而
得所卽許說楢柔木爲耎輪之證矣　說文檀木
也鄭風將仲子篇無折我樹檀毛傳檀彊韌之木
疏引陸璣疏云檀木皮正青滑澤與檕迷相又似
駮馬駮馬梓榆故里語曰斫檀不諦得檕迷檕迷
尚可得駮馬檕迷一名挈榼故齊人諺曰上山斫
檀挈榼先殫爾雅釋木魄棙榼郭注魄大木細葉
似檀今河東多有之齊人諺曰上山斫檀棙榼先

殫棙榼卽挈榼其木似檀故齊諺云然也西山經
鳥危之山其陰多檀蔌山其木多檀白於之山下
多檀中山經景山其木多檀讙山其木多檀師每
之山其木多檀崍山其木多檀復州之山其木多
檀丙山其木多檀風伯之山其木多檀卽公之山
其木多檀堯山其木多檀陽帝之山其木多檀紹
蘭按檀从亶得聲大雅板篇不實於亶是亶有實
義木心實則堅淮南子時則訓十月其樹檀高誘
注檀陰木也木惟陰則韌故毛傳謂檀爲彊韌之
木以其彊韌故檀可爲車材攷工記輪人鄭注輞

以檀魏風伐檀首章言坎坎伐檀二章伐輻傳云
輻檀輻也三章伐輪傳云檀可以爲輪是輪亦用
檀不僅如鄭云輻以檀矣
五臭生之薜荔白芷蘪蕪椒連
臭見前此讀其臭如蘭之臭虞翻曰臭氣也蘭香
艸月令其臭香此謂香艸生之者有五也　薜荔
壘韵西山經小華之山其艸有萆荔狀如烏韭而
生于石上亦緣木而生食之已心痛郭璞注萆荔
香艸也楚辭離騷貫薜荔之落蘂王逸注薜荔香
艸也緣木而生洪興祖補注云前漢樂章都荔遂芳謂都梁薜荔俱有芬芳也按



薜荔皆借字說文薜牡贊也荔似蒲而小非此義說文萆一曰萆歷
徐鍇本如此似烏韭義本西山經　茝芷古今字內則
有茝蘭釋文茝本又作芷說文茝虈也虈楚謂之
蘺晉謂之虈齊謂之茝楚辭離騷扈江離與辟芷
兮王逸注辟幽也芷幽而香招魂菉蘋齊葉兮白
芷生九歌辛夷楣兮葯房注葯白芷也西山經號
山其艸多葯郭注葯白芷別名中山經㟍山其艸
多葯茶經引司馬相如凡將篇有白芷御覽卷九
百八十三引本艸經白芷一名芳香味辛溫生河
東吳普本艸白芷一名虈一名苻離一名澤芬一

名莌范子計然曰芷出齊郡以春取黃澤者善也
蘪蕪雙聲爾雅釋艸蘄茝蘪蕪郭注香艸葉小
如菱狀說文蘪蘪蕪也蘺江蘺蘪蕪虈楚謂之蘺
晉謂之虈齊謂之茝茝虈也許蓋謂蘪蕪江蘺虈
茝同類異種非謂一艸方語自有分合耳史記司
馬相如列傳索隱引樊光云槀本一名蘪蕪根名
蘄茝淮南子說林訓蛇牀似蘪蕪而不能香高誘
注蛇牀臭蘪蕪香中山經洞庭之山其艸多蘪蕪
郭注蘪蕪似蛇牀而香也神農本艸蘪蕪味辛溫
一名薇蕪生川澤名醫別錄蘪蕪一名江蘺藥對



亦云蘪蕪一名江蘺則直以江蘺爲蘪蕪別名子
虛賦江蘺蘪蕪諸蔗猼且四艸對文明不以蘪蕪
爲江蘺上林賦云被以江蘺糅以蘪蕪卽其明證
離騷扈江離與辟芷是江離與芷異艸也管子此
文曰白芷曰蘪蕪是蘪蕪與芷異艸也御覽卷九
百八十三引吳普本艸蘪蕪一名芎藭淮南子氾
論訓夫亂人者若芎藭之與槀本蛇牀之與蘪蕪
以芎藭似槀本爲一類蛇牀似蘪蕪爲一類本艸
經芎藭主中風入腦頭痛寒痹筋攣緩急金創婦
人血閉無子別錄生川谷蘪蕪主欬逆定驚氣辟

邪惡除蠱毒鬼注去三蟲別錄生川澤出產旣殊
主治各異說文亦分营藭蘪蕪爲兩類是蘪蕪與
芎藭亦異艸也樊光又誤以槀本爲蘪蕪說見下
文槀本下。椒說文作茮解云茮菉爾雅作椒釋
木椵大椒郭注今椒樹叢生實大者名爲椵唐風
椒聊篇椒聊之實蕃衍盈升毛傳椒聊椒也鄭箋
椒之性芬香而少實今一梂之實蕃衍滿升非其
常也疏引陸璣疏云椒聊聊語助也椒樹似茱萸
有針刺葉堅而滑澤蜀人作茶吳人作茗皆合煮
其葉以爲香今成皐諸山閒有椒謂之竹葉椒其



樹亦如蜀椒少毒熱不中合藥也可著飲食中又
用烝雞豚最佳香東海諸島亦有椒樹枝葉皆相
似子長而不圓甚香其味似橘皮島上獐鹿食此
椒葉其肉自然作椒橘香陳風東門之枌篇貽我
握椒傳椒芬香也周頌載芟篇有椒其馨傳椒猶
飶也有飶其香傳飶芬香也楚辭離騷雜申椒與
菌桂兮王逸注申重也椒香木也其芳小重之乃
香按申椒與菌桂對文申椒椒名也與又申之以攬茝之申不同故下又云謂申椒其不芳注以申爲重誤懷椒糈而要之注椒香物所以降神九歌奠
桂酒兮椒漿注椒漿以椒置漿中也丑芳椒兮成

堂注布香椒於堂上中山經琴鼓之山其木多椒
虎尾之山其木多椒楮山多椒是皆謂椒爲木此
文言五臭椒與薜荔蘪蕪芷蓮爲伍者說文茮从
艸尗聲尗者小也茮之榦本小故郭注中山經言
椒爲木小而叢生釋艸僞大椒謂椒之實大非謂
其爲大木如荊棘竹箭之比可木可艸故九章云
折若椒以自處若椒者杜若亦艸名王逸注總僞
之爲香艸北山經景山其艸多秦椒亦其證矣陸
璣以椒聊之聊爲語助段氏若膺云傳不以聊爲
語詞椒聊疊字疊韵單呼云椒絫呼云椒聊阮氏



伯元云箋以梂釋聊爾雅枓者聊枓卽梂也紹蘭
按段阮之說是也說文樛下句曰樛枓高木下曲
也韵會所引如此今本奪下曲二字菉茮椒實裹如裘者梂櫟實
爾雅櫟其實梂又云椒樧醜菉菉卽梂也以其實
裹如裘謂之梂以其木句而樛謂之枓枓者聊故
僞椒聊椒聊之枓正與楚辭申椒可以互證申讀
屈伸之伸伸之言直枓之言曲木有曲處卽有直
處洪範云木日曲直故指其枓然而曲者謂之椒聊指其
伸然而直者謂之申椒聊與申皆因椒而爲名也
是知叔師訓申爲重元恪謂聊爲語助同歸於不

知椒矣詩有艸木禽蟲之名似語助者皆當時方言如此或可以攷古音或可以證古義攷傳箋竝不以爲語助如周南螽斯毛傳螽斯蚣蝑也釋文揚雄許慎皆云舂黍艸木疏云幽州謂之舂箕蚣蝑雙聲螽斯亦雙聲舂黍猶蚣蝑舂箕猶螽斯皆雙聲倒言之則曰斯螽豳風七月傳斯螽蚣蝑也是斯螽即螽斯單言曰螽兩言曰螽斯曰斯螽斯非語助也小雅蓼蕭云蓼彼蕭斯小弁云菀彼柳斯斯離也謂蕭葉柳枝斯斯然離也單言曰蕭曰柳兩言曰蕭斯曰柳斯斯非語助也小弁又云鹿斯之奔以瓠葉有兔斯首之斯例之鄭彼箋云斯白也今俗語斯白之字作鮮齊魯之閒聲近斯是鹿斯者謂鹿斯斯然鮮白單言曰鹿兩言曰鹿斯斯亦非語助也此外湛露云湛湛露斯亦謂露斯斯然鮮白矣連即下文蓮之省文說文蓮夫渠實也不得謂之香艸古蘭蓮多通用陳風澤陂篇有蒲與蕑毛傳蕑蘭也鄭風溱洧傳及御覽卷九百八十三引韓詩竝同鄭



箋蕑當作蓮溱洧釋文蕑韓詩云蓮也蕑可通蓮明蓮可通蕑矣說文艸部無蕑其字作葌鈕氏說文校錄引左氏大蒐於昌閒公羊作昌姦爲葌與蕑同之證紹蘭按晉語朝無姦官潛夫論志氏姓篇作朝無閒官此亦其一證也解云艸出吳林山衆經音義三引說文竝作葌香艸也卷二卷八卷十二中山經吳林之山其中多葌艸洞庭之山其艸多葌蘪蕪芍藥芎藭其敍次葌與蘪蕪正與此文敍次蓮與蘪蕪略同然則連即蕑葌之借字矣

五臭所校寡疾難老

五臭見前校之言效也曲禮鄭注效猶呈也謂五臭之艸其香味所呈效令人寡疾難老也尹注以校爲馨烈之氣義無所出望文生訓說文寡少也从頒頒分也楚金本如此鉉臣本分下有賦字宀分故爲少鉉臣本無宀分二字楚金本作宀頒韵會所引如此疾病也寡疾猶下云寡有疥騷矣玉篇難不易之偁也老說文作耂解云考也七十曰老从人毛匕言須髮變白也魯頌泮水篇既飲旨酒永錫難老鄭箋已飲美酒而長賜其難使老難使老者最壽考也

士女皆好

鄭風溱洧篇士與女鄭箋男女相棄各無匹偶是



士女即男女也論衡齊世篇上古之人侗長姣好說文士事也孔子曰推十合一爲士女婦人也象形王育說好美也从女子

其民工巧

攷工記工有巧又云巧者述之守之世謂之工說文工巧飾也巧巧技也

其泉黃白

見前其泉黃而有臭其水白而甘

其人夷姤

說文夷平也猶堯典言厥民夷矣女部無姤字姤

讀爲屋屋卽厚之古文地理志謂詩風曹國其民猶有先王遺風重厚多君子亦其比也

五粟之土乾而不挌

挌當爲垎形之誤也說文垎水乾也一曰堅也此云乾而不挌謂其土不涇不堅據下云𥻆澤以處明其地近澤故能燥潤適中也

湛而不澤

湛讀湛露之湛小雅湛湛露斯匪陽不晞毛傳云湛湛露茂盛貌陽日也晞乾也露雖湛湛然見陽則乾鄭箋云露之在物湛湛然使物柯葉低垂明



湛有滋潤之義澤讀其耕澤澤之澤周頌載芟篇其耕澤澤鄭箋云土氣正達而和耕之則澤澤然解散釋文澤澤音釋釋爾雅作郝郝今案釋訓云郝郝耕也郭注云言土解邵氏正義曰載芟云其耕澤澤疏引舍人云釋釋猶藿藿解散之意周語土乃脉發韋注引氾勝之書云春土冒橛陳根可拔耕者急發是土解而耕之事也郝澤釋三字音義同然則此云湛而不澤謂其土性潤澤而不解散也

無高下𥻆澤以處是謂粟土

𥻆卽保之借字月令四鄙入保鄭注鄙界上邑小城曰保說文堢保也一曰高土也風俗通水艸交厝名之爲澤澤者言其潤澤萬物以阜民用也此云𥻆澤以處葢謂或築小城或就高土保守此水艸交厝之澤以居處也周語太子晉曰夫山土之聚也藪物之歸也川氣之導也澤水之鍾也夫天地成而聚於高歸物於下疏爲川谷以導其氣陂唐污庳以鍾其美是故聚不阤崩而物有歸氣不沈滯而亦不散越是以民生有財用而死有所葬此卽𥻆澤之義故云是謂粟土



粟土之次曰五沃

左氏襄二十五秊傳楚蔿掩爲司馬井衍沃杜注衍沃平美之地魯語沃土之民不材淫也瘠土之民莫不嚮義勞也韋注云沃肥美也沃土與瘠土對文故其土性肥美而爲粟土之次也

五沃之物或赤或青或黃或白或黑

見前五粟之物下

五沃五物各有異則

說文則等畫物也从刀貝貝古之物貨也禹貢咸則三壤成賦史記夏本紀集解引鄭注云三壤上

中下各三等也亦是以等釋則此云五沃五物各
有異則明五物當坙爲五等矣
五沃之狀剽忞橐土
尹注云剽堅也忞密也橐土言其上多竅穴若橐
多竅
蟲易全處
讀書雜志云蟲易全處殊爲不詞易當爲豸豸與
易篆文相似故豸譌作易爾雅有足謂之蟲無足
謂之豸紹蘭按說文入部仝完也全篆文仝从玉
然則全處謂完處也



忞剽不白下乃以澤
尹注云既堅密故常潤溼而不乾白此乃葆澤之
地也今案葆澤乃五粟之土五沃次于五粟尹注
乃謂此澤字爲葆澤之地誤矣
其種大苗細苗
此謂粱也魏風碩鼠篇無食我苗毛傳苗嘉穀也
公羊莊六年無麥苗何休注苗者禾也生曰苗秀
曰禾說文禾嘉穀也㮚嘉穀實也米㮚實也粱米
名也九穀攷曰按禾㮚之有藁者也其實㮚也其
米粱也管子書隰朋曰夫㮚內甲以處中有卷城

外有兵刃未敢自恃自命曰㮚管仲曰苗始其少
也眴眴乎何其孺子也至其壯也莊莊乎何其士
也至其成也由由茲免何其君子也天下得之則
安不得則危故命之曰禾茲免云者免俯也茲益
也謂其穗益俯而向根也然則此一穀也始生曰
苗成秀曰禾禾實曰㮚㮚實曰米米名曰粱紹蘭
按下文五弘之土其種青粱明此爲黃白粱矣曲
禮粱曰薌萁孔疏謂黃粱白粱內則上言粱下言
黃粱知粱爲白粱此文分粱有大小種本其始生
爲言故云大苗細苗也



赨莖黑秀箭長
說文赨赤色也从赤蟲省聲丹部有彤字解云丹
飾也赨彤聲義竝相近以丹飾之而赤者謂之彤
其自然赤者謂之赨西山經中皇之山其下多棠
郭注彤棠之屬也郝氏箋疏云彤棠蓋赤棠也然
則彤棠自然而赤非飾以丹山海經借彤爲赨其
正字當作赨矣說文莖枝柱也赨莖謂其枝赤色
爾雅不榮而實者謂之秀吐華曰秀黑秀謂其華
黑色也說文又云箭矢竹也藝文類聚卷八十九御覽卷九百六十三
所引竝如此今本矢下無竹字爾雅釋地東南之美者有會稽之

竹箭焉釋艸篠箭說文作筱解云箭屬小竹也此
謂大苗細苗之幹其長如小竹之箭也
五沃之土若在丠在山在陵在岡若在陬陵之陽
此說五沃之地丠山陵岡及其陬陵也說文丠土
之高也非人所爲也从北从一一地也人居在丠
南故从北中邦之居在昆侖東南一曰四方高中
央下爲丠象形𡍮古文从土風俗通倘書民乃降
丠度土堯遭洪水萬民皆山棲巢居以避其害禹
決江疏河民乃下丠營度爽塏之場而邑落之故
丠之字二人立一上一者地也四方高中央下像



形也邵氏爾雅正義云案丠字从北應邵以爲二人立一上非也紹蘭按說文北作从解云从
二人相背則仲遠說二人立上爲並未爲非矣爾雅釋丠丠一成爲敦丠
衛風氓篇至于頓丠毛傳丠一成爲頓丠疏引孫炎曰形如覆敦敦似盂釋名丠一成曰頓丠一頓
而成無上下大小之稱也按敦頓聲近通用毛依詩作頓義本爾雅釋名則字義者別再成
爲陶丠禹貢東出于陶丠北疏引李巡云再成其形再重也爾雅釋文引孫炎云形如累兩
盂史記夏本紀集解引鄭書注云地理志陶丠在沛陰定陶西北漢書地理志沛陰郡定陶禹貢陶
丠在西南陶丠亭與鄭注西北不同者鄭所引地理志非班志也說文陶再成丠也在沛陰釋名再
成曰陶丠於高山上一重作之如陶竈然也再成銳上爲融丠釋名銳上曰融
丠融明也明陽也凡上銳皆高而近陽者也三成爲昆侖丠釋名三成曰昆侖丠
如昆侖之高而積重也水經河水注云積谿水出三累山其山層密三成故俗以三累名山案爾雅

山三成爲昆侖丠山豈亦昆侖丠乎斯如椉者椉丠春秋莊十年經公敗宋師于椉
丠釋名如椉曰椉丠四馬曰椉一基在後似車四列在前似駕馬車之形也如陼者陼
丠說文陼如渚者陼丠水中高者也釋名如陼者曰陼丠形似水中之高地隆高而廣也水
潦所止泥丠說文屔反頂受水丠也从丠从泥省泥亦聲釋名水潦所止曰泥丠其上
污水畱不去成泥也方丠胡丠春官大司樂於地上之圜丠於澤中之方丠釋名圜丠方
丠就其方圜名之也邵氏曰淮南墬形訓有和丠高誘注四方而高者曰丠胡和聲之轉經義述聞
云水經汝水注曰汝水又東南逕壺丠城北故陳地春秋左傳文公九年楚侵陳克壺丠是也壺丠
蓋即胡丠此亦地以丠名若椉丠成丠之類絕高爲之京大雅皇矣疏引李巡云丠
之高大者曰京風俗通云爾雅丠之絕高大者爲京謂非人力所能成乃天地性自然者也此非雅
義說文京人所爲絕高丠也非人爲之丠小雅緜蠻疏引李巡云謂非人力所爲自



然生爲丠也禹貢疏引孫炎云地理自然也說文丠土之高也非人所爲也水潦所還
埒丠說文埒卑垣也邵氏云淮南本經訓云聚埒畝是則耕壟之界亦名爲埒此丠爲水潦所
環繞有界以限之故名埒丠上正章丠郭注云頂平邵氏云後世有章丠山蓋依此名
隋書地理志齊郡有章丠縣元和郡縣志章丠縣本漢陽丠縣隋改爲章丠取縣南章丠山爲名也
紹蘭按釋山上正章與此同義澤中有丠都丠釋名澤中有丠曰都丠言蟲鳥所往
都聚也邵氏云風俗通水澤所聚謂之都亦曰豬禮記鄭注南方謂都爲豬當途梧丠
釋名當涂曰梧丠梧忤也與人相當忤也邵氏云後世有梧丠蓋依此名說苑辨物篇齊景公畋於
梧丠戰國策云下壘梧丠亦名五丈夫之丠紹蘭按齊策云攻翟不能下壘枯丠一本作壘枯骨成
丠亦有作梧丠者以說苑指武篇壘於梧丠證之作梧丠爲長下字上屬當讀攻翟不能下爲句止
文云將軍攻翟不能下也下文云先生謂單不能下翟皆其明證邵讀下壘梧丠失之途出

**其右而還之畫丘**釋名道出其右曰畫丘人尚右凡有指畫皆用右也邵氏云案釋名省而還之三字人有所規畫多從右而旋然則此三字不當省也**途出其前戴丘**釋名道出其前曰戴丘在前故載也邵氏云古者戴載通用左氏隱十年伐戴公羊穀梁作伐載周頌載弁俅俅郭氏釋言注引作戴弁俅俅是也**途出其後昌丘**郭注道出丘北邵氏云昌丘一名梁丘左氏莊三年傳遇于梁丘杜注梁丘在昌南蓋邑因丘以爲名矣述聞云梧丘戴丘昌丘皆取相當值之義梧圉禦三字古通用故強禦或作強圉或作強梧梧之言禦也秦風黃鳥傳及齊語注竝云禦當也故丘之當途者謂之梧丘釋名曰當途曰梧丘梧忤也與人相當忤也義亦同矣戴之言值也值亦當也釋地曰岠齊州以南戴日爲丹穴北戴斗極爲空桐郭璞注曰戴值喪大記君纁戴六鄭注曰戴之言值也所以連繫棺束與柳材使相值是戴爲當也故丘之前當途者謂之戴丘釋詁曰昌當也故丘之後當途者謂之昌丘當途梧丘之途繇言之也途出其前後之途横言之也而梧丘戴丘昌丘皆以其與途相當值名之

管子地員篇注　卷三　四十　寄虹山館

**水出其前渻丘**說文渻下云水出丘前謂之渻丘釋名水出其前曰阯丘阯基阯也言所出然此非雅義**水出其後沮丘**釋名水出其後曰阻丘背水以爲險也**水出其右正丘**釋名水出其右曰沚丘沚止也西方義氣有所制止也邵氏云說文隤丘名疑即正丘之異文紹蘭按正丘劉熙作沚而釋爲止蓋其所見爾雅作止與今本異**水出其左營丘**詩齊譜疏引孫炎云今齊之營丘淄水過其南及東檀弓太公封于營丘疏引釋丘云水出其前而左曰營丘史記周本紀集解引爾雅同水經淄水注引作水出其前左爲營丘爾雅注疏校勘記云攷詩齊譜正義引孫炎注爾雅云水出其左營丘無前字紹蘭按齊譜正義引釋丘云水出其左營丘孫炎曰今齊之營丘淄水過其南及東是也詳其文義引釋丘在前引孫注在後則水出其左營丘乃孔疏自引釋丘非孫炎所注爾雅本如此也且孫明云南及東南即前及即而東即左是其所據爾雅正作前

而左矣校勘記又云釋文水出其前後左右四字相對與下左高咸丘右高臨丘前高旄丘後高陵丘文法整對今按釋丘一篇之中有對文者有散文者有對文而散者有散文而對者左澤定丘右陵泰丘此對文也水潦所還埒丘上正章丘澤中有丘都丘當途梧丘此散文也左高咸丘右高陵丘前高旄丘後高陵丘左右前後四高爲對文而忽纔之以偏高阿丘爲五高此對文而散者也途出其右而還之畫丘有右無左爲散文而忽纔之以途出其前戴丘途出其後昌丘爲右前後此散文而對者也是知經文變化無方不必前後左右定拘整對則此言營丘於前後右之下參之以前而左三字不但規摹營義爲精而古人行文之法亦於此可見矣校勘記又云劉熙釋名本爾雅亦言水出其左曰營丘今按釋名之說亦不盡同爾雅自王氏述聞所舉畫丘無而還之三字外如旄丘作髦丘戴丘作載丘猶可云古字通用也沮丘作阻丘猶可曰音義相近也正丘作沚丘猶可曰見本各異也至宛中宛丘作中央高曰宛丘毛公李巡孫炎爾雅舊注皆以宛丘爲中央下惟熙與

管子地員篇注　卷三　四十一　寄虹山館

郭璞爲中央高與舊說各異又丘一成爲敦丘孫炎注謂形如覆敦敦器似盂則一成之敦止即下文如覆敦者敦丘故孫炎注覆敦云丘一成之形象也而釋名作頓丘釋爲一頓而成又水出其前渻丘說文渻少減也一曰水門水出丘前謂之渻丘與爾雅合而釋名作阯丘釋爲基阯字義皆別是釋名之水出其左不足以證爾雅之前而左矣校勘記又云蓋史記水經注等皆蒙上水出其前渻丘之文引之今按營丘之文與上水出前渻丘之文隔水出其後沮丘水出其右正丘二句安得遠蒙其文引前字加於左上如果經文作水出其左自可成文固不煩加前字以足句且裴孔諸人何不蒙沮丘之文加後於左上作水出其後而左又何不蒙正丘之文加右於左上作水出其右而左又何能知其必由前及左而蒙渻丘之文作水出其前而左乎是知經文因營丘之義非前而左不明故於左上特出前而二字以見水由前還繞而左因名營丘齊以前營本有作水出其前而左營丘者裴孔穎及見之是以所引如此非增加其詞也酈道元引者而字故云前左又云由爾雅出

前左之文矣**如覆敦者敦丘**衛風氓疏引孫炎曰丘一成之形象也其敦盂之形已於丘一成下釋之矣**邐池沙丘**郭注旁行連延邵氏云史記殷本紀益廣沙丘苑臺漢書地理志鉅鹿郡鉅鹿縣紂所作沙丘臺在東北七十里淮南道應訓在於沙丘困學紀聞引莊子逸篇云孔子舍於沙丘皆依爾雅爲名也史記集解引爾雅作迆邐沙丘也**左高咸丘**邵氏云春秋桓七年焚咸丘杜注咸丘魯地高平國鉅野縣有咸亭公羊傳云咸丘者何邾婁之邑也**右高臨丘**按天道左陽而右陰故咸之象曰山上有澤咸鄭元曰山氣下澤澤氣上二氣通而相應此左高右下爲咸之義也地道尚右而卑左故臨之象曰澤上有地臨荀爽曰澤卑地高高下相臨之象此右高左下爲臨丘之義也**前高旄丘**邶風旄丘毛傳前高後下曰旄丘疏引李巡云謂前高後卑下釋文引字林作堥云堥丘也爾雅釋文引字林作嵍亦作堥釋名前高曰髦丘如馬舉頭垂髦也顏氏家訓書證篇柏人城西門內碑銘曰山有巏嵍嵍字依諸字書即旄丘之旄也**後高陵丘**陵讀如陵下之陵釋名陵隆也體高隆也此丘後高前卑以後陵前故曰陵丘**偏高阿丘**鄘風載馳篇陟彼阿丘毛傳偏高曰阿丘疏引李巡云謂丘邊高釋名偏高曰阿丘阿何也如人儋何物一邊偏高也**宛中宛丘**陳風宛丘毛傳四方高中央下曰宛丘孔疏云釋丘宛中宛丘言其中央宛宛然是爲四方高中央下也郭璞曰宛丘謂中央隆峻狀如一丘矣爲丘之宛中中央高峻與此傳正反案爾雅上文備說丘形有左高右高前高後高若此宛丘中央隆峻言中央高矣何以變言宛中明毛傳是也故李巡孫炎皆云中央下取此傳爲說邵氏云元和郡縣志引爾雅舊注云四方高中央下曰宛釋宛丘者舊無異說郭氏獨以爲中央隆高者以下文釋山云宛中隆出山之宛中者名隆隆是高峻之貌是丘之宛中者與山之宛中同義此篇下云丘上有丘爲宛丘可證其爲中央隆高矣釋名云中央高曰宛丘有丘宛宛如偃器也與郭氏義同紹蘭按說文宀部宛屈艸自覆也从宀夗聲宀交覆深屋也凡屈艸交覆



爲屋其屋脊前後相交之處必用竹木以橫鎮之艸乃宛然而屈其中中屈之則前後之兩邊必高起然後漸由下覆此宛之本義也皿部盌小盂也从皿夗聲小盂之中夗夗然四圜高中央下故謂之盌其四圜下中央高者則是盌而非盌然則宛中宛丘之形如盌矣若如劉郭所云中央高當名盌丘不得爲宛丘故知毛公及爾雅舊說爲長邵氏以釋山宛中隆及下文丘上有丘爲宛丘申明郭義今亦知不然者丘上有丘猶盌上加盌也盌上加盌仍是四方高中央下非四方下中央高也至宛中隆非釋宛爲中隆如釋丘之例當讀宛中二字爲句隆一字爲句釋宛中爲隆宛中者中央下也隆者四方高也是宛中隆仍是中央下四方高非中央高四方下故蜀志諸葛亮傳注引漢晉春秋曰亮家于南陽之鄧縣在襄陽西二十里號曰隆中隆中謂隆之中即謂四方高之中亦即謂四方高中央下之中唯其四方高中央下故可偁隆中若四方下中央高則但可謂之隆上或謂之隆下或隆左或隆右或隆前或隆後而不得謂之隆中隆中與中隆義正相反郭注宛中隆爲山中央高是誤讀爾雅以宛爲句中隆爲句又因丘上有丘爲宛丘遂謂宛中宛丘爲中央高峻今以丘上有丘譬諸盌上加盌則丘上有丘爲宛丘之義明以宛中爲中央下隆爲四方高則宛中隆之義明而宛中宛丘爲中央下四方高之義亦明矣邵氏引釋名中央高曰宛丘今本皆作中央下按劉熙自釋如偃器偃與仰對文鄉射禮大射儀皆云舉旌以宮偃旌以商偃又與舉對文則偃爲仆覆之義器覆則底向上而高知釋名原作高也**丘背有丘爲負丘**郭注此解宛丘中央隆峻狀如負一丘於背上述聞曰郭說非也丘背有丘者謂丘之後又有一丘如背有所負然故曰負丘負亦背也丘背有丘爲負丘宛中爲宛丘二者過不相涉郭不解負字之義而以爲宛丘中央隆峻狀如負一丘於背上遂與上文之宛中宛丘下文之丘上有丘爲宛丘混爲一義其失甚矣邵曰丘背有丘疑於後高陵丘郭以丘背即丘上故定爲重釋宛丘之義此曲爲之說也後高陵丘謂丘形後高而前卑耳非丘背有丘之謂也且此言丘背有丘下言丘上有丘則丘背之非丘上明矣

左澤定丘 邵氏云說文阝丁丘名即定丘也 右陵泰丘 郭注宋有泰丘社亾見史記邵氏云史記集解引爾雅泰丘作太丘索隱引郭注云宋有太丘社以社名此地也與今本異六國表周顯王三十二年泰惠文王二年宋太丘社亡封禪書亦云宋太丘社亡索隱曰應邵云亾淪入地非也亡謂社主亾也 如畝畝丘 小雅巷伯篇猗于畝丘毛傳畝丘丘名疏引李巡云謂丘如田畝曰畝丘也孫炎曰方百步也釋名畝丘丘體滿一畝之地也 丘上有丘爲宛丘 邵氏云輿地廣記爾雅丘上有丘爲宛丘今其地形則然 陳有宛丘 邵氏云鄭氏詩譜陳都於宛丘之側水經注宛丘在陳城南道東王隱云漸欲平今不知所在矣元和郡縣志宛丘在陳州宛丘縣南三里太平寰宇記在宛丘縣南三里高二丈案宛丘在元魏時酈道元已云不知所在而李吉甫能按其道里樂史且詳其崇卑疑後人別指一丘以當之非王隱所云漸欲平者矣 晉有潛丘 邵氏云元和郡縣志在太原縣南三里爾雅云晉有潛丘隋開皇二年於其上置大興國觀案舊圖經在城東八里宋脩惠明寺陶土作瓦是丘遂堙 淮南有州黎丘 邵氏云州黎即州來古者來黎音同劉台拱云鹽鐵論孔子能方不能圓故飢於黎丘哀公二年蔡遷於州來四年孔子自陳適蔡三歲吳伐陳楚救陳軍於城父使人聘孔子於是絕糧陳蔡之間鹽鐵論所謂黎丘蓋即州黎之丘也 天下有名丘五其三在河南其二在河北 郭注說者多以州黎宛營爲河南潛敦爲河北者案此方稱天下之名丘恐此諸丘碌碌未足以當之殆自別更有魁梧桀大者五但未詳其名號及丘之所在何地耳

山陵見前說文岡山脊也爾雅釋山山脊岡周南卷耳篇陟彼高岡毛傳山脊曰岡疏引孫炎曰長山之脊也大雅公劉篇迺陟南岡鄭箋山脊曰岡

紹蘭按說文犅特牛也从牛岡聲公羊文十三年傳魯公用騂犅何休解詁云騂犅赤脊周牲也以赤解騂以脊解犅犅从岡得聲是牛赤脊謂之犅由於山長脊謂之岡而得名矣　說文陬阪隅也隅陬也陬隅亦疊韵亦雙聲故互訓淮南子墬形訓河水出昆侖東北陬洋水出其西北陬史記絳矦世家吳奔壁東南陬袁盎列傳西南陬率皆以是東北東南西北西南爲四陬猶爾雅釋宮東北東南西北西南爲四隅也然則陬陵謂陵之在四陬者陰見前此謂陬陵之北其在山在陵已見前

其左其右宜彼羣木桐柞枎櫄及彼白梓

桐柞見前枎櫄據下文云莖葉如枎櫄尹彼注云枎櫄亦艸名今案枎櫄蓋一物故云莖葉如枎櫄此文枎櫄與桐柞白梓爲類明是木名說文棆母杶也从木侖聲讀若易卦屯杶母櫄杶古同聲然則枎櫄即母杶矣尹云亦艸名誤　說文梓楸也从木宰省聲榟或不省楸梓也从木秋聲椅梓屬大者可爲棺椁小者可爲弓材从木奇聲詩鄘風定之方中篇椅桐梓漆毛傳云椅梓屬孔疏云釋木椅梓舍人曰梓一名椅郭璞曰即楸也湛露曰其桐其椅桐椅既爲類而梓一名椅故以椅爲梓

屬言梓屬則椅梓別而釋木椅梓爲一者陸璣云梓者楸之疏理白色而生子者爲梓梓實桐皮曰椅則大類同而小別也爾雅椅梓邵氏正義曰定之方中椅桐梓漆以椅與梓分言之續漢志注引王隆小學漢官篇云樹栗椅桐梓胡廣云四者皆木名治宮室幷主之是亦以椅梓爲二木也以今攷之椅梓實爲同類詩疏引陸璣疏以爲大類同而小別是也書疏云梓木之良者治之宐善後遂以爲木之工匠之名郭云卽楸者鄭注考工記云梓榎屬榎卽楸也齊民要術云楸梓二木相類白



色有角生子者爲梓或名子楸或名角楸黄色無子者爲柳楸亦呼荆黄楸也說文槩傳云今人名膩理曰梓質白曰楸紹蘭案齊民要術有種楸梓法云亦宐割地一方種之楸梓各別無令和雜種梓法秋耕地令熟秋末冬初梓角熟時摘取曝乾打取子耕地作壟漫散卽再勞之明年春生有艸拔令去勿使荒没後年正月閒斸移之方步兩步一樹（此樹須大不得繳栽）楸既無子可於大樹四面掘阬取栽移之一方兩步一根兩畝一行一行百二十株五行合六百株十年後一樹千錢柴在外車板盤合樂器所在堪用以爲棺材勝於松柏術曰西方種楸九根延年百病除雜五行書曰舍西種梓楸各五根子孫孝順口舌消滅也說文又云梓木从木㝉聲詩曰北山有楰爾雅釋木楰鼠梓郭注楸屬也今江東有虎梓邵氏正義曰詩疏引陸璣疏云如樹葉木理如楸山楸之異者今人謂之苦楸圖經本艸鼠李亦名鼠梓然花實都不相類或別一物而名同爾

其梅其杏

梅當爲某說文某酸果也从木甘闕古文某从口



（梅柟也可食从木每聲楳梅或从某爾雅釋木梅柟郭璞以爲似杏實酢非也邵氏正義云槑經音義引樊光云荆州曰梅揚州曰柟益州曰赤楩似豫章無子也是樊光不以梅之名柟者爲似杏之梅矣詩疏引陸璣疏云梅樹皮葉似豫章豫章葉大如牛耳一頭尖赤心華赤黄子青不可食柟葉大可三四葉一叢木理細緻於豫章子赤者材堅子白者材脆江南及新城上庸蜀皆多樟柟終南山與上庸新城通故亦有柟也陸璣說與樊光略同則梅柟卽赤楩矣此文梅杏竝偁明非梅柟之梅）經典皆借梅爲某召南摽有梅毛傳盛極則隋落者梅也齊民要術種梅篇引詩義疏云梅杏類也樹木葉皆如杏而黑耳實赤於杏而酢亦生噉也煑而曝乾爲蘇置羹臛虀中又可含以香口亦蜜藏而食天官籩人饋食之籩其實乾䕩鄭注乾

薧乾梅也有梅諸夏小正五月煑梅爲豆實也內
則梅諸卵鹽孔疏云言食梅諸之時以卵鹽和之
王肅云諸菹也謂梅諸卽今之藏梅也欲藏之時
必先稍乾之故周禮謂之乾薧人君燕食所加庶
羞梅二十六淮南子說林訓百梅足以爲百人酸
一梅不足以爲一人和是古人用梅皆取其實無
取於華故少有言梅之華者夏小正梅杏杝桃則
華亦以記候非謂其華可觀說苑奉使篇越使諸
發執一枝梅遺梁王以一枝持贈國君蓋謂華也
世由此盛言梅華矣中山經靈山其木多梅郭注



梅似杏而酢也岷山其木多梅崌山其木多梅岐
山其木多梅此皆酸果之梅以山海經於梅柟例
言柟不言梅可知也按陳風墓門篇首章曰墓門
有棘斧以斯之二章曰墓門有梅有鴞萃止是鴞
本萃梅非萃棘故列女傳晉大夫解居甫曰其梅
則有其鴞安在也楚辭天問合言之曰何繁鳥萃
棘負子肆情王逸注云言解居父聘吳列女傳作使於宋
過陳之墓門見婦人負其子欲與之淫泆肆其情
欲婦人則引詩刺之曰墓門有棘有鴞萃止故曰
繁鳥萃棘也言墓門有棘雖無人棘上猶有鴞汝

獨不愧也而不言繁鳥爲何鳥洪興祖楚辭補注據繁鳥卽梅
鳥屈原謂萃梅之鴞鳥又萃棘耳繁梅聲近繁說文作
緐从糸每聲經典通作繁从敏敏从攴每聲梅亦每聲中山經岐山多梅梓
郭注梅或作䔒左氏襄十八年傳右回梅山中山
經謂之敏山卽其證中山經敏山郝氏箋疏云郡國志密有大騩山有梅山劉
昭注引左傳襄十八年楚伐鄭右回梅山在縣西北今案山在河南鄭州梅山蓋即敏山梅敏聲之
轉也此經敏山去大騩山三十里是今梅山審矣繁鳥萃棘乃騷人摛藻
之詞非謂陳風本有鴞萃棘也且天問曰負子則
是婦人列女傳曰采桑之女一女一婦人事迥殊
其相涉者止有萃棘二字而詩與傳又竝作萃梅



無萃棘之文屈子所言是否墓門之事抑別有所
指尚未可知叔師因正文作萃棘直改經爲墓門
有棘有鴞萃止以遷就楚辭斯爲謬矣列女傳本
作其梅則有其鴞安在洪興祖因正文作萃棘直
改傳爲其棘則是其鴞安在是不思鴞固萃梅未
嘗萃棘解大夫固說詩未嘗說楚辭也斯又謬矣
集韵於準韵出鷘字亦云鳥名鴞也說文玉篇廣
韵皆無从鳥敏聲之字由晉溫二公不識梅繁可
通徑易楚辭之繁爲鷘斯亦謬矣　說文杏果也
夏小正四月囿有見杏蓋以杏記時御覽卷九百

六十八引盧諶祭法夏祠用杏是古人祭有杏矣
又以杏爲庶羞內則言人君燕食所加庶羞三十
一物有杏孔疏杏二十七也又以杏爲農候文選
永明九年策秀才文李善注引氾勝之書云杏始
華榮輒耕輕土弱土望杏華落復耕耕輙藺之此
謂一耕而五穫類聚果部引氾勝之書曰杏華如
茶可耕白沙又引四民月令三月杏華盛可播白
沙輕土之田齊民要術引四民月令諺云二月昏
參星夕杏華盛桑椹赤可種大豆謂之上時又引
師曠占術杏多實不蟲者來年秋禾善是也又用



杏鑽火論語馬融注引周書月令夏取棗杏之火
皇氏義疏棗杏色赤夏是火火色赤故夏用棗杏
也中山經其木多杏齊民要術梅華早而白杏華
晚而紅梅實小而酸核有文杏實而甛核無文采
梅任調食及虀杏則不任此杏子人可以爲粥

其桃其李

爾雅釋木楔荆桃郭注云今櫻桃邵氏正義云月
令仲夏之月羞以含桃高氏呂氏春秋注云鸎鳥
所含故曰含桃此皆荆桃之異名也太平御覽又
引吳普本艸云一名牛桃一名英桃齊民要術引

廣志云櫻桃大者如彈丸子有長八分者有白色
者凡三種爾雅又云旄冬桃注云子冬熟㮕桃山
桃注云實如桃而小不解核正義云此別桃之異
種者也桃之冬熟者名旄說文作楙冬桃今之十
月桃也生山中者名㮕桃夏小正云正月梅杏杝
桃則華杝桃山桃也六月煑桃桃也者杝桃也杝
桃也者山桃也煑以爲豆實也齊民要術引廣志
云桃有冬桃夏白桃秌冬桃至今有之朱弁謂密
縣有一種冬桃夏花秋實八九月間桃自開其核
墮地而復合肉生滿其中至冬而熟味如其上銀



桃而加美此冬桃之異種也桂海虞衡志云冬桃
狀如棗軟爛甘酸冬月熟御覽引曹毗魏都賦注
云山桃子如胡麻子此言其小也又引裴淵廣州
記云山桃大如檳榔形亦似之色黑而味甘酢廣
雅釋木王氏疏證云月令仲夏之月天子乃以雛
嘗黍羞以含桃先薦寢廟鄭注云含桃今之櫻桃
也孔疏云月令無薦果之文此文獨羞含桃者以
此果先成異於餘物故特記之其實諸果亦時薦
也史記叔孫通傳云孝惠帝曾出游離宮叔孫生
曰古者有春嘗果方今櫻桃孰可獻願陛下出因

取櫻桃獻宗廟上迺許之諸果獻由此興則此禮
至漢猶行但漢春獻櫻桃正當始孰之時而月令
仲夏始薦者本因嘗黍而薦含桃非特獻故不嫌
遲也月令釋文云含本又作圅圅與櫻皆小之貌
圅若爾雅云嬴小者蝖櫻若小兒之偁嬰兒也櫻
或作鸎高誘注呂氏春秋仲夏紀云含桃鸎桃也
葢櫻鸎同聲古字通用耳而高誘乃謂鸎鳥所含
故云含桃之失於鑿矣諸說含桃者皆卽是櫻桃
而西京雜記說上林苑桃有十種含桃又有櫻桃
則是分為二物所未審也蜀都賦云朱櫻春孰御



覽引吳普本艸云櫻桃味甘主調中益脾氣令人
好顏色美志氣一名朱桃一名麥英也紹蘭按周
南桃夭篇首章云桃之夭夭灼灼其華毛傳云桃
有華之盛者夭夭其少壯也灼灼華之盛也次章
云桃之夭夭有蕡其實傳云蕡實貌非但有華色
又有婦德三章云桃之夭夭其葉蓁蓁傳云蓁蓁
至盛貌有色有德形體至盛也魏風園有桃其實
之殽鄭箋云魏君薄公稅省國用不取於民食園
桃而已孔疏引鄭志荅張逸亦云稅法有常不得
薄今魏君不取於民唯食園桃而已非徒薄於十

一故刺之禮記內則云桃諸梅諸卵鹽孔疏云言
食桃諸梅諸之時以卵鹽和之王肅云諸菹也謂
桃諸梅卽今之藏桃也藏梅也欲藏之時必先稍
乾之故周禮謂之乾橑疏鄭云桃諸梅諸是也又
云自牛脩至此三十一物桃二十四周禮天官籩
人饋食之籩其實棗㮚桃乾橑鄭注云乾橑乾梅
也有桃諸梅諸是其乾者韓詩外傳齊桓公出遊
遇一丈夫褒衣應步帶著桃殳桓公怪而問之曰
是何名何經所在何篇所居何以斥逐何以避余
丈夫曰是名二桃桃之為言亾也夫日日慎桃何



患之有故亾國之社以戒諸侯庶人之戒在於桃
殳桓公說其言與之共載來年正月庶人皆佩今
案桃之為言亾猶云桃之為言逃也晏子春秋公
孫接田開疆古冶子事景公勇而無禮晏子言於
公餽之二桃曰三子計功而食桃公孫接田開疆
先言功援桃而起古冶子又言其功令二子反桃
二子慙而自殺古冶子曰恥人以言夸其聲不義
也亦反其桃契領而死此卽諸葛孔明所謂二桃
殺三士也戰國策孟嘗君將入秦止者千數而弗
聽蘇代欲止之孟嘗曰人事者吾已盡知之矣吾

所未聞者獨鬼道耳蘇代曰臣之來也過於淄上
有土偶人與桃梗相與語桃梗謂土偶人曰子西
岸之土也挺子以爲人至歲八月降雨下淄水至
則汝殘矣土偶曰不然吾西岸之土也殘則復西
岸耳今子東國之桃梗也高誘注云東海中有山名曰度朔上有大桃屈槃三千里其卑枝間東北曰鬼門萬鬼所由往來也上有二神人一曰荼與一曰鬱雷主治害鬼故使世人刊此桃梗畫荼與與鬱雷首正歲以置門戶號之門荼與鬱雷皆在東海中故曰東國之桃梗也刻削子以爲人降雨下淄水至流子而去則
子漂漂者將何如耳今秦四塞之國譬若虎口而
君入之則臣不知君所出矣孟嘗君乃止韓非子



曰昔彌子瑕有寵於衛君與君游于果園食桃而
甘以其半啖君君曰愛我哉忘其口而啖寡人及
彌子瑕色衰愛弛得罪於君君曰是嘗啖我以餘
桃又曰孔子侍坐於魯哀公哀公賜之桃與黍仲
尼先飯黍而後食桃公曰以黍雪桃也對曰黍五
穀之長果六而桃爲下君子不以貴雪賤也新序
曰魏文侯見箕季從者食其園桃箕季禁之文侯
曰箕季豈愛桃哉是教我下無犯上也御覽卷九
百六十七引金樓子曰東南有桃都山山有桃樹
樹上有雞日初出照此桃天雞即鳴天下之雞感

之而鳴樹下有兩鬼對持葦索取不祥之鬼食之
今之正朝作兩桃人法乎此也又引鍾離意別傳
曰周書言秦史趙凱以私恨告國民吳旦生盜食
宗廟御桃旦生對曰民不敢食也王曰剖其腹出
其桃史記惡而書之曰桃食之當有遺核王不知
此而剖人腹以求桃非禮也桃華又可候時月令
仲春之月桃始華鄭注云記時候也四民月令三
月桃華農人候時而種也漢書溝洫志杜欽以爲
來春桃華水盛必羨溢有塡淤反壤之害師古注
引韓詩傳云三月桃華水則治河者且以桃華名



水爲水候矣桃之大略如此　李爾雅釋木休無
實李郭注一名趙李痤接慮李注云今之麥李駁
赤李注云子赤邵氏正義云此別李之異種者也
廣韻引爾雅作挫接櫖李齊民要術引廣志云麥
李赤李細小陶注本艸李類甚多京口有麥李麥
秀時熟小而肥甜廣雅釋木山李爵某爵李鬱也
王氏疏證云爵某之爵曹憲音雀各本脫去爵字音內雀字誤入正文雀字又譌作崔爵下某字又譌作其今竝改正也上李鬱二字各本皆脫今據詩義疏引廣雅補爵某與
雀梅同論語子罕篇正義引召南何彼穠矣篇義
疏云唐棣奧李也一名雀梅亦曰車下李所在山

皆有其華或白或赤六月中熟大如李子可食齊民要術引豳風七月篇義疏云鬱樹高五六尺實大如李正赤色食之甜廣雅曰一名雀李又名車下李又名郁李亦名棣亦名薁李神農本艸云郁李一名爵李御覽引吳普本艸云郁李一名車下李一名棣然則棣也唐棣也薁李也郁李也車下李也雀李也雀梅也鬱也一物也薁李所在山皆有則又山李之所以名也爾雅云時英梅郭注云雀梅也名醫別錄云雀梅味酸寒有毒主蝕惡瘡一名千雀生海水石谷間陶注云葉與實俱如麥



李案陶氏所說葢即薁李但名醫云有毒主蝕惡瘡恐別一物非人所食之雀梅也鬱者棣之類豳風七月傳云鬱棣屬也故古人多以二物竝言史記司馬相如傳云隱夫鬱棣漢書作薁棣御覽引曹毗魏都賦云若櫃郁棣皆是也薁郁古同聲鬱薁聲之轉也薁李車下李爲一物而豳風正義引晉宮閣銘云華林園中有車下李三百一十四株薁李一株則是一種之中又復有異但假名可以互通耳爾雅又云唐棣移郭注今白移也似白楊江東呼夫移邵氏正義曰詩疏引舍人云唐棣一

名移唐棣與常棣異而詩攷引韓詩序云夫移燕兄弟閔管蔡之失道也藝文類聚引三家詩云夫移之華萼不煒煒誤以唐棣爲常棣兼明書引孔氏論語解唐棣棣也又誤以常棣爲唐棣也論語疏引陸璣云薁李也案郭云似白楊則與陸璣所云薁李者異也白移亦謂之移楊以其似白楊也陳藏器云夫移木生江南山谷中無風葉動花反而後合詩云唐棣之華偏其反而是也今各本郭注俱脫今白楊也四字詩疏及詩釋文引郭注皆有之齊民要術引郭注作白移似白楊葢已有刪



節也今據詩疏增補爾雅又云常棣棣注云今關西有棣樹子如櫻桃可食正義曰詩疏引舍人云常棣一名棣小雅云常棣之華又云維常之華舊疏引陸璣疏云許慎曰白棣樹也如李而小如櫻桃正白今官園種之又有赤棣樹亦似白棣葉如刺榆葉而微圓子正赤如郁李而小五月始熟自關西天水隴西多有之齊民要術引詩義疏云承花者萼其實似櫻桃薁李麥時熟食美北人呼之相思相今本作林顏師古急就篇注云其子熟時正赤可啗俗呼爲山櫻桃隴西人謂之棣子紹蘭

案論語何晏集解本可與共學與唐棣之華合爲一章其解可與立未可與權云雖能有所立未必能權量其輕重之極也又解唐棣之華偏其反而豈不爾思室是遠而云逸詩也唐棣栘也華反而後合賦此詩以言權道反而後至於大順也思其人而不得見者其室遠也以言思權而不得見者其道遠也皇侃義疏曰云可與立未可與權者權者反常而合於道者也自非通變達理則所不能故雖可共立於正事而未可便與之爲權也云唐棣之華偏其反而者引明權之逸詩以證權也唐



棣棣樹也華花也夫樹木之花皆先合而後開唐棣之花則先開而後合譬如正道則行之有次而權之爲用先反後至於大順故云偏其反而言偏者明唯其道偏與常反也云豈不爾思室是遠而者言凡思其人而不得見者其居室遼遠故也人豈不思權權道元邈如其室奧遠故也今攷說文權黃華木从木雚聲一曰反常是許時所見論語舊本亦是兩章爲一可明權道尤可見唐棣之華狀矣齊民要術云廣志曰赤李麥李細小有溝道有黃建李青皮李馬肝李赤陵李有離李肥黏似

餻有柰李離核李似柰有劈裂有經李一名老李其樹數年即枯有杏李味小酸似杏有黃扁李有夏李冬李十一月熟有春季李冬花春熟荆州土地記曰房陵南郡有名李風土記曰南郡細李四月先熟西晉傅元賦曰河沂黃建房陵縹青西京雜記曰有朱李黃李紫李綠李青李綺李青房李下李顏回李出魯合枝李羌李燕李今世有木李實絕大而美又有中植李在麥穀前而熟者要術又云李性耐久樹得三十年老雖枝枯子亦不細嫁李法正月一日或十五日以塼石著李樹岐中



令實繁又法臘月中以杖微打岐間正月晦日復打之亦足子也紹蘭案顏回李出魯正如孔子手植楷子貢手植檜矣古歌辭曰桃生露井上李樹生桃旁蟲來食桃根李樹代桃僵此言樹木猶能相代以況兄弟骨肉之親不可不相急難也又古樂府歌曰瓜田不納履李下不整冠此言君子避嫌之宜審也

其秀生莖也

此謂羣木華秀怒生枝莖挺起也

其棘其棠其槐其楊其榆其桑

竝見前

其杞其枋

杞見前說文枋木可作車櫑枋也櫑枋疊韵共爲一木攷工記輪人斬三材鄭注云今世轂用雜榆輻以檀牙以櫑是枋可作車矣莊子逍遙游篇我決起而飛搶榆枋釋文枋李頤云檀木也紹蘭按鄭謂輻以檀牙以櫑檀櫑異木枋即櫑明非檀也李注之檀蓋櫑之譌字形相近

羣木數大條直以長

已見前



其陰則生之樝梨

其陰見前櫨樝古今字說文樝果似梨而酢梨果名是樝與梨爲二果也內則言人君燕食所加庶羞三十一物樝二十八梨二十九鄭注謂樝爲梨之不臧者爾雅釋木樝梨曰鑽之（內則亦有此文樝借作柤）郭注樝似梨而酢澀（此本說文而加澀字）中山經洞庭之山其木多柤梨莊子天運篇其猶柤梨御覽引韓子曰夫樹樝梨橘柚者食之則甘臭之則香（今本韓子外儲說左無夫字及樝梨字今據補）漢書司馬相如傳子虛賦有樝梨（史記作樝梛文選與漢書同）張揖曰樝似梨而甘與許鄭說異（齊民要術種梨篇凡酢梨易水熟煮則甘美而不損人是酢梨亦可令甘也）此皆樝梨竝傳也其單傳樝者中山經綸山其木多柤（郭注與爾雅注同）銅山其木多柤葛山其木多柤賈超之山其木多柤依軲之山其上多苴（郭注未詳郝氏箋疏按下皆言其木多苴疑苴即柤之借字亦如杞之借爲芑是也）虎首之山多苴卑山其上多苴鮮山其木多苴區吳之山其木多苴求山其木多苴應邵漢官儀光武封太山上壇見酢梨酸棗酢梨蓋即樝也其單傳梨者爾雅梨山樆郭注即今梨樹（詳見下山梨注）漢書貨殖傳淮北滎南河濟之閒千樹梨（御覽卷九百六十九果部梨類所引如此今本漢書作萩史記作淮北常山已南河濟之



閒千樹萩皆無音訓萩即楸之借字漢書上文方言山居千章之萩史記作山居之材徐廣曰一作楸無緣複言千樹萩詳其文義梨與棗栗橘爲一類下文桼桑麻竹自爲一類明萩爲梨字之譌且廣志云常山眞定梨盧毓冀州論常山好梨與史記常山以南之說正合廣志又云梁國睢陽梨洛陽北邙有張公夏梨山陽鉅野梨亦與淮北滎南河濟閒之說竝同益漢書異本也御覽卷九百五十八木部楸類又引漢書淮北滎南河濟之閒千樹楸此即師古所注之本惟萩作楸爲異二本相較似作梨者爲長）廣志又云齊郡臨淄梨鉅鹿豪梨上黨亭梨小而甘新豐箭谷梨關以西宏農京兆右扶風界谷中梨多供御廣都梨重六斤可數人分食之（御覽所引如此齊民要術引廣志略有不同）齊民要術種梨篇有藏梨法初霜後即收於屋下掘作深廕阬底無令潤

漚收棃置中不須覆蓋便得經夏又引吳普本艸曰金創乳婦不可食棃多食則損人非補益之物產婦蓐中及疾病未愈食棃多者無不致病欬逆氣上者尤宜慎之

其陽則安樹之五麻

其陽見前王氏經傳釋詞云地員篇其陰則生之楂棃其陽安樹之五麻安與則相對爲文安亦則也言其陽則樹之五麻也今本安上又有則字乃後人不曉文義而妄加之紹蘭按則字非後人妄加安與下文安遂安生安聚之安同義安之言焉



也漢書吳王濞傳顔師古注安焉也焉之言爰也公羊宣六年傳何休注焉者於也爾雅釋詁爰於也爰之言於是也文選思元賦舊注爰於是也安樹之五麻猶小雅鶴鳴云爰有樹檀矣言其陽則於是樹之五麻也五麻一爲枲麻爾雅釋艸枲麻禹貢靑州貢枲天官大宰以九職任萬民七曰嬪婦化治絲枲又有典枲之官喪服傳牡麻者枲麻也士喪禮牡麻絰鄭注牡麻絰其貌易服輕者宜差好也齊民要術穜麻篇牡麻有花無實氾勝之書曰穜枲太早則剛堅厚皮多節晚則不堅寧失於早不失於晚穫麻之法穗勃勃如灰拔之夏至後二

十日漚枲枲和如絲崔寔曰夏至先後各五日可穜牡麻牡麻無實好肥理一名爲枲也又曰牡麻靑白無實而輕浮說文枲麻也麻與𣏟同人所治在屋下从广从𣏟𣏟萉之總名也𣏟之爲言微也微纖爲功此枲𪎮可績者也二爲苴麻爾雅𪎰枲實孫炎注𪎰麻子齊民要術穜麻篇又云莩麻母孫炎注莩苴麻盛子者齊民要術說文萉枲實也从艸肥聲𪎰萉或从麻賁莩麻母也从艸子聲爾雅之莩當作芓芓爲麻母故从子聲取子以母生爲義古文子作𢀈則芓本作𦯩故爾雅正文誤爲莩釋文作莩亦形之近而譌也喪服傳苴絰者麻之有蕡者也蕡𪎰借



字左氏襄十七年傳疏引馬融注蕡者枲實枲麻之有子者謂蕡爲枲麻中之有子者非謂枲麻有子也枲牡麻無子其色麤惡故用之苴者麻之色士喪禮苴絰鄭注苴麻者其貌苴以爲絰服重者尚麤惡豳風七月篇九月叔苴毛傳苴麻子也天官籩人朝事之籩其實𪎮蕡鄭注蕡枲實也鄭司農云熬麥曰𪎮麻曰蕡有司徹𪎮蕡坐設于豆西鄭注蕡熬枲實也內則注同九穀攷云麻子有桴包裹而盛之謂之曰苴因而謂其麻曰苴因而謂其麻之色曰苴也蕡之爲言蓬也蓬蓬勃勃然攢蔟枝生節間必以一大葉承之每一枝上結子數十而每一子又必有一碎葉承之并若他穀之結實鹵鹵也蕡以實言并其桴殼碎葉而名之苴以盛實之桴言而因以名其皮與其皮之

色又迷以名其實故詩偁拾麻子曰杍苴究之苴乃麻之有蕡者非麻蕡卽苴也廣雅釋艸黂麻也
王氏疏證云按黂者實之貌也周南桃夭篇有蕡其實傳云蕡實貌也是其義矣麻子名黂因名有
子之麻爲黂淮南說林訓云黂不類布而可以爲布高誘注云黂麻之有實者是也麻有黂者卽偁
爲黂猶麻盛子者卽偁爲芓爾雅云芓麻母齊民要術引孫炎注云芓苴麻盛子者說文芓作茡是
也麻子名黂因名有子之麻爲黂猶麻子名苴因名有子之麻爲苴豳風七月篇九月叔苴傳云苴
麻子也喪服苴絰傳云苴麻之有蕡者是也黂蘊聲相近故黂又謂之蘊齊民要術引崔寔四民月
令云苴麻之有蘊者芓麻是也一名黂御覽引吳普本艸云麻子一名麻蘊一名麻蕡是黂卽蘊也
麻子謂之蘊亦謂之黂因而麻蒸謂之蘊亦謂之黂因而碎麻謂之蘊亦謂之黂漢書蒯通傳卽束
縕請火於亡肉家謂求麻蒸取火也說文云熜然麻蒸也管子弟子職篇昏將舉火執燭隅坐錯總
之法橫於坐所蒸閒容蒸然者處下總與熜同是古人取火多用麻蒸周官司烜氏凡邦之大事共

管子地員篇注《卷三》六十四 寄虹山館

墳燭庭燎故書墳爲蕡鄭衆注云蕡燭麻燭也淮南說林訓云黂燭捔膏燭澤亦謂麻蒸爲燭耳是
麻蒸謂之蘊亦謂之黂也論語子罕篇衣敝縕袍孔傳云縕枲著也皇侃義疏云以碎麻著裏也碎
麻曰縕列子楊朱篇宋國有田夫常衣縕黂張湛注云黂亂麻也亂麻猶碎麻耳是碎麻謂之蘊亦
謂之黂也神農本艸麻子外別出麻蕡云一名麻勃名醫別錄云此麻花上勃勃者則又以蕡爲花
與傳注異御覽引吳普本艸以麻子爲麻蕡以麻勃爲麻花斯得其實矣齊民要術種
麻子篇麻有實者爲苴汜勝之書曰種麻豫調和
田二月下旬三月上旬傍雨種之麻生布葉鉏之
率九尺一樹樹高一尺以蠶矢糞之樹三升無蠶
矢以溷中熟糞糞之亦善樹一升天旱以流水澆
之樹五升無流水曝井水殺其寒氣以澆之雨澤

適時勿澆澆不欲數養麻如此美田則畝五十石
及百石薄田尚三十石種麻篇種麻夏至前十日爲上時至日爲中時至後
十日爲下時麥黃種麻麻黃種麥亦良候也諺曰夏至後不沒狗或答曰但雨多沒橐駝又諺曰五
月及澤父子不相借言及澤急也夏至後匪惟淺短亦輕薄此亦趨時不可失也崔寔曰
二三月可種苴麻苴麻麻之有蘊者芓麻是也一
名黂芓原本作苎學者多見苎寡見芓芓麻母也苎麻用作葛布非苴麻也明是誤芓爲苎而
又書作芓非苎非芓非芓今據說文訂正此苴麻實可食皮可績者也
三爲胡麻神農本艸胡麻味甘平一名巨勝葉名
靑蘘御覽卷九百八十九引孝經援神契曰鉅勝
延年齊民要術胡麻篇胡麻宜白地種二三月爲

管子地員篇注《卷三》六十五 寄虹山館

上時四月上旬爲中時五月上旬爲下時種欲截
雨腳一畝用子二升漫種者先以耬耩然後散子
空曳勞耬耩者燭沙令燥中半和之鉏不過三徧
刈束欲小以五六束爲一叢斜倚之候口開乘車
詣田抖擻還叢之三日一打四五徧乃盡耳若乘
溼橫積蒸熱速乾革日雖欝裛無風吹虧損又慮
浥者不中爲種子然於油無損也今世有白胡麻
八棱胡麻白者油多崔寔曰二月三月四月五月
時雨降可種之御覽引四民月令曰二月可種胡
麻謂之上時也王氏廣雅疏證按今人通謂之脂

麻脂亦油也有黑白紅三種高者四五尺以來其莖皆方紅白二種皆四棱黑者獨六棱夏秋閒作黃華九月收實白者子多作油甚香美黑者不及而入藥則艮孫伯淵曰陶宏景云本生大宛故曰胡麻按本經已有此陶說非也胡之言大或以葉大於麻故名之紹蘭按胡麻猶戎菽戎胡皆大也說文胡牛顄垂也是其義矣此胡麻子可作油亦可入藥者也四爲紵麻說文紵檾屬細者爲絟粗者爲紵按說文檾枲屬檾爲枲之屬非卽枲則紵爲檾之屬非卽檾也禹貢豫州貢紵天官典枲掌布緦縷紵之麻艸之物鄭注緦



十五升布抽其半者細而白疏曰紵是鄭以布之疏者爲紵與許云粗者爲紵之說正合陳風東門之池篇可以漚紵疏引陸璣疏云紵亦麻也科生數十莖宿根在地中至春自生不歲種也荆陽之閒一歲三收今官園種之歲再刈刈更生剝之以鐵若竹挾之表厚皮自脫但得其裏韌如筋者謂之徽紵今南越布皆用此麻如陸所言是麻取其表之皮紵取其裏之筋明與麻同類異用故此詩首章言漚麻二章言漚紵卒章言漚菅知紵次於麻而善於菅也左氏襄二十九年傳吳公子札聘

於鄭見子產如舊相識與之縞帶子產獻紵衣焉杜預注吳地貴縞鄭地貴紵則古人以紵爲投贈之資史記司馬相如列傳被阿錫揄紵縞集解引漢書音義曰阿細繒也錫布也正義引韋昭云紵之色若縞也顏云紵織紵也縞鮮支也是又以紵爲細繒之屬楊子法言吾子篇紵絮三千此紵麻可爲布者也五爲檾麻說文檾枲屬从林熒省聲詩曰衣錦檾衣衛風碩人鄭風丰篇皆有此文今竝作褧衣衣部褧檾也引詩作褧中庸作衣錦尙絅尙書大傳作衣錦尙蘔雜記士昏禮作潁天官典枲地官掌葛鄭注竝作蘔皆字異而音義竝同雜記如三年之喪則既潁其練祥皆行鄭注潁艸名無葛之鄉則用潁潁卽檾之異文潁與麻別以代



葛知檾爲枲屬而非卽枲也天官典枲掌布緦縷紵之麻艸之物鄭注艸葛蘔之屬蘔亦檾之異文蘔與麻別而統掌於典枲更知檾爲枲屬而非卽枲也地官掌葛徵艸貢之材于澤農鄭注艸貢出澤蘔紵之屬可緝績者紵檾屬而非檾猶檾枲屬而非枲也潁蘔行而檾廢矣九穀攷曰檾麻大葉徑六七寸京東白露時猶開黃花五出大如錢結實有房如蓮房大不及一寸房有棱每棱中密布細子扁而黑亦可食其皮不及枲麻之堅韌今俗爲粗繩索多用之典枲麻艸分舉注云艸葛蘔之

屬是蕡紵爲艸而別於麻矣又掌葛注云艸貢出
澤蕡紵之屬疏云葛出於山蕡紵出於澤也夫出
於山澤則與麻有不得不別者矣麻蓺於生九穀
之三農而非山澤之農之所出故蕡葛之徵雖有
山農澤農之異而在典枲之職二物可同呼爲艸
以別於麻萐麻穀類也紹蘭按檾从𣏟熒省聲凡
从熒省聲之字皆有小義說文熒屋下鐙燭之光是熒光本小也謍小聲也𤬪小瓜也滎絕小水也燮小心態也故檾葉雖大而花僅如錢結
實之房不及寸子細而扁不獨與麻枲異與葛異
亦與紵異紵表皮旣厚裏韌如筋檾則皮不堅韌



故紵可爲布此檾麻但堪代葛無葛之鄉喪服用
之及爲麤繩索也

若高若下不擇疇所

月令可以糞田疇疏引蔡邕月令章句曰穀田曰
田麻田曰疇言爛艸可以糞田使肥也齊語井田
疇均韋昭注穀地曰田麻地曰疇史記天官書視
封疆田疇之正治如淳引蔡邕說爲證說苑辨物
篇王子建出守於城父與成公乾遇於疇中問曰
是何也成公乾曰疇也疇也者何也曰所以爲麻
也齊民要術種麻篇引崔寔曰正月糞疇疇麻田
也

其麻大者如箭如葦大長以美

呂氏春秋審時篇得時之麻必芒以長疏節而色
陽齊民要術引氾勝之書曰種麻之法霜下實成
速斫之其樹大者以鋸鋸九穀攷云一種肥大牡
麻有六月花者有七月花者苴麻放勃結實則必
於七月農人先於六月刈之不俟其開花結實也
肥大者其皮中爲米橐以其長也箭矢竹也葦大
葭也竝見前

其細者如藋如蒸



呂氏春秋審時篇得時之麻小本而莖堅厚枲以
均後孰多榮日夜分復生如此者不蝗九穀攷云
一種短小者五月牡麻開花苴麻放勃結實而於
是月刈之其麻可績藋當爲萑薍也已見前蒸者
小雅無羊篇以薪以蒸鄭箋麤曰薪細曰蒸故云
細者如蒸矣說文蒸析麻中榦也各本析誤折據廣韵十六蒸類篇艸部引訂正菆麻蒸也廠麻藍也熜然麻蒸也古者以
麻蒸爲燭秋官司烜氏共墳燭庭燎故書墳爲蕡
鄭司農云蕡燭麻燭也小雅巷伯篇毛傳昔者顏
叔子獨處于室夜暴風雨至而室壞婦人趨而至

顏叔子納之而使執燭放乎旦而蒸盡擨屋而繼之武氏石室畫象說此事云顏叔獨處飄風暴雨婦人乞擨升堂入戶然蒸自燭懼見意疑未明蒸盡擨笮續之弟子職篇昏將舉火執燭隅坐錯總之法總燒借字橫于坐所蒸間容蒸蒸即所執之燭也然者處下楚辭七諫菎蕗雜於廄蒸王逸注枲翮曰廄熘竹曰蒸言持菎蕗香直之艸雜於廄蒸燒而然之淮南子說林訓廣燭犓膏燭澤文選西征賦感市閭之菆井李善注菆井即渭城賣蒸之市也此文但言麻細如薪蒸之蒸於然蒸義無所取以麻可爲蒸故坿及之



欲有與各

欲當爲各各當爲名因下名字誤爲各上各字又誤爲欲也與猶以也各有與名謂五麻及其種之細大各有以名也尹注句解皆失之

大者不類小者則治

趙用賢曰類作纇疵節也言大麻疏美無疵節小麻條理易治讀書雜志曰纇類古字通昭十六年左傳刑之頗類服虔讀類爲纇二十八年忿纇無期服本作類老子夷道若纇河上公本作類紹蘭按說文纇絲節也治讀治絲之治謂麻之大者既無節纇其小者亦治而不棼故下云若衆練絲也

揣而藏之若衆練絲

說文揣一曰捶之捶以杖擊之也練湅繒也言漚麻者必捶之皆乾而後藏之若練繒之善也齊民要術種麻篇引氾勝之書曰夏至後二十日漚枲枲和如絲

五臭疇生

五臭見前此疇與上文麻疇之疇微異尹注曰疇隴也謂爲隴而種也今案蜀都賦瓜疇芋區劉淵林注疇者昐埒小畔際也葢泛言田疇耳

蓮與蘪蕪藁本白芷



蓮蘪蕪白芷竝見前此文五臭僅言其四據上文五臭生之以薜荔白芷蘪蕪椒蓮爲五此有藁本無薜荔無椒蓮是缺一艸葢椒也椒亦見前藁本說文艸部無藁字藁當作槀荀子大略篇蘭茝槀本漸於蜜醴一佩易之淮南子氾論訓夫亂人者芎藭之與槀本也蛇牀之與蘪蕪也此皆相似者史記司馬相如列傳索隱引樊光爾雅注藁本一名蘪蕪根名蘄茝神農本艸槀本味辛溫長肌膚說顏色一名鬼卿一名地新生山谷名醫別錄一名微莖生崇山廣雅釋艸山茝蔚香藁本也王氏

疏證曰別錄陶注云桐君藥錄說芎藭苗似藁本論說花實皆不同所生處又異唐本注云根上苗下似藁根故名藁本則藁本以根得名故中山經云青要之山有艸焉其本如藁本郭注云根似藁本也又西山經云皋塗之山有艸焉其狀如槀茇郭注云槀茇香艸又注山林賦云槀本槀茇也本茇聲之轉皆訓爲根下文云茇根也紹蘭按樊光謂槀本一名蘪蕪今知不然者淮南子以芎藭與槀本爲一類蛇牀與蘪蕪爲一類而云皆相似明槀本非蘪蕪矣且本艸經蘪蕪在上品主欬逆定驚氣辟邪惡生川澤槀本在中品主婦人疝瘕除風頭痛生山谷主治不同山澤迥別然則樊光合槀本於蘪蕪與吳普混蘪蕪爲芎藭誤正相似矣

其澤則多魚牧則宜牛羊

皆見前

其泉白青

大荒南經白水山白水出焉而生白淵淵猶泉也白者西方之色上文云四施之土其水白吳越春秋越王無余外傳云青泉赤淵青色近蒼上文五施之土其水蒼此泉既白且青蓋兼前二水之色



矣

其人堅勁

劉劭人物志彊楷堅勁

寡有疥騷

說文疥搔也搔刮也刮掊把也騷卽搔之假借

終無痟酲

周官疾醫春時有痟首疾鄭注痟酸削也首疾頭痛也賈疏言痟者謂頭痛之外別有酸削之痛後漢書李通傳素有消疾李賢注消消中之疾也引天官職曰春有痟首疾是謂痟爲消中也素問氣厥論心移寒於肺肺消肺消者飲一溲二王砅注心爲陽藏反受諸寒寒氣不消乃移於肺寒隨心火內爍金精金受火邪故中消也然肺藏消鑠氣無所持故令飲一而溲二也腹中論夫子數言消中注多食數溲謂之消中紹蘭按痟首疾鄭先以酸削解痟義然後解首疾爲頭痛是謂酸削卽頭之痛非頭痛之外別有酸削之痛故說文痟酸痟頭痛與鄭義正合賈釋經失之其釋注云人患頭痛則有酸嘶而痛酸削則頭痛此不誤也痟是頭痛消中是肺消李賢解消疾爲消中引痟首疾爲

證亦失之史記司馬相如列傳常有消渴疾金匱要略云厥陰之爲病消渴氣上衝心心中疼熱飢而不欲食食卽吐蚘下之不肯止孫思邈千金方消渴論曰凡積久飲酒未有不成消渴夫內消之爲病小便多於所飲令人虛極短氣夫內消者食物皆消作小便也而又不渴按說文消盡也渴盡也㵣欲歠歠从欠渴聲是消渴皆謂水盡非謂欲飲之㵣也故云又不渴不渴之渴卽㵣之省文

說文酲病酒也小雅節南山篇憂心如酲毛傳云病酒曰酲鄭箋我今憂之如病酒之酲矣漢書禮樂志泰尊柘漿析朝酲應劭曰酲病酒也析解也言柘漿可以解朝酲也文選南都賦其甘不爽醉而不酲

五沃之土乾而不斥湛而不澤無高下葆澤以處是謂沃土

見前



# 管子地員篇注卷四

蕭山王紹蘭著　　後學胡燏棻校刊

沃土之次曰五位

周禮天官冢宰職云惟王建國辨方正位鄭注云辨別也鄭司農云別四方正君臣之位君南面臣北面之屬元謂考工匠人建國水地以縣置槷以縣視以景爲規識日出之景與日入之景晝參諸日中之景夜考之極星以正朝夕是別四方召誥曰越三日戊申太保朝至于雒卜宅厥既得卜則經營越三日庚戌太保乃以庶殷攻位於雒汭越五日甲寅位成正位謂此定宮廟爾雅釋宮中庭之左右謂之位是位者必辨南面北面與日出之景日入之景日中之景夜又考之極星又爲中庭之左右此五位之土乃天地所生自然之地不必辨其南北左右自與日景極星相合故謂之位而爲沃土之次也

五位之物五色雜英各有異章

爾雅釋艸木謂之華艸謂之榮不榮而實者謂之秀榮而不實者謂之英華榮秀英對文則異散文則通說文雜五采相合襍英謂艸木英華五采相

雜也五色異章見前五粟五章注
五位之狀不塥不灰青态以菭及
讀書雜志云五位之狀不塥不灰青态以菭及尹
注曰謂色青而細密和菭以相及也引之曰尹說
甚謬菭與灰爲韻及字蓋衍文耳下文云五隱之
狀黑土黑菭青怵以肥芬然若灰亦以菭灰爲韻
其種大葦無細葦無
端履曰葦疑爲韋涉上文如葦下文葦苬而譌韋
讀韋弁服之韋春官司服凡兵事韋弁服鄭注韋
弁以韎韋爲弁又以爲衣裳春秋傳曰韎韋之跗



注是也今時伍伯緹衣古兵服之遺色小雅六月
疏引雜問志云有韎韋之不注以淺赤韋爲弁又
以爲衣是韋爲赤色也紹蘭按此說是也無蘉聲
之轉此文借無爲蘉古無與微通論語憲問篇微管仲馬融注微
無也微與篃通公穀莊二十八年經築微左氏作築郿說文篃竹也从竹微聲戴凱之竹
譜作篃西山經英山多箭篃篃與蘉通古鐘鼎文如周公華鐘叔夜鼎史伯碩父鼎曾
伯黍盤諸銘眉壽字皆作蘉壽而頌鼎頌壺伯據敦蘉壽字尤爲明顯說文蘉赤苗
也从艸𧅫聲字或作穈大雅生民篇維穈維芑毛傳云穈赤苗也說文無穈字穈从麻
聲無與麻亦聲之轉也齊民要術粱秫篇引爾雅蘉赤苗樝
爲舍人曰是伯夷叔齊所食首陽艸也是讀蘉爲

薇說文薇从艸微聲邶風式微篇微君之故毛傳
微無也然則大葦無細葦無即大赤蘉細赤蘉矣
九穀攷云禾有赤苗白苗之異說文謂之蘉芑詩
曰維穈維芑是也是故黍亦禾屬傳嘉穀而知嘉
穀之蘉芑必非黍者以黍之苗惟一色而無赤白
之異又說文解璊字云以毳爲繝色如蘉故謂之
璊蘉禾之赤苗也解璊字云禾之赤苗謂之蘉言
璊玉色如之以說文證說文益知蘉芑爲禾而非
黍矣爾雅之釋詩也曰蘉赤苗芑白苗毛氏据之
以爲傳而郭璞注爾雅則曰赤粱粟白粱粟是不



知赤白在苗而不在粟彼粟之赤白者苗又或不
赤白也禾之赤苗初生一二葉純赤色三四葉後
赤與青相閒七八葉後則純青今直隸山西人猶
別而呼之曰紅苗穀赤苗之穀其黃者有黏不黏
二種苗赤穀亦赤者則其最黏者也
赨莖白秀
見前
五位之土若在岡在陵在隫在衍在丘在山
並見前
皆宜竹箭求黽楢檀

竹箭楢檀竝見前尹注求黽亦竹類也紹蘭按尹見上言竹箭故謂求黽爲竹類但下言楢檀豈亦竹類乎且楢檀二木明求黽不得爲一物爾雅篠竹篠箭是竹箭亦有大小之分蓋求卽莍之省文爾雅釋木椒榝醜莍郭注莍萸子聚生成房貌今江東亦呼莍說文茮茮榝實裹如裘者从艸求聲亦作梂爾雅櫟其實梂說文梂櫟實唐風椒聊疏引李巡云椒茱萸皆有梂梂實也是莍卽椒榝之屬也此文作梂省解爲櫟實亦通黽卽要之譌字要說文作䙰黽說文作黽形甚相似又漳水下云清漳出沾山大要谷本作大䙰谷今本漢書



地理志上黨郡沾下譌作大黽谷是其明證然則黽當爲要謂要棗也釋木邊要棗郭注子細腰今謂之鹿盧棗邵氏正義要棗一名邊是要爲棗也

其山之淺

淺讀敷淺原之淺禹貢過九江至于敷淺原漢書地理志豫章郡厤陵傅易山傅易川在南古文以爲傅淺原敷傅古通皋陶謨敷納漢書文帝紀作傅納禹貢敷土史記夏本紀作傅土卽其比也原說文作厵解云水泉本也从灥出厂下原篆文厵省是敷淺原山傅易山下此云其山之淺亦謂泉出山下水原淺處故下云有蘢與斤皆水艸也

有蘢與斤

籠當爲蘢爾雅釋艸蘢天蘥郭注未詳說文蘢天蘥也亦省作龍鄭風山有扶蘇篇隰有游龍毛傳蘢紅艸也鄭箋紅艸放縱枝葉於隰中疏引陸璣疏云一名馬蓼葉大而赤白色生水澤中高丈餘是也亦名蘢古釋艸又云紅蘢古其大者蘬舍人注紅名蘢古其大者名蘬鄭風疏郭注俗呼紅艸爲蘢鼓語轉耳邵氏正義云上文蘢天蘥此又詳釋之也說文以蘬爲薺實與下文連屬師讀不同故



也紅者虞蓼之別種後世所謂水葒也今水葒莖麤有毛葉大如商陸蔓地而生故釋詩者言其放縱矣紹蘭按說文蘬薺實也旣屬下讀當云蘬蘻薺實而云蘬薺實者攷爾雅紅蘢古其大者蘬卽繼以蘻薺實明蘬蘻皆爲薺實之名許所見爾雅舊本蘻在蘬上郭所見本蘻在蘬下而又讀紅蘢古其大者蘬七字爲一節蘻薺實三字爲一節以致爾雅說文各相違異使學者疑今紬繹此文當讀紅爲句蘢古其大者爲句謂蘢古爲紅之大者陶注刪錄其最大者名蘢鼓卽其明證此一物也

蘬爲句蘾爲句薺實爲句許所見舊本作蘾蘬薺
實故解字云蘬薺實也不取蘾者以其竝爲薺實
皋蘬足以兼蘾且艸部直無蘾字亦其明證此一
物也然則今本爾雅合紅蘢古與蘬爲一乃郭氏
讀雅不熟之過當據許說以正之不僅如邢氏所
云師讀不同矣　斤卽芹之省文花書本正文及注芹作斤是也
各本作斥魯頌泮水篇薄采其芹鄭箋芹水菜也說文
芹楚葵也又有菦字解云菜類蒿周禮有菦菹今
本周禮作芹天官醢人加豆之實芹菹鄭注芹楚
葵也爾雅芹楚葵郭注今水中芹菜呂氏春秋本



味篇菜之美者雲夢之芹高誘注芹生水涯說文
齊民要術竝作雲夢之𦬆蓋所見呂不韋書校高
本爲古盧氏召弓以斤聲求之謂芹卽𦬆是也蘢
水艸芹水菜故上云其山之淺矣

羣木安遂條長數大其桑其松

竝見前

其杞其茸

杞見前茸樅聲相近茸卽樅之借字史記司馬相如列傳攢羅
列聚叢以蘢茸兮淮南子俶眞訓繽紛蘢蓯又云
譬若周雲之蘢蓯遼巢彭濞而爲雨蘢蓯卽蘢茸
是其證也爾雅釋木樅松葉柏身郭璞注今太廟梁材

用此木尸子所謂松柏之鼠不知堂密之有美樅
漢書霍光傳樅木外臧椁十五具蘇林曰樅木柏
葉松身師古曰爾雅及毛詩傳竝云樅松葉柏身
檜木乃柏葉松身耳蘇說非也說文樅松葉柏身
徐鍇引李暹文子注如樅之常不彫文選注引魯
連子曰東方有松樅高千仞而無枝按蘇林解樅
爲檜師古非之是矣但爾雅樅檜兼釋毛傳僅於
竹竿篇釋檜而不及樅不得言竝云也薛綜注西
京賦樅松葉柏身也義本爾雅劉逵注蜀都賦樅
柏葉松身其誤與蘇林同



種木胥容

胥卽楈之省文說文楈木也似栟櫚皮可爲索今木
說文無似栟櫚以下七字據類篇引補从木胥聲讀若芟刈之芟容
卽榕之省文南方艸木狀榕樹南海桂林多植之
葉如木麻實如冬青樹榦拳曲是不可以爲器也
其木棱理而瓌是不可以爲材也燒之無燄是不
可以爲薪也以其不材故能久而無傷其蔭十畝
故人以爲息焉而又枝條旣繁葉又茂細軟條如
藤垂下漸漸及地藤梢入地便生根節或一大株
有根四五處而橫枝及鄰樹卽連理南人以爲常

不謂之瑞木說文㮤爲松之或字上文已云其㮤其松故知容非㮤之省文

## 楡桃柳楝

楡桃柳見前淮南子時則訓七月其樹楝高誘注云其樹椋楝實鳳皇所食今雒城旁有樹楝實秋孰故其樹楝也楝讀練染之練也楝亦作欄攷工記㡛氏湅帛以欄爲灰渥淳其帛實諸澤器淫之以蜃鄭注云渥讀如繒人渥菅之渥以欄木之灰漸釋其帛也欄卽楝之異文湅帛用欄之灰故高氏讀楝爲練染之練聲兼義也說文木部楝木也从木柬聲不言其木所用又云欒木似欄从木䜌



聲而木部無欄蓋卽以欄代楝取其聲相近欒木似楝蓋亦楝屬下云禮天子樹松諸侯柏大夫欒士楊段注士楊二字當作士槐庶人楊五字此言冢上之木然則大夫冢樹楝矣中山經歷兒之山多橿木其實如楝郭注云楝木名子如指頭白而黏可以浣衣也郝氏箋疏引爾雅翼云木高丈餘葉密如槐而尖三四月開花紅紫色實如小鈴名金鈴子俗謂之苦楝可以湅故名歲時記江南自初春至初夏五日一番風候謂之花信風凡二十四番東皐雜錄花信風梅花風最先楝花風最後羣芳譜引花木雜攷云一月二氣六候自小寒至穀雨凡二十四候每候五日一花之風信應之小寒一候梅花二候山茶三候水仙大寒一候瑞香二候蘭花三候山礬立春一候迎春二候櫻桃三候望春雨水一候菜花二候杏花三候李花驚蟄一候桃花二候棠棣三候薔薇春分一候海棠二候梨花三候木蘭淸明一候桐花二候麥花三候柳花穀雨一候牡丹二候荼蘼三候楝花過此則立夏矣

## 羣藥安生

羣藥猶言百藥說文藥治病艸月令孟夏之月聚



畜百藥鄭注云蕃廡之時毒氣盛逸周書鄉立巫醫具百藥以備疾災畜五味以備百艸淮南子墬形訓河水出昆侖赤水出其東南弱水出其窮石洋水出其西北四水者帝之神泉以和百藥以潤萬物論衡百藥愈病病愈而氣復氣復而身輕矣齊民要術引師曠占曰黃帝問曰吾欲占藥善一心可知不對曰歲欲甘甘艸先生歲欲苦苦艸先生葶藶歲欲雨雨艸先生藕歲欲旱旱艸先生蒺藜歲欲荒荒艸先生蓬歲欲病病艸先生艾神農本艸經上藥一百二十種爲君主養命以應天

無毒多服久服不傷人欲輕身益氣不老延年者本上經中藥一百二十種爲臣主養性以應人無毒有毒斟酌其宜欲遏病補羸者本中經下藥一百二十五種爲左使主治病以應地多毒不可久服欲除寒熱邪氣破積聚愈疾者本下經安之言於是也安生謂於是生

薑與桔梗

薑卽䕬之今字說文䕬禦溼之菜也段氏注云神農本艸經乾薑主逐風溼痺腸澼下利生者尤良久服去臭氣通神明按生者尤良謂乾薑中之不



孰而生者耳今人謂不乾者爲生薑失之矣紹蘭按史記司馬相如列傳茈薑蘘荷索隱引張揖云子薑也又引四民月令生薑謂之茈薑漢書司馬相如傳注如淳曰茈薑薑上齊也師古曰薑之息生者連其株本則紫色也文選上林賦注引張揖曰茈薑子薑也名醫別錄生薑九月采陶注云凡作乾薑法水淹三日畢去皮置流水中六日更去皮然後曬乾圖經云生薑秋采根於長流水洗過日曬爲乾薑然則茈薑卽子薑亦卽生薑薑之息生者連其株本則紫色是薑之未采及采而未淹未洗未曬者皆謂之生薑及淹浸洗淨而曬乾因謂之乾薑故云凡作乾薑法謂以生薑作乾薑則古人正以不乾者爲生薑不必如段氏所云也論語鄉黨篇不撤薑食孔安國曰齊禁薰物薑辛而不葷故不去也呂氏春秋本味篇和之美者陽樸之薑高誘注陽樸地名在蜀郡禮記曰艸木之滋薑桂之謂也故曰和之美御覽卷九百七十七引孝經援神契薑禦溼菜也此許說所本薑之言彊也故从彊聲謂之禦溼之菜卽取彊禦爲義蓋其味辛溫辛剛溫燥故能彊以禦溼經典省作薑而



䕬之字與義皆廢矣　桔梗雙聲說文桔桔梗藥名齊策今求柴胡桔梗於沮澤則累世不得一焉及之睪黍梁父之陰則郄車而載耳高誘注桔梗山生之艸也睪黍梁父皆山名也山北曰陰桔梗生焉言饒多也故曰郄車載也莊子徐无鬼篇藥也其實堇也桔梗也雞廱也豕零也是時爲帝者也釋文引司馬彪云桔梗治心腹血瘀瘕痺神農本艸桔梗味辛微溫主胷脅痛腹滿腸鳴幽幽驚恐悸氣名醫別錄一名利如一名薺苨生嵩高山谷及寃句陶注云葉名薺苨今別有薺苨能解藥

毒所謂亂人參者便是非此桔梗而葉甚相似但薺苨葉下光明滑澤無毛爲異葉生又不如人參相對者爾唐本注云人參苗似五加闊短莖圓有三四椏椏頭有五葉陶引薺苨亂人參謬矣且薺苨桔梗又有葉差互者亦有葉三四對者皆一莖直上葉既相亂惟以根有心爲別爾御覽卷九百九十三引吳普本艸桔梗一名符扈一曰白藥一名利如一名梗艸一名盧如神農醫和苦無毒扁鵲黃帝鹹岐伯雷公甘無毒李氏大寒葉如薺苨莖如筆管紫赤二月生又引范子計然曰桔梗出



河東洛陽廣雅釋艸犂如桔梗也王氏疏證曰神農本艸桔梗一名利如生山谷（此據御覽所引）利犂古字通又名盧如盧犂聲之轉也唐注本艸云葉有差互者亦有三四對者皆一莖直上按說文云桔直木也爾雅梗直也桔梗或取義於直與孫伯淵云爾雅苨薺苨郭璞云薺苨據名醫云是桔梗別名下又出薺苨條非然陶宏景亦別爲二矣紹蘭按吳普云桔梗葉如薺苨是不以桔梗卽薺苨又在陶注之前神農本艸以桔梗爲下藥

小辛大蒙

中山經浮戲之山其東有谷因名曰蛇谷上多少辛郭注細辛也蛇山其艸多少辛御覽卷九百八十九引本艸經細辛一名小辛味溫生山谷治欬逆明目通利九竅久服輕身吳普本艸細辛一名小辛如葵葉色赤黑一根一葉相連三月八月采根范子計然曰細辛出華陰色白者善　爾雅釋艸蒙王女郭注蒙卽唐也女蘿別名按王女今本譌作玉女說文蒙王女也从艸冡聲王之言大也故蒙又名唐蒙鄘風爰采唐矣毛傳唐蒙菜名孔疏云釋艸唐蒙女蘿女蘿菟絲舍人曰唐蒙一名



女蘿女蘿又名菟絲孫炎曰別三名郭璞曰別四名則唐與蒙或并或別故三四異也以經直言唐而傳言唐蒙也頍弁傳曰女蘿菟絲松蘿也則又名松蘿矣釋艸又云蒙王女孫炎曰蒙唐也一名菟絲一名王女則通松蘿王女爲六名紹蘭按毛傳以唐蒙爲菜名似唐蒙二字連讀非訓唐爲蒙也蓋單偁曰唐連偁曰唐蒙猶單偁曰蒙連偁曰唐蒙是以舍人直云唐蒙一名女蘿女蘿一名菟絲明不分唐蒙爲二也孫炎云別三名謂唐蒙與女蘿及菟絲爲三名亦不分唐蒙爲二也孫既以

唐蒙爲一則其注蒙王女亦當云唐蒙也一名菟
絲一名王女疏引孫炎注作蒙唐也與前注互異
今本誤到其文耳然則唐蒙卽大蒙說文唐大言也是唐有大
義故又名王女矣毛以唐蒙爲菜而菟絲爲藥艸
頍弁疏引陸璣疏云今菟絲蔓連艸上生黃赤如
金今合藥菟絲子是也是菟絲之子可合藥其葉
爲唐蒙堪作菜茹也

其山之梟

尹注云梟顚也案說文梟不孝鳥也日至捕梟磔
之从鳥頭在木上故尹解梟爲顚矣



多桔符榆

說文桔直木也非木名御覽引吳普曰桔梗一名
梗艸名醫亦云旣可單偁梗明亦可單偁桔矣桔
梗見前符者唐本艸水楊一名蒲栁一名萑符蘇
頌曰爾雅楊蒲栁也其枝勁韌可爲箭笴左傳所
謂萑澤之蒲又謂之萑苻今按此文言符卽苻之
借字蒲栁左氏單偁蒲明萑苻亦可單偁符則符
卽蒲栁榆見前

其山之末有箭與苑

讀書雜志云按箭當爲葥爾雅釋艸曰葥王蔧郭
注王帚也似藜其樹可以爲埽蔧江東呼之曰落
帚說文作蔧義同紹蘭按說文巾部帚糞也从又持巾埽冂內古者少康初作箕
帚秫酒少康卽杜康也葬長垣爾雅又曰葥山莓郭注今之木莓
也實似藨莓而大亦可食說文作葥義同艸之名
葥者有二則未知此所謂葥者爲王蔧與爲山莓
與唯與苑竝言之則亦是艸名而非竹箭之箭故
知箭爲葥之譌也苑與菀通急就篇曰牡蒙甘艸
菀藜蘆顏師古注菀謂紫菀女菀之屬

其山之旁有彼黃䖟

䖟蝱省鄘風載馳篇言采其蝱毛傳蝱貝母也疏



引陸璣疏云蝱今藥艸貝母也其葉如栝樓而細
小其子在根下如芋子正白四方連累相著有分
解也爾雅作莔當依說文作莔莔正字蝱借字䖟又蝱之省文釋艸莔貝
母郭注根如小貝圓而白華葉似韭神農本艸貝
母味辛平一名空艸名醫別錄一曰藥實一名苦
花一名苦菜一名商艸商卽莔之譌一名勤母生晉地
十月采根暴乾紹蘭按貝母郭偁華白陸偁子白
當言白莔而云黃䖟者爾雅說貝云餘賦黃白文
餘泉白黃文是貝或黃質白文或白質黃文貝母
之名出於貝色亦宜然故偁黃䖟也圖經曰貝母

子黄白色如聚貝子二月生黄莖細是其證矣廣
雅謂之貝父
及彼白昌
見前
山藜葦芒
山藜與葦芒對文蓋亦艸類非爾雅釋木之藜山
樆也齊民要術藜詩云北山有萊詩義疏云萊藜
也莖葉皆似菉王芻今兖州人蒸以爲茹謂之萊
蒸譙沛人謂雞蘇爲萊故三倉云萊茱萸此二艸
異而名同按藜萊聲近古通用故陸璣謂萊爲藜



毛傳但訓爲艸爾雅釋艸釐蔓華說文作萊解云
蔓華也萊正字釐借字藜則今字經典亦有作藜
者古人用藜與藿爲羹孔子藜羹不糝曾子蒸藜
不孰皆此物也詩人以爲北山有之故謂之山藜
矣　說文莣杜榮也爾雅釋艸莣杜榮郭璞注今
芒艸似茅可以爲繩索履屩也釋文莣字亦作芒
程氏通藝錄云葦之醜又有芒艸今南方呼爲菅
艸亦呼曰荻菅有二種小者五月秀初色紫後漸
白每莖末其秀疏散多者數十條取其莖爲埽彗
呼苕帚歙人謂之荻芒江北人謂之芭芒其心之

包莖者只一葉末秀時拔之亦可爲繩作屨大者
八月始秀每莖末十餘節每節爲小莖數十參差
旋繞而至於末荼生小莖上其白如雪其密不可
以數計也荼落則莖末禿然無疏散長出數十條
者故不可爲埽彗但可用爲流星桿耳歙人謂之
蘆芒江北人謂之家芒亦呼八月芒其心之包莖
者拔出剝之有三重末秀皆可取爲繩作屨也夫
荻者萑也小而實中者今菅之小者類焉故謂之
荻芒蘆者葦也大而中空者今菅之大者類焉故
謂之蘆芒如此則蘆荻別菅之兩種亦別而茅別



於菅亦不待言矣爾雅莣杜榮郭璞注今莣艸似
茅皮可以爲繩索履屩其爲菅也無疑矣然則此
云葦芒猶今人言荻芒蘆芒也
羣藥安聚以圉民殃
羣藥見前圉與禦同義言羣藥可禦民之疾殃也
其林其漉
說文林平土有叢木曰林从二木爾雅釋地野外
謂之林易屯六三惟入于林中虞翻曰坎爲叢木
山下故稱林中秦風晨風篇鬱彼北林毛傳北林
林名也陳風有株林株林夏氏邑也蓋亦以林

名邑矣小雅正月篇瞻彼中林傳中林林中也鄭箋林中大木之處車牽篇依彼平林傳平林林木之在平地者也地官林衡鄭注竹木生平地曰林禮器齊人將有事於泰山必先有事於配林鄭注配林林名盧植注配林小山林麓配泰山者也續漢書祭祀志劉昭注引樂記牛散之桃林之野鄭注桃林在華山春秋鄭有棐林宣元年經宋公陳侯衛侯曹伯會晉師于棐林伐鄭杜注棐林鄭地滎陽宛陵縣東南有林鄉又有北林宣元年傳楚蔿賈救鄭遇于北林注滎陽中牟縣西南有林亭在鄭北晉有桃林文十三年傳晉侯使詹嘉處瑕



以守桃林之塞注桃林在宏農華陰縣東潼關按此卽樂記之桃林許有棫林襄十六年傳夬于棫林伐許注棫林許地秦亦有棫林襄十四年傳至于棫林注棫林秦地楚有大林文十六年師于大林注大林楚邑徐有婁林僖十五年經楚人敗徐于婁林注婁林徐地下邳僮縣東南有婁亭釋例大徐城東南有婁林鄉此皆以林名其邑地者也又有曠林昭元年傳居于曠林杜注地闕不知屬何國也北山經謁戾之山其東有林焉名曰丹林中山經敖岸之山北望河林其狀如蒨如舉傳山其西有林焉名曰墦冢夸父之山其北有林焉名曰桃林風伯之山其東

有林焉名曰莽浮之林海外北經夸父棄其杖化爲鄧林范林方三百里在三桑東州環其下海內南經桂林八樹在番隅東氾林方三里在猩猩東海內北經昆侖虛南所有氾林方三百里大荒北經衛丘方員三百里丘南帝俊竹林在焉衞丘連文據北堂書鈔卷一百三十七引此文此外中山經有㚖林之山苟林之山北山經有蚤林之水蓋亦以其地有林得名者釋名山中叢木曰林非許鄭平地之義　漉當爲麓形聲之誤說文漉滲也今本滲作浚此據韻會引訂一曰水下皃也皆非此義麓守山林吏也从林鹿聲一曰



林屬於山曰麓春秋傳曰沙麓崩禁古文从彔此文則林屬於山曰麓是其義也大雅旱麓篇毛傳麓山足也地官序官林衡有大林麓中林麓小林麓鄭注竹木生平地曰林山足曰麓釋名山足曰麓麓陸也言水流順陸燥也麓从林以鹿爲聲者易屯六三曰卽鹿無虞惟入于林中虞翻曰虞謂虞人艮爲山三變體坎坎爲叢木山下故稱林中震爲麋鹿又爲驚走故曰卽鹿無虞惟入林中矣大雅桑柔篇瞻彼中林甡甡其鹿鄭箋視彼林中其鹿相輩耦行甡甡然衆多皆其證矣故虞翻易

說又云山足偁鹿鹿林也卽以鹿爲麓釋文引王肅作麓曰山足也左氏昭二十年傳山林之木衡鹿守之亦卽以鹿爲麓晉語趙簡子田于螻史黯曰主將適螻而麓不聞韋昭注麓主君苑囿之官也傳曰山林之木衡麓守之是宏嗣所見左氏傳正作麓也麓古文从彔作禁者周季娟鼎銘王徙于楚禁散氏盤銘入虞丂彔丂彔卽攷麓是古文又有以彔爲麓者尚書大傳納之大麓之野鄭注山足曰麓麓者錄也古者天子命大事命諸侯則爲壇國之外堯聚諸侯命舜陟位居攝致天下之



事使大錄之以錄釋麓卽古文从彔之義也

其槐其楝

竝見前

其柞其穀

柞見前說文穀楮也从木㱿聲楮穀也小雅鶴鳴篇爰有樹檀其下維穀毛傳穀惡木也疏引陸璣疏云幽州人謂之穀桑荆揚人謂之穀中州人謂之楮殷中宗時桑穀竝生是也今江南人績其皮以爲布又擣以爲紙謂之穀皮紙絜白光煇其裏甚好其葉初生可以爲茹南山經誰山有木焉其

狀如穀而黑理其華四照其名曰迷穀佩之不迷郭注穀楮也皮作紙璨白穀亦名構名穀者以其實如穀也紹蘭按迷穀穀之異者故云如穀西山經大時之山上多穀鳥危之山其陰多楮郭注楮卽穀木衆獸之山其下多楮萊山其木多楮陰山上多穀申山其上多穀鳥山其下多楮東山經曹夕之山其下多穀中山經霍山其木多穀箕尾之山多穀首山其陰多穀良餘之山其上多穀升山其木多穀庬山其木多楮銅山其木多穀衡山上多穀仁舉之山其木多穀琴鼓之山其木多穀涿



山其木多穀豐山其下多穀游戲之山多穀大支之山其木多穀聲匈之山其木多穀雞山其木多穀風伯之山其木多楮夫夫之山其木多楮眞陵之山其木多穀陽帝之山其木多楮柴桑之山其木多楮此皆穀之常者而中山經有穀山其上多穀則又山以穀名穀山在黽池（太平寰宇記澠池縣穀山在縣南八十里）漢書地理志宏農郡黽池穀水出穀陽谷東北至穀城入雒以其谷在穀山之南故偁穀陽水經穀水東北過穀城縣北酈注云城西臨穀水故縣取名然則穀山因多穀得偁穀陽谷因穀山得偁

穀水因穀陽谷得偁穀城因穀水得偁可證其字皆穀楮从木之穀非穀粟从禾之穀矣齊民要術有種穀楮法又云指地賣者省功而利少煑剝賣皮者雖勞而利大其柴足以供㸑自能造紙其利又多御覽卷九百六十引吳普本艸穀樹皮治喉閉痺是穀皮既可造紙亦堪入藥葉可爲茹榦又供柴非不材之木毛傳謂之惡木者對樹檀爲善而言也

羣木安遂鳥獸安施

尹注云施謂有以爲生案施當爲族形之誤也此文涖穀族鹿爲韻若作施則失其韻據尹注唐時已誤故有此謬注矣安之言於是也謂羣木於是遂鳥獸於是族猶吳都賦宗生高岡族茂幽阜劉淵林注云宗生宗類而生於高岡之脊族茂言種族繁多也是其義

既有麋𪊨

既與且對文既之言已也汝墳毛傳既已終也既醉傳既者盡其事終其禮王氏經義述聞云載馳篇衆穉且狂衆當讀爲終猶既也燕燕曰終溫且惠既溫且惠也終風曰終風且暴既風且暴也北門曰終窶且貧既窶



且貧也伐木曰終和且平既和且平也甫田曰終善且有既善且有也此終穉且狂既穉且狂也此詩之例也古字多借衆爲終史記五帝本紀怙終賊刑徐廣曰終一作衆周頌振鷺篇以永終譽後漢書崔駰傳終作衆韓策扡使人刺之終莫能就史記刺客傳終作衆今本衆下有終字後人據韓策加之也阮氏揅經室文集釋且篇爲之加證曰終即既既終也且始也詩鄭風溱洧女曰觀乎士曰既且且往觀乎既且即終姑之詛且讀爲平聲與乎乎字爲韻且往觀乎之且即蒙上既且爲言愈見修辭之善漢張遷碑爰既且于君文例可與此相證也紹蘭按王阮二說皆是也今仍以詩言又爲加證單言既單言且者皆不數常棣云既安且康言終安且康也兄弟既具和樂且孺言終具且孺也兄弟既翕和樂且湛言終翕且湛也壽壽者莪云既見君子樂且有儀言終見且有儀也六月云既佶且閑言終佶且閑也大田云既庭且碩言終庭且碩也卷阿云既庶且多言終庶且多也既閑且馳言終閑且馳也烝民云既明且哲言終明且哲也那云既和且平言終和且平也既和且平述聞注中已引但彼援伐木以證終此則引那以證既也又吉日卒章云既張我弓既挾我矢下云且以酌醴此且字蒙上既張既挾爲言文雖

鳴首章云雞既鳴矣朝既盈矣二章云朝既昌矣卒章云會且歸矣此且字亦當既鳴既盈既昌爲言北風云既亟只且且讀諸聲與邪爲韻非語助也既之言終也見上亟之言急也毛傳只之言則也賈子連語篇憒薄咫亟壞檜薄咫亟裂器薄咫亟毀禍薄咫亟酸新序雜事篇咫皆作則楚語天咫與民則對文是咫爲則也咫即只之借字且之言始也檀弓夫祖者且也爾雅祖始也說文祖始廟也从示且聲是且有始義終急則始謂故爲虛徐之人其終爲急疾之行於今則始也此可證阮氏既且爲終始之說然非詩之通例矣詩人言既言且者如此此文既有麋麃又且多鹿亦其一證矣既與又亦對文南山云



既曰歸止曷又懷止既曰庸止曷又從止既曰告止曷又鞠止既曰得止曷又極止破斧云既破我斧又缺我斨既破我斧又缺我錡既破我斧又銶我銶皆其比也　天官獸人夏獻麋鄭注麋膏散散則涼鱐人朝事之豆麋臡鄭司農云麋臡麋骭髓醢或曰麋臡醬也有骨爲臡無骨爲醢司裘鄉大夫則共麋侯鄭注卿大夫之大射麋侯君臣共射焉射所以直已志用虎熊豹麋之皮云服猛討迷惑者按麋迷雙韻麋侯因取討迷爲義故白虎通鄉射篇亦云諸侯射麋何示遠迷惑人也麋之

言迷也鄭義本此公羊莊十七年冬多麋傳何以書記異也何休云麋之爲言猶迷也象魯爲鄭瞻所迷惑也解云感精符文穀梁集解引京房易傳廢正作淫爲火不明則國多麋漢書五行志劉向以爲麋色青近青祥也麋之爲言迷也蓋牝獸之淫者也是時嚴公將取齊之淫女其象先見天戒若曰勿取齊女淫而迷國然則麋爲牝鹿爾雅釋獸麋牡麔牝麎其子麇劉子政獨舉牝鹿總其類者以麋爲澤獸屬陰故也夏小正十有一月隕麋角隕墜也日冬至陽氣至始動諸向生皆蒙蒙符矣孔撝約補



注蒙蒙萌生之貌鄭易注曰齊人謂萌爲蒙符驗也故麋角隕記時焉爾十有二月隕麋角蓋陽氣且睹也今本作旦睹傳氏本作且是也旦乃且之壞字且之言將也小雅大東篇東有啟明西有長庚毛傳日旦出謂明星爲啟明日既入謂明星爲長庚孔疏言旦出者旦猶明也明出謂獨晨時也經義述聞曰旦當爲且且出與既入對文日未出而明星先出謂之啟明若日出則明星不見矣段氏毛詩傳注同紹蘭按王風中谷有蓷傳云脩且乾也即此且字之例說文昧昧爽且明也今本作旦明曏日且昏時今本作旦昏昕旦明日將出也今本作旦明其誤並與大東傳旦出及此旦晧正同說文又云晧旦明也晧即晧之正字晧之言晧也說文晧見也玉藻謂之辨色墨子謂之晨見掌文韓子謂之察手吻文皆謂旦明而物可晧故謂之晧此旦明不誤段氏注亦改爲且明斯不然矣辨部其日且冥也行部衛行且貫也欠部歔且嚶聲水部潜水暫溢且止未減也且部虘且往也此又說文言且之例也月令仲冬

之日月短至麋角解孔疏曰熊氏云麋是澤獸故冬至得陽氣而解角今以麋爲陰獸情淫而游澤冬至陰方退故解角從陰退之象若節氣早則麋角十一月解故夏小正云十一月麋角隕墜若節氣晚則十二月麋角解故小正云十二月隕麋角說文麋鹿屬冬至解其角衆經音義引蒼頡篇麋以冬至解角者也紹蘭謂先儒麋角解之說皆無明據不可信也西山經西皇之山其獸多麋郭注麋大如小牛鹿屬也北山經縣雍之山其獸多麋孟子之山其獸多麋煇諸之山其獸多麋中山經



荆山其獸多麋郝氏箋疏云麋注已見西皇之山此注又云似鹿而大疑經文麋當爲麈下文閭麈疊見郭若無注益知此爲麈字之注無疑也張揖注上林賦云麈似鹿而大今按郝說是也衆經音義卷四引山海經正作荆山多麈郭璞曰似鹿而大尾可爲帚也是其明證矣今本郭注亦有奪文女几之山其獸多麋風雨之山其獸多麋朝歌之山其獸多麋桑山其獸多麋柴桑之山其獸多麋　爾雅釋獸麠大麃是麃卽麠之小者故說文云麃麠屬麠大麃也與爾雅合郭注乃云麃卽麞按說文麞麋屬各本麋譌麇下云麇麞也其爲麋字可知麇麞也从鹿囷省聲麕籒文不省麃爲麠屬麞爲麕屬明不謂麃卽麞且爾雅麔大麕旄毛狗足與麠大麃牛尾一角對文而獸形絕異明不以麃爲麕卽不以麃爲麞故說文麔大麋也狗足又與爾雅合更知不以小於麠之麃爲小於麕之麕卽知不以麠屬之麃爲麕屬之麠矣史記武帝本紀郊雍獲一角獸若麃然此本封禪書之文褚先生取爲武帝本紀今本封禪書作若麟然蓋涉下麟云而誤索隱之注亦在本紀而不在封禪書也索隱引韋昭云體若麕而一角春秋所謂有麕而角是也楚人謂麠爲麃紹蘭按司馬遷言若麃非卽麃也韋昭言若麕非卽麕也春秋言有麕而角夫子謂是麐更不謂麃也其謂麠爲麃者楚人耳楚之方言不足以該天



下之麃卽不足以解爾雅說文之麃然則郭注謂麃卽麕屬之麠誤矣逸周書王會解發人麃麃者若鹿迅走孔晁注發亦東裔此非中國常有之麃舊本兩麃作兩鹿涉下鹿字而壞王本作鹿人鹿人則又兩麃字下體之火壞而分爲四字也可證舊本作兩鹿之非且明云若鹿何得復爲鹿乎今從盧氏校本小雅車舝疏引陸璣疏云林麓山下人語曰四足之美有麃兩足之美有鷃麃者似鹿而小是管子所謂麃也

又且多鹿

說文鹿山獸也山字據韻會一屋引補象頭角四足之形鳥鹿足相似从比各本比作匕今據韻會訂正麗旅行也鹿之性

見食急則必旅行从鹿丽聲禮麗皮納聘蓋鹿皮也慶行賀人也从心夊吉禮以鹿皮爲摯故从鹿省吉禮疑是古禮之譌蓋鹿皮爲摯皆嘉禮非吉禮也吉或嘉之壞字士昏禮納徵束帛儷皮鄭注儷兩也兩皮爲庭實皮鹿皮聘禮說賓儐勞者云乘皮設鄭注云皮麋鹿皮也說賓聘云庭實皮則攝之毛在內注云皮虎豹之皮凡君於臣臣於君麋鹿皮可也說上介請覿云儷皮二人贊注云皮麋鹿皮說賓問卿云庭實四皮設注云麋鹿皮也說上介特面云皮二人贊注云亦儷皮也齊語故天子諸侯罷馬以爲幣鹿皮四个韋注个枚也說文無个字當作介此用鹿皮皆嘉禮非吉禮之證也小雅鹿鳴篇呦呦鹿鳴食野之苹毛傳鹿得苹艸呦呦然鳴而相呼懇誠發乎中疏引鄭駁異義曰君有酒食欲與羣臣嘉賓燕樂之如鹿得苹艸以爲美食呦呦鳴以相呼以欵誠之意盡於此耳大雅桑柔篇瞻彼中林甡甡其鹿鄭箋視彼中林其鹿相輩耦行甡甡然衆多月令仲夏日長至鹿角解鄭氏無注仲冬麋角解孔疏曰熊氏云鹿是山獸夏至得陰氣而解角今以鹿是陽獸情淫而游山夏至得陰而解角從陽退之象紹蘭按



說文麑牡鹿以夏至解角麋鹿屬冬至解其角爾雅諸書雖麋鹿對文究之鹿是大名麋爲鹿屬冬夏解角明不得麋鹿對偁據許所說知其所見明堂月令作夏至麑角解矣西山經西皇之山其獸多鹿上申之山獸多白鹿東山經孟子之山其獸多鹿中山經美山其獸多鹿琴鼓之山其獸多鹿玉山其獸多鹿纍山其獸多鹿江浮之山其獸多鹿柴桑之山其獸多鹿

其泉青黑

淮南子墬形訓青龍入藏生青泉青泉之埃上爲青雲上者就下流水就通而合于青海元龍入藏生元泉元泉之埃上爲元雲上者就下流水就通而合于元海元者黑色元泉猶黑泉青東方色黑北方色黑乃水之本色攷工記說畫繢之事黑與青謂之黻鄭注云繡以爲裳賈疏云衣在上陽陽主輕浮裳在下陰陰主沈重此泉青黑蓋其氣色屬陰矣

其人輕直

輕輕易之輕輕易見漢書地理志輕直猶攷工記樂記所謂易直

省事少食

淮南子詮言訓勿奪時之本在省事省事之本在節用地理志言箕子去之朝鮮教其民以禮義田蠶織作樂浪朝鮮民犯禁八條是省事也少食猶淮南子俶眞訓所謂量腹而食地理志言武王封弟叔振鐸於曹其民好稼穡惡衣食以致畜藏是少食也

無高下葆澤以處是謂位土

並見前

位土之次曰五隱



說文無隱字隱當爲㶏淮南子墬形訓東北薄州曰隱土高誘注氣所隱藏故曰隱土也下文云是謂隱土蓋卽墬形訓所本然則淮南所見管子故書作隱矣

五隱之狀黑土黑菭青怵以肥芬然若灰

汪主事繼培說此蓋卽禹貢所謂黑墳馬融注墳有膏肥也周禮艸人勃壤用狐鄭康成注勃壤粉解者此云芬然若灰亦與粉解相似

其種櫑葛

豆屬也與周易毛詩左氏之葛藟異物爾雅釋木欇虎櫐郭注今虎豆纏蔓林樹而生莢有毛刺今江東呼爲欇欇中山經平山其上多櫐正字當作藟櫐省文樠櫐皆借字郭注今虎豆貍豆之屬是也以其蔓延似葛故名櫑葛以其豆屬故管子列爲九穀之種而爾雅亦別於山櫐也

䅘莖黃秀恚目

䅘莖見前黃秀謂其吐華黃色恚目尹注云謂穀實怒開也按此卽莊子所云怒生如人怒目而視其氣盛也

其葉若苑



讀書雜志云按苑卽上文有𦱤與苑尹注非以蓄殖果木不若三土以十分之二是謂隱土

說文𦱤積也殖與樹植之植同果木實也尹注云三土謂五粟五沃五位言於三土十分已不如其二分餘倣此隱土見前

隱土之次曰五壤五壤之狀芬然若澤若屯土

汪主事說按說文云壤柔土也周禮墳壤用麋康成注墳壤潤解與此芬然若澤義相似紹蘭按若屯土者說文中部屯難也象艸木之初生屯然而難从中貫一一地也尾曲易曰屯剛柔始交而難

生然則屯之字从中貫一一卽地地卽土壤本柔土而云屯土明柔土中亦有剛土正合易剛柔始交之義

其種大水腸小水腸

稻屬也拾遺記樂浪之東有淸腸稻腸謂稻實實在稻中稻中謂之腸猶苗中謂之心矣爾雅釋蟲食苗心螟是蓋水稻之屬故受水腸之偁或曰淸腸

赨莖黃秀以慈

赨莖黃秀竝見前慈謂其莖枝華秀皆柔和以慈也



忍水旱無不宐

尹注云忍耐也按忍水旱猶漢書食貨志所云能風與旱儗儗而盛是以無不宐也

蓄殖果木不若三土以十分之二是謂壤土

見前

壤土之次曰五浮

浮讀烝之浮浮之浮生民毛傳云浮浮氣也爾雅作烰釋訓云烰烰蒸也樊光引詩作蒸之烰烰孫炎曰烰烰炊之氣郭璞云氣出盛此五浮亦謂土氣上出浮浮然盛矣

五浮之狀捍然如米

尹注云捍堅貌其土屑碎如米

以葆澤不離不坼

五浮之土既如烝之烰烰其質甚堅又葆有水鍾之澤譬若水火既濟故其狀不華離不疈坼也

其種忍蘟忍葉如藿葉以長狐茸

說文無蘟字當作隱忍卽葱之省文種下葢脫隱字若讀忍隱爲句則下云葱葉不詞矣諸穀中無隱葱爾雅釋艸菥隱葱郭璞注似蘇有毛今江東呼爲隱葱藏以爲菹亦可瀹食也此非穀種陶隱



居謂是桔梗之葉可煮食然神農本艸無桔梗葉名隱葱之文郭云似蘇明非桔梗葉矣隱葱可瀹食江東或用充糧故以其種目之歟藿當爲萑已見前狐茸謂隱葱之葉如狐毛蒙茸然也郭云有毛與此文正合也

黃莖黑莖黑秀其粟大無不宐也

莖見前黃莖黑莖謂蘟忍有黃莖者其枝黃色得土氣有黑莖者其枝黑色得水氣也黑秀見前其粟大下文尹注以粟爲粒此謂蘟忍所結之子其粒大也

蓄殖果木不如三土以十分之二
見前
凡上土三十物種十二物
據篇末云凡土物九十其種三十六分上中下三土上土三十物種十二物中土三十物種十二物下土三十物種十二物合數之得土物九十其種三十六也
中土曰五恣五恣之狀廪焉如壏潤溼以處
汪主事說此埶即禹貢所謂塗泥也恣疑當作埶埶即說文堊字堊泥聲相近紹蘭按如壏之壏地



官艸人糞種之法彊㯺用蕡鄭注彊㯺彊堅者釋文本又作堅壏㯺堅三字皆說文所不載當以鄭注訓㯺爲堅之堅是其正字
其種大稷細稷
說文稷齋也五穀之長齋稷也秫稷之黏者九穀攷云稷齋大名也黏者爲秫北方謂之高粱通謂之秫秫高大似蘆月令孟夏行冬令首種不入鄭氏注舊說首種謂稷今以北方諸穀播種先後攷之高粱最先粟次之黍糜又次之然則首種者高粱也管子書曰至七十日陰凍釋而藝稷百日不藝稷聞之鳳陽人云彼地種高粱最早諺云九裏種伏裏收及至豐潤其俚諺亦有九裏種高粱之說管子之書適符諺語高粱爲稷而首種無疑矣秦漢以來諸書並冒粱爲稷無論稷粱二穀缺一不可即以管子書曰至七十日藝稷之說言之日至七十日乃入九之末今之正月也嘗旁行南北氣候亦至不齊曾未聞有正月藝粱粟者至嶺人藝粟遲至五六月烏在其爲日至百日不藝也而高粱早種於正月者則南北並有之故曰稷爲首種首種者高粱也月令首種釋文乃引蔡云宿麥



宿麥於仲秋勸種安得爲首種且月令孟春行冬令首種不入仲春行冬令麥乃不孰兩令異月不得同一災也諸穀惟高粱最高大而又先種謂之五穀之長不亦宜乎周官食醫職宜稌宜黍宜稷宜粱宜麥宜苽見稷則不見秫內則菽麥蕡稻黍粱秫惟所欲見秫則不見稷故司農注太宰職九穀曰黍稷秫稻麻大小豆大小麥稷秫並見後鄭不從入粱去秫又入苽去大麥以其闕粱而秫重稷也故自漢唐以來言稷之穀者屢異而秫爲黏稷則不能異綴學之士其講說秫之義者雖異而天下之

人呼高粱爲秫秫呼其稭爲秫稭者卒未有異也
良耜箋云豐年之時雖賤者猶食黍疏云賤者食
稷耳金輔之云大戴禮無祿者稷饋稷饋者無尸
注云庶人無常牲故以稷爲主無牲安饋黍黍者
食之主也不饋黍而饋稷正賤者食稷之一證今
北方富室食以粟爲主賤者食以高粱爲主是賤
者食稷而不可以冒粟爲稷也凡經言疏食者稷
食也稷形大故得疏偁論語疏食菜羹玉藻稷食
菜羹二經皆與菜羹並舉則疏稷一物可知疏言
其形稷舉其名也玉藻曰朔月四簋子卯稷食四



簋者黍稷稻粱也稷食不食稻粱黍也諸侯日食
粱稻各一簋食其美者也朔月四簋增以黍稷豐
之也忌日食稷者貶之飯疏食也是故居喪者疏
食蓋不食稻粱黍論語曰食夫稻於女安乎是居
喪者不食稻也喪大記曰君食之大夫父子友食
之不辟粱肉是居喪者不食粱也檀弓知悼子在
堂斯其爲子卯也大矣子卯稷食是居喪者黍亦
不食也不食稻粱黍則所食者稷而已故曰疏食
者稷食也又儀禮設敦設簋必黍稷並陳惟昏禮
婦饋舅姑有黍無稷且必特著無稷之文蓋婦道

成以孝養不進疏食無稷也左氏傳曰粱則無矣
麤則有之麤猶大也即所謂疏食也稷之謂也紹
蘭按月令食稷與牛鄭注稷五穀之長白虎通社
稷篇稷五穀之長故封稷而祭之又曰稷者陰陽
中和之氣而用尤多故爲長也郊特牲疏引五經
異義今孝經說稷者五穀之長穀衆多不可徧敬
故立稷而祭之古左氏說列山氏之子曰柱死祀
以爲稷稷是田正周棄亦爲稷自商以來祀之許
君謹案禮緣生及死故社稷人事之既祭稷穀不
得但以稷米祭稷反自食同左氏義鄭駁之曰宗



伯以血祭祭社稷五祀五嶽社稷之神若是句龍
柱棄不得先五嶽而食大司徒五地一曰山林二
曰川澤三曰邱陵四曰墳衍五曰原隰大司樂五
變而致介物及土示土示者五土之總神即謂社
也六樂於五地無原隰而有土祇則土祇與原隰
同用樂也詩信南山云畇畇原隰下云黍稷彧彧
原隰生百穀稷爲之長然則稷者原隰之神若達
此義不得以稷米祭稷爲難是稷爲五穀長又爲
首種校諸穀最高大因有高粱之稱黏者謂之秫
故月令食稷與大牲之牛相配即以稷米祭稷神

而其種又自有大小之殊也

𥟖莖黃秀以慈忍水旱

見前

細粟如麻

尹注云其繁美若麻也

蓄殖果木不若三土以十分之三

見前

忞土之次曰五纑五纑之狀彊力剛堅

汪主事説纑卽壚之借字説文壚剛土也尙書釋文引作黑剛土也字亦作廬釋名云土黑曰廬廬



然解散也禹貢下土墳壚鄭注壚疏也陳祥道禮書卷三十四傳云壚疏也裴松之三國志注周禮埴壚用豕康成注埴壚黏疏者貢疏謂以埴爲黏以壚爲疏是壚有疏義説文纑布縷也本篇下云五殖之狀甚澤以疏五殖之次曰五觳五觳之狀婁婁然注婁婁疏也婁婁卽縷縷是纑亦有疏義故二字得通用也墨子經説纑閒虛也呂氏春秋辯土云凡耕之道必始於壚爲其寡澤而後枯也紹蘭案淮南子墬形訓壚土人大高誘注云壚讀纑繩之纑壚正字纑借字纑土之性雖疏其狀則彊力剛堅故許書解壚爲黑剛土而淮南子又云堅土人剛是其證矣

其種大邯鄲細邯鄲

此葢稻粱之屬也史記貨殖列傳曰邯鄲亦漳河之閒一都會也正義云洛水本名漳水邯鄲在其地水經濁漳水注云濁漳水右合白渠東南流逕邯鄲縣南按邯鄲見左氏定十年及十三年傳水經注云牛首水又東經邯鄲阜張晏所謂邯山在東城下者也日單盡也城郭從邑故加邑邯鄲之名葢指此以立偁矣漢書溝洫志曰史起引漳水溉鄴民歌之曰決漳水兮灌鄴旁終古舄鹵兮生稻粱決漳灌鄴舄鹵尙生稻粱則邯鄲在漳河閒其地從古宜稻粱可知莊子云魯酒薄而邯鄲圍胠篋篇文釋文引許愼注淮南云楚會諸侯魯趙俱



獻酒於楚王魯酒薄而趙酒厚楚之主酒吏求酒於趙趙不與吏怒乃以趙厚酒易魯薄酒奏之楚王以趙酒薄遂圍邯鄲也更知邯鄲酒厚由於稻粱之善其種有小大古人因名爲大邯鄲細邯鄲矣

𦬁葉如扶櫄其粟大

尹注云扶櫄亦艸名言其粒大案尹解粟爲粒是也上文扶櫄與桐柞白梓爲類卽説文所云榆毋杶也尹謂艸名誤也

蓄殖果木不若三土以十分之三

見前

纑土之次曰五壚五壚之狀芬焉若糠以肥

汪主事說此卽周禮所謂彊㯺用蕡者也康成讀㯺爲墾釋文云本又作壂是古有兩訓紹蘭按芬說文作岎解云艸初生其香分布从中从分分亦聲芬或从艸是芬謂香之分布糠說文作穅穀皮也康或省爾雅康虛也康爲穀皮故有虛義此云芬焉若糠以肥蓋五塩之土中虛若康而香且肥是以周禮彊㯺用蕡故書墳作盆鄭司農云墳壤多盆鼠也盆鼠之多殆以土虛香肥故歟

其種大葝細葝

此蓋蘼類也神農本艸蠡實味甘平令人嗜食名



醫別錄長肌膚肥大一名葝實圖經云五月結實作角子如麻大而赤色今山人亦單服其實唐本注引通俗文一名馬藺按蠡葝聲相近葝實如蘼是以麻之別類而可食者故偁其種矣史記秦本紀以兵二萬伐大葝徐廣曰今之臨晉也漢書地理志作馮翊臨晉故大葝此蓋以地多大葝得名說文葝似蒲而小根可爲刷此蓋細葝也

青莖黃秀

青莖謂枝莖青色東方之氣也黃秀見前

蓄殖果木不若三土以十分之三

見前

塩土之次曰五剽

汪主事說此卽周禮輕爂用犬者也康成注輕爂輕脆者爂剽古字通用亦作漂釋名云土白曰漂漂輕飛散也說文糸部亦云縹帛青白色是縹有白義房注爲青色誤矣

五剽之狀華然如芬以脤

華若華離之華夏官形方氏掌制邦國之地域而正其封疆無有華離之地康成謂華讀爲㼌哨之㼌正之使不㼌邪離絕是華爲㼌邪也脤卽說文肉部脣口耑之脣迻上辰字於右畔耳口耑之脣



或開或闔離合不常此五剽輕爂之土蓋亦有㼌邪離合之狀

其種大秬細秬

說文𪏭黑黍一稃二米以釀也从鬯矩聲秬𪏭或从禾大雅生民篇維秬維秠毛傳秬黑黍也秠一稃二米也孔疏云秬黑黍以下皆釋艸文李巡曰黑黍一名秬郭璞曰秠亦黑黍但中米異耳漢和帝時任城生黑黍或三四實實二米得黍三斛八斗則秬是黑黍之大名秠是黑黍之中有二米者別名之爲秠故此經異其文而爾雅釋之若然秬

秠皆黑黍矣而春官鬯人注云釀秬爲酒秬如黑黍一秠二米言如者以黑黍一米者多秬爲正假二米則秬中之異故言如以明秬有二等也秬有二等則一米亦可爲酒鬯人之注必言二米者以宗廟之祭唯祼爲重二米嘉異之物鬯酒宜當用之故以二米解鬯其實秬是大名故云釀秬爲酒爾雅云秠一稃二米鬯人注云一秠二米文不同者鄭志荅張逸云秠卽皮其稃亦皮也爾雅重言以曉人然則秠稃古今語之異故鄭引爾雅得以稃爲秠也春官鬯人鄭注鬯釀秬爲酒芬香條暢於上下也秬如黑黍一秠二米今本秠作稃據生民孔疏所引訂正賈疏云秬如黑黍一秠二米者今本秠作稃案爾雅云秬黑黍秠一稃二米此爾雅上文云秬黑黍是一米之秬直以秬爲名下文云秠一稃二米亦是黑黍但無黑黍之名但二米之秬貴此鬯酒用二米者故鄭云秬如黑黍此據爾雅下文二米之秬其狀如上文黑黍者若然爾雅云秠一稃二米不言黑黍者爾雅主爲釋詩案生民詩云維秬維秠爾雅云秬黑黍卽是維秬者爾雅云秠一稃二米卽是維秠者也若然爾雅及詩云秠者卽黑黍之皮



以皮而見秬是以鄭志張逸問云鬯人職注云秬如黑黍一秠二米今本秠作稃案爾雅秠一稃二米未知二者同異鄭荅云秠卽其皮稃亦皮爾雅重言以曉人更無異傅也鄭云重言者秠旣是皮復云稃亦皮是重言也恐人不知秠是皮故重言稃稃秠是一還是秬故云更無異傅也九穀攷云鄭氏鬯人注秬如黑黍一稃二米賈疏引鄭志張逸問云鬯人注秬如黑黍一稃二米案賈所疏及引鄭志問荅之意未見分曉因檢生民詩孔氏疏閱之乃知孔所見鄭氏鬯人注作秬如黑黍一秠二米以秠字易爾雅之稃字也據此則是秬原包一稃二米者而秠卽秬之皮耳但一稃二米不能不異其名故義取諸皮之含米者異而名之爲秠也然鄭氏釋鬯用一稃二米者若但云釀秠爲酒則其義不顯故必須見秬字而又解之云如黑黍一秠二米者言如一米之秬而秠二米也是爾雅釋詩之意欲見秠爲稃故以稃解秠旣上承秬字不可復更見秬字鄭氏之意欲見秠亦秬旣直見秬字而秠稃皆皮則不妨易稃爲秠也此屬文之法孔氏得其義矣秬爲黑色之黍故素問言穀色黑者

或卽目之爲秬六元正紀大論曰其穀黅元而五
常政大論則曰其穀黅秬氣交變大論亦曰其穀
秬並以秬字作黑色字也紹蘭按說文秠一稃二
米稃穭也穭穅也穅穀皮也是秠與稃皆穀皮故
爾雅一稃鄭注𠃧人代以一秠張逸不知秠卽是
稃故鄭荅云秠卽其皮稃亦皮爾雅重言以曉人
若注本作稃與釋艸同張逸無煩執注及爾雅以
問且云未知二者同異矣言二者同異則𠃧人注
作秠不作稃可知也賈疏旣引鄭志荅問甚明則
其所見𠃧人注亦必作秠不作稃可知也今本鄭



注及賈疏及所引鄭志凡三言秬如黑黍一稃二
米作稃不作秠者學者不詳文義輒據釋艸一稃
之文妄改耳𠃧人釋文稃音孚是元朗亦但知爾
雅作稃而未會鄭意也失之矣
黑莖青秀
黑莖見前青秀謂其吐華色青得東方之氣也
蓄殖果木不若三土以十分之四
見前
剽土之次曰五沙五沙之狀粟焉如屑塵厲
汪主事說沙粟聲之轉古亦通用南山經柜山多

丹粟郭璞注細丹沙如粟也紹蘭按淮南子墬形
訓沙土人細高注云細小也卽此所謂沙土矣
其種大萯細萯
尹注萯艸名讀書雜志云尹說非也此篇凡言其
種某某者皆指五穀而言紹蘭謂此篇凡言其種當兼九穀言若艸
木則於五穀之外別言之不得倂種也萯讀爲大
雅維秬維秠之秠爾雅秬黑黍秠一稃二米郭注
曰秠亦黑黍但中米異耳上文云其種大秬小秬
此云其種大萯小萯是萯卽秠也萯字从艸負聲
負古讀若倍聲與秠相近秠之通作萯猶丕之通
作負也金縢是有丕子之責于天史記魯世家丕
作負紹蘭按公羊桓十六年傳屬負茲何休解詁
諸侯傳負茲曲禮疏引音義隱云諸侯曰不茲丕不
古通用般庚予丕克羞爾漢石經作予不金縢丕子釋文鄭音不孔疏引鄭云丕讀曰不大誥爾丕
克遠省漢書翟方進傳王莽倣大誥作爾不也不茲卽丕茲也故左氏傳
魯有泰丕茲矣說文秠一稃二米从禾丕聲詩曰
誕降嘉穀惟秬惟秠天賜后稷之嘉穀也大雅生
民篇作誕降嘉種維秬維秠毛傳云天降嘉種秬
黑黍也秠一稃二米也爾雅釋艸秬黑黍秠一稃
二米郭注云此亦黑黍但中米異耳漢和帝時任

城生黑黍或三四實實二米得黍三斛八斗是然則秠亦秬也同是黑黍惟秬一稃一米秠一稃二米爲異說文稃穭也穭穖也穖穀皮也詳見其種大秬細秬下

白莖青秀以蔓

白莖謂其枝莖色白得西方之氣青秀見前蔓鄭風野有蔓艸毛傳蔓延也

蕃殖果木不如三土以十分之四

見前

沙土之次曰五塥五塥之狀累然如僕累不忍水旱



讀書雜志云五塥之狀累然如僕累尹注曰僕附也言其地附著而重累也洪云洪氏頤煊山海經中山經墠渚多僕累郭璞注云僕累蝸牛也此上下文若穖以肥如肩塵厲如糞如鼠肝皆舉物以喻其土尹注非念孫按洪說是也僕累卽爾雅之蚹蠃聲相近矣

其種大樛杞細樛杞黑莖黑秀

讀書雜志樛當爲穋杞當爲杞穋卽黍稷重穋之穋杞卽維糜維芑之芑大荒南經維宜芑苣穋楊是食郭注曰管子說地所宜云其種穋杞黑秀皆

禾類也是其證紹蘭按說文稑疾孰也从禾坴聲詩曰黍稷種稑稑穋稑或从翏是疾孰之禾稑正字穋或字經典稑穋通用豳風七月篇黍稷重穋毛傳後孰曰重先孰曰穋魯頌閟宮篇亦作重穋皆與說文引作種稑者不同天官內宰詔王后帥六宮之人而生穜稑之種鄭司農云先種後孰謂之穜後種先熟謂之稑元謂詩云黍稷穜稑是也地官司稼亦作穜稑周官穜用借字說文穜埶也穜先穜後孰也稑用正字鄭引詩作稑與許同作穜與許異許解種爲先穜後熟則稑疾孰亦謂後穜先孰毛公先



孰曰穋鄭司農云後種先孰謂之稑詳略不同其以稑爲疾孰之禾則一也白苗之穀芑正字杞異文杞則假借杞棘杞栭之杞山海經多借芑爲之表記引詩豐水有芑鄭注芑枸檵也亦其證說文芑白苗嘉穀也大雅生民篇維糜維芑毛傳芑白苗也爾雅釋艸芑白苗郭注今之白粱粟九穀攷云白苗之穀穀黑米白者黏穀黑而米亦帶緇色者不黏黑穀俗謂之拖泥穀白苗者卽青苗也初出時色微白故農人通呼白苗以別於紅苗也穀之種類甚多大致皆白苗米之大致皆黃色亦有白米白米亦有黏者然大致米白者多

不黏然則大穋秜細穋秜謂後種先孰之白苗穀
也有穀黑而米帶緗色者其莖與秀可知故云黑
莖黑秀矣
蕃殖果木不若三土以十分之四
見前
凡中土三十物種十二物
與上土同今本十二譌二十據上土下土之數更
正
下土曰五猶
檀弓君子蓋猶猶爾鄭注疾舒中荀子非十二子

篇猶然楊倞注猶然舒遲貌按疾舒中如言剛柔
適舒遲如言和緩五猶之土蓋如此
五猶之狀如糞
說文𦍌棄除也从廾推𠦒棄米也官溥說似米而
非米者矢字又云米粟實也象禾實之形𦍌上从
釆別之米說文釆辨別也象獸指爪分別也讀若辨故云似米而非米
米之棄除爲糞因而棄米卽假糞矢卽菌之借字
史記廉頗藺相如列傳頃之三遺矢矣漢書馬宮傳本姓馬矢荀子不苟篇所謂以狐父之戈钃牛矢也齊民要術種麻子篇引氾勝之書曰以蠶矢糞之說文菌糞也从艸胃
省胃穀府也从囟图象形胃爲穀府而图象形謂
口象胃形中象穀形其作𡿺者卽官溥所云似米
非米之米米者便也堯典平秩字鄭作辯伏生作便卽其證醫家謂
糞爲大便說文𡳐人小便也𡳐爲小便故糞爲大便也菌卽糞而图从
胃省取中爲象亦取𡿺爲象卽取米爲象是糞狀
也五猶之狀如糞蓋其土塊如中溼燥相兼亦是
似米非米吳越春秋外傳越王曰下臣嘗事師聞
糞者順穀味逆時氣者亦順時氣者生今者臣嘗
大王之糞其惡味苦且楚酸惡亦糞也漢書武五子傳燕王曰如是靑
蠅惡矣是味也應春夏之氣然則句踐聞之師者說
糞之味官溥解从米者說糞之形形味不同而一

云似米一云順穀味此五猶之土狀可知卽其土
味亦可知矣
其種大華細華
此謂黍也小雅笙詩有華黍故黍得華名序云時
和歲豐宜黍稷也兼言稷者足句以見歲豐其實
篇名華黍有黍無稷也又有白華序云孝子之絜
白也此白華與華黍篇次相連蓋卽內則之白黍
彼舉實言此舉華言互文見義
白莖黑秀蕃殖果木不如三土以十分之五
竝見前

猶土之次曰五弡弡方本作壯五弡之狀如鼠肝

汪主事說釋名云土赤曰鼠肝似鼠肝色也說文垟赤剛土也周禮騂剛用牛杜子春云謂地色赤而土剛強也騂即垟之假借𥁋即此所云五弡也弡字字書罕見疑爲強字之壞

其種青粱

說文粱米名也九穀攷云按禾粟之有稾者也其實粟也其米粱也此一穀也始生曰苗成秀曰禾禾實曰粟粟實曰米米名曰粱其大名則曰嘉穀地官倉人職掌粟入之藏注九穀盡藏焉以粟爲主鄭氏注大宰職九穀中無粟此言九穀以粟粟爲主則是粱即粟矣史記索隱載三蒼云粱好粟其證也內則言飯有粱又有黃粱是粱者白粱也今北方猶呼粟米之純白者曰粱米禮設簠簋不備黍稷稻粱而云粱飯必炊米爲之故舉米名耳無米名者乃備穀名黍稷稻是也先鄭注九穀有稷無粱然六穀則又稷粱並舉稷粱二穀見於經者判然兩事禮歸饔餼堂上八簋黍其南稷兩簠粱在北西夾六簠黍其東稷兩簠粱在西饌於東方亦如之米百筥黍粱稻皆二行稷四行公食大夫禮宰夫設黍稷六簋授公飯粱膳稻於粱西周官食醫職豕宜稷犬宜粱禮記內則粱秫惟所欲飯黍稷稻粱白黍黃粱玉藻沐稷而靧粱喪大記君沐粱大夫沐稷士沐粱鴇羽之詩不能蓺黍稷不能蓺稻粱甫田之詩黍稷稻粱農夫之慶不知秦漢以來何以混二穀而一之舉粱者輒逸稷舉稷者又逸粱後鄭知稷粱之不可相無也毅然改司農九穀之說其注疾醫職之五穀曰麻黍稷麥豆荅據月令之文膳夫王之饋食用六穀从司農說稌黍稷粱麥苽蓋據食醫會膳食之宜而知之於九穀必入粱者據食醫六穀有粱而入之也漢書平當傳注如淳曰律稻米一斗得酒一斗爲上尊稷米一斗得酒一斗爲中尊粟米一斗得酒一斗爲下尊漢律所載稷粟二穀兩不相冒亦可爲諸經之左證矣難之者曰粟爲粱而非稷稷誠不可以冒粟之名稻曰嘉蔬亦不足任嘉穀之名乎曰呂氏春秋云得時之禾得時之稻淮南子云雒水宜禾江水宜稻又云南方宜稻中央宜禾賈讓治河策云故種禾麥更爲秔稻稻禾二穀秦漢以前無相冒者是故不粟苗之名果專屬於粱也內則言黃粱曲禮粱曰薌其疏謂白粱黃粱而青粱不見於經傳名醫別錄青粱米味甘微寒益氣補中陶注凡云粱米皆是粟類惟其牙頭色異爲分別爾青粱出此唐本注青粱殼穗有毛粒青米亦微青而細於黃白粱也穀粒似青稞而少粗矣

蓄殖果木不如三土以十分之五

見前

弡土之次曰五殖五殖之狀甚澤以疏離以臞埆

汪主事說殖即埴之假借釋名云土黃而細密曰埴埴膱也黏昵如脂之膱也說文埴黏土也殖脂膏久殖也二字音同而義亦近

其種鴈膳黑實

此周禮之苽也天官食醫魚宜苽鄭司農云苽彫胡也其注膳夫六穀有苽注大宰九穀無苽後鄭云九穀無秫大麥而有粱苽說文苽彫苽一名蔣九穀攷云苽一作菰其根生小菌曰菰菜韓保昇曰夏月

生菌堪啖者名菰菜南方呼菰爲茭李時珍曰以其根交結也亦偁茭白蘇頌曰春生白芽如筍即菰菜又謂之茭白根生大菌者曰菰首菰菜生於夏菰首生於秋亦曰茭筍亦曰茭白長安謂之綠節西京雜記云爾雅所謂出隧蘧蔬者也郭璞注似土菌生菰艸中嫩則脃滑中實老則心虛有直理淤泥漬久乃生黑脈謂之烏鬱陳藏器曰內有黑灰如墨者名曰烏鬱亦曰茭鬱胡三省資治通鑑注臺中有黑者謂之茭鬱菌曰茭艸亦曰菰蔣艸其艸相連持久之根相結者曰菰葑淮南子大旱菰封熯高誘注生水上大薄者也名曰封旱燥故云熯也其生莖者作穗結子其實曰雕菰司馬相如賦及周禮注皆曰彫胡淮南子注菰者蔣實其米曰雕胡王逸大招注作雕葫枚乘七發曰安胡管子書謂之雁膳而曰雁膳黑實杜甫詩波漂菰米沈雲黑又云秋菰成黑米皆言其穀黑也炊以作食曰苽食內則云亦曰菰飯淮南子菰飯犓牛弗能甘也亦曰雕胡之飯宋玉風賦爲臣炊雕胡之飯亦曰安胡之飯枚乘云食醫職云魚宜苽是也



朱跗黃實

跗即柎之今字說文柎闌足也引伸之凡艸木華鄂之足皆曰柎經典多借拊爲柎小雅常棣篇鄂不韡韡鄭箋承華者曰鄂不當作拊拊鄂足也中山經高粱之山有艸焉赤華莢實白柎宣山有桑焉赤理黃華青柎西山經崦嵫之山其上多丹木赤符而黑理赤符亦即赤柎猶此云朱跗皆謂華足也此謂鴈膳黑實朱柎亦間有黃實者

蓄殖果木不如三土以十分之六

見前

五殖之次曰五觳五觳之狀婁婁然不忍水旱

讀書雜志云案五殖當爲殖土例見上下文汪主事說觳即确之假借壘子親土云墝埆者其地不育說文作磽确廣韵墝埆瘠土五觳次于五殖五殖臞瘠則觳爲瘠土可知說文又作塙婁婁即褸褸詳上紹蘭按說文石部磽磐石也埆磐石也磐堅也是磽确皆堅石以之說土足知其瘠而不忍水旱矣



其種大菽細菽

菽見前字本作尗細菽小尗即小豆也說文荅小尗也藿尗之少也萁豆莖也叔配鹽幽尗也豉俗枝从豆投壺云壺中實小豆焉爲其矢之躍而出也鄭注實以小豆取其滑且堅九穀攷云尗豆有大豆小豆小豆曰荅菽其大名也先後鄭皆分爲九穀中之二種素問藏氣發時論心色赤宜食酸

小豆酸脾色黃宜食鹹大豆鹹性味迥異宜其爲二穀也李時珍曰大豆有黑白黃褐青班數色小豆有三四種飯豆亦曰白豆小豆之白者也亦有土黃色者穭豆野生今人亦種之下地卽黑小豆也案廣韵豋野豆又作䜶䜶穭豋一聲之轉邢聞之山西人云小豆如腰鼓畧似菉豆而較大色不一種莖高不過尺葉小而薄淡緑色無毛花大而黃大豆色亦不一種莖高三四尺葉大而厚深緑色有毛花小而微紫小豆烹熟則糜爛大豆雖熟猶脆矣小豆用處多彼地礱之爲末和水爲餅切



而烹之以爲湯餅亦小豆也夏小正五月初昏大火中種黍菽尚書大傳主夏者火昏中可以種黍菽尚書帝命期夏火星昏中以種黍菽淮南子大火中則種黍菽說苑主夏者大火昏而中可以種黍菽凡此皆言五月種菽也生民之詩蓺之荏菽傳云荏菽戎菽也箋云荏菽大豆也爾雅戎菽謂之荏菽孫炎云大豆也郭璞因管子北伐山戎出戎菽布之天下之云遂以戎菽之戎爲山戎之戎謂卽今之胡豆蓋言豌豆也是不以戎菽爲大豆矣不知爾雅釋詁戎壬皆訓爲大壬與荏字相通

荏菽戎菽竝爲大豆之傳郭璞不據周之詩與爾雅之本訓而傅會管子以爲豌豆異矣况山戎之戎菽列子張湛注引之言鄭氏云卽大豆也晉孔晁注汲冢周書王會篇亦但以巨豆釋之皆不云是豌豆也然卽令其實非大豆則是其地別有一種戎菽或卽今之豌豆與后稷之所殖大異也豈得緣此而遂欲上改生民之詩與爾雅邪呂氏春秋云大菽則圓小菽則摶以芳大豆亦非正圓視小豆爲圓耳正圓者豌豆也陶氏論合藥節度云如胡豆者以二大麻準之如小豆者以三大麻準



之胡豆比小豆更小者野豌豆也野豌豆者其苗曰薇陸璣毛詩艸本疏云薇山菜也莖葉皆似小豆蔓生其味亦如小豆藿可作羹亦可生食也蜀人謂之巢菜小於小豆而乃欲以易去漢世經師大豆之解乎淮南子云菽夏生冬死是九穀中穫最後者故小明之詩云歲聿云莫采蕭穫菽春秋定元年冬十月隕霜殺菽蓋夏正之八月非穫菽時而殺之爲災也霜降九月中氣則穫菽其在十月之交乎而幽風言七月烹葵及菽蓋烹其少者所謂藿也小宛之詩中原有菽庶民采之傳云菽

藿也公食大夫禮鉶芼牛藿羊苦豕薇注云藿豆葉也采菽之詩箋云菽大豆也采之者采其葉以爲藿是也若豌豆種與大麥同時來歲三四月則熟務本直言所謂莊農猷送以爲嘗新貴其早者也烏得以目荏菽乎紹蘭按齊民要術大豆篇春大豆次植穀之後二月中旬爲上時三月上旬爲中時四月上旬爲下時歲宜晚者五六月亦得然稍晚稍加種子地不求熟收刈欲晚必須耬下鋒耬各一鋤不過再葉落盡然後刈刈訖則速耕雜陰陽書曰大豆生於槐九十日秀秀後七十日熟



豆生於申壯於子長於壬老於丑死於寅惡於甲乙忌於卯午丙丁孝經援神契曰赤土宜菽也氾勝之書曰大豆保歲易爲宜古之所以備凶年也謹計家口數種大豆率人五畝此田之本也三月榆莢時有雨高田可種大豆土和無塊畝五升土不和則益之種大豆夏至後二十日尚可種戴甲而生不用深耕大豆須均而稀豆花憎見日見日則黃爛而根焦也穫豆之法莢黑而莖蒼輒收無疑其實將落反失之故曰豆熟於場於場穫豆即青莢在上黑莢在下氾勝之區種大豆法坎方深

各六寸相去二尺一畝得千六百八十坎其坎成取美糞一升合坎中土攪和以內坎中臨種沃之坎三升水坎內豆三粒覆土土勿厚以掌抑之令種與土相親一畝用種一升用糞十六石八斗豆生五六葉鋤之旱者溉之坎三升水丁夫一人可治五畝至秋收一畝中十六石種之上土纔令蔽豆耳崔寔曰正月可種䜺豆二月可種大豆又曰二月昏參星夕杏花盛桑椹赤可種大豆謂之上時四月時雨降可種大小豆美田欲稀薄田欲稠小豆篇小豆大率用麥底然恐小晚有地者常須



兼留去歲穀下以擬之夏至後十日種者爲上時初伏斷手爲中時中伏斷手爲下時中伏以後則晚矣諺曰立秋葉如荷錢猶得豆者指謂宜晚之歲耳不可爲常也熟耕耬下以爲良澤多者耬耩漫擲而勞之如種麻法漫擲犁埒次之稿種爲下鋒而不耩鋤不過再葉落盡則刈之豆角三青兩黃拔而倒豎籠從之生者均熟不畏嚴霜從本至末全無秕減乃勝刈者牛力若少得待春耕亦得稿種雜陰陽書曰小豆生於李六十日秀秀後六十日成成後忌與大豆同氾勝之書曰小豆不保

歲難得椹黑時注雨種畝一升豆生布葉鋤之生五六葉又鋤之大豆小豆不可盡治也古所以不盡治者豆生布葉豆有膏盡治之則傷膏傷則戕而民盡治故其收耗折也故曰豆不可盡治養美田畝可十石以薄田尙可畝取五石諺曰與他作豆田斯言良美可惜也此種大小豆之時及種法也御覽卷八百四十一引孝經援神契赤土宜菽又引春秋說題辭菽者屬也春生秋孰理通體屬也菽赤黑陰生陽大體應節小變赤象陽色也又引佐助期豆神名靈殖姓樂漢書五行志菽艸之難殺者也言殺菽知艸皆死也言不殺艸知菽亦不死也董仲舒以爲菽艸之彊者政和本艸卷二十六載陶隱居引董仲舒曰菽是大豆大豆有兩種小豆一名荅有三四種紹蘭謂荅之言合也謂小豆之實與皮連合淮南子時則訓高注菽豆連皮也是兼大小豆而言今目驗諸豆大豆不連皮惟小豆連皮皮連故堅而且滑是以小尗謂之荅荅从合聲知古人制字命名即取連合爲誼不得施於大豆也史記貨殖傳蘖麴鹽豉千荅集解引徐廣曰或作合漢書正作合亦其證矣左氏宣二



年傳既合而來奔杜注合猶荅也謂以此言連合彼言誼本小豆之荅故左氏即以合爲荅也

多白實

實讀有蕡其實之實別於秀穎莖葉之傳謂菽之顆粒也齊民要術云今世大豆有白黑二種小豆有菉赤白三種廣志種小豆一歲三熟味甘白豆粗大可食王禎農書大豆有白黑三種白者粥飯皆可拌食有小豆菉豆赤豆白豆江豆豋豆皆小豆類也

蕃殖果木不如三土以十分之六

見前

觳土之次曰五鳧五鳧之狀堅而不骼

鳧本水鳥此五鳧之土居觳土之次觳土磽确而瘠明鳧土較爲潤澤而肥汎汎然若水中之鳧其土之氣有時浮而上有時沈而下如鳧然也大雅鳧鷖疏引陸璣疏云大小如鴨青色卑腳水鳥之謹愿者則此土地勢蓋亦卑腳色青或得水澤漑濯以自潤故名爲鳧土而其狀雖堅而不同於骨之骼也急就篇云春艸雞翹鳧翁濯是其狀乎

其種陵稻

內則渟蒸煎醢加于陸稻上陸稻卽陵稻也爾雅釋地高平曰陸大陸曰阜大阜曰陵說文陸高平地陵大阜也阜大陸山無石者對文陵大於陸散文則陵陸通漢書地理志南郡江陵莽曰江陸九江郡陰陵莽曰陰陸阜陵莽曰阜陸山陽郡湖陵莽曰湖陸涿郡阿陵莽曰阿陸濟南郡於陵莽曰於陸臨淮郡睢陵莽曰睢陸淮陵莽曰淮陸武陵郡房陵莽曰房陸沅陵莽曰沅陸遷陵莽曰遷陸雲中郡楨陵莽曰楨陸蒼梧郡猛陵莽曰猛陸是陵與陸通齊民要術水稻篇北土高原本無陂澤隨逐隈曲而田者二月冰解地乾燒而耕之旱稻篇下田種者用功多高原種者與禾同等也賈言高原者爾雅廣平曰原地官大司徒鄭注高平曰原說文逾高平之野人所登然則高原之稻猶陸稻亦猶



陵稻矣蜀都賦灑滮池而爲陸澤劉淵林注滮流貌詩曰滮池北流浸彼稻田蔡邕曰疑雨曰陸陸疑雨明陵亦疑雨高平之地而得雨澤故宐種稻也

黑鵝馬夫

此蒙陵稻爲文亦卽陵稻之屬齊民要術水稻篇有烏陵稻蓋謂陵稻之烏者邶風北風篇莫黑匪烏鄭箋黑則烏也又倆稉有烏稉黑穬又倆秫稻米有馬身秫是皆黑鵝馬夫之類也

蕃殖果木不如三土以十分之七

見前

鳧土之次曰五桀五桀之狀甚鹹以苦其物爲下

汪主事說此卽周禮所謂鹹潟用貆者也禹貢海濱廣斥康成注斥謂地鹹鹵說文鹵西方鹽地東方謂之斥西方謂之鹵斥桀音亦相近

其種白稻長狹

御覽卷八百三十九引郭義恭廣志云有蓋下白稻又云白漢稻七月孰此稻大且長三枚長一寸益州稻之長者米長半寸此云白稻長狹蓋卽白漢稻而米長半寸者也



蕃殖果木不如三土以十分之七

見前

凡下土三十物其種十二物

與中土同

凡土物九十其種三十六

此總計上中下三土之物與種也

晉介胡琴舫經理刊刻

# 於潛令樓公進耕織二圖詩

（宋）樓　璹　撰

《於潛令樓公進耕織二圖詩》一卷，附録一卷。又題《耕織圖詩》。（宋）樓璹撰。樓璹（一〇九〇—一一六二），字壽玉，又字國器，慶元府鄞縣（今寧波）人，曾爲臨安府於潛縣（今屬杭州）令，約於紹興二年至四年間（一一三二—一一三四）完成了《耕織圖》的製作。嘉定三年（一二一〇），《耕織圖》詩曾被作者的孫子刻石保留。

《耕織圖》包括耕圖二十一幅，織圖二十四幅，每幅附五言詩一首。耕圖描繪了從浸種到整地、插秧、田間管理以至收穫、加工等水稻生産的全過程；織圖反映了採桑、養蠶、窖繭，繅絲織綢、剪帛等蠶絲生産的全過程。『圖繪以盡其狀，詩歌以盡其情』，既形象地展示了當時江南農桑生産的概貌和技術水準，也反映了當時的社會習俗和農業經濟狀況。

樓璹原圖及其刻石均已失傳，但後世所臨摹、翻刻以至重繪的版本卻不少。其中較重要的有：（一）元代程棨（儀甫）摹本。乾隆時曾藏於圓明園，後因圓明園被英法聯軍焚毁，程本《耕織圖》不知所終，據説已流失至美國華盛頓的弗里爾美術館（Freer Gallery of Art）。（二）明天順六年（一四六二）宋宗魯重刊本。後傳入日本，成爲日本延寶四年（一六七六）狩野永納本的祖本，在日本美術界有很大影響。（三）明代萬曆刊本。《便民圖纂》收載了《耕織圖》三十一幅，更名爲『農務女紅圖』，並將五言詩改爲吴語竹枝詞。（四）焦秉貞重繪《耕織圖》四十六幅（耕圖、織圖各二十三幅）。每幅上欄有康熙帝的七言詩各一首，原詩則插入畫幅之中，康熙三十五年（一六九六）由朱圭刻印成書。

今據清乾隆、道光間鮑氏刻《知不足齋叢書》本影印。

（熊帝兵）

於潛令樓公　進耕織二圖詩

耕圖二十一首

浸種

谿頭夜雨足門外春水生筠籃浸淺碧嘉穀抽新萌西疇將有事耒耜隨晨興隻雞祭句芒再拜祈秋成

耕

東皋一犁雨布穀初催耕綠野暗春曉烏犍苦肩頳我銜勸農字杖策東郊行永懷歷山下法事關聖情

耙耨



雨笠冒宿霧風蓑擁春寒破塊得甘霔齧膝浸微瀾泥深四蹄重日莫兩股酸謂彼牛後人著鞭無作難

耖

脫絝下田中盎漿著塍尾巡行徧畦畛扶耖均泥滓遲遲春日斜稍稍樵歌起薄莫佩牛歸共浴前谿水

碌碡

力田巧機事利器由心匠翩翩轉圜樞袞袞鳴翠浪三春欲盡頭萬頃平如掌漸暄牛已喘長懷丙丞相

布秧

舊穀發新穎梅黄雨生肥下田初播殖卻行手奮揮明朝望平疇綠鍼刺風漪審此一寸根行作合穗期

淤蔭

殺草聞吳兒灑灰傳自祖田田皆沃壤泫泫流膏乳塍頭烏啄泥谷口鳩喚雨敢望稼如雲工夫盡如許

拔秧

新秧初出水渺渺翠毯齊清晨且拔擢父子爭提攜既沐青滿握再櫛根無泥及時趁芒種散著畦東西

插秧



晨雨麥秋潤午風槐夏涼谿南與谿北嘯歌插新秧拋擲不停手左右無亂行我將教秧馬代勞民莫忘

一耘

時雨既已降良苗日懷新去草如去惡務令盡陳根泥蟠任犢鼻膝行生浪紋眷惟聖天子儻亦思鳥耘

二耘

解衣日炙背戴笠汗濡首敢辭冒炎蒸但欲去莨莠壺漿與簞食亭午來餉婦要兒知稼穡豈曰事攜幼

三耘

農田亦甚劬三復事耘耔經年苦艱食喜見苗薿薿尤農念一飽對此出饞水願天均雨暘滿野如雲委

灌溉

揠苗鄙宋人抱甕慙蒙莊何如銜尾鴉倒流竭池塘穲稏舞翠浪籧篨生晝涼斜陽耿衰柳笑歌閙女郎

收刈

田家刈穫時腰鎌競倉卒霜濃手龜坼日永身罄折兒童行拾穗風色凌短褐歡呼荷擔歸望望屋山月

登場



禾黍已登場稍覺農事優黃雲滿高架白水空西疇用此可卒歲願言免防秋太平本無象村舍炊煙浮

持穗

霜時天氣佳風勁木葉脫持穗及此時連枷聲亂發黃雞啄遺粒烏鳥喜聒聒歸家抖塵埃夜屋燒榾柮

簸揚

臨風細揚簸糠粃零風前傾瀉雨聲碎把翫玉粒圓短簷箕帚婦收拾亦已專豈圖較斗升未敢忘凶年

礱

推挽人摩肩展轉石礪齒殷牀作春雷旋風落雲子有如布山川部婁勢相峙前時斗量珠滿眼俄有此

舂碓

娟娟月過牆簌簌風吹葉田家當此時村舂響相荅行聞炊玉香會見流匙滑更須水轉輪地碓勞蹴蹋

篩

茅檐閒杵臼竹屋細篩簸照人珠琲光奮臂風雨過計功初不淺飽食良自賀西鄰華屋兒醉飽正高臥

入倉



天寒牛在牢歲莫粟入庾田父有餘樂炙背臥檐廡卻愁催賦租胥吏來旁午輸官王事了索飯兒叫怒

織圖二十四首

浴蠶

農桑將有事時節過禁烟輕風歸燕日小雨浴蠶天舂衫卷縞袂盆池弄清泉深宮想齋戒躬桑率民先

下蠶

轂雨無幾日谿山暖風高華蠶初破殼落紙細于毛柔桑摘蟬翼簌簌才容刀茅檐紙窗明未覺眼力勞

餵蠶

蠶兒初飯時桑葉如錢許扳條摘鵝黃藉紙觀蟻聚屋頭草木長窗下兒女語日長人頗閒鍼線隨緝補

一眠

蠶眠白日靜鳥語青春長抱胫聊假寐孰能事梳妝水邊多麗人羅衣蹋春陽春陽無限思豈知問農桑

二眠

吳蠶一再眠竹屋下簾幕拍手弄嬰兒一笑姑不惡風來麥秀寒雨過桑沃若日高蠶未起谷鳥鳴百箔

耕織圖詩　五　知不足齋叢書

三眠

屋裏蠶三眠門前春過半桑麻綠陰合風雨長檠暗葉底蟲絲繁臥作字畫短偷閒一枕肱夢與楊花亂

分箔

三眠三起餘飽葉蠶局促眾多旋分箔蚤晚磓滿屋郊原過新雨桑柘添濃綠竹間快活吟慚愧麥飽熟

採桑

吳兒歌採桑桑下青春深鄰里講歡好遜畔無欺侵筠籃各自攜筠梯高倍尋黃鸝飽紫葚啞咤鳴綠陰

大起

盈箔大起時食桑聲似雨春風老不知蠶婦忙如許呼兒刈青麥朝飯已過午妖歌得綾羅不易青裙女

捉績

麥黃雨初足蠶老人愈忙辛勤減眠食顛倒著衣裳絲腸映綠葉練練金色光松明照夜屋杜宇啼東岡

上簇

采采綠葉空翦翦白茅短撒簇輕放手蠶老絲腸煗山市浮晴嵐風日作妍煖會看繭如甕累累光眩眼

耕織圖詩　六　知不足齋叢書

炙箔

峩峩爇薪炭重重下簾幕初出蟲結網遽若雪滿箔老翁不勝勤候火珠汗落得閒兒女子困臥呼不覺

下簇

晴明開雪屋門巷排銀山一年蠶事辦下簇春向闌鄰里兩相賀翁媼一笑歡后妃應獻繭喜色開天顏

擇繭

大繭至八蠶小繭止獨蛹繭衣繞指柔收拾擬何用冬來作縹絖與兒禦寒凍衣帛非不能債多租稅重

窨繭

盤中水晶鹹井上梧桐葉陶器固封泥窨繭過旬洩門
前春水生布穀催谷鋪明朝躡繅車車輪纏白氈

繅絲

連村煮繭香解事誰家娘盈盈意媚竈拍拍手探湯上
盆顏色好轉軸頭緒長晚來得少休女伴語隔牆

蠶蛾

蛾初脫纏縛如蝶栩栩然得偶粉翅光散子金粟圓蔵
月判悠悠種嗣期綿綿送蛾臨遠水蚤歸屬明年



祀謝

春前作蠶市盛事傳西蜀此邦享先蠶再拜絲滿目馬
革裹玉肌能神不爲辱雖云事渺茫解與民爲福

絡絲

兒夫督機絲輸官趁時節向來催租瘢正爲坐踰越朝
來掉籰勤寧復辭腕胝辛勤夜未眠敗屋燈明滅

經

素絲頭緒多羨君好安排青鞵不動塵緩步交去來脈
脈意欲亂眷眷首重回王言正如絲亦付經綸才

緯

浸緯供織作寒女兩髻丫繾綣一縷絲成就百種花弄
水春筍寒卷輪蟾影斜人間小阿香晴空轉雷車

織

青燈映幃幌絡緯鳴井欄軋軋揮素手風露淒已寒辛
勤度幾梭始復成一端寄言羅綺伴當念麻苧單

攀花

時態尚新巧女工慕精勤心手暗相應照眼花紛紜殷
勤挑錦字曲折讀回文更將無限思織作鴈背雲



翦帛

低眉事機杼細意把刀尺盈盈彼美人翦翦其束帛輸
官給邊用辛苦何足惜大勝漢繚綾粉涴不再著

周家以農事開國生民之尊祖思文之配天后稷
以來世守其業公劉之厚于民太王之于豳于理
以致文武成康之盛周公無逸之書切切然欲君
子知稼穡之艱難至七月之陳王業則又首言授
衣與夫無衣無褐何以卒歲條桑載績又兼女紅
而言之是知農桑爲天下之本孟子備陳王道之

始由于黎民不飢不寒而百畝之田牆下之桑言之至于再三而天子三推皇后親蠶遂爲萬世法高宗皇帝身濟大業紹開中興出入兵間勤勞百爲櫛風沐雨備知民瘼尤以百姓之心爲心未皇它務下務農之詔行親蠶之典于時先大父爲臨安於潛縣令勤于民事咨訪田夫蠶婦著爲耕織二圖詩凡耕之圖廿有一織之圖廿有四詩亦如之圖繪以盡其狀詩歌以盡其情一時朝野傳誦幾徧壽因薦入召對進呈御覽大加嘉獎即以宣



示後宮則是圖是詩宜與周書無逸之篇豳風七月之章並垂不朽者矣亦何藉于金石而後久永第洪等每懷祖德不忘國恩用鐫諸石自有所不能已者耳嘉定庚午十月望孫洪謹識

附錄

## 耕織圖後序

周家以農事開國生民之尊祖思文之配天后稷以來世守其業公劉之厚於民太王之于疆于理以致文武成康之盛周公無逸之書切切然欲其君知稼穡之艱難至七月之陳王業則又首言九月授衣與夫無衣無褐何以卒歲至於條桑載績又兼女工而言之是知農桑爲天下之本孟子備陳王道之始由於黎民不飢不寒而百畝之田牆下之桑言之至於再三而天子三推



皇后親蠶遂爲萬世法高宗皇帝身濟大業紹開中興出入兵間勤勞百爲櫛風沐雨備知民瘼尤以百姓之心爲心未遑他務首下務農之詔躬耕耤田之勤伯父時爲（臨安）於潛令篤意民事慨念農夫蠶婦之作苦究訪始末爲耕織二圖耕自浸種以至入倉凡二十一事織自浴蠶以至剪帛凡二十四事事爲之圖繫以五言詩一章章八句農桑之務曲盡情狀雖四方習俗間有不同其大略不外於此見者固已韙之未幾朝廷遣使循行郡邑以課最聞尋又有近臣之薦賜對之日遂以進呈

郎蒙玉音嘉奬宣示後宮書姓名屏間初除行在審計司後歷廣閩舶使漕湖北湖南淮東攝長沙帥維揚持麾節十有餘載所至多著聲績實基於此晚而退閒斥俸餘以為義莊宗黨被賜者近五紀則其居官時惠利之及民者多矣孫洪深等慮其久而湮沒欲以詩刊諸石鑰為之書丹庶以傳永久云嗚呼士大夫飽食煖衣猶有不知耕織者而況萬乘之主乎累朝仁厚撫民最深恐亦（必）未盡知幽隱此圖此詩誠為有補於世夫沾體塗足農之勞至矣而粟不飽其腹蠶繅織絍女之勞至



矣而衣不蔽其身使盡如二圖之詳勞非敢憚又必無兵革力役以奪其時無汙吏暴胥以肆其誅則足以坐享農桑之利而無衣食之艱矣然人事既盡而天時不可必旱潦螟螣既有以害吾之農若夫桑遭雨而葉不可食蠶有變而壞於垂成此實斯民之困苦上之人尤（以）不可不知此又圖之所不能述也伯父諱璹字壽玉一字國器官至朝議大夫嘉定三年八月朔從子正奉大夫參知政事兼太子賓客奉化郡開國公食邑三千一百戶食實封六百戶鑰謹書

男耕女桑勤苦至矣聲詩以達其情繪事以圖其狀刻寘左右以便觀省庶幾飽食煖衣者知所自云嘉熙改元正月中澣從曾孫朝散郎權知南康軍事杓

謹題



乾隆辛丑正月十九日壬辰寫竟計
一萬八千七百零五字仁和力溥記

# 御製耕織圖詩

（清）愛新覺羅·玄燁 撰
焦秉貞 繪

《御製耕織圖詩》，（清）愛新覺羅・玄燁撰，（清）焦秉貞繪。玄燁（一六五四——一七二二），即清朝康熙帝。廟號『聖祖』，謚號『合天弘運文武睿哲恭儉寬裕孝敬誠信功德大成仁皇帝』，簡稱『仁皇帝』。焦秉貞，字爾正，山東濟寧人，清康熙二十八年（一六八九）任欽天監五官正，工畫人物、山水、花卉等，畫法上吸收了西洋的繪畫技巧而有所變通。

該圖也稱作『康熙耕織圖』，焦秉貞於康熙三十五年（一六九六）奉詔繪製，共成圖四十六幅，耕圖自『浸種』至『祭神』，織圖自『浴蠶』至『成衣』，各自涉及了農業生產事項的二十三個環節，是江南地區種稻、養蠶的系列畫卷。圖成之後，康熙帝御筆作序、題詩（眉批行書七言），鏤版印刷，頒賜大臣，以示重農憫農之意。

該圖仿照南宋樓璹《耕織圖》的題材而作，基本上沿襲了樓氏《耕織圖》的內容及配詩（圖中五言），略有增刪，耕圖增加了『初秧』『祭神』；織圖增加了『染色』『成衣』（新增圖詩非樓氏所作）；刪去了樓氏『下蠶』『喂蠶』『一眠』三圖。全書在取材與構圖方面也繼承了樓氏風格，但是圖中的人物、農具等則明顯融入了清代的特色，在畫法上兼採西洋技法，遠近有致，明暗有别。

全圖較爲直觀地展現了清初南方地區的水稻、蠶桑生產發展狀況以及技術水準。由於焦氏缺乏生產實踐經驗，圖中的農業生產細節偶有失誤與不實之處，但對其農學價值和藝術價值影響不大。

此圖存世的有：內務府刻彩色套印本與黑白本、光緒五年（一八七九）上海點石齋縮刊本、光緒十一年（一八八五）文瑞樓縮刊石印本等，其中以內務府本爲最佳。今據國家圖書館藏清乾隆間刻本影印。

（熊帝兵）

耕第一圖浸種

暄和節候肇農功，自此勤勞處處同。早辨東田種稑種，褰裳涉水浸筠籠。

百穀遺嘉種，先農著懋功。春暄二月後，香浸一溪中。重穋隨宜辨，筠籠用力同。每多賢父老，占節識年豐。

氣布青陽造化功，東郊俶載萬方同。溪流浸種如油綠，生意含春秀色籠。

耕第二圖耕

土膏初動正春晴，野老支笻早課耕。辛苦田家惟穡事，隴邊時聽叱牛聲。

原隰韶光媚，茅茨暖氣舒。青鳩呼雨急，黃犢駕犂初。畎畮人無逸，耕耘事敢踈。勤劬課東作，扶策歷村墟。

宿雨初過曉日晴，烏犍有力足春耕。田家辛苦那知倦，更聽枝頭布穀聲。

耕第三圖耙耨

每當旰食念民依南畝三時願不違已見深耕還易耨綠蓑青笠雨霏霏

農務時方急春潮堰欲平烟籠高柳暗風逐去鷗輕壓笠低雲影鳴簑亂雨聲耙頭船共穩斜立叱牛行

九重宵旰廑民依課量陰晴總不違縹緲雲山迷樹色綠蓑扶耙雨霏霏

耕第四圖耖

東阡西陌水潺湲扶耖泥塗未得閒爲念饔飧由力作敢辭竭蹷向田間

南畝耕初罷西疇耖復親四蹄聽活活十頃望畇畇蝶舞黃萱晚鶯歸綠樹新春光長不負祇有力田人

新田如掌水潺湲扶耖終朝那得閒手足沾塗渾不管月明共濯碧溪間

耕第五圖　碌碡

老農力穡慮偏周早夜扶犂未肯休更駕烏犍施碌碡好教春水滿平疇

如輪轉機石歷碌向東皐驅犢亦何急平田敢告勞春塍縈似帶沃壤膩於膏水族堪供餉傾樽醉蟹螯

帯雨扶犂一夕周作勞終畝敢辭休縱橫碌碡如梭轉膏壤勻鋪遍舊疇

耕第六圖　布秧

農家布種避春寒甲坼初萌最可觀自昔虞書傳播穀民間莫作等閒看

種包忻拆甲岸畔競携筐活活衝泥布紛紛落隴香追隨歡幼稚祝禱願豐穰氣候今年早行看刺水秧

二月春風料峭寒原田彌望水雲寬最憐舊穀生新頴欲布秧時仔細看

耕第七圖 初秧

一年農事在春深無限田家望歲心最愛清和天氣好綠疇千頃露秧鍼

珍惜占城種携兒上隴來一溪添雨足盈畝喜秧開宿露濃相裛韶陽暖復催忻忻頻笑指轉眼可移栽

柳暗花明春正深田家那得治遊心老翁策杖扶兒笑却喜初秧擺綠鍼

耕第八圖 淤蔭

從來土沃藉農勤豈歎皆由用力分薙草灑灰滋地利心期千畝稼如雲

鳥鳴村陌靜春漲野橋低已愛新秧好旋看稪隴齊淤時爭早作課罷豈安棲沾體兼塗足忙忙日又西

短杓盛灰淤畝勤高原下隰望中分鳴鳩喚雨聲聲好嶺外旋看起白雲

耕第九圖 拔秧

青葱刺水滿平川移植西疇更勃然節序驚心芒種迫分秧須及夏初天

吉辰逢社後比户趁忙時盈把分青壤和根灌綠漪兒童擔餉榼婦子製秧旗慣得爲農樂辛勞自不知

匀鋪綠毯滿平川萬井風和花欲然移自南疇向西陌拔秧時節日長天

耕第十圖 插秧

千畦水澤正瀰瀰競插新秧恐後時亞旅同心欣力作月明歸去莫嫌遲

令序當芒種農家插蒔天倏分行整整佇看影芊芊力合聞歌發栽齊聽鼓前一朝千頃遍長日正如年

甫田萬井水瀰瀰拔得新秧欲插時槐夏麥秋天氣好及時樹藝莫教遲

耕第十一圖 一耘

豐苗翼翼出清波蓑稗叢生可
若何非種自應芟薙盡莫教稂
莠敗嘉禾

飽雨纖纖長含風葉葉柔載芟
除宿莠挹注引新流陰借臨溪
樹聲傳隔隴謳炊煙村畔起歸
路緩驅牛

新頴鶩黃遠似波揠苗助長
槁如何惟應芟薙勤人力自
鮮苞稂害稺禾

耕第十二圖 二耘

曾爲耘苗結隊行更憂宿草去
還生隴間餽饁頻來往勞勸田
家婦子情

欝欝平疇綠勞勞一載耘理苗
踈是法非種去宜勤笠重初妝
霧鋤輕半帶雲日高忙餉婦稚
子故牽裙

壺漿饁婦大隄行最是畦邊
莠易生勞苦再耘還再饋可
憐農叟望年情

耕第十三圖 三耘

穲稏盈畦日正長復勤穮蔉下
方塘堪憐曝背炎蒸下惟冀青
疇發紫芒

鋤莠日當午驕陽若火燔耘耔
須盡力辛苦只今畬蟬噪風前
急蛙聲水底喧醲花宜欝暑翠
浪舞翩翻

朱火炎炎日午長三耘曝背
向林塘那無解愠傳風信天
際微薰動綠芒

耕第十四圖灌溉

塍田六月水泉微引溜通渠迅
若飛轉盡桔槔筋力瘁斜陽西
下未言歸

藝奪天工巧人勤地力加桔槔
聲振鼓犀斗疾翻車灌注畦旋
滿嘔啞日欲斜況兼風露美蒨
蒨吐新華

抱甕終輸氣力微桔槔輪轉
迅如飛池塘氷滿新禾潤樹
下乘涼待月歸

耕第十五圖收刈

滿目黃雲曉露晞腰鐮穫稻喜晴暉兒童處處收遺穗邨舍家家荷擔歸

西成已在望早作更呼讙刈穗香生把盈筐露未乾啄遺鵶欲下拾滯穉爭歡主伯欣相慶豐年俯仰寬

桐風瀟灑露珠晞滿野黃雲映落暉是處腰鐮收穫遍擔頭挑得萬錢歸

耕第十六圖登場

年穀豐穰萬寶成築場納稼積如京迴思望杏瞻蒲日多少辛勤感倍生

紅秈收十月白水浸陂塍釀熟田家慶場新歲事登雲堆香冉冉露積勢層層勞瘁三時過饔飧幸可憑

登場此日望西成大有頻書慶帝京穲稏滿車皆玉粒比隣亦覺笑顏生

耕第十七圖　持穗

南畝秋來慶阜成瞿瞿未釋老
農情霜天曉起呼隣里徧聽邨
邨打稻聲

力田欣有歲曬稻喜晴冬響落
連枷急塵浮夕照濃鼠銜猶畏
懦鷄啄自從容幸值豐亨世堯
民比屋封

場圃平堅灰甃成如坻露積
最關情殷勤婦子爭持穗好
聽千家拍拍聲

耕第十八圖　舂碓

秋林茅屋晚風吹杵臼相依近
短籬比舍舂聲如和答家家篝
火夜深時

野陌霜風早柴門晚日多舂聲
接隣響杵韻洽謳歌顆顆珠傾
篚瑩瑩雪滿籮爲憐艱苦得把
握屢摩挲

木末金風陣陣吹松明火燒
隔疏籬何來舂相深宵裏可
是邨謳唱和時

耕第十九圖 籭

謾言嘉穀可登盤糠粃還憂欲去難粒粒皆從辛苦得農家眞作雨珠看

治粒頻求潔田家亦苦心篩風當户北避日就檐陰一飽功非易終年力不禁君看圓似玉我愛勝如金

秋成那得暫遊盤顆粒精粗欲別難周折不辭身手瘁猶盈一掬幾回看

耕第二十圖 簸揚

作苦三時用力深簸揚偏愛近風林須知白粲流匙滑費盡農夫百種心

朝來風色好箕宿應維南敢惜翻飛力寧教糠粃參乾圓輸縣吏狼籍戒童男得免催租負方無俯仰慙

郭外人家茅舍深門前揚簸趁風林莫令飄墮成狼戾辜負耕夫力作心

耕第二十一圖 礱

經營阡陌苦胼胝艱食由來念
阻饑且喜稼成登石磑從茲鼓
腹樂雍熙
地結霜痕白檐虛夜氣青礱旋
礱早穀風勁閉寒扃玉色鮮堪
比珠光瀉不停蒸炊謀室婦農
祖薦朝馨
相將南畝苦胼胝望歲心酬
烝免饑石磑碾來珠顆潤家
家鼓腹樂雍熙

耕第二十二圖 入倉

倉箱頓滿各欣然補葺牛牢雨
雪天盼到蓋藏休暇日從前拮
据已經年
勤勞臨歲暮入囷及良朝墉櫛
寧奢望儲藏幸已饒賦完農有
暇門靜吏無囂苫稾牢封固無
虞雨雪飄
霜點楓林似火然千倉滿貯
賜從天輸官不假徵催力喜
值如雲大有年

耕第二十三圖祭神

東疇舉趾祝年豐喜見盈寧百室同粒我烝民遺澤遠吹豳擊鼓報難窮

雨暘徵帝德豐稔慰氓愚賽鼓村迎社神燈夜禱巫酒漿瀉罍盎肴核獻盤盂敢乞長年惠穰穰遂所需

擊鼓吹豳報屢豐朝看索饗萬家同更期來歲如今歲歲歲年年願莫窮

織第一圖浴蠶

豳風曾著授衣篇蠶事初興穀雨天更考公桑傳禮制先宜浴種向晴川

門多楊柳風溪漲桃花水村酒醞羊羔春閨浴蠶子纖纖弄翠盆戢戢蠕香紙雪繭與冰絲婦功從此始

曾讀豳風七月篇遲遲日景麗光天新蠶未起先宜浴盆滿明波人滿川

織第二圖 二眠

柔桑初翦綠参差陌上歸來日
正遲邨舍家家簾幕靜春蠶新
長再眠時

百舌鳥初鳴再眠蠶在箔陌桑
青已柔隄草綠猶弱正宜旭日
和惟恐春寒作婦忙兒不知棗
栗頻啼索

女桑摇綠葉参差曉起人慵
欲採遲雙燕入簾春晝靜再
眠恰是仲春時

織第三圖 三眠

紅女勤劬日載陽鳴鳩拂羽恰
條桑只因三卧蠶將老翦燭頻
看夜未央

春風拂簾櫳春露繁桑柘遶箔
理三眠燒燈達五夜大姑席未
安小姑梳弗暇喔喔唱隣雞提
筐邀比舍

淑景頻催喜載陽微行步步
採條桑三眠三起新蠶老篝
火看時夜未央

織第四圖大起

春深處處掩茅堂滿架吳蠶婦子忙料得今年收繭倍冰絲雪縷可盈筐

今春寒暖勻南陌條桑好箔上葉憂稀枝頭採戒早不知春幾多但覺蠶欲老阿誰紅粉粧尋芳踏堤草

春光荏苒去堂堂無那黃鶯一日忙箔上吳蠶方大起冰絲色映綠筠筐

織第五圖捉績

連宵食葉正紛紛風雨聲喧隔户聞喜見新蠶瑩似玉燈前檢點寂辛勤

生熟乃有時老嫩莫紛糅恐煩姑與嫜服勞夜繼晝松火發瓦盆星芒射階霤次第了架頭忽忙顧童幼

蠶筐高下架頭分食葉聲煩似雨聞捉績欣看光練練一家婦女共辛勤

織第六圖分箔

愛逢晴日映疎簾新綠如雲葉
漸添天氣晴和蠶事廣移筐分
箔徧茅檐
新燕掠風輕新蠶偕日長分箔
天氣暄食葉雨聲響少婦採林
閒倦歸歇陌上門前桑騷騷黃
雲接青壤
柳絮飛時晝下簾桑柔蘩細
食徐添却憑纖手為分箔未
暇朝餐日過檐

織第七圖採桑

桑田雨足葉蕃滋恰是春蠶大
起時負筥攜筐紛笑語戴鵀飛
上最高枝
清和天氣佳比戶採桑急瀼瀼
零露繁冉冉綠陰濕高柯學猱
升落葚教兒拾昨摘滿籠歸姑
猶嗔不給
墻畔青條著雨滋繁陰初覆
葉齊時春深入繭蠶爭餧稚
子攜筐上綠枝

織第八圖上簇

頻執纖筐不厭疲久忘膏沐與調饑今朝士女歡顏色看我冰蠶作繭時

東隣催早耕西舍呼浸穀花殘蜀鳥啼春老吳蠶熟蚑蚑蹴雪腰盈盈皤絲腹剪草架初齊女郎看上簇

覓樹尋枝手足疲柔桑采采飼蠶飢今朝報道新抽繭老幼群欣上簇時

織第九圖炙箔

蠶性由來苦畏寒深垂簾幕夜將闌爐頭更爇松明火老媪殷勤日探看

溫扇花信風寒釀麥秋雨葭簾張蟹舍松盆煖蠶户香生雪繭明光吐銀絲縷門忌少人蹤語燕喧衡宇

重簾不捲畏風寒猶爇松明向夜闌皚雪霏霏堆滿箔殷勤弱女把燈看

織第十圖下簇

自昔蠶繅重婦功曾聞獻繭在
深宮披圖喜見纍纍滿茅屋清
光積雪同

前月浴新蠶今月摘新繭浴蠶
柳葉纖摘繭柳綿捲膏沐曾未
施風光覺潛轉隣曲慰勞來懽
情一共展

獻繭由來重女功繪圖今見
列璇宮
聖人不爲丹青美玉縠珠絲
此意同

織第十一圖擇繭

冰繭方看作素紈重綿亦藉禦
深寒就中自有因材法揀取筐
閒次第觀

傾筐香雪明擇繭檐日上大半
作絲綸三分充綿纊蠲嫗理從
容擇慣知瘠壯所慮梅雨過插
秧趂溪漲

弱繭何時成綺紈枯据冀免
一身寒八蠶獨蛹還須擇几
上分明取次觀

織第十二圖窖繭

一年蠶事已成功歷數從前屬女紅聞説及時還窖繭荷鋤又向緑陰中

挽袖解長裙香汗濕紅頰農事委良人蠶功獨在妾層層下簇完勞勞窖繭接作苦感天公冰雪滿箱篋

春日遲遲執婦功何心愛戀牡丹紅繭成好向邨頭窖荷鍤携兒緑蔭中

織第十三圖練絲

炊煙處處遶柴籬翠釜香生煮繭時無限經綸從此出盆頭喜色動雙眉

煙流矮屋青水汲前溪潔掉車若捲風映釜如翻雪絲頭入手長左右旋轉忙軋軋聽交響行人聞繭香

煮繭炊烟颺短籬絲腸纍纍練成時探湯試展纖纖手那聽枝頭叫畫眉

織第十四圖蠶蛾

蛾兒布子如金粟水際分飛任
所之莫令繭絲遺利盡來年留
作授衣資

鄰始通往來暫時觧忙促出繭
影翩翩翅光膩粉沃秧苗已抽
青桑葉再見緑送蛾須水邊流
傳笑農俗

蠶蛾絲淨方生子送向溪頭
任所之更願明春歸舍早今
年已是去年資

織第十五圖祀謝

勞勞拜簇祭神桑喜得絲成顧
已償自是西陵功德盛萬年衣
被澤無疆

豐祀報先蠶洒庭佇來格釃酒
注罇罍獻絲當圭璧堂下趨妻
拏堂上拜主伯神惠乞來年盈
箱賜倍獲

年年勞苦事耕桑及早還將
租稅償今日蠶成虔祀謝西
陵功德戴無疆

織第十六圖　緯

緑陰掩映野人家每到蠶時静
不譁一自夏初成繭後籬邊新
聽響繅車

盈盈緯車婦荆布事素樸絲絲
理到頭的的出新濯心忙不遑
食腕倦何曾覺忽聽歸鴉啼斜
陽挂屋角

蠶繅輪捲遍千家午静人慵
鳥語譁浸緯欣看供織作阿
香軋軋轉雷車

織第十七圖　織

從來蠶績女功多當念勤勞惜
綺羅織婦絲絲經手作夜寒猶
自未停梭

一梭復一梭頻鄭青燈側豔豔
機上花朶朶手中織嬌女眠齁
齁秋蟲語唧唧檐頭月漸高紙
窓明曉色

織女工夫午夜多莫將容易
着絲羅銀蘭照處方成寸已
自循環擲萬梭

織第十八圖　絡絲

無衣卒歲早關情寒氣催人蟋蟀聲茅屋疎籬秋夜永短檠相對絡絲成
女紅亦頗勞淒然當户嘆燈昏絡素絲籰重困柔腕纖纖鬢影寒沉沉夜氣半妾心不敢忙心忙絲緒亂
秋蕙深閨無限情可堪蟋蟀送寒聲玉關萬里征夫遠惆悵新絲絡不成

織第十九圖　經

織紝精勤有季蘭牽絲分理製羅紈鳴機來往桑陰裏已作吳綃匹練看
昨爲籰上絲今作軸中經均匀細分理珍重相叮嚀君看千萬縷始成丈尺絹城市紈袴兒辛苦何嘗見
砌下風飄待女蘭新絲經理欲成紈安排頭緒分長短約伴同來仔細看

織第二十圖染色

凝膏比潔絡新絲傳得仙方色陸離一代文明資賁飾須教五采備彰施

深淺練縓纁蒼黃運巧智把絲曬柴荊臨風含綺思煥然五色紛爛若雲霞織好語付機工金梭織錦字

經緯功成尚染絲晴光萬縷燦離離天工奪處闕人巧栁上還看五色施

織第二十一圖攀花

巧樣爭傳濯錦紋堪憐織女最殷勤雲章霞彩娛人意自著尋常縞布裙

織絹當織長挽花要挽雙緒繁勞玉腕梭冷燼銀缸新樣勝吳綾斜文賽蜀錦成匹落誰家詎忍裁衾枕

簇簇堆成錦繡紋攀花鬬巧最精勤堪憐織女深秋裏纔着新縫素布裙

織第二十二圖 剪帛

手把齊紈冰雪清秋衣欲製重含情逡巡莫漫施刀尺萬縷千絲織得成

千絲復萬絲成帛良非偶握尺重含情欲翦頻低首紅分的的桃青擘柔柔柳但免舅姑寒妾單亦何醜

溪尾如藍秋水清裁衣寄遠重關情金刀欲下躊躇意絲縷皆從素手成

織第二十三圖 成衣

已成束帛又縫紉始得衣裳可庇身自昔宮庭多澣濯總憐蠶織重勞人

九月屆授衣縫紉難容緩戔戔逐剪裁楚楚稱長短刀尺迎風寒元黃委雲滿帝力併天時農蠶慰飽暖

戔戔束帛費縫紉只爲祁寒事切身

聖主憂勤圖畫裏寄

萬方人

議叙從三品刑部安徽司郎中臣黃履昊敬刊於廣仁義學

# 農說

（明）馬一龍 撰
陳繼儒 訂正

《農説》，（明）馬一龍撰，（明）陳繼儒訂正。馬一龍，字負圖，號孟河，南直隸應天府溧陽縣人。嘉靖丁未（一五四七）進士，官至國子監司業。辭官歸鄉後，深憂『農不知道，知道者又不屑明農』，於是著書立説，運用陰陽學説來闡述農業生産原理。

全書一卷，由正文和注文兩部分構成，每段正文之下，施以注文。該書開篇强調以農爲本，接着講述農時與人力、土壤與施肥之間的關係，並以水稻爲重點，論述種子、插秧、除草、灌溉、開花、結實各個環節的技術要求和原理。最關鍵的是，作者運用陰陽學説闡述水稻栽培的過程，把水稻生産的環境因素，分爲陰和陽兩個互相對立，又可互相轉化的方面，指出『日爲陽，雨爲陰；和暢爲陽，沍結爲陰；展伸爲陽，斂詘爲陰；動爲陽，静爲陰；淺爲陽，深爲陰；晝爲陽，夜爲陰。』陰和陽的關係是『陽主發生，陰主斂息』。『陽以陰化』，『陰以陽變』，『察陰陽之故，參變記之機』，乃可以『知生物之功乎』。用陰陽對立轉化的觀點解釋農業生産原理，難免有其局限性，但也有一定新意及合理成分。

該書流傳的版本主要有《居家必備》《寶顔堂秘笈》《廣百川學海》《説郛續》《青照堂叢書》《二十二子全書》《五十萬卷樓舊藏》以及《叢書集成》等本。一九八九年東南大學出版社出版宋湛慶《農説的整理與研究》，便於利用。今據日本國立國會圖書館藏《陳眉公訂正農説》本影印。

（熊帝兵）

刻農說序

孟河子曰力田養母此其今日第一義也家貧親老屢

恩侍養歸而無所取備以供甘旨上負吾

[illegible]吾母皇皇然不能一朝寧處也昔吾有

先君大艱外兄史玉陽氏及二揚子憐吾貧助之金百餘不足復繼之之粟及是損其償爲

農說序　　一

與田老講求資身充養之計衆指荒蔓一區曰是田也統順至于今不畊民以賦稅累而逃亡者殆盡得是可畊亦可富矣衆爭歸之聲將前玉陽所遺物易大武十二元約傭畊者各取田收之半一歲盡墾而大有獲焉日共諸傭在畝畝視其所爲則皆農也視其所爲事皆非農者也農不知道知道者又不屑明農故天下眛眛不務此業而他圖貫人之利

率爲世途闤闠之間力倍而功不半十室九
空知道者之所深憂就田廬作農説一章以
示備之人書生言過文致逐條更爲詳説好
事者多求索書因命工刻版布諸鄉人之有
志於農者

# 陳眉公訂正農説

溧陽馬一龍　撰

槜李　九疑　李日華
　　　白石　陳天保　校



農爲國本食乃民天天畀所生人食其力書無逸曰君子所其無逸爰知稼穡之艱難則知小人之依故聖人治天下必本於農神農之教歷山不改其業禹稷之後莘野猶

振其風蓋斯民之生以食爲天而人無谷氣七日則死者其天絕也天之生人必賦以資生之物稼穡是也物產於地人得爲食力不致者資生不茂矣故世有浮食之民則民窮而財盡况以供無厭之欲而欲天下安生樂業以無叛也得乎古者一夫授田百畝不奪其時仰事俯育皆有賴也其上不求其民不爭以力足食而已至於後世人皆厭於力食

而務以其力食人是以獸相食矣而天下嘗不治嗚呼君以民爲重民以食爲天食以農爲本農以力爲功所因如此而司農之官敎農之法勸農之政憂農之心見諸詩書者惓惓焉

力不失時則食不困知時不先終歲僕僕爾故知時爲上知土次之知其所宜用其不可弃知其所宜避其不可爲力足以勝天矣知不踰力

者雖勞無功

此總言用力體要政典曰先時者殺無赦不及者殺無赦時其可失乎時一失則緩急先後之序皆倒行而逆施矣安得順暢而不困苦哉困者無所舒展之意倮倮者當然無聊手忙腳亂不得休息也然時者天時土者地脉所宜王稼穡力之所施視以爲用不可弃若欲弃之而不可也不可爲亦然合天時地

脉物性之宜而無所差失則事半而功倍矣知其可不先乎故儒者之學亦必先於致知否則發不中節其謬千里勞無功者以足僕僕之義

故畜陽不極發生乃微

此以下詳說知時之義皆用不可棄避不可爲之事上云時者主陰陽之候而言陽主發生陰主斂息物之生息隨氣升降然生物之

功全在於陽陽之生物欲盛必畜畜之極而通之大盛而後始衰者氣之終也不然散漫游佚之精安能萃而基命根苗花實之體無所待而成物矣故冬至之後一陽起於下則羣陰推而漸出寒凝固結於上所以遏其洩耳及陽氣出地物生呈露流衍布濩而不窮畜之盛大致然使冬不寒凝氣無所畜安得盛大流行而發生萬物哉是以桃李冬花無

氷不殺草春秋紀之以病愆陽農家者有云冬畊宜早春畊宜遲云早其在冬至之前云遲其在春分之後　冬至前者地中陽氣未生也春分後者陽氣半於土之上下也其意皆在陽榮陰衛欲使微陽之氣不洩求其壯盛而已於此不知所避一則初升而踣其踵一則方啓而裂其膚豈非童而牿未壯而先亢者乎亢則害牿則亡傷氣殆盡其生安得

不微〇畜陽之意不止於冬凡日爲陽雨爲陰和暢爲陽沍結爲陰展伸爲陽斂詘爲陰動爲陽靜爲陰淺爲陽深爲陰晝爲陽夜爲陰繁廡之道惟欲陽含土中運而不息陰乘其外謹毖而不出若陽洩於外而陰實其中生機轉爲殺機矣說見下文

凝陰在土其氣固嗇

陰陽往復無停機進退乘除流行者未嘗斷

續充塞者未嘗空缺大而天地之全體小而
一物之微區無不皆然故陽洩殆盡而陰即
凝其中矣何以言之冬至一陽生於地中陰
氣盡在外也時當寒凝而反和暢則固閉不
密陽氣發洩陽洩一分於外陰入一分於中
生與殺機並藏而覆與培者同出矣夫大塊
生物之功以太和流行耳其間直遂而施翕
合而受必陽居陰中乃能健運淸虛之神假

煉陰精以成形質反是則斂而固嗇固者滯而不通嗇者吝而不與而欲物各付物遂其暢茂條達之性以成豐亨裕大之體得乎是以小人之使爲國家亦必以公滅私不能開誠以通天下之志徇利忘義不能舍己以廣天下之業否泰之義復姤之幾聖人所以示訓也嚴矣○歲久不畊之地純陰固結非假太陽之力追攝何以得散又冬春二時不見

天陽亦猶是耳今夫圖埴之土未嘗生物正以內不含陽陰不外固而火煅之地藏氷不融者絶其地脉而中無陽氣來至也竊窺神化之妙陽根陰物之所以生也陰根陽物之所以成也生者謂之化成者謂之變下詳之

諸陽皆生者陽自下起發其內之一本以出於外諸陰皆死者陰自下起斂其外之散殊以入於內

此二氣分布一元循環六卦相乘萬彙始終之定理也諸陽謂自復以至夬也復十一月之卦也夬三月之卦也十二月爲臨正月爲泰二月爲大壯復自坤中來一陽始生成位於冬至至泰而開開而壯壯而夬四月復全乎乾矣諸陰謂自姤以至剝也姤五月之卦也剝九月之卦也六月爲遯七月爲否八月爲觀姤自乾中來一陰始生成位於夏至至

否而塞塞而觀觀而剝十月復全乎坤矣上下者乾坤分列之位升降者陰陽往來之氣内外者神化合辟之妙斂發者萬物生成之機出入者循環無窮之端一本散殊相禪以爲始終者也夫一元之氣升則爲陽降則爲陰進則爲陽退則爲陰初非截然二物故一日之間子前爲陽日進而上升午後爲陰日退而下降今言陰陽皆自下起蓋乾坤互相

爲物之用反覆道也大抵二氣陰陽之至當主日月爲義春秋二分晝夜相半氣之平也春分後晝漸永日在地下之刻少秋分後夜漸永日在地下之刻多陰陽消長係於是矣太虛生物之功不過日月之代明四時之錯行水火相射五行雜糅而萬物之爲物也無盡藏觀乾坤所乘四子以周一歲之氣而坎離不與焉日月之職大矣哉故冬之至井汲則

溫夏至井汲則寒其實如此內之出於外矣
之入於內者亦非臆說萬物不離乎陰陽陽
爲乾陰爲坤乾體一坤體二乾主闢坤主合
一故神兩故化闢戶自內而出於外也合戶
自外而入於內也驗之物理自然陽道生陰
道成剝之既盡生者一終矣致成於坤而旋
生於復成者至是又基其始也故穀種之生
色雖未見而生理已完具於其中厥後散殊

於外不藏舊物不過自其中之一本者發之耳及其成也復如之夫之既盡成者一終矣致生於乾旋成於姤生者至是又基其始也故歸根之狀雖未形而殺機已竅伺於其外厥後根本於中渾然全體不過自其外之散殊者斂之耳及其生也復如之

陽上而不抑遂以精泆陰下而不濟亦難以形堅損有餘補不足則精不泆而形可堅矣天地

之間陽常有餘陰常不足故醫家補陰之論後世本之然扶陽抑陰古聖至言言不師古君子不以爲妄乎易曰亢龍有悔又曰下濟而光以是見陽之精泆由於不抑陰之形脆者由於無所濟也今有上農土地饒糞多而力勤其苗勃然興之矣其後徒有美顏而無實粟俗名肥腸此正不知抑損其過而精泆者耳其法何以斷其浮根剪其附葉去田中

積行以燥裂其膚理則抑矣及其總結俱成典功已畢或土力既衰潤滋不繼溼濁未去淸氣有傷此正不知補助故粒米有空頭枯瘠粉黛諸病也

是故含生者陽以陰化達生者陰以陽變察陰陽之故參變化之機其知生物之功乎

此言陰陽變化之殊以足上文生成之義化者化生也變者變易也陽變陰化氣之宗分

儒者論著詳矣生則化成則變然必成而後有生陽根陰也生而後有成陰根陽也成者謂之變脫其本根易其故體生者謂之化融液所畜暢茂其緒夫生者陽也生不自生而含於成物之生也陽含陰中陽雖總生而實以陰化爲質本於所成者陰耳成者陰也成不自成而達之自於生物之成也陰代陽體陰雖總成而實以陽變立命本於所生者陽

耳故冬至之後生意皆含夏至之後生色皆達含者化之機遷者變之漸陰陽互爲其根求其所以然微妙而難悉也一化一變理不盡顯物自相形機緘所存非審察參詳則天地生物之功莫之有知矣○含生者先天也以後天爲之體達生者後天也以先天爲之神養生家欲求先天之氣當思化裏一變非化不能變非變則化者終於化矣推之事理

亦然凡事之立其始甚幾微充廣必盛大盛必衰衰必敝敝則變變不變則毀毀則熄此知道者之所深憂乎圖善變而不毀者其諸取法於農

故聖人推日星定四時分節候而示民以則陰陽列於四時早晚見於節候歲氣係於日星期三百有六旬有六日也日窮於次月離於紀星回於天此一歲之終也日行速而月

遲故有餘日而以閏月收之天行健而日月不能及故有歲差而以六十年約之一歲之中春而夏夏而秋秋而冬四時順布也四時有八節立春春分立夏夏至立秋秋分立冬冬至也冬至以後陽漸長立春陽之出也春分陽氣之中也立夏得陽三之二至夏至而極矣夏至以後陰漸長立秋陰之出也秋分陰氣之中也立冬得陰三之二至冬至而極

矣堯命羲和日中星鳥以殷仲春日永星火以正仲夏宵中星虛以殷仲秋日短星昴以正仲冬不詳其餘者以一中一極前後測之耳冬至一陽生主生主長夏至一陰生主殺主成故曰生者陽也成者陰也合雖未見其生逵雖未見其殺而幾已在矣易曰知幾其神乎神者造化之良能妙萬物而爲言者也得之可以把握陰陽主張造化而無難矣焉

○發其生者與其晚也寧早收其成者與其早也寧晚此陽進而前陰退而後之道也故九爲老陽七爲少陽八爲少陰六爲老陰也

衆知膏瘠不如原隰衆知蕪平不如淺深

肥饒爲膏磽爲瘠高者爲原下者爲隰蕪荒而不治者也平成熟也農家栽禾啓土九寸爲深三寸爲淺土之生物膏則茂瘠則不茂而人之相地成熟則美荒蕪則不美此皆

易知而莫不知也至如地之高下有氣脉所行而生氣鍾其下者有氣脉所不鍾而假天陽以爲生氣者故原之下多土骨而隰之下皆積泥啓原宜深啓隰宜淺深以接其生氣淺以就其天陽蓋土骨如人身之經絡而積泥如人身之餘肉耳經絡者氣血流行之所餘肉者塊然附贅之區也

常治者氣必衰再易者功必倍患因無備命在

有滋將衰而沃之助其力也欲倍而壯焉收其全矣沃莫妙於滋源壯須求其固本

此因土材而以人力輔相之衰者土力衰也倍者所穫倍也患言水暵虫傷之類溝堰陂洫桔槔蓑笠潤燥以時濟及浚築製造爲之預者則有備而無患矣命言生發收藏之元所滋之事有二以人力者灌溉鋤耘塗盪也以物力者泥糞灰粃稿卉也禾苗資土以生

土力乏則衰沃之所以助土力之乏易田倍兩歲之力不壯則不能兼收所生以致倍然沃助其衰壯求其倍勢也猶有不待其衰未禾而先沃之白塊之間者此素問所謂滋化源之意耳滋其衰者過滋或至於不能勝而病矣滋源則無是也固本者要令其根深入土中法在禾苗初旺之時斷去浮面絲根略燥根下土皮俾頂根直生向下則根深而氣

壯可以任其土力之發生實穎實栗矣

亢而過洩者水奪

此謂獨陽不長者濟之以陰也何爲亢如旣穫之後犁土在田冬春二時皆無雨雪太陽燥烈破塊之間盡爲枯體陰不外周陽不內畜氣之過洩矣水奪者以水奪之也奪其過洩之陽藉其潤澤之液包含醲結以成發生之功蓋天一生水水爲陰氣之微遏火俱化

化則合併爲用不惟不爲害而反爲利焉故
君子貴不驕富不侈賢智不先人處崇高而
憂危復盛滿而戒不待以水奪之而自能不至
於亢也

斂而固結者火攻

此謂獨陰不生者濟之以陽也何爲斂失於
鋤墾蕪翳蔽其天陽污濁淫其膚理陰沍久
而不開生意塞而不達氣之固結矣火攻者

以火攻之也攻其固結之陰假其焚燎之力疏導蒸騰以宣發育之氣蓋地二生火火爲陽氣之微遇水俱變變則轉易死氣以爲生亦不害矣水云奪者必久浸而後可奪火云攻者必猛烈而後可攻然奪之欲其過洩於外者返而攻之欲其固結於內者去也陰陽善惡其用舍去留之分有不可誣者如此

鏤寸隙不立一毛鬱蒸所至並鍾五賊

此又揭工力時氣所害爲甚者言也鎡錤寸隙墾之不遍也雖所餘徑寸他日不根適當之則詰屈不入葉雖叢生亦必以漸消盡而至於濯濯然今俗云縮科是已故犁鋤者必使斵拔數過田無不畊之土則土無不毛之病五賊食禾之虫也熱氣積於土塊之間暴得雨水醞釀蒸濕未經信宿則其氣不去禾根受之遂生蟲烈日之下忽生細雨灌入葉

底毋注節幹或當晝汲太陽之氣得水激射熱與濕相蒸遂生蟞朝露浥日濛雨日中點綴葉閒單則化氣合則化形遂生蟓熱躔根下濕行於稿夾日與雨外薄其膚遂生螟歲交熱化不雨不暘晝晦夜暘而風氣不行遂生蚩五賊不去則嘉禾不興故灌田者先須以水遍過收其熱氣按即去之然後易以新水栽禾無害不過一遍易去者雖久浸不免

且中雨露或以長竿或以疏茵披拂勿令凝着則虫不生近者田家治虫之法多以石灰桐油布於葉上亦可殺也

知天之時識地之宜昧其苞命亦無以善其後

此承上以起下也苞命見下

故祖氣不足母胎有虧其踵不踵胎氣不完其胎不胎雖成必敗蓋親下之本既久夫地而傷母之體豈能全天哉

祖氣主穀子之在秸者言也母胎主穀子之脫秸者言也祖氣不足謂未及冬至而先刈者其一成之氣既未充足以之爲種母胎有虧矣草木之生其命在土生成化變不離土氣運運相接生生無已焉若就土久氣不連屬生之雖具於胎成之則不全其數或半途而剥或成穗而秕故收種者當於冬至之後熟治高土散布其上覆以疎草可蔽鳥雀壅

以鹵灰滋潤燥桔至清明將沃之使芽除草澆糞頻助其長此第一義也其次草累美穗縣之風簷季春之始置諸深汪勿令近泥半月氣足布地而芽此雖不傷已落第二義矣但世俗浸種晝沉夜暵鹵醲鬱蒸逼之使速胎中受病拔不可去長芽嫩脆拋撒下田跌蹼拆損種種不免迷而不悟不知何見耳夫善本者斯圖末慮終者貴謀始推陳而致新

氣以交併積盛脱胎而洗髓精以剥换化生

上言天時土性人力穀種備矣此下言治禾也種得水始芽芽得土始苗移苗置之别土二土之氣交併於一苗生氣積盛矣然其始不脱則陳腐之體猶存髓不洗則濁淫之氣終在欲其稚而壯壯而盛盛而不衰也得乎故天地之間氣之積盛者力在交併精之化生者功在剥换不然同類而異形一本而殊

未異何故哉此在交併與剔換者得不得之差耳
達順則豐覆逆乃稿縱橫成列紀律不違密過
爲儔尺寸如范
栽苗者當如是也先以一指搪泥然後以二
指嵌苗置其中則苗根順而不逆縱橫之列
整則易於耘盪疎密各因其地之肥瘠爲儔
疎者每畝約七千二百科密則數逾於萬地
肥而密所收倍於疎者矣

但害生於蕪薉法謹於芟耘與其滋蔓而難圖孰若先務於決去故上農者治未萌其次治已萌矣已萌不治農其農何

蕪薉惡草之害苗者芟耘皆去草之事蔓草之延生也滋益甚也蔓難圖也出左氏皆務決去而求必得之亦古語引此以見惡不可縱漸不可長之意上農深於農理勤於農事者也未萌根株在土也上農者智力兼至知

稂莠之害苗不惟不容其延蔓於根芽未萌之時先有以治之矣是以用力少而成功多不使其害及於苗所養至而所以生全者大也已萌而治之其功次於是矣已萌而不治者必至於蔓而不可圖爲農也何以謂之農哉歎而哀之之詞知道者可以深長思矣

夫雜草之法數與草齊南稉北黍天所生地所宜人所賴以養者種之良也物之良者必貴貴

非賤等良畏惡朋

難治也惡草之害苗者不可勝數而其爲物也尤易生焉所治之法不多則不可去南粳以下原其嘗治之故蓋貴賤殊類善惡不可同居同居則善者必爲惡者所害矣天生五穀所以養人可貴之物也貴者難成而易傷賤者易起而難制於此辨之不早挨其潛滋暗長而後治之則其根株深固枝葉暢茂盤

耨而耰耰者勢盛於畝矣雖有上農亦無如之何
故農家者流思其力不足以盡圖之備假諸物其始也直木而耒其次也横木而耜又其次偏木而齒曲木末而鏟鑿木首而鋤繼之以掇終之以塗無不加以鐵焉以木直而鐵堅也攻之無遺類矣

草之滋生無窮而人之用力有限不能不假於物以爲力勝之具耳今之耒而畊者有大

畊小畊開挑罨倫大抵勤與惰之殊也飜拟遍過之說巳見於前其耙者亦多不求細熟平整粗塊臃泥凸則曝日先燥窪則注水過深是以一坵之間禾之豐瘁頓異且又妙在旋拟旋耙旋耙旋耨則燥濕和均渾水澄泥聚於根坎有壅培之力也移苗新土黄色轉青乃用搗盪搗盪雖以去草實以固苗益田之浮泥易行横根而下之實土難入頂本頂

秧入土不深橫根布於泥面則得土之生氣不厚枝葉雖繁抽心不茂矣搗欲斷其泥面橫根使其直根入土深受積厚多生之氣其後抽心始高而結穗長碩也鏟鋤皆削草器撥以手捨去餘草塗以泥壅蔽田皮既撥則洩去多水留少水在田夾泥爲塗塗時以手捻去禾心宿水候田中有燥裂即上水灌之禾心宿水既去燥時免其濕釀潰入新水又

助潤滋清氣矣養苗至此除草已盡物不能再假力不可再加然意外之虞尚不保其無也如是而猶有存者可不畏夫

此又申言稂莠之難去可畏之甚也蓋惡草賤而易生有一根踵遺於地忽不覺其蔓矣衛生固難成功亦不易華而欲實風雨不作斯將穫矣燥則多損侵以成腐

此言養之係於人而成之係於天也稻花必

稻日色中始放雨久則閉其竅而不花風烈則損其花而不實二者皆秕穀之患也及其成穀將穫土太燥則米粃乾損水多而過浸則斑黑成腐二者又皆毀成之病也陰晴燥濕是豈人力可致哉農家至此猶不得自盡況以委之蕪薉而求其不敗也可乎

故可貴之物不產非時不安非類欲其至足以遂斯民之天而農也如之何不力

此總結通篇旨意蓋穀不足則食不足食不足則民之所天不遂物之可貴如此苟非順時調護何以得之農者當知自力矣

# 梭山農譜

(清)劉應棠 撰

《梭山農譜》，（清）劉應棠撰。劉應棠（一六四三—一七二二），字又許，號嘯民，江西奉新人，生於明崇禎末年。讀書應試不成，隱居梭山，務農講學，世稱梭山先生。該書成於清康熙十三年（一六七四），《四庫全書總目》子部農家類列入存目。

該書的篇幅分爲耕、耘、獲三譜，每譜各有小序，分作『事』『器』兩目，每目下又分若干子目。目後所附的贊詞，多爲抒憤之作，不完全與農事相關。分述從整地、播種到耘田、抗蟲以至收穫、藏種等水稻生産的全過程。農事之外，也涉及農具使用等資訊。書中很少徵引前代農書，所記錄的内容應是當地農民的實踐經驗和作者本人的見識。其中關於水稻『青風』病和用蟲梳梳蟲等記載均屬首次。該書對研究明清時期南方山區農業生産具有一定參考價值，然部分問題申述不詳，文字略顯艱澀，且誤認農具『秧馬』爲馬駄秧，是其疏失。

該書有清康熙刻本及同治間《半畝園叢書》本。一九六〇年農業出版社出版王毓瑚校點的排印本。今據清同治間刻本影印。

（惠富平　熊帝兵）

# 梭山農譜

同治庚午孟冬
栞於皖城藩署



四庫全書提要

國朝劉應棠字又許奉新人梭山其所居地也其書分耕耘穫三卷詳其器與其事而每條綴以贊詞每卷各有小序詞多借題抒憤不盡切於農事也

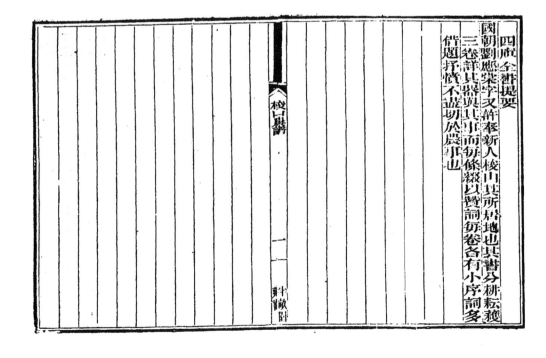

劉子又許農譜爲耕梭山時所著也乙卯適予播遷石溪攜來請正凡三卷其壯言寓言危言諷言皆有係於世道人心蓋有德者之言也予序之註之亦自附於元晏郭象之間義竊起予耳丙辰劉子遭寇亂號此書及所著史記選讀春秋言選兵選讀雲樓草諸書走白水村寇焚白水書俱燼造物刼灰文字不免惜哉無何復從避晏幃僧舍乘間歸梭山僅得其農譜原稿於瓦礫中今秋大兵進勦諸寇潰劉子始得脫虎口踉蹌到予圃而闇相對欷歔泣數行下子然無一有惟守此本拜石山近作而已予因得閱此至予所序註者不復記憶一字但覺天地造化之理古今人物之情又有新義相發如登峯涉海愈入愈深視彼風雲月露再過則塵飯土羹豈但香壞斯亦立言者之標準矣嗟乎天之厄劉子者至矣室中婦不祿稚子失恃梭山茅屋頹圮數十畝鞠爲茂草而又許狀貌沖然意致瀟灑無殊平昔山中近作亦復溫厚和平無一毫慍怒意日與兒輩讀古人書論天下事豪壯慷慨不屑作晉人清談又何其天不能厄劉子哉楊子曰耕道而得道劉子得道於耕者久固歲凶能自豐是譜也自譜也他日上之
闕廷直與豳風七月並傳劉子勉乎哉余獲知言之名矣雖然海內名碩更有共知劉子之爲人又不獨予獲知言之名也矣
康熙丁巳歲仲秋月穀旦牕道人帥承瓛書於圃而圖



# 梭山農譜耕卷序

劉應棠

盛德在木天子秉耒庶人終畝於是乎天下皆耕是耕也三時首焉雖然耕大綱耳尚有耕事有耕器維器與事是耕目也附於耕後成耕譜

梭山農譜

耕譜　新吳　劉應棠　又許

耕綱

耕字从井从耒似耕從井田起也井田之世一夫百畝半夫二十五畝食耒者準此而推士無不田人無不食三代盛世之風猶可想見不幸井田失而耕猶在是耕僅存耒矣一字不全萬累生焉所以人有饑者有飽者有饑而竟死者又有饑而好生者有飽而醜死者蓋側仄偏枯而造化顛倒隨之久矣

又曰耕以起土須貴及時周太史有言曰土膏蒸動弗震弗渝脈其滿眚穀乃不殖可知耕期一後害甚巨也農人物力裕者於穫後即收田闗潴水驅牛耕土人曰打冬耕田有水過冬土已柔澤益以春來雨水足翻耕復不後時禾未有不易長畝者梭山牛力艱冬壑未能惟謹守春時而已詩以詠之

早起飼黃犢俾飽行耕速入土鋒芒深蜩僵空草蔟土透田脚寬苗根裕長育嗟我農夫難爾牛亦孔瘁極力拯民艱氣蠱不敢貳論德遜思文論功應配位饗子薄鬆勸草青土流地





耕日　耕事耕器

耕事　計十六條

豢牛

牛之功苦大詩詳耕豚尤念自隕霜殺草以來一冬齣飽皆無生氣物兼寢食寒雨雪入春桃花暖一刹目眩矣幸有醫者自牛下藥併藥值俱有成例與之約即至先執牛顧盼病悉隨繫牛四足用針刺四體及舌血斑斑然乃用藥同酒下之數服喘者息柴者肉矣耕先務也首譜焉

未病而防維周摯焉生則吾聞之矣死則其變也噫豈惟牛哉

又曰漢東國顏子牛醫兒也獸師得賢嗣其軫念艱難之報乎故術不可不慎也

鋤角

山田若榜磽确屈曲處多牛所不能及者鋤以代之土人曰鋤田角是耕之餘也譜次焉

牛不足鋤以續君子不盡人之歡不竭人之力







收田闗

春風長養春水亦然農人故隨耕收闗以待令田受坎澤焉

天有雨露農尚惜之人有師友胡乃棄焉

燒山畔

山村畔草可以糞田然亦是一部廿一史從何處讀起先農狠手做有虞氏烈山澤法舉火一燒夜來風雨時草木之精腴已垂垂溜至田矣天下事直截痛快有過於是乎師旅之興寧能不妄殺一人須觀其意實從天下百姓起見與否此處正是王霸盜賊之辨君子慎之

剗畔

烈火之下應無草竊矣剗胡爲也土人曰根尚在恐緣化

工無私蠹復起賊秀苗矣故剗畔繼之

種德務滋除惡務盡

又曰不能爲仁者有功於爲仁者不必有仁故調停之說至今猶笑哭乎紹聖諸君宋紹聖間吕大防曾布倡調停之說蘇公軾任公伯雨力持不可

培塍

田有塍即古經界之餘也農人三時往來其上至冬土隳幾與田平東作復搭泥土厚之春日照射光烺烺宛如遊龍異境也風雨驟至兼可禦暴俾苗無溺害焉土人嘗曰作塍作字有創造意故培字較妥

夫道若大路然人胡舍其田而芸人之田

整秧田

耕事既遍謀及種田須雨不至潦晴不至亢泉甘土肥者乃可壤擇既定爰加糞焉用三耕三耙法治之三耙後土爛如麪水平於鏡矣老農曰水土和融種子浹洽易生乎謹奉教作整秧田譜

聖賢之堂天理之奥不得其門與凡卉好



浸穀種

社種平原曠野也山田氣候遲清明前後浸之受者或瓦器或木具水浮其上日加注焉

懷人饑渴爲天下父

又曰根本不枯枝葉繁茂

苞穀種

浸種取水潤也潤過反寒須看穀性急緩入苞受煖氣乃可寒煖調勻萌易矣種性急者浸三日苞緩者五日

一夫不飽曰予之辜敢自非薄乎

又曰孩提在襁可以卜世起家艱難產皆令器

秧柴

種田既治爰及秧園不遂而依山者六畜之迹不及無俟藩也近遂則須藩矣用小木或竹樅田之四圍環以茅薪維以篾仍留一小扉供農人早暮出入司雨水土人曰秧乍有音無字予轉聲爲柴玉摩詰輞川有鹿柴木蘭柴

毋曰予勇莫予敢侮壯士解散拔山之氣受給田父毋曰予聖據國而狂骨月離棄鉅橋之粟不敵壺漿

束草神

秧有柴自地來者害可遣矣自天下者鳥之殘烏乎除農人爰束草爲神四體具用小竹粘紙旗貯草人手隨風飄飄四望烏見之而避更有用鷹鷂翼作旗示之以其類烏怖更甚也



先王以神道設教民信而遂止也無禍福焉

又曰汝其務知稼穡之艱難毋怠毋荒毋峻宇雕牆毋聽讒言以淆亂莠苗厥事在身天命維民

散種

種已入苞數日而實房者生氣勃勃農人乃開苞以觀玉頂蘭芽豁人眉宇可下田矣用兩手紛揚解入筐或入箕負至種田分布焉是曰散種

置嘉種於善地罔不興焉慎無得戮而棄良田

發苗

季春之月草木遂茂禽鳥和鳴試觀田里秧緜一鍼風前
疊浪雨後仁心秀囿可愛弱亦堪憂農故勞只夙夜靡寧
天體廣大看人細微
又曰皆人虛浮一看便殺漢人樸茂屢讀不厭

拔秧

孟夏之月耒耜既用雞場就緒須種之在田者已鬱鬱葱
葱若有各自成材各奏爾功氣象聽螻蟈之鳴青青者宜
趁時種野矣定某日分秧寔起食訖齊至種田拔秧秧盈
把沸水漉清根草束之再拔計田廣狹用秧多少畢之貸
焉
或曰君子小人此時惡乎辨曰小人而貌君子者有之君
子則無心也故莠之亂苗夫子惡也



分秧 土人曰栽禾

秧雖既拔尚畢之後農者再食乃擔至田間分種焉宋東
坡先生有秧馬歌意秧去田遠者須此馬載之而行乎山
鄉無傳矣箕以盛之
天下嗷嗷待子久矣時至而自廢時未至而鹵莽其害人
之望一也是以君子慎諸
又曰毋哂我俯求我田土毋疾我仰看天早暮

餉

餉三時皆有係之耕例焉矣肉雖不常切然澹泊而疏食
同有酒肉而醉飽亦同故就棧山傭者多不後期惟是一
僕力作不復煩以他事兒年復方脫乳三時之餉皆荊妻
執爨棧山經營田家樂耶抑苦耶豳風如繪矣

南畝之饁田畯至喜盛世彝舊感動君王
又曰征誅之舉動地驚天乃從田間之黍肉起師可知吾
人日用細行具有律則禮樂失則介胄之象特不甚驗之
禍福人遂忽略耳
又曰楚王戊醴酒不設而申生去後王竟兆亡國之禍田
光先生往候荆軻醉而唾軻之耳軻覺曰言出於口而入
於耳此大事也遂往見光果商推入秦事夫同此耳中物
耳一以正用看出君臣盛衰消長一以反用看出朋友死
生悲離雖正變不同要皆聖賢之徒英雄之器正杜祁公
所云百斗何妨也
又曰周家以禮治天下氣運浹洽天道之禍福隨之至春
秋時諸賢測成敗興亡之故猶往往歸併禮字如執玉高



卑之類是也夫子曰不學禮無以立一立字包括殆盡自
經秦火之後禮運行否天道人心四字遂置高閣究竟生
直死罔之理日流行循環天地人間彼昏不知不曰死於
無理而乃曰死於數死於命是何文飾謬妄俾天道禍
淫之理吾儒戒慎恐懼之學都爲流俗汩沒曷勝浩歎
偶於農譜拈出敢曰作世鼓鐘聊以自誌韋弦

耕器 計九則

耒

耒耜之功於農一也但其任地力也耒主縱而耜主橫耒
入土深從裏攻耜入土淺從外抄譬之兵耒若大將批亢
擣虛誰遂敵兵出外賊已奪魄有就俘勢耜則奇兵復從
外應節節抄之則堅無不靡敵無不服矣是耒耜之象也

耒與耜治田家兩虎將平古聚八萬兵於農其法制譖脩
於成周其機實已蘊釀於神農之世易不云乎斲木爲耜
揉木爲耒八字始耒耜總嗣也耒形近天自然意多故曰
揉揉從手也耜形近人造作意多故曰斲斲从刀也
沉毅果敢濟以健行黎庶戴德稼穫輸誠

耜 一曰耙 諸附上

維齒有鐵維齒有竹鐵从金治以火竹从竹範以木金水
火木併以治土何頑之不覆
又曰諸明近陽沈鷙近陰何汝鋒鋭齊下倒行陽日陰用
俾予戰兢

墾鏟

以鐵爲之長潤四寸餘上有孔不方而圓穿其中以受木

柄柄長六七尺剗畔用焉外有塍刀亦有圓孔以受柄但
形狹如長舌耳有縱橫二用塍屈曲鏟方不能施者則用
刀直下間有土潤易入者則省剗力用刀橫下用不同其
則一也平原曠野之鄉則又常用鍬以起土云
凡事自上而下行嘗易誅惡亦易此鏟有焉

鐵鈀

以鐵爲之側望恍如勿字平看則似冊字但無中一橫耳
中有孔以容木柄齒極疎而鋭入泥易出泥亦易培塍專
用之
出入汙泥不爲所墨可以在田可以在國

鋤

以鐵爲之形狹不滿三寸長七八寸底平微曲上口薄有
鋒身盡處有圓孔以受木柄凡收放水鋤田皆用之
管處土之捉鋤不顧闕夫子之壁光達巨背是光明男子
分内當然事其根本節目不盡於此也人恒光短小并於
此嘖嘖欣羨徒令識者鄙耳而古人大節死不以是而少
撓至若莊子魚之既握金而復擲以處士公視之直不啻
一狗耳安得與東海之爲龍自若者分優劣哉後人猶爲
聚訟均之見小而已曷足辨

泥杷

橫用木尺三寸圓爲身身下鑿七小孔安竹齒身側鑿小
圓孔豎木柄柄長同鏟種禾時土爛如麪矣稍有不平者
則用此平之是鈀之餘也最輕小快便
府史胥徒得沾王祿醯漿酒醢亦隸周官於鑠我皇野無

遺賢

銛

用小木起一架如口字上則農按之以行牛下則安齒如
泥杷但較小此較大如耜耳齒有竹者有鐵者亦與耜同
惟耜齒倒用銛齒則順行蓋耜繼耒後塊尚頑大齒用順
則鑱入土中不出故須用倒安向牛後人立耜上催牛牛
牽耜走耜盛人走人身重壓齒齒鋒鋭是土往復數四土
無不徐徐解矣至種禾時土在水下水在土上水土漸和
無復頑塊作梗乃用銛順抄土人曰打銛所以化土成泥
亦使泥皆爲水先農整田之制甚备若此故詳辨焉
玩水致溺易行多蹶事起晏安墜履齒折

襲

形如袈裟有領繩以繫之雨則偏之以防背前有襟稍遡
腰以下古人多以蓑草為之故曰蓑即從草省也今則編
以棕皮
耕農之背尚有蓑胡人之心乃涉波犀乎靄雨披蓑晴有
時也白晝涉波陰無日也

笠

編竹篾為之戴於首以防陰雨者又有晴笠綴麥藁為之
晴雨有防農之重首也至矣
乘車者天戴笠者淵禮失求野道在石田



梭山農譜耕卷終

梭山農譜耘卷序　劉應棠

三時植時撫低昂然耘承耕而起穫厥任尤重予嘗悉其利害
正如吾身之有關候脈然蓋關上有寸關下有尺猶農耘前有
耕耘後有穫人關部不傷則上位靜腎不受剋水生矣肝木不
搖木為火母母安子順火亦靜矣水火既調陰陽不爭病安從
生農家耘時不失則東作精神至此完好西成穎栗自此胎仁
三時一氣民安若饑不害天地人併災奪而荒焉則拮据徒爾
子粒絕望耿家一哭四國同哀將見貧者詭死富者獨生究且
富者亦死盜賊獨生是失耘之害有什佰於關候之弊害身者
矣山鄉幸免刀兵祖終厥畝麯幸予耘時之未奪又未敢失之
兩者熟悉耘之境也乃作耘譜更與器亦附

# 梭山農譜

新吳 劉應棠 乂許

## 耘譜

### 耘綱

耘以足用，草深者間用手焉。倉老創耘字，从耒从云，義殊不倫，甚以去草務疾，當如雲行之速，且足銳欲同耒乎？昔人言象耕鳥耘，亦取入土深，去草疾意，若認真鳥象，便是以橐駝馬𪘏背之見論㕵畝中，帘子突不幾鄙乎？耘有三，上農全之，中農二，下農則一。梭山愧未能爲上，亦不敢居下，請以鵰之。

黎明下田先看雲，老農看雲知陰晴。願天憐予耘辛勤，烈日曝背背有壁。

殺不盡者是此草，稱類得毋亦天道？梭山一語，敢先農此。

單即族天不憾。



### 耘目

耘事 耘器

### 耘事 計七則

#### 初耘

初耘，去草也。田有土厚水肥者，草根安樂，遂盤入底不解，足官卑不畏，遂用手去之。手亦官卑然，手足固捍外衛內，有餘矣，於么麼草也何有？

庶人之議風雷出焉。

#### 遊牛

苗既盈野，肅然無敢縱畜踐者。念牛食猶艱也，擇膏水草牧之，用長繩繋牛，隨其繩盡處而食，食盡更揚如前。土人日放牛曰遊牛，又曰縻牛。至伏熱甚隆時，尤恐牛苦暍，復牽息之大樹下，芻草飽。黃牛綠陰當午睡，牛之樂何如臨。

牛之樂亦惟此時而已。

爵祿餐我臧獲而呼外愧朋友內愧妻孥

#### 拔稗

荑之亂苗，自撒種至初耘皆留辨也，至再耘時條已成。荑之爲條也，荑苗之爲條也，固固與荑易見矣，奈其長也又高出於苗，欲迹其荑也而去之，又恐其高也，是苗而止此。荑之與苗，天與地力且附之焉，孰甚焉？農人乃一眼扣定，縱手痛爲荑除，事之最快者也，請詳焉。

嗟此惡人，豺虎不食，見稂莠民死於道路。



#### 斡田

拔稗再耘事也。田有爽者，先開溝放水，後拔稗。或曰禾以水活，開溝則水走矣，禾且稿，奈何？老農曰：田質分爽、燠二種，燠者水盈禾自長，爽者水多禾 原闕

入如掃落
葉愈掃愈有但歲有直指使者至郡則迅雷震耳惡徵應
幾少息且中天之世亦有凶頑安得謂皆薛梧州遂無一
二不肖喙伏其間耶於此忽焉爲禍滋大吾之田有三耘
也殆彷彿此意也巡草也梭山聞言憮然而書且爲巡草
字新唔宋入譜以成耘卷

積學集義謹小慎微



梳蟲

山鄉田有二大患不在水旱災內而其災更甚於水旱且
爲歷朝郡縣所不陳君相所不問惟鄉人受其災者亦遂
若安於固然哭之無所訴之無由者惟是真苦也一中秋
前後禾氣完好揚花吐穗時忽冥爽迎夕土人曰稏桂花
穗觸寒氣蒸房頓黑遍麻斑杪穿索直上神氣消沮是曰
青風一中伏間酷暑蒸熱氣過地山雲應焉往往生雨
雨之去來隨大南風風來雨來風去雨去以故時濕不常
不正之氣田禾感之而腦蟲生食葉竟至有辟老農曰
兩災俱自天降青風尤甚風來無形影其殺禾也不崇朝
而遍田祖血泪俱枯不耕而食者酒肉晏笑如故慎可發
一長歎蟲雖狠猶有形可計田家奮臂舉梳行幾蟲就殲
矣蟲嘗梳者血肉俱糜梳齒上稚子持以飼雞以司晨警
戒之物食慘毒稼穡之蟲豐田野賞罰直捷乎允俾禾少
吐氣焉故作譜以附耘事後幾附亦如之

草野刑賞盛世君臣以天自處殺亦慈仁

耘器 計三則

杖

農之耘草以足也其運動全在身農力歉者恐運動過勞
或有顛蹶故制爲杖以授右手使身有所憑手足相應動
無咎矣作杖譜



斜陽倒影水璘璘看氣微涼坐草茵李負田家雖黍好經
年那有閒師八

蟲梳

以竹爲之鋸竹尺長細破之成條銳其兩頭成齒用麻縈
而橫編之齒密比有如梳然將長竹柄一根上開竹口尺
餘夾梳於中亦用麻維之持向田間兩邊俱利用不似篦
梳止得一半也

法網太密鬼神夜泣

厢車

山鄉田大半苦澇不常旱故水車制者甚少然當大旱之
年往往流泉在左右望洋而歎耳束手待斃究於天乎何
尤若平原曠野之鄉家有大小厢車又有手車牛車皆所

以備學者其創造之妙則邑先達宋公長庚天工開物書
內已詳其制故不復贅
聚土伯亞旅雖以力挽之不足猶復用牛可知事到補偏
救弊與造化分權時豈是一人智量可辦此秦誓所以思
一个臣歟



梭山農譜耘卷終

梭山農譜穫卷序

劉應棠

古者一夫百畝則望熟者一身身之上有父母身之下有妻子
同此情焉耳外此餘夫有田已不在此學數焉則言八口者亦
壞成數也幸而有年樂矣縱不逢年餘一餘三之粟日陳陳也
民安有苦饑而死者今則不然一人當家公私責之耒未登而
八口嗸嗸矣豈惟八口夏秋兩稅望焉輸矣一稔日用飲食之
貲望焉饑矣登場一滿不足之苦已在歲冀奚待來春哉諺曰
鐮上壁無飯喫一字一血也梭山年來幽莽今歲學農不幸書
風作祟勤動徒爾然公私之逋不以無年免也守禮義而甘壁
立者亦三歲飲矣或曰子作農譜將遍天下農以為計也奈為
一身言哉予敬應曰合根本而近功利後世之行也在三代時
不以為悖德則以為亂民梭山敢乎哉故作農譜穫一卷以終
三時譜皆務本意也器與事亦從同附

梭山農譜

新安　劉應棠　又許

穫譜

穫綱

聚四字而成穫蓋嘗思其義矣苗之生也原與芃同必三時不失敗成住不不然雖苗也而究草矣此正莠良之介生民渙散之幾也可不慎哉又字古篆文取義作乎以其像行乎形也刈禾以手故復从又梭山於穫字幸無玷缺何天不雨聚而降風也災祥逕庭詩以寫哀

玄鳥至矣倉庚亦鳴雷乃發聲僕曰將耕予曰是哉爾往經營仲夏之月反舌無聞僕告以耘乃聚謀食壯僕叮嚀俾此苗上受季夏月土潤溽暑大雨時行奄忽露降寒蟬復生再蓿禦侮田幹陽明八月厲字秀者皆穗十日秋烘稼穡就位胡德不終肅氣假義一夜詩風二時縱壓顛僕潛然心用憂醉杜戶山莊悵焉出望雀入大水蛤有斑黄是九月候農事登場爰呼我僕往刈稻粱僕歎而往滿箐滿稻日入乃息得穀盈筐掬以視我穰秕飛揚予復何言仰視穹蒼



穫目　穫事　穫器

穫事　計九則

雉畔

禾歷三耘草踪絕矣雉胡為乎惟是高圻低嶁之間畝多屬穢秝穖一刈後此芊芊者久矣未問經三時雨露林叢復下個壠畔幾奪稼位且擧烏鵔甾多喙伏其中未穫之

先農人所為芟辟安稼並遣耗也土人曰著田畔著字義荒改雉字

君子而商險者有之小人則未有不自呈其身者此際用刑亦易但要斷耳

又曰從古興亡除小人只有誅法少姑息便有惡緣湊合而國與天下隨之矣

放水

耘時放水斡田也穫復放焉者何老農曰禾穗既黃水力足矣過於凝注恐坎氣逗遛黃反不堅栗故復放之令土乾速實併以便刈事

王者之世雨露有餘霸者之世霜雪有餘農者之世水土有餘



扶偃

上壤氣盛穗首與人心齊中壞矣之九月老西風數過禾被之多偃者粒粒皆辛苦狼籍於途殊不忍也故用扶之

甯為顛禾不為瑞草瑞草齊佞人之章顛禾歷山人之手

扇穀

秕稃混雜穀刈時即宜決絕穫急防風雨只得就曬曬清滌草迨穫事畢乃舉風車車為扇揚流品立清矣譜重焉

青眼自在天下安能久盜名行

又曰羅士元非百里才半稔積牘一日澄清范老胸中有數萬甲兵其精神經濟俱如風行草偃非僅僅丰裁卓異者所能頡頏

藏種

今歲之種即來歲之秧也故藏種重焉擇田土肥潤其實光潤厚足者先收之懸於日致乾以潔器或木或瓦貯之川小竹籤書某種某種於上標以記焉

德足以及天下者時行則行時止則止其行也三才應焉其止也四海裕焉

收蓑

蓑一物耳古人曰稭去其皮爲席以祭天今者曰蓑編其身爲薦以凝地小物具天地之用如此故重之

善治民者竹頭木屑皆成經濟善理兵者鵝鸛鴿子亦備干戈

報賽

讀前田楚茨諸詩報賽之典由來古矣山城遺俗亦然但



少失之野耳每年西成後或遊神或演梨園各隨土俗以祀隨大嚼飲福焉梭山貧未能辦此逢秋社薄具雞觴豆肉以報因作迎神送神二曲歌之併以遺同井焉

襄襄青木香瑟瑟黃花酒田野無文素心久鳴金伐鼓薦牲牢竃土新穿土布袍 右迎神

古心古貌覲田祖明德之馨神豈吐不厭吾儕薄豆觴神其醉飽如家常于胥樂兮自今始年年大有報天子 右送神

嘗新

月令有嘗麥稻先薦寢廟之文自天子下皆得緣分以祀其先此嘗新之名所由昉且至今重也山鄉秈種少粳種多嘗新多就秈熟後土人呼秈米爲救公饑便可想其情

矣胡能待晚稻耶梭山情亦從同惟是苟叨太平雖濟泊猶不廢祀不幸凶歉日甚謂他人父兄恐不免耳太息之餘詩以寫之

無年既已苦盜復肆奇詠今年祭我祖祭我父明年瞻烏爰止未知誰氏之屋吁嗟吁嗟適彼樂郊爰得我所嗟耶嗟耶道多劉虎山妻稚子恐難支梭山片壤胡足恃

葺欄

孟冬之月閉塞成冬鳥獸藏山婦子入室獨牛處於獸而負人奇功重任將聚三冬日啖草根夜食枯蒿情可憐矣復重以風寒濕冷也不幾病立乎大雪雨不出則煮粥下鹽飼之併啖以青竹葉牽飲水潤其腹濂熱嗟乎不言之功功乃大不訴之苦苦更真梭山於牛故三致意焉



禿暖於日背熱於火今古不敢勞其耳目圍鑪飲羊羔猶呼童加重裘嗟乎牛屋

農器 計十四則

薙刀

形如鐮但身濶口無齒鋒耳土人曰撥刀又有鈎刀身直喙曲俱有小圓孔受木柄農人執以刈薪者雖忤須焉

毋輕忽鑱鑱之言可以益聖毋侮忽鑱鑱之器可以止飢

鐮

周頌曰奄觀銍刈銍即刈禾鐮也詩曰新月似磨鐮於此出一銍來首有小口以安木柄柄長七寸持以刈禾

短小精悍哭佛笑仙

偃杷

形如張弓中有長柄但弓用弦此則用木木之兩端各穿小眼柄身去弦二尺許亦鑿一小眼以小竹條貫柄身曲而上插入兩端眼中農夫荷以行又宛如弓之架箭也

妙哉偃穗欲塗者執此扶之

危而不持顛而不扶焉用彼相我身可爲豈敢憚勞

穀戽

詩曰九月築場圃十月納禾稼是禾之刈於田者仍累之於場俟食則取穗下聚於場用石環轉取穀今吾縣以東諸地此風如故山鄉不然家設木桶一口長三尺許大幾數抱刈禾時負至田以盛穀桶上豎粗竹簎如簀土人名之曰打禾簎圍桶之半聯以繩其刈禾也鱗次刈秉置田上用兩人相向倚桶而簎立持所刈秉自上擲向桶內木性堅粒性弱與堅遇粒罔不脫矣粒間有颺者又遇所豎竹簎而返以故穀皆聚桶中桶量可容數石土人曰桶房言如屋質受物多也

四凶在朝不損元凱正氣祟隧小人自敗遏務攻激爲憂

方大

穀簎土人曰打禾簎説見上

爲莠爲良我識知之其賁我有辨者必良士也匪然則否

籭

農人手力重穀隨手脫禾衣穗杪亦併隨之桶內冗雜幾不可目農人乃用穀籭圝之數圝而粗去細存穀差治矣隨用穀箕遞以入籮擔而歸以過風車土人曰扇穀是山



鄉之登場也俗以篩爲籭非也篩巨竹爲之南方人以爲船此籭正下物糙與米籭同用但米籭眼比眼細而以治米者曾溪祖所云籭子米熟是也

眼大如箕心則於篩節目疏濶粗枝巨葉是丈夫行甚生兒之歡悅

籮

平底闊口容五六斗破竹成篾爲之細篾者土人曰璅籮粗者曰折籮折則未解璅者意狀其篾之細如諺所云爲人瑣碎耶杜撰之語不覺自笑

有我知爲有也盈我知爲盈也無而爲有虛而爲盈難矣哉

穀箕

踵狹舌長似天箕星故曰箕破竹成細篾爲之穀出入於籮用以遞焉土人曰撮箕外有糞箕形同又有簸箕形圓凡用以治穀米者語曰簸之揚之糠粃在前雖是古人譬語然簸揚二字却自詩經維南有箕句來也

舌鋒不用乃近黃農

又曰幾累我身幸我不藏多藏厚亡

斛

以木爲之平底圜身口與足同微小耳受二十五升四斛爲一石山田石租雖有得穀三四石者然地僻而工苦諺云一粒盤三坵是也原田狹石租得穀二石以上黑墳逢年也耒則猶不及商君傳曰平斗桶音讀勇正指斛也若讀桶則指凡木器矣外有斗容十升有小斗容五升

罔違道以干譽罔咈百姓以從己之欲

穀箄（土人曰晒箄）

納稼之聚受口於場無暴於露說也纍於箄亦山城俗破竹成箯縱橫密織爲之長丈餘廣七尺

東方粲粲厥物噫噫不日有曝我心則悲

籮格

用竹削成兩片長尺八兩頭各穿小眼紐之以繩橫看如楷書二字直看則如草書行字篩穀時擱籮車箱下穀滿另以籮換恐穀乘損底故爲此格以盛籮竹光滑與籮性相宜籮雖負重可幸無恙亦古人慎小惜物意譜附之

謂爾有容我乃載爾爾毋邪正而並進毋滿而招損

又曰子何辭尊而居卑也曰世之好上人者我知之矣附



印腰魚鬼神不言而泣抱關擊柝妻孥交謫而安

盪子

用小木板削成如上弦月中鑿一孔受長柄聚穀於簟執此勻焉又有小盪形如古丁字即概也所以平桶而穀隆起者俗曰盪子

隨我衡量與世出入不私我父兄豈欺爾百姓

又曰晉苻堅君臣宴賦詩姜平子詠有丁字直不曲堅問爲平子曰臣丁至剛不可以曲且曲下不直之物未敢以獻堅大悅擢上第焦弱侯曰丁子有尾者而不曲乃古丁字也以丁作丁堅歟平子真所謂目不識丁者乎今盪譜偶述之以當一噱

倉廒

倉以木板爲之其形也方廒則以竹環塗之泥其製也圓二者雖非穫器然一方一圓有天地之象天地所生之物仍以象天地之器貯之此稼穡所以維貲也況斯倉斯箱詩人既已咏歎之梭山又何必異同故作一譜以附

十目所視十手所指（叶）莫謂無言黃狽白虎

風車

所以颺穀者通用杉木薄板爲之高五尺橫長亦如之有車足足計四有車身有車腹有車舌有車斗有車升有車軸此其大概也形如車迎以風故曰風車細計之匠至先以兩小木均齊並列爲衡衡前後各鑿一足兩衡則四足對峙突合看如　形側視則如古丌若然（丌音其器名所以承物者丌）上前設車身後設車腹身法地方腹法天圓中空則同而自身及腹兩邊皆用薄板橫編自衡累而上前截爲身用矩後截爲腹用規而對峙足之上各鑿小孔橫安小杜前以承身後以承腹對峙之下又鑿小孔安小杜以健足焉身之四圍用小木釘成口字以護身身上用小木板數片平鋪蓋之以盛車斗以接腹於接腹處板上開一小縫縫下重用一小木板如削刀獨長圓其兩頭於外足曰刀口即所謂車舌是也於身之接腹處護身橫木角上對鑿一小孔納刀口於其中扇穀則側開刀口令穀下受風扇止則推進刀口與木板比（并去）從斗上望（即大車斗）竟不知刀口安在何處異制也其大車斗則設之平鋪板上刀口在其下形方而仰所以受穀併飽穀毋旁落其小車升則釘之平鋪板下刀口在其上形方而俯所以下穀併飽穀毋旁溢

若其扇穀之妙則全在其腹所謂腹法天圓宛如福鼓腹板之兩旁各剜空其中如日初出如月既望於腹中空處對植小方木各一根復用小方木一根橫貫腹上兩端鑿孔納對植木末於中以固腹對植木之正中各鑿一小眼以安軸軸轉如環卽所謂正軸是也軸有葉或六片或四片交互如十字釘軸上藏腹內軸頭用鐵包之近入身處併用鐵捶成曲柄如乙字以其銳撾入軸頭引其乙字柄出植木孔外七寸使手執之以轉軸扇穀則措餘小正升下左手挽刀口右手轉軸葉葉動風颸斗內粟從縫中溜出刀口刀口下正當風處秕者無力因風遠颺實者有力勝風粒粒俱從正升口下琵琶乎鐵簫矣古農制作之工目妙如此先嚴君怡齋先生有辭一絕意思深遠不獨為風車鈎鎖得妙而已敬詩諸末以見余小子終畝之志云



辭曰春苗秋雜兮滿箱黃粱遺跡兮農心慨仗古手哉兮清風沙婦子喧嘩兮樂終穫 男應棠拜識

梭山農譜穫卷終

# 澤農要錄

（清）吳邦慶 撰

《澤農要錄》，（清）吴邦慶撰。吴邦慶（一七六五—一八四八），字霽峰，直隸霸州人，官至河東河道總督，熟悉水利事業，《清史稿》有傳。吴家世代務農，所以吴氏對農業生產比較關心。其家鄉一帶地勢低窪，常有積水，可以種稻；而北方人缺乏水稻生產經驗，吴氏於是寫成此書，傳授開墾水田、種植水稻的經驗。

全書共六卷，分爲授時、田制、辨種、耕墾、樹藝、耘耔、培壅、灌溉、用水、穫藏十項，叙述了水稻生産的各項技術經驗。書的内容主要是輯錄歷代農書中有關水稻生産技術的材料而成，不過每項内容前面所添加的吴氏按語中，包含了一定的農業生産心得。吴氏認爲，華北平原千里，水資源豐富，祇要講求水利，南方的圍田、櫃田、塗田、梯田、架田、沙田等都可以在北方實行。又認爲華北各省方志中稻名不下千百種，水稻栽培由來已久，主張在北方興修水利，廣種水稻；還可因地制宜，實行水稻與玉米等旱地作物輪作，或可種旱稻。認爲水稻生産不僅要講究耕耘、糞種，還要灌溉得法，科學用水。

吴氏在北方主持水利建設時，曾編成《畿輔河道水利叢書》，本書收載在其中。今據清道光四年（一八二四）刻本影印。

（惠富平）

序

漢書藝文志農九家百一十四篇今無傳者卽古今公私藏書簿錄農家者流亦寥寥蓋三代時春令民畢出在野冬則畢入於邑是月餘子亦入於序室而受小學故古無不學之農阿衡莘野周公明農春秋時冀缺長沮桀溺荷蓧丈人之流無不從事於耕降及漢晉南陽之躬耕栗里之荷鋤猶其遺意是古亦少不農之士後世農勤耒耜而士習章句判若二途故農習其業而不能筆之於書



士鄙其事而未由詳究其理卽今世傳有齊民要術農桑輯要諸書亦不過供學者之流覽於服田力穡者毫無裨補也余家世農未通籍時頗留心耕稼之事客歲以假旋里松楸附近緣連年積水頗有藝治稻畦者問詢其種藝之方則有與諸書合者或取諸書所載而彼未備者以鄉語告之彼則躍然試之輒有效始知古人不我欺而農家者流諸書爲可寶貴方今

聖天子軫念郊圻叠遭水患

飭諭直省大吏疏濬河道並將興修水利沮洳之區行將變爲稻鄉但北人藝稻者少種植收穫之方終多簡略余因取齊民要術農桑輯要及王楨農書徐光啟農政全書中有關於墾水田藝秔稻諸法皆詳採之又恭讀

欽定授時通考內載

列聖題耕圖詩節次詳盡於水耕火耨者大有裨助敬錄諸卷首釐爲十門訂爲六卷顏之曰澤農要錄留心斯事者得是書而考之暇時與二三父老課晴



問雨之餘詳爲演說較諸召募農師其收效未必不較捷而於古士農合一之制亦藉以少存餘意云時

道光四年歲在甲申仲春望日益津吳邦慶撰

澤農要錄目





澤農要錄卷一

授時第一

敬授人時見於堯典所謂東作西成南訛朔易皆時也其在豳風七月自于耜舉趾以逮滌場納稼言時尤詳至月令一篇雖傳爲秦時所著然皆係隆周之盛典其勞民勸相往復周摯於播種收穫之事有不啻家諭而戸曉者嘗讀呂氏春秋曰得時之稼與失時之稼約莖相若稱之得時者重粟之多量粟相若而舂之得時者多米量米相若而食之得時者忍饑又曰得時之稻大本而莖葆長稠疏穖穗如馬尾大粒無芒摶米而薄糠舂之易而食之香先時者大本而葉藁格對短稠短穗多秕厚糠薄米多芒後時者纖梗而不滋厚糠多秕是稼貴得時而稻尤重方今

畿輔之間興修水利屢見舉鍤成雲決渠爲雨變稌黍而爲秔稻是授時尤所宜亟講者然周官有稻人之職豳風有穫稻之文月令亦著食稻之儀而耕種耘穫則未有詳臚而昭示之者恭閱

聖祖仁皇帝欽頒耕織圖耕凡二十三事自浸種插秧以
至收穫祭賽節次具備又
親灑宸藻事繫以詩
四聖相承纘
神謨而重農事皆於
幾暇徧加題詠伏讀之下不惟見小民生計在
天地覆載之中者即歸
列聖涵育之內而一切種蒔培壅收穫蓋藏諸法古農書
之所未備者皆可紬繹



天章而得其竅要故敬錄之不惟補周官稻人之遺而堯
典授時一言亦始見實際云又農桑輯要論種蒔
時月及農桑通訣內授時指掌活法之圖自浸種
布秧以至薅草收稈依時列之頗詳亦附錄於後
又王象晉羣芳譜取古經傳詳釋節候亦有裨於
農正者並採焉　按耕織圖始於宋仁宗見困學紀聞
至高宗時四明樓璹爲臨安於潛令時繪爲此圖
耕圖凡二十一各繫以五言詩以上於朝其孫洪
深等刻之其從子鑰重刻之有後序見文集元有程棨摹
本並篆書璹詩此本今亦在
大內
高宗純皇帝勒石頒賜并
御製詩即用樓璹韻茲既恭錄於卷并以璹詩附後今本
係
聖祖仁皇帝命工重繪者耕圖凡二十三事謹考其源流
如左云再按程棨耕圖闕初秧祭神二事故止二
十一以樓鑰集後序考之數亦相符
欽頒之本凡二十三事幅繫以詩其二十一爲樓璹詩初



秧祭神二首爲執作無從考証詳錄之以俟博學
者之訂正云

耕織圖耕圖目錄

浸種　耕　耙耨　耖
碌碡　布秧　初秧　淤蔭
拔秧　插秧　一耘　二耘
三耘　灌溉　收刈　登場
持穗　舂碓　簏　簸揚
礱　入倉　祭神

## 聖祖仁皇帝御製耕織圖序

朕早夜勤毖研求治理念生民之本以衣食爲天嘗讀豳風無逸諸篇其言稼穡蠶桑織悉具備昔人以此被之管絃列於典誥有天下國家者洵不可不留連三復於其際也西漢詔令最爲近古其言曰農事傷則饑之本也女紅害則寒之原也又曰老耆以壽終幼孤得遂長欲臻斯理者舍本務其曷以哉朕每巡省風謠樂觀農事於南北土疆之性黍稌播種之宜節候早晚之殊蝗蝻捕治之法素愛諮詢知此甚晰聽政時恒與諸臣工言之於豐澤園之



側治田數畦環以溪水阡陌井然在目桔槔之聲盈耳歲收嘉禾數十鍾隴畔樹桑傍列蠶舍浴繭繅絲恍然如茆簷蔀屋因構知稼軒秋雲亭以觀之古人有言衣帛當思織女之寒食粟當念農夫之苦朕惓惓於此至深且切也爰繪耕織圖各二十三幅朕於每幅製詩一章以吟咏其勤苦而書之於圖自始事迄終事農人胼手胝足之勞蠶女繭絲機杼之瘁咸備極其情狀復命鏤板流傳用以示子孫臣庶俾知粒食維艱授衣匪易書曰惟土物愛厥心臧庶於斯圖有所感發焉且欲令寰宇之內皆敦崇本業勤以謀之儉以積之衣食豐饒以共躋於安和富壽之域斯則朕嘉惠元元之意也夫

## 聖祖仁皇帝御製詩

暄和節候肇農功自此勤勞處處同早辨東田穜稑種裹囊涉水浸筠籠 浸種

土膏初動正春晴野老支笻早課耕辛苦田家惟穡事隴邊時聽叱牛聲 耕

每當旰食念民依南畝三時願不違已見深耕還易耨綠蓑青笠雨霏霏 耙耨



東阡西陌水潺湲扶耖泥塗未得閒爲念饔飧由力作敢辭竭蹶向田間 耖

老農力穡慮偏周早夜扶犂未肯休更駕烏犍施磟碡好教春水滿平疇 磟碡

農家布種避春寒甲坼初萌最可觀自昔虞書傳播穀民間莫作等閒看 布秧

一年農事在春深無限田家望歲心最愛清和天氣好綠疇千頃露秧鍼 初秧

從來土沃藉農勤豐歉皆由用力分薙草灑灰滋地利心

期千畝稼如雲 淤蔭
青葱刺水滿平川移植西疇更勃然節序驚心芒種迫分
秧須及夏初天 拔秧
千畦水澤正瀰瀰競插新秧恐後時亞旅同心欣力作月
明歸去莫嫌遲 插秧
豐苗翼翼出清波莠稗叢生可若何非種自應芟薙盡莫
教稂莠敗嘉禾 一耘
曾為耘苗結隊行更憂宿草去還生隴間饁餉頻來往勞
勸田家婦子情 二耘



穲稏盈疇日正長復勤穮蔉下方塘堪憐聯背炎蒸下惟
冀青疇發紫芒 三耘
塍田六月水泉微引溜通渠迅若飛轉盡桔槔筋力瘁斜
陽西下未言歸 灌溉
滿目黃雲曉露晞腰鐮穫稻喜晴暉兒童處處收遺穗村
舍家家荷擔歸 收刈
年穀豐穰萬寶成築場納稼積如京迴思望杳瞻蒲日多
少辛勤感倍生 登場
南畝秋來慶阜成瞿瞿未釋老農情霜天曉起呼鄰里遍
聽村村打稻聲 持穗
秋林茅屋晚風吹杵臼相依近短籬比舍舂聲如和答家
家篝火夜深時 舂碓
謾言嘉穀可登盤穮秕還憂欲去難粒粒皆從辛苦得農
家真作雨珠看 篩
作苦三時用力深簸揚偏愛近風林須知白粲流匙滑費
盡農夫百種心 簸揚
經營阡陌苦胼胝艱食由來念阻饑且喜稼成登石礎從
茲鼓腹樂雍熙 礱



倉箱頓滿各欣然補葺牛牢雨雪天盼到蓋藏休暇日從
前拮据已經年 入倉
東疇舉趾祝年豐喜見盈寧百室同粒我烝民遺澤遠吹
豳擊鼓報難窮 祭神

世宗憲皇帝御製詩

百穀遺嘉種先農著懋功春暄二月後香浸一溪中重穋
隨宜辨筠籠用力同每多賢父老占節識年豐 浸種
原隰韶光媚茅茨暖氣舒青鳩呼雨急黃犢駕犂初畎畝
人無逸耕耘事敢疎勤劬課東作扶策歷村墟 耕

農務時方急春潮堰欲平烟籠高棚暗風逐去鷗輕壓笠
低雲影鳴蓑亂雨聲耙頭船共穩斜立叱牛行 耙耨
南畝耕初罷西疇耖復親四蹄聽活活十頃望畇畇蝶舞
黃萱晚鶯歸綠樹新春光長不負祇有力田人 耖
如輪轉機石歷碌向東皐驅犢亦何急平田敢告勞春塍
縈似帶沃壤膩於膏水族堪供餉傾罇醉蟹螯 碌碡
種包忻拆甲岸畔競攜筐活活衝泥布紛紛落隴香追隨
歡幼稚祝禱願豐穰氣候今年早行看刺水秧 布秧
珍惜占城種攜兒上隴來一溪添雨足盈畝喜秧開宿露



濃相裛韶陽暖復佳忻忻頻笑指轉眼可移栽 初秧
鳥鳴村陌靜春漲野橋低已愛新秧好旋看複隴齊淤時
爭早作課罷豈安棲沾體兼塗足忙忙日又西 淤蔭
吉辰逢社後比戶趁忙時盈把分青壤和根濯綠漪兒童
攜餉榼婦子製秧旗慣得爲農樂辛勞自不知 拔秧
令序當芒種農家插蒔天倏分行整整佇看影芊芊力合
鬨歌發栽齊聽鼓前一朝千頃遍長日正如年 插秧
飽雨纖纖長含風葉葉柔載芟除宿莠挹注引新流隂借
臨溪樹聲傳隔隴謳炊煙村畔起歸路緩驅牛 一耘

鬱鬱平疇綠勞勞一載耘理苗疎是法非種去宜勤笠重
初收霧鋤輕午帶雲日高忙餉婦稚子故牽裙 二耘
鋤莠日當午驕陽若火燔耘耔須盡力辛苦只今番蟬噪
風前急蛙聲水底喧釀花宜鬱暑翠浪舞翩翩 三耘
藝奪天工巧人勤地力加桔槔聲振鼓戽斗疾翻車灌注
畦旋滿嘔啞日欲斜況兼風露美犒犒吐新華 灌溉
西成已在望早作更呼讙刈穗香生把盈筐露未乾啄遺
鴉欲下拾滯稚爭歡主伯欣相慶豐年俯仰寬 收刈
紅秈收十月白水浸陂塍釀熟田家慶場新歲事登雲堆



香冉冉露積勢層層勞瘁三時過饔飧幸可憑 登場
力田欣有歲曬稻喜晴冬響落連枷急塵浮夕照濃鼠銜
猶畏懦雞啄自從容幸值豐亨世堯民比屋封 持穗
野陌霜風早柴門晚日多春聲接隣響杵韻洽幽歌顆顆
珠傾篩瑩瑩雪滿籮爲憐艱苦得把握屢摩挲 春碓
治粒頻求潔田家亦苦心篩風當戶北避日就檐隂一飽
功非易終年力不禁君看圓似玉我愛勝如金 簸
朝來風色好箕宿應維南敢借翻飛力寧教糠粃參乾圓
輸縣吏狠藉戒童男得免催租負方無俛仰慙 颺場

地結霜痕白檐虛夜氣青聲殷礱早穀風勁閉寒扃玉色鮮堪比珠光瀉不停蒸炊謀室婦農祖薦朝馨 礱

勤勞臨歲暮入囷及旦朝墉櫛寧奢望儲藏幸已饒賦完農有暇門靜吏無囂苦廩牢封固無虞雨雪飄 入倉

雨暘徵帝德豐稔慰氓愚賽鼓村迎社神燈夜禱巫酒漿瀉罍盎肴核獻盤盂敢乞長年惠穰穰遂所需 祭神

高宗純皇帝御製恭和

聖祖仁皇帝原韻

氣布青陽造化功東郊俶載萬方同溪流浸種如油綠生



意含春秀色籠 浸種

宿雨初過曉日晴烏犍有力足春耕田家辛苦那知倦更聽枝頭布穀聲 耕

九重宵旰厪民依課量陰晴總不違縹緲雲山迷樹色綠陰扶耙雨霏霏 耙耨

新田如掌水潺湲扶耖終朝那得閒手足沾塗渾不管月明共濯碧溪間 耖

帶雨扶犂一夕周作勞終畝敢辭休縱橫磟碡如梭轉膏壤勻鋪遍隴疇 磟碡

二月春風料峭寒原田彌望水雲寬最憐舊穀生新穎欲布秧時仔細看 布秧

柳暗花明春正深田家那得洽遊心老翁策杖扶兒笑却喜初秧擺綠鍼 初秧

短杓盛灰淤畝勤高原下隰望中分鳴鳩喚雨聲聲好嶺外旋看起白雲 淤蔭

勻鋪綠毯滿平川萬井風和花欲然移自南疇向西陌拔秧時節日長天 拔秧

甫田萬井水瀰瀰拔得新秧欲插時槐夏麥秋天氣好及



時樹藝莫教遲 插秧

新穎驚黃遠似波揠苗助長槁如何惟應芟薙勤人力自鮮芭根害稗禾 一耘

壺漿饁婦大隄行最是畦邊莠易生勞苦再耘還再饋可憐農叟望年情 二耘

朱火炎炎日午長三耘曝背向林塘那無解慍傳風信天際微薰動綠芒 三耘

抱甕終輸氣力微桔槔輪轉迅如飛池塘水滿新禾潤樹下乘涼待月歸 灌溉

桐風瀟灑露珠晞滿野黃雲映落暉是處腰鐮收穫遍擔頭挑得萬錢歸 收刈

登場此日望西成大有頻書慶帝京穲稏滿車皆玉粒比隣亦覺笑顏生 登場

場圃平堅灰甃成如坻露積最關情殷勤婦子爭持穗好聽千家拍拍聲 持穗

木末金風陣陣吹松明火燒隔疎籬何來舂相深宵裏可是村謳唱和時 舂碓

秋成那得暫遊盤顆粒精粗欲別難周折不辭身手瘁猶盈一掬幾回看 篩



郭外人家茆舍深門前揚簸趁風林莫令飄墮成狼戾辛負耕夫力作心 簸揚

相將南畝苦胼胝望歲心酬庶免饑石磑礧來珠顆潤家家鼓腹樂雍熙 礱

霜點楓林似火然千倉滿貯賜從天輸官不假徵催力喜值如雲大有年 入倉

擊鼓吹豳報屢豐朝看索饗萬家同更期來歲如今歲歲歲年年願莫窮 祭神

高宗純皇帝御製用樓璹原韻詩

穀種如人心其中含生生韶月開初律向陽草欲萌三之日于耜東作農將興筠筐浸春水次第宛列成 浸種

四之日舉趾吾民始事耕驅犍更扶犁勞哉擬魚頳水寒猶凍足不辭來往行詎作圖畫觀眞廑宵旰情 耕

皮衣豈農有布褐聊禦寒翻泥仍欲平驅耙漾細瀾牽因人力傯亦知牛股酸寄語玉食者莫忘稼穡難 耙

覆耕不厭勤塍頭更畛尾齒長入地深土細漉成滓旋旋泥復沉澄澄波欲起耖功乃告竣方罫鋪清水 耖



南木北以石水陸殊命匠圓轉藉牛牽牛蹄踏泥淖蹄傷領亦穿乃得田如掌惟應盡此勞邉敢恃有相 碌碡

浸穀出諸籠欲坼甲始肥左腕挾竹筐撒種右手揮一畝率三升均勻布淺漪新秧雖未形苗秀從此期 布秧

既備播農人有相賴田祖灰草治疾藥糞壤益肥乳攻補雨致勤仍望以時雨遂其穎栗成辛苦費久許 淤蔭

新秧五六寸剌水綠欲齊輕拔虞傷根亞旅共挈攜擔籠歸於舍以水洗其泥不越宿即插取東移置西 拔秧

芒種時已屆蠶眠麥欲涼未離水土氣趁候插秧卻步

復伸手整直分科行不獨箕裘然服疇敢或忘 插秧
耕勤種以時庭碩苗抽新撮疎鏃後生稂秕務除根塍邊
更戽水溉田漾輕敍胼胝正爾長劼劬始一耘 一耘
徐進行以膝熟視俯其首平壠有程度叢底毋留莠簞食
與壺漿肩挑忙弱婦家中更無人攜兒遑慮劬 二耘
三耘諺曰壅加細復有耔漚泥培苗根嘉苗勃生薿老農
念力作瓦壺挈涼水苦熱暢一飲畢功戒半委 三耘
決水復溉水農候悉用莊桔槔取諸井翻車取諸塘胥當
盡人力曝背那乘涼粒食如是艱字餠嗤何耶 灌溉



我穀亦已熟我工猶未卒敢學陶淵明五斗羞腰折男婦
艾田間秋風侵布褐秋風尚可當最畏冬三月 收刈
九月築場圃捆積頗慶優束穲滿新架穉穗遺舊疇周雅
咏如坻亰觀黃雲秋迴顧溪町間白水空浮浮 登場
取粒欲離藁輪枷敲使脫平場密布穗揮霍聲互發即此
幸心慰寧復厭耳聒須臾看遺穗突然如樹柮 持穗
禾穗雖已擊糠粃穛陳前臨風揚去之乃餘淨穀圓憐彼
農功細嘉此農心專所以九重上惕息虔祈年 簸揚
有竹亦有木胥當排釘齒其下承以石磨礲成粒子轉軸

如風鳴楦架擬山峙不孤三時勞幸逢一旦此 礱
溪田無滯穗秋林有落葉農夫那得閒相杵聲互答一石
舂九斗精鑿期珠滑復有水碓法轉輪代足踏 舂碓
織竹爲圓筐疎密殊用篩疎用籭以前細用舂已過胥三
弗厭精登倉近堪賀力作那偷閒誰肯茅簷臥 籭
村舍亦有倉用備供天庾艱食惜狼戾蓋覆藉屋廡背負
復肩挑入廒忙日午輸賦不稍遲恐防租吏怒 入倉

仁宗睿皇帝御製詩

青陽序肇始兆庶力田疇藏種筠籠貯隔年堅栗收清香



滿盆盎佳實浸汀洲三日秧針起從茲東作修 浸種
綠畦新水活稽務始於耕雖藉烏犍力先勞亦足行泥翻
畎畝闢波漾淺深盈舉趾土膏動化機地底萌 耕
深耕繼易耨次第紀田功人踏微波面牛牽積淖中短蓑
雜障雨破笠不遮風水陸咨宜用胼胝南北同 耙耨
方春農事接扶耖下田渠蕩滌溪泥細疏通地氣舒策牛
農父急驅犢牧童徐役膝涉淤滓庶期深淖除 耖
耨耖序咸度方施碌碡平匀泥依軌直旋軸濺波濤器本
隨宜制功由運掌成樞機轉不息磊塊漫牽縈 碌碡

田畦既平治嘉種布芳津埂堰沿溪直陂塘漾水勻涉波
盈百頃播穀趁三春稠密無行列移栽待候循（布秧）
布種盈畦畛授時春已深溶溶遮穀面簇簇出秧針浥雨
根滋隴含風香滿塍老翁閒策杖茂對足娱心（初秧）
土化沿周禮鳩鳴序不淆農家無暇豫地脈有肥磽刈草
良苗茂灑灰短杓抛滋生先納垢至理味衡茅（淤蔭）
韶光度九十節物近清和柔毯鋪青甸新秧滿綠波移根
透積淖拔穎出圓渦越隴蒔南畝連塍荷擔多（拔秧）
好雨潤阡陌蒔秧首夏時隔隄羣力作終畝共忘疲疎密



排成列縱橫務合宜佇欣千頃遍嘉穎漾清漪（插秧）
良苗初發後稂莠必先除耘治勿留稗芟夷以漸鋤分畦
滌陳草隔隴注清渠豐茂庶符願含颸薿薿舒（一耘）
再耘近炎暑揮汗敢辭勞日炙畦波溽風來陌樹高開襟
扇頻颺饋餉婦親操寄語治民吏堂餐恐濫叨（二耘）
去疾莫如盡三耘始絶根傴僂遍爬抉穮蓘望滋蕃人事
戒疎懶天工協潤暄安良先斷莠治理念常存（三耘）
水利通溝洫田功茂育加桔槔流響逸䆉稏漾芬除隔堰
波翻影盈畦浪疊花踏歌忘力倦柳外日西斜（灌溉）

耕春繼耘夏勤苦逮深秋農務三時接嘉禾千畝收腰鐮
刈畦畔背負度隄頭遺穗兒童拾連塍晚稼稠（收刈）
萬寶幸成熟登場慶老農充盈皆玉粒堆積若崇墉勞力
甫田穫慰心稔歲逢所欣免債負百室樂熙雍（登場）
年康徧堆積曝曬趁秋晴鋪穗如茵厚磤場若掌平連耞
擊穫秸分粒擇華英恍見豐亨象沿村打稻聲（持穗）
民力眞艱苦農功無暇時曉舂依破壁夜碓隔疎籬願協
田禾熟心知節序移索綯亟乘屋已近禦寒期（舂碓）
杵臼事差畢仍須用竹籭精華益珍貴穅秕不留遺敢忽



田功細相忘手力疲重農爲政要稼穡必先知（籭）
欲令精粗判臨風試簸揚聲輕如散雨影細乍流香箕帚
收宜淨斗升謀實藏未能忘歉歲多貯爲留防（簸揚）
礱磑及時用軸旋共挽推摩肩揮汗雨礪齒響殷雷珠顆
勻圓瀉穀皮磊落堆稼成誠不易敦俗勸栽培（礱）
西成繼栗烈分貯萬倉箱力作無閒暇功收有蓋藏完租
消宿債足食積餘糧顆粒皆辛苦臨民勿怠荒（入倉）
田祖司多稼庶民報祀誠升香騰瑞靄擊鼓和歡聲穫稻
實倉廩知時順雨晴披圖衷承慕務本厚蒼生（祭神）

附樓璹詩
溪頭夜雨足門外春水生筠籃浸淺碧嘉穀抽新萌西
疇將有事耒耜隨晨興隻雞祭句芒再拜祈秋成 浸種
東臯一犂雨布穀初催耕綠野暗春曉烏犍苦肩頳我
銜勸農字杖策東郊行永懷歷山下往事關聖情 耕
雨笠冒宿霧風蓑擁春寒破塊得甘霔齧塍浸微瀾泥
深四蹄重日暮兩股酸謂彼牛後人著鞭無作難 耙耨
脫絝下田中盎漿著塍尾巡行遍畦畛扶耖均泥滓遲
遲春日斜稍稍樵歌起薄暮佩牛歸共浴前谿水 耖

力田巧機事利器由心匠翩翩轉圜樞衮衮鳴翠浪三
春欲盡頭萬頃平如掌漸暄牛已喘長懷丙丞相 碌碡
舊穀發新穎梅黃雨生肥下田初播殖卻行手奮揮明
朝望平疇綠鍼刺風漪審此一寸根行作合穗期 布秧
春工正當時下種看期度乘閒攜子遊策杖臨堭路看
水汎西湖臨風方日暮農家事可知應費心無數 初秧
殺草聞吳兒灑灰傳自祖田田滿沃壤活活流膏乳塍
頭鳥啄泥谷口鳩喚雨敢望稼如雲工夫盡如許 淤蔭
新秧初出水渺渺翠毯齊清晨且拔擢父子爭提攜既
沐青滿握再櫛根無泥及時趁芒種散著畦東西 拔秧
晨雨麥秋潤午風槐夏涼溪南與溪北笑歌插新秧拋
擲不停手左右無亂行我教插秧馬代勞民莫忘 插秧
時雨既已潤良苗日維新去草如去惡務令盡陳根泥
蟠任犢鼻膝行生浪紋脊惟有虞氏德盛感鳥耘 一耘
解衣曰炙背戴笠汗濡首敢辭冒炎蒸但欲去稂莠壺
漿與簞食亭午來餉婦要兒知稼穡豈曰事攜幼 二耘
農田亦甚劬三復事耘耔經年苦艱食喜見苗薿薿老
農念一飽對此出饞水願天均雨暘滿野如雲委 三耘

揠苗鄙宋人抱甕慚蒙莊何如銜尾鴉倒流竭池塘穲
稏舞翠浪籧篨生晨涼斜陽耿疎柳笑歌問女郎 灌溉
田家刈穫時腰鐮競倉卒霜濃手龜坼日永身罄折兒
童行拾穗風色凌短褐歡呼荷擔歸望望屋山月 收刈
禾黍已登場稍覺農事優黃雲滿高架白水空西疇用
此可卒歲願言免防秋太平本無象村舍炊煙浮 登場
霜時天氣佳風動木葉脫持穗及此時連耞聲亂發黃
雞啄遺粒烏鳥喜聒聒歸家抖塵埃夜屋燒榾柮 持穗
娟娟月過牆簌簌風吹葉田家當此時村舂響相答行

聞炊玉香會見流匙滑更須水轉輪地碓勞蹴踏春碓
茅簷齁枿臼竹屋細簏簸照人珠琲光奮臂風雨過計
功初不淺飽食良自賀西鄰華屋兒醉飽正高臥簏
臨風細揚簸糠粃零風前傾瀉雨聲碎把翫玉粒圓短
裙箕帚婦收拾亦已專豈圖較斗升未敢忘凶年簸揚
推挽人摩肩展轉石礪齒般床作雷音旋風落雲子有
如布山川培塿勢相峙前時斗量珠滿眼俄有此礬
天寒牛在牢歲暮粟入庾田父有餘樂炙背臥檐廡却
愁催賦租胥吏來旁午輸官王事了索飯兒叫怒入倉

潯農要錄　卷一　廿

一年農事週民庶皆安逸歌謠遍社村共享昇平世五祭神
風君德生十雨蒼天濟當年后稷神留與後人祭
農桑輯要時之早晚案齊民要術有上中下三時水稻三月種者爲上時四月上旬爲中時中旬爲下時旱稻二月半種爲上時三月爲中時四月初及半爲下時大
率以洛陽土中爲準此亦舉一隅之義爾以周公土圭
之法推之洛南千里其地多暑洛北千里其地多寒暑
既多矣種藝之時不得不加早寒既多矣種藝之時不
得不加遲又山川高下之不一原隰廣隘之不齊雖南
乎洛其間山原高曠景氣淒清與北方同寒者有焉雖

北乎洛山隈掩抱風日和煦與南方同暑者有焉東西
以是爲差苟比而同之殆類夫膠柱而鼓瑟矣氾勝之
書有言種無期因地爲時此不刊之論也表而出之庶
覽者有所折衷焉
農桑通訣舜在璿璣玉衡以齊七政說者以爲天文器
後世言天之家如洛下閎鮮于妄人輩述其遺制營之
度之而作渾天儀曆家推步無越此器然而未有圖也
蓋二十八宿周天之度十二辰日月之會二十四氣之
推移七十二候之遷變如環之循如輪之轉農桑之節
以此占之四時各有其務十二月各有其宜先時而種
則失之太早而不生後時而藝則失之太晚而不成故
曰雖有智者不能冬種而春收此圖之作以交立春節
爲正月交立夏節爲四月交立秋節爲七月交立冬節
爲十月北斗旋於中以爲準則每歲立春斗杓建於寅
方日月會於營室東井昏見於牛建星晨正於南由此
以推積十日而爲旬積三旬而爲月積三月而爲時積
四時而成歲一歲之中月建相次周而復始氣候遷遷
與日曆相爲體用所以授民時而節農事即謂用天之

潯農要錄　卷一　廿一

道也夫授時歷每歲一新時圖常行不易非歷無以起圖非圖無以行歷表裏相參轉運而無停渾天之儀粲然具在是矣然按月農時特取天地南北之中氣立作標準以示中道非膠柱鼓瑟之謂若夫遠近寒暖之漸殊正閏常變之或異又當推測晷度斟酌先後庶幾人與天合物乘氣至長養之節不至差謬此又圖之體用餘致也不可不知務農之家當家置一本攷歷推圖以定種蓺如指諸掌故亦名曰授時指掌活法之圖



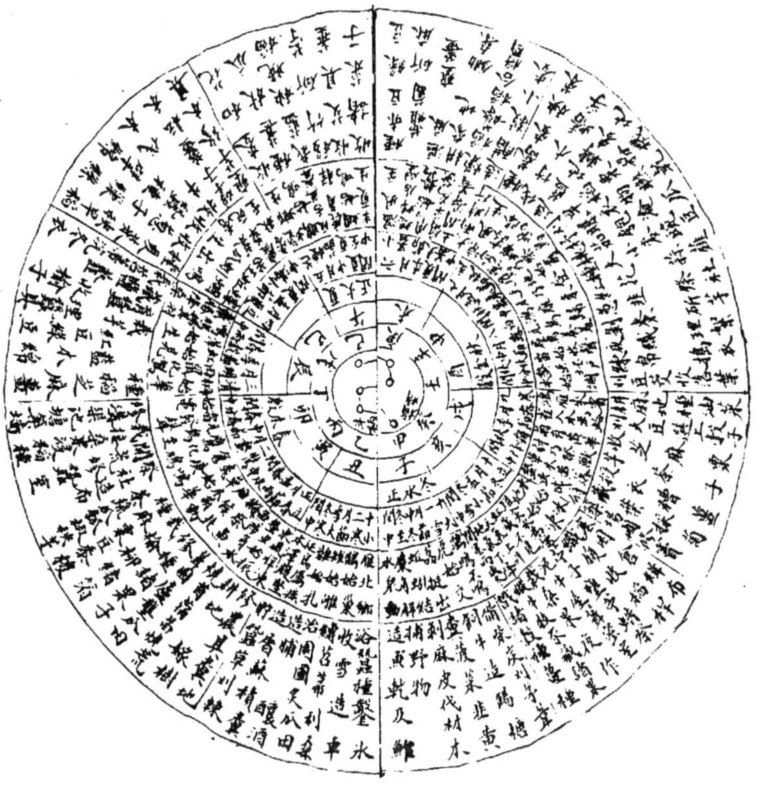

羣芳譜一歲共十二月二十四氣七十二候大寒後十五日斗柄指艮爲立春正月節立始建也春氣始至而建立也一候東風解凍凍結于冬遇春風而解也二候蟄蟲始振蟄藏也振動也感三陽之氣而動也三候魚陟負氷上遊而近水也立春後十五日斗柄指寅爲雨水正月中陽氣漸升雲散爲水如天雨也一候獺祭魚歲始而魚上則獺取以祭二候候雁北陽氣達而北也三候草木萌動天地交泰故草木萌生發動也雨水後十五日斗柄指甲爲驚蟄二月節蟄蟲震驚而出也一

候桃始華二候倉庚鳴倉庚黃鸝也倉淸也庚新也感春陽淸新之氣而初出故鳴三候鷹化爲鳩即布穀也仲春之時鷹喙尚柔不能捕鳥瞪目忍飢如痴而化化者返歸舊形之謂春化鳩秋化鷹如田鼠之于鴽也若腐草雉爵皆不言化不復本形者也驚蟄後十五日斗柄指卯爲春分二月中分者半也當春氣九十日之半也一候元鳥至元鳥燕也春分來秋分去二候雷乃發聲四陽漸盛陰陽相薄爲雷乃者象氣出之難也三候始電電陽光也四陽盛長氣洩而光生也凡聲屬陽光亦



屬陽春分後十五日斗柄指乙爲淸明三月節萬物至此皆潔齊而明白也一候桐始華桐有三種華而不實曰白桐亦曰花桐爾雅謂之榮桐至是始華也二候田鼠化爲鴽鴽鶉也鼠陰而鴽陽也三候虹始見虹日與雨交天地之淫氣也淸明後十五日斗柄指辰爲穀雨三月中雨爲天地之和氣穀得雨而生也一候萍始生萍陰物靜以承陽也二候鳴鳩拂其羽拂羽飛而翼迫其聲也三候戴勝降於桑蠶候也穀雨後十五日斗柄指巽爲立夏四月節夏大也物至此皆假大也一候螻

蟈鳴螻蟈一名䶂鼠一名螜陰氣始故螻蟈應之二候蚯蚓出蚯蚓陰類出者承陽而見也三候王瓜生王瓜土瓜也立夏後十五日斗柄指巳爲小滿四月中物長至此皆盈滿也一候苦菜秀荼爲苦菜感火氣而苦味成不榮而實曰秀榮而不實曰英此苦菜宜言英二候靡草死靡草草之枝葉靡細者葶藶之屬凡物感陽生者強而立感陰生者柔而靡薺草則陰至所生也故不勝陽而死三候麥秋至麥以夏爲秋感火氣而熟也小滿後十五日斗柄指丙爲芒種五月節言有芒之穀可播



種也一候螳螂生螳螂飲風食露感一陰之氣而生至此時破殼而出二候鵙始鳴鵙百勞也惡聲之鳥梟類也不能翱翔直飛而已三候反舌無聲諸書謂反舌爲百舌鳥能反覆其舌感陽而鳴遇微陰而無聲也芒種後十五日斗柄指午爲夏至五月中萬物至此皆假大而極至也一候鹿角解夏至一陰生鹿感陰氣故角解二候蜩始鳴莊子謂蟪蛄夏蟬也語曰蟪蛄鳴朝三候半夏生半夏藥名居夏之半而生也夏至後十五日斗柄指丁爲小暑六月節暑氣至此尚未極也一候溫風

至溫熱之風至小暑而極故曰至二候蟋蟀居壁感肅殺之氣初生則在壁感之深則在野三候鷹始摯摯擊也月令鷹乃學習殺氣未肅鷙鳥始學擊搏迎殺氣也小暑後十五日斗柄指未爲大暑六月中暑至此而盡泄一候腐草爲螢離明之極則幽陰至微之物亦化而爲明不言化者不復原形也二候土潤溽暑土氣潤故鬱蒸爲溽濕三候大雨時行前候溽暑而後候則大雨時行以退暑也大暑後十五日斗柄指坤爲立秋七月節秋揫也物至此而揫斂也一候涼風至西方凄清之



風也溫變而肅也二候白露降大雨之後涼風來天氣下降茫茫而白尚未凝珠故曰白露降三候寒蟬鳴今初秋夕陽聲小而急疾者是也立秋後十五日斗柄指申爲處暑七月中陰氣漸長暑將伏而潛處也一候鷹乃祭鳥金氣肅殺鷹感其氣始捕擊必先祭二候天地始肅三候禾乃登禾者穀之連藁秸之總名成熟曰登處暑後十五日斗柄指庚爲白露八月節陰氣漸重露凝而白也一候鴻雁來淮南子作候雁自北而南來也二候元鳥歸元鳥北方之鳥故曰歸三候羣鳥養羞養羞

謂藏美食以備冬月之養白露後十五日斗柄指酉爲秋分八月中至此而陰陽適中當秋之半也一候雷始收聲雷屬陽八月陰中故收聲入地萬物隨以入也二候蟄蟲坯戸坯益其蟄穴之戸使通明處稍小至寒甚乃墐塞之也三候水始涸水春氣所爲春夏氣至故長秋冬氣返故涸也秋分後十五日斗柄指辛爲寒露九月節氣漸肅露寒而將凝也一候鴻鴈來賓鴈後至者爲賓二候雀入大水爲蛤嚴寒所至蜚化爲潛也三候菊有黃華菊獨華於陰故曰有也寒露後十五日斗柄



指戌爲霜降九月中氣愈肅露凝爲霜也一候豺乃祭獸以獸祭天報本也方餔而祭秋金之義二候草木黃落色黃搖落也三候蟄蟲咸俯皆垂頭畏寒不食也霜降後十五日斗柄指乾爲立冬十月節冬終也物終而皆收藏也一候水始氷水而初凝未至于堅故曰始氷二候地始凍土氣凝寒未至于坼故曰始凍三候雉入大水爲蜃大水淮也立冬後十五日斗柄指亥爲小雪十月中氣寒而將雪矣第寒未甚而雪未大也一候虹藏不見陰陽氣交爲虹陰氣極故虹伏言其氣下伏也

二候天氣上升三候地氣下降天地變而各正其位不交則不通故閉塞也小雪後十五日斗柄指壬爲大雪十一月節言積寒凜冽雪至此而大也一候鶡鴠不鳴陽鳥感六陰之極而不鳴二候虎始交虎感微陽萌動故氣益盛而交也三候荔挺生大雪後十五日斗柄指子爲冬至十一月中日南陰極而陽始生也一候蚯蚓結六陰寒極之時蚯蚓交結如繩二候麋角解冬至一陽生麋感陽氣故角解三候水泉動水者一陽所生一陽初生故泉動也冬至後十五日斗柄指癸爲小寒十



二月節時近小春故寒氣猶小一候鴈北鄉鴈避寒而南今則北飛禽鳥得氣之先故也二候鵲始巢至後二陽已得來年之氣鵲遂爲巢知所向也三候雉鴝雉陽鳥也鴝雌雄同鳴感于陽而有聲也小寒後十五日斗柄指丑爲大寒十二月中時已二陽而寒威更甚者閉塞不盛則發洩不盛所以啟三陽之泰此造化之微權也一候雞乳乳育也雞木畜麗于陽而有形故乳二候征鳥厲疾至此而猛厲迅疾也三候水澤腹堅氷徹上下皆凝故曰腹堅一元默運萬彙化生四序循環千古

不易極之而陽九百六不過此氣之推遷耳



# 澤農要錄卷二

## 田制第二

粤古井田之行考諸周禮六尺爲步步百爲畝畝百爲夫夫九爲井殆較若畫一也然春秋去古未遠井田之法猶存而左氏稱蔿氏之治楚也曰書土田書土田之所宜辨京陵絶高曰京大阜曰陵表淳鹵淳鹵埆薄之地表之輕其賦稅數疆潦數其疆界有水潦者計數減其租入也規偃豬偃豬下濕之地規度其受水多少町原防廣平曰原防隄也隄防間地不得方正如井田別爲小畦町也井沃衍沃衍平美之地如周禮制以爲井田由是推之則卬陵陂澤



高下異宜之地其時必皆有變通萬無溝澮阡陌截然正方之理

畿輔平原千里誠神皐之奧區然西北則太行擁抱東則滄海回環中則通川廣淀交相貫午今欲講求水利於其中則田畝亦必有因地制宜之處農書所載田制凡八則曰圍田曰櫃田此近淀泊及苦水潦之所可用者曰塗田此天津永平瀕海而受潮汐之所可用者曰梯田則西北一帶山麓嶺坂所可用者曰圃田則瀕海及鑿井之鄉所當用

者曰架田惟閩粵有之吳越間不多見也然淀泊巨浸中居民艱於得土或亦可試行之曰沙田江海沙渚之田也然永定滹沱濁流之旁亦間有焉至區田相傳伊尹以七年之旱制此法救民又云按法種之畝可得六十石是皆不足信然古皆稱屢試有驗前代嘗以其法布之宇內定爲課程限以畝數故詳採齊民要術及諸家說以附其下水利之所不及者以備歉收而盡地利亦農家者流所不廢也



圍田築土作圍以繞田也蓋江淮之間地多藪澤或瀕水不時淹沒妨於耕種其有力之家度視地形築土作隄環而不斷內容頃畝千百皆爲稼地後值諸將屯戍因令兵衆分工起土亦倣此制故官民異屬復有圩田謂疊爲圩岸捍護外水與此相類雖有水旱皆可救禦凡一熟餘不惟本境足食又可贍及鄰郡實近古之上法將來之永利櫃田築土護田似圍而小面俱置瀽穴水道相通順置田段便於耕蒔若遇水荒田制既小堅築高峻外水難入內水則車之易涸淺浸處宜種黃穋稻周禮謂澤草生種之芒種黃穋稻白種至收不過六十日則熟以避水溢之患如水過澤草自生穇稗可收高涸處亦宜陸種諸物皆可濟饑此救水荒之上法一名壩水溉田亦曰壩田與此名同而實異

附俞汝爲曰海邊斥鹵地方恃護塘隔絕鹽湖雨水洗去鹵性有圍築成田者築隄鑿河引內潮之水以資灌溉而水遠難致雨澤稍稀便乏車救十年三熟此與山鄉地形勢相類近年民間告明官府豁除掘損田畝之糧于田心中開積水溝爲夏秋車戽計凡溝漊多處其田多熟或於遠宅開池則近宅之地必有收成此蘇松



沿海地方試之有成效者但細訪老農云每十畝之中用二畝爲積水溝纔可救五十日不雨若十分全旱年分尚不免於枯竭況一畝乎大抵水田稻苗全賴水養炎日消水甚易以十日消水二寸計之五十日該消去田間水一尺即二畝溝中亦不免于消水總計其潤是溝中常有五六尺之積斯足用耳豈可望于夏秋亢旱之日且稻苗生長秀實該用水浸溉一百二十日十畝取二畝作積水溝僅救半旱斯言非謬必於山原上勢相視窪下可蓄水處築爲大澤或環數里或環數十里

上流之水涓涓不息庶足救濟全旱矣嘗與潘知縣鳳梧熟論西北墾荒之要潘云若計開田先計蓄水眞確見也

林應訓興修水利文移稿爲照溝洫圩岸皆以備旱潦而爲三農之急務人人所當自盡者縱使官府開深江浦而各區各圖之溝洫圩岸不修則終無以獲灌漑之利杜浸淫之患也除幹河支港工力浩大者官爲估計處置興工外至于田間水道應該民力自盡爲此酌定式則出給簡明告示綠圩張掛仍刻成書冊給散糧里



令民一體遵守施行

一定式樣以便稽查吳中之田雖有荒熟貴賤之不同大都低鄉病澇高鄉病旱不出二病而已病澇者則以修築圩岸爲急圩岸既各高厚雖有水溢自難潰入而淹沒之矣病旱者則以開濬溝洫爲急溝洫既各深通雖遇旱乾自可引流而灌注之矣況開渠者勢必置土於圩旁築圩者理當取土於溝內二者又自有相成之機今後不必差官泛然丈量該府縣止分別孰爲低鄉當急修圩孰爲高鄉當急開渠每年府縣水利官先時議定開築之法如開溝洫不論舊時疏通與否其濶即以兩旁老岸爲主其深務以一丈二尺爲率若相地宜應加深濶者聽決不許減少前數挑起之土務要置在舊隄之內就便護隄庶使雨水不能淋漓復流於河如附近有低田堪以培高者即以其土培之亦可至于極高地方不用隄岸而土無堆放者亦即就靠內一邊攤放蓋高鄉多種荳棉一時不妨陸種祗得河深則灌漑自利內中田畝仍自不妨於水種也若惜此尺寸之地弗令攤土沿河堆積復入河中無水灌漑則內中田畝



悉成枯槁矣至於築圍岸不論舊時完固與否其底濶務要一丈其面濶務要六尺其高如底之數若應加高厚者聽決不許減少前數如田過五百畝以上者便要從中增築一界岸一千畝以上者便要從中增築二界岸每界岸底濶四尺面濶二尺高與外圩平岸傍仍可栽種荳麥如極低鄉或近河蕩深處難於取土令民於圩內傍圩田起土增築岸外再築圩岸一層高止一半如階級狀岸上插水楊圩外植茭蘆以防衝激取土之田計所損量派各田出銀津貼俟陸續簡取河泥塡平

照舊耕種永無後患是所損者小而所益者大也若互相吝惜不分界岸卽如今年霪雨連旬洪水一發車救不前全圩無望矣又有一等低窪田畝嵌作中心無從畜洩有願開鑿通河運泥增高者聽廢田之價衆戶均認廢田之稅牽攤本圩照此式樣給示遍諭委官分頭區畫每一圩爲一圖明白貼說前件每一圖作二本一送縣備照一付圩甲諭衆俟至冬十月剋日出示興工

一定夫役以杜騷擾各鄉溝洫圩岸雖有長短廣狹不齊然不過爲一圩之田而設也故田少則圩必小田多



則圩必大而環圩之溝洫因之此水利此圩之田則當役此圩有田之戶矣各縣卽令塘長備開某圩周圍若干丈外環溝洫若干丈圩內之田若干畝某人得業若干畝共該圍岸若干丈不論官民士庶隨田起役各自施工如田橫濶一丈者築岸一丈（徐光啟曰此法誤要須計算本圩之田與本圩之岸平分丈尺不宜偏累近岸之田開河亦然多有一家數畝狹長之田全並河岸者旣盡壞其田復盡用其力非偏累乎）橫濶十丈者築岸十丈開河亦然對河兩家各開其半溝頭岸側非一家所能辦者計畝出夫衆共協力挨序編號置簿稽查仍備載前圖之後興工之日塘長不必沿門催夫徒取需求科派之議先期五日插標分段責令圩甲布告各戶某日興工聽其至期各行照段用力如式挑築

一設圩甲以齊作止塘長之設舉一區而言之也一區之中各有數圩計當僉殷實之家充之但一時僉報諸弊俱生或圖展脫或營身充無不至矣各縣不必僉報卽以本圩田多者爲之雖其殷實與否不可知然其田旣甲於一圩之中則其人自足以當一圩之長矣興工之日塘長責令圩甲躬行倡率某日起工某日完工庶



幾有所統領而無泛散不齊之弊中有業戶不聽倡率聽其開名呈治如圩甲不行正身充當或至別行代頂查出枷號示衆是圩之有甲也專爲本圩修濬而立工完卽罷非如里長有勾攝之苦亦非如塘長有奔走之煩雖一時倡率不無勞費然利歸其田又非若驅之赴公家之役者等也

一嚴省視以責成功訪得常年非不議行修濬而水利之官多不下鄉乃使各區塘長至縣報數或朔望遞結而已如此虛文何益實事今後興工之日各塘長圩甲

務要在圩時時催督開濬工完未可便行開壩放水俱聽各府縣掌印官并水利官分頭親勘如一圩不完責在圩甲一區不完責在塘長輕則懲戒重則罰治本院與該道又不時間出以察之如一縣中有十處不完責在縣官一府有二十處不完則府又有不得不任其咎矣

一禁侵截以通便利訪得各鄉水利原自疏通近多豪家適已自便於上流要害廣插茭菱稍有淤墊即謀佃為田所司不察輕付執照亦有居民貪圖小利竭澤而



漁沿流置斷及有挑出田內泥土增廣田圩堆放竹排木排橫截河港甚有上鄉全賴湖水灌溉奸滑人戶乃於浦口下流設堰橫截百般刁難然後放水入內又其甚者假以報稅起科遂侵為已物豬水專利以致田地灌溉無資若不通行嚴禁終為水道之梗今後各府縣水利官責令各塘長圩甲凡有侵截之家即便報出姑令改正免罪至於灘田先年曾經丈量收入會計冊內無礙水道者姑聽如舊其未經徵糧者盡數報官開除

按畿南附近淀泊及低窪水潦之地可為圍田圩田者甚多故備錄修圩文移稿南北雖異酌量行之均可

收效

塗田書云淮海惟揚州厥土惟塗泥夫低水種皆須塗泥然瀕海之地復有此等田法其潮水所淤沙泥積於島嶼或墊溺盤曲其頃畝多少不等上有鹹草叢生候有潮來漸惹塗泥初種水稗斥鹵既盡可為稼田所謂瀉斥鹵兮生稻粱盈邊海岸築壁或樹立樁橛以抵潮汎田邊開溝以注雨潦旱則灌溉謂之甜水溝其稼收比常田利可十倍民多以為永業又中土大河之側及淮灣水滙之地與所在陂澤之曲凡潢汙洄互壅積泥滓退皆成淤灘亦可



種藝秋後泥乾地裂布擲麥種於上其所收比淤田之效也夫塗田淤田各因潮漲而成以地法觀之雖若不同其收穫之利則無異也

附袁黃寶坻勸農書瀕海之地潮水往來淤泥常積有鹹草叢生此須挑溝築岸或樹立樁橛以抵潮泥其田形中間高兩邊下不及十數丈即為小溝百數丈即為中溝千數丈即為大溝以注雨潦此甜水淡水也其地初種水稗斥鹵既盡漸可種稻所謂瀉斥鹵兮生稻粱非虛語也

圃田種蔬果之田也周禮以場圃任園地註曰圃樹果蓏之屬其田繚以垣墻或限以籬塹負郭之間但得十畝足贍數口若稍遠城市可倍添田數至半頃止結廬于上外周以桑課之蠶利內皆種蔬先足長生韭一二百畦時新菜二三十種惟務多取糞壤以爲膏腴之本處有天旱臨水爲上否則量地鑿井以備灌漑地若稍廣又可兼種蔬芋果穀等物比之常田歲利數倍此園夫之業可以代耕至于養素之士亦可托爲隱所因得供贍又有宦游家若無別墅就可棲身駐迹如漢陰之獨力灌畦河陽之閒居



鬻蔬亦何害于助道哉

梯田謂梯山爲田也夫山多地少之處除磊石及峭壁例同不毛其餘所在土山下自横麓上至危巔一體之間裁作重磴卽可種藝如土石相半則必疊石相次包土成田又有山勢峻極不可展足播殖之際人則傴僂蟻沿而上耨土而種躡坎而耘此山田不等自下登陟俱若梯磴故總曰梯田上有水源則可種秫秔如止陸種亦宜粟麥蓋田盡而地地盡而山山鄉細民必求墾佃猶勝不稼其人力所至雨露所養不無少穫然力田至此未免艱食已

附徐獻忠山鄉水利議予寓居吳興屢見各鄉旱災不收大受饑困山鄉平田既少一遇旱暵泉流枯涸既無所資坐以待斃有司者徒見下鄉平田頗有潤色不肯特爲奏免糧稅予按視其地皆坐不知水利之故元儒梁寅有鑿池漑田之議其畧云畝畝之間若十畝而廢一畝以爲池則九畝可以無災患百畝而廢十畝以爲池則九十畝可以無災患予嘗至上虞之夏蓋湖觀之方知梁子之議可行而永久利民矣有志經國者當相視一鄉之中擇其最高仰者割爲陂湖先均其稅額於



衆利之民次營別業以招失田之戶大展陂岸使廣而多受雖亢旱之年不至耗涸從高瀉下均資廣及沾潤一番可以經月雖有凶災不能及矣況陂湖之利魚蝦雜產茭葦叢生貧者資以養生富者因而便利大雨一注泉流復積前者既瀉後者復蓄山鄉水利無逾此者故孫叔敖之芍陂汝南之鴻隙陂古人成績可以引証自非爲民父母者力主其事愚民誰肯割其成業者乎至於下鄉之田亦有高亢不通資灌者莫若照依北方掘鑿大井上置轆轤汲引之利亦民自辦民可樂成不

可謀始若出力任事惟存乎人必須久任之方可有成功也按此則播種山田者若無流泉亦須為陂塘於高處以資澆灌

架田架猶筏也亦名葑田集韻云葑菰草也葑亦作葑江東有葑田又淮東二廣皆有之東坡請開杭之西湖狀謂水涸草生漸成葑田考之農書云若深水藪澤則有葑田以木縛為田坵浮繫水面以葑泥附木架上而種藝之其木架田坵隨水高下浮泛自不淹浸周禮所謂澤草所生種之芒種是也芒種有二義鄭元謂有芒之種若今黃穋穀是也一謂待芒種節過乃種今人占候夏至小滿至芒



種節則大水已過然後以黃穋穀種之於湖田然則有芒之種與芒種節候二義可並用也黃穋穀自初種以至收刈不過六七十日亦以避水溢之患竊謂架田附葑泥而種既無旱暵之災復有速收之效得置田之活法水鄉無地者宜效之

沙田南方江淮間沙淤之田也或濱大江或峙中洲四圍蘆葦駢密以護隄岸其地常潤澤可保豐熟普為塍埂可種稻秫間為聚落可藝桑麻或中貫湖溝旱則平溉或傍繞大港澇則洩水所以無水旱之憂故勝他田也舊所謂坍江之田廢復不常故畝無常數稅無定額正此謂也宋乾道年間近習梁俊彥請稅沙田以助軍餉既施行矣時相葉顒奏曰沙田者乃江濱出沒之地水激於東則沙漲於西水激於西則沙復漲於東百姓隨沙漲之東西而田焉是未可以為常也其事隨寢時論是之

區田農桑通訣按舊說區田地一畝闊一十五步每步五尺計七十五尺每一行占地一尺五寸該分五十行長一十六步計八十尺每行一尺五寸該分五十四行長闊相乘通二千七百區空一行種於所種行內隔一區種一區



除隔空外可種六百七十五區每區深一尺用熟糞一升與區土相和布穀勻覆以手按實令土種相着苗出看稀稠存留鋤不厭頻旱則澆灌結子時鋤土深壅其根以防大風搖擺古人依此布種每區收穀一斗每畝可收六十六石今人學種可減半徐光啟曰當攷古今度量又參考氾勝之書及務本書謂湯七年之旱伊尹作為區田教民糞種負水澆稼諸山陵傾阪及田邱城上皆可為之其區當于閒時旋旋掘下正月種春大麥二三月種山藥芋子三四月種粟及大小豆八月種二麥豌豆節次為之不可貪多夫儉豐

不常天之道也故君子貴思患而預防之如嚮年壬辰戊戌饑歉之際但依此法種之皆免饑殍此已試之明效也竊謂古人區種之法本爲禦旱濟時如山郡地土高仰歲歲如此種藝則可常熟惟近家瀕水爲上其種不必牛犁但鍬钁墾劚又便貧難大率一家五口可種一畝已自足食家口多者隨數增加男子兼作婦人童稚量力分工定爲課業各務精勤若糞治得法沃灌以時人力既到則地利自饒雖遇災不能損耗用省而功倍田少而收多全家歲計指期可必實救貧之捷法備荒之要務也



附農政全書按賈思勰曰區田以糞氣爲美非必須良田也諸山陵近邑高危傾阪及丘城上皆可爲區田區田不耕旁地庶盡地力凡區種不先治地便荒地爲之以畝爲率令一畝之地長十八丈廣四丈八尺當横分十八丈作十五町町間分爲十四道以通人行道廣一尺五寸町皆廣一尺五寸長四丈八尺尺直横鑿町作溝溝一尺深亦一尺積穰於溝間相去亦一尺嘗悉以一尺地積穰不相受令弘作二尺地以積穰種禾黍於溝間夾溝爲兩行去溝兩邊各二寸半中央相去五寸旁行相去亦五寸一溝容四十四株一畝合萬五千七百五十株種禾黍令上有一寸土不可令過一寸亦不可令減一寸凡區種麥令相去二寸一行一溝容五十二株一畝凡四萬五千五百五十株（禾一斗有五萬一千餘粒黍亦少此少許大豆一斗一萬五千餘粒）區種荏令相去三尺胡麻相去一尺區種天旱常溉之一畝常收百斛上農夫區方深各六寸間相去九寸一畝三千七百區一日作千區區種粟二十粒美糞一升合土和之畝用種二升秋收區則三升粟畝收百斛丁男長女治十畝十畝收千石歲食三十



六石支二十六年中農夫區方九寸深六寸相去二尺一畝千二十七區用種一升收粟五十一石一日作三百區下農夫區方九寸深六寸相去二尺一畝五百六十七區用種六升收二十八石一日作二百區（諺曰頃不比畝善謂多惡不如少善也）區中草生茇之區間以剗剗之若以鋤鋤苗長不能耘之者以劬鐮比地刈其草蕿徐光啟曰區收一斗畝六十六石卽區田一畝可食二十許人葢古今斗斛絕異周禮食一豆肉飲一豆酒中人之食也孔明每食不過數升而仲達以爲食少事煩若如今斗則

中人豈能頓盡孔明數升已自不少而廉頗五斗得無太多計如今之畝若斗則每畝可收數石可食兩人以下耳見文學張宏言有冀雍法即今常種稻田亦可得穀畝二十許斛也近年中州撫院督民鑿井灌田竊意遠水之地自應種旱穀若鑿井以爲水田此令民終歲愲愲也若云救旱穀則炎天爍土一井所灌其潤幾何必須教民爲區田家各二三畝以上一家糞肥多在其中遇旱則汲井溉之此外田畝聽人自種旱穀則豐年可以兩全即遇大旱而區田所得亦足免於饑窘比於



廣種無收效相遠矣

王爾緝區田法謂區田之法眞貧家濟荒之勝策但如隔區間種不但中道難行亦且耘鋤水灌皆費周折不如視地濶狹於中畫路以一尺五寸通畛爲度而畫一種禾之溝亦以通畛一尺五寸爲度區規深則一尺用熟糞一升照數均入以手按實視其可灌則按時澆灌之爲工省而法捷也至若一區能收穀一斗一畝能六十石及三十石之說則亦恐不然昔余當庚子辛丑大旱時亦曾力務爲此雖人事未至精到要之工力頗勤亦只可畝五六石而止彼畝收六十石三十石之說或古人誘人力務區種之旨乎然如大旱之歲鄰田赤地千里而區田一畝獨有六七石之穫果若數口之家能殫力務成二十畝區田便可得全八口之家父母妻子之命其收效不亦宏且厚耶嗚呼豐儉不常是乃天道家無素蓄之粟抑且父母妻子之責上下關於巳身即夫思患預防可無慮歟

陸桴亭云趙過代田之法其簡易遠過區田蓋區田之法必用鍬钁墾掘有牛犁不能用其勞一必擔水澆灌



有車戽不能用其勞二且隔行種行田去其半於所種行內隔區種區則半之中又去其半田且存四之一矣而得粟欲數十倍於縵田雖有良法恐不及此今欲以代田之法參區田之意更斟酌今農治田之方而用之凡未下種之初先令民以牛犁治田甽甽深一尺廣二尺長終其畝畝間爲隴隴廣一尺積甽中之土於隴上一畝之地濶十五步步當六尺十五步得九十尺當爲甽隴三十道畎之首爲衡溝以通灌輸夫甽隴分則牛犁用矣衡溝通則車戽便矣甽廣於隴則田無棄地矣

乃令民治糞糞之法各以其土之所宜及時播種播種之法一如區田先以水灌溝使土少蘇平其塊礓乃徐播種以手按實蓋之以灰而微潤之苗出耘之如法使其中爲四行相去五寸間可容鋤生葉以上乃漸耨壠草壅土以附之其應下壅及應閣水復水俱依令農法治之當必有驗



# 澤農要錄卷三

## 辨種第三

周禮稻人掌稼下地易氏註謂稻宜於荆揚厥土塗泥乃沮洳下濕之地而職方氏謂幽州之稼宜三種鄭氏註謂黍稷稻經無明文鄭氏必目驗知之是幽州之宜稻從古然也稻之品有秔有粳有糯有秈其形則有長芒短芒長粒短粒圓頂扁面其色則分赤白紫烏其質則分堅鬆香否其性則分温凉寒熱然種植之家惟識播種之早晚以無



失時爲要考直隸志乘産稻之州縣各載其土之所宜茲詳錄之至各直省稻名見於志乘者不下千百種大約隨俗爲名未暇錄也又宛平涿州房山之間有種名

御稻米者色微紅而粒長氣香而味腴四月插秧六月可熟土人甚珍之後恭讀

聖祖御製幾暇格物編始知其種出於

豐澤園之水田禮緯含文嘉云神農就田作耨天應以嘉穀今睹茲稻知緯言殆非虛也敬錄卷首以

彰瑞應又京東豐潤玉田之間多種旱稻者他處亦間種之不資灌溉而自成穎粒得無宋占城稻之遺乎然史傳云占城稻始於宋真宗時而賈思勰爲北魏人所著齊民要術言種旱稻法甚詳或北土本有此種宋時燕雲十六州不在封内故無由得之耳他如二麥蜀秫稗種皆於近水爲宜異時營成水田則此數種皆可滋旁潤而佐民食故並附篇末云

聖祖御製幾暇格物編豐澤園中有水田數道布玉田穀種歲至九月始刈穫登場一日循行阡陌時方六月下旬穀穗方穎忽見一科高出衆稻之上實已堅好因收藏其種待來年驗其成熟之早否明歲六月時此種果先熟從此生生不已歲取千百四十餘年以來内膳所進皆此米也其米色微紅而粒長氣香而味腴以其生自苑田故名御稻米一歲兩種亦能成兩熟口外種稻至白露以後數天不能成熟惟此種可以白露前收割故山莊稻田所收每歲避暑用之尚有羸餘曾頒給其種與江浙督撫織造令民間種之聞兩省頗有此米惜未廣也南方氣暖其熟必



早於北地當夏秋之交麥禾不接得此早稻利民非小若更一歲兩種則畝有倍石之收將來蓋藏漸可充實矣昔宋真宗聞占城有早熟稻遣使由福建而往以珍物易其禾種給江淮兩浙即今南方所謂黑穀米也粒細而性硬又結實甚稀故種者絶少今御稻不待遠求生於禁苑與古之雀銜天雨者無異朕每飯時嘗願與天下羣黎共此嘉穀也

直省志書宛平縣物產稻有糯粳二種香河縣物產粳稻糯稻水稻旱稻昌平州物產稻處處有之惟玉泉山袍榆泉更佳膳米於是需焉房山縣土產稻紅白二種石窩稻色白粒大米粒美盛煮經三晝夜不餲遵化州物產稻有東方稻雙芒稻虎皮稻之類皆食米糯稻有旱糯白糯黃糯皆可釀酒種者粳稻九糯稻一旱田九水田一灤城縣土產稻有黃鬚者有烏鬚者有秔稻有旱稻米微紅又有糯稻淶水縣土產稻種於水田者惟石亭新莊村有之所出不多邢臺縣物產稻有三種紅口芒稻糯稻

燕山叢錄房山縣有石窩稻色白味香美以爲飯雖盛暑經數旬不餲

爾雅翼稻米粒如霜性尤宜水故五穀外別設稻人之官掌稼下地漢世亦置稻田使者以其均水利故也古者之於穀菽與苴以食農麥以接續至於食稻衣錦則以爲生人之極樂以稻味尤美故也稻一名稌然有黏有不黏者今人以黏者爲糯不黏者爲秔然在古則通得稻稌之名說文曰稻稌也沛國謂稻曰稬秔稻屬或作粳是則直以稬爲稻耳若鄭康成註周禮稌粳也則稻是粳然要之二者皆稻也故氾勝之云三月種秔稻四月種秫稻字林云糯黏稻也秔稻不黏者今人亦皆以二穀爲稻若詩書之文自依所用而觧之如論語食夫稻則稻是粳月令秫稻必齊則稻是糯周禮牛宜稌則稌是秔豐年多黍多稌爲酒爲醴則稌是糯又稻人之職掌稼下地至澤草所生則種之芒種是明稻有芒有不芒者今之粳則有芒至糯則無是通稱稌稻之明驗也又有一種曰秈比於粳小而尤不黏其種甚早今人號秈爲早稻粳爲晚稻又今江浙間有稻粒稍細耐水旱而成實早作飯差硬土人謂之占城稻云始自占城國有此種昔真宗知其耐旱遣以珍寶求其種始植於後苑後在處播之按國朝會要大中祥符五



年遣使福建取占城禾分給江淮兩浙漕并出種法令擇民田之高者分給種之則在前矣

農政全書徐獻忠曰居山中往往旱荒乞得旱稻種往時宋真宗因兩浙旱荒命於福建取占城稻三萬斛散之仍以種法下轉運司示民卽今之旱稻也初止散於兩浙今北方高仰處類有之者因宋時有江翾者建安人爲汝州魯山令邑多苦旱乃從建安取旱稻種耐旱而繁實且可久蓄高原種之歲歲足食種法大率如種麥治地畢豫浸一宿然後打潭下子用稻草灰和水澆之每鋤草一次澆糞水一次至於三即秀矣

天工開物五穀獨遺稻者以著書聖賢起自西北也今天下育人民者稻居什七凡稻種最多不黏者禾曰秔米曰粳黏者禾曰稌米曰糯南方無黏黍酒皆糯米所爲質本粳而晚收帶黏俗名婺源光之類不可爲酒只可爲粥者又一種性也又香稻一種取其芳氣以供貴人收實甚少滋益全無不足尙也

附薥秫齊民要術種粱秫法曰種秫欲薄地而稀一畝用子三升半種與植稷同時燥濕之宜杷勞之法一同

稷苗收刈欲晚

徐光啟農政全書曰蜀秫古無有也後世或從他方得之其黏者近秫故借名爲秫今人但指此爲秫而不知有粱秫之秫誤矣別有一種玉米或稱玉麥或稱玉蜀秫蓋亦從他方得種其曰米麥蜀秫皆借名之也又曰北方地不宜麥禾者乃種此尤宜下地立秋後五日雖水潦至一丈深不能壞之但立秋前水至即壞故北土築隄二三尺以禦暴水但求隄防數日即客水大至亦無害也



附稗徐光啟農政全書曰稗有多種水曰稗旱曰䅶水旱皆有植有穉又稗多收能水旱可救儉孟子言五穀不熟不如荑稗淮南所謂小利者皆以此且稗稃一畝可當稻稃二畝其價亦當米一石宜擇佳種於下田藝之歲歲無絶倘遇災年便得廣植勝於流移捃拾不其遠矣

又曰下田種稗遇水澇不滅頂不壞滅頂不踰時不壞春種者先秋而熟可不及於澇或夏澇及秋而水退或夏旱秋初得雨速種之秋末亦收故宜歲歲留種待焉

氾勝之書曰稗既堪水旱種無不熟之時又特滋茂盛易生蕪穢良田畝得二三十斛宜種之備凶年稗中有米熟擣取米炊食之不減粟米又可釀作酒

徐光啟農政全書曰北土最下地極苦澇土人多種蜀秫數歲而一收因之困敝余教之多藝麥當不懼澇澇必於伏秋間弗及麥也澇後能疏水及秋而涸則藝秋麥不能疏水及冬而涸則藝春麥近河近海可引潮者即旱後又引秋潮灌之令沙淤地澤亦隨時藝春秋麥此法可令十歲九稔若收麥後隨意種雜糧則聽命於



水旱可也凡春麥皆宜雜旱稗耩之刈麥後長稗即歲再熟矣稗既能水旱又下地不遇異常客水必收亦十歲可致七八稔也

徐藏器曰稗有二種一種黃白色一種紫黑色紫黑色者似芑有毛北人呼爲烏禾

徐光啟曰稗子有二種水稗生水田邊旱稗生田野中今處處有之苗葉似䅟子葉色深綠脚葉頰帶紫色結子如黍粒大茶褐色味微苦性微溫

耕墾第四

逸周書曰若農之服田務耕而不耨維草其宅之既秋而不穫維禽其饗之是耕者農之首事也呂氏論耕道詳矣曰凡耕之大方力者欲柔柔者欲力息者欲勞勞者欲息棘者欲肥肥者欲棘棘羸弱也急者欲緩緩者欲急濕者欲燥燥者欲濕然泰多高亢之地所論葢陸耕也若水耕火耨則亦有專門之論如周禮謂稻人以涉揚其芟而作田黃氏謂草芟著土則復生故以涉揚之涉農器度如今之耙也又田稼澤以殄草而芟夷之註謂夏六月之時以水絕草之後生者至秋水涸芟之明年乃稼此與月令所云燒薙行水利以殺草如以熱湯同一糞田疇而美土疆耳氾勝之賈思勰之論大率不出此陳旉王楨之徒又祖述氾賈之說然其論山隰原野之寒暖平耕深浸之分别皆藝秔稻者所不可不知也故詳採其說又創開荒地謂之墾新開地內草根既死種植嘉穀所收常倍於熟田蓋開曠既久地力有餘苗稼鬯茂子粒蕃息也諺曰坐賈行商不如開荒若得近沮洳之地合力墾治其所



穫不更當倍蓰耶並附其法於後殆不啻饋貧之糧歟

氾勝之書種稻春凍解耕反其土

農桑輯要治秧田須殘年開墾待氷凍過則土脈酥來春易平且不生草

天工開物凡稻田宜本秋耕墾使宿藁化爛敵糞力一倍一耕之後勤者再耕三耕然後施耙則土質勻碎而其中膏脉釋化也凡人力窮者兩人以扛懸耜項背相望而起土兩人竟日敵一牛之力若耕後牛窮製成磨耙兩人肩手磨軋一日敵三牛之力

田家五行種稻須犁耙三四遍

陳旉農書山川原隰多寒經冬深耕放水乾涸雪霜凍沍土壤蘇碎當始春又遍布朽薙腐草敗葉以燒治之則土暖而苗易發作寒泉雖冽不能害也若不能然則寒泉常浸土脉冷而苗稼薄矣詩稱有冽氿泉無浸穫薪冽彼下泉浸彼苞根蓋謂是也平陂易野平耕而深浸即草不生而水亦積肥矣俚語有之曰春濁不如冬清始謂是也

農桑通訣南方水田泥耕其田高下濶狹不等以一犁用

一牛挽之作止回旋惟人所便註高田早熟八月燥耕而熯之以種二麥其法起墢爲疄兩疄之間自成一甽一段耕畢以鋤横截其疄洩利其水謂之腰溝二麥既收然後平溝甽蓄水深耕俗謂之再熟田也下田熟晚十月收刈既畢卽乘天晴無水而耕之節其水之淺深常令塊墢半出水面日暴雪凍土乃蘇碎仲春土膏脉起卽再耕治又有一等水田泥淖極深能陷乎畜則以禾杠横亘田中人立其上而鋤之南方人畜耐暑其耕四時皆以中晝

馬一龍農說鎡錤寸隙不立一毛註鎡錤寸隙墾之不遍也雖有餘徑寸他日禾根適當之則詰屈不入葉雖叢生亦必以漸消盡俗云縮科是已故犁鋤者必使翻抄數過田無不毛之土則土無不毛之病

馬一龍農說亢而過洩者水奪歛而固結者火攻註何爲亢如既穫之後犁土在田冬春二時皆無雨雪太陽燥烈破塊之間盡爲枯體陰不外周陽不內蓄氣過洩矣以水奪之藉其潤澤之液奪其過洩之陽包含融結以成發生之功何爲歛失於鋤墾蕪驛蔽其天陽汚濁淫於膚理陰沍久而不開生氣塞而不達氣固結矣以火攻之假其熒燎之力攻其固結之陰疏導蒸騰以宣發鬱之氣

馬一龍農說註農家栽禾啟土九寸爲深三寸爲淺膏沿熟荒此皆易知至如地之高下有氣脉所行而生氣鍾其下者有氣脉所不鍾而假天陽以爲生氣者故原之下多土骨而濕之下皆積泥啟原宜深啟隰宜淺深以接其生氣淺以就其天陽

氾勝之書春地氣通可耕堅硬強地黑壚土輒平摩其塊以生草草生復耕之天有小雨復耕和之勿令有塊以待時所謂強土而弱之也春候地氣始通椓橛木長尺二寸埋尺見其二寸立春後土塊散上没橛陳根可拔此時二十日以後和氣去卽土剛以此時耕一而當四和氣去耕四不當一杏始華榮輒耕輕土弱土望杏花落復耕耕輒藺之草生有雨澤耕重藺之土甚輕者以牛羊踐之如此則土強此謂弱土而強之也春氣未通則土歷適不保澤終歲不宜稼非糞不解慎無旱耕須草生至可種時有雨卽種土相親苗獨生草穢爛皆成良田此一耕而當五也不如此而旱耕塊硬苗穢同孔出不可鋤治反爲敗田秋無雨而耕絕土氣土堅垎名曰腊田及盛冬耕泄陰氣土

枯燥名曰腩田腩田與脂田皆傷田二歲不起稼則一歲休之凡愛田常以五月耕六月再耕七月勿耕謹摩平以待種時五月耕一當三六月耕一當再若七月耕五不當一冬雨雪止輒以蔄之掩地雪勿使從風飛去後雪復蔄之則立春保澤凍蟲死來年宜稼得時之和適地之宜田雖薄惡收可畝十石

四民月令正月地氣上騰土長冒橛陳根可拔急菑强土黑壚之田二月陰凍畢釋可菑美田緩土及河渚水處三月杏華勝可菑沙白輕土之田五月六月可菑麥田



齊民要術凡開荒山澤田皆七月芟艾之草乾即放火至春而開墾其林木大者劉殺之葉死不扇便任耕種三歲根枯莖朽以火燒之耕荒畢以鐵齒鎬鏄再遍耙之漫擲黍穄勞亦再偏明年乃中爲穀田

又凡耕高下田不問春秋必須燥濕得所爲佳若水旱不調寧燥無濕燥雖耕塊一經得雨地則粉解濕耕堅垎湖洛數年不佳諺曰濕耕澤鋤不如歸去言無益而有損濕耕者白背速鏽撈之亦無傷否則大惡也

又凡秋耕欲深春夏欲淺犁欲廉犁廉耕細牛復不疲秋耕𥝾青者爲上比至冬月青草復生者其美與小豆同也初耕欲深轉地欲淺耕不深地不熟轉不淺動生上也菅茅之地宜縱牛羊踐之踐則根浮七月耕之則死非七月復生矣

農桑通訣耕地之法未耕曰生已耕曰熟初耕曰塌再耕曰轉生者欲深而猛熟者欲淺而廉此其略也北方農俗所傳春宜早晚耕夏宜兼夜耕秋宜日高耕中原地皆平曠旱田陸地一犁必用兩牛三牛或四牛以一人執之量牛强弱耕地多少

又墾耕者其農功之第一義歟墾除荒也耕犁也凡墾闢荒地春曰燎荒如平原草萊深者至春燒荒趁地氣通潤草芽欲發根荄柔脆易爲開墾夏曰



𥝾青夏日草茂時開謂之𥝾青可當草糞但根鬚壯密須藉强牛乃可蓋莫若春爲上秋曰芟夷其次秋暮草木叢密先用鏺刀偏地芟倒暴乾放火至春而開墾乃省力如泊下蘆葦地內必用劉刀引之犁鑱隨耕起墢特易牛乃省力沾山或老荒地內科本多者必須用钁劚去餘有不盡根科俗謂之埋頭耕也當使熟鐵煆成鑱尖套於退舊生鐵鑱上縱遇根株不至擘缺妨誤工力或地段廣濶不可徧劚則就斫枝莖覆於本根上候乾焚之其根即死而易朽又有經暑雨後用牛曳碌碡或輥子之所斫根查上和泥碾之乾即掙死一二歲後皆可耕種

又大凡開荒必趁雨後又要調停犁道淺深麤細淺則務
盡草根深則不至塞墢麤則貪生費力細則貪熟少功惟
得中則可
附耕墾器具
鑱犁耳也其形不一耕水田曰瓦繳曰高脚耕陸田曰鏡
面曰碗口隨地所宜制也
剗剗土除草故名周禮註謂以耜側凍土而剗之是也
刃如鋤而濶上有深袴插於犁底所置鑱處其犁輕小
用一牛或人輓行北方幽冀等處遇有下地經冬水涸

至春首浮凍稍甦乃用此器剗土而耕草根既斷土脉
亦通俗亦名鏟
長鑱踏田器也鑱比犁鑱頗狹制爲長柄謂之長鑱杜
工部同谷歌曰長鑱長鑱白木柄即謂此也柄長三尺
餘後偃而曲上有横木如拐以兩手按之用足踏其鑱
柄後跟其鋒入土乃捩柄以起土墢也在園圃區田皆
可代耕比於钁劚省力得土又多古謂之蹠鏵今謂之
踏犁亦耒耜之遺制也
钁斸田器也爾雅謂之鐯斫又云魯斫蓋農家開闢地

土用以斸荒凡田園山野之間用之者又有濶狹大小
之分然總名曰钁
劚刀闢荒刀也其制如短鐮而背則加厚嘗見開墾蘆
葦蒿萊荒等地根株駢密雖強牛利器鮮不困敗故於
耕犁之前先用一牛引曳小犁仍置刃裂地闢及一壠
然後犁鑱隨過覆墢截然省力過半又有於本犁轅首
裏邊就置此刃比之別用人畜尤省便也
耖疏通田泥器也高可三尺許廣可四尺上有横柄下
有列齒以兩手按之前用畜力輓行一耖用一人一牛

有作連耖二人二牛特用於大田見功又速耕耙而後
用此泥壤始熟矣
磟碡又作碌碡字皆從石恐本用石也然北方多以石
南人用木盖水陸異用亦各從其宜也其制長可三尺
大小不等或木或石刊木括之中受簨軸以利旋轉又
有不觚稜混而圓者謂混軸俱用畜力輓行以人牽傍
輾打田疇上塊易爲破爛及輾桿場圃間麥禾即脫浮
穗水陸通用之
礰礋又作礰礋與磟碡之制同但外有列齒獨用於水

田破塊滓溷泥塗也

拖車即拖脚車也以脚木二莖長可四尺前頭微昂上立四簨以横木括之闊約三尺高及二尺用載農具及芻種等物以往耕所有就上覆草爲舍取蔽風雨耕牛輓行以代輪也

田盪均田器也用乂木作柄長六尺前貫横木五尺許田方耕耙尚未勻熟須用此器平著其上盪之使水土相和凹凸各平則易爲秧蒔農書種植篇云凡水田渥漉精熟然後踏糞入泥盪平田面乃可撒種此亦盪之用也夫田盪與耘盪之盪字同音異所用亦各不類因辨及之



刮板剗土具也用木板一葉闊二尺許長則倍之或煅鐵爲舌板後釘木直二莖高出板上概以横柄板之兩傍係一鐵環以環拽索兩手推按或人或畜輓行以剗壅脚土凡修閘壩起隄防塡汙坎積邱垤均土壤治畦埂疊場圃聚子粒攤糠粃除瓦礫俱可用然農家之事居多也

平板平摩種秧泥田器也用滑面木板長廣相稱上置兩耳繫索連軛駕牛或人拖之摩田須平方可受種即得放水浸漬勻停秧出必齊田家或仰坐凳代之終非本器

# 澤農要錄卷四

## 樹藝第五

農人耕地既勻熟始行分隴布種耘治以待收穫惟稻則擇取陂池之地密布叢生待苗長七八寸始取而分栽於畦名曰插秧此南北種稻之通法然考齊民要術種稻篇謂漬種三宿生芽長二分卽擲於田苗長七八寸一再薅草决水曝根霜降穫之無秧之說也又云北土高原本無陂澤隨逐隈曲而田者納種後生苗七八寸始拔而栽之似



南方種稻不用秧惟北方始用者豈古今種植之法不同耶按種稻之田未放水以前或種麥或種蔬及藍迨四五月收刈始行播種則遲故栽秧之法卽所以廣地力也今北方迫近淀泊水潦易及之地八九月水退則種秋麥或春初始涸卽種春麥如須遲至四五月間則種藝太晚土人多以薥秫叢種於高阜之地俟水尚餘二三寸時卽拔而分種之一如插秧然水浸數日脚葉頗黃萎迨水涸土乾併力鋤治浡然而興與高原二三月種者同時收其豐穰或有過焉始知後人心思巧密眞有過於前人者而究不過卽前人之法推行盡利耳又前考田制因水爲田之法略備矣而平山井陘諸縣滹沱經過之地水濁泥肥居人壘石堰捍禦隨勢疏引布石留淤卽於山麓成田淤泥積久則田高水不能上復種薥秫以疏之俾土平而水可上水旱互易獲利甚饒此亦歷來農書之不載者余既詳考種蒔水旱稻之法因附記薥秫秧種並及留淤成田之術非廣異聞藉資實用云爾



氾勝之書種稻區不欲大大則水深淺不適冬至後一百一十日可種稻稻地美用種畝四升

四民月令三月可種秔稻美田欲稀薄田欲稠五月可別種及藍盡夏至後二十日止

齊民要術稻無所緣惟歲易爲良選地欲近上流（地無良薄水清則稻美也）三月種者爲上時四月上旬爲中時中旬爲下時先放水十日後曳轆軸十遍（遍數惟多爲良）地既熟淨淘種子（浮者不去秋則生稗）漬經三宿漉出納草篅（市專反判竹圜以盛穀）中裛之復經三宿芽長二分一畝三升擲三日之中令人驅鳥稻苗長七八

寸陳草復起以鎌僟水芟之草悉膿死稻苗漸長復須薅拔草曰薅虎高反薅訖決去水曝根令堅量時水旱而溉之將熟又去水霜降穫之早刈米青而不堅晚刈零落而損收北土高原本無陂澤隨逐隈曲而田者二月氷解地乾燒而耕之仍即下水十日塊既散液持木斫平之納種如前法既生七八寸拔而栽之既非歲易草稗俱生芟亦不死故須栽而薅之溉灌收刈一如前法畦晦音劣隄堰也大小無定須量地宜取水均而已藏稻必須用箪既爲水穀窖埋得地氣則爛敗也

馬一龍農說註栽苗者先以一指搪泥然後以二指嵌苗



置其中則苗根順而不逆縱橫之列整則易於耘盪疎密各因其地之肥瘠爲儔疏者每畝約七千二百科密則數踰于萬

陳旉農書纔撒種子忽暴風却急放乾水免風浪淘薄聚却穀也忽大雨必稍增水爲暴雨漂颭浮起穀根也若晴即淺水從其晒暖也然不可太淺太淺即泥皮乾堅不可太深太深即浸没沁心而萎黄矣惟淺深得宜乃善

農桑輯要秧田平後必曬乾入水澄清方可撒種則種不陷土中易出落秧宜清易拔落散宜濁易生根

農桑通訣作爲畦埂耕耙既熟放水匀停擲種子於內候苗生五六寸拔而秧之今江南皆用此法

農書南方水稻有三曰秈曰稉曰秫三者有種同時每歲收種取其熟好堅栗無秕不雜穀子曬乾蔀藏置高爽處至清明節取出以盆盎別貯浸之三日漉出納草篅中晴則曝暖浥以水日三數遇陰寒則浥以溫湯候芽白齊透然後下種須先擇美田耕治令熟泥沃而水清以既芽之穀漫撒稀稠得所秧生既長小滿芒種之間分而蒔之旬日高下皆遍



農政全書今人用穀種畝一斗以上密種而少糞難耘而薄收也但插蒔早者用種須少插蒔遲者用種宜稍多過夏至者用種不得不多亦有小暑後插蒔而用種如常則先種麻燈心席草之屬田底極肥故也

群芳譜早稻清明節前浸用稻草包裹一斗或二三斗投於池塘水內缸內亦可晝浸夜收不用長流水難得生芽若未出用草盦之浸三四日微見白芽如鍼尖大取出於陰處陰乾密撒田內候八九日如前微見白芽方可種撒時必清明則苗易堅

又插秧若種前後插之早稻于上旬拔秧時輕手拔出就水洗根去泥約八九十根作一束却於犁熟水田內插栽每四五根爲一叢約離六七寸插一叢脚不宜頻那舒手插六叢那一遍逐漸插去務要正直

天工開物凡播種先以稻包浸數日俟其生芽撒于田中生出寸許其名曰秧秧生三十日即拔起分栽若田畝逢旱乾水溢不可插秧過期老而長節即栽於畝中生穀數粒結果而已

又凡秧田一畝所生秧供移栽二十五畝



又凡稻旬日失水即愁旱乾夏種冬收之穀必山間源水不絕之畝其穀種亦耐久其土脈亦寒不催苗也湖濱之田待夏潦已過六月方栽者其秧立夏播種撒藏高畝之上以待時也南方平原田多一歲兩栽兩穫者其再栽秧俗名晚糭非粳類也六月刈初禾耕治老膏田插再生秧其秧清明時已偕早秧撒布早秧一日無水即死此秧歷四五六月任從烈日暵乾無憂

又凡旱稻種秋初收藏當午曬時烈日火氣在內入倉關閉太急則其穀黏帶暑氣（勤農之家偏受此患）明年田有糞肥脈發燒東南風助暖則盡發炎火大壞苗穗若種穀晚凉入廩或冬至數九天收貯雪水氷水一甕（交春即不驗）清明濕種時每石以數碗激灑立解暑氣

又凡稻撒種時或水浮數寸其穀未即沉下驟發狂風堆積一隅謹視風定而後撒則沉勻成秧矣

又凡穀種生秧後防雀鳥聚食立標飄揚鷹俑則雀可敺矣

齊民要術旱稻用下田白土勝黑土（非言下田勝高原但夌稻四種雖勞亦收所謂彼此俱獲不失地利故也下田種者用功多高原種者與禾同等也）凡下田停



水處燥則堅垎（胡格反土乾也）濕則汙泥難治而荒墝埆而殺種其春耕者殺種尤甚故宜五六月暵之以擬大麥麥時水澇不得納種者九月中復一轉至春種稻萬不失一（春耕者十不收五蓋誤人耳）凡種下田不問秋夏候水盡地白背時速耕把勞頻翻令熟（過燥則堅過雨則泥所以宜速耕也）二月半種稻爲上時三月爲中時四月初及半爲下時漬種如法裛令開口耬耩稀種之（耩故項反稀烏感反稀種者省種而生科又勝擲者）即再徧勞（若歲寒早種慮時晚即不漬種恐芽焦也）其土黑堅彊之地種未生前遇旱者欲令牛羊及人踐履之濕則不用一迹入也稻既生猶欲令人踐壟背（踐者

(茂而多實也)苗長三寸把勞而鋤之鋤惟欲速(稻苗性弱不能扇草宜數鋤之)
每經一雨輒須把勞苗高尺許則鋒(古農器)天雨無所作宜
冒雨薅之科大如概者五六月中霖雨時拔而栽之(栽法欲淺令其根鬚四散則滋茂深而直下者聚而不科其苗長者亦可拔去葉端數寸勿傷其心也)入七月不
復任栽(七月百草成時晚故也)其高田種者不求極良惟須廢地(過良則苗折廢地則無草)亦秋耕把勞令熟至春黃場納種(不宜下濕)餘法悉
與下田同
農政全書徐獻忠曰旱稻種法大率如種麥治地畢豫浸
一宿然後打潭下子



又旱稻最須水宜用區種畦種兩法
氾勝之書種傷濕鬱熱則生蟲也取麥種候熟可穫擇穗
大强者斬束立場中之高燥處曝使極燥無令有白魚有
輒揚治之取乾艾雜藏之麥一石艾一把藏以瓦器竹器
順時種之則收常倍取禾種擇高大者斬一節下把懸高
燥處苗則不敗(以下雜論五穀種)
又薄田不能糞者以原蠶矢雜禾種種之則禾不蟲
又取馬骨剉一石以水三石煮之三沸漉去滓以汁漬附
子五枚三四日去附子以汁和蠶矢羊矢各等分撓令洞
洞如稠粥先種二十日時以溲種如麥飯狀當天旱燥時
溲之立乾薄布數撓令易乾明日復溲天陰雨則勿溲六
七溲而止輒曝謹藏勿令復濕至可種時以餘汁溲而種
之則禾稼不蝗蟲無馬骨亦可用雪汁雪汁者五穀之精
也使稼耐旱常以冬藏雪汁器盛埋于地中治種如此則
收常倍
齊民要術凡五穀種子浥鬱則不生生亦尋死種雜者禾
則早晚不勻舂復減而難熟特宜存意不可徒然粟黍穄
梁秫常歲歲別收選好穗純色者劁刈高懸之(徐光啟云收種特宜窖藏晉人云封函多不生謬也)至春治取別種以擬明年種子(耬耩稀種一斗可種一畝量其家田所須種子多少種之)其別種種子嘗須加鋤(鋤多則無秕也)先治而
別埋(先治場淨不雜窖埋又勝器盛)還以所治蘘草蔽窖(徐光啟云窖埋爲佳者土中恒受生氣故)將種前二十許日開出水淘(浮秕去則無莠)即曬令燥種之



氾勝之書曰牽馬令就穀堆食數口以馬踐過爲種無虸
蚄蟲也
又看地納粟先種黑地微帶下地即種糙種然後種高壤
白地其白地候寒食後榆莢盛時納種以次種大豆油麻
等田候昏房心中下黍種

陳旉農書篩細糞和種子打壟撮放惟疎爲妙燒土糞以糞之霜雪不能凋雜以石灰蟲不能蝕更能以鰻鱺魚頭骨煮汁浸種尤善

又凡種植先看其年氣候早晚寒暖之宜乃下種卽萬不失一若氣候尚有寒當從容熟治苗田以待其暖則無審迫滅裂之患多見今人纔暖便下種忽爲暴寒所折失者十常三四

農桑通訣凡下種之法有漫種耬種瓠種區種之别漫種者用斗盛穀種挾左腋間右手料取而撒之隨撒隨行約



行三步許卽再料取務要布種均勻則苗生稀稠得所秦晉之間皆用此法南方惟種大麥則點種其餘粟豆麻小麥之類亦用漫種北方多用耬種其法甚備齊民要術云凡種欲牛遲緩行種入令促步以足躡隴底欲土實種易生也今人製造砘車隨耬種子後循隴碾過使根土相著功力甚速而當瓠種者竅瓠貯種隨行隨種務使均勻犁隨掩過覆土既深雖暴雨不至拍撻暑夏最爲耐旱且便於撮鋤今燕趙間多用之區種之法凡山陵近邑高危傾坂及邱城上皆可爲區田糞種水澆備旱灾也

農政全書凡種子宜淘去浮者穀浮者秕果浮者油也馬一龍農說註收種者當于冬至之後熟治高土散布其上覆以疏草障蔽鳥雀壅以畬灰滋潤燥枯至清明時浙之使芽除草薙糞頻助其長此第一義也其次草裹美種懸之風簷季春之始置諸深汪勿令近泥半月氣足布地而芽此雖不傷已落第二義矣但世俗浸種晝沉夜暇畬醲醖蒸遏之使速胎中受病拔不可去長芽嫩脆拋撒下田趺撲折損種種不免

附樹藝器具



種簞盛種竹器也其量可用數斗形如圓甕上有篭口農家用貯穀種庋之風處不致鬱浥齊民要術云藏稻必用簞萻稻乃水穀宜風燥之種時就浸水內又其便也徐光啓云草篅判竹圓以盛穀

輥軸碾草木軸也其軸木徑可三四寸長約四五尺兩端俱作轉簨挽索用牛拽之江淮之間漫種稻田草禾並出用此輥輾使草禾俱入泥內再宿之後禾乃復出草則不起又嘗見一方稻田不解插秧惟務撒種却於軸間交穿板木謂之雁翅狀如礰礋而小以轃打水土

成泥就礙皁禾如前江南地下易於得泥故用輥軸北
方塗田頗少放水之後欲得成泥故用雁翅輳打此各
隨地之所宜用也
秧彈秧壟以篾爲彈彈猶弦也世呼船牽曰彈字義俱
同蓋江鄉櫃田內平而廣農人蒔秧漫無準則故制此
長篾掣于田之兩際其直如弦循此布秧了無欹斜猶
梓匠之繩墨也
秧馬蘇軾詩序云予昔游武昌見農夫皆騎秧馬以榆
棗爲腹欲其滑以楸梧爲背欲其輕腹如小舟昂其首



尾背如覆瓦以便兩髀雀躍於泥中繫束稿其首以縛
秧日行千畦較之傴僂而作者勞佚相絕矣史記禹乘
四載泥行乘橇解者曰橇形如箕擿行泥上豈秧馬之
類乎
橇泥行具也史記禹乘四載泥行乘橇孟康曰橇形如
箕擿行泥上嘗聞向時河水退灘淤地農人欲就泥裂
漫撒麥種奈泥深恐没故制木板爲履前頭及兩邊皆
起如箕中綴毛繩前後繫足底板既濶則舉步不陷今
海陵人以行及刈過葦泊中皆用之

耘耔第六

耕而不耨草其宅之耘耔者農家之要事也詩載
芟之篇云驛驛其苗綿綿其麃註麃耘也王安石
謂既苗而耘以綿綿爲善恐傷苗也管子云先芸
耨以待時雨時雨既至挾其槍刈耨鎛以旦暮從
事於田墪稅衣就工別苗莠列疏遬首戴苧蒲身
服襏襫沾體塗足暴其髮膚盡其四支之力以疾
從事於田野呂氏春秋謂苗其弱也欲孤長也欲
相與居其熟也欲相扶是故三以爲族乃多粟大



抵皆言陸種之耘也惟齊民要術及陳旉農書始
有專言耘稻者去稗草疏苗根活積水然後無蘼
稗雜生之患及滯水鬱蒸而出蟊賊螟螣之蟲
聖祖仁皇帝欽頒耕織圖耕之節次有一耘再耘三耘之
分不厭其詳誠重之也今既採輯諸家耘稻之說
而復以通論耘耔諸說附之莊子云芸而滅裂之
其實亦滅裂而報予服田者其戒之哉
淮南子蘼先稻熟而農夫薅之者不以小利害大穫也註
蘼水稗

齊民要術水稻苗長七八寸陳草復起以鎌浸水芟之草
悉膿死稻苗漸長復須薅
又旱稻苗長三寸耙勞而鋤之鋤惟欲速（稻苗性弱不能扇草故宜速鋤）
之苗高尺許則鋒大雨無所作宜冒雨薅之
陳旉農書耘田之法必先審度形勢自下及上旋乾旋耘
先於最上處收滀水勿令水走然後自下旋放令乾而旋
耘不問草之有無必先以手排摝務令稻根之旁液液然
而後已次第從下放上耘之即無鹵莽滅裂之病草死土
肥水不走失今見農者不先自上滀水頓然放令乾了及



工夫不逮泥乾堅難耘摝則必率略水已走失不幸無雨
遂至旱枯無所措手如是失者十常八九
馬一龍農說直木而耒橫木而耜編木而齒曲木末而鏟
鑿首而鋤繼之以揆終之以塗註今之耒而耕者有大畊
小畊開挑罨掄大抵勤與惰之殊也翻抄遍過之說已見
於前其耙者亦多不求細熟平整粗塊擁泥凸則暴日先
燥窪則注水過深是以一壠之間禾之豐悴頓異且又妙
在旋抄旋耙旋耙旋蒔則燥濕和均渾水澄泥聚於根坎
有壅培之力也移苗新土黃色轉青乃用搗盪搗盪雖以

去草實以固苗蓋田之浮泥易行橫根而下之實土難入
頂本頂本入土不深橫根布於泥面則得土之生氣不厚
枝葉雖繁抽心不茂矣搗欲斷其泥面橫根使其頂根入
土深受積厚多生之氣其後抽心始高而結穗長碩也鏟
鋤皆側草器撥以手拾去餘草塗以泥壅蔽田皮既撥則
洩去多水留少水在田夾泥爲塗塗時以手捻去禾心宿
水候田有燥裂即上水灌之禾心宿水既去燥時免其濕
釀漬入新水又助潤滋清氣矣
農桑通訣苗高七八寸則耘之苗既長茂復事薅拔以去



根莠
羣芳譜稻初發時用搗耙於稞行中搗去稗草易耘摟鬆
稻根則易旺搗後用水耘去草盡淨
陳旉農書耘除之草和泥渥漉深埋禾苗根下漚罨既久
則草腐爛而泥土肥美嘉穀蕃茂矣
農桑通訣大抵耘治水田須用耘爪荊揚厥土塗泥農家
皆用此法又有足耘爲木杖如拐子兩手倚之以用力以
趾塌撥泥上草薉擁之苗根之下則泥沃而苗興其功與
耘爪大類亦各從其便也（徐光啟曰不如手耘之細）今創有一器曰耘

盪以代手足工過數倍宜普效之（徐光啟曰芸盪是二事俱不可已）

又鋤後復有薅拔之法根莠叢稗雜其稼出鋤後莖葉漸長便可分別非薅不可（徐光啟曰薅即芸也）故有薅鼓薅馬之說北方村落之間多結爲鋤社十家爲率先鋤一家之田本家供其飲食其餘次之旬日之間各家田皆鋤治自相率領樂事趨功無有偷惰間有患病之家共力助之故田無荒穢歲皆豐熟秋成之後豚蹄盂酒遞相犒勞名爲鋤社甚可效也（以下雜論耘）

呂氏春秋凡禾之患不俱生而俱死是故先生者美米後



生者爲粃是故其耨也長其兄而去其弟樹肥無使扶疏樹墝不欲專生而族居肥而扶疏則多粃（根扇迫也）墝而專居則多死（不能自蔭潤其根故多枯死）不知稼者其耨也去其兄而養其弟不收其粟而收其粃上下不安則禾多死

齊民要術鋤耨以時諺云鋤頭三寸澤古人云耕鋤不以水旱息功必獲豐年之收

又凡五穀惟小鋤爲良（小鋤者非直省功穀亦倍勝大鋤者草根繁茂用功多而收益少）良田率一尺留一科（諺云迴車倒馬擲衣不下皆十石收言大稀大穊之收皆均平也）薄田尋壟躡之（不耕故）苗出壟則深鋤鋤不厭數周而復始勿

以無草而暫停（鋤者非止除草乃地熟而穀多糠薄米息鋤得十遍便得八米也）春鋤起地夏爲鋤草故春鋤不用觸濕六月以後雖濕亦無嫌（春苗既淺陰未覆地濕鋤則地堅夏苗陰厚地不見日故雖濕亦無害也）

一龍農說壯須求其固本（註固本者要令其根深入土中）法在禾苗初旺之時斷去浮面絲根略燥根下土皮俾其根直生向下則根深而氣壯可以任其土力之發生

農桑通訣稂莠不除則禾稼不茂種苗者不可無鋤芸之功也說文云鋤助也以助苗也凡穀須鋤乃可滋茂第一次撮苗曰鏃第二次平壟曰布第三次培根曰擁第四次



添功曰復一次不至則稂莠之害秕稗之雜入之矣諺云穀鋤八遍餓殺狗爲無糠也其穀畝得十石斗得八米此鋤多之效也其所用之器自撮苗後可用以代耰者名曰耬鋤其功過鋤功數倍所辦之田日不啻二十畝或用劐子其制頗同如耬鋤過苗間有小豁眼不到處及隴間草薉未除者亦須用鋤理撥一遍爲佳別有一器曰鏟營州以東用之又異於此

附耘耔器具

耘爪耘水田器也用竹管隨手指大小截之長可逾寸

削去一邊狀如爪甲或好堅利者以鐵爲之穿於指上用耘田以代指甲猶鳥之有爪也陸龜蒙云耘者去莠舉手務急而畏晚烏之啄食務急而畏奪法其急畏故曰烏耘嘗觀農人在田傴僂伸縮以手爪耘其草泥無異鳥之爬抉豈非鳥耘者耶

耘杷以木爲柄以鐵爲齒用芸稻禾王禎詩所謂鐵作渠疏代爪耘者也

耘盪江浙之間新制之形如木屐而實長尺餘濶約三寸底列短釘二十餘枚簨其上以貫竹柄柄長五尺餘



耘田之際農人執之推盪禾壠間草泥使之溷溺則田可精熟既勝杷鋤又代手足（水田有手耘足耘）所耘田數日復兼倍

薅馬薅禾所乘竹馬也似籃而長如鞍而狹兩端攀以竹系農人薅禾之際寘於跨間斂裳於內而上控於腰畔乘之兩股既寬又行隴上不礙苗行故得專意摘剔稂莠速勝鋤薅

耬鋤種蒔直說云此器出自海壖號曰耬鋤耬側頗同獨無耬斗但用耬鋤鐵柄中穿耬之横桄下仰鋤刄形如杏葉撮苗後用一驢輓之過鋤力三倍燕趙名曰劐子制又小異劐子第一遍即成溝子穀根未成不耐旱耬鋤刄在土中故不成溝子第二遍加擗土木雁翅方成溝子其分土壅穀根擗土用木厚三寸闊三寸長八寸斫成三角樣前爲尖中作一竅長一寸濶半寸穿於鐵鋤柄壓鋤刄上耬鋤有不到處用鋤理撥一遍即爲全功也

劐燕趙之間用之如鏟而小中有高脊長四寸許濶三寸插於耬足背上兩竅以繩控於耬之下桄其金入地



三寸許

## 培壅第七

古者一夫百畝而糞多力勤者爲上農夫然草人掌土化之法許謂凡所以糞種者皆謂煑取汁也如用牛則以牛骨煑汁漬其種地性有騂剛墳壤鹹瀉之異故取用者亦有牛羊鹿豕之不同皆所以助其種之生氣以變易地氣則薄可使厚過可使和而稼之所穫必倍常即氾勝之書所云糞壅之法亦云取諸獸之骨以雪水煮之入附子諸物

大旱以澆田是亦用汁也惟月令可以糞田疇注
謂糞壅苗之根也始與今用糞法相類往見江南
田圃之間亦有舀糞清澆灌苗蔬者豈亦古之遺
法歟北方則惟壅糞苗根無汁澆者矣至稻田淤
蔭其種類尤多或用石灰或用火糞或碓諸牛羊
牲畜雜骨以肥田殺蟲或以水冷斟酌調劑亦草
人土化氾氏雪汁之意也備採其法以裨嘉蔬非
嗜瑣也
農桑輯要壅稻田或河泥或麻豆餅或灰糞各隨其地土



之宜麻豆餅畝十斤和灰糞棉餅畝三百斤插禾前一日將棉餅化開勻攤田內耖或草
羣芳譜稻田須青草或糞壤灰土厚鋪於內罨爛打平方
可撒種
又搗稻後將灰糞或麻豆餅屑撒田內
農桑通訣敠穀朽腐最宜秧田
農書南方稻田有種肥田麥者不糞麥實當春麥青青之
時耕殺田中蒸罨土性秋收穀稻必加倍也
又旱稻以灰糞蓋之或稻草灰和水澆之每鋤草一次澆
糞水一次至於三即秀矣

齊民要術凡田地中有良有薄者即須加糞糞之其踏糞
之法凡人家秋收後治糧場上所有穰穀穢等並須收貯
一處每日布牛脚下三寸厚每平旦收聚堆積之還依前
布之經宿即堆聚計經冬一具牛踏成三十車糞至十二
月正月之間即載糞糞地計小畝畝別用五車計糞得六
畝勻攤耕蓋
陳旉農書土壤氣脉其類不一肥沃磽埆美惡不同治之
各有宜也且黑壤之地信美矣然肥沃之過或苗茂而實
不堅當取生新之土以解利之即疎爽得宜也磽埆之土



信瘠惡矣然糞壤滋培即其苗茂盛而實堅栗也雖土壤
異宜顧治之何如耳治之得宜皆可成就諺謂糞藥言用
糞猶用藥也
又凡農居之側必置糞屋低爲簷楹以避風雨飄浸且糞
露星月亦不肥矣糞屋之中鑿爲深池甃以磚甓勿使滲
漏凡掃除之土燒燃之灰簸揚之糠粃斷藁落葉積而焚
之沃以糞汁積之既久不覺其多凡欲播種篩去瓦石取
其細者和均種子疎把撮之待其苗長又撒以壅之何患
收成不倍厚也哉或謂土敝則草木不長氣衰則生物不

遂凡田土種三五年其力已乏斯說殆不然若能時加新沃之土壤以糞治之則精熟肥美其力常新壯矣何衰何敝之有

又治田於秋冬再三深耕俾霜雪凍冱土壤蘇碎又積腐藁敗葉刬薙枯朽根荄遍鋪燒治即土暖且爽於始春以糞擁之若用麻枯尤善但麻枯難使須細杵碎和火糞窖罨如作麯樣候其發熱生鼠毛即攤開中間熱者置四旁收斂四旁冷者置中間又堆窖罨如此三四次直待不發熱乃可用不然即燒殺物矣切勿用大糞以其瓮腐芽蘖又損人手腳成瘡痍難療惟火糞與燖猪毛及窖爛粗穀殼最佳亦必渥漉田精熟了乃下糠糞踏入泥中盪平田面乃可撒穀若不得已而用大糞必先以火糞久窖罨乃可用多見人用小便生澆灌立見損壞



農桑通訣田有厚薄土有肥磽耕農之事糞壤爲急糞壤者所以變薄田爲良田化磽土爲肥土也古者分田之制上地家百畝歲一耕之中地家二百畝間歲耕其半下地家三百畝耕百畝三歲一周蓋以中下之地瘠薄磽埆苟不息其地力則禾稼不蕃後世井田之法變强弱多寡不均所有之田歲歲種之土敝氣衰生物不遂爲農者必儲糞朽以糞之則地力常新壯而收穫不減

又草糞者於草木盛茂時芟倒就地就地內掩罨腐爛也農夫不知乃以其耘除之草棄置他處殊不知和泥渥漉深埋禾苗根下漚罨既久則草腐而土肥美也江南三月草長則刈以踏稻田歲歲如此地力常盛

又火糞積土同草木堆疊燒之土熟冷定用碌軸碾細用之江南水地多冷故用火糞種麥種蔬尤佳

又泥糞於溝港內乘船以竹夾取青泥杴撥岸上凝定裁成塊子擔去同大糞和用比常糞得力甚多



又凡退下一切禽獸毛羽親肌之物最爲肥澤積之爲糞勝於草木

又下田水冷亦有用石灰爲糞治則土暖而苗易發

又糞田之法得其中則可若驟用生糞及布糞用多糞力峻熱即燒殺物反爲害矣大糞力壯南方治田之家常於田頭置塼檻窖熟而後用之其田甚美北方農家亦宜效此利可十倍

又爲圃之家於廚棧下深闊鑿一池細甃使不滲漏每春

米則聚礱糠穀殼及腐草敗葉漚漬其中以收滌器肥水與滲漉泔淀漚久自然腐爛一歲三四次出以糞苧因以肥桑愈久愈茂而無荒廢枯摧之患矣

又凡農圃之家欲要計置糞壤須用一人一牛或驢駕雙輪小車一輛諸處搬運積糞月日既久積少成多施之種藝稼穡倍收桑果愈茂歲有增羨此肥稼之計也夫掃除之猥腐朽之物人視之而輕忽田得之爲膏潤惟務本者知之所謂惜糞如惜金也故能變惡爲美種少收多諺云糞田勝如買田信斯言也凡區之間善於稼者相其各各



地理所宜而用之庶得乎土化之法沃壤之效俾擅上農矣

天工開物凡稻土脈焦枯則穗實蕭索勤農糞田多方以助之人畜穢遺榨油枯餅（枯者以去膏而得名胡麻萊菔子爲上蕓薹次之大眼桐又次之樟桕棉花又次之）草皮木葉以佐生機普天之所同也（南方磨綠豆粉者取溲漿灌田肥甚豆賤之時撒黃豆於田一粒爛土方三寸得穀之息倍焉）土性帶冷漿者宜骨灰蘸秧根（凡禽獸骨）石灰淹苗足向陽暖土不宜也土脈堅緊者宜耕隴疊塊壓薪而燒之埴壤鬆土不宜也

農政全書田附郭多肥饒以糞多故村落中民居稠密處亦然凡通水處多肥饒以糞壅便故

又苗糞蠶豆大麥皆好草糞如翹蕘陵苕江南皆特種以壅田非野草也苜蓿亦可壅稻毛羽和燖湯積之久則潰腐如欲速潰置韭菜一握其中明日爛盡矣下田水不得冷惟山田泉水未經日色則冷閩廣用骨及蚌蛤灰糞田亦因山田水冷也

又肥積苔華是糞壤法也濱湖人漉取苔華以當糞壅甚肥不可不知（按肥積苔華元王禎詠沙田詩）

又胡麻油渣可糞田



勸農書製糞有多術有踏糞法有窖糞法有蒸糞法有釀糞法有煨糞法有煮糞法而煮糞爲上南方農家凡養牛羊豕屬每日出灰於欄中使之踐踏有爛草腐柴皆拾而投之足下糞多而欄滿則出而疊成堆矣北方猪羊皆散放棄糞不收殊爲可惜然所有穰穢等並須收貯一處每日布牛羊足下三寸厚經宿牛以蹂踐便溺成糞平旦收聚除置院內堆積之每日如前法得糞亦多窖糞者南方皆積糞於窖愛惜如金北方惟不收糞故街道不淨地氣多穢井水多鹹使人清氣日微而濁氣日盛須當照江南

之例各家皆置糞廁濫則出而窖之家中不能立窖者田首亦可置窖拾亂磚砌之藏糞於中窖熟而後用甚美蓋糞者農居空閒之地宜誅茅爲糞屋簷務低使蔽風雨凡掃除之土或燒燃之灰簸揚之糠粃斷藁落葉皆積其中隨即拴蓋使氣蒸薰糜爛冬月地下氣暖則爲深潭夏月不必也釀糞者於廚棧下深鑿一池細砌使不滲漏每舂米則聚礱簸穀殼及腐草敗葉漚漬其中以收滌器肥水漚久自然腐爛濃糞者乾糞積成堆以草火煨之煑糞者鄭司農云用牛糞即用牛骨浸而煑之其說具區田中糞



既經煑皆成清汁樹雖將枯灌之立活此至佳之糞也用糞時候亦有不同用之於未種之先謂之墊底用之於既種之後謂之接力墊底之糞在土下根得之而愈深接力之糞在土上根見之而反上故善稼者皆於耕時下糞種後不復下也大都用糞者要使化土不徒滋苗化土則用糞於先而使瘠者以肥滋苗則用糞於後徒使苗枝暢茂而實不繁故糞田最宜斟酌得宜爲善若驟用生糞及布糞過多糞力峻熱即殺物反爲害矣故農家有糞藥之喻謂用糞如藥寒溫通塞不可誤也

# 澤農要錄卷五

## 灌溉第八

農書謂稻自插秧以後須水養一百二十日方能收穫則此百二十日中資於水者重矣泉源有旺有弱陂塘有盈有涸至雨澤之懸於天尤不能坐待者此灌溉之所宜亟講也按周禮溝洫之制遂人治野夫間有遂遂上有徑十夫有溝溝上有畛百夫有洫洫上有涂千夫有澮澮上有道萬夫有川川上有路以達於畿此溝洫之格式也匠人爲溝洫一耦之伐廣



尺深尺謂之甽廣二尺深二尺謂之遂廣四尺深四尺謂之溝廣八尺深八尺謂之洫廣二尋深二仞謂之澮專達於川此溝洫之深廣也至稻人所謂以瀦畜水以防止水以溝蕩水以遂均水以列舍水以澮寫水則溝洫之用法也自溝洫廢阡陌開遂人匠人所營之蹟不見於後世惟低濕水多之地猶祖述稻人之遺制以收灌溉之利而已水之在平地或自高而下者皆可引流成渠功力無多或須挈而升之則龍尾車桔槔諸法在所必需諸農書採輯其法多至

十餘種茲以其常式備列于篇或南有而北無者取其法仿製而布之無難也又有泰西水法其龍尾車謂旱則挈江河之水入焉潦則挈田間之水出焉淺涸則挈水而入方舟焉疏濬則挈水而出畚鍤焉其恒升車以挈井泉之水謂不施綆缶非藉轆轤無事桔槔一人用之可當數人若以灌畦約省工夫五分之四其恒升車謂其用與玉衡相似而更速焉若江河泉澗索水之處過高則用是車焉挈水以升架槽而灌之或遞而建之以當龍尾又剖木為筒而名虹吸以竹木為長槽而名鶴飲有圖有說然按圖求之既不能了其製作之法且行歷東南觀覽灌溉之器亦無仿彿斯製者世或有公輸馬鈞之流徹會懸解仿而制之亦齊民利用之一端也略叙梗槩以廣異聞云

氾勝之書稻須濕濕者缺其塍令水道相直夏至後大熱令水道錯

齊民要術水稻薅訖決去水曝根令堅量時水旱而溉之將熟又去水

陳旉農書大抵秧田愛往來活水怕冷漿死水青苔薄附即不長茂又須隨撒種闊狹更重圍繞作塍貴闊則約水深淺得宜

又所芸之田隨於中間及四旁爲深大之溝俾水竭泥坼次第灌溉巳乾燥之泥驟得雨即蘇碎不三五日稻苗蔚然殊勝用糞也

馬一龍農說鬱蒸所至並鍾五賊註五賊食禾之蟲也熱氣積于土塊之間暴得雨水醞釀蒸濕未經信宿則其氣不去禾根受之遂生蟊烈日之下忽生細雨灌入葉底留



注節幹或當晝汲太陽之氣得水激射熱與濕相蒸遂生蠶朝露浥日濛雨日中點綴葉間單則化氣合則化形遂生螣熱踵根下濕行於槁夾日與雨外薄其膚遂生螟蝕交熱化不雨不暘晝晦夜暘而風氣不行遂生蟚五賊不去則嘉禾不興故灌田者先須以水遍過收其熱氣旋即去之易以新水栽禾無害不過一遍易去者雖久浸不免日中雨露或以長竿或以疏齒披拂勿令凝著則蟲不生

農桑通訣南方熟於水利官陂官塘處處有之民間自爲溪堨水蕩難以數計大可灌田數百頃小可溉田數千畝

若溝渠陂堨上置水閘以備啟閉若塘堰之水必置洞竇以便通泄此水在上者若田高而水下則設機械用之如翻車筒輪戽斗桔槔之類挈而上之如地勢曲折而水遠則爲架槽連筒陰溝浚渠陂柵之類引而達之此用水之巧者若不需灌及平澆之田爲最或用車起水者次之或再車三車之田又次之其高田旱稻自種至收不過五六月其間或旱不過澆灌四五次此可力致其常稔也傅子曰陸田者命懸於天人力雖修水旱不時則一年功棄水田制之由人人力苟修則地利可盡天時不如地利地利



不如人事此水田灌溉之利也方今農政未盡興土地有遺利夫海內江淮河漢之外復有名水數萬支分派別大難悉數內而京師外而列郡至于邊境脉絡貫通俱可利澤或通爲溝渠或蓄爲陂塘以資灌溉安有旱暵之憂哉

大學衍義補井田之制雖不可行而溝洫之制則不可廢京畿之地地勢平衍率多洿下一有數日之雨即便淹沒不必霖潦之久輒有害稼之苦農夫終歲勤苦盼盼然望此麥禾以爲衣食之計賦役之需垂成而不得者多矣良可憫也北方地經霜雪不甚懼旱惟水潦之是懼十歲之間旱者十一二而潦恒至六七也爲今之計莫若多仿遂人之制每郡以境中河水爲主又隨地勢各爲大溝廣一丈以上者以達於大河又各隨地勢各開小溝廣四五尺以上者以達於大溝又各隨地勢開細溝廣二三尺以上者委曲以達于小溝至大溝則官府爲之小溝則合有田者共爲之細溝則人各自爲于其田每歲二月以後官府遣人督其開挑而又時常巡視不使淤塞如此則旬日之間縱有霖雨亦不能爲害矣朝廷于此遣治水之官疏通大河使無壅滯又於夾河兩岸築爲長堤高一二丈許則



衆溝之水皆有所歸不至溢出而田禾無淹沒之苦生民享收成之利矣是亦王政之一端也

農政全書古之立國者必有山林川澤之利斯可以奠基而畜衆川主流澤主聚川則從源頭達之澤則從委處蓄之川流淤阻其害易見人皆知濬治者萬頃之湖千畝之蕩隄岸頹壞鮮知究心甚有縱豪强阻塞規覓小利者不知澤不得川不行川不得澤不止二者相爲體用爲上流之壑爲下流之源全繫乎澤澤廢是無川也況國有大澤潦可爲容不致驟當衝溢之害旱可爲蓄不致遽見枯竭

之形必究晰于此而水利之說可徐圖矣

附灌溉諸器具

水栅排木障水也若溪岸稍深田在高處水不能及則于溪上流作栅遏水使之旁出下溉以及田所其制當流列植竪樁樁上枕以伏牛擗以立木仍用塊石高壘衆楗斜以邀水勢此栅之小者秦雍之地所拒川水率用巨栅其蒙利之家歲例量力均辦所需工物乃深植樁木列置石囤長或百步高可尋丈以横截中流使旁入溝港凡所溉田畝計千萬號爲陸海此栅之大者其餘境域雖有此水而無此栅非地利不彼若蓋功力所未及也



水閘開閉水門也間有地形高下水路不均則必跨據津要高築堤壩滙水前列斗門甃石爲壁疊木作障以備啟閉如遇旱涸則撒水灌田民賴其利又得通濟舟楫轉激碾磑實水利之總揆也

陂塘說文曰陂野池也塘猶堰也陂必有塘故曰陂塘其溉田大則數千頃小則數百頃考之書傳廬江有芍陂潁川有鴻隙陂黄陵有雷陂愛敬陂陽平沛郡有鉗盧陂餘楚遍舉故迹猶存因以爲利今人有能別度地形亦效此制足溉田畝千萬比作田圍特省工費又可畜育魚鱉栽種菱藕之類其利可勝言哉

水塘即洿池因地形坳下用之潴蓄水潦或修築圳堰以備灌溉田畝兼可畜育魚鱉栽種蓮芡俱各獲利累倍大凡陸地平田別無溪澗井泉以溉田者救旱之法非塘不可江淮之間在在有之然官民興屬各爲永業

翻車今龍骨車也魏畧曰馬鈞居京城有田園無水以灌作翻車又漢靈帝使畢嵐作翻車設機引水灑南北郊路今農家用之其制車身用板作槽長可二丈濶不



等或四寸至七寸高約一尺槽中架行道板隨槽濶狹兩頭短尺許用置大小輪軸同行道板上下通以龍骨板上大軸兩端各帶拐木四置岸上木架間人憑架上踏動拐木則龍骨板隨轉循環刮水上岸關鍵頗多若岸高可用三車中間小池搬水上之足救三丈以上之田

筒車流水筒輪凡制此車先視岸之高下定輪之大小須輪高於岸筒貯於槽方爲得法其車之所在自上流

排作石倉斜擗水勢急湊筒輪其輪就軸作轂軸之兩旁閣于椿柱山口之內輪軸之間除受水板外又作木圈縛繞輪上就繫竹筒或木筒於輪之一週水激轉輪衆筒兠水次第傾於岸上所橫木槽謂之天池以灌田稻日夜不息絕勝人力若水力稍緩亦有木石制爲陂柵橫約溪流旁出激輪又省工費或遇流水狹處但壘石斂水湊之亦爲便易

連筒竹通水也凡所居離水甚遠不便汲用乃取大竹內通其節令本末相續連延不斷閣之平地或架越澗



谷引水而至又能激而高起數丈注之池沼及庖湢之間如藥畦蔬圃亦可供用杜詩所謂連筒灌小園徐光啓曰豈有激而高起之理若能高起必是上流受處高於下流淺處故也果高則百丈亦可不高則分寸不能但是上流高于下流一二尺即能取水至百丈之上此則制作之巧耳

架槽木架水槽也間有聚落去水既遠各家共力造木爲槽遞相嵌接不限高下引水而至如泉源頗高水性趨下則易引也或在窪地則當車水上槽亦可遠達若遇高阜不免避礙或穿鑿而通若遇均險則置之义木駕空而過若遇平地則引渠相接又左右可移郲近之家足得借用非惟灌溉多便抑可瀦蓄爲用暫勞永逸同享其利

戽斗挹水器也唐韻云戽抒也抒水器挹也凡水岸稍下不容置車當旱之際乃用戽斗控以雙綆兩人挈之抒水上岸以溉田稼其斗或柳筲或木㽉從所便也徐光啓曰此是岸下不必置車或所用水少權作此耳若以溉田即岸下亦是置車爲妙

桔槔挈水械也通俗文曰桔槔機汲水也說文曰桔結也所以固屬槔臯也所以利轉又曰槔緩也一俯一仰有數存焉不可速也然則桔其植者而槔其俯仰者歟



莊子曰子貢過漢陰見一丈人方將爲圃畦鑿隧而入井抱甕而出灌搰搰然用力甚多而見功寡子貢曰有械于此一日浸百畦鑿木爲機後重前輕挈水若抽數如泆湯其名曰槔又曰獨不見夫桔槔者乎引之則俯舍之則仰今瀕水灌園之家多置之實古今通用之器用力少而見功多也

浚渠凡川澤之水必開渠引用可入於田考之古有溝洫畎澮以治田水書云濬畎澮距川是也疏鑿巳遠井田變古後世則引水爲渠以資沃灌按史記秦鑿涇爲

渠又關西有鄭國白公六輔之渠外有龍首渠河內有史起十二渠今懷孟有廣濟渠俱各溉田千百餘頃利澤一方永無旱暵

陰溝行水暗渠也凡水陸之地如遇高阜形勢或隔田圍聚落不能相通當於穿岸之旁或溪流之曲穿地成穴以磚石爲圈引水而至若別無隔礙則當踏視地形用策索度其高下及經由處所畫爲界路先引濬鑿耕過後復浚掘乃作甃穴上覆元土亦是一法如灌溉之餘常流不絕又可蓄爲魚塘蓮蕩其利亦博或貫穿城



邑巷陌及注之園囿泉沼悉周於用雖遠近大小深淺曲直不同然皆泆流內達膏澤旁通水利之中最爲永便

## 用水第九

諺曰水利興民力鬆甚矣水之爲益於農畝也然不得其用之之法則或致棄灌溉之利而反受漫溢之患

畿輔之間近山則泉多近海則潮盛清濁之流輻輳交通淀泊之區容受深廣何一非可用之水然非講求於地形高下之宜水勢通塞之便疏瀹排障之方大小緩急之序亦難言經理得宜操縱由我明徐光啓有言謂用水之利有五灌溉有法瀸潤無方此救旱也均水田間水土相得興雲歊霧致雨甚易此弭旱也疏理節宣可蓄可洩此救潦也地氣發越既有時雨必有時暘此弭潦也且大雨時行正農田用水之候若溝澮縱橫播水於中必減大川之水是可損決溢之患也並條疏用水諸法甚悉談水學者所宜寶貴故詳錄之至引流稍遠之



地則鑿井而種區田亦補救之一術也並採其鑿井諸法備列於後邦慶嘗於嘉慶十九年奉命查視北運河挑挖淺阻見距隄數武外多鑿井丈許穴地置巨竹若陰溝然引河水入井設轆轤三四具日可灌田數十畝名曰通竿井即江南運河涵洞之意然人功較費如用畜轉龍骨車其收利當更溥斯法諸書不載書之冀廣其傳隄岸稍高不能升引之地皆可仿行斯亦用水之一奇云

一用水之源源者水之本也泉也泉之別爲山下出泉爲

平地仰泉用法有六

其一源來處高於田則溝引之溝引者於上源開溝引水平行令自入於田諺曰水行百丈過墻頭源高之謂也但須測量有法即數里之外當知其高下尺寸之數不然溝成而水不至爲虛費矣

其二溪澗傍田而卑於田急則激之緩則車升之激者因水流之湍急用龍骨翻車龍尾車筒車之屬以水力轉器以器轉水升入於田也車升者水流既緩不能轉器則以人力畜力風力運轉其器以器轉水入於田也



其三源之來甚高於田則爲梯田以遞受之梯田者泉在山上山腰之間有土尋丈以上即治爲田節級受水自上而下入於江河也

其四溪澗遠田而卑於田緩則開河導水而車升之急者或激水而導引之開河者從溪澗開河引水至其田側用前車升之法入於田也激水者用前激法起水於岸開溝入田也

其五泉在於此用在於彼中有溪澗隔焉則跨澗爲槽而引之爲槽者自此岸達於彼岸令不入溪澗之中也

其六平地仰泉盛則疏通而用之微則爲池塘於其側積而用之爲池塘而復易竭者築土椎泥以實之甚則爲水庫以畜之平地仰泉泉之瀵湧上出者也築土者杵築其底椎泥者以椎椎底作孔膠泥實之皆令勿漏也水庫者以石砂瓦屑和石灰爲劑塗池塘之底及四旁而築之平之如是者三令涓滴不漏也此蓄水之第一法也

一用水之流流者水之枝也川也川之別大者爲江爲河小者爲塘浦涇浜港汊沽瀝之屬也用法有七



其一江河傍田則車升之遠則疏導而車升之疏導者江南之法十里一縱浦五里一橫塘縱橫脉散勤勤疏濬無地無水此井田之遺意宋人有言塘浦欲深濶謂此也

其二江河之流自非盈涸無常者爲之牐與壩釃而分之爲渠疏而引之以入於田田高則車升之其下流復爲之牐壩以合於江河欲盈則上開下閉而受之欲減則上閉下開而洩之職所見寧夏之南靈州之北因黃河之水鑿爲唐來漢延諸渠依此法用之數百里間灌

溉之利纖潤無方寧城絕塞城中之人家臨流水前賢之遺可驗矣因此推之海內大川倣此爲之當享其利濟亦孔多也

其三塘浦涇浜之屬近則車升之遠則疏導而車升之

其四江河塘浦之水溢入於田則隄岸以衞之隄岸之田而積水其中則車升出之隄岸者以禦水使不入也大則爲黃河之埽小則爲江南之圩宋人有言隄岸欲高厚謂此也車升出之者去水而爲蓺稻或已蓺而去其水使不没也



其五江河塘浦源高而流早易涸也則於下流之處多爲牐以節宣之旱則盡閉以留之潦則盡開以洩之小旱潦則斟酌開闔之爲水則以準之水則者爲水平之碑置之水中刻識其上知田間深淺之數因知牐門啟閉之宜也浙之寧波紹興此法爲詳他山鄉所宜則倣也

其六江河之中洲渚而可田者隄以固之渠以引之牐壩以節宣之

其七流水之入於海而迎得潮汐者得淡水迎而用之得鹹水牐壩遏之以留上源之淡水職所見迎淡水而用之者江南盡然遏鹹而留淡者獨寧紹有之也

一用水之瀦瀦者水之積也其名爲湖爲蕩爲澤爲淀爲海爲陂爲泊也用瀦之法有六

其一湖蕩之傍田者田高則車升之田低則隄岸以固之有水車升而出之欲得水決隄引之湖蕩而遠於田者疏導而車升之此數者與用流之法畧相似也

其二湖蕩有源而易盈易涸可爲害可爲利者疏導以洩之牐壩以節宣之疏導者懼盈而溢也節宣者損益



隨時資灌溉也宋人有言牐竇欲多廣謂此也

其三湖蕩之上不能來者疏而來之下不能去者疏而去之來之者免上流之害去之者免下流之害且資其利也吳之震澤受宣歙之水又從三江百瀆注之於海故曰三江旣入震澤底定是也

其四湖蕩之洲渚可田者隄以固之

其五湖蕩之潴太廣而害於下流者從其上源分之江南五壩分震澤以入江是也

其六湖蕩之易盈易涸者當其涸時際水而藝之麥藝

麥以秋秋必涸也或涸於冬則蓺春麥春旱則引水灌之所以然者麥秋以前無大水無大蝗但苦旱耳故用水者必稔也

一用水之委委者水之末也海也海之用爲潮汐爲島嶼爲沙洲也用法有四

其一海潮之淡可灌者迎而車升之易涸則池塘以蓄之閘壩隄堰以留之海潮不淡也入海之水迎而返之則淡禹貢所謂逆河也

其二海潮入而泥沙淤墊屢煩濬治者則爲牐爲壩爲竇以過渾潮而節宣之此江南舊法宋元人治水所用百年來盡廢矣近并濬治亦廢矣乃田賦則十倍宋元民貧財盡以此故也其濬治之法則宋人之言曰急流搖乘緩流撈剪淤泥盤吊平陸開挑今之治水者宜兼用之也

其三島嶼而可田有泉者疏引之無泉者爲池塘井庫之屬以灌之

其四海中之洲渚多可田又多近於江河而迎得淡水也則爲渠以引之爲池塘以蓄之



一作原作瀦以用水作原者井也作瀦者池塘水庫也高山平原與水違行澤所不至開濬無施其力故以人力作之鑿井及泉猶夫泉也爲池塘水庫受雨雪之水而瀦焉猶夫瀦也高山平原水利之所窮也惟井可以救之池塘水庫皆井之屬故易井之彖稱井養而不窮也作之之法有五

其一實地高無水掘深數尺而得水者爲池塘以蓄雨雪之水而車升之此山原所通用江南海壖數十畝一環池深丈以上圩小而水多者良田也

其二池塘無水脈而易乾者築底椎泥以實之

其三掘土深丈以上而得水者爲井以汲之此法北土甚多特以灌畦種菜近河南及真定諸府大作井以灌田旱年甚獲其利宜廣推行之也井有石井磚井木井柳井葦井竹井土井則視土脈之虛實縱橫及地產所有也其起法有桔槔有轆轤有龍骨木斗有恒升筒用人用畜高山曠野或用風輪也

其四井深數丈以上難汲而易竭者爲水庫以畜雨雪之水他方之井深不過一二丈秦晉厥田上上則有數

十丈者亦有掘深而得鹹水者其爲池塘爲淺井亦築土椎泥而水留不久不若水庫之涓滴不漏千百年不漏也

其五實地之曠者與其力不能爲井爲水庫者望幸於雨則歉多而稔少宜令其人多種木種木者用水不多灌漑爲易水旱蝗不能全傷之既成之後或取果或取葉或取材或取藥不得已而擇取其落葉根皮聊可延旦夕之命雖復荒歲民猶戀此不忍遽去也語曰木奴千無凶年



附鑿井法

高地作井未審泉源所在其求之法有四

第一氣試　當夜水氣恒上騰日出卽止今欲知此地水脉安在宜掘一地窖於天明辨色時人入窖以目切地望地面有氣如煙騰騰上出者水氣也氣所出處水脉在其下

第二盤試　望氣之法曠野則可城邑之中室居之側氣不可見宜掘地深三尺廣長任意用銅錫盤一具清油微微遍擦之窨底用木高一二寸以搘盤偃置之盤上乾草蓋之草上土蓋之越一日開視盤底有水欲滴者其下則泉也

第三缶試　又法近陶家之處取瓶缶坯子一具如前銅盤法用之有水氣沁入瓶缶者其下泉也無陶之處以土墼代之或用羊毳代之羊毳者不受濕得水氣必足見也

第四火試　又法掘地如前篝火其底烟氣上升蜿蜒曲折者是水氣所滞其下則泉也直上者否

鑿井之法有五



第一擇地　鑿井之處山麓爲上蒙泉所出陰陽適宜園林室屋所在向陽之地次之曠野又次之山腰者居陽則太熱居陰則太寒爲下鑿井者察泉水之有無斟酌避就之

第二量淺深　井與江河地脉通貫其水淺深尺度必等今問鑿井應深幾何宜度天時旱澇河水所至酌量加深幾何而爲之度去江河遠者不論

第三避震氣　地中之脉條理相通有氣伏行焉强而密埋中人者九竅俱塞迷悶而死凡山鄉高亢之地多

有之澤國鮮焉此地震之所由也故曰震氣凡鑿井遇此覺有氣颼颼侵人急起避之俟洩盡更下鑿之欲候震氣盡者縋燈火下視之火不滅是氣盡也

第四察泉脉　凡掘井及泉視水所從來而辨其土色若赤埴土其水味惡赤埴黏土也中爲甓爲瓦者是若散沙土水味稍淡若黑墳土其水良黑墳者色黑稍黏也若沙中帶細石子者其水最良

第五澄水　作井底用木爲下磚次之石次之鉛爲上既作底更加細石子厚一二尺能令水清而味美若井



大者於中置金魚或鯽魚數頭能令水味美魚食水蟲及土垢故

# 澤農要錄卷六

## 穫藏第十

收穫者農人之終事積貯者生民之大命終年勤動量無怠於成功者然漢書食貨志則云力耕數耘收穫如寇盜之至而月令於仲秋之時已諄諄於穿竇窖修囷倉且命有司趣民收斂仲冬之月農有不收藏積聚者至取之不詰重儲蓄戒惰農其意深哉按農桑通訣謂大抵北方禾黍其收頗晚而稻則宜早南方稻秫其收多遲而陸禾亦宜



早通變之道宜審行之又謂稻早刈則米青而不堅晚刈則零落而損收是其刈穫早晚之間亦有成法至於收貯則宜穀而不宜米恭讀雍正三年

聖諭積貯倉糧特爲備荒賑濟之用但南省地方甚屬潮濕米在倉一二年便致霉爛改貯稻穀似可常久應否改貯稻穀之處著議具奏隨遵

旨議定江安等十省所貯米石四年內全行改換並令各地方官添造倉廒以備收貯北方地雖乾燥如水利既興則秔稻之收千倉萬箱欲爲餘三餘九之

計度亦以貯穀爲善矣又北方之人多不慣食稻
謂其性寒且不耐飢恭查雍正五年營田稻收甚
豐且有騈柯叠穎之瑞
世宗憲皇帝俯察輿情恐運糶不時售大賈居積則戕而
傷農於每歲秋冬發
帑收糴凡治水田者咸獲厚利
聖恩深渥其體䘏民隱者至詳至備將來
畿輔之間黍稌變而秔稻
聖天子恩周蔀屋裕



國儲而便民食必有調劑之法在兹將諸農書所載
收穫攻治蓄藏諸法詳爲臚輯如左又前直隸督
臣方觀承
奏定義倉諸欵詳善可法并附著焉亦猶藏富於民
之意也夫
齊民要術稻將熟去水霜降穫之早刈米青而不堅晚刈零落而損收
農桑通訣南方水地多種稻秫早禾則宜早收六七月則
收早禾其餘則至八月九月詩云十月穫稻齊民要術云
稻至霜降穫之此皆言晚禾大稻也故稻有早晚大小之
別然江南地下多雨上霖下潦劉刈之際則假之喬扦多
則置之笐架待晴乾曝之可無耗損之失
馬一龍農說註稻花必在日色中始放雨久則閉其竅而
不花風烈則損其花而不實二者皆秕穀之患也及其成
穀土太燥則米粒乾損水多而過浸則斑黑成腐二者又
皆穀成之過也
天工開物凡秧既分栽後早者七十日即收穫最遲者歷
夏及冬二百日方收穫其冬季播種仲夏即收者則廣南
之稻地無霜雪故也



齊民要術凡穀成熟有早晚苗稈有高下收實有多少質
性有強弱米味有美惡粒實有息耗早熟者苗短而收多晚熟者苗長而收少強苗者短黃穀之屬是也弱苗者長青白黑者是也收少者美而耗收多者惡而息
菽園雜記吳中民家計一歲食米若干石至冬月舂白蓄
之名冬舂米常疑開春農務將興不暇爲此及冬預爲之
聞之老農云不特爲此春氣動而米芽浮起米粒亦不堅
此時舂者多碎而爲粞折耗頗多冬月米堅折耗少故及
冬舂之
書蕉舂米一石得四斗曰精得三斗曰鑿得二斗曰粹

嶺表錄異記舂堂者以渾木刳爲槽一槽兩邊排十杵男女間立以舂稻粱敲磕槽舷皆有遍拍

閩部疏閩中水碓最多然多以木櫃運輪不駛急溪中壅激爲之則佳

會稽志山家藉水力以舂有三制平流則以輪鼓水而轉峻流則以水注輪而轉又有木杓碓碓幹之末刳爲杓以注水水滿則傾而碓舂之唐白居易詩雲碓無人水自舂是也

天工開物攻稻篇凡稻刈穫之後離藁取粒束藁於手而擊取者半聚藁於場而曳牛滚石以取者半凡束手而擊者受擊之物或用木桶或用石板收穫之時雨多霽少田稻交濕不可登場者以木桶就田擊取晴霽稻乾則用石板甚便也凡服牛曳牛滚壓場中視人手擊取者力省三倍但作種之穀恐磨去穀尖減削生機南方多種之家場禾多藉牛力而來年作種者則寧向石板擊取也凡稻最佳者九穣一秕倘風雨不時耘耔失節則六穣四秕者容有之凡去秕南方盡用風車扇去北方稻少用颺法即以颺麥黍者颺稻盡不若風車之便也凡稻去殼用礱去膜



用舂用碾然水碓主舂則兼併礱功燥乾之穀入碾亦省礱也凡礱有二種一用木爲之截木尺許斲合成大磨形兩扇皆鑿縱斜齒下合植筍穿貫上合空中受穀木礱攻米二千餘石其身乃盡凡木礱穀不甚燥者入礱亦不碎故入貢軍國漕儲千萬皆出此中也一土礱析竹匡圍成圈實潔淨黄土於內上下兩面各嵌竹齒上合篘空受穀其量倍於木礱穀稍滋濕者入其中即碎斷土礱攻米二百石其身乃朽凡木礱必用健夫土礱即孱婦弱子可勝其任庶民饔飧皆出此中也凡既礱則風扇以去糠粃傾入篩中團轉穀未剖破者浮出篩面重復入礱凡篩大者圍五尺小者半之大者其中心偃隆而起健夫利用小者弦高二寸其中平窪婦人所需也凡稻米既篩之後入臼而舂臼亦兩種八口以上之家掘地藏石臼其上臼量大者容五斗小者半之横木穿插碓頭足踏其末而舂之不及則粗太過則粉精糧從此出焉晨炊無多者斷木爲手杵其臼或木或石以受舂也既舂以後皮膜成粉名曰細糠以供犬豕之豢荒歉之歲人亦可食也細糠隨風扇播揚分去則膜塵淨盡而粹精見矣凡水碓山國之人居河

濵者之所爲也攻稻之法省人力十倍人樂爲之引水成功即筒車灌田同一制度也設臼多寡不一値流水少而地窄者或兩三臼流水洪而地室寛者即並列十臼無憂也江南信郡水碓之法巧絶蓋水碓所愁者埋臼之地卑則洪潦爲患高則承流不及信郡造法即以一舟爲地橛椿維之築土舟中陷臼於其上中流微堰石梁而碓已造成不煩椓木壅坡之力也又有一舉而三用者激水轉輪頭一節轉磨成麪二節運碓成米三節引水灌於稻田此心計無遺者之所爲也凡河濵水碓之國有老死不見礱



者去糠去膜皆以臼相終始惟風篩之法則無不同也凡礱砌石爲之承藉轉輪皆用石牛犢馬駒惟人所使蓋一牛之力日可得五人但入其中者必極燥之穀稍潤則碎斷也

農桑通訣蓄積篇蓄積者有國之先務皆爲民計非徒曰藏富於國也先王預備憂民之意大抵無事而爲有事之備豐歲而爲歉歲之憂是故國有國之蓄積民有民之蓄積當粒米狼戾之年計一歲一家之用餘多者倉箱之富餘少者儋石之儲莫不各節其用以濟凶乏此固知堯湯之時國亡捐瘠所謂蓄積多而備先具者豈皆藏於國哉蓋必有藏于民者矣今之爲農者見小近而不慮久遠一年豐稔沛然自足侈費妄用以快一時之適所收穀粟耗竭無餘一遇小歉則舉貸出息於兼并之家秋成倍稱償之歲以爲常不能振拔其間有收刈甫畢無以餬口者豈能給終歲之用乎嘗聞山西汾晉之俗居常積穀儉以足用雖間有飢歉之歲庶免夫流離之患也傳曰收斂蓄藏節用御欲則天不能使之貧信斯言也近世利民之法如漢之常平倉穀賤則增價糴之不至於傷農穀貴則減價



而糶之不使之傷民唐之義倉計墾田頃畝多寡豐年納穀而藏之凶年出穀以賙貧乏官爲主之務使均平是皆斂其餘以濟不足雖遇儉歲而不憂飢殍也然嘗考之漢史賈生言于文帝曰漢之爲漢幾四十年公私之積猶可哀痛彼一時也自文帝躬行節儉以化天下至景帝末年太倉之粟陳陳相因而民亦富庶人徒見古之蓄積常有餘後之蓄積常不足豈天之生物不如古之多人之謀事不如古之智蓋古之費給有限而後之費給無窮無怪乎有餘不足之不同也

呂坤積貯條件穀積在倉第一怕地溼房漏第二怕雀入鼠穿此其防禦不在人力乎大凡建倉擇於城中最高處所院中地基務須鐓背院墻水道務須多留凡隣倉庾居民不許挑坑聚水違者罰修倉廒一倉屋根基須掘地實築有石者石爲根脚無石者用熟透大磚磨邉對縫務極嚴匝厚須三尺釘横俱用交磚做成一家以防地震房須寬寛則積不蒸須高高則氣得洩仰覆瓦須用白礬水浸雖連陰彌月亦不滲漏樑棟椽柱務極粗大應費十金者費十五二十金一時無慮固利於苟完數年即更實貽之



倍費故善事者一勞永逸一費永省究竟較多寡一費之所省爲多也以室家視倉廒者當細思之一風窻本爲積熱壞穀而不知雀之爲害也既耗我穀而又遺之糞食者甚不宜人今擬風窗之內障以竹篾編孔僅可容指則雀不能入倉牆成後洞開風窗過秋始得乾透其地先鋪煤灰五寸加鋪麥糠五寸上墁大磚一重糯米雜信浸和石灰稠黏對合磚縫如木有餘再加木板一週鉄木處所釘蓆一週可也一假如倉廒五間東西稍間各用板隔斷與門楣齊穀止積於西間留板隔東一間如常閑空值六七月久陰氣濕或新收穀石生性未除倘不發洩必生內熱州縣官責令管倉人役將穀自東第二間起倒入東一間閑空之處一間倒一間是滿倉翻轉一遍熱氣盡洩本味自全何紅腐之有一太倉禁用燈火令各倉積柴安竈全無禁約萬一火起何以救之以後不許仍用官吏以下飯食外面喫來不得已者送飯冬月但用湯壺如違重治

附收穫器具

筅架也集韻作筅竹竿也或省作筅今湖湘間收禾並用筅架懸之以竹木構如屋狀若麥若稻等稼穫而棄



（音藹）之悉倒其穗控於其上久雨之際比於積垛不致鬱浥江南上雨下水用此甚宜北方或遇霖潦亦可倣此庶得種糧勝於全廢今特載之冀南北通用

喬扦挂禾具也凡稻皆下地沮濕或遇雨潦不無淹浸其收穫之際雖有禾穗不能卧置乃取細竹長短相等量水淺深每以三莖爲數近上用篾縛之乂於田中上控禾把又有長竹横作連脊挂禾尤多凡禾多則用筅架禾少則用喬扦雖大小有差然其用相類故並次之

摜稻簟摜抖擻也簟承所遺稻也農家禾有早晚次第

收穫即須隨手得糧故用廣簞展布置木物或石於上各舉稻把摜之子粒隨落積於簞上非惟免汚泥沙抑且不致耗失又可曬穀物或捲作篅誠爲多便南方農種之家率皆置此徐光啓曰不如摜牀爲便今農家所用棧條即簞也

連耞擊禾器國語曰權節其用耒耜耞芟廣雅曰拂謂之架說文曰拂架也拂擊禾連架釋名曰架加也加杖於柄頭以撾穗而出穀也其制用木條四莖以生革編之長可三尺濶可四寸又有以獨梃爲之者皆於長木柄頭造爲環軸舉而轉之以撲禾也

附攷治器具

土礱礧穀器所以去穀殼也編竹作圍內貯泥土狀如小磨仍以竹木排爲密齒破穀不致損米就用拐木竅貫礱上掉軸以繩懸檩上人力運肘以轉之日可破穀四十餘石

木礱多用松木爲之形如大磨兩扇皆鑿齒下合植笴穿貫上合塲中植架懸掉軸以眾力曳轉去穀出米殷殷如雷聲田家通力合作雜以倡和之聲慶成事也

水礱水轉礱也礱制上同但下置輪軸以水激之一如水磨日夜所破穀數可倍人畜之力水利中未有此制今侍造立庶臨流之家以憑倣用可爲永利

碓舂器用石杵臼之一變也廣雅曰䂍碓也方言云碓梢謂之碓機自關而東謂之梴桓譚新論曰杵臼之利後世加巧因借身重以踐碓而利十倍

堈碓掘埋堈坑深逾二尺下木地丁三莖置石於上後將大磁堈穴其底向外側嵌坑內取碎磁灰泥和之窒底孔令圓滑候乾透用半竹篘長七寸徑四寸方如合脊瓦樣下稍濶以熟皮圍之倚堈下唇篘下兩邊石壓之或兩竹杆刺定隨注糙於堈用碓木杵搗於篘內堈既圓滑米自翻倒簌篘內然木杵既輕動防狂迸須踏碓時已起而落隨以左足躡其碓腰方穩順一堈可舂米三石始於浙又名浙碓今多於津要米商輳集處置設上農之家用米多亦宜置之

水碓水搗器也通俗文云水碓曰翻車碓孔融論水碓之巧勝於聖人斷木掘地則翻車之類愈出後世之機巧今人造水輪輪軸長尺刻貫橫木相交如滾搶之制水激輪轉則軸間橫木打所排碓梢一起一落舂之即

連機碓也凡流水岸傍俱可設置度水勢高下如水下岸淺用陂柵平流用板木障水俱使傍流急注貼岸置輪高丈餘自下衝轉名撩車碓若水高岸深則輪減小而闊以板爲級上用木槽引水置下射轉輪板名曰斗碓又曰鼓碓隨地所制也

槽碓碓梢作槽受水以爲舂也凡所居之地間有泉流稍細可選低處置碓一區一如常碓之制但前頭減細後稍深濶爲槽可貯水斗餘上庇以厦槽在厦乃自上流用筧引水下注於槽水滿則後重而前起水瀉則後輕而前落卽爲一舂如此晝夜不止可毇米兩斛日省二工以歲月積之知非小利

杵臼舂也按古舂之制䄷百一十斤稻重一䄷爲米二十斗爲米十斗曰毇爲米六斗大半斗曰粲又曰糲米一石舂爲九斗曰糳糳米之精者斯古舂之制自杵臼始也

附蓄藏器具

倉穀藏也釋名曰倉藏也天文集曰廩星主倉史記天官書胃爲天倉此名著於天象者禮月令曰孟冬命有



司修囷倉周禮倉人掌粟入之藏此名著於公府者詩曰乃求千斯倉管子曰倉廩實而知禮節此名著於民家者今國家備儲蓄之所上有氣樓謂之廒房前有檐楹謂之明厦倉爲總名蓋其制如此夫農家貯穀之屋雖規模稍下其名亦同皆係累年蓄積所在內外材木露者悉宜灰泥塗飾以辟火災木又不蠹可爲永法

廩倉之別名詩曰亦有高廩萬億及秭註云廩所以藏粢盛之穗說文曰倉黃亩而取之故謂之亩或從广從禾今農家構及無壁厦屋以儲禾穗種稑之種卽古之廩也唐韻云倉有屋曰廩倉其藏穀之總名而廩庾又有屋無屋之辨也

囷圓倉也禮月令曰修囷倉說文廩之圓者圜謂之囷方謂之京吳志周瑜謁魯肅指其囷以與之西京雜記曰曹元理善算囷之穀數類而言之則囷之名舊矣今貯穀圓箄泥塗其內草苫於上謂之露箄者卽囷也

窖藏穀穴也史記貨殖傳曰宣曲任氏獨窖食粟楚漢相拒滎陽民不得耕米石至數萬而豪傑金玉盡歸任氏任氏以是起富嘗謂穀之所在民命是寄今藏至地

中必有重遇且風蟲水旱十年之內儉居五六安可不預備凶災夫穴地為窖小可數斛大至數百斛先投柴棘燒令其土焦燥然後周以糠穩貯粟于內五穀之中惟粟耐陳可歷遠年有于窖上栽樹大至合抱內若變浥樹必先槁又謂葉必萎黃又擣別窖北地土厚皆宜作此江淮高峻土厚處或宜倣之

畿輔義倉規條附

一擇地建倉

案朱子社倉之法方五十里而置一倉準邑之大小



酌其數方五十里者一面十二里半也倉立其中四隅之稍遠者亦不及十里最於民稱便但州邑之大者需倉過多今於每州縣衛內擇大村集鎮酌建倉厫自三四區至七八區令四面村莊皆在十五里及二十里之內間有山程崎遠海濱遼闊村落無多亦不出三四十里俾捐輸曉諭易徧賑貸老弱能來且衆情曉然知捐於此者即可取於此積於公者無異藏於家閭里族黨相賙相救無非耳目相接之人於以發其任䘏之情而取效集事為尤速州縣辦此先將合境村莊繪圖齊全某處立義倉一區附倉若干里之內為某某村莊各註明到倉里數各倉各村用五色筆別之其境內高山大川為疆界眉目所繫者一並繪入鋟版存縣印送院司道該管府州存案仍將義倉幾處各畫一圖懸之本倉村民視之更為瞭然向後積貯日廣更于鄉鎮社約湊總之地參錯增建則多而益近總不得取便在城致違本制

每倉瓦房三間俾可貯穀千餘石周以高垣門額題某村義倉按方位列各村於後再建小房一間以居



守倉之人倉宜分間各門以便新舊穀輪流出借並便盤查雜糧無多另以囤置之士民有捐輸工料建義倉一座者折照穀價一體獎勵所需芻藁木植土墼村民有零星捐備並力作者俱簿記之分別加獎各倉應歲加葺補或數年一次修理所須工料倉正副稟縣勘明准動息穀變價充用如捐穀漸多應添建倉厫並於息穀內動支凡倉厫工作俱估計冊報本管府州立案直隸州報本道立案

一勸捐分別獎勵

秋收豐稔之年該管道府州董率州縣勸導捐輸紳衿士庶人等捐穀十石者州縣官給以花紅三十石以上獎以匾額五十石以上報明上司遞加獎勵准將各年所捐前後通算至二百石者照例核實具題給以九品頂帶三百石者給以八品頂帶四百石以上者給以七品頂帶其有捐雜糧者折照穀數畫一獎勵近京五百里內旗莊正身有願在所住產業地方捐輸者悉照民人之例予以獎勵所收穀石即貯該管州縣義倉內一體辦理



勸捐之法州縣設立印簿多本將勸捐義穀緣由摘叙簡明書之簿首就附倉諸村內延擇紳衿鄉老殷實可信者各數人轉相勸諭無論米粟雜糧不拘升斗斛石聽捐戶自登姓名數目毋許抑勒强派各按村莊總歸一簿勿使紊淆每年於秋收後舉行十月內交倉註收州縣核實總數限於十一月內詳府申司彙總道省捐數報院麥收後有願捐者聽鹽當商有願捐者聽官捐倡首即於登簿之日交出實數貯倉其年歉收在六分以下停捐如富戶自願捐者逾格旌之

一典守擇人

每鄉穀數在五百石以內者立倉正一名經管千石以上添設倉副共爲經理統于鄉耆中公舉端謹殷實之人充當免其差徭將姓名申報存案不得違例引用生監

倉正副經管三年果能鄉井休戚相關辛勤無誤遵照新例由州縣詳府州給匾獎勵六年無過許府州詳布政司給匾十年無過許布政司報院給匾狥私



者革懲侵蝕者治罪賠補倉正副稟事許徑赴州縣署不許胥役隔手平時亦不許胥役至倉其經理勤妥者州縣官歲首傳集公堂勞之酒食以示鼓勵

倉置夫二名或一名住倉看守於息穀內每名按月給工食穀五斗如需加增視歲入息穀多寡隨宜酌辦

一出納積息

每年於青黃不接之時分半出借定於三月下旬開倉預期倉正副先計一倉應借之數按村莊大小核

明某某村各應借若干開具清榜送官核明標發實貼倉門俾各村皆知應借之數願借者互保具領到倉倉正副核明應借各于領內畫押登簿每戶自數斗至二石爲止願借雜糧者聽仍不得逾於借穀之數如已借常社倉穀即不准重借令於領內註明並無重借字樣游手不事生業之人不准借通一村無揖戶者不准借倘有强借情事立即禀究事畢倉正副將出借花名簿領送州縣查核鈐印秋收後發倉照數催還倉正副並其同居親屬准於常社倉借給



毋得即借本倉之穀

借穀限於秋收後十月內還倉收成八分以上加一收息收成六分七分免其加息每斗收耗穀三合五分以下緩至次年秋後分別加免還倉借雜糧者豐年易穀交還仍照穀數加息各戶交還正息穀俱令正副長眼同登簿於原借簿內註銷通計所收正息穀若干正欠若干免息若干分晰開載歲底送州縣核明盤查得實通報存案如有頑戶抗不交還者禀官倍罰正副長狥私捏還銷欠察出究處仍罰穀十倍故絶無着者核明禀官開除

每倉置斛斗升各一具照部頒成式用鐵葉裹口印烙發倉貯用出入令借戶輪流灌量概則倉夫司之以免高下之弊

息穀準以豐年之入每百石收息十石以一石爲倉正副紙張飯食以一石爲倉穀折耗以一石爲鋪墊之資其餘七石除動支倉夫工食外存作修建倉厫之用如有贏餘源源積貯

一收掌盤查曬晾



各倉鎖鑰當春借秋還時發倉正收掌平時繳存州縣署如遇黴雨濕漏應開倉看視赴署請領門鎖封條俱由州縣給發惟春借秋還時將封條標發倉正副按日用之有餘仍繳

州縣官每歲於十二月逐鄉同倉正副盤查一次取具甘結加具印結詳報本管道府察核其有因事交代者接任官於限內照常平倉穀一體盤收如倉正副有侵混情弊即嚴行詳究前任官知情者着令賠補倉正副年滿更替亦按數盤量交代

盤查曬晾倉夫如不足用卽派本村鄉民執役量給

飯食

增附二條

煑賑

遇歲荒人饑災象已成急出穀碾米積柴薪附倉立粥廠設竈釜缸桶各具每日散粥一次人給一籌繳籌領粥先女後男（不出三日人數約畧可定）用米按大口五合小口二合五勺計之石米可食二百餘人日煑米五石可食大小口千餘人鐵杓散粥製如口數大小惟準



嬰兒準作小口一倉所食不越四面附近村民且不待檢别而來者皆極貧者如或災重人多義穀不繼州縣勸富戶出粟或認日煑賑一人兼認數日數人共認一日惟便先期於賑廠揭示大書某某於某日煑賑使食者知感而施者不倦卽令倉長司廠務佐以好善能事數人州縣並派妥役以備呼應正佐各官勤至察視以資彈壓所需釜薪雜費准於息穀動

用

散穀

按明臣王廷相之言曰備荒之政莫善於義倉第上中下戶捐穀貯倉凶歲計戶給散先中下者後及上戶上戶責之償中下者免之令師其意先為粥以食極貧者令穀足用乃籌次貧準穀之多少以算戶視口之衆寡以貸穀有田者來歲還倉或寬期二年均免息無田者免償官親臨給散毋獨任倉長（未賑散之先增守倉健役為之防）極次貧戶既皆已得食一州邑之中各倉並舉數州邑之中同時並舉繼之以官賑而民宜無外出者矣貧民安而富戶乃可保當其時益見是又



當曉之于平日者也

# 區田法

（清）王心敬 撰

《區田法》，（清）王心敬撰。王心敬（一六五六——一七三八），字爾緝，號豐川，人稱豐川先生。陝西省西安府鄠縣（今陝西西安市鄠邑區）人。年輕時曾爲諸生，師從李顒，然而淡泊名利，後聘講江漢書院。著有《易説》《豐川集》《關學編》《尚書質疑》等。

古農書中有區田畝收六十石的高産説法，在清康熙五十九年（一七二〇）、六十年（一七二一）兩年，恰逢大旱，王氏依照古農書中所記載的方法，親自試驗區田種植法，花了較大的工力，但畝産僅有五六石，所以他懷疑古農書中所説的産量有誇大的嫌疑，實際上是以誇大産量的方法來勸人多種區田。於是，王氏闡述了古人區田、灌溉、糞種等區田法的關鍵技術環節，結合親自試種的實際效果，評説區田法具體實施的利弊，撰成此書。本書主要内容在於強調按時播種，以抗禦旱災，意在順從天時；分區空隔，縱横相間，意在蓄養地力；壅根、澆水、頻耘、深鋤，意在盡人工。全書雖短，但是充分體現了天、地、人三才思想在農業生産活動中的運用。

該書載在《豐川續集》卷八《水利》部中，與《圃田法》一起附在《井利説》之後，似乎未單獨刊行過，還曾被輯入《牧令書》《皇朝經世文編補》等。《關中叢書》亦有收錄，前面添有清咸豐七年（一八五七）陝西巡撫曾望顔撰寫的序言。今據南京圖書館藏清同治四年（一八六五）重印本《牧令書》節選影印。

（熊帝兵　惠富平）

勝粱木之感　受業徐棟謹識

王心敬字爾緝號豐川陝西鄠縣人乾隆元年舉賢良方正未就有豐川先生集

## 區田法

按農政書湯有七年之旱伊尹作爲區田教民糞種負水澆稼諸山陵傾阪及田邸城上皆務爲之以是支六年之旱而民少流殍其説雖無他書可證然要之其法非智者莫辨凡少地之家所宜遵用至旱荒之時水泉闕少之鄉尤宜重留意也其法大約謂一畝之地濶一十五步每步五尺計七十五尺每一行占地一尺五寸計分五十行長濶相間通二千七百區空一行種一行隔一區種一區除隔空外可種六百七十五區每區深一尺用熟糞一升

與區土相和布穀勻覆以手按實令土種相着苗出看稀稠存留鋤不厭頻旱則澆灌結子時鋤區上土深壅其根以防大風搖撼依此法者倘不爲蝗傷每區收穀一斗每畝可收六十石余竊謂其法眞貧家濟荒之勝策但如隔區間種不但中道難行亦且耘鋤水灌皆費周折不如視地濶狹於中畫路以一尺五寸道畛爲度而畫一種禾之溝亦以通畛一尺五寸爲度區規深則一尺用熟糞一升照數均入以手按實視其可灌則按時澆灌之爲工省而法捷也至若一區能收穀一斗一畝能六十石及三十石之說則亦恐不然昔余當庚子辛丑大旱時亦曾力務爲此雖人事未至精到要之工力頗勤亦只可畝五六石而止彼畝收六十石三

十石之說或古人誘人力務區種之旨乎然如大旱之歲鄰田赤地千里而區田一畝獨有六七石之穫果若數口之家能殫力務成二三畝區田便可得全八口之家父母妻子之命其收效不亦宏且厚耶嗚呼豐儉不常是乃天道家無素蓄之粟抑且父母妻子之責上下關於己身思慮預防可無慮歟

孫宅揆號穀齋山東館陶人餘未詳見切問齋文鈔

區田說節錄

其爲區當於閒時旋旋掘下春種大麥豌豆夏種粟米黑豆高粱穈黍按粟米者稷也俗云小米稷與蕣相似故韋昭國語註云蕣似稷而無實穈黍不黏者一曰穄今人以穄爲稷音似而誤秋種小麥隨天時早晚地氣寒暖物土之宜節次爲之不必貪多

# 區種五種

（清）趙夢齡　輯

《區種五種》五卷附録一卷，（清）趙夢齡輯。趙夢齡，生卒年不詳，字錫九，號菊齋，又號西湖寄生。浙江仁和（今杭州）人，原籍直隸容城（今屬河北），大約生活於清乾隆後期至道光前期。精通醫術，曾與人合輯《王孟英醫案》（一名《仁術志》），與王士雄關係較好，曾爲其書《温熱經緯》《潛齋醫話》等作過序。

該書輯録工作大約始於嘉慶初年，成於道光二十二年（一八四二）。趙氏曾多方搜求，留心區田著作四十年，在得到了宋葆淳輯的《氾勝之遺書》之後，將其與孫宅揆的《教稼書》、帥念祖的《區田編》、拙政老人的《加庶編》、潘曾沂的《豐豫莊本書》合輯而成《區種五種》。趙氏卒後，其門人范梁將其師所輯之書刻印傳世，卷首增加了一篇序言，卷末附了明代耿廕樓的《國脈民天》，其中也包含豐富的區田技術與方法。題名爲『五種』，實際上是六種。該書以『區田』爲主題，所輯録的各家區田文獻多爲不常見的或不易得的版本，對區田技術雖無創新，但是對區田文獻的彙集、傳承與技術傳播之功不容否定。

該書在中國農博館圖書資料室、西北農林科技大學農史所、華南農業大學農史室、國家圖書館、中科院圖書館等處皆有收藏。今據南京圖書館藏清光緒四年（一八七八）蓮花池刻本影印。

（熊帝兵　惠富平）

區種五種

附一種

黃彭年敬題

# 區種五種五卷

附錄一卷

光緒戊寅蓮花池刊

區種五種吾師趙菊齋先生所輯也梁通籍後師以是書郵寄藏之篋笥歲丁丑陳臬畿輔值歲亢旱目覩時難拯救無策因檢閱之洵爲避旱濟時之良法而有利無弊者區田本先聖遺規分地少用功多其獲利不啻倍蓰元時嘗以其法下之民間而民不應陞桴亭以爲工力多而人不耐煩耳然當荒歉之餘苟能躬耕數畝即可爲一家數口之養又何工力費煩之足憂我

朝二百餘年有偶一試之而輒得成效者書中所紀確然可徵誠欲行之可任民之自爲而無所紛更於其際此眞有造於今而不違乎古者也用付手民以公海內吾師濟



世之深心其沾溉於他日者豈淺鮮哉師諱夢齡其先容城白溝河人也父□□乾隆□□科副榜贅於杭州沈氏因家焉師入杭州府學試優等爲增生少孤母沈苦節訓之成立沈目雙瞽師奉養至孝幼工舉業而不得一第高郵王文恪公當代大儒也道光己卯典試浙江得師卷驚賞評曰絕迹易無行地難已定元矣而師以二場病罷其文附刊闈卷中師由是絕意進取益肆力於詩古文辭尤精於陰陽術數之學生平著書甚富惜遭兵燹不傳所存者僅有去僞齋文集約選上下卷國朝文警初編二卷行於世梁從師久受益於師者最多遺書刊成而師不及見追維教澤不知涕之何從光緒四年三月弟子范梁謹序

是書刊既成復得靈壽耿蔭樓國脈民天一卷爲同治間秦剛烈公官蠡縣時所刊行者其書簡括明暢足與五種相發明秦序中又著蠡縣武生劉開甲奉行之效尤近事之足徵信者因附刊五種之後以備參考亦竊取吾師之意云爾梁又識

區種五種

目錄



是書之輯始于嘉慶初年惟時潘相國哲嗣尙未有再試再驗之本書也先後留心四十年得如干種其說詳其法備其義叅互而益精將以見諸設施而余年老矣



棐而布之海內同志必有能行之者書之裨益畧見于帥豫章孫濟寧弁言中不贅

道光壬寅西湖寄生菊齋氏識

## 氾勝之遺書序

世傳區田之法始于伊尹顧商周之世書多不傳傳者見于氾勝之農書按漢藝文志農家者流凡九家共百十四篇氾勝之書十八篇勝之成帝時人劉向別錄稱其常教田三輔好田者師之後徙爲御史實與蔡癸尹都尉諸人皆能留心民事講求實用于農政言之特詳故周禮草人疏亦稱漢時農書數家氾勝爲上隋書經籍唐書藝文二志弁著于錄則其時尙有傳本自唐以後遂至散佚蓋樹藝之術不講久矣余同年友安邑宋芝山家世西北自其幼時隨宦浙中壯遊四方周覽形勢辨地氣之腴瘠察水



利之興廢又深究禦災備荒之道嘗以西北地勢高仰歲恆苦旱復思古人區種之法以防患濟時爰先就賈思勰齊民要術所載氾氏遺書采錄成帙並取徐光啟農政全書及他所論說與夫歷代史志之詔行區田者悉附於後將俾夫天下後世之人咸知遵守區田種治之法以廣其利濟之心意甚善也余嘗謂經世者不可以泥古若區田之制本爲山郡禦旱而設宜所亟行其視鑿井灌田勞逸懸殊而所收不啻數倍蓋人力既盡地利自饒固不獨可行於一時矣方今

聖天子勸農敦俗宵旰勤求以足民爲先務誠使司牧者

得是編而講明其事上之於
朝以其法散諸農民聽民種治勿令限以畝數閒遇歲旱
亦無不登之虞非猶是商周之良法耶君既以此帙示余
復將博采詩禮註疏漢書文選註初學記藝文類聚太平
御覽諸書所引者綜錄以授剞劂余雅重君之志且信古
法之可行于今也故樂爲之序嘉慶庚辰仲春濟甯孫玉
庭撰





## 氾勝之遺書

仁和趙夢齡輯

湯有旱災伊尹作爲區田教民糞種（一本有負水澆稼四字）區田非必須良田也諸山陵近邑高危傾阪及邱城上皆可爲區田區田不耕旁地庶盡地力凡區種不先治地便荒田爲之以畝爲率令一畝之地長十八丈廣四丈八尺當橫分十八丈作十五町町間分爲十四道以通人行道廣一尺五寸町皆廣一尺五寸長四丈八尺尺直横鑿町作溝溝一尺深一尺積穰于溝閒相去亦一尺嘗悉以一尺地積穰不相受令宏作二尺地以積穰上農夫區方深各六寸閒相去九寸一畝三千七百區一日作千區區種粟二十



粒畝用種二升秋收區別三升粟畝收百斛中農夫區方九寸深六寸相去二尺一畝千二十七區用種一升收粟五十一石一日作三百區下農夫區方九寸深六寸相去二尺一畝五百六十七區用種六升收二十八石一日作二百區（齊民要術）

種麻子二月下旬傍雨種之麻生布葉鋤之以蠶矢糞之天旱以流水澆之無流水曝井水殺其寒氣以澆之如此美田則畝五十石及百石雖薄田畝尚三十石

三月榆莢時雨高田可種大豆土和無塊畝五升土不和則益之

種禾無期因地爲時三月榆莢時雨高地强可種禾
黍者暑也種必待暑先夏至三十日此時有雨彊土可種
黍一畝三升黍心未生雨灌其心心傷無實黍心初生畏
天露令兩人對持長索概去其露日出乃止凡種黍覆土
鋤治皆如禾法欲疏于禾區田以糞氣爲美非必須良田
也諸山陵近邑高危傾阪及邱城上皆可爲區田區田不
耕旁地庶盡地力凡區種不先治地便荒田爲之以畝爲
率令一畝之地長十八丈廣四丈八尺當橫分十八丈作
十五町町間分爲十四道以通人行道廣一尺五寸町皆
廣一尺五寸長四丈八尺尺直橫鑿町作溝溝一尺深亦



一尺積穰于溝間相去亦一尺嘗悉以一尺地積穰不相
受令宏作二尺地以積穰種禾黍於溝間夾溝爲兩行去
溝兩邊各二寸半中央相去五寸旁行相去亦五寸一溝
容四十四株一畝合萬五千七百五十株種禾黍令上有
一寸土不可令過一寸亦不可令減一寸凡區種麥令相
去二寸一行一溝容五十二株一畝凡四萬五千五百五
十株麥上土令厚二寸凡區種大豆令相去一尺二寸一
溝容九株一畝凡六千四百八十株（禾一斗有五萬一千餘粒黍亦少此少許）
（大豆一斗一萬五千餘粒）區種荏令相去三尺胡麻相去一尺區種天
旱常溉之一畝常收百斛上農夫區方深各六寸間相去

九寸一畝三千七百區一日作千區區種粟二十粒美糞
一升合土和之畝用種二升秋收區別三升粟畝收百斛
丁男長女治十畝十畝收千石歲食三十六石支二十六
年中農夫區方九寸深六寸相去二尺一畝千二十七區
用種一升收粟五十一石一日作三百區下農夫區方九
寸深六寸相去二尺一畝五百六十七區用種六升收二
十八石一日作二百區（諺曰頭不比畝善謂多惡不如少善也）區中草生茇
之區間草以剗剗之若以鋤鋤苗長不能耘之者以鉤鐮
比地刈其草蕆
兗州刺史劉仁之昔在洛陽於宅田以七十步之地域



爲區田收粟三十六石然則一畝之收有過百石矣少
地之家所宜遵用也（齊民要術）
徐光啟曰區收一斗畝六十六石即區田一畝可食二
十許人矣蓋古今斗斛絕異周禮食一豆肉飲一豆酒
中人之食也孔明每食不過數升而仲達以爲食少事
煩若如今斗則中人豈能頓盡孔明數升已自不少而
廉頗五斗得毋太多計如今之畝若斗則每畝可收數
石可食兩人以下耳見文學張宏言有糞壅法即今常
種稻田亦可得穀畝二十許斛也近年中州撫院督民
鑿井灌田竊意遠水之地自應種旱穀若鑿井以爲水

田此令民終歲㸰㸰也若云救旱穀則炎天爍土一井所灌其潤幾何必須教民爲區田家各二三畝以上一家糞肥多在其中遇旱則汲井溉之此外田畝聽人自種旱穀則豐年可以兩全卽遇大旱而區田所得亦足免於飢窘比於廣種無收效相遠矣（農政全書）

按舊說區田地一畝闊一十五步每步五尺計七十五尺每一行占地一尺五寸該分五十行長一十六步計八十尺每行一尺五寸該分五十四行長闊相乘通二千七百區空一行種于所種行內隔一區種一區除隔空外可種六百七十五區每區深一尺用熟糞一升與



區土相和布穀勻覆以手按實令土種相著苗出看稀稠存留鋤不厭頻旱則澆灌結子時鋤土深壅其根以防大風搖擺古人以此布種每區收穀一斗每畝可收六十六石今人學種可減半計（農桑通訣）

其區當于閒時旋旋掘下正月種春大麥二三月種山藥芋子三四月種粟及大小豆八月種二麥豌豆節次爲之不可貪多夫儉豐不常天之道也故君子貴思患而預防之如向年壬辰戊戌飢歉之際但依此法種之皆免飢殍此已試之明效也竊謂古人區種之法本爲禦旱濟時如山郡地土高仰歲歲如此種蓺則可常熟

惟近家瀕水爲上其種不必牛犂但鍫钁墾劚又便貧難大率一家五口可種一畝已自足食家口多者隨數增加男子兼作婦人童稚量力分工定爲課業各務精勤若糞治得法沃灌以時人力既到則地利自饒雖遇災不能損耗用省而功倍田少而收多全家歲計指期可必實救貧之捷法備荒之要務也（同上）

耕之本在于趨時和土務糞澤早鋤穫春凍解地氣始通土一和解夏至天氣始暑陰氣始盛土復解夏至後九十日晝夜分天地氣和以此時耕田一而當五名曰膏澤皆得時功



承安元年四月初行區種法男年十五以上六十以下有土田者丁種一畝丁多者五畝止二年二月九路提刑馬百祿奏聖訓農民有地一頃者區種一畝五畝卽止臣以爲地肥瘠不同乞不限畝數制可也（金史食貨志）

田無水者鑿井井深不能得水者聽種區田仍以區田之法散諸農民（元史食貨志）

黍者暑也待暑而生暑後乃成也詩云誕降嘉種維秬維秠維穈維芑（穈卽虋音轉也郭璞以虋芑爲粱粟以秠卽黑黍之二米者羅願以秠爲來牟皆非也齊民要術云）稗水旱無不熟之時又特滋盛易得蕪穢良田畝得二三

十斛宜種之以備凶年
春地氣通可耕堅硬强地黑壚土輒平摩其塊以生草草生復耕之天有小雨復耕和之勿令有塊以待時所謂强土而弱之也春候地氣始通椓橛木長尺二寸埋尺見其二寸立春後土塊散上沒橛陳根可拔此時二十日以後和氣去卽土剛以此時耕一而當四和氣去耕四不當一杏始華榮輒耕輕土弱土望杏花落復耕耕輒藺之草生有雨澤耕重藺之土甚輕者以牛羊踐之如此則土强所謂弱土而强之也春氣未通則土歷適不保澤終歲不宜稼非糞不解愼無旱耕須草生至可種時有雨卽種土相



親苗獨生草穢爛皆成良田此一耕而當五也不如此而旱耕塊硬苗穢同孔出不可鋤治反爲敗田秋無雨而耕絕土氣土堅垎名曰腊田及盛冬耕泄陰氣土枯燥名曰脯田脯田與腊田皆傷田二歲不起稼則一歲休之凡愛田常以五月耕六月再耕七月勿耕謹摩平以待種時五月耕一當三六月耕一當再若七月耕五不當一冬雨雪止輒以藺之掩地雪勿使從風飛去後雪復藺之則立春保澤凍蟲死來年宜稼得時之和適地之宜田雖薄惡收可畝十石
種稻春凍解耕反其土

種傷濕鬱熱則生蟲也取麥種候熟可穫擇穗大强者斬束立場中之高燥處曝使極燥無令有白魚有輒揚治之取乾艾雜藏之麥一石艾一把藏以瓦器竹器順時種之則收常倍取禾種擇高大者斬一節下把懸高燥處則苗不敗
薄田不能糞者以原蠶矢雜禾種種之則禾不蟲取馬骨剉一石以水三石煮之三沸漉去滓以汁漬附子五枚三四日去附子以汁和蠶矢羊矢各等分撓令洞洞如稠粥先種二十日時以溲種如麥飯狀當天旱燥時溲之立乾薄布數撓令易乾明日復溲天陰雨則勿溲六七溲而止



輒曝謹藏勿令復溼至可種時以餘汁溲而種之則禾稼不蝗蟲無馬骨亦可用雪汁雪汁者五穀之精也使稼耐旱常以冬藏雪汁器盛埋於地中治種如此則收常倍
種稻區不欲大大則水深淺不適冬至後一百一十日可種稻稻地美用種畝四升
夏至後七十日可種宿麥早種則蟲而有節晚種則穗小而少實當種麥若天旱無雨澤則薄漬麥種以酢漿并蠶矢夜半漬向晨速投之令與白露俱下酢漿令麥耐旱蠶矢令麥忍寒
大豆保歲易爲宜古之所以備凶年也謹計家口數種大

豆率八五畝此田之本也三月榆莢時有雨高田可種土和無塊畝五升土不和則益之種大豆夏至後二十日尚可種戴甲而生不用深耕大豆須匀而稀豆花憎見日見日則黃爛而根焦也小豆不保歲難得椹黑時注雨種畝一升

剉馬骨牛羊猪麋鹿骨一斗以雪水三斗煮之三沸取汁以漬附子率汁一斗附子五枚漬之五日去附子擣麋鹿羊矢分等置汁中熟撓和之候晏温又溲曝如法汁乾乃止若無骨煮繰蛹汁和溲以區種之大旱澆之其收至畝百石以上



蕎麥立秋前後漫撒種即以灰糞蓋之

麥生黃色傷于大稠稠者鋤而稀之秋鋤以棘柴耬之以壅麥根故諺曰子欲富黃金覆謂秋鋤麥曳柴壅麥根也至春凍解棘柴曳之突絕其乾黃須麥生復鋤之到榆莢時注雨止候土白背復鋤如此則收必倍

大豆生五六葉鋤之小豆生布葉鋤之生五六葉又鋤之大豆小豆不可盡治也古所不盡治者豆生布葉豆有膏盡治之則傷膏傷則不成而民盡治故其收耗折也

胡麻生布葉鋤之

稻欲溼溼者缺其塍令水道相直夏至後大熱令水道錯

穫豆之法莢黑而莖蒼輒收無疑其實將落反失之故曰豆熟于場于場穫豆則青莢在上黑莢在下

牽馬令就穀堆食數口以馬踐過爲種無虸蠵蚄蟲也俱同上

夫田種者一畝十斛謂之良田此天下之通稱也不知區種可百餘斛田種一也至于樹養不同則功收相懸謂商無十倍之價農無百斛之望此常守而不變者也嵇康養生論

神農之教雖有石城湯池帶甲百萬而無粟者不能守也文選注



氾勝之遺書見于漢藝文志而今無傳矣其說散見于齊民要術中葆因採錄其文及後人之所論說以存古人之舊且弁欲天下後世之人皆遵守區田種治之術此葆區區利濟之私心也嘉慶二十四年八月安邑宋葆淳識

區田圖說

上農夫每道兩行七區圖如左餘倣此

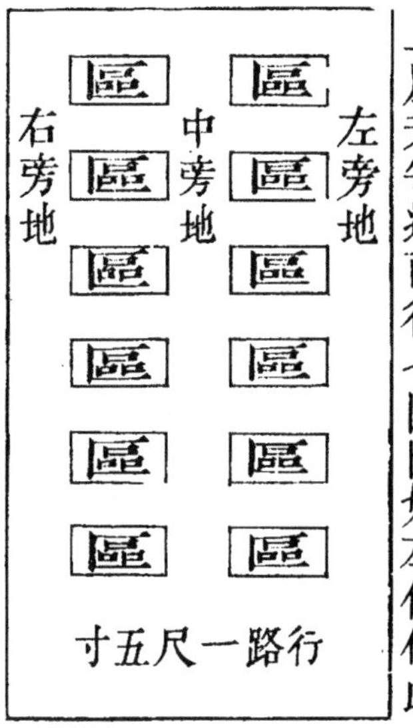


區田深一尺下糞種穀於區內也

以畝爲率長十八丈廣四丈八尺長分十五町每町一丈二尺以一尺五寸爲路倘得一丈五寸

每町廣分十四道每道三尺四寸長一丈五寸廣三尺四寸畝十五町町十四道畝二百十道上農夫每道兩行每行七區區方六寸隔九寸道十四區町一百九十六區畝二千九百四十區中旁地各空七寸

中農夫每道一行六區區方九寸隔九寸町八十四區畝一千二百六十區兩旁地各一尺二寸

下農夫每道一行五區方六寸隔一尺五寸町七十區畝一千五十區兩旁地各一尺四寸

芝山先生採氾勝之遺書及各家論說爲書教民耕種以古人文義非山邨農圃所盡皆屬胥作圖說略取遺書大意以表明之不必盡合也江東淩霄芝泉識

# 教稼書

仁和趙夢齡輯　區種五種之二

辛丑仲夏於平恩劉君處見太原副守朱公區田說詳而有理皆近世老農所未聞劉君言其試種之效雖未能盡如圖說然較尋常之畝所獲則數倍乃初種尚未得法而糞又未蒸且天旱未澆之故也聞山西頗有依法種者所獲仍如圖說余因思此乃古人教民稼穡之良法於是又爲詳考畎畝糞種諸法亦爲圖說附于其後并授之梓庶可由近及遠以漸而公諸天下也康熙六十年五月壬申館陶孫宅揆熙載氏敘

## 朱公區田引



昔伊尹以天下大旱乃作區田教民糞種雖山陵邱壟側坡傾坂皆可爲之歷七年之久而無失職之民恃有此具也龍耀於康熙四十六年丁亥待罪蒲邑處萬山之中皆高山陡坡非雨澤時降不能有秋人力窮而無所用三四年間祈求者數矣乃取區田之法反覆玩味得其詳要若非聖人斷不能作每於朔望講讀

聖諭畢以告士民而習俗苟且不能信從癸巳夏於邑後隙地布種數區意待秋成習士子以觀成效至六月升太原府同知隨本引

見十月歸來已經收穫核其數每區四升五升不等然無確據不足以信士民爲悵然久之今分防平定仍於隙地依法布種大約一區可收穀五升一畝可三十石用省功倍實備荒之奇策亦救荒之捷法又招撫流移之善術也圖說具左

區田圖

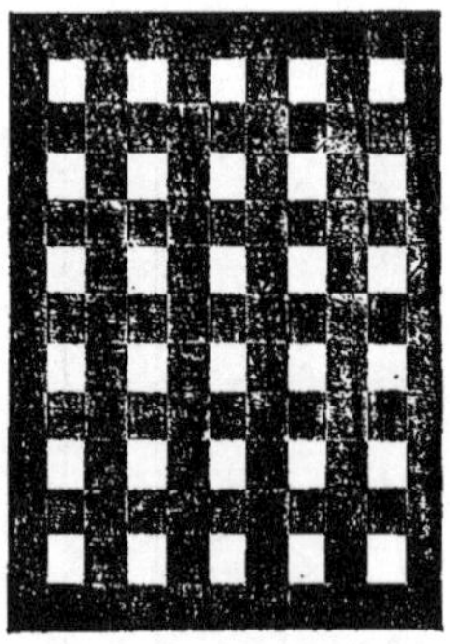

此圖白處種穀四方各一尺五寸深一尺橫直兩路黑處不種四方亦一尺五寸留以通風灌水到結子時鉏四面之土以壅根

外周黑處各留七寸使旁邊之區四方亦各有土



## 區田說

昔湯有七年之旱伊尹始作區田元王楨農書推本氾勝之之法以爲每田一畝廣一十五步每步五尺計七十五尺每行占地一尺五寸計分五十行其長一十六步每步五尺計八十尺每行占地一尺五寸計分五十三行長廣相乘得二千六百五十區空一行種一行隔一區種一區留空以便澆灌又可疏風方不熱壞苗且以其土壅根除隔空可種六百六十二區

區深一尺用熟糞二升糞用生糞過多糞力峻熱即熱壞苗有害與區土相和布種勻覆以手按實令土與種相着苗出時每一寸留一株每行十株每區十行留百株別製廣一寸長柄小鋤鋤多則穢薄若鋤至八遍每穀一斗得米八升如雨澤時降則可坐亭其成旱則澆灌不過五六次即可收成結實時鋤四旁土深壅其根種既密穗又長大時恐風吹折其爲區當於閒時旋掘下春種大麥宛豆夏種粟米黑豆高粱蘪黍按粟米者稷也俗云小米即與莠相似故韋昭國語註云莠似稷而無實蘪黍不黏者一曰穄今人以穄爲稷音似而誤也秋種小麥隨天時早晚地氣寒暖物土之宜節次爲之不必貪多毋論平地山莊歲可常熟近家瀕水爲上其種不必牛犂惟用鍫峭平聲臿也钁巨入聲鉏也墾斸更便貧家大率區田



一畝足食五口丁男兼作婦人童子量力分工定爲課業若糞治得法灌溉以時雖遇災旱不能損耗矣齊民要術云兗州刺史劉仁之在洛陽曾爲之一畝可百石人多疑焉古斗三當今之一或者以是歟康熙丁亥桂林朱蘊叔龍耀爲蒲令邑處萬山中高陵陡坡非雨澤不能有秋爰爲區田法試之後爲太原司馬在平地亦然收每區四五升畝可三十石於是爲圖說刊布之以爲務農者勸此則近事之明徵也徐元扈先生有言三代制產非以多與之爲厚也語云務廣地者荒詩云無田甫田維莠驕驕后稷爲

田一畝三畎伊尹作區田負水灌溉古之治地者盡力盡法而不務大禹時稷爲農師洪水初治作乂之土甚多恐民務廣地以致荒蕪故限田五十使精於業即五十畝可食八口之家矣豈不諒哉故詳述其說以著於篇

盛柚堂云近衢州詹文煥監督大通於官舍隙地爲之計一畝之收五倍常田又聊城鄧公鍾音於雍正末亦曾行此一畝之收多常田二十斛

右圖與說康熙五十三年七月山西太原府清軍總捕同知桂林朱龍耀蘊叔氏刊勸

畎畝說畎甽同亦作甽



字書田中溝廣尺深尺曰甽一畝三甽

周禮考工記匠人爲溝洫耜廣五寸二耜爲耦一耦之伐廣尺深尺謂之甽田首倍之廣二尺深二尺謂之遂遂人上地夫一廛田百畝萊五十畝註曰萊休其地不耕者所謂一易再易之田也禮書遂人言五溝之制而始於遂匠人言五溝之制而始于甽則甽非溝也乃播種之地耳一畝三甽一夫三百甽甽從則遂橫甽橫則遂從遂從則溝橫遂橫則溝從由溝而達洫由洫而達澮其從橫如此按禮書宋人陳祥道撰

朱子井田類說班志古者建步立畝六尺爲步步百爲畝

畝百爲夫夫三爲屋屋三爲井井方一里是爲九夫八家共之一夫一婦受私田百畝公田十畝是爲八百八十畝餘二十畝以爲廬舍民受田上田夫百畝中田夫二百畝下田夫三百畝歲更種之換易其處

程子曰古之百畝當今之四十畝今之百畝當古之二百五十畝（按古尺當今六寸四分强古百畝當今二十四畝有奇詳後盐都楊岬田畝考）

徐光啟農政全書三代制産非以多與之田爲厚而以少與之田爲厚譬如小兒者非以多與之爲愛而以少與之爲愛也語云務廣地者荒詩曰無田甫田維莠驕驕故后稷爲田一畝三甽伊尹作區田負水澆灌古之治田者盡



力盡法而不務多大禹時稷爲農師未久也於是洪水初治作乂之士甚多恐民務地廣以致荒蕪故限五十畝不得踰制而使精於其業人人用后稷之法即此五十畝可以食八口之家矣（按徐光啟字元扈諡文定明上海人）

余觀朱公所述伊尹區田法而以前數法參之則后稷甽畝種法可類推矣夫后稷爲田一畝三甽蓋以古者六尺爲步濶一步長百步爲畝畝間爲三甽故以夫百畝之田爲三百甽甽乃播種之溝也今年爲甽過年爲畝畝不耕種即周禮所謂萊其半以休地力者也伊尹區田蓋截甽畝爲之以便負水澆灌耳區田每畝一年止種二分五釐有奇萊七分有奇休四年而一種甽畝則種其半而萊其半止休一年以今行秦孝公畝法爲之（秦法畝積二百四十步步積二十五尺）每畝橫十六步分八十行隔一行濬甽一行廣尺深尺除周外俱留畔五寸每畝可濬三十九甽照區田算加糞糞拌勻其土而播種耘耔俱同區田即今之畦種（顏師古曰田區謂之畦今之種稻及菜爲畦者取名于此）但所濬稍深留畔廣耳今人挨排爲畦不知萊半以休地力而所濬又淺又用生糞則失后稷之意矣是以所種之地三倍于古而所獲反不及古者十分之一也今人誠能明於古法深信而力行之則盈豐之慶可馴致矣圖說具左



甽畝通圖

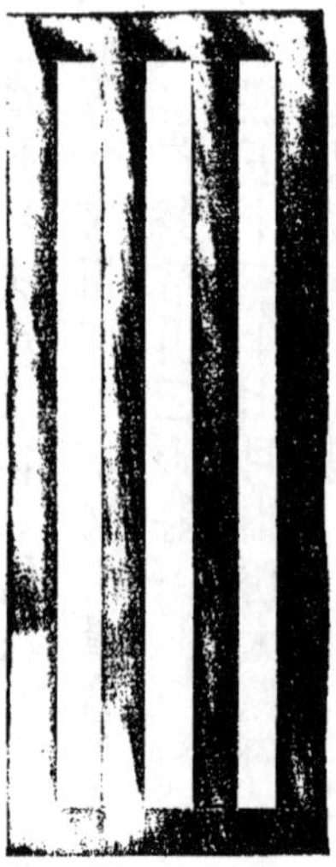

右圖亦白處種穀黑處留以通風灌水又以休地力

濬甽廣尺深尺間俱廣一尺相地勢爲之可長可短可通可截但取水勢澆灌之便不必更膠柱鼓瑟

## 畎畝截圖

右圖或以太長水力難到或井居地窪故截爲兩扇以便分溉與今治畦爲兩扇者同無論通截其播種

耘攏之法一如區田

后稷爲田一畝三畎一夫百畝爲三百畎行于井田之中今歲爲甽來歲爲畝互換種之以休地力此上田也中田



夫二百畝二歲一墾下田夫三百畝三歲一墾使地力得休而自肥雖下亦上不似今人貪多荒地力徒勞而無益也

## 糞種

周禮草人掌土化之法以物地相其宜而爲之種凡糞種騂剛用牛赤緹用羊墳壤用麋渴澤用鹿鹹潟用貆勃壤用狐埴壚用豕彊㯺用蕡輕爂用犬（蕡當作豶）

何氏曰天下之土不同化之之法皆焚其骨爲灰以漬種蕡則燒麻灰以漬種也

## 法製糞說

孟子注曰糞多而力勤者爲上農糞多便是力勤也然勤矣苟無製糞之法亦徒勞也余少貧周遊齊魯秦晉宋衛諸國耳聞目見製糞之法甚夥略述數則以爲力勤者隅反

### 蒸糞法

用大鍋一口掘地竈與蒸酒甑鍋同安法鍋口上周圍用磚接一尺餘高令上口微大下與鍋口相等近鍋口傍留一孔安竹筒一根以便添水磚口上安木甑如無荆條爲甑亦可內外俱用牛糞豆毛和土泥泥好勿令洩氣鍋內注水安井字鍋架上坐甑蔽（按蔽同箅甑底也）亦以荆條爲之蔽



上藉以椒包麻布即舉火俟水將滚時然後將倒好碎糞（倒好見後）徐徐裝滿候氣酣透至頂上覆以土勿氣泄再候片時取出以木掀培成堆堆上仍以故席或土蓋好亦勿泄氣蓋經此一悶則糞愈熟而糞中之草子亦死矣若用掀一揚再不聚堆使熱氣大泄不惟不熟而糞中精壯之氣亦隨渙散薄劣無力矣緊要在此慎之慎之如木荆甑難得即以碎磚爲之亦可此其大略運用之妙存乎其人

凡糞以牛爲上雜糞次之食料馬騾又次之羊糞雖壯然惟性板實不堪蒸用馬騾不食料者其糞棚雨亦薄劣無力必須法製而後可用（法見後）

糞急用乃蒸若不急用則勤倒發熱亦可但苗出後須視其色留心澆灌自無害也

造糞法

人糞必先修厠或家中或街巷人多處擇空地蓋造一小房房內貼後牆掘地五尺許埋甕一個甕口上用磚累起一尺許其前留一尺寬方口方口前掘地前高後低直接甕口用破缸片側砌溝底兩旁磚累起使與砌甕磚上口前後平于砌溝上橫安木板一片以便蹲踞中間以橫單磚牆隔之使入厠者不見地缸不聞臭氣大小便由砌溝中一滚入缸時以灰蓋之潔淨無比此房左右相其所宜



須留竇度糞將滿以便從此掏出掏出之糞微灰拌和打成餅發過用或將草糞中間掘開淘入其中培住于頂上量大小留一坑度其多少入水一二擔周圍培好勿令溢出候發過則草糞俱有力矣

牛糞不可多得必修檻畜之一牛可占一房其房務使冬暖夏凉前後俱不可用牆前面置槽槽內安檽架使牛伸頭不得上槽後面亦用木檽比前面木粗而衔止令通風不可容人以防不虞如此則夏凉矣至冬寒後面再相宜搭前面則冬暖矣至夏日有草時每日芟青艸置牛腳下微灑以水草上墊土使牛踐踏草經牛踏又著糞腐爛俱成好糞圈內每日墊草土時用三齒均平一則便牛起臥一則草土務使踐熟方妙冬日鉏地邊乾草土墊之不用灑水糞亦不用出常勻之使平而已依法行之每年一牛可得好糞二十車且牛不受暑濕嚴寒之傷瘟疫等災可以永絕此務本之家所當時刻留心勤力爲之者也

馬驢騾糞圈內必每日掃除墊以新土使其潔淨不必令踐踏其糞再墊牛圈使牛踏熟則與牛糞不異若無牛者令踐之可也夏日亦可墊青草以大糞發過用亦妙（大糞人糞也說見前）然終不及牛糞之和而有力也惟蓋韭黃則不必製但晒乾即用取暖而已他糞不取蓋各有所宜也若不食



料之糞又不以法製則壅田無力而且棚雨倘遇艱雨之年反爲大害

羊糞羊性與牛相近而尤惡溼熱其圈製法與牛無異但腳下必令乾燥其糞必晒乾再墊蹂踏三次始成此糞土多板實雖亦發稼而不甚柔和惟可用于曠野之地不用園圃

豬糞豬水畜也居不厭狹處不厭穢擇便爲圈半邊掘四五尺深坑用廢磚砌底及四旁向其窩上厓厠砌一路便上下其上半邊量豬多少作窩窩前置食具若養母豬於圈旁再作小圈牆下留小竇使小豬往來以便另喂砌坑

內常入水及各青草此草可當豬食踐則成糞若雨太多則墊土久之草土俱成糞矣余向在長安寓豬盤市楊家見其於圈外又掘兩間大一坑坑周圍打及肩土墻四角用柱架起離墻三尺許上用不堪木料蓋房近豬窩下留一竇與圈通豬自往來其中凡家下刷洗之水及掃除爛柴草廚下灰土或倉底爛草塲邊爛穅之類俱置其中夏日時注水豬見水自來泥臥踐踏久之凡一切棄物俱成糞矣且有藏污納穢之所則庭闈不求潔而自潔不惟多得糞也

灰土火多而煤透炕土爲上多年煙薰房土次之二者亦



難多得亦有製得之法于自已房內及傭丁佃工房以土坯作炕經火一年即易新者此一法也然猶不能多得余少遊於秦見燒製之法甚善于冬月草枯時尋山開草根最多之地先刈枯草鋪地尺許草上又鋪乾糞用長鐵撅掘地一寸厚片如小坯鱗次草上片片相挨其上下俱有縫指許寬使透煙氣其上又鋪草糞又掘土砌累可八九層約七八尺高中留十字火道如炕洞一般砌完下大上小如窖狀周以溼土培住令不透氣候順風方向洞口舉火于頂上四旁旋開如杯大煙竇五六個使透煙候煙透出度內枯草俱然則封洞口留寸許通氣則內火不息此

一堆可著數日可得灰土三十餘車雖不及煤土然亦有力但此惟可行于山田不能遍施平地蓋平地土鬆無草根交鎖掘不成片故也余因悟得一方到處可行且與久薰炕土無異法于農隙刈草和泥托寸半厚一尺長小坯晒乾擇開地掘地洞四五尺深六七尺長上口廣尺漸濟至底廣三尺左右穴五六孔與地洞通令烟四達洞口上橫幔大坯條俱留寸許縫以透火氣一頭留坯不幔從此進火然後以乾小坯鱗次層壘其上如窖亦下大上小再以立坯周其外及頂外用麥稭和泥厚泥完固務使大雨不漏出頂二尺許周圍開杯大六七孔透煙孔上合覆瓦



防大雨灌壞冬則鉏枯草夏則刈青草晒半乾或掃碎柴草入地洞然火徐爇之久之與坑土無異此堆可大可小但視所用多寡爲之在于勤力而已

以上諸法但力勤者不論貧富皆能爲之若齊魯有力之家牛馬圈其製更妙法于圈內與房等掘一大池深丈餘底及四旁皆磚累及堅固注水不漏上鋪三寸厚地平板板每片一頭釘鐵鐶一個以便提開掃糞入池牲口腳下總不留糞極潔淨池乾則入水溼則入土亦入青草三間之池可得糞百餘車一年出一兩次妙不可言土人謂之池發糞較牛踐糞更有力余意地平板須

生桐油浸數次方耐久

凡出圈糞不倒不發必二十日或半月一倒倒三四次令發熱始冲和發稼且耐旱若不發熱不惟太猛生蟲而且生草嘗見齊魯人家倒法甚善其法用疎箔一領側倚牆上用掀糞挫碎揚擲箔上其漏下者細糞也隨箔滾下者又挫碎揚之方載田間至炕灰等土臨時打碎而已不可經雨溼走散其壯猛之氣

制宜說

凡古法之傳于今者皆聖人教人之大略也能與者規矩而已而運用之妙存乎其人故善師古者貴得古人之意而不泥其法但執其法則雖絲毫不爽有時不效得乎其意其用無窮要在因時制宜就當前之時地而推度其至理其合于古者因之不合者損益之而後謂之善師古焉如后稷一畝三甽伊尹廣甽五寸截爲區田是變后稷之法而深得后稷之意也漢趙過以代田教民民皆便是復后稷之法而深得伊尹之意也又如區田之法每區百株去其歧芽農圃春秋云甽用一尺每區五株石巖野叟云甽用尺五每區九株俱留多歧種法雖異所獲則一是種法亦有權宜而不執一以相師也今日者審五土之剛柔相地勢之平陂爲區爲甽務制其廣狹之宜因天時之早



暮寒暖耕種耘壅務制其應節之宜辨墳色之黑白別五物之性生代更樹藝務制其樂生之宜如此而陰陽和風雨時則十倍之獲可不勞而至矣若雨澤愆期調和陰陽澆灌是賴汲引井河不一其時寒泉陂池各異其用冷田最忌陰燥土須愼驟涼變亢害爲煦和庶無物而不長運用妙于一心式古不爲執方能潛會其至理是說筌蹄可志

漢武帝以趙過爲搜粟都尉過教民爲代田一畝三甽歲代處故曰代田（代易也歲易其處）播種于甽中苗生葉以上稍耨壟草因隤其土以附苗根苗稍壯每耨輒附根比盛暑隴盡而根深能（同耐）風與旱其耕耘田器皆有便巧用力少而得穀多（漢食貨志）

王氏農書云耕地之法未耕曰生已耕曰熟初耕曰塌再耕曰轉生者欲深而猛熟者欲廉而淺

氾勝之書曰春地氣通可耕堅硬强地黑壚土輒平摩其塊以生草草生復耕天有小雨復耕和之復令有塊以待時所謂强土而弱之也杏始榮華輒耕輕土弱土望杏落復復耕耕輒藺之艸生有雨澤耕復藺之土甚輕者以牛羊踐之如此則土强所謂弱土而强之也（按氾音泛又平聲氾勝之漢成帝時爲議郎其書十八篇見藝文志）

賈思勰齊民要術云秋耕宜早春耕宜遲遲者以春冰凍漸解地氣始通方可犁鉏早者乘天氣未寒將陽和之氣掩在地中也按賈氏後魏高陽太守青州人齊民要術十卷九十二篇

畎畝區之法乃聖人竭精所制斷不我欺必深信力行一一如法始克有效若苟且試之則畫虎之誚所不免也註內有按字者新增



區田編引

跨陌連阡原高而水遠無蓄無洩莫挹莫注翹首跂足以待澤于霖澍之時行者人事之窮天工補之也省工省水省人省牛省耒耜桔槔省租庸賦直歲不我災而粒食可券者天事之窮人力補之也天難必力可自主焉則區田要矣區田者約井田而變通立制者也一成之內澮與道縱橫得九十井之制也一畝之內修與廣縱橫得二千六百有五十區之制也井以川塗溝洫制收洩之用其利溥區則以隔行隔區合疏密之宜其精聚聚人之力以發地之力聚地之力以副生之力所謂人定勝天者也夫井與區皆聖人之制也井廢而阡陌則水利失或并阡陌而失之廣種而薄收固其宜也井制廣而難復區田切而易行連阡跨陌毋餘地利以盡人事之常按行分區毋餘人力以備天道之變蓋並行而不悖焉可矣乾隆七年壬戌秋日豫章帥念祖書

區田編　區種五種之三

仁和趙夢齡輯

湯有七年之旱伊尹制為區田教民糞種負水澆稼歲不為災其法不論田之美惡不計地之多寡不須牛犁之本不用傭工之費但竭一家婦子之力每區一尺五寸之地可收穀七八升大旱減收亦得三四升積算每畝六百五十區可得穀五十餘石大旱減收亦得穀二十餘石一畝所得便可養活一家矣田多有力之家播種旱穀之外量種區田一二畝設遇大旱區田仍復有收仍可免於飢窘至貧難無地之民水邊棄地山畔荒原隨處便可開做一家五口可種一畝便已足食家口多者隨數加增少者兩戶三戶合種一畝或分區各種男子借以力作婦人童稚可以分工蓋以人力盡地利補天工不論雨澤之有無而羣安耕播不費

天家之補助而共慶盈甯寔禦旱濟時之良法也其開區種植等法繪圖臚列於左



白黑寬濶俱一尺五寸白者種穀黑者田塍田塍卽空行隔區

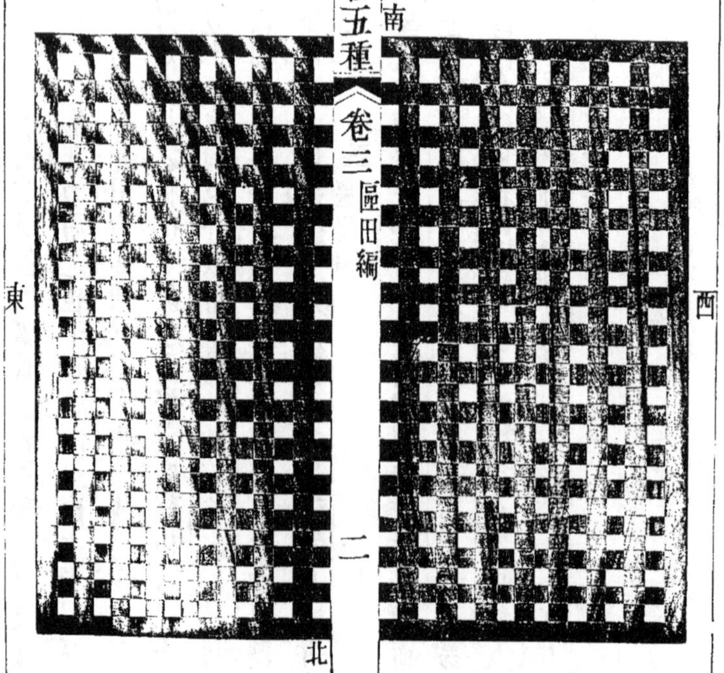




自南至北為縱長八丈分五十三行今圖三十一行自東至西為橫濶七丈五尺分五十行今亦三十一行約畧形似耳

開做區田

田一畝濶一十五步每步五尺計七丈五尺每行濶一尺五寸該分五十行長一十六步計八丈每一行寬一尺五寸該分五十三行長濶總筭通共二千六百五十區空一行種一行隔一區種一區可種六百五十區不種旁地庶盡地力每區挖鬆深一尺四方各一尺五寸

量下籽種

區田做就每區挖鬆深約一尺起出鬆土約一寸用熟糞一升與區土和勻將籽種均勻撒在上面把手在糞上按實使土與籽種相粘然後將起出之鬆土覆上鋪平空一



行種一行隔一區種一區旣緩地力又好在空隔處澆水洵爲簡便

揀留苗秧

苗出之時要看疎密初種不可太密苗出時相去一寸半留一株區之邊上多留一株每行十一株此行是區內種穀之行非即前每行疎闊之行也每區得一百一十株只須看粗壯好苗約估揀苗不必逐株細細去數總不要貪多收成時自然獲利區有田邊邊上多留一株靠一邊留空二邊也

耘鋤野草

禾苗留足之後俟當鋤之時製小鐵鋤一把寬一寸長四寸鋤野草如鋤過八遍草盡土鬆結子飽滿禾穟長大如肯用力勤鋤卽尋常種法收成猶多况區田乎

結穟壅土

區田禾穟長大所結顆粒必重定要下墜恐遇大風搖擺一經臥倒便傷禾穟須於苗出有尺許長時卽用土壅根漸長漸壅縱有大風搖擺不致臥倒禾穟無傷損矣

不必擇地

凡高原平阪邱陂及宅旁空場隙地無論成畝不成畝但以一尺五寸爲區地雖奇零尖斜橫曲無不可做其區當于閒暇時慢慢掘下看地之大小爲區之多寡



不用牛犁

器具止用小鐵鋤及鍬钁墾劚貧難之人最爲便易

平時積糞

凡田不論美惡總須糞以肥之况區田旣不擇地未必皆屬沃土糞壤最爲緊要積糞之法多端總在人隨地隨時豫爲漚罨窖熟以備臨時之用另詳載舊說於後

澆灌以時

澆灌之法總無一定要看土之乾溼乾則量澆使其潤而不枯溼則停澆不致單長苗根而不結實田以近水爲上而不能處處近水則取水之法在因地制宜或引泉流溪

澗或置池塘水庫或鑿井或挑負大約旱天亦不過澆灌五六次積水之法亦另詳載舊說于後

隨時可種雜物

正月種春大麥二月種山藥芋子三四月種粟及大小豆八月種二麥豌豆節次爲之不可貪多年年如此種植便可常熟

養種法

凡五穀果蔬之有種猶人之有父也地則母耳母要肥父要壯必先仔細揀種其法量自已所種地約用種若干其種約用地若干畝即於所種地中揀上好地若干畝所種



之物或穀或蔬等顆顆粒粒皆要精選肥實光潤者方堪作種作種之地糞力耕鋤俱要加倍其下種行路比別地須寬澗敷寸遇旱則汲水灌之則所長之苗所結之子比所下之種必更加飽滿下次即用所結之子又揀上上極大者作爲種子如法加糞加力如此三年則穀大如麥矣若菜果應留作種者不可過多如瓜子止留一瓜茄子留一茄餘於開花時俱要摘去隨用泥封其枝根

乘時說

凡五穀種同而得時者穀多穀同而得時者米多米同而得時者飯多飯同而得時者人飽而益人舜典曰食哉唯時此之謂也

糞壤法

農桑通訣曰田有良薄土有肥磽耕農之時糞壤爲急糞壤者所以變薄田爲良田化磽土爲肥土也田畝歲歲種之土敝氣衰生物不遂必儲糞朽以糞之則地力常新而收獲不減踏糞之法凡人家于秋收場上所有穰穢等並須收貯一處每日布牲畜腳下三寸厚經宿蹂踐便溺成糞平旦收聚除置院內堆積之每日如前法至春可得糞四十餘車畝用四五車勻攤耕蓋地即肥沃又有苗糞草糞泥糞之類苗糞者綠豆爲上小豆胡麻則次之蠶豆大



麥皆好五六月概種七八月犁掩殺之爲春穀田其美與蠶矢熟糞同自南迤北用爲常法草糞者於草木茂盛時芟倒就地內掩罨腐爛也農夫不知乃以其耘除之草棄置他處殊不知和泥渥漉深埋禾苗根下漚罨既久則草腐而土肥美南方三月草長則刈以踏稻田年年如此地力常盛又農書云種穀必先治田積腐藁敗葉剗薙枯朽根荄遍鋪而燒之則土暖而爽及初春再三耕耙而以窖罨之肥壤壅之麻粃穀殼皆可與火糞窖罨穀殼朽腐最宜秧田必先遲漉精熟然後踏糞入泥盪平田面乃可撮種其火糞積土因草木堆疊燒之土熟令定用碌軸碾

細用之南方水地多冷故用火糞種麥種蔬尤佳泥糞者於溝港內取青泥撇撥岸上凝定裁成塊子擔去與火糞和用比常糞得力甚多又凡退下一切禽獸羽毛親肌之物最爲肥澤積之爲糞勝於草木下田及山田泉水未經日色則冷亦有用石灰爲糞上暖而苗易發用糞之法貴適乎中若驟用生糞及布糞過多糞力峻熱即燒殺物反爲害矣南方治田之家常於田首置磚檻窖熟而後用之（非鍋燒蒸煮之謂）雖熟不得過多多用者須臘月下之其田甚美西北農家亦宜效此利可十倍

積水法



南方水利官陂官塘處處有之民間亦自爲溪碣水蕩大可灌田數百畝小可灌田數十畝（此引渠法）若田高而水下則有翻車筒輪戽斗桔槔之類引而上之水高而田下則有旱塘滾垻退槽山堰之類障而用之若地勢曲折而水遠則爲横架竹筒陰溝渠陂柵之類引而達之可也（此車水法）至於平原曠野泉源遠隔引渠車水俱不便易惟鑿井一法其利甚大水車井一眼可灌田二十多畝其轆轤井一眼可灌田五畝嵇泉井一眼可灌田二十畝秤杆井一眼可灌田六畝易所謂井養而不窮也其或高山峻坂土厚水深則莫如作水庫水庫者置窖蓄水也築土椎泥以實其底膠泥塗之使勿漏洩當令形如敝檐下作尖底則泥沙澄聚上作尖蓋留孔汲之則不爲風吹日晒所耗中爲蟠腹一切雨雪之水多爲蓄積暵乾無患不特可以裕灌溉亦藉以供飲饌資澡滌昔人謂西方積水如積穀眞名言也

以上區田法式耕種條件最爲簡便人人易曉處處可行兖州刺史劉仁之在洛陽於宅田十七步之地畫爲區田收粟三十六石太原司馬朱龍耀于署中後圃爲區田每區得穀五升廣順別駕方鳴夏客蘭州時教張姓者治區田一畝得穀三十六石後歸江甯以法語其



族人亦治區田一畝得穀三十八石余與建昌觀察李公餘三各于衙署仿行之收獲皆符其數明效大驗指不勝屈不可忽視也

加庶編　拙政老人著　仁和趙夢齡輯　區種五種之四

區田

按經世實用編馮應京曰舊說區田地一畝濶一十五步每步五尺計七十五尺每一行占一尺五寸計分五十行長二十六步計八十尺每行一尺五寸該分五十三行長濶相接通二千六百五十區空一行種一行折半於所種行內隔一區種一區又折半除隔空外可種六百六十二區每區深一尺用熟糞一升與區土相和布穀均覆以手按實令土種相著看希稠存留鋤不厭煩旱則澆灌結子時鋤土深壅其根以防大風搖擺古人依此布種每區收穀一斗每畝可收六十石今人學種可減半計又參攷氾勝之書及務本書謂湯有七年之旱伊尹作爲區田教民糞種負水澆稼雖山陵傾阪及田邱城上皆可爲之其區皆于閒時旋旋掘下正月種春大麥二三月種山藥芋子三四月種粟及大小豆八月種二麥豌豆節次爲之不可貪多夫豐儉不常天之道也故君子貴思患而預防之如向年壬辰戊戌飢歉之際但依此法種之皆免飢饉此已試之明效也嘗謂古人區種之法本爲禦旱濟時如山郡地土高仰歲歲如此種蓺即可常熟惟近家瀕水爲上其土不必牛犁但鍬钁墾劚又便貧難大率一家五口可種



一畝已自足食家口多者隨數增加男子兼作婦人童稚量力分工定爲課業各務精勤若糞治得法沃灌以時人力既到則地力自饒雖遇災不能損耗用省而功倍田少而收多全家歲計指期可必實救貧之捷法備荒之要務也

區田圖　圖與說不符故梅氏特爲刋改

區田圖刋說

梅定九古算衍畧曰按區田古法並以方一尺五寸爲區通計每畝可二千七百區空一行種于所種行內隔一區種一區除隔空外可種六百七十五區此亦約畧之說後又云每區一斗每畝可收六十六石而蒔亦云限將一畝作田規計區六百六十二並大同小異是四分而種其一也今農書之圖黑白相閒是二分種一與說相背且如所圖既不便於營治亦不便於澆灌反不如藿田之用溝濶通人行之爲便矣謹依古說改圖如左　又按四分種一亦是約畧之數如細求之則四邊近田塍處可止空半區要以隨方就圓使其易行亦不在拘拘于尺寸之閒也孟子曰此其大畧也若夫潤澤之則在君與子吾于區田亦云

天橋曰留心經濟人隨處理會故坐而言即可起而行

也向使無梅氏駁正試問如何營治澆灌不終成紙上空談乎

訂正區田圖

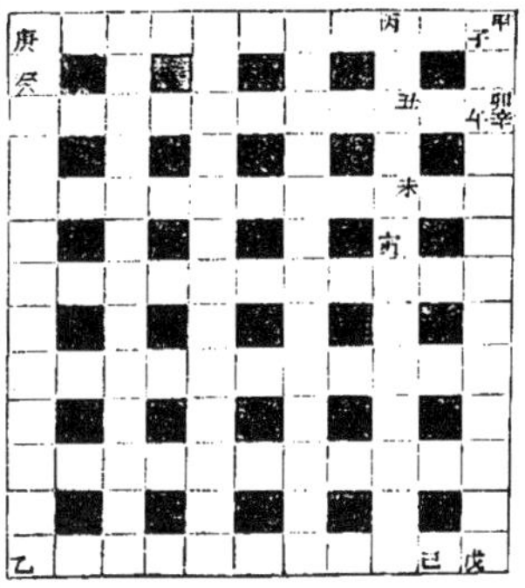

如甲乙爲田丙每畫方一尺五寸爲區如甲子直行每隔一



行種一行如甲戌丙巳因得橫行亦然如庚甲辛癸其播種之區四面合之各成小平方如丙辛方中間子丑爲種地卯寅方中間午未方爲種地皆居小平方之中央又蟬連而下通計每田一畝爲種區者約四之一圖中白者是空地黑者是種區

天橋曰此所謂空一行種一行隔一區種一區也覽圖一目了然蓋其意使每區四面淩空得遂其暢達之性既便耘鋤復便澆灌梅氏讀書只是粗心耳

區田說

梅氏曰向讀嵇叔夜養生論謂區種之法畝可得粟數十鍾已讀王氏農書詳著其法而農政全書載氾勝之書及務本書謂湯有七年之旱伊尹作爲區田教民糞種負水澆田諸山陵傾坂及田邱城上皆可爲之王禎曰古人每區收穀一斗每畝可收六十六石今人學種可減半計賈思勰曰兗州刺史劉仁之昔在洛陽于宅田七十步之地域爲區田收粟三十六石然則一畝之收過百石矣古說彰彰如是而或者疑之徐元扈以爲古今斗斛之異余以爲不必疑也蓋徵之于薑芋矣吾鄉土瘠每畝收稻麥不過數石而芋則每畝二十餘石多者三十餘石薑之下者二十餘石其上者至四十餘石然而種薑一畝有稻田六畝以上之工



豈非糞多力勤之效乎攷薑田營治之法其耕甚深在一尺以上通水溝雖止數寸而畦土斜殺而上種薑稜背相距空間與稜背畧相等是亦空一行種一行也即區種之遺法也薑田惟空直行而區田復空橫行是其功亦倍于薑田也多收之數又何疑焉又攷遂甯王灼糖霜譜蔗田亦云區種而其深耕摩勞開渠闊尺深尺五及今年爲蔗田明年改種五穀以休地力諸法並同薑田又按區田每區方一尺五寸賈氏說又有方深各六寸及方九寸深六寸諸法蓋欲于城上斜坡立區故爲此製若平田亦可變通

天橋曰徧覽二家記載以知區種廣收誠非欺我其四面凌空周遂暢達至耕深一尺尤有妙義即農書搗稻條內所云搜

鬆稻耕則易旺搊斷橫根則項根直生向下之義搊湯去聲排搊也區深一尺不待搊而根直生向下矣且暑月酷烈根深耐旱風雨大至根深不能搖也孟子深耕易耨深字詎可畧過又云每區用熟糞一升和土蓋因糞性極寒看本草綱目便知熬過去其寒性易更助苗長大也但山陵傾坂初墾土亦自有法先須燒去野草以絕蟲類即種芝麻一年使草根敗爛方可種穀以芝麻于草若錫于五金性相制也一說種芝麻收子後即將麻根就地上焚之使膏入地則土肥鬆易植又負水澆田故必須水成熟慮盜近家為上其他擇種上聲播種去聲諸法備載農書且問之老農能悉其蘊不瑣贅也



## 豐豫莊本書

仁和趙夢齡輯

區種五種之五

豐豫莊屬潘暟呈為試行區田之始叩賜獎賞佃農以廣傚法事竊惟民生在勤稼穡惟寶深耕易耨自古有年乃吳農狃于咫見貪獲小利兼種宿麥因廢春耕或耘葳耔動輒鹵莽多種多荒大概皆是古稱麥備金氣而生稻秉木旺而長乃自然之妙用不易之訓言今常田夏始種稻秋後樹麥愆時乖理習焉不察及其成功兩者俱失雖無水旱常患歉收積歉愈窮積窮愈惰農無所資遂荒力作用天之道因地之利盡人之力三者之廢莫甚于茲所關甚大本莊捐設豐豫義田自為積儲以周貧乏而涓涓之



流其涸可待土壤之積無補泰山思欲開利之原務在道民之路易其田疇民可使富章章前訓事至亟也查有區田一法剏自古聖稱于漢儒地少收倍事理確然本年暟在婁門外曾以其法課種稻禾及時耕植果獲豐收遠近村農皆所目擊該佃等劬勞終歲踴躍爭先志堪嘉尚現在正當力務區種之始亟應示以獎賞俾廣信從惟獎賞之道出自憲慈必多感悅尤易激勸今將承種區田之佃戶查繼昌等開列都圖姓名于後由本莊備具花紅銀兩呈遞憲案相應叩請飭傳該佃等于迎春吉日至婁門外迎春所准其跪接憲駕聽候獎賞東郊典禮專重劭農仁

政所先覩聞昭著莫不鼓舞興起是則是傚卽難概行古
聖之法亦當稍知耕種之理庶幾野無惰農歲有餘穀屢
豐多富長樂太平桑梓幸甚爲此合行具呈伏乞電鑒俯
賜准行
道光八年十二月十四日
署蘇州府知府俞批據稟區田之法已有成效自宜廣勸
鄉農仿照耕種共冀豐收該莊佃戶查繼昌等胼勞終歲
創始爭先准于迎春所聽候獎賞以示鼓勵而昭激勸
署蘇州府知府俞爲示諭事案據豐豫莊屬潘陛具稟本
年曾以區田一法課稻禾及時耕植果獲豐收呈明備具



花紅銀兩請將承種區田之佃戶查繼昌等獎賞等情當
經批示准于迎春所聽候獎賞以示鼓勵而昭激勸在案
茲將屆期合行示諭爲此示仰潘陛知悉屆期帶同佃戶
查繼昌等至迎春所聽候本府獎賞毋違特諭
道光八年十二月二十五日示
計開承種區田佃戶查繼昌范三喜張秀王阿二以上
四名本府另備花紅銀牌于十二月三十日傳令至迎
春所飲酒諭話親自給賞
爲區田之法再試再驗叩憲示諭鄉農以廣傚法事竊陛
于上年十二月曾將本莊試行區田成效稟明前府憲俞

蒙批示區種一法自宜廣勸鄉農仿照耕種共冀豐收並
示諭承種各佃至迎春所聽候獎賞在案嗣于道光九年
陛又在葑門外擇田傚種再試再驗實較常田倍多收穫
同里縉紳務本之家留心經濟者皆願仿行此法現據本
莊所知副貢沈傳桂歲貢尤崧鎮沈秉鈺彭蘊璨並城外
葉姓吳姓等所種亦有成效自此推廣互相勸導將來似
屬可行蓋區田首重春耕播種極早秧不移插新苗在四
五月間已高數尺根深幹大設遇小水旱不能損傷此
實早種之效昔朱文公在官日刊刻印榜諭民務敦本
業大旨在播種及時深耕易耨數條又恭查雍正八年



上諭以民間四月下旬播種怠惰遲延自誤生計諄諄
訓誡纖悉備至今吳人貪有小麥以爲接濟直待刈麥畢
後時蒔秧近有遲延至六月內方得蒔秧者正當吃緊之
時旱潦難必苗嫩根淺極易受傷古稱其穀宜稻爲此地
生計之本而麥非所重且南方種麥法亦多不合大槪所
收寥寥仍屬無補乃因狃于咫見習慣自安遂至失時拋
本不顧其後大爲可惜但今欲革而信之非朝夕之故只
好因民所利善爲勸導如有田十畝者勸其半種區田以
備不虞半仍照常插蒔聽其兼種春花以爲接濟如此者
卽有小小水旱或插蒔之田竟遇歉收而區種所得已足

償其所失則亦有備無患之上策也近就吾郡三邑而論吳縣沿山一帶田畝受旱較易向來報災最先即如本年夏秋缺雨打塘壩起水備極疲勞茲際秋禾間有被傷小麥尚未下種此等田畝儘可酌量仿行庶幾變通盡利現在各鄉農于本莊所試區種之法雖經覩有成效究未深悉其詳故猶疑信參半一則謂春花棄之可惜一則嫌工本費而用力煩因此視爲難事不甚踴躍今本莊酌議簡便規條數則開列于後凡區制播種耕耘糞治諸法大略可見呈候憲案鑒定叩賜給示曉諭本郡各鄉農俾悉古聖良法易知易從無論沃土瘠土皆可仿照耕種實有利



益所以昭敦勸而策本富仁政所先莫此爲重桑梓切望爲此合行具稟伏乞恩准施行

計開條規

道光九年九月十五日

署蘇州府知府王批除由本府查照該莊所議簡便規條給示曉諭鄉農仿照耕種外准該莊即行刊刻規條照錄本府示諭一併刊行廣爲勸導漸推漸遠共冀豐收所以策本富而振惰農法良意美利

國裕民有厚望焉

署蘇州府知府王爲據稟示諭事據豐豫莊屬潘暨稟稱

竊于上年十二月曾將本莊試行區田成效稟明前府憲俞蒙批區種一法自宜廣勸鄉農仿照耕種共冀豐收並示諭承種各佃至迎春所聽候獎賞在案本年又在葑門外擇田倣種實較常田倍多收穫同里皆願仿行現據本莊所知副貢沈傳桂尤崧鎮沈秉鈺彭蘊璨並葉姓吳姓所種亦有成效蓋區田播種極早秧不移插新苗在四五月間已高數尺根深榦大設遇小水旱不能損傷矣人貪有小麥接濟近且遲至六月內蒔秧旱澇難必苗嫩根淺極易受傷且南方種麥所收寥寥仍屬無補今欲善爲勸導如有田十畝者勸其半種區田半仍照常插蒔聽其



兼種春花以爲接濟近就吳縣沿山一帶田畝受旱較易即如本年缺雨備極疲勞秋禾間有被傷小麥尚未下種此等田畝儘可酌量仿行現在各鄉農雖經覩有成效究未深悉其詳故猶疑信參半今酌議簡便規條開列呈賜給示曉諭仿照耕種實有利益等情具稟前來查區田之法自古稱善蘇屬農民未見奉行諒亦創始爲難稟承無自今豐豫莊試種兩載獲息倍于常歲實效已見即播種之法亦屬易于講求各鄉農自可仿照耕種共冀豐收據稟前情合就粘列規條出示曉諭爲此示仰閤屬農佃人等知悉爾等即按照後開規條于今冬爲始酌量仿種如

業田十畝者半種區田半仍照常插蒔兼種春花來年稻穀登場兩相比較盈絀自見如果區田之穀倍于常田則此後即可一律改種至沿山田畝患在乾旱區田之法尤屬相宜更應首先仿種俾瘠土化爲腴壤樂利有方維八自圖其各遵諭奉行本府有厚望焉切切特示

道光九年九月二十六日示

計粘規條

每逢收割後照常翻田一次將田間所有腐草敗葉糠粃穀殼及一切污穢棄物翻入泥中日久腐化其土加倍肥壯



冬寒時車水入田一經冰凍土易鬆碎可省來春耕力

立春後十二日內趕緊翻田一二次勿錯過時候田要翻得深鬆調勻不可將就到得臨種前數日再將田面粗塊泥土壟碎耙平然後撒穀每畝照麥田一樣起楞頭高八九寸每行闊一尺五寸深八九寸種稻在溝內種二尺空一尺穀雨前用草汁浸種十餘日每畝約用穀一升要撒得稀愈稀愈妙秧窩再删每行苗間要留得寸半闊小耙埨步以便耨稻

撒穀前兩日溝內徧澆肥糞一次叫做墊底

向來每畝田用糞多少如今照數併作墊底一回用已彀不必過多即此一回最要緊以後即使用糞要看苗色肥瘦如何臨時酌量

撒穀後用秧灰蓋面一二寸把手重按結實取其種土相著

後首兩耙兩耨去草淨盡每耘耨一次將楞頭泥撥在溝內壅根到得秀稻時候楞頭已平稻根牢壯不怕風旱

開溝起水及應車水擱水俱照常田一樣苗出後不可斷水

稻田種稻麥田種麥不可夾雜若先種麥再種稻時候



已來不及麥要中秋前下種若用區田法要在楞頭上播種與稻田種法不同

區田收割後要通盤計算身本多少向來多少往常連春花算通共得利多少如今除去春花一項進益多少合得通便行得去各隨農便毋庸勉強

課農區種法直講三十二條

每田一畝分行每行闊一尺五寸直長到底種一行今年種的一行是明年不種的明年種的一行是今年不種的依這種法自然地力有餘加倍起發熱天容易透風種後又好走路大旨如此（每年臨種七日前便分行定妥）

這種的一行種二尺空一尺留空好立脚耘耨亦便
這種的一行掘深八九寸將這掘下的泥就近添在不種
的一行上頭後首耘一回將這泥壅一回根耨一回將這
泥壅一回根耘三回耨三回通共壅根六回等到秀稻的
時候這種的一行與那空的一行一樣平了到這時候的
稻自然力厚根深不怕大風搖撼且田底難燥遇旱無妨
這種法本為備旱而設其利無窮
古人最講究種田種田最要緊的是春耕春天冰凍消化
地氣便通了趁這時候耕田加倍得力隔年收割過了先
把田土翻弄一兩回到得立春後十二日內就要動手耕



起田要翻得深墾得碎耙得細又要通身周徧不許一處
不深不許留一塊結實粗泥深到二尺外頭又極鬆細苗
根直生向下著土必牢行根周身適意不怕不好
你們種田自然墾得深是要緊的了可曉得種田更要緊
的是耙得鬆細調勻耙功不到土粗不實下種後雖見苗
立根在粗土根土不相著不耐旱所以有倒垂死蟲咬死
乾死等諸病耙功到土細又實立根在細實土中耙了又
碾過根土相著自然耐旱不生諸病
留作種的穀收割要遲不獨滋本深顆粒牢硬亦取其離
土的日子淺離種的時候近氣相接屬容易發生

藏種子要用細眼竹簍掛在簷頭透風你們冬間沒錢用
往往將稻種當去明年臨種贖出來難免蒸濕鬱熱胎裏
受傷切忌切忌又法收割後築一土墩要極乾燥散布種子在上秋灰稻柴蓋面到清明時除去蓋面柴臨種前五日澆濃草汁一次加臘雪水一次以助滋長
稻種最要選得乾淨不要夾雜別樣種子臨時浸種先淘
去浮面輕頭秕穀用草汁加臘雪水浸四五日便好下種
秧灰蓋面一寸用手重按結實取其田土與種子相著立
根堅牢苗大不怕酣側若等到發芽後下種芽嫩易傷未
便以手重按所以浸種只消四五日足矣不必等他發芽
早種早收穀種黏帶暑氣明年下種後田裏糞氣發熱又



加東南風助熯濕火交蒸大壞苗穗所以稻種子須用臘
雪水浸過纔得解這暑氣
清明後穀雨前下種先用濃糞拌泥築一土堆空了這當
中放稻柴在內儘燒燒得四圍都有熱氣便住將這糞泥
墊在種的一行下頭叫做墊底每行墊底約一寸厚愈厚
愈好墊了底然後再撒穀在上
穀雨前若天氣暴冷連發狂風不宜下種且把田土翻弄
極熟等天稍和暖的時候方好下種不然要受傷
未下種的時候墊底的糞足自然將來精神氣力都聚在
稻穗頭上若不用糞墊底直等苗出後加糞只怕枝葉好

看稻穗頭不得力不肯飽綻所以墊底最要緊
古人講究糞田並非專靠人糞人糞多用要受傷尤最忌
暴糞大抵各樣糞中草汁最好不起毛病若不得已要用
人糞須預先拌泥燒用以解熱毒（草汁等叫做雜糞 人糞叫做大糞）
撒穀要撒得稀要勻淨每撒一條離開二寸再撒一條橫
裏豎裏都要分行清楚纔撒種子忽遇著暴風急忙放乾
了水免得風浪淘薄聚穀在一處忽大雨倒要稍增水怕
暴雨漂颭浮起穀根若晴即淺水取太陽曬暖容易長養
水不可太深恐浸沒苗心日漸萎黃又不可太淺恐泥皮
乾堅苗發不出惟淺深得宜纔好



每田一畝下種三升足矣倘苗生太密就要趕早删去遲
恐根深難拔每棵旁邊若容得一寸闊小耙地步便好耘
耨（定做小耨耙長八寸闊一寸用釘六排每排四隻竹柄長五尺）
纔發的苗是喫不起風浪的所以要趕忙早種種得早到
底省多少驚嚇下種後不用拔秧自然根底牢硬耐得水
旱後首惡霧風潮等變卦往往在八月中若這時候已經
收割是不怕的了所以勸你們要趕忙早種
你們蒔秧預先拔浸水中或一夜或兩夜不等若手裏來
弗及便擱過三四夜後頭方才插完蒔的時節拋擲堆垛
全不愛惜蒔後曬在老太陽裏日漸黃瘦隔幾天醒轉來

秧的元氣都洩盡了而且根頭的泥又要洗淨的秧的命
根是棵棵拔斷的所以稻不得法種得遲已經是不得法
的了拔起來另種如何便能起發這一躭擱又要半箇月
可惜可惜
你們用長工最忙是下秧插秧的時候家家挨擠不開春
二三這兩箇月空閒徒然游蕩過日子如今一半田用這
種法長春三月便有生活做了接著後首下秧插秧剛剛
時候恰好而且比往年插蒔要少到一半功夫豈不從容
省力
秧田內則要發利拔了起來插蒔這一拔傷得不小等醒



轉來直要到六月裏方才發科所以科頭瘦小結的穗頭
短秕穀多升合少都是這箇緣故
大凡一粒穀總有一莖先出的叫做命根你們拔秧先把
這一莖拔斷了所以不肯長養可恨可惜如今這種法不
用移插自然命根直下入土堅深四月裏就要發科發科
既早不獨主根上的一本將來稻穗頭結得飽綻就是根
旁邊發出來的枝幹都是有用的後首結的稻穗頭自然
是一樣長大的了這就是早種的功效你們要曉得的
你們常說天時不好牽礱牽弗出這是你們不曉得道理
天時自然要緊的要曉得多耘多耨自然穅薄米多你們

一石穀只好牽米五斗依我這種法一石穀包管可得八斗這道理是一定不易的凡耘耥才畢便要放去水略曬根頭取其著土牢硬然又不可太乾燥若太陽旺擱水一二日足矣

秧苗入土深難出秧根入土不深難久所以講究種田的要令秧根深入土中這是不難的趁禾苗初旺的時節斷去浮面絲根略燥根下土皮俾頂根直生向下根深氣壯妙不可言凡田面的浮泥易行横根底下的實土難入頂本頂本入土不深横根布在泥面得土的生氣不厚枝葉雖然好看只怕抽心結實未必繁茂都是這箇緣故



你們向來插蒔的時節這裏的田已經逐漸的完結了三伏大熱天不用在太陽裏做生活豈不便宜

糞壅自然愈多愈妙但是要你們多費錢斷斷不肯的這只好將就辦法向來用糞幾擔如今仍舊用這幾擔不銷加添但如今用糞泥墊底要併做一回用而且在下種前頭這是最要緊的只這項錢須預先打算安排安當才好每逢收割後將今年不種的這幾行掘開泥五六寸深挑濃糞幾擔攙在裏頭要逐行周徧就用掘下的泥遮蓋弗露出糞等到來春下種就算墊底省得當年拌泥燒用費事

今年種的這幾行到收割後要掘下一二尺做溝車水在內將平日掃除的灰土場上簸下的穅粃腐草敗葉稻桿穀殼及一切汚穢之物都搬在溝裏日久浸爛這土加倍肥壯只這等類你們向來道是不中用的所以不甚愛惜隨便抛棄要曉得你們向來抛棄的樣樣都是寶貝即就腐草敗葉而論這原是雨露的精華田土的滋膏糞田大為有益的你們空閒的時候就要隨處收拾應用妙在不銷花錢卻極容易又加倍肥壯省得你們要多用人糞費事

三伏天太陽逼熱田水朝踏夜乾若下半日踏水先要放



些進來收了田裏的熱氣連忙放去再踏新水進來養在田裏這法則最好不生蟲病

田裏車水擱水仍舊照你們的法則不用更改惟臘天大冷的時候要開溝放水進來這田泥一經冰凍自然十分鬆碎來春耕力不費

有十畝田照這種法先種五畝有四畝田先種兩畝這三年內只好算試法試法且留著一半田照常種春花接濟若三年裏果然收割得好便不消這春花接濟那時全用這種法更好

三年內每逢收割過了要打總算盤這種法身本多少向

來多少往常連春花算通共得錢多少如今除去春花一項進益多少合得通便行得去不要你們一絲一毫勉强這種法論理該好但你們總講現到手算帳懸空說多話少總是不信的今日你們願種便種不願種不必勉强小麥是要緊的並非不要你們種但如今種麥全然不得其法所以每年春收平常徒然接濟不來本莊另有種麥的法則只等這種稻得法後再講種麥你們方纔肯信

以上三十二條凡區制播種耕耘糞治的法則略見大要如此本莊念爾佃農等近來生計日難一無存蓄不待凶荒之歲始見匱乏情形故爲設法籌畫俾贍身家



冀數年後積困漸蘇私逋日少不獨于本莊租額無虧即爾佃農等亦可自爲儲蓄以備不虞庶幾家有蓋藏戶鮮孶餓與本莊積穀備荒之意相助而行實爲望切然本莊義田積穀專爲將來就近地方減糶而設尚是易涸之流不能遠徧的若得你們家給人足方才算得有本有原的水這水是取之無禁用之不竭的了長念爾佃等霑體塗足終歲勤劬非盡惰農自安亦豈地皆瘠壤何以貧窮逼迫年甚一年細想這箇緣故蓋由你們耕種失時耘耔不力所以收割愈加平常每年收割已經平常了又兼料理私債續償租欠算計工用往往支絀安得有餘這種種情形實堪憐念查有古聖人傳下區田一法每畝可收百石康熙丁亥桂秋朱公龍耀官蒲縣知縣親自試過畝收穀三十石雍正四年直隸巡撫李公維鈞在保定城內嘗試行之據稱播種灌溉尚未如法然一畝之地已得穀十六石奏聞

聖上諭令廣行勸導這是近而可信的本莊今歲在婁門外亦曾照式課種大有成效你們都自目擊的這種法若得到處通行日久自然富足富足之後便好漸漸講到民間積蓄的一層了今日你們情願這種法眞一件大好的事勸你們不要貪小利懊悔這春花春花失之



有限秋穀加倍多收已合算得通的了而且收割的時候早或錢或米到手後便好趕緊清這年的債務省得拖了重利錢吃虧這是爲你們打算起見即使每畝田多收了數十斛亦總是你們餘下的並不要加添租額所以便宜但是你們凡屬種田先要自己量力能種多少田地然後承種切勿貪多多種多荒是一定的道理今日你們但照這種法有終有始認眞的做去包管收得好況且身本有限人工又省力糞田資本照舊一樣不用你們多費錢的再這種法講究雖多大旨只在深耕早種稀種多收的八箇字記著記著道光八年戊子

秋八月刊行



# 課農區種法圖　甲午正月刊行

田式

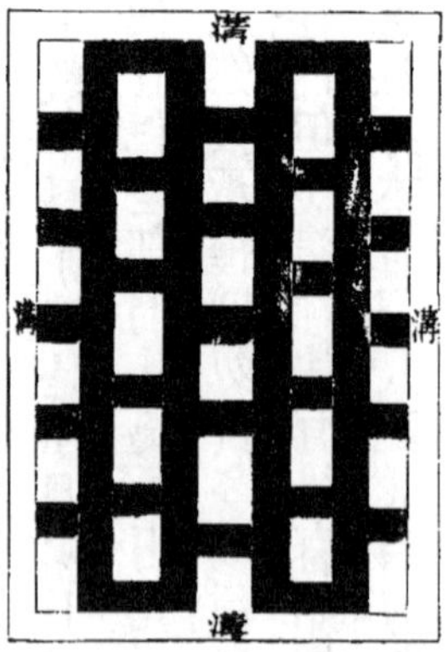


白行種稲掘深八九寸闊一尺五寸每行種二尺空一尺墨行不種稲起撈頭高八九寸闊一尺五寸留撈頭泥壅根每畝下種子一升白行每方內下種子每一撮用穀五六粒離開寸許地再下一撮愈稀愈妙

十二月大　二十六日立春節　節後五六日始耕田

正月小　十一日雨水　二十六日驚蟄　節　上半月再耕要耕得極深不可將就驚蟄前兩日再耕要鬆細勻徧



二月大　十二日春分　二十七日清明　節　清明後浸種　分行　糞墊底

三月大　十二日穀雨　二十八日立夏　節　穀雨前數日下種蓋秧灰用手重按結實　雨後再加秧灰

四月小　十三日小滿　二十九日芒種　節　苗出太密要刪　始耥　每耘耥一回去草淨盡即便超撈頭泥壅根

五月大　十六日夏至　節　勤耘耥　發棵

六月小　初二日小暑　十七日大暑　節　再耘一回去草淨盡　再壅根　燒糞　晴熱勤車水

七月小　初四日立秋　二十日處暑　節　晴熱勤車水

八月大　初六日白露　二十一日秋分　節　不可缺水　秀齊

九月小　初七日寒露　二十二日霜降　節　稻熟　擱水　始刈　翻田

十月大　初八日立冬　二十三日小雪　節　掘溝車水入腐草敗葉稻稈穀殼等等日久浸爛其土加倍肥壯

十一月小　初七日大雪　二十二日冬至　節　選淨稻種貯透風處次年浸種先淘去輕頭秕穀將草汁加臘雪水浸七日

十二月大初八日小寒節二十三日大寒節　破寒時車水入田一經冰凍田泥加倍鬆碎可省來春耕力

右開本爲區田而設其有貪圖省便者但照上耕種各法按節氣行之不用分行起楞亦可



區田之法伊尹教民以救荒也依法布種一畝所收可抵十畝之穫百思不到乃歎惟聖人能盡地之力盡物之性唐虞府事修和后稷教民稼穡其於土穀必非鹵莽以從事也余初得此書於靈壽馬氏奉諱後攜以旋里徧告鄉鄰皆以篇中養種製糞諸條畏難不果服闋來直歲庚申權篆蠡吾思所以足民之道因檢閱籌濟編其中言區田之利甚悉而但云每區用熟糞一升所收即迥倍常田不禁躍然自喜以爲至易至簡人人可行乃取此冊稍加訂正授之鄉民諭令急切不能如法樹蓺但擇種子實而大者加以熟糞即獲豐收邑有武生劉開甲者素講播穀之



法欣然領受而去迨六月亢旱余親至其里特覘區田僅擄試種粟穀五分歷觀鄰畝穀苗率皆當午茶然此獨穗長葉茂欣欣向榮詢以種術惟用雪水浸種四次每區但用鴿糞一匊聊以嘗試愧未如法登場後懽然來告得穀壹石有奇其餘照常種穀五畝竟不及半畝之穫是衆人所畏難者劉生首破其疑矣而歇地之法則休四年而一種較之周禮所謂萊其半以休地力者爲尤妙也謹繪圖如左俾觀者開卷了然遵而行之可以濟貧可以救旱可以致富可以豐年望廑念民依者其各勞民勸相珍之勿忽同治元年九月穀旦署大順廣道秦聚奎敬刊并識

區田一畝圖

此圖白黑寬闊四面各長一尺五寸黑者種穀白者田塍田塍即空行隔區也種穀之區耕深一尺將土翻細橫直兩路白處不種四面亦各一尺五寸留以通風且便澆水到結子時並用其土壅根

右區田一畝按一尺五寸見方共計二千六百五十區空一行種一行隔一區種一區縱橫循環種六百五十區者二年種六百七十五區者二年四年一周統算勻計每年各種六百六十二區半昔湯有七年之旱伊尹制爲區田教民糞種負水澆稼而歲不爲災民無失業者恃此道也蓋以人力盡地利補天工不論雨澤之有無而羣安耕播不費

天家之補助而共慶豐盈眞禦旱濟時之良法也大順廣三府連年荒旱非行此法莫可救也同治元年九月

穀旦辰州秦聚奎繪圖并識

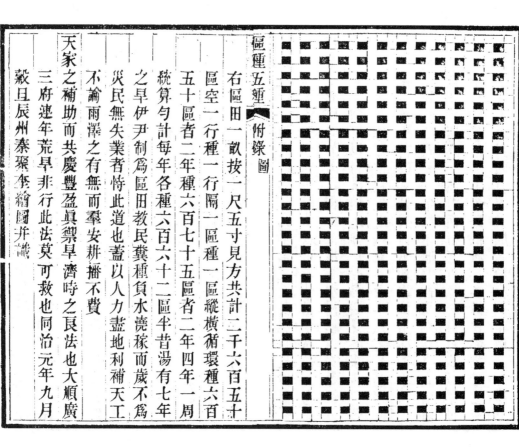

# 國脈民天

靈壽耿蔭樓輯



## 區田

區田法昔伊尹教民救荒也按舊說計地一畝闊一十五步每步五尺計七十五尺每一行占地一尺五寸該分五十行長一十六步計八十尺每行一尺五寸該分五十三行共用七十九尺五寸餘五寸不算長闊相折共二千六百五十區空一行種一行隔一區種一區除隔空外每年只種二分五釐歇地四年周而復始每年勻計各種六百六十二區半每區挖鬆深約一尺起出鬆土約一寸用熟糞一升與區土相和布穀勻覆以起出之鬆土手按實苗



出每一寸半留一株每行十株每區十行留百株別製廣一寸長柄小鋤鋤不厭頻鋤多則穗薄若鋤至八徧每穀一斗得米八升如雨澤時降則可坐享其成旱則澆灌不過五六次即可收成結子時再鋤空區之土深擁其根以防大風搖擺古人依此法布種每區可收穀五升每畝可收穀三十三石今人學種可減半又參考氾勝之書及務本書謂湯有七年之旱伊尹作區田教民糞種負水澆稼雖山陵傾阪及田邱城上皆可爲之其區當於閒時旋旋掘下節次爲之不可貪多夫豐儉不常天之道也故君子貴思患而預防之倘遇飢歉之際但依此法種之皆免飢殍此已試之明效也竊聞古人區田之法本爲禦旱濟時如山郡地土高仰歲歲如此種蓺則可常熟惟近家近泉爲上其種不必牛犁但用鍬鑁墾斸更便貧家大率一家五口可種一畝已自足食家口多者隨數增加男子兼作婦人童稚量力分工定爲課業各務精勤若糞治得法沃澆以時人力既到則地利自饒雖遇災旱不能損耗用省而功倍苗少而實多全家歲計指期可必實救貧之捷法備荒之要務也

右區田之法必躬親爲之如法勤力方有明效先君嘗率余爲此因家業窘甚分於讀書多不如法收穫只少



浮常數迨家叔爲之則日夕心力盡用於此一切糞種耕耘皆厲手治已得法之七八矣其苗則葉大如蘆粒飽如黍高出如墉穗長二尺把之盈圍每地一分獲粒一石五斗亦既半及古人十倍今人矣作之不已則三十三石之說豈虛誕哉惜年力衰倦後復令人代作則又不如法矣力農之家鑑之

## 親田

青齊地寬農惰種廣收微欲倣古力田普加工料恐無力之家不能徧及反成虛設故立爲親田之法親田云者言將地偏愛偏重一切俱偏如人之有所私於彼而比別人

加倍相親厚之至也每有田百畝者除將八十畝照常耕種外揀出二十畝比那八十畝件件偏他些其耕種耙耮上糞俱加數倍務要耙得土細如麪摶土塊可以八日不乾方妙旱則用水澆灌即無水亦勝似常地遇豐歲所收較那八十畝定多數倍即有旱潦亦與八十畝之豐收收者一般遇蝗蟲生發合家之人守此二十畝之地易於捕救亦可免蝗明年又揀二十畝照依前法作為親田是五年輪親一徧而百畝之田即有磽薄皆養成膏腴矣如止有田二十畝者揀四畝作為親田量力為之不拘多少勝於無此法者甚簡甚易甚妙依法行之決不相負也



## 養種

凡五穀豆菓蔬菜之有種猶人之有父也地則母耳母要肥父要壯必先仔細揀種其法量自己所種地約用種若千石其種約用地若千畝即於所種地中揀上好地若千畝所種之物或穀或豆等即顆顆粒粒皆要仔細精揀肥實光潤者方堪作種用此地比別地糞力耕鋤俱加數倍愈多愈妙其下種行路比別地又須寬數寸遇旱則汲水灌之則所長之苗與所結之子比所下之種必更加飽滿又照後曬法加曬下次即用此種所結之實內仍揀上上極大者作為種子如法加曬加糞加力其妙難言如此三年三番後則穀大如黍矣至於菜菓應作種者每苗止留一子餘皆摘去用泥將摘去枝眼封固如茄則止留一茄瓜則止留一瓜豆則止留莢十數箇其餘開花時俱摘去矣亦養種之法也

## 曬種

凡五穀諸菜諸豆種自收取之時每種一斗用極乾穀穰一斗拌勻於烈日之下每月攤曬遇雨攢蓋夜間收訖直曬到臨種時至冬天寒掘一地窖上用草厚鋪將種與穀穰拌勻用布袋盛裝懸之窖內向陽開窗放入日色射在種上夜則閉之如遇風雨則遮蓋嚴密不致透風務迎陽



氣或縫在褥內置於牀蓆之上令人夜則壓而卧之或鋪於雞犬窩中開春播種妙不可言其窖須揀向陽高阜之地為之量種多少為窖大小僅盛得下種便罷不必過大大則陽氣不收如卑溼之處不堪作窖者在向陽處就地上造一土屋純用土築成約四五尺厚數尺深更妙口底用草厚蓋鋪尤可藏種迎陽氣令人但將種曬乾便收入囤內再不曬矣此不知農者也

## 蓄糞

農家惟糞為最要緊亦惟糞最為難得除牛腳糞與猪雞糞宜照常珍積外每配一料大黑豆一斗大麻子一斗炒

半熟碾碎加石砒細末五兩上好人羊犬糞一石鴿糞五升拌勻過和煖時放磁缸內封嚴固埋地下四十日取出噴水令到曬至極熟加上好好土一石拌勻共成二石二斗五升五兩之數是全一料也每地一小畝止用五斗與種子拌勻齊下耐旱殺蟲其收自倍如無大麻子多加黑豆麻餅或小麻子或棉子餅俱可如無鴿糞鷄鴨糞亦可其各色糠皮豆渣俱可入糞每畝止用五斗一料可糞田四畝五分第一年如此第二年每畝用四斗第三年止用三斗以後俱三斗矣如地厚再減地薄再加加減隨地厚薄在人活法爲之如無力之家難辦前糞止將上好土團



成塊砌成窨內用柴草將土燒極紅待冷碾碎與柴草灰拌勻用水潑徧放一二日出過火毒每燒過土一石加細糞五斗拌勻爲之如不砌窨止隨便用火將土或燒或炒極熟俱可代糞也其多年房上土俱可糞田其力更大以受日月之精多也小家有田一二十畝將土墻多築幾堵每年輪放數堵糞田甚妙所放之墻隨卽以新土補築周而復始墻時新而地皆厚矣如無力之家又難辦前糞但於居宅左右順水下空閒處作坎取土修治垣屋至六七月陰雨滲入腥穢之水結土或於三伏之內值水漲滿多取腐草填內日久糜爛待明春取出上地亦可此法最簡最便而受利則無窮矣

治旱

農書云雪乃五穀之精如遇冬雪多收在缸內化水至下種時先將雪水浸種一日夜每浸一炷香時撈出滴乾了些又浸又撈如此五六次吃雪水既飽自然耐旱臘雪更妙如無雪臘八日五更汲井花水與六月六日午時所取水俱妙八月初六日水亦不減雪只要取之合時此日遇雨收之以代雪水更勝井水

備荒

古云備荒無奇策夫無奇策卽策也言不必奇第能力田



自不愁荒卽無策之策而不奇之奇也况區田之法用力甚少而成功甚多再加親田之法與區田並行卽堯水湯旱不爲吾民災矣非奇而何

右數款法參古人酌以家訓用之附郭沃土愈肥奏之斥鹵轉瘠爲厚事若瑣屑實則嘔心血試有成效非未信而勞民也爲齊之民倘肯革鬬雞走狗之俗還賣劍買犢之風預爲桑土之謀共勤播穀之術不以愚言爲謬一嘗試之當必有大獲其益相率而效焉者矣懇勸吾民俯從吾計

謹按以上所論區田七則此耿公蔭樓親試實效必須

依法播種者也若急切不能蓄料糞與養種曬種浸種即揀種子實而大者每區用熟糞一升爲之所收亦適倍常田次年即可如法炮製矣切勿畏難請嘗試之咸豐十年庚申正月穀旦知蠡縣事鳳山主人訂於寄廬官舍



## 溉田法附

水之滋養萬物雨露爲上江河次之溝渠又次之井泉又次之雨露爲陰陽和暢之氣所化其效最捷江河溝渠含活潑流動之機井泉性極寒出自地中未經風日以之溉田莖葉可盛而顆粒則稀且炎午地熱驟入寒流其根易傷故須於井旁砌一高池平日汲灌於中積久蟲生苔長則生機盎然決而溉田其生自倍雖遜雨澤猶及江河此地平衍惟恃井養亢旱之歲澆不半畝而井輒枯竭遲之數時始能再用況水戽之制雖已行於燕趙間而每具需數百緡牛馬之力晝夜更代獲益無多予甚憫焉因本泰



西利瑪竇恆升車之意參以龍骨車而變通之得二法焉加以風輪可令自然轉運入池或用牛馬亦資利便平時即畜水池中兼可獲魚藕之利旱則灌田且井水陸續汲引無涸竭之慮有不匱之源其裨益匪淺刻工費無多但須製給式樣耳懷此日久未得尺寸柄讀鳳山先生所鈔區田法知關心民瘼尚自有人故樂爲之述其概略并允捐金製式教授匠役使久荒之地普被其利抑何幸也汲水之法俟成式另著專書繪圖以詳之壬戌九月山左丁守存心齋甫識

# 耕心農話

（清）奚　誠　撰

《耕心農話》，（清）奚誠撰。奚誠，字子明，號田道人，江蘇吴縣（今蘇州）人。由其著作的序、跋可知，奚氏約生活於清道光至光緒年間，好學深思，精醫學、農桑及治河等術。所學所作皆與經世致用有關。撰有《農政發明》等。

該書以總結種稻技術爲主，也附帶涉及其他作物。在繼李彦章的《江南催耕課稻編》之後，重申江南雙季稻種植的優勢，詳細總結了種植法十四條。大抵參考和融合了區田法和代田法的技術要領，博採合於當時的種植技術，變通而用。以『深耕』『易耨』『稀種』『糞美』爲綱領，涉及土宜、時宜、耕作、施肥、防蟲、耘鋤、播種、排灌等内容。又輯錄了棉花及多種雜糧的種植法，以備不虞。

此書多輯錄以往的成功經驗，兼採當時江南先進思想與技術。

此書未見刊行。今據清咸豐二年（一八五二）抄本影印。

（熊帝兵）

畊心農話下集

緒言

古吳奚誠子明氏著

吾吳農務之壞、係春花而稽遲種稻、見小棄大、古法盡廢、以致民貧而田瘠也、今刈稻後即種冬菜、甘腴香美、盎食甚佳、歲暮妝盡、接種油菜、二月苗長尺許、摘供時新、及老、根株四佈、結子榨油、較諸油香美、食用燃灯、為吳人必需之品、但不能多種、故菜、二麥、蚕豆、蠶豆得春花之最早、立夏為新、乃七熟之一、人喜嗜之、於是春花之不能廢者因此、然所種不過十之二三、餘皆栽麥、麥息甚薄、盡以種麥之田改種二熟稻、豈非兩得乎、夫種田當以稻為主、今不能多穫、以備凶荒、又不得蚤種、而避旱潦、農貴及時、二月乘土膏發動而耕作、三月即可播種矣、若遲至五六月蒔秧者、未免烈日狂雨之患、早稻至夏已登科、日烈正所以長養、雨大正所以資生、今夏至前後蒔秧、將命根拔斷、挿種再傷、以重傷之弱禾、值其酷暑、葉已焦黃、如遇狂雨、則內傷於冷、外傷於損、鹵莽滅裂已甚、而欲望其早成多穫、不亦難乎、此昔人之所憂、而今人之故蹈其覆轍也、及至穫時、今農以四五月起工、其蒔也、必過夏至、竟有遲至六月者、其穫也、必至十月、且有進至十一月者、則嚴霜冷霧苦雨饕風之厲、歲所恒有、故有垂成而不得下咽者、嗟乎、收穫既艱且少、旅食者又衆、吳郡為五方襍處、萬商雲集之所、乃一大都會也、

每遇雨水不調、商賈壟斷、米粮陡貴、故有未荒先竭之患、懷經旱潦、則民不聊生矣、士大夫高尚其志、不屑言農、力作者固守成法、未悉變通、是以農政不明久矣、惟醫者、嘗艸別穀、固所分內、窮理格物、宜所當知、故予徧考古今成法、參究諸家精微、纂成此集、名曰耕心農話、用治田疾、以救時敝、昔郡庠節寄讀、但願處〻田禾熟、我若貧時也不妨、江南為古揚州地、厥土塗泥、厥田下下、周禮職方曰、揚州荊州、其穀宜稻、本非二麥之所宜、今為麥收遲、而反誤其種稻之時、食貨志曰、收穫如寇之至、謂其早成而收速也、今稽遲若是、諸患叢生、悔奚及乎、賈思勰所謂、四體不勤、心思不用、而能事治求贍者、未之前聞也、是以率循舊章、變通成法、除春花外、於不宜之麥易以所宜之稻、蚤種則先熟、故有麥爭場、救公饑之名、用繼青黃不接、則售者獲利、貧者療飢、較種麥之利、不更善乎、或曰、江南春寒、未必宜此、且早稻秈也、本非吳產、苟其可種、今何罕焉、曰、於

耜舉趾、詠於豳風、瞻蒲望杏、詳見農說、西北苦寒、尚務春耕、再歷數往事以證之、古人於立春前犁土者、周禮稻人揚芟也、先立春前之十日半月前、將田中稻根殘藁刈剗務盡、土略燥、方始犁、濊蟄鉏地者、春秋啟蟄而畊也、春分浸種者、陶朱公早稻浸種之候也、清明播種者、齊民要術以穀雨前種稻也、五六月刈稻者、淮南子所謂稹穊成熟之時也、月令輯要曰、四月四日爲熟稻日、喜晴、嘉定縣志以五月朔爲早禾本命日、忌雨、皆占夏間早熟也、諺云、小暑小熟、大暑大熟、至若穀雨生穀、載於緯書、霜止出秧、見於農說、諺云、清明斷雪、穀雨斷霜、此言其常也、按祛疑說、以霜降前幾日見霜、則清明前幾日止霜、〻降後幾日見霜、則清明後幾日止霜、每歲推驗、前後同占、若合符節、欲出秧苗、必待霜止、田農要月、則宋書言之、候時而種、則崔寔志之、蓋春氣盛、而艸木生、見生而蓺生、故三月必可種矣、或又曰、子之所引、皆古法也、第世遷時變、安知不昔是而今非、豈可刻舟以求劍耶、曰、獨不聞兩湖兩廣淅閩江西安徽等處、皆種兩熟稻耶、即以近地論、如江北下河諸邑、無歲不恃早稻爲活、又郡志載、康熙五十五年、頒種御稻、生自苑田、故名、其色紅、粒長、氣香而味腴、倣西番秈、一名喇叭稻、乃烏喇樹孔所生、色白味甘、性柔、較諸米粒倍大、皆三月種、五月熟、一歲兩種而兩熟、今葑門外二十四都六七圖常佃之、則吾鄉有是種矣、且江南再熟稻、賁比他省爲尤、吳都賦云、國稅再熟之稻、唐時揚州奏再熟稻、吳門事類云、吳俗以春分後種、大暑刈者爲早稻、芒種後種、白露刈者爲中稻、夏至後種、寒露刈者爲晚稻、說文曰、穀續也、先種之稙、後種之穉、其有相續之義乎、或以地力不可盡、兩熟之利未必勝於一熟、此論固然、獨不思一麥一稻、豈不兩熟乎、故地力易盡而所獲少也、我之所謂兩熟者、乃易地而種、雖有兩收、其所種之地、終歲只用一次、故地有餘力、而所獲必倍也、近年少穆林公撫吳時、與同鄉署臬之李公蘭卿、攜來之四十日秄、至六十日秄、即宋之占城種、曾賃地催工、課種兩熟稻、著有江南催畊課稻編可證、然而或者之疑猶未釋、終以澤土陰寒、兩熟稻決非江南之所宜、雖有一二成效、尚謂偶然得之、如不厭煩絮、再請為君詳晰以言之、子若不深悉其理、焉得變通其法、蓋夫晴雨者、天道之常情也、崎嶇者、地理之形勢也、豐儉雖云歲時、實係人事之工拙也、故君子貴於思患而預防、在乎變通制宜、以人巧可代天工也、所以天時不如地理、地利不如人事焉、須知稻種有水旱、（早秈宜旱、晚秔宜水、南方土下塗泥、又因春花而種遲、故多水稻、北方地平土堅、根輕不妨、一熟割可種早稻、）種植有旱晚、（高仰宜蚤、輕沙宜晚、）質性有強弱、（早稻性強、晚稻性弱、秈硬性強、稉黏性弱、）地土有良薄、（沙土患燥、又患濕、沃壤耐燥亦耐濕、隰土忌滋潦、高仰要亢旱、田難宜糞、或有甚薄之田、不可以糞壯者、）山澤有異宜、（山田種強禾、可耐風霜、澤田種弱禾、以求華實、）順天之時、因地之利、則用力少而成功多、任情逆道、徒勞無益、所以我之分行間種者、蓄地力、則稻易發、而收成必倍也、（分行如畦畛、種一行、空一行、以所空之糞土、培于種所、則倍得土力矣、此乃孟子易耨之心法、浮面三尺曰糞土、）隴畖高低者、高則種畎、低則種壟、平地勢可免旱澇也、（其所以能禦水旱者、不獨伏高田能低、低田能高、即所植之禾、使其根深土厚、則力大幹長、旱不畏酷日之燥、徹其底、水大則根節工生枝、反多數穗矣、）蚤壠互種者、（齊民要術、凡田欲早晚相襍、以防歲道之所宜、）此長彼生、彼長此收、各無妨碍、兩得其宜也、（互種之妙、早稻穎芙、便于下脚、天熱容易透風、晚種嫩秧畏日、喜得早禾蔭庇、及長、早稻已刈、即以根土壅覆、工本自省、）鋻穴、（俗謂之打浮、）糞種者、（填底下種、即古之糞種、壅）法列行便于籽子、壅底則禾秀而實也、（撒穀艱于穎、籽待秋、患其根損、令變此法、使根枝得力、自然苗而秀、秀而實矣、）此皆人事之可為、充補兩間之不足也、馬氏農說曰、知力為上、知土次之、知其所宜、用其不可棄、知其所宜、避其不可為、力亦足以救歲時之偏、今擬種兩熟稻、土不使曠、所謂用其不可棄也、知澤土不宜麥、（按麥生四節、故備歷四時、以金旺而生、至火令而死、北方地廣賦輕、且多霜雪、陰從陽化、故花開於晝、食之健脾補中、江南隰土雪少、種遲、不能久歷四時、變其物性、故花開于夕、食之發病、新麥尤甚、）改種早稻、所謂避其不可為力也、果能啟蟄而畊、則地氣通而春澤沃之、早獲成而晚稼繼之、以符古人穀欲熟、（得時之稻、易于成熟、）而收欲速之義也、今所擬兩種而兩熟之、其穀可勝食乎、

畊心農話下集

民以食為天、國以民為本、本立則道生、民富則好禮、此自然之理也、男不畊則受飢、女失織則受寒、故人莫良於耕織、國莫重於勸農也、古人因地制宜、種法不一、今農不識変通、固守成法、惟畏難而就易、貪多以種淺、一遇雨水不調、年即有虧、若経旱澇、則顆粒無收矣、故殫思畢力、酌古斟今、十更寒暑、以深畊、易耨、稀種、糞美四法、而種兩熟稻、可免水旱、溢蝗等災、且得倍蓰之獲、法詳於左、定有裨益、願憫民瘼者、以此款農、則誠所深望焉、

樹蓺法言計一十四條

凡種田當諳土性、按五土十二壤、無非沙土與淤泥、今不辨其色、但言性之宜忌、沙土性剛、過燥則鬆、濕甚則滯、今種法不滋、泥性柔而膩、平原沃壤、散耐燥濕、故稱膏腴良田、高仰者燥甚則堅垎、卑下者浴淼則淤滯、皆難治而易荒、所謂墝埆之田也、沙土雖有山河江海之别、然花稻並可種也、須一年種稻、一季種花、滋泥但可種稻、不能種花、即種稻、亦當年易其種、方能茂盛、花者、棉花也、古人但言農桑、為未有棉花、不能不重蚕桑、今既行棉花、可不蚕而棉、不麻而布、且核可柞油、滓可打餅、飼牛肥田、裨益甚大、非若寸絲十命之蚕桑為纍珍也、再審地土之横豎、豎土不蓄水、俗謂之漏田、不能種稻、察形勢之高低、天下之地勢、或高或低、平坦者多、凹凸者少、故方民之音同而俗尚斯也、惟江南地形高下錯襍、土性各異、其人口音隨地而改、實於他省不同、古諺云、江南寸地蠻〻者難也、謂其地犬牙相錯、移步換形、膏腴少而墝埆多、且粮賦甲天下、農人己業少而租田多、故種田者當深思熟計而為之変通焉、測天時之晴雨、月令通綦云、正月元旦至十二日、一日主一月、每以瓦瓶稱水、視其重輕、重則雨多、輕則雨少、占五穀之豐歉、師曠占術、五木主五穀之先、欲知五穀豐歉、須視五木、擇其盛者、來歲多種之、萬不失一、如禾棗、楊稻、柳楊、大麥杏、小麥桑、黍榆、大豆槐、小豆李、麻荊、揚〇崔寔曰、欲知歲所宜、平量五穀各一升、小罌盛之、冬至日窖埋於墻陰、半月後發取量、息最多者、歲所宜也、〇農政全書、雨水節、炕乾鏈、自早禾至既稻、皆爆一捏、謂之孛婁花、各以器列、比平分數、占稻色斷、高下以齊、白多者為勝、及早以時其澤、汜氏曰、耕之本在趁時、和土、務糞澤、而早獲也、春候凍解、地氣通、則土柔和、畊一當四、為土塊易散、陳根可拔也、如杏花落和氣淺、土後剛、耕四不當一、最佳下種也、土之膏澤、其不利畊鉏者、為雨則枯、晴則硬、草則結、毀則堅也、夏至一陰生、天氣始暑、霜雨時降、土從大解、耕一留五、因甚太泄、是為養長之候、過此九的、天地始欽、薦物

浙歲宜收成不利于長養故曰早種得時晚則失時得時之播其穫倍蓰則人力能補天地之不足也大學衍義補曰地土高下燥溼不同而同於生物生物之性雖同而所生之物則有宜不宜焉土性雖有宜不宜人力亦有至不至人力之至亦或可以勝天況地乎凡種兩熟稻者冬天犁地深二尺餘均數次漸〻抵下按王氏耕地法未畊曰生已畊曰熟初畊曰塌再畊曰耕生者欲深而猛熟者欲康而淺又曰無霜畊早有霜畊遲恐掩冷氣入令種不發○如貧家無牛古法有踏犁代耕等器屏水平田聽其氷凍杜預曰水去後填淤之田畝收數鍾至春大種五穀五谷必豐至春淺水田土略燥沙土輕鬆者反縱人蓄踐踏令實然後治之再轉一次隨分隴甽隴田

背也甽田溝也古法一畝三畎觀甽字之象可知田當有甽也今之縵田者乃商鞅佐秦霸之激政也土經氷過則高不堅埆卑不淤滯鉏易鬆細且解鬱蒸之癘氣而害稼諸虫及子盡皆凍死也此法不獨種用可卻災荒諸恙即人食其粒者能免疾疫之虞孟子曰不違農時穀不可勝食也雖有鎡基莫如待時吁時之義其可忽乎尹氏曰天時之宜來也凡物之生必有其候故農以勿違為先而以早畊為主蓋種早則得土之膏澤生發暢茂其收成必倍夫農之重於春畊者古云之計一年在春一日之計在寅因乾坤元翕極而闢畊則氣通使上迎天日之陽光與土中初

旋融霜之和氣洽而凝之故上下四旁之膏澤有勃然欲生之象是故種蚤之禾得翕而受之以資其生長所以耕之最得力者在斯時也呂氏謂黃帝曰凡稼早者先時暮不及時冬至五十七日菖始生耕事興其得時之稻大本而莖葆長秱疏穖穗如馬尾大粒無芒搏米而薄糠舂之易而食之香崔實四民月令云正月地氣上騰土長冒橛陳根可拔冬至用橛桒木長尺二寸埋尺見二寸立春後土塊散上冒沒其橛則可耕矣以除上年治不盡之陳根過此二旬土性復剛則難治矣急蓄強土黑壚之田氾氏曰春氣始通可畊堅土藉平磨其塊以投草艸生鉏去之小雨復畊和之以待下種此乃強土而弱之也

二月陰凍畢釋管子曰至六十日陽凍釋七十日陰凍釋陰凍釋可枕稷可蓺美田緩土及河渚水處氾氏以杏始華輒耕花落則勞三月桃花勝可蓺沙白輕土之田氾氏曰沙土輕鬆者始春縱牛羊踐踏之至此方治為弱土使強之法也按古者春事既起丁壯就工治田無出三月也不春畊則農閒閒則諸不善生雖禁勿遵若行春畊早種之法使無得服則不禁自治矣善夫仲長子之言曰天為之時而我不農穀亦不可得而取之青春至焉時雨降焉始之畊田終之簠簋惰者釜之勤者鍾之淮南子云禾稼春生人必加功五穀遂長

是必早為之計，而非可待其自生也。今循古法，春至輒畊，蚤種自然早熟，農功第一義，莫先於此，故叮嚀言之。〇假如方田一畝，廣十五步，長十六步，均六十行，長終其畝。（約潤一尺二寸六分。高田患旱，可分三五十行；低田防水，亦分三五十行。其高與低者分一二十行足矣。）須一行高，一行低，相間而治。（高者為壟，低者作畦。）其隴畖之高低，當測天時，量地勢，為之以禦水旱也。（平原之隴畖高低尺許，如高仰與低田，高下二三尺不等。益高低甚，則行少，行少則壟畖潤，壟畖潤則積土厚，種後再加培土壅根，故低田壟背日高，何愁水大之被浸也。高鄉患旱，所種早稻在畖，至培土功到，其田已平，所種之稻根深厚，即大旱酷日亦不變燥，徹田底也。）所以分行者，為早稻宜早，晚稻宜水。（天工開物云：凡苗自函活以及穎粟，早稻食水三斗，晚稻五斗。）故平壤種早秈於隴背，晚秔則種於畖內。如高仰堅土，不獨晚秔種畖內，即早秈亦種于畖，其所空之壟，作培土用。如低者，可補種晚稻，平者補種大豆。（廣雅曰：小豆，荅也；大豆，菽也。菽開小白花，莢長寸餘，有毛，俗曰毛豆，鮮食甚佳，菜制作漿品。經霜乃枯，有莢黑、青、白、班、稆數色。榨油造漿，作腐入藥，充食料，用極廣。或鍊豆油氣腥性滑者，但熬透去沫，則清香肥膩，煎淌勝于菜油遠矣。）二月至四月皆可種，地不求熟，鉏不過再。（過熟苗茂實少。）

但使土和無塊而已。晚者五六月尚可種，惟稍加種子耳。（豆種畝約五升，晚者多加一二升。美田欲稀，薄田欲稠。）欲收，晚葉落盡，拔取，拔訖速耕之。如夏旱甚，大豆不能種者，至七月可種蕎麥。（蕎麥早種無實，至北不得已種之，為其善拔地力，非壅壯多而稀種之不可也。）低田早秔種於隴背，再以畖土培之，則日漸壟高，可無患於水旱矣。其畖可補種晚稻者，則補種之；如畖深積水過多，不能補種晚稻者，在春種水芋、慈姑，夏種茭白、地栗之類，且可區種，而息厚收成又早，亦能救飢。

又至低者，謂之洋田，常積水不退，可種水產之屬，以及蒲艸、灯草，或深若河蕩者，則種茭、芡、蓮、藕諸品，或養蓄魚池，且可為蓄洩田間之水渠。益吳稱澤國，低鄉積水頗多，故與種水產諸品，亦可獲利養生。惟不水不燥之低田，水產既不能種，稻又不可植者，齊民要術所謂「凡下田停水處，燥則堅垎，濕則泥滯，難治而易荒，墝埆而殺種」，非北地平原之可比也。如水澇不得種，九月一轉，至春種稻，萬不失一。（愚以為九月一轉之版法。）

不必拘，但于田中開溝數道，俟水退，皆自有草生捺，即速分排行，以墾背捱插，則田自高矣。此田切忌糞壯，如墾壯，反害其稼。其耽亦可補種水產諸物，則不亞於良田也。山落平洋之田，與平原同法。惟高危傾阪者，可種玉麥、番薯、百合，以及山花之類。沙田或花或稻，並可種也。其低者，則種高粱及蔗。如菅茅之地，欲開荒者，先令燒去艸莽，縱牛羊踐踏之，使其根浮，至七月耕之。惟七月耕者死，非七月則復生。須先種脂麻一二年，則陳根皆荒，草自絕也。詩詁曰：一歲為菑，始反草也。二歲為畬，漸和柔也。三歲為新田，謂已成田而尚新也。四歲則曰田。

凡春耕，當隨手分行，高低如前式。但所耕之地，必墾至二尺深，耖得鬆細而勻，使種後苗根向下直生，著土牢固，自然力厚，則不患大風搖撼、雨水漂泊。且田底雖燥，遇旱無妨。否則根土不相著，即不耐旱澇，致有乾癟倒歪蟲蠹諸患。古法犁一擺六，若止犁深而不擺細，最為誤事。即逐行澆徧大糞，覆以薄土，任其晒露，此為鋪底。至培上時，糞之鬱毒已解，可免燒用費事。

蓋種田全憑糞力，然用法則各處不同。如會稽、山陰之田，泥以鹽滷，或用鹽州灰，否則不茂。寧波、台州近海處田禾犯鹹潮則死，故作碶堰以拒之。嚴州墾田多用石灰，因山水性寒，土不發，故用之。今台州、江陰則煆螺蚌蠣蛤之灰，而不用人畜糞。如以糞壅田，則艸禾並茂；蠣灰則草死而禾茂。今江陰灰糞並用，故莠草難治。賓州有冷水田，用骨灰蘸秧根，石灰淹苗足。骨灰者，乃猪羊襍骨之灰也。難以枚擧，以近地論者，用豬灰、禽毛、垃圾、河泥、人糞、艸頭之類，惟草頭不生諸患也。草頭古稱翹繞，即荷花莨，苗可作菜，子亦充飢。惜不甚肥。

人糞雖肥，而性熱，多用害稼，暴糞尤酷，故於秋冬農隙時，深掘大坑，投入樹葉、亂草、糠粃等物，用火燻過，乘熱倒下糞穢垃圾，以河泥封面，謂之窖糞。來春用此墊底下種，則花稻之精神都長在蕊穗之上。不墊底至苗長壅壯者，今法必壅菜豆諸餅，工本又大，且以餵畜之物下田，豈不暴殄乎。祇令枝葉緐茂，所謂苗而不秀，秀而不實者也。如窖糞不及備，而用熱糞者，其法將柴草礱糠作堆，用火燻過半，以稠糞拌泥覆之，令其中外蒸透，則鬱毒解而

以滋生發也、田瘠者、用牛皮屑浸爛、同短頭髮脂麻渣、攪和墊底、可令數年肥壯、

穀種不可雜、蓋稻有水旱早晚之分、穀有一百餘種之別、總不出秈、稉、或作稀秔、或作稉三者而已、秈鮮也、以其先熟而鮮明也、其粒尖細而硬、晚者稍軟、糯懦也、爲其性懦而黏也、変透者粒圓而白、謂之白圓、又曰統爽、如変不透則粒細而明、謂之隱花、稉耽也、因不黏而有耽介之義、種時較秈稍近者、謂之早稉、與稉及晚秈同時種者、謂之中稉、至夏至後種者、謂之晚秔、雖止三者、熟種類不一、故其米色之黄白紫赤烏碧、堅髭軟硬、香否不同、與性之寒熱温良、皆由地産、形色而変異也、故谷種雜亂、則禾生先後不齊、春後而或難熟、糶賣以雜亂見訾、炊爨失生熟之節、是以種須選淨、取純色好穗、晒乾、盛細眼竹籃、挂檐頭透風處、去潮性、不使浥鬱、浥鬱則不生、生亦尋死、冬天於密室藥乾、燒土撒散、布穀種在上、鋪以秧灰、蓋以稻艸、將近清明、先去覆艸、臨種五日前、用臘雪水淘去浮谷、浸兩日、取置灰上、灑以濃艸汁、覆以秧灰、滋養三日、然後下種、天工開物云、稻田烈日火氣所成、早禾尤甚、若入窖閉急、昇氣內迸、明年下種、黄土發熱、東南風助暖、盡爲炎熾、大壞苗株、用臘雪水浸種、暑氣立解、仍從東南風暖、此苗清秀異常、

### 藏臘雪水法

按冬至後第三戊爲臘、至立春止、取雪盛甕、埋土中自化者佳、就檐頭盛日融者次之、浸五穀種、耐旱不生蟲、無眞臘雪、以臘前三雪亦可、惟春雪不驗、古諺云、三冬如有雪、來歲必年豐、蓋雪乃五穀之精也、劉熙釋名曰、雪洗也、洗除癖瘕蟲蝗也、洒几席閒、虼自去、淹藏菜食不蚕蛀、豈非除蟲之驗乎○凡花五出、惟臘雪六出、蓋陰之成數、降於藏陰之時、密封陰窖、雖數十年不壞、春雪則不然、故不用也、

### 殺種禾不生蟲法

氾氏謂種子傷濕鬱蒸、則生蟲、又曰、牽馬就穀堆食數口、即令踐過、爲種無虸蚄等蟲、古法取馬骨剉石許、用水三倍煮之、漉出骨渣、骨渣晒乾燒灰下田、則不傷足、用附子五枚切碎、以汁浸三四日、去附子、再將汁和蠶矢羊矢等分、攪如稠粥、先種二旬日、以溲種如麥飯狀、當晴燥時溲之、立乾、薄佈數撓、令燥、明日復溲、陰雨則勿溲、六七次而止、曝過謹藏、毋使再溼、至種時、以餘

汁溲而下種則不生蝗蝻矣詩以食苗心者曰螟食葉者曰螣食根者曰蟊食節曰賊皆蝗類其大而方首有王字者沴氣所化按古之治蝗賢者修德其次用智如以法術驅馳者則更為下策矣如薄田不能糞者用蚕矢襍禾種々之不生蟲以脂麻渣糞田者肥而殺虫且能絕蘊艸之根荄䱇滿田以蒜治之䱇即鱓也田中有鱓則水不能蓄用蒜根塞之為蒜地無鱓也按下種之法有三乃撒種還種與穴種耳夫撒種者撒穀播種也還種者按苗蒔秧也撒穀則顆粒難勻艱於耘耔工力煩費所以人不樂從他惟地廣粮輕者用之不耒芸

不待秧則拔損命根栽種復傷再失其時故恐生而獲少也今所擬之穴種者宗農政全書種秈稻之法也其法以鑿穴墊底而下種則禾得墊底之力收成必倍也且行列井然便於耘耔貧家可于除地乘間補種裸根菜蔬之屬亦可繼其不足也但勿誤其時齊民要術以二三月種者為稙禾稙禾早秈也以其強悍不畏春寒故二月種于山田與高仰之強土如澤田緩土則在三月種秔及晚秈也○按北方地平土堅早稻俱可種也惟所少者糞耳今用熟糞可運載而去再借冬天可種草子至春殺青以一引三泥爛為壯壅于熟田用撒穀引水灌溉之法誰謂北方不可種稻耶

四五月種者為穉禾穉禾中晚稻之通稱也四月又種秧與中秔五月種晚秔曰二月上旬及麻菩楊生種者為上時山田與高仰之強土宜上時種早秈三月上旬及清明節桃始華為中時平原沃壤及諸水瀦之處宜中時種早秧晚秈四月上旬及棗生葉桑花落為下時下時宜種沙白輕土此際高原補種中秔晚秈中旬補種平原之早秧中秔下旬及五月上旬補種沙土及平原之晚秔皆用蒔秧常法若濟之生然過夏至十日後雖種不生矣並揀好天氣下種遇小雨謂之溼種雨天須待少生白背如葳盛者鉏去下種否則令亦瘦弱種法宜

稀而勻忌攢而密古訣曰苗始生欲孤長欲相依熟欲相扶此法非區種不能是故五以為族必多眾古法以三未能族聚今改用五每畝分六十行隴畔各闊一尺二寸六分種一行空一行左右隔七寸並兩穴前後距五寸以鑿穴鑿穴人則立于空行自南至北逐一為之將手則于次行如前法以終其畝耘耕亦如之培土先以四旁之土至第三次用空行土壅覆之七八次而止其時高田種畦者反高於壟疏補種之大豆為稻際藏其花則不致見日萎黃矣平原副洙積水宜補種晚稻見所補之秧不符與早禾相並人立本行宜退作則不始所梳可用秧馬更佳低田種隴者其畦為培土抓深不能種晚稿可種水產之屬大恙如此因地剷宜在亦人之変通為計每

行三百二十穴應種三十行共該九千六百穴）用窖糞拌泥墊底（熟糞亦可）每穴穀五粒四散仰開（每畝應種谷四萬八千粒）用秘灰覆面輕蹯令實使土種相著生根牢固（區田農詩注四之日舉趾謂撮種入土以足蹯之則種土相親按此穴種之法上古已有未始於農政全書也）若待芽長下種恐有損傷故淺種四五日足矣（微芽初萌即得）種畢戽水潤土滋養至苗長四五寸方可蓄水如遇春寒宜令燥之為早秈質強寒又可耐而滋則受傷也若種早杭恐春寒不能出土者用穀青法（以蚕豆一粒與谷五粒同種使弱穀隨豆苗一齊出土俟

豆長四五寸稻損豆莖使爛汁養苗則禾更肥）古語戕苗有行故速長弱不相害故速大又曰橫行必得從行必術（行平聲謂橫行必得容其耒耜以耘鉏也從上聲與縱同術直也）正其行通其風也（庶免瘟稻熱病之突）凡亦長七八寸可施耘耔也其法有四曰撥（撥者耘去浮根似乎撮其苗長也）曰布（布者鉏去旁草分開禾叢令其四布也）曰擁（擁者以四旁之土壅於根頭也）曰復（復覆也以壅行之土覆於根也）蓋耘鉏不厭數壅覆不厭煩也使土厚根深（土厚根深非深種也乃遞漸次第培土而致土厚根深也若下種入土過深其穀稊小不能出土必致朽爛于土中矣慎之）結實自有餘力而無白

膌青腰等患（長不足則白膌生春之米缺青腰者謂米瘦細而腰青也）其角夫嘉禾雖係天降瑞徵然而人事之精於樹藝者亦能使其入土之本節々生枝而稻生數穗也夫（按嘉禾謂一本有數穗之稻然有二說自古未明于今詳晰以言之凡稻五節下二節在土生根鬚能發枝幹上三節一幹直上生穗結實如有岐枝分出結實乃天降之瑞穀非人力之所能為也若精於樹藝培植根深入土有尺六七寸者其下二節必長大力足根穎茂盛所生枝幹皆能結實而有五七穗之稻古有九穗十三穗之說倘生于一幹焉能扶直來栽哉或以予言之不信者可於水稻深家求之每有此稻可証人自不察耳今農不知深叫培土之妙其所蒔之秧入土不過三四寸又將根鬚拳曲在土故下二節不克舒展長大

即所生之孫支諺謂竅頭者細弱不堪勢難結實雖結亦不肥縱反分其枝幹之力以致歉收也）凡稻田閣水必審度形勢高下始自下緩々放水先令高處旋耘旋乾不問草之有無必徧以手排擁務令稻根之旁液々然而已耘過之田四旁及中須為溝數條仰水竭潤泥土坼裂如日旺天燥閣水一二日足矣然後次第復水從下至上或過天雨土即蘇解不三五日間稻苗蔚然殊勝用糞如酷著耘田以所除之莠草和泥握溷深埋於稻根之下漚罨既久

草即腐爛，而泥土肥美，則嘉穀蕃茂矣。此即禮記所謂夏月利以殺草，可以糞田疇，可以美土疆也。今農不惜而拋棄之，且不知田乾水暖，艸死土肥之法，輒令放水速乾，以致土燥堅結，不能耔耘，或工夫不逮，閘水不退，土性未乾，莠艸未死，即以復水，反使艸茂禾瘦，或閘水已遠，冀得時雨，因循燥極，然後致水，佘苗已受傷，根枯葉焦，無所措手，如此鹵莽滅裂，十常八九，終不省悟，可勝歎哉。再者，伏天日旺，如下午戽水者，可先戽少許，以收田中之熱氣，即行放去，再戽新水養禾，則不致有熱傷，生蝨瘟稻等災。若農忙時乏人戽水，可預備虹吸、鶴飲、飛車等器，以免忙迫急工乏人戽水之虞矣。補種之稻，或中或晚，須看空行之燥濕，畊水之淺深，空隙高者土必燥，平者土必潤，燥則穴種，潤者撒種，惟畎中積水者，仍宜蒔秧法，但不可拔秧水洗，當宗陳氏屯田法，其於秧田中多壅糞，壯及秧長，用大錢鏟從根下連土起秧，置平板上，分而種之，其收穫必倍蓰也。補種於隙處，使彼此互讓，則不致有大小強弱之妨，而得早種之蔭庇，則無熱傷弱禾之患也。及長，早種者已刈，即以其根土壅覆，可省鋪底一倍之工本，豈非兩熟稻，較種二麥簡便，且息厚數倍，況其補種之稻，較常法早種一月，收時可早二月，而息亦勝於常法，且免裁荒，即種本之應人工之便，皆非常法同日語也。此為古人早晚相兼之心法，予拈出而詳述之，以防歲時早脫水旱之偏災，令種兩熟稻，雖遇偏災，終無全荒之理，如一歲全熟，可餘一熟之蓄藏，不十年而菽粟如水火矣。白露後，常夜半候之，天有白露似霜者，最害五穀。於平明時令兩人對持長索各一端，概去禾中霜露，日出乃止，則禾稼不傷。蓋露能養物，霜能殺物，秋氣金旺，露凝似霜，所以見秋金之氣專於肅殺，故名其節曰白露也。即其時之雨，味苦而有毒，諺曰：白露之雨，似鬼而害稼，故晚稻之收，斷斷不及早稻之多者，以此。李蘋湖謂白露雨有毒，釀酒醋造食物皆易敗，人飲之令生脾胃疾。晚稻刈後，田為根深不能開墾者，可從中隙處犁深作溝，戽水在內，以垃圾糞穢填入，聽其淤漚，即為水田之法。稻根浸久，自然腐爛，日後耕耘，免有陳根經結於土中之果、且預肥田土、以作來春之鋪底、或以所掘溝旁之積土、堆上、冬種草子、至春翻於溝中、將草泛爛以作墊壯、則田土倍肥、

右所集種法一十四條、皆歷來確有明驗者、乃本諸天道、而修人事、以盡地利之義、薈萃衆説、錯襍成書、去其煩、而就其簡、易於爲力者也、妙在不獨丁男操作、即老稚婦女、皆可量力分工、則家無坐食之累、其法雖不如區田之多種多獲、（按區田法雖種四分之一、然每寸一莖、每畝當種谷一十五萬、應獲三十石、）今兩種而兩收、亦有倍蓰之息、此非撒穀難勻、開寸稍籽、逐區流灌之工力煩費、又非常法蒔秧掐根、（今法秋田中拔時、已斷其命根、待則復又掐之、故種後其葉萎黃、數日漸甦、半月後原、）貪多種淺、（今法畝種十二萬五千粒穀、所種稻根入土不過四五寸耳、）之不耐水旱、然而爲法雖善、尚藉良農之及時播種、培植惟勤、方克有效、願業田者盡守此法、而善爲之、則天下蒸民、可無凍餒之患矣、

以上所集、無非深耕易耨、稀種糞美之四法、如此、然而地土之異、天時之變、未可以一定之章程而規畫也、故事物之宜、在人應機變化、而制宜焉、所謂神而明之、存乎其人、如統志謂雷陽稻十一月下種、揚雪耕耘、次年四月熟、與他處迥異、○蔬園襍記云、新昌嵊縣有冷田、種晚稻後、任日曝土坼裂、至八月初蓄水浸土、蘇爛則亦茂長、若曝未久、得水早、則稻科冷瘦而不長、本草綱目謂西南夷有燒墾山地爲畬（音奢火種也）田、而種旱稻、謂之火米、真臘有水稻、隨水而長、有高丈餘者、○背陰國有浹日稻、一月三熟、○婆登國有月熟稻、每月一熟、僅耳旱稻曰山禾、一歲連收三四熟、○天竺烏萇二國、稻皆一歲四熟、○南海晉安有九熟之稻、一歲九登、若謂炎方異域、土暖易生、荒遠無稽、固勿論也、附之○臺灣百餘年前、種稻歲只一熟、自民食日衆、地利日興、今則三種而三熟矣、盡人事以

補天時地利之偏，美利蓋有極乎。今聊舉數事，雖若與聞，然因地之宜，皆屬人事之所為，習慣自然，亦何疑焉。

竊聞天災流行，堯湯不免，春秋二百四十二年，書大有者僅二，而水旱螽蝗，屢書不絕，然則年穀之豐，蓋亦罕見，是以為民生國計，欲興春耕，而以花稻為主。夫棉花乃禦寒服用之要，今農不善種植，以致歉收，已久，價昂數倍，窮民無力置辦，不知其凍死有幾多矣。故即補於種稻之後，其次復集穕糧數種，可以救饑者，以備不虞。又輯玩賞數品於末，以供雅人之清鑑，方知農餘自有樂趣也。

棉花攷

棉花有艸木二種，草本穀雨前後下種，夏秋間開黃花，如秋葵而小，結實似桃，熟則殼裂，白棉出焉。棉中有子數顆，亦有紫色之棉。白露後旋熟旋摘，名曰子花。曬乾，軋去子，曰花衣。彈鬆搓條，紡紗織布，或為絮，為帶，或作絮胎，裝衣被中，大能禦寒。漢時外國所貢之吉貝，即此棉布也。唐時閩廣或有種之者。至元李有黃婆者，本東吳人，嫁於瓊州，年老歸鄉，攜來棉子種於泥瀆，秋收後，教人紡織，自此盛行於世，故黃婆血食于彼處，立專祠以祀焉。

李蘋湖云：不蠶而棉，不麻而布，利被天下，其益大哉，蓋謂此也。○雲間通志以為木棉者，乃踵蔡氏之誤耳。且艸本之核，可以榨油，滓可打餅，飼牛肥田，其利廣博，非木本之不堪為布也。吳錄所謂交州永昌木棉樹高四五丈，花紅如山茶，子似楮實，敲碎外殼，其中之棉似玉麥狀，用貯茵褥則佳，以其輕鬆軟滑也。今所謂攀枝花者，即木棉也，未可以草本之棉花為木棉花云。

霏雪錄：李商隱詩，木棉花發鷓鴣飛。○又王叡詩云：紙錢灰出木棉花，皆咏此攀枝花之木棉也。

種法

種棉花、宜擇雨和不下之沙地為上、平原沙土次之、於正月地氣透時、深耕三遍、擺鉏調熟、平原須作畦畛、畦壟也、畛陌也、雨畦間一畎一畛、蓋畎以淺水、畛以立脚、再𤰞畎土加於畦背起春、則不蓄水而易於透風也、用大糞逐行流遍、薄土覆之、以作鋪底、至穀雨前後揀好天氣下種、先一日、將已治之畦、連澆三次、或一二次、雨後土濕不可澆也、其種子用臘雪水淘去浮者、流出堆於陰濕地上、用秋灰拌勻、以瓦盆覆一夜、次日取出、搓得伶俐不粘、然後鋤穴、熟糞拌泥、墊底下種、每穴三枚、覆以秋灰、輕輕按實、略澆微水潤之、七日苗出、常使潔凈、毋令艸蔵、當勤鉏削、乾則溉之、苗有四五寸長、揀細弱者摘、損一二莖、不得拔鬆根土、及長二尺、打去衝天心苗、旁枝長尺五、亦去心苗、使葉葉不空、開花結實、則拴縱而棉足也、白露後拴裂棉熟、則旋摘之、佈於箔上、曬乾是為子花、如有勤於力作者、揀隙地亦可補種大豆及玉、收成更得意外之餘利矣、

蠶豆一名胡豆

以其蠶時始熟、莢狀老蠶、故名、九月種於隄邊陌上、方莖中空、一枝三葉、二月開花、如蛾外白而中紫黑、若雨眼狀、結角連綴、如大豆、鮮食甚美、曬乾充食料、作甜醬、萁可壅田、用亦廣矣、

菉豆

三四月下種、六月收子、再種、八月又收、早種者摘綠、謂可頻摘也、遲種者拔綠、謂一拔已盡也、其年李子不蛀、此豆有收、

赤豆名荅即赤小豆也

夏至後種、色鮮赤而小者入藥、大而鮮紅、或淡紅者、並不治病、但可作食料、以及糰餅餡耳、

脂麻

其莖方，其花白，節節結角，四稜六稜者，房小而子少；七稜八稜者，房大而子多。宜肥。春夏俱可下種，須得稀疏尺許爲法。上半月種者，實多而成速；下半月種者，子少而多秕。白者油麻，黑者胡麻，一名巨勝，或有赤色者。早麻白而纓莢者佳，謂之纓莢麻。晚麻名裹熟，最佳，即爲麻油最美。三月種早麻，纔甲折，即耘鉏，令苗稀疏，一月凡三耘鉏，則茂盛。七八月可收也。五月中旬後種晚油麻，治如前法，九月成熟矣。不可太晚，晚則不實，畏霧露，霧霧之。其類不一，唯此二者人多種之。凡收刈麻，必堆卷一二夕，然而平架曬之，即再俯倒而盡矣。久卷則油暗。五月治地唯要深熟，於五更承露鉏之五七遍，即土壤滋，十七日加煮熬，又復鉏熟。

芋一名蹲鴟，又曰土芝。有水旱數種。○詩曰：圃收芋栗未全貧。古人有以蹲鴟起家者。

早芋山地種，水芋澤田種。水芋味勝。區種法：於低田畎中掘深三尺，長亦如之，取蠶豆萁納區中，足踐實，厚尺許，用熟糞和土平鋪萁上，再踏足二尺許，種芋子五枚於四角及中央，覆以河泥，積水過土，勿令乾燥，相間三尺，仍前區種，益寬則遠風，深則根大而息多。芋羞人看，并畏刮鍋聲，犯之少息。在三月種者，比及炎熱，根科大旺，頻鉏其旁。秋生子葉，以土壅根。霜降拔葉，使液歸根。當心出苗者爲芋頭，四邊側生者爲芋子。上有芋白，擘下以滚水煠過曬乾，炒食勝蒲筍。芋充食料，又可療飢。如寒夜擁爐，食此真味，所謂煨得芋頭熟，天子不如我。且蟲蝗不能傷，故禦窮之良策也。

菰一名雕胡，又曰茭白，亦曰茭筍。

葉如蒲葦，四五月取以裹粽，中心白臺，莖素皆用，糟食醬食並佳。晉張翰思吳中蓴菰，即此類也。逐歲移栽，心不生黑灰，犯鐵器即成野菰。清明前分秧種水田中，不用流灌，春秋兩刈。

慈姑每根歲生十二子，姑乳諸子，慈愛而懷抱于四週，故名。閏年則多生一子。

三月種淺水中，如插秧法。葉如翦刀形，開小白花，根大如杏。正二月採食，須灰湯煮熟，去皮食，乃不麻濇。

戟人咽也、莖葉搗爛傅之惡瘡、調蚌粉塗痤疿、

荸薺一名地栗、又曰烏芋、

正月留種、埋泥缸內、待芽生、二三月種於淺水田中、三四月苗出土、一莖直上、無枝葉、狀如龍鬚、高二三尺、宜肥、灰糞豆餅皆可壅、類耔與稻同、冬至前後掘取、生食煮食並佳、

芰菱

武林記、四角曰芰、兩角曰菱、開小白花、背日而生、晝開夜炕、隨月轉移、吳中湖澥及人家池沼皆種之、有青紅二色、紅者最早（六月底）各水紅菱、稍遲而大者曰雁來紅、其四角而小者、俗謂之晒殼菱、七月熟、至九月角圓無刺、實更美、其青而大者曰餛飩菱、最甘香、唐求峨詩云、交遊蒲荇侶、菰蒲懷玉藏珍似隱儒、葉底只因頭角露、此生不得老江湖、嫩時生食甘脆、老者煮食甘香、或去殼曬乾、為米為飯為糕為粥為果、為粉可以代糧佳果也、老則殼黑而硬、墜入江中則

之、葉大於荷、文皺如穀、面青背紫、莖葉皆有刺、高丈餘、中亦有孔、有絲、嫩者剝皮可食、五六月生紫花、花開向日、結苞外有青刺如蝟、形似雞頭、實藏於中、圓白如珠、可濟儉歉、故謂之芡、根如三稜、煮食若芋、梅聖俞詩曰、蝟毛蒼蒼磔不死、銅盆盎盎釘頭生、吳雞鬪敗絳幘碎、海蚌綻裂珎珠明、

藕花子葉附

蘇州洞庭山消夏灣、荷香十里、花時一望無際、誠佳

為烏菱、種法重陽後收老菱、浸水內、二三月發芽、撒入池蕩中、葉盛時、有萍荇相襍、即撈去之、此為澤農有利之物也、

芡實一名雞頭、

郡志云、吳江出者、殼薄色綠味腴、大如小龍眼者、味更佳、長洲車坊出者、色黃、皆能補腎澀精、食之益人、有粳糯二種、秋間熟時收子、包浸水中、二三月撒淺水內、待葉浮水面、移栽深處、以麻豆餅屑拌河泥種

境也。〇郡志謂黄山南蕩藕食之無渣，他産不滿九竅，此獨過之。杭州西湖藕甘脆，匾眼者佳。高郵者皮斑黄如銕鏽，節短壯而多漿，土人不以爲美，過江則味腴，且久藏不变。鎮江以金壇爲勝。二月起蕩取老藕，實之糯米，煮食之；或磨漿晒乾爲粉，調食甚佳。花時採者曰花下藕，鮮食香美。清明取單葉白蓮小藕，栽淺水中，用短髮灰糞墊底，候晒乾土裂，戽水養之，則當年有花。採之蒸露，芬芳沁肺，以消暑氣。蓮子亦佳菜也，鮮食清香甜嫩，曝乾爲果，有建蓮、湘蓮之分。秋後摘葉，用之包物，亦頃需也。最忌物影摇映，則花實萎悴。熱水摘花，恐爛及其根。单葉者結實，有紅白淡紅三色。紅者蓮多藕劣，白者蓮少藕佳。其花白者香，紅者艷。千葉者不結實。别有合歡並頭者，一幹兩花；有夜舒花，夜布晝卷；睡蓮花，夜則入水；金蓮花色黄；碧蓮花色青；綉蓮花如綉；四面蓮一蒂四花；飛来蓮花開五色，燦爛無比，皆異種也。更有分枝蓮藕合蓮、十丈蓮、四季蓮，惟鈎仙池分香蓮爲最。物類相感志曰：荷梗塞穴鼠自去，荷葉煎湯，洗鑞垢自新。葉可粉絲

### 種蓮子法

取佳種堅黑石蓮，磨破頭，裝卵殼内，令母雞抱七日。清明用河泥糞壯，種於碗内，曝裂，加水養之，不可移動，及一切物之日影，則花開如豆，葉大似錢，置之按頭，誠清玩之佳品也。或種時取天門冬末，和泥置盆中，收蓮實種之，花開錢大。

### 養花法

瓶貯滋湯，以紙蒙口，用利刀削尖花葉之枝，隨手速插，則葉舒而花久。

### 高粱 即蘆穄也，一名蜀黍。

宜下沙地，春天早種省工，而秋收多，幹高丈許，似蘆荻而内實，葉亦似之。穗大如帚，粟大如椒，紅黑色，性堅實，粘者可釀酒，不粘者煮粥作糕，稭可作帚，莖可織箔席編籬。　博物志曰：地種蜀黍年久者多蛇。

蕎麥（一名烏麥、）

高田耕三次、立秋前後種、莖弱而赤、花緑瑣小、實有三稜、老則黑、如地色、耕三徧則三重著子、八九月收、連根拔之、性畏霜、下雨種子黑、上一重子白即當拔、但對梢相搭鋪之、其白者日漸変黑、若待上層總黑、則下子盡落矣、烈日晒開口、舂取磨麪、稈灰調大麥粥柔滑而膩、淋汁洗牛馬瘡癩、亦入外科藥、

蔗（呂惠卿云、凡草皆正生嫡出、惟蔗側種、根上庶出、故字從庶也、）

荻蔗皮青、竹蔗皮白、崑崙蔗皮紫、造糖用竹蔗、去皮葉、碓成漿、用槿木槽澄清、煎滚入甕、凝結成糖、上白下赤、中黄、榨净汁、鍊凝時、以猪油點之、為氷糖、挼神隱、十月初收、節密者連梢葉入窖、來年二月種潮沙地、犁長溝、用猪毛灰糞和土墊底、以蔗卧于溝内、鬆土覆之、三月苗出、去旁邊小苗、止留大者、因其叢生似竹而肉實、高六七尺、大者圍數寸、葉似芦而大、長三四尺、扶疎四垂、最困地力、苗出壅麻豆餅、或大糞、如以抗砂末壅者、味甘而鮮潔、須憶之、啖蔗曰、自梢至根、以為漸入佳境、其味在根、至梢則淡矣、○相感志曰、同榧子食渣軟、

蘑菰蕈

三月取朽爛桑楮木礎碎、如種菜法、布於潮濕之熟地、以土覆之、常溉米泔令潤、數日即生小蕈、子鉏去之、明日又生、再鉏之、至第三度出者長二三寸、本小末大、色白柔軟、其中空虛、狀如未開玉簪花、俗名雞腿蘑菰、開翻如羊肚、有蜂窠眼者、故名羊肚菜、本自桑構食之無毒、且能化痰理氣、誠美品也、未審八月可種否、

葫蘆（長柄者為最、鵞頸者次之、如馬鈴束腰合盤者尤其次也、予曾見晉史亭有一葫蘆、柄長三尺、盤旋如蟒、）

區種大葫蘆法、二月初掘高燥沙地作坑、方圓四五尺、深亦如之、填油麻綠豆稭、及爛艸等物、覆土一重、

再下牛糞、又土一重、復下蠶沙、又土一重、凡下一重糞土、踏實沃水、下種十來顆、待苗生尺許、揀四莖肥好者、每兩莖相貼著處、竹刀削去半皮、合併一處、麻皮纏縛、黃泥封固、猶接樹法、待相著活後、留強者一頭、餘悉掐去、又取所活兩莖、如前接貼、俟活後、惟留一莖、餘亦掐去、如此則四莖合為一本矣、按氾氏以苗長二尺外、便總聚十莖歸一處、以布纏定五寸許、用泥塗之、不數日纏處已合并為一蔓長搭架引之、俟花開結子、揀周正好大者、留兩枚、餘者花子悉為掐去、如斗大之種、可變為數石之大瓠矣、須經嚴霜老結、曝之極堅者、方可用以為器、此莊子所謂五石之大瓠也、

或將瓠子、種於大紅雞冠花之兩旁、去皮合紮一處、用泥封裹、候活剪斷瓠根、令托生於雞冠花、雞冠之莖亦掐去之、則所生之瓠、猶如雞血昌化石之鮮紅可愛、謂之仙瓠。 或以瓠初生時、用水研芥辣末、以筆蘸畫之、或字或畫、所畫之處不長、儼如剜成。○欲令長柄屈曲者、剖開藤根、納巴豆肉一枚、二三日、其葉盡瘁、瓠柄亦柔軟、可隨意挽結作巧、用麻皮縛定、取出巴豆、以水澆灌、隨即甦活、以成結瓠。○瓠之最貴者、如指大之細小瓠頸葫蘆、價值數金、不易得也、種法、取潔淨田泥、敲碎篩細、置盆中、清明節、取瓠頸堅實好子、雪水浸一日、晒於日中、取出用秧灰拌勻、藏無風處、俟萌芽生、遂種於盆中、澈水潤濕、待其苗長數寸、澆以草汁三次、及長、用細竹為架引藤纏繞、細若灯心、煩花宜摘、結實刷毛、經霜日曝、色如象牙、老結堅硬、方可摘取、否則瘪皺無用、須澆灌及時、燥濕得宜、又宜露宜微日晒之、庶幾結子、開瓠出實法、如瓠頸細長而拳曲者、不能出實、可於瓠頂或腹上、剜一穴、用巴豆肉二三粒、研水為漿、灌入孔內、數日窨透、腹內瓤膜腐爛、可傾出盡淨也、一法用朴硝。

百合 附渥丹。

根小者如蒜，大者如碗，數十片累累相包，若蓮華狀，故名百合。花初開背黃色，後變純白，中有檀心，花重蒂傾，而極香者，名曰天香，此種最佳。其短而紫者，曰麝香，小而紅斑如萱花者，曰虎皮，不香，又大而外白內斑紅者，爲洋種，亦不香。二月取大者畦種，如種蒜法，糞以雞糞，或云移在開花時，則來年有花。又小如錢，大色白而香者，乃山中自生之金錢百合也，食之益人，不易多得。又一種花色深紅，味苦性寒者，乃捲丹也，亦曰山丹，俗所謂紅花百合也，雖名百合，性味迥別。

山藥 本名薯蕷。

出淮東岳王市者，大如臂，扁者更佳。汴梁出天公掌，俗謂佛手山藥，尤妙。色白，屬肺，味甘歸脾，故入肺脾二經，能補不足，而清虛熱，治噤口痢者，得一方用山藥半生半炒爲末，米飲下，驗。生搗爛敷癰疽，能消腫硬，或加古錢。

螺田

辛亥之春，訪歐亭姚明府於海塘工次，歐亭精天文、輿學，凡有工程，必重其事。蓋海塘延亘七百餘里，爲東南之保障，今華亭縣屬崩潰二十餘里。○欽工修築，故有是役，如月朔旦，予由金山衛東門至塘工頭段，約四里路，見隄臨大海，立木爲樁，填石蓋土，如是四層，下築溪陂，以護樁木，藉此以禦不測之怒濤，欲其勿潰，不亦難矣。找磨每爲潮汐衝激，不久坍塌，屢修屢圮，靡有已時，乎

帑勞民，實爲大患，故予擬一法，可一勞永逸，使無傾圮之虞，且能爲民生息，以養窮黎，名螺田，詳於後。○按北宋時，蔡忠惠公出守泉州，閩海渡之溺人，故於洛陽江畔壘石架梁，種蠣於礎，橋長三百六十丈，廣一丈有五，計費一千四百萬，八日工成，勒碑誌之，曰萬安橋記。即洛陽橋。迄今千載，未嘗傾圮，未聞有修理之說，橋爲蠣螺塞斷數里，舟楫不得往來者久矣。又聞山東濱州利津縣海口，或不敢到，爲蠣螺

山積，洋艘觸之立碎，惟本地熟人出入無事。又攷廣州沿海所產，多種螺田，其法燒石令紅，投海中，輒生蠣螺，千萬相累於石，蔓延數十百里，故詩曰：一歲螺田兩種螺，螺田片片在波濤，螺生每每因陽火，相累成山十丈高。予欲訪此法，施之於海壖木石之間，而成螺山，以禦巨浸之怒濤，可使永無後患。且民以打螺得利，而無凍餒之憂，不更善乎。擬打螺詩云：冬月蒸味螺更多，漁姑爭唱打螺歌，紛紛龍穴洲邊去，半濕雲鬟在白波。予嘗至海邊，見石上蠣殼黏連，玲瓏可玩，凡鹹水浸漬之處，皆有之，若經陽火，則易生也。蠔肉名曰蠣黃，雲間人呼為麵部肉，煮食味頗鮮美。生啖用麻油蘸拌甚佳，乃海饈中之仙品也。

田衛人歌

道同仰凱田孛名，細謗丌義典岧莊，㊉宇宋心槃細横，皇昜二烝蓬三三，外邊四爲國匕轉，肉裏五行戊巳戚，夅䏧皆巡這個出，性死壺物死舍館，物稟父性会隴偏，維至觸西步物界，黔隴偏耆性情乖，同射卆餘純粹稚，氍傳戚男真傳厄，五千囝坣先萸傾，忞珠岂之入銮水肉，留孛图烏覓珠行，薾嬰透遻旭訣，補蚄𨚗宮迭戚栦，𣲙戊就巳凬知死，連副𧼈兮彰劑坣，藉乞粗戚𧿒健體，垛奏𩐈味死丁兮，赤孥芒傳感十軋，求師另習少晴傳，灘沛泳離必於是，萬砦千平向誰𠇗鏈，俫閑戸默彰坐，悉徹惺匕緣患皮，瓜傳逢來帶外求，皮船省已未生前，首逖誤躍圈中後，懵匕憧匕半百攜，世味徧嘗如嚼蠟，窮通富貴無牽，焰出○命了瓜變，故在鋈間說種田。

難无晉姝鑿樂鼠在穴古體訟

# 理生玉鏡稻品

（明）黄省曾　撰

《理生玉鏡稻品》（以下簡稱《稻品》），（明）黄省曾撰。黄省曾（一四九〇—一五四〇），字勉之，號五嶽，南直隸蘇州府吴縣（今江蘇蘇州）人。自幼聰穎，才思敏捷。明嘉靖十年（一五三一）以《春秋》鄉試中舉，名列榜首，後進士累舉不第，便放棄科舉之路，轉攻詩畫及經濟。一生交遊極廣，以博洽聞名，於文學、農學、史學、地學等皆有精研，涉農著作有《稻品》《蠶經》《藝菊》《養魚經》等。《明史》有傳。

《稻品》共記述了三十五個水稻品種，還有一個再生稻。其記述的内容包括水稻品種的名稱、别名、異名，該品種的生育期，植株形態特徵如高、矮、有芒、無芒等，生理特性如耐水、耐寒、抗倒伏等，對品質特點以及該品種是粳稻、秈稻或糯稻等也有説明。

中國水稻品種在《管子》、《廣志》（佚書）、《齊民要術》等古籍中已有所反映，但地區性的水稻品種志衹有《禾譜》和《稻品》。前者記江西稻品，後者則系統記載太湖地區的水稻農家品種。據研究，三十五個品種中有二十七個已見於宋代方志，其中許多品種至明代以後仍在流傳，十九世紀末、二十世紀初太湖周圍七個縣的方志中共有三十二個水稻品種與《稻品》所記相同。

該書有《居家必備》《百陵學山》《夷門廣牘》《叢書集成》等多種版本傳世。今據南京圖書館藏《廣百川學海》本影印。

（惠富平）

# 理生玉鏡稻品一卷

五嶽黃省曾勉之

稻之粒其白如霜其性宜水說文謂之稌沛國謂之稉以黏者謂之糯亦謂之秫以不黏者謂之秔亦謂之稉故氾勝之云三月而種秔四月而種秫然皆謂之稻魯論之食夫稻稉也月令之秫稻糯也糯無芒稉有芒稉之小者謂之秈秈之熟也早故曰早稻稉之熟也晚故曰晚稻京口大稻謂之稉小稻謂之秈

其粒細長而白味甘而香九月而熟是謂稻之上品曰箭子

其粒大而芒紅皮赤五月而種九月而熟謂之紅蓮

其粒小而色白四月而種六月而熟謂之六十日稻
又遲者謂之八十日稻又遲者謂之百日赤而毗陵
小稻之種亦有六十日秈八十日秈百日秈之品而
皆自占城來寔耐水旱而成實作飯則差硬宋氏使
占城珍寶易之以給於民者在太平六十日秈謂之
拖犂歸有赤紅秈有百日秈俱白稃而無芒或七月
或八月而熟其味白淡而紅甘在閩無芒而粒細有
六十日可穫者有百日可穫者皆曰占城稻
其粒尖色紅而性硬四月而種七月而熟曰金城稻
是惟高仰之所種松江謂之赤米乃穀之下品四明

次於占城其殆卽所謂百日赤歟
其粒長而色斑五月而種九月而熟松江謂之勝紅
蓮性硬而皮芒俱白謂之穲稏稻
其粒大色白稈軟而有芒謂之雪裏揀
其粒白無芒而稈矮五月而種九月而熟謂之師姑
秔湖州錄云言其無芒也四明謂之矮白
其粒赤而稃芒白五月初而種八月而熟謂之早白
稻松江謂之小白四明謂之細白九月而熟謂之晚
白又謂蘆花白松江謂之大白
其三月而種六月而熟謂之麥爭塲

其再蒔而晚熟者謂之烏口稻在松江色黑而耐水與寒又謂之冷水結是為稻之下品

其已刈而根復發苗再實者謂之再熟稻亦謂之再撩

其粒白而大四月而種八月而熟謂之中秋稻在松江八月望而熟者謂之早中秋又謂之閃西風

其粒白而穀紫五月而種九月而熟謂之紫芒稻

其秀最易謂之下馬看又謂之三朝齊湖州錄云言其齊熟也

其在松江粒小而性柔有紅芒白芒之等七月而熟

曰香秔其粒小色斑以三五十粒入它米數升炊之
芬芳馨美者謂之香子又謂之香稫
其在湖州一穗而三百餘粒者謂之三穗千
其粒長而釀酒倍多者謂之金釵糯
其色白而性軟五月而種十月而熟曰羊脂糯
其芒長而穀多白稃四月而種九月而熟謂之臙脂
糯太平謂之硃砂糯
其色斑五月而種十月而熟謂之虎皮糯太平錄云
厚稃紅黑斑而芒
其粒最長白稃而有芒四月而種七月而熟謂之趕

陳糯太平謂之雀不覺亦謂之秈糯

其粒大而色白四月而種九月而熟謂之矮糯亦謂之矮兒糯

其稃黃而芒赤已熟而稃微青布宜良田四月而種九月而熟謂之青稈糯

其粒大而色白芒長而熟最晚其色易變其釀酒最佳謂之蘆黃糯湖州謂之泥裏變言其不待日之曬也

其粒圓白而稃黃大暑可刈其色難變不宜於釀酒謂之秋風糯可以代粳而輸租又謂之瞞官糯松江

謂之冷粒糯

其不耐風水四月而種八月而熟謂之小娘糯譬閨女肰也

其在湖州色烏而香者謂之烏香糯其桿挺而不仆者謂之鐵梗糯芒如馬鬃而色赤者謂之馬鬃糯

稻品一卷止

# 江南催耕課稻編

（清）李彥章　撰

《江南催耕課稻編》，（清）李彦章撰。李彦章，字蘭卿，福建省福州府侯官（今屬福州市）人，嘉慶進士。該書是其在江蘇按察使任上寫成的，刊刻於道光十四年（一八三四）。

全書分爲十目，依次爲：國朝勸早稻之令、春耕以順天時、早種以因地利、早稻原始、早稻之時、早稻之法、各省早稻之種、江南早稻之種、再熟之稻、江南再熟之稻。該書主要輯錄各種農書、志書及其他有關記載，但每節後面都附有作者的詳細按語。其中『早稻之法』一節介紹了福建種早、晚二熟稻之法，廣西思恩府初種早稻之法，江北上下河、高郵各州縣種早稻之法。書前有當時兩江總督陶澍、江蘇巡撫林則徐的序和作者自序。正文前面還有『江南勸種早稻説』『江南勸種再熟稻説』和『印發《催耕課稻編》通飭各府州廳率屬勸種早稻再熟稻劄』等三篇文字。

李氏精通農業生産，他根據文獻記載及自己的實踐經驗，認爲江南盛行的稻麥復種制有不少弊端，不如因地制宜，勤謹耕耘，擴種早稻，提高産量。這從農業技術上説是可行的，但實際推行中受到很大阻力。因爲擴種雙季稻表面上是增加稻穀産量，對農民來説卻意味着增加穀租數額。歷史上的慣例是農民種稻要繳租穀，而冬季麥子收入獨歸客户；如改種雙季稻，農民則失去一季麥收，在春季糧食青黄不接時，無法依賴麥收接繼之，所以李氏擴種早稻的設想，祇有利於地主而遭到農民的抵制，終於未能推開。儘管如此，李氏搜集的早稻歷史文獻，包括品種資源、種植技術等，仍具有重要的農學價值。

該書收在李氏的《榕園全集》之中。今據清刻《榕園全集》本影印。

（惠富平）

敘

居今日而欲民無饑。則任舉。一術焉可以蘐施生貧補助者。皆不憚講求而嘗試之。冀以收百一之效。而况其信而有徵者乎。吳之民困矣。菑繁而歲屢儉。賦且甲天下。當官不能蘇民困。誠予之辜矣。抑亦知二麥之不供由吾民四體之不勤乎。古者于耜舉趾。必以春時。今豈宜有異。而江南之稻。輒以夏至始蓺之。其穫乃不於秋而於冬。是時嚴霜苦霧。饕風虐雪之厲。歲所恒有。故有垂成而不得下咽者。古謂收穫如寇盜之至。今需滯若是。悔矣。及乎近者潘功甫舍人力勸行區田法。曰深耕早種。稀種。多收。此誠不刊之論。而從之者益寡。非不知區田之利遠且大也。憚目前之多費。以改圖爲弗便。所謂難與慮始耳。夫農民習其事而不明其理。惟以循常蹈故爲安。吾儕讀書稽古。明其理矣。而於事未習。弗躬弗親。庶民弗信。有難以口舌爭者。余因就官廨前後賃民田數畝。具耰鉏䆉襫。舉所聞樹蓺之法與穀種之可致者。咸與老農謀所以試之。以示率作興事之義。於是得早稻數種。自四十日秄至六十日秄。皆於驚蟄後浸種。春分後入土。俟秧茁而分蒔之。此數種者。固吾聞所傳占城之稻。自宋時流布中國。至今兩粵荊湘江右浙




東皆蓺之。所穫與晚稻等。歲得兩熟。吾聞早稻。蓺於穀雨之前。小暑而穫。大暑而畢。芒種時早稻猶未刈。而晚稻之秧已茁。即植於早稻之隙。若寄生然。而不相害。及早稻刈。則晚稻隨而長。田不必再耕。且早稻之根。即以糞其田。而土愈肥。可謂極人事之巧矣。余嘗按二十四氣而繹其義。竊謂穀雨者。蓺早稻時也。芒種者。蓺晚稻時也。是皆顧名而可思者。天之於農。固予以再熟之時。而誕降其嘉種矣。吳都賦云。國稅再熟之稻。是早晚兩禾皆吳中所宜也。吳民縱不欲行區田法。而於兩熟之利。豈獨無動於中乎。然春耕之廢久矣。詰其故。則宿麥在地。不可以播穀也。蓋吳俗以麥予佃農。而稻歸于業田之家。故佃農樂種麥。不樂早稻。而種蓺之法。亦以失傳。乃者自去秋以逮今春。雨雪多。而田水積。二麥既不能播矣。盍改圖乎。江南故澤國。其穀宜稻。本非如西北土性之宜麥。况下地已無麥。則蓺稻尤亟矣。或曰。閩粵地暖。故早種早刈。江南春寒。未必宜此。然江右荊湘地亦非盡暖也。且如江北之下河諸邑。無歲不恃早稻爲活。立秋前則皆登矣。其不能兩熟者。以秋汛啓壩。洪澤之水下注故耳。聞三十年前。則兩種而兩刈也。江南地雖不暖。豈尚寒於江北乎。又或曰。早稻秈也。晚稻秔也。

江南輸糧。以秔不以秈。雖種之不足供賦。奈何。曰。余固爲民食計也。以晚易早。民或不樂。早晚兼之。又何不宜。或又曰。地力不可盡。兩熟之利。未必勝於一熟。此論固正。然以余所見閩中早晚二禾。畝可逾十石。其地多山田。不能腴于江南也。且江南一麥一稻。豈非再熟乎。以所不宜之麥。易而爲所宜之稻。非盡地力也。夫地力亦患其遺耳。耘耔不勤。糞種不施。雖再易三易。而未必有穫也。反是而盡力焉。安見地力之憊乎。且卽兩熟不能贏於一熟。而早晚皆有秋。民先貪以果腹。則號饑之時少矣。況歲功難齊。或早豐晚歉。或早歉晚豐。不得於此



或得於彼。抑亦勸農者所不廢乎。所冀業田之家。貸佃農以耔種。及其穫也。仍以種麥例之。則願從者衆矣。至晚稻當種之時。或如閩中法。或如江右荆湘法。相時而動可也。余既試其事。復述其理。以質同人。適蘭卿同年權三吳廉訪。爲余言其官粵西時。嘗以是課農著有成效。因博徵廣採。彙爲十條。以證余說。題曰催耕課稻編。首紀

列聖綸誥。以著

朝廷之重本。而時地品類。以及種蓺之法。以次遞詳。且所列江南早稻諸種。皆今之蘇州松江太倉府州志。及長洲吳縣崑山常熟上海諸縣志所詳載者。則誠物土之宜。而此邦父老之所傳習。視他書所紀。尤信而有徵。而非嘗官者之誑吾民也。先疇畎畝之思。其亦可以勃然興矣。

道光甲午春二月日躔降婁之次撫吳使者侯官林則徐敘

自序

彥章少而登
朝。未嘗學稼。迨以近臣出守。頗得與民相親。嘗在恩府勸民廣墾水田。試栽早稻。是歲兩種兩熟。民始以爲可行。去郡五年。聞至今蒔插如故。竊嘗深喜邊人之相信而又自幸身教之易從也。去春來官江南。親見三吳戶口之繁。財賦之重。食者衆而生者寡。已隱隱其可憂。且以水潦頻年。瘡痍未復。民多艱食。心焉廑之。公餘參考志書。訪詢父老。又知此邦非無早種之稻。再熟之田。而民間習故安常。往往不以爲意。思欲有以提撕而補救

自序　五

之者。而兼司防河榷權之役。未暇勸農。回思在粵西時躬課民耕。日在田閒之樂。而不可得。蓋早耕再熟之法。固未嘗一日去諸懷也。是冬十一月。以權臬來駐吳門。時蘇松數郡。恒雨爲災。晚稻損者過半。下田久雪積水。種麥又多不成。 宮保督部陶公。 撫部中丞林公。曲軫民艱。俱以災狀入告。凡減漕議賑諸事。皆已得
旨報可。民始稍蘇。彥章從事其間。每懷靡及。因而禁害農之弊。思利農之方。求牧與芻。未知所計。伏讀
世宗憲皇帝諭旨。有曰。今課農雖無專官。然自督撫以下。孰不兼此任也。其各督率有司。悉心相勸。量度土宜。課令種植等因。大哉之
言。永爲成憲。彥章不敏。亦不敢不兢兢焉。適 撫部林公教民力農。日講所以早種早收之法。彥章既舉向之所知及在粵親勸早稻之法以對。因又輯取古今早稻品類時地。及一熟再熟之種。彙爲此編。凡於江南種法物宜。尤急採之。以資農用。故先述其所以催耕課稻之本意。將欲別爲俗言淺說。勸吾農焉。弗如老農。斯未能信。然於古者多蓺五種。以備災害之意。或有合焉。當不陋其論之迂也。

道光十四年二月中和節。署江蘇按察使分巡常鎮通海河務兵備道李彥章自敘於臬署之莊敬堂

自序　六

# 江南催耕課稻編

候官李彥章輯





姑蘇甘朝士鐫刻

## 國朝勸早稻之令

順治八年二月。

上諭戶部田野小民全賴地土養生。朕聞各處圈占民地。以備畋獵往來下營之地。爾部速令地方官將前圈地盡數退還。令其乘時耕種。

康熙三十年四月。

上御豐澤園澄懷堂。召尚書庫勒納等入。諭曰。頃爾等進來時。會見朕所種稻田耶。諸臣奏曰。曾見過稻苗已長尺許矣。此時如此茂盛。實未有也。



上曰。朕初種稻時。見有於六月時即成熟者。命取收藏作種。歷年播種。亦皆至六月成熟。故此時若此茂盛。若尋常成熟之稻。未有能如此者。

聖祖御製雜著文云。粟米有黃白二種。黃者有黏有不黏。本草注云。粟黏者爲秫。北人謂爲黃米是也。惟白粟則性不黏。七年前烏喇地方樹孔中忽生白粟一科。土人以其子播穫。生生不已。遂盈畝頃。味既甘美。性復柔和。有以此粟來獻者。朕命布植於山莊之內。莖幹葉穗較他種倍大。熟亦先時。作爲糕餌。潔白如糯稻。而細膩香滑殆過之。想上古之各種嘉穀。或先無而後有者。概如此。可補農書所未有也。

聖祖御製幾暇格物編云。豐澤園中。有水田數道。布玉田穀種。歲至九月。始刈穫登場。一日循行阡陌。時方六月下旬。穀穗方穎。忽見一科。高出衆稻之上。實已堅好。因收藏其種。待來年驗其成熟之早否。明歲六月時。此種果先熟。從此生生不已。歲取千百。四十餘年以來。內膳所進。皆此米也。其米色微紅而粒長。氣香而味腴。以其生自苑田。故名御稻米。一歲兩種。亦能成兩熟。口外種稻。至白露以後。數天不能成熟。惟此種可以白露前收割。故山莊稻田所收。每歲避暑用之。尚有贏餘。曾頒給其種與江浙督撫織造。令民間種之。聞兩省頗有此米。惜未廣也。南方氣暖。其熟必早於北地。當夏秋之交。麥禾不接。得此早稻。利民非小。若更一歲兩種。則畝有倍石之收。將來盖藏。漸可充實矣。昔宋仁宗聞占城有早熟稻。遣使由福建而往。以珍物易其禾種。給江淮兩浙。即今南方所謂黑穀米也。粒細而性硬。又結實甚稀。故種者絕少。今御稻不待遠求。生於禁苑。與古之雀銜天雨者無異。朕每飯時。嘗願與天下羣黎共此嘉穀也。

雍正五年。

上諭。農事者。帝王所以承天養人。久安長治之本也。近年以來。



各處皆有收成。其被水歉收者。不過州縣數處耳。而米價遂覺漸貴。良由地土之所產如舊。而民間之食指愈多。所入不足以供所出。是以米少而價昂。此亦理勢之必然者也。各省地土。其不可以種植五穀之處。則不妨種他物以取利。其可以種植五穀之處。則當視之如寶。勤加墾治。樹藝菽粟。惟在良有司懃懃懇懇。諄切勸諭。俾小民豁然醒悟。知稼穡為身命之所關。非此不能生活。而其他皆不足恃。則羣情踴躍。不待督課而皆盡力於南畝矣。朕聞江南江西湖廣粵東數省。有一歲再熟之稻。風土如此。而仍至於乏食者。是地土之力有餘。而播植之功不足。豈非小民習於怠惰。而有司之化導者有未至耶。或者曰。米穀太多。則價賤而難於糶賣。昔人有穀賤傷農之說。諺語所謂熟荒者。此則不必過慮。假若小民勤於耕作。收穫豐盈。致於價賤而難於出糶。朕必多發官價以糴買之。使重農務本之良民獲利而有餘也。朕為天下生民主。惟有敬慎寶重。仰冀天心默佑。雨暘時若。歲獲有秋。俾小民家有盖藏。人歌樂土。朕既為億萬生民計。不敢輕忽天貺。爾等紳衿百姓。獨不自為一身一家之計乎。

雍正八年。

上諭。據直隸地方文武官員報雨奏摺稱今年三月。及四月初旬。雨次得雨。今於四月二十四日。又得時雨。四野霑足。二麥茂盛。秋穀皆可播種等語。據此則四月以前。竟有未種之田可知矣。夫農事貴乎及時。二月土膏初動。三月即爲播種之期。況已得雨二次。何以遲延觀望直待四月下旬。方始播種。倘小民怠惰偷安。爲民父母者則當開導勸課。使之踴躍趨事於南畝。又或籽種牛力稍有不敷。則當留心體察。設法相助。不使有後時之歎。即以今歲論之。若從前三月得雨之時。即爭先播種。則目今又得甘霖。豈不更爲優渥。況雨澤之遲早有無。非人力所能預料。今蒙上天再賜甘霖。得以乘時播種。實屬萬民之厚幸。假若霖雨愆期。徬徨觀望。則從前之怠惰遲延。豈非小民自誤生計。自荒恒產耶。西北寒冷之鄉。布穀或不宜太早。若畿輔可以早種之地。又當甘雨既零之時。而乃袖手逍遙以待時雨之再沛。不亦愚昧之甚乎。況北直地方。春夏之交。常稽雨澤。豈可視甘澍爲等閒。不及時努力。致虛上天之賜乎。此皆愚民習於懶惰。而地方有司。又不以民事爲念。漠然不加董率之故。著該督撫傳朕諭旨。通行申飭。倘再有牧民之官。輕視農事。不實心化導。任百姓之悠悠忽忽。有誤播種之期者。必從重議處。



乾隆六年

上諭。江南水災之後。幸冬間地畝。涸出者多。明春耕種。刻不容緩。然非耕牛則農功不能興舉。著該督撫飭令有司勸諭災民愛護牛隻。倘有圖一時之利。輕鬻耕牛者。即行懲治。勿得以爲民間細事。淡漠置之。

仁宗御製民生在勤詩。春耕一首云。拮据煩手足。胼胝忘艱辛。鳴鳩日催種。努力隴頭人。

仁宗御製穀日聯句詩註云。孟子言春省耕而補不足。秋省斂而助不給。蓋王政惟農是務。一游一豫。無非所以爲民。予每歲肅舉謁陵行獮之典。固將以抒孺慕而修武經。然春巡秋畋。實隱寓省耕省斂之旨。故凡蹕途所經。見有關於耕斂者。無不載之篇章。以誌吾民之勤苦。皆以民爲邦本。食爲民天。惟耕耘收穫之必時。斯草宅禽饗之無慮。

按易本義云。勞民者以君養民。勸相者使民相養。然古帝王多言勸課。而早稻之令。猶未之前聞。我朝列聖相承。勸農重穀。太祖高皇帝肇基東土。

詔重力田。開國規模。已與於此。
太宗文皇帝嘗
諭戶部曰。昨歲春寒。耕種失時。以致乏穀。今歲雖復春寒。
然三陽伊始。農時不可失也。宜早勸播種而加耕
治焉。
世祖章皇帝定鼎之始。即有
詔勸耕。又於八年二月。
特諭給還圈地民田。令乘時得耕種。
聖祖仁皇帝得六月早熟之稻。驗其可以一歲兩熟也。
須種於江浙兩省蓺之。此爲東南有早稻之始。



世宗憲皇帝通諭勸農。宜以三月播種。又以江南諸省多
再熟之稻。而仍乏食。知其播種之功不足。於是有
諭飭勸加樹藝之令。
高宗純皇帝以三農九穀。各得其宜。望杏瞻蒲。無失其候。
於是有
命纂授時通考之令。
仁宗睿皇帝御製仲春熙春園省耕。即景詩。一則曰播種
趁嘉澤。再則曰生機茁新碧。其時計在二月。已見
新苗。益以稽事率天下。先早莫早於此矣。今
皇上周知稼穡。率育烝黎。以

列祖之心爲心。以萬民之事爲事。伏讀
御製詩。嘗於麥雨稻風一篇。三致意焉。則
苑田之兼種麥稻。同時皆熟。又可知矣。語有之曰。上
有好者。下必有甚焉。
聖人之愛民如此。彼耕而食者。豈猶待於勸而興乎。然
善政首在養民。而小民難與圖始。且令甲所布。
金匱所藏。又非閭閻所能盡讀。茲恭錄
詔令於首卷。以媲堯典人時之授。以仿周頌暮春之咨。仰
見輔相裁成。實有補古聖明農所未備者。且使吾
民家喻戶曉。皆知



朝廷勸耕務本。無不多其方以爲之謀。必有防旋圖
豐。相勉於早耕早種爲得計者。豈不休哉。

春耕以順天時

書。平秩東作。傳云。歲起於東而始就耕。謂之東作。東方之官。平均次序東作之事。以務農也。

管子云。春出原農事之不本者。謂之游。注。原察也。農事不依本務。當原察之。

又云。建時功。施生穀。注謂及時立農功。施力為生穀。凡此皆春令。

又云。正月令農始作。服於公田。農耕及雪釋。耕始焉。

吳越春秋云。春種八穀。夏長而養。秋成而聚。冬畜而藏。

漢書元帝紀云。建昭五年三月詔。方春農桑興。是月勞農勸民。無使後時。



後漢書明帝紀云。永平三年正月詔曰。夫春者歲之始也。始得其正。則三時有成。有司其勉順時氣。勸督農桑。

漢書食貨志云。春令民畢出在野。

說文云。辰者。農之時也。故農字從辰田。候也。辰。震也。三月陽氣動。雷電振。民農時也。物皆生。

四民月令云。三月桃花盛。人候時而種也。

齊民要術云。春候地氣始通。椓橛木長尺二寸。埋尺見其二寸。立春後。土塊散上。没橛。陳根可拔。此時二十日以後。和氣去。即土剛。以此時耕。一而當四。和氣去耕。四不當一。

呂氏春秋云。黃帝曰。凡稼早者先時。暮者不及時。冬至以後五旬有七日而菖生。於是乎始耕。事得時之禾。長稠而穗大。本而莖殺。疏機而穗大。其粟圓而薄糠。其米多沃而食之彊。得時之稻。大本而莖葆。長稠疏機。穗如馬尾。大粒無芒。摶米而薄糠。春之易。而食之香。

說苑云。主春者張。昏而中。可以種穀。

農政全書云。二月初二日。東作興。俗謂之上工日。田家僱傭工之人。此日乃執役之始。故名曰上工。

荆楚歲時記。春分日有鳥。如烏先雞而鳴。架架格格。民聞此鳥。則入田以為候。



朱子勸民印榜云。一秋間收成之後。須趁冬月以前。將田段一例犁翻。正月以後。更多著遍數。節次犁耙。然後布種。一耕田之後。春間須是揀選肥好田段。多用糞壅。拌和種子。種出秧苗。一秧苗既長。便須及時趁早栽插。莫令遲緩。過却時節。

又云。今來春氣已中。土膏脈起。正是耕農時節。不可遲緩。仰諸父老教訓子弟。遞相勸率。浸種下秧。深耕淺種。趨時早者。所得亦早。用力多者。所收亦多。毋致因循自取饑餓。

農政全書云。東作既興。早起夜眠。春間最爲緊要。古語
云。一年之計在春。一日之計在寅。
區田農語云。孟子言不違農時。以春耕爲第一義。春耕
之始。必在雨水節前。豳風三之日于耜。于字作在字解。
言正月中無日不與耜爲緣。則身在耜也。四之日舉趾。
言撮種入土。以足躡之。使種與土相親也。呂覽云。冬至
後五旬七日。菖始生。于是乎始耕。呂是秦人。即西周最
寒之地。尚知古法。于立春後十二日爲耕田之始。所以
然者。坤元之德。翕極而闢。當其立春。迎日之陽。而土中
陽和之氣。勃勃欲升。上下四旁之土。膏。穀種皆得吸而



受之。以供其生長之用。是耕之最得力者。在此時也。
授時通考云。月令孟春之月。天地和同。草木萌動。注云。此
陽氣蒸達。可耕之候。農書曰。土長冒橛。陳根可拔。耕者
急發。
尹會一農桑四務疏云。一天時之宜乘也。凡物之生長。
必有其候。故農時以勿違爲先。而力田以早種爲主。蓋
早種則先得土氣。根株深固。發生必盛。收成必倍。今豫
省百姓。罔知節候。往往有時宜播種而未舉耜者。有宜
耘耔而始播種者。既失天時。遂違物性。臣查種麥之期。
務在白露十日之後。種高粱當臨清明節。種早穀當穀

雨節。按時下種。不可遲緩。應令地方官刊刻告示。遍戶
曉諭。
按古者春事既起。丁壯就功。魏文侯所謂春以力
耕。班固所謂春令民畢出在野者此也。蓋古法治
田。無出三月。孟獻子曰。啟蟄而郊。郊而後耕。夏小
正曰。初歲祭耒。農率均田。呂氏春秋曰。太蔟之月。
草木繁動。令農發土。無或失時。此言正月耕也。管
子曰。小卯出耕。齊民要術曰。二月冰解。燒而耕之。
此言二月耕也。若夫穀雨生穀。見於緯書。霜止出
秧。見於農說。田農要月。則宋書言之。候時而種。則



崔寔志之。蓋春氣盛而草木生。見生而藝生。故至
三月之時必可種矣。吾閩農家頗勤。每於驚蟄後
耙田。猶得啟蟄而耕之意。五方風土各異。耕田遲
早深淺。法亦不同。今江南歲必四月而耕。五月而
種。耕既晚矣。種亦遂遲。或云吳中地寒。非入夏不
可以耕且種。然豳風言三之日于耜。爲夏正之正
月。已無日不與耜相親。又云四之日舉趾。爲夏正
之二月。已無日不舉足而耕。豳地苦寒且然。況南
中固甚暖者乎。善夫仲長子之言曰。天爲之時。而
我不農。穀亦不可得而取之。青春至焉。時雨降焉。

始之耕田終之簠簋惰者釜之勤者鍾之淮南子亦云禾稼春生人必加功五穀遂長是必早爲之計而非可待其自生也今宜循用古法春至即耕但能早耕自能早種農功第一義莫先於此余故曰春耕以順天時



早種以因地利

管子云日至六十日而陽凍釋七十日而陰凍釋陰凍釋而蓺稷

崔寔四民月令云正月地氣上騰土長冒橛陳根可拔急菑強土黑壚之田二月陰凍畢澤可菑美田緩土及河渚水處三月杏華勝可菑沙白輕土之田

齊民要術云凡穀成熟有早晚（早熟者苗短而收多晚熟者苗長而收少）地勢有良薄（良田宜種晚薄田宜種早良田非獨宜晚早亦無害薄田宜早晚必不成實也）順天時量地利則用力少而成功多凡種穀雨前爲佳凡田欲早晚相雜（防歲道有所宜）有閏之歲節氣近後宜晚田然大率欲早早田倍多於晚（早穀皮薄米實而多晚穀皮厚米虛而少也）



氾勝之書云耕之本在於趣時和土務糞澤早鋤穫春凍解地氣始通土一和解

杜預曰水去之後填淤之田畝收數鍾至春大種五穀五穀必豐

賈思勰云二月冰解地乾燒而耕之仍即下水塊既散液持木斫平之納種既生七八寸拔而栽之（按此說本指北土隈曲之田而言今南方耕而下水耙而平田及下種生苗拔秧插秧之法悉本於此）

方慤月令註云以人言之曰農以地言之曰田人事與然後地事成故先言布農事後言田事既飭

按萬物因時受氣。因氣發生。春之氣發夫地者也。陳旉農書有云。發其生者。與其晚也。寧早則早種為急矣。氾勝之書曰。春凍解。地氣始通。春氣未通。則土歷適不保澤。終歲不宜稼。非糞不解。慎無早耕。須草生至可種時。有雨即種。土相親。苗獨生。草穢爛。皆成良田。此一耕而當五也。馬一龍農說曰。知力為上。知土次之。知其所宜。用其不可棄知其所宜。避其不可為力。足以勝天矣。今江南為古揚州地。厥土塗泥。厥田下下。近年冬春多雨雪。積水輒數月難消。將不種麥。則地有所棄。麥雖種矣。而



旣傷且萎。則不可以為力。於是早種之法。又非早稻不為功。或言土性不宜。未可強播種。然余嘗見農政全書有云。五地十二壤。周官舊法。此可通變用之。若謂土地所宜。一定不易。此則必無之理。今若試行早種。則土無使曠。有種者必有收。所謂用其不可棄。下濕之地。不可以麥者。可以稻。所謂避其不可為力。地氣通而春澤沃之。早穫成而晚稼繼之。多種多收。穀可勝食乎。余故曰早種以因地利。

早稻原始

毛詩註云。先種曰稙。後種曰穉。按廣韻云。稙早種禾也。穉晚禾也。宋食貨志云。大中祥符四年。帝以江淮兩浙稍旱即水田不登。遣使就福建取占城稻三萬斛。分給三路為種。擇民田高仰者蒔之。蓋早稻也。內出種法。命轉運使揭榜示民。後又種於玉宸殿。帝與近臣同觀畢刈。又遣內使持於朝堂示百官。稻比中國者。穗長而無芒。粒差小。不擇地而生。按眞宗聞占城稻耐旱。求其種得二十石。至今在處播之。徐炬曰。即今尖頭黃秈者。爾雅翼云。秈比於秔小而尤不黏。其種甚早。今人號秈為早稻。秔為晚稻。又今江浙間有稻粒稍細。耐水旱而



成實早。作飯差硬。土人謂之占城稻。云始自占城國。有此種。昔眞宗知其耐旱。遣以珍寶求其種。始植於後苑。後在處播之。按國朝會要。大中祥符五年。遣使福建取占城禾。分給江淮兩浙漕。并出種法。令擇民田之高者。分給種之。則在前矣。黃省曾理生玉鏡云。六旬稻。一名拖犁歸。粒小色白。四月種。六月熟。又有八十日稻。百日赤。毘陵亦有六十日秈。八十日秈。百日秈之品。又云。其粒小而色白。四月而種。六月而熟。謂之六十日稻。又遲者謂之八十日稻。又遲者謂之百日赤。而毘陵

小稻之種。亦有六十日秈。八十日秈。百日秈之品。而皆自占城來。實耐水旱而成實。作飯則差硬。宋氏使占城珍寶易之。以給於民者。在太平六十日秈。謂之拖犁歸。有赤紅秈。有百日秈。其白稃而無芒。或七月或八月而熟。其味白淡而紅甘。在閩無芒而粒細。有六十日可獲者。有百日可穫者。皆曰占城稻。其已刈而根復發苗再實者。謂之再熟稻。亦謂之再撩。其在湖州。一穗而三百餘粒者。謂之三穗子。

郭義恭廣志云。南方有蟬鳴稻。七月熟。有蓋下白稻。正月種。五月穫。其莖根復生。九月復熟。青芋稻六月熟。果



子稻。白漠稻。七月熟。此三稻大而且長。

本草綱目云。秔乃穀稻之總名也。有早中晚三收。秈似秔而粒小。始自閩人得種於占城國。其熟最早。六七月可收。品類亦多。

聖祖御製幾暇格物編云。早御稻米色微紅。較長。味甘香。六月早熟。

皇朝通志云。豐澤園中有水田數區。布玉田穀種。至九月始刈穫登場。我

聖祖仁皇帝軫念民依。幾餘省稼。一日循行阡陌。時方六月下旬。穀穗方穎。忽見一科高出衆稻之上。實已堅好。因收藏其種。

命待來歲驗其成熟早否。至期果先熟。從此生生不已。歲取千百。以其生自

苑田。故

賜名御稻。並頒給其種於江浙督撫。令民間種之。今廣被炎方。一歲兩熟。實爲天降嘉種。謹誌於此。

欽定廣羣芳譜云。穀之紅白大小不同。其類爲蓋下白。正月種。五月刈。其莖根復生。九月再熟。理生玉鏡云。一名再熟稻。又謂之再撩。麥爭場。三月種。六月熟。此種早熟。農人甚賴其利。食新者爭市之。價倍貴。青芋稻。六月熟。累子稻。白漠稻。七月熟。此三種出益州。大而長米半寸。亦嘉種也。三朝齊。一名下馬看秀



最易

月令輯要云。秔稻六七月收者爲早秔。八九月收者爲遲秔。十月收者爲晚秔。

按說文穀續也。先種之稙。後種之穉。其有相續之義乎。詩有秬秠穈芑。鄭箋謂后稷以天爲已下此四穀之故。則徧種之尚無所謂早晚種之分。至唐人始以早稻入詩。亦不知其種之何所始。宋眞宗遣使求稻種於占城。始由福建分給兩浙江淮。至今徧天下矣。然我

朝康熙中。

豐澤園之御稻米。有一科六月早熟者。自是收而種之。生生無窮。烏喇之白粟。始生樹孔中。播之既蕃。種亦先時而熟。天降嘉種。則又今所有而古所無也。夫五穀不分。儒者恥之。鹵莽而種。封人戒焉。服田者不知穀品之源流。飽飯者不識盤飧之辛苦。殆由習焉而不察耳。余故考其原始。而先以早熟者著於篇。



早稻之時

說文。春分而禾生。

淮南子云。春分播穀。二月官倉。六月官少內。註云。二月播種。故官倉也。六月稙稼成熟。故官少內也。

齊民要術云。二月三月種者。爲稙禾。四月五月種者。爲稺禾。二月上旬。及麻菩楊生種者。爲上時。三月上旬。及清明節桃始花。爲中時。四月上旬。及棗葉生桑花落。爲下時。

又云。凡種下田。二月半種稻。爲上時。三月爲中時。四月初及半爲下時。按此書水稻篇云。三月種者爲上時。四月上旬爲中時。中旬爲下時。又與此異。



又云。三月可種秔稻。四民月令亦有此語。四月種秫稻。

氾勝之書云。冬至後一百一十日可種稻。

又云。種禾無期。因地爲時。三月榆莢時雨。高地強可種禾。

祛疑說云。農家以霜降前一日見霜。則清明前一日霜止。霜降後一日見霜。則清明後一日霜止。五日十日而往。前後同占。欲出秧苗。必待霜止。每歲推驗。若合符節。按授時通考云。諺云。清明斷雪。穀雨斷霜。言天氣之常。

農桑通訣云。南方水地多種稻秫。早禾則宜早收。六月七月。則收早禾。其餘則至八月九月。

日詢手鏡云。橫之農。按橫州今隸廣西南寧府。每歲二月。布種畢。以牛耕田。令熟。秧二三寸。即插於田。更不復顧。遇無水。方往決灌。畧不施耘盪鋤之工。惟薅草一度而已。勤者再之。至六月皆已穫。

欽定授時通考云。三月栽種早稻。宜上旬。

又授時之圖云。正月修農具。糞地耕地。二月種秧浸稻種。三月種稻。四月秧早稻。五月秧晚稻。六月熇稻薅稻。七月刈早稻。十月收稻。

嘉定縣志云。五月朔旦。爲早禾本命日。尤忌雨。

元劉詵秧老歌。三月四月江南村。村村插秧無朝昏。江南三月插秧。始見於此。又按周庾信詩。六月蟬鳴稻。唐白居易詩。綠科秧早稻。春泥秧稻暖。宋蘇軾詩。種稻淸明前。皆早稻之入詩者。

吳門事類曰。吳俗以春分節後種。大暑節後刈者爲早稻。芒種節後及夏至節種。白露節後刈者爲中稻。夏至節後十日內種。至寒露節後刈者爲晚稻。若過夏至後十日。雖種不生矣。按江南舊俗。本以春分節後種早稻。始見於此。考明嘉靖戊申太倉州志。已引此書。可見早稻宜於二月。早種由來久矣。

月令輯要云。四月初四日。爲稻熟日。喜晴。

按凡物樹藝。皆有時。况百產之物。稻爲貴乎。農桑通訣云。先時而種。則失之太早而不生。後時而藝。



則失之太晚而不成。知時不先。終歲僕僕。時其可違乎。考古書無言早稻。而早藝早收之候。猶時時見於他說。管子云。東方曰星。其時曰春。耕芸樹藝。南方曰日。其時曰夏。五穀百果乃登。春藝夏登。蓋自古有其種矣。余謂說文之言。春分禾生。淮南子之言。二月播穀。此即早稻下種時也。氾勝之言。冬至後一百一十日。可種稻。賈思勰論種水稻。有上時中時下時。此即早稻分蒔時也。六月穜稼成熟。見於淮南子。四月有稻熟日。見於月令輯要。此即早稻成熟時也。至於齊民要術所云。二月三月種稙禾。四月五月種穉禾。四民月令所云。三月種秔稻。四月種秫稻。農桑通訣所云。六月七月收早禾。其餘則至八月九月。又可見早晚二稻之殊。時候區以別矣。余見吾閩自福州以南諸郡。藝種早稻。皆在淸明以後。穀雨以前。粵西常暖之田。多於春分前後播種。若山深水寒之地。遲至三月蒔插。無不生者。伏讀

國朝授時通考一書。最便民用。其尤簡明者。在十二月授時之圖。所云二月種秧。三月種稻。參之古法今法。無所不同。尤得南北適中之宜。可以補月令

矣。若夫江南三月插秧。見於劉詵之詩。春分節後種稻。見於吳門事類。此則相傳舊俗。爲吳下田家志所未載者。必皆此邦父老所周知也。何以勸之。曰。時哉弗可失。



早稻之法

農書云。南方水稻有三。曰秈。曰秔。曰稬。按農桑通訣云。早熟曰秈。晚熟曰秔。早晚適中曰稬。三者布種同時。每歲收種。取其熟好堅栗無秕。不雜穀子。曬乾蔀藏。置高爽處。至清明節取出。以盆盎浸三日。漉出。納草篅中。晴則暴暖。浥以水。日三數。遇陰寒則浥以溫湯。候芽白齊透。然後下種。須先擇美田耕治令熟。泥沃而水清。以既芽之穀漫撒。稀稠得所。田家五行云。早稻宜用下田。齊民要術曰。凡下田停水處。燥則堅垎。溼則汙泥。難治而易荒。墝埆而殺種。如水潦不得種。九月一轉。至春種稻。萬不失一。凡種下田不問秋夏。候水盡地白背時。速耕耙勞。頻翻令熟。二月半種稻爲上時。三月爲中時。四月初及半爲下時。漬種令開口。耬耩掩種之。卽再遍勞。苗長三寸。耙勞而鋤之。鋤欲速。每經一雨。輒耙勞。苗高尺許。則冒雨薅之。科大如概者。五六月中霖雨時。拔而栽之。入七月不復任栽。今閩中有占城種。卽黃秈也。性耐旱。高仰處皆宜種。謂之旱占。其米粒大而且甘。早種早熟。六十日卽可穫。爲旱稻佳種。北方水源頗少。惟陸地霑溼處種稻。其耕鋤薅拔。一如前法。又云。浸種宜甲戌。壬午。壬辰。成開日。早稻清明節前浸。

晚稻穀雨前後浸。用稻草包裹一斗。或二三斗。投於池塘水內。缸內亦可。晝浸夜收。不用長流水。難得生芽。若未出。用草盦之。浸三四日。微見白芽如鍼尖大。取出於陰處陰乾。密撒田內。候八九日秧青。放水浸之。稉稻出芽較遲。浸八九日。如前微見白芽。方可種。撒時必晴明。則苗易竪。亦須看潮候。二三日復撒稻草灰于上。易生根。

天工開物云。凡早稻種。秋初收藏。當午曬時。烈日火氣在內。入倉廩中關閉太急。則其穀黏帶暑氣。（勤農之家偏受此患）明年田有糞肥。土脉發燒。東南風助暖。則盡發炎火。大壞苗穗。此一災也。若種穀晚涼入廩。或冬至數九天收貯雪水冰水一甕。（交春即不驗）清明溼種時。每石以數碗激灑。立解暑氣。則任從東南風暖。此苗清秀異常矣。

又云。凡苗自函活以及頴栗。早者食水三斗。晚者食水五斗。失水即枯。

又云。插秧庚午。辛未。癸酉。丙子。己卯。壬午。癸未。甲申。甲午。己亥。庚子。癸卯。甲辰。丙午。戊申。己酉。己未。辛酉。成。收。開日插之。早稻宜上旬。拔秧時輕手拔出。就水洗根去泥。約八九十根作一小束。卻于犁熟水田內插栽。每四五根爲一叢。約離六七寸插一叢。脚不宜頻那。舒手只插六叢。卻那一遍。再插六叢。再那一遍。逐漸插去。務要整直。



賓州志稿云。凡糞田以猪糞灰糞爲正。近有用土豆餅者。尤勝。插早禾者多用之。涼水田用石灰及草灰。（天工開物云。南方磨菉豆粉者。取漿灌田肥甚。豆賤之時。撒黃豆於田。一粒爛土方三寸。得穀之息倍焉。土性帶冷漿者。宜骨灰蘸秧根。石灰淹苗足。向陽暖土不宜也。州人正用此法）

陶朱公書。早稻清明前。晚稻穀雨後。稻種須要揀去粒長而色紅者。以河水浸瓦器內。晝浸夜收。芽長二三分許。抖鬆。撒于田中。撒時須候晴明天氣。蓋稻草灰於上。隨用大糞澆之。農書云。以雪水浸種。倍收且不生蟲。

欽定農政全書云。雨水節燒乾鑊。以稉稻爆之。謂之孛婁花。占稻色。自早禾至晚稻皆爆一握。各以器列比並。分數斷高下。以番白多爲勝。

按農家者流古書本少。雖有傳者。或詳於北土而略於南方。或詳於黍麥而略於秔稻。齊民要術有種稻法。王楨有稻論。皆言晚稻事。而早稻闕如也。惟農桑通訣有云。北方禾黍其收頗晚。而稻熟宜早。南方稻秫其收多遲。而陸禾亦宜早。（按陸禾即早稻也）通變之道。宜審行之。農政全書有論占城稻種法云。種法大率如種麥。治地畢。豫浸一宿。然後打潭下子用稻草灰和水澆之每鋤草一次澆糞水一次至於三即秀矣是爲種旱稻之法而語不盡詳焉言江南農事者王禎謂耕耙既熟放水擲種候苗生五六寸拔而秧之江南皆用此法又云農家收穫當及時江南上雨下水收稻必用喬扦笐架乃不遺失元扈先生曰吾鄉人多種吉貝芒種以前甚無暇夏至前方插蒔亦有過夏至者用種不得不多有小暑後插蒔而用種如常則先種麻燈心蓆草之屬故也是雖吳中相沿舊説然春耕之法廢耘耔之力疏過夏至而插秧種費耗既多逾



十月而穫雨水損傷尤甚今人之所苦皆昔人之所已憂歲止一收遲且如此鹵莽滅裂無乃太康今欲勸以種早稻之宜不可不先告以種早稻之法余閩人也頗知吾閩早稻事及在粵西治思恩府率民興水利廣闢墾始知郡中之無早稻也新開田於東江之上試種早稻以勸其民日於耕耘糞種收刈之宜講求而區畫之是年兩熟民樂從焉嘗錄其要者於自輯之思恩勸農書即種法也去年七八月間在所部視防湖河日登昭關壩往來田間與田夫野老相勞問參以下河一切種法

各有不相同而實相同者蓋覩古者氾勝之崔寔賈思勰陳旉諸家樹藝之言似尚切於時用焉今分列其法如左將與江南父老擇而行之語曰通其變使民不倦神而明之存乎其人姑以此篇爲木鐸之徇也可

福建種早晚兩熟稻之法

福建早稻有十數種省城附郭所種有曰六十日黃有曰劉崎早有曰乾厘早有曰珠早有曰莽早餘尚不能悉數而總名之曰六月早閩清縣亦多六月早一曰大粒黃一曰柳早一曰葉下馱又統



呼之曰閩清早（吾郡各邑皆有惟舉其土產早稻最多者言之）田之已種麥者曰麥地未種麥者曰白地留以種秧者曰秧田（古田閩清各縣謂之秧迹田）大抵家有十畝之地以半畝爲秧田（農政全書云秧田一畝所生秧供移栽二十五畝約與此合古今畝有不同也）先於立春之十五日前或十日前將田中稻根殘藁剗割務盡（周禮稻人注揚去前年所芟之草而治田種稻正與此合）田土曬乾於是始犁每畝之土翻作二百餘堆乃用火化之法每堆以一束乾草重六七斤者雜樹葉禾槀及土燒之（周禮薙人欲其化也則以水火變之農書謂始春耕治之土暖苗易發作皆合此意）驚蟄節後再犁放水入田水土既浹以䟐耙縱橫耙

之。跋耙（即人字耙。齊民要術所謂耙頭不時跋足者此也。）下種有期。又犁又耙。犁耙熟矣。繼以水踏。摩田使平。（水踏一名草蹅。與農器圖之平板相似。秧田用之平泥最妙。又有木𥗉礡稻田亦可同用。）此時水不宜多。僅濕土面寸許而已。秧田既平。約爲春分節先春分三日浸稻種於木槽。去其浮秕者。一畝約穀五六斤。浸水一宿。移貯竹籃。先以濕湯和水一石澆沃。旋以稻草或蓑衣罨蓋之。次日又以井水淋之。每日二次。又次日澆水如前法。啟而視之。暖氣坌然。或已見穀芽。或將見穀芽。俱移置大竹籮。芽短及未茁者在中。芽長者環其外。復盦一宿。以水淋之。即



以是日春分撒於秧田。計自浸種至下田前後僅四日也。（聞江北浸種八九日始可撒。江南亦須五六日。當由天氣不同。）善撒種者以竹箕盛穀芽夾於腋下。就田撒之。四周停勻。不宜稍有稠稀厚薄。是日必覘風定布撒。蓄水只四五分。穀種方不浮泛。立標縛草人鷹偶。防鳥雀之啄秧者。每日至田周巡。俟五六日見秧針。勿爲水多所沒。秧長一寸。即當添水養之。撒播半月以後爲清明節。秧莖漸茁。秧色漸青。天暖氣和。秧即易發。亦有欲其速長者。以糞一桶和水三桶調之勻滑。用木杓勻潑。便可速成。總之清明後十五日至

穀雨節。宜分秧插秧。極遲者不得過立夏。（分秧插秧。穀雨前後三日皆可。）凡稻田之不種麥者。先期於立春前犁田燒田。春分後耙田。時不可失。穀雨將至。再加犁耙各一次。必使勻熟。然後用糞一次。田面之凹凸者。用躐地錐平之。（躐地推以木爲之。制如古者田盪法。）以待插秧。拔秧之時。切宜輕手拔得。一把即以草束之。計一把可分二十餘叢。每秧一叢。相去七寸。中間留有耘田之路。以便人行。善插秧者隨手分栽。無不正直。插秧後十餘日或二十日。秧苗已活。減放田水。耘田一次。謂之耰草。（淮南子深耕而熟耰之。即此意。）耰草既淨。用糞一



次。若種晚稻。即在此時拔秧插入。謂之黍稆。又半月耘一次。是時田中但無缺水。只候芒種後夏至前揚花結實而已。（芒種後一二日開花。謂之灌欄。前後數日皆與風。至夏至花秀即成穗矣。）早稻之早者五月下旬已熟。次者小暑半收。大暑全收。俗有小暑小食大暑大食之諺。而六月早稻之功畢矣。若麥地又種早晚稻者。大麥三月下旬始穫。小麥四月上旬始穫。其栽秧比之白地只遲半月。先期宜於三月上旬浸種。三十日而秧齊。新麥既收。急即糞田一次。犁耙各一次。四月上旬前後總可插秧。大暑後立秋前亦穫稻矣。其晚稻豫先寄插者。仍於

霜降後照常黃熟。並不相妨也。此田歲共三熟。然十畝之中止有三畝可以如此。以工本稍費。故為之者稀耳。早稻自下種至收穫。共止九十日。計秧在田三十日。稻在田六十日也。又六月早穫。別有一種遲至清明下種。立夏插秧。栽插耕耘工夫皆遲十數日。其行間續插晚稻。不過小滿節至秋分節。亦能吐花。霜降後又登熟矣。

晚稻曰黃秙。向於春分後十餘日浸種。又半月。早稻已耘已糞。晚稻即於此時參插早稻之隙。謂之參稴。六月早稻既刈。晚稻已高一尺或六七寸。名曰稴子。旬日之間。勃然速長。約過四五日。即用鋤掘起禾稾。推草一併入泥。以壅稻根。謂之推稴。立秋後處暑前耘一次。糞一次。田塍有草亦盡薙之。勿使害苗。白露後又耘一次。至秋分稻已花。水足於田。農已無事。又一月近霜降。盡決田間積水。使田泥速乾。收穫有期。不數日已全熟矣。

廣西思恩府初種早稻之法

思恩有早稻。一曰夏至禾。一曰六禾。夏至禾以三月種。六月熟。六禾以四月種。七月熟。故欲種兩收者。六禾不如夏至禾。其稻一種而異名。遷江縣謂



之早禾。賓州上林縣皆謂之夏至早。惟武緣縣謂之餱番。以歲種可兩番熟也。郡屬惟賓州多種之。上林有近賓州界者。為巷賢三團。亦僅十餘年來始習其法。惜尚未廣。若郡中與武緣遷江及十二土州縣司之地。則猶皆未之有聞。余親於郡南之江上大開水田。試種早稻。求是種而栽焉。蓋自道光八年始。自是郡中既得再熟。種者漸多。因手記其蒔蓺之法。頒遠近鄉農。以為式焉。其法宜於前一歲十月翻犂。用賓州犂冬法。稻根已化。土氣內蘊。地可使肥。其年正月鋤草。再犂。火以化之。耕耙極熟。放水糞田。春分前期。乃浸穀種。三日之後。撒於秧田。一面犂治稻田。以新治水車取水灌注。水與土浹。再三耙之。計將穀雨。秧長六七寸。拔取成束。隨手分栽。每叢相去七寸。不疎不密。俗謂之耙插者是也。插後十日秧活。便耘一次。俗謂之踩田。推泥去草。次第加糞。如是者二三次。總以不見一莖草為度。芒種後稻花漸吐。未夏至而薿齊田中。此時不可失水。一過小暑。便可成熟。此一造也。先茲夏至禾在田。晚禾秧種已茁。六月早稻既穫。急治其田。稻稿禾根。翻而埋之泥中。大助培壅。於是

接栽晚稻一切種法與早稻同秋分含苞及霜降後大熟又可收割俗謂之二苗此兩造也粵中田事苟簡農不習勞邊人舊法拘墟早種又不常見余作事謀始日與農夫講問於田課人力占天時惟擇其所可用餘皆參考成法及他省農功之簡便者躬自指示而作興之隨時纖屑事宜不能備述但摭其簡要者如此俾郡人久遠可行焉

江北上下河高郵各州縣種早稻中稻之法早稻常種者有三種一曰四十子一曰秋前五米色俱微紅一曰拖犁歸微有芒刺三者均四十日



子爲上種秋前五次之拖犁歸又次之農家多種四十子稻以其易熟而米多也每歲清明節浸稻種三日後或缸或桶別爲盛貯再以可蓋之物蓋之勿令走氣俟八九日後稻種發芽即撒布於秧田約及一月秧長六七寸時近小滿節水田耕治已畢乃拔秧而分栽之未交芒種以前上下河之田無不蒔插者約過四十餘日至小暑後大暑前稻已成熟可穫至遲不過立秋前後惟江北地氣冷於江南如有浸種過早而天氣尚寒者稻種未下秧田可以簹爲保護如秧已下田爲驟寒凍損



者即當改種五十日子或六十日子相時補種皆有收也

次早稻亦有二種一曰五十日子一曰六十日子凡浸種撒種拔秧插秧悉如前法惟較之四十子稻遞遲十日耳五十子稻以清明後十日浸種立秋後十日可穫六十子稻以清明後二十日浸種立秋後二十日可穫俗所謂中禾稻者此也

按浙東溫州台州等府及江西袁州臨江等府早稻既種旋以晚稻參插其間能先後成兩熟其種法與福建同又聞兩湖之間早晚兩收者以三四五月爲一熟六七八月爲一熟必俟早稻刈後始種晚稻安徽桐城盧江等縣亦然其種法與廣東廣西同但事非目睹躬親不欲據傳聞之詞以爲準附識於此以諗夫老於農者

各省旱稻之種（稻品最多，不可枚舉，今惟採其早種早收者）

安徽懷寧縣志云：秈稻種遲早不一，其名甚多。用有宜早稻者，秋前收，仍種晚禾；有宜遲稻，七月登場者，有八月九月登場者，大約百日內熟。

安徽歙縣志云：稻有早歸生，六月成；有交秋稉，七月成。

安徽來安縣志云：秈稻種不一，有黃瓜秈者，係祁令帶至，散給邑農，早熟，色白粒小，一名祁公早。（按祁令名文瀚，康熙間任）

安徽貴池縣志云：土宜秔，其名有六十日白、六十日紅、八十日白、下馬早、下馬看、救公饑。

安徽太平府志云：有六十日稻，俗稱拖犁歸。



安徽巢縣志云：有百日秈、六十日秈。

浙江秀水縣志云：秔有早白稻、早稻、六十日稻、再熟稻、靠籬望、救公饑。

浙江嘉善縣志云：稻有早白稻、六月紅。

浙江山陰縣志云：早稻六月早熟。

浙江臨海縣志云：稻夏熟者名早禾，冬熟者名晚禾。早禾早者一名六十日，一名隨犁歸，一名梅裏白；次早者一名白婢暴，一名赤婢暴。

浙江龍游縣志云：稻有六十日禾。

浙江西安縣志云：江西早、六十日禾，俱六月熟。

浙江宣平縣志云：稻有六十日黃。

江西通志云：撫州府有五十日占，田家種以續食。

又云：廣信府早穀有救公饑、三朝齊、六十日占、九十日占等名。又有冬早穀，粒似早，色而芒長。

又云：臨江府有救公饑，色白，味香甘。

江西建昌縣志云：稻秔之早者，有望暑白、救公饑、刷帚早、一坵水諸名；秫之早者曰大稉，有赤白二種。又有晚秥稻、晚稉稻之類，則刈早稻而復植於早田者。

江西德化縣志云：早穀有駝犁白、麻姑早、王瓜早、六十日、九十日等名。



江西新建縣志云：稻之屬救公饑、一坵水、七十日早、百日早。

江西奉新縣志云：稻有救公饑、隨犁歸、七十日早、百日早。

江西武寧縣志云：稻有百日占、救公饑、一坵水、望暑白。

江西高安縣志云：稻有救公饑、七十日早、百日早。

江西上高縣志云：早穀有茅葉早、五十工、洗白、草頓齊、秥。

蘇州早、童子秥、撫州早、紅米早、白穀稉、紅菱稉、黃扁稉、鐵腳稉。

江西鉛山縣志云：稻有救公先、三朝齊。

江西東鄉縣志云。稻有早秥救公饑下馬看。
江西南豐縣志云。稻有五十日秥。六十日秥。百日秥。
江西廣昌縣志云。稻有六十日秥。
江西宜春縣志云。稻有五十日秥。六十日秥。八十日秥。百日秥。
江西雩都縣志云。有早稻。有大穀早。
江西寍都州志云。稻有六旬黃。七旬熟。救公饑金包銀。
江西龍南縣志云。稻有六月早。七月早。
江西定南縣志云。稻有六月熟。按定南縣今改爲廳。
江西萍鄉縣志云。稻有百日秥。救公早。



江西瑞金縣志云。稻有早稻。金包銀。
江西安遠縣志云。稻有早禾。
江西興安縣志云。早穤有六十日早。上早等名。
江西瀘溪縣志云。稻之屬有早黏。有遲黏。有稉稻。名目不一。其早黏春社日前後浸種。立夏前後蒔。立秋而熟。最早者名五十日黏。次早者名六十日黏。他種青黃不接。而此兩種先可食。田家種以繼不足。俗云救公饑是也。餘一名梔上早。有紅白二種。七十日始熟。白沙黏三月種。六月熟。米圓而大。江東早。耐寒多粒。黏禾稻。與早禾同熟。即五十日稉也。

江西清江縣志云。稻最早熟者。名救公饑。色白味香甘。
湖北黃梅縣志云。早稻曰洗耙早。救公饑。流水早。一刀齊。飛上倉。黃金稉。
湖北德安府志云。稻有黏者。黏之類有三。曰早稻。曰遲稻。曰晚稻。早者則有所謂落地黃。救公饑。一坵水等苞齊。接早。江西早。此布種宜早。耷穀者。其種法不必浸種分秧。但耕田下子。五六十日可實。湖人被水害者。水退不遑他穀。故多布此。然亦須田山原。不多藝。
湖北枝江縣志云。有早稻。俗名五十黏。
湖北羅田縣志云。稻有七十日秈。三朝齊。



湖北咸寍縣志云。稻有六十日早。
湖北漢陽府志云。稻之屬有洗耙早。拖犁囘。一坵水。七十日黏。接早子。等苞齊。落地黃。雀不知。江西早。
湖北蘄水縣志云。黏之屬有五十黏。六十黏。七十黏。金包銀黏。
湖南湘鄉縣志云。稻有江西早。金包銀。
湖南新寍縣志云。稻秔之屬有六十日黏。金包銀。六月白。江西早。
湖南衡陽縣志云。稻有兩接早。救饑早。百日黏。
湖南寍鄉縣志云。穀種十有一。曰竹枝黏。又名落花黃。

洗鎖早。救窘糧。收甚早。六十日黏。有高脚短脚之分。收亦早。百日黏。一名大穀早。以上色俱白。油紅黏。一名紅米早。以上收頗早。

湖南邵陽縣志云。稻之屬。有秔穤。穀早。五十日黏。六十日黏。夜齊早。雞婆早。祁陽早。赤鬚早。桐子白。沙黏。皆熟於六月中。

湖南永明縣志云。早稻之品。百日黏。鼠牙黏。蘆荻黏。短穀黏。冷水黏。李家稉。白雉稉。早地禾。赤米黏。白米黏。寶慶禾。

福建福州府志云。今福州秔稻。歲一熟者曰大冬。山田



冬種。曰早占。霜降後熟者。曰天降來。曰薰提秫。與早稻同熟者。曰黃芒。與晚稻同熟者。曰占城早稻。既穫後苗始蕃。亦與晚稻同熟者。曰稐。出洲田者。曰土稐。與早稻同熟者。曰早秫。與晚稻同熟者。曰晚秫。與大冬同熟者曰大冬秫。

福建福清縣志云。早稻有白赤二種。信州早。種出信州。副院早。種出天竺副院。金城早。色紅。占早。種出占城。稐早稻既穫後。其苗始蕃。

福建莆田縣志云。有大冬稻。早稻。晚稻。早稻春種夏熟。

福建泉州府志云。稻之屬。早稻有赤白二種。晚稻有赤白二種。寄種與早稻同下種。早稻刈後。更發苗。至十月結實。有芒。米赤色。又一種無芒。青晚。埭田多種之。其種與收俱遲于早稻一月。米色赤。占城稻。耐旱。其色有白有斑有赤。自種至熟。僅五十餘日。

福建惠安縣志云。占城稻。耐旱。瀕海。春多雨。至夏常旱。此穀自種至收。僅五十日。備旱之地。多種之。亦有赤白二種。

福建龍溪縣志云。稻有早稻。春種夏熟。有晚稻。秋種冬熟。又寄種。與早稻同種。與晚稻同收。

福建長泰縣志云。秔稻種有早晚。早六月收。米盡白。有



山東安南等名。晚十月收。米赤白。兼白。名斑黏。柳仔赤。名大稻。回洋等不一。

福建浦城縣志云。小早。九十日熟。米有赤白二種。無芒。六月收。大早。一百二十日熟。

福建建寗縣志云。六十日黏。百日黏。秋風黏。溫涼黏。陝西黏。清流黏。肥猪黏。大穀黏。八月白。穫黏。金城禾。光頭禾。以上早稻。春分節後插。大暑節後刈。

福建寗德縣志云。稻春種夏熟。曰早稻。早稻有白早。有烏早。有金城早。即占城早也。

福建大田縣志云。稻有早仔。金城早。

福建尤溪縣志云。秔有南安早。江西早。百日早。宜初春種。又一種附春稻種。而與秋同熟。謂寄種。亦秔屬。

廣東番禺縣志云。黏米早熟有望夫岡早。穲新會黏。黃黏。南京白。料不澗。各種五月收。

廣東增城縣志云。稻多黏。早熟有冷黏。赤穀黏。

廣東龍川縣志云。早稻有黏秔稉三種。有六月熟者。

廣東惠來縣志云。秔之屬有六十日。金包銀。

廣東平遠縣志云。稻有白黏。赤黏。百日子。南安早。俱早收。

廣西通志云。秔江南呼爲秈。桂林府有早中晚三收。有



早秈。掛耙秈。黃瓜秈。百日秈。六十日秈。蟬鳴稻。皆早收。長毛秈。蛆黏。紅秈。白秈。貴州秈。皆晚收。

又云柳州府陸四禾。晚六禾。俱以熟之先後爲名。

廣西柳州府志云。秔稻各種俱稱禾。有六月禾。七月禾。八月禾。及晚禾等名。惟馬平數種皆備。夏秋間雨水均調則大熟。

廣西慶遠府志云。有白黏。六禾黏。俱六七月熟。百日黏。由播種至收穫。計百日。

廣西泗城府志云。有早禾。實小而堅。登場收穫。殊早。俗呼爲夏至禾。

廣西平樂府志云。早禾春分秧。小暑穫。晚禾夏秧。秋穫。亦有十月穫者。

廣西潯州府志云。蟬鳴稻。六十日熟。

廣西南寧府志云。稻有六月秔。六月秥。六月稉。早秥。早稉。

廣西新寧州志云。稻有早穀。滁禾穀。

廣西橫州志云。稻有六月秔。早黏。

廣西思恩府志云。早禾曰夏至禾。三月種。六月收。晚禾四五月種。九十月收。

又云稻之早種早熟者。謂之稑禾。有六月禾。七月禾。八



月禾。皆早稻也。其八月底九月間始收者。則謂之遲禾。

又云稻有數種。黏者曰稉。又謂之秫。不黏者爲秔。亦謂之稉。秔之小者爲秈。秈早熟。故曰早稻。秔晚熟。故曰晚稻。

又云。秈之類。有粒短而米精白者。四月種。七月熟。謂之稑禾。即蟬鳴稻也。有四月種。六月初旬熟。約七八十日收者。其種自占城來。謂之番禾。言更番迭種也。

又云有粒小似秈而白稃白芒。與早稻齊熟者。亦黏如稉。謂之秈稉。言秈之糯也。

又云。早禾宜種陸地。稆矮粒短稃厚。即旱稑也。有秈有

秫。亦有早晚二種。其早者五月熟。晚者八月熟。

又云。稻有數種。一名寒穀。十二月下種。五月熟。一名七穀。二月下種。六月熟。一名穋穀。三月下種。七月熟。

又云。上林縣大禾下秧恒在三月。有三十餘日便插者。有至四五十日乃插者。各因其土之所宜也。語云。穀雨下秧芒種插。亦祇言其槩耳。黏禾收於七八月。稉禾收於八九月霜降前後。又有二月下秧。三四月插。六七月收。是種六禾也。此種可以救乏。

又云。上林縣黏有二種。五月收者曰夏至禾。六月收者曰六禾。十餘年前巷賢三圍無此二種。十餘年後則種

江南催耕課稻編　罜

六禾。近年又種夏至禾。以二種可以救急。而夏至禾收後。猶可種他稻。此人之意計不窮也。

又云。上林縣早禾之種。一曰美利（皮赤粒白氣香）。一曰知雞（又曰牛鳴。皮赤粒帶青。新煮牛聞香則鳴。故名）。一曰藍禾（有稉秈二種皮黃粒白）。一曰綿禾（稉秈二種皮黃粒白）。一曰卜馬（皮烏粒赤）。一曰卜渺（皮烏粒赤）。一曰卜漢（皮粒俱紅）。一曰容禾（稉秈二種皮黃粒白）。一曰同胡（皮赤金黃華粒俱長有赤白粒二種）。一曰勁禾（皮土色粒白）。一曰狐禾（一種烏皮一種花皮粒俱白）。一曰黑墨（皮黑粒白）。

又云。遷江縣早禾五月熟。六禾黏。六月熟。七月黏。七月熟。有紅白數種。八月粘。米有紅白數種。八月熟。畬禾有秥稉秈三種。畬地種。六月熟。

雲南鶴慶府志云。冷水稻。三月栽。六月熟。

雲南雲龍州志云。穀有六月熟。

按許慎言春分生禾。蓋得天地中和之氣爲最早。然方以智謂赤道之下兩度春秋。則穀草隨之。北遠日地有五穀不生者。故九州之中亦必秉天地之和居高下之宜者。始有早稻。乃余聞

御園早稻康熙間嘗種之熱河

避暑山莊。每歲於

聖駕避暑時用之。即已早熟。是塞外尚可種。而中土之無

江南催耕課稻編　罜

不宜可知矣。河南光州之稻。有駝犁同。陝西西鄉縣之稻。有黃瓜早。是北省尚可種。而南方之無不宜尤可知矣。古陰陽書曰。稻生於柳或楊。八十日秀。秀後七十日成。計自生至熟。凡百有五十日。何其久也。今之早種早熟者。近只四十日。次亦五六十日。禾易長畝。速莫甚焉。惟同一早稻也。有名異而實同者。亦有此無而彼有者。有先種而後熟者。又有後種而先熟者。見聞所及。品彙爲繁。如以日計者。曰四十日。曰五十日。曰五十工。曰六十日。曰七十日。曰六旬黃。曰七旬熟。曰八十日。曰九十日。

日一百日。以月舉者。曰六月早。曰六月熟。曰六月秈。曰六月黏。曰六月稉。以節候占者。曰梅裏白。曰望暑白。曰夏至禾。曰蟬鳴稻。以方言稱者。曰麥爭場。曰早歸生。曰救公饑。曰救公先。曰靠籬望。曰洗耙早。曰隨犁歸。曰拖犁歸。曰雀不知。曰白婢暴。曰赤婢暴。曰刷箒早。曰畱姑早。曰一刀齊。曰飛上倉。曰等苞齊。曰兩接早。曰金包銀。曰救饑早。曰救窘糧。曰下馬看。以地著者。曰江西早。曰蘇州早。曰撫洲早。曰江東早。曰祁陽早。曰信州早。曰副院早。曰金城早。曰占城早。曰新會黏。曰陝西黏。曰清流黏。曰南安早。曰山東。曰安南。以色辨者。曰六月紅。曰紅米早。曰早紅蓮。曰落地黃。曰赤鬚早。曰桐子白。曰赤米黏。曰白米黏。曰黃芒。曰南京白。曰駝犁白。又有以庶物名者。曰竹枝黏。曰黃瓜秈。曰蘆荻黏。曰茅葉早。曰紅蔆稉。曰青芋稻。曰鼠牙黏。曰白雉糯。此在農家父老尚或言人人殊。而士大夫未歷田間。所不知者殆半。是以黃省曾之稻品。徐光啟之穀名考。均於早稻一種。言焉不詳。詎知今之異種嘉生。且有悉數之而不能盡者乎。夫司稼之辨穜稑。知其名而懸於閭。草人之掌土化。相其宜而



爲之種。余故博稽志乘。凡天下之有早稻者。悉爲排比而臚陳之。挂漏雖多。而某州某邑之或宜五種。或宜三種。大畧不出於此。非徒爲多識之助。亦欲勸於吳中稻種之外。廣訪多栽。生生自庸。庶有益焉。

江南早稻之種

演繁露云。國語曰。越大夫種謀曰。今吳既大荒薦饑。市無赤米。案赤米今有之。俗呼紅霞米。田之高仰者種之。以其早熟。且耐旱也。然則越時已有此米矣。

中吳紀聞云。紅蓮早稻。自古有之。陸魯望詩云。遙爲曉風吟白蒴。近炊早稻識紅蓮。按吳郡志亦云。紅蓮稻。自古有之。米粒肥而香甘。

賓州志稿云。占城稻一名畲稻。唐人詩五月畲田收火米是也。田之亢者及高原皆可種。西越在在有之。宋祥符中。曾遣使就福建取萬斛。給兩浙江淮以資田之苦旱者。則此種蓋江以南概有之矣。



蘇州府志云。六十日稻。四月種。六月熟。米小色白。遲者八十日熟。又名早紅蓮。又名救工饑。麥爭場。三月種。六月熟。謂與麥爭登場也。

松江府志云。瓜熟稻。此種最貴。計布種及收成。不過七八十日。麥爭場稻。三月種。六月熟。郡農有本力者。先種少許以療飢。農人甚賴其利。

常州府志云。穀之屬。如白稻。秔稻。秈稻。早稻。晚稻。稗稻。與他郡無異。惟香珠稻。紅蓮稻。則產於武進者佳。

長洲縣志云。稻有六十日稻。四月種。六月熟。米小色白。遲至八九十日熟。一名早紅蓮。又名救公饑。

嘉靖吳縣志云。紅蓮稻。皮紅。米半有紅粒。味香。小秈禾。熟最早。農家蒸穀礱米。賴以續食。早稻。即占城稻。二三月插蒔。至六月熟。赤稻。高田所種。米紅而粒尖。性硬。按赤稻即早熟之紅霞米。南史沈昉爲新安太守時所載之桃花米也。冷稗。種宜艮田。大暑節可刈。稃黃米白。粒黃。

吳縣志云。稻之屬。紅蓮稻。早白稻。烏口稻。早稻。下馬看。瓜熟稻。救公饑。

崑山縣志云。稻之屬。有早秔稻。六十日稻。救公饑。下馬看。紅蓮稻。麥爭場。烏口稻。百日赤稻。

崑山新陽合志云。穀之屬有紅蓮米。色赤。味香。早熟。早白稻。下馬看。即三朝齊。趕陳稗。早熟粒長。



常熟縣志云。紅蓮稻。芒長粒大。早白稻。救公饑。六十日可望熟。又名早紅蓮。麥爭場。最早熟。百日赤。芒赤米白。早熟。占城稻。即早稻。時裏白。早熟。一名節澳稻。

太倉州志云。秔稻。春分節後種。大暑節後刈。爲早稻。芒種節後及夏至節種。白露節後刈。爲中稻。夏至節後十日種。寒露節後刈。爲晚稻。過夏至後十日不成種矣。早曰早白。早烏。早紅蓮。八月白。又有圓白。而稃黃。大暑可刈。曰蘆花稗。性耐旱。多收。又曰瞞官稗。佃多喜種。

上海縣志云。秔稻宜水。有一種曰香子。色斑粒更小。以三五十粒。入他米炊之。芬香可愛。謂之香𥞊。七月熟。秈稻粒稍細。耐水旱。有六十日稻。米小色白。一名帶犂回。三月種。五月熟。百日赤。芒赤米白。一名挈犂望。三月種。六月熟。小秈。一名早秈。三月種。七月熟。金釵。稉粒長。最宜釀酒。得汁倍多。三月種。七月熟。

青浦縣志云。稻有六十日稻。百日赤。紅蓮稻。

江陰縣志云。紅蓮稻芒紅粒大。米最佳。白稻有早白。晚白。早者六十日可熟。烏鬚稻熟最早。性柔稗弱。瓜熟稻。極早而粒長。又曰六十日。救公饑。

靖江縣志云。米白早熟。曰早黃。川即早白稻。粒大而佳。曰早紅蓮。早熟。曰救公饑。亦曰金升稻。曰拖犂歸。初秋可蒔。曰六十日。

鎮江府志云。大稻之種。曰時裏。曰紅蓮子。曰下馬看。小稻之種。曰六十日。曰八十日。曰一百日。百日種自占城來。（按黃省曾理生玉鏡云。毘陵小稻之種。亦有六十日秈。八十日秈。百日秈。是常州亦有其種也。）

六合縣志云。稻之屬。六十日稻。下馬看。救公饑。靠籬望。洗耙早。五十日熟。蟬鳴稻。

揚州府舊志云。秈稻早而耐旱。宋大中祥符間。遣使至占城。求其種。分給江淮。

揚州府志云。稻之屬有六月秈。早白。下馬看。六月白。救



公饑。拖犂歸。梅裏黃。雀不知。泰州紅。又名海陵紅。皆秈類。（按海陵紅。即高郵州之六十子。）

又云。穀有五十日。六十日。

儀徵縣志云。邑多秈。一曰瓜熟。（按此種三月種。六月熟。）

隆慶高郵州志云。秈有苞裹齊。

欽定授時通考云。高郵州物產。早稻。五十日。六十日。六月秈。拖犂歸。早白稻。

高郵州志云。四十日。晏五日。望江南。秋前五。江西早。以上早熟。過山龍。雞腳黃。與江早。江芒子。黃羅傘。大紅旗。俾十分。烏衫子。銀條秈。一水秈。大頭秈。頂芒秈。牛口秈。黃瓜秈。以上中熟者。（按今州產早稻有三種。一曰拖犂歸。其稻有芒。一曰秋前五。一曰四十子。稻米色俱微紅。民間所種者。四十子稻為多。其次早之稻。亦有二種。一曰五十日子。一曰六十日子。下河各邑。所謂中禾稻者此也。）



寶應縣志云。稻有六月白。早紅蓮。五十日。七月上旬即熟。拖犂歸。七月熟。趕上陳。七月熟。雀不知。七月熟。

泰州志云。稻有海陵紅。俗名泰州紅。雀不知。隨犂歸。救公饑。六十日白。（按隨犂歸。今俗名曰水裏鬼。泰州紅。今俗名曰六十子。）

揚州十場志。稻有御秈稻。（按是志成於康熙間。時方頒御稻米於江南。當即此種。）

欽定授時通考云。通州物產。稻種最多。早熟者曰救公饑。曰拖

犂歸。初秋可蒔曰六十日。
通州志云。穀之屬。秔稻稉也。有早黃。晚黃。早白。晚白。早紅。晚青。青芒。白芒。青鬚。黑皮。黃稑。烏節。焦黃。鷺鷥白。串珠。了田青。早熟者曰救公饑。曰拖犂歸。初秋熟曰六十子。亦曰海陵紅。早白最先熟。
清河縣志云。秈秔之早熟者曰早稻。
鹽城縣志云。稻有秔稉二種。有早晚二熟。
高郵州新志云。穀屬四十日。五十日。六十日。拖犂歸。晏五日。望江南。秋前五。江西早。趕上城。以上早熟者九種。斑秈。六月秈。過山龍。雞腳黃。吳江早。拖犂撒。江芒子。青芒子。潮水白。黃羅傘。瓜兒熟。大紅旗。博十分。烏彩子。齊倉秈。龍爪秈。鯽魚秈。葉裏秈。苞裏齊。小赤秈。小白秈。麻勧秈。大鵝秈。大香秈。小香秈。銀條秈。一水秈。大頭秈。頂芒秈。觀音秈。牛口秈。黃瓜秈。蘆稈秈。以上中熟者三十三種。早白稻。晚白稻。搶場白。軟頸白。羊鬚白。宅兒白。青稭白。青芒兒。頂霜白。香白稻。海裏秀。齊頭白。大晚稻。小晚稻。黃花稻。小黃稻。深水紅。鶴腳烏。下馬看。弔殺雞。了田青。牡猪芩。秋風稉。麻勧稉。烏絲稉。雀不覺。羊鬚稉。丁頭子。金殼黃。粉皮稉。馬鬃稉。紅稉。女兒紅。虬芒稉。胭脂稉。留親家母。以上晚熟者三十六種。早中禾東鄉多種秈稻。西鄉北鄉多種稉白稻。南鄉多種。郵地窪下。上河濱湖。下河近閘。水發於時。伏農人塹圩運軸。勞不安枕。若遇大水。望秋而廬舍沒者多矣。故早禾宜家種數畝。可當古之下熟。按是志臚列早中晚稻。較舊志爲尤詳。因補錄於此。

按邱瓊山嘗謂江南秔稻。昔惟一收。今有早禾。宜通行南北。俾民兼種。且欲以昔無今有者課有司。此論實發前人所未發。然以江南之所宜物考之。赤米早熟。見於國語。則自吳已有之。紅蓮早稻。見於陸龜蒙詩。則自唐已有之。至宋眞宗命以占城稻頒給江淮。似猶其後焉者也。今驟而語人曰。吳中本有早稻也。必相率而疑。乃合各府州縣志書而觀之。有瓜熟稻。有救公饑。亦曰救工饑。有麥爭場。有紅蓮稻。有六十日稻。有百日赤。有早白。有早紅蓮。乃蘇松太三府州產也。有六十日秈。有八十日秈。有百日秈。乃常鎭二府產也。太倉州以春分節後種。大暑節後刈者。爲早稻。芒種節後及夏至節種者。爲中稻。夏至節後十日種。寒露節後刈者爲晚稻。而高郵州有早熟之稻九種。爲早稻。中熟之稻三十三種。爲中稻。晚熟之稻三十六種。爲晚稻。其播種及收穫之候。亦大同小異。此江南江北各有早中晚稻之所同也。若以種類較之。長洲崑山常熟上海青浦及常州鎮江各屬邑之六十日稻。與六合高郵泰州通州同。吳縣靖江及松江各屬邑之瓜熟稻。與高郵州儀徵同。長洲吳縣常熟太倉青浦靖江丹徒之早紅蓮。與寶應高郵同。吳縣崑山新陽鎮江各屬邑之下馬看。與揚州六合同。吳縣崑山新陽常熟江陰靖江之早白。與揚州通州高郵同。蘇州各邑及靖江之救公饑。與揚州通州泰州六合同。靖江之拖犁歸。與通州高郵寶應同。蘇州之御稻。與揚州十場同。江陰之晚白。太倉之早紅。皆與通州同。上海之小秈。與高郵同。其餘尚有同種異名。又皆隨其鄉俗相傳。不勝指數。此又江南江北早稻種類時候之所同也。夫江南多種秔而罕種秈。已歷有年所矣。然昔年先疇畝之畱貽。與夫

本朝苑田之頒種。民間惟十存四五。或十無二三焉。若不及今求之。其種幾不絕如綫矣。余讀農政全書。最喜元扈先生之言曰。美種不能彼此相通者。正坐懶惰耳。倘有俯同斯志者。盍憖圖焉。凡種不過一二年。人享其利。卽亦不煩勸相至哉言乎。方將



述之以告吾民。而尙慮其無徵不信也。乃備考大江南北早稻之種。以見諸府州縣志者爲據。而傳聞諮訪。猶不敢以濫收焉。淮南子曰。欲知地道。物其樹。說苑曰。農人擇田而田。田者擇田而種之。豐年必得。粟準此意也。相高下。視肥墝。觀地宜。明詔期前後。於是隨地覓取早稻。以時力田。爲吾民必先信於早種之就近可求。而從此發生無窮。試之必大效也。豈曰小補之哉。

再熟之稻

水經注云。九眞太守任延。始教耕犂。俗化交土。風行象林。知耕以來。六百餘年。火耕水耨。法與華同。名白田種白穀。七月大作。十月登熟。名赤田種赤穀。十二月作。四月登熟。所謂兩熟之稻也。

齊民要術云。今世有黃稻。黃陸稻。青稗稻。豫章青稻。尾紫稻。青杖稻。飛青稻。赤甲稻。烏陵稻。大香稻。小香稻。白地稻。孤灰稻。一年再熟。

大學衍義補云。臣按地土高下燥濕不同。而同於生物。生物之性雖同。而所生之物則有宜不宜焉。土性雖有宜不宜。人力亦有至不至。人力之至。亦或可以勝天。況地乎。宋太宗詔江南之民種諸穀。江北之民種秔稻。眞宗取占城稻種。散諸民間。是亦裁成輔相以左右民之事。今世江南之民皆雜蒔諸穀。江北民亦皆種秔稻。昔之秔稻惟秋一收。今又有早禾焉。二帝之功及民遠矣。後之有志於勸民者。宜倣宋主此意。通行南北。俾民兼種諸穀。有司以其勸相之數爲考課焉。



三山志云。周禮職方氏揚州穀宜稻。州古揚州南境也。故稻之名亦不一。今州倚郭三縣兩熟。早種曰獻臺。曰金洲。曰秋晚。種曰占城。曰白香。曰白芒。通謂之稻。至外縣名色尤多。按閩清圖經。早稻之種有六。曰早占城。烏羊。赤城。聖林。清甜。半冬。而烏羊最佳。晚稻之種有十。曰晚占城。白茭。金黍。冷水香。櫛倉。奈肥。黃矮。銀城。黃香。銀朱。而白茭稉水香最甘香。奈肥獨宜卑濕最腴之地。糯米之種十有一。曰金城。白秫。臙脂秫。黃秫。魁秫。黃蘆秫。馬尾秫。寸秫。鵰秫。牛頭秫。而寸秫顆粒最長。蓋諸邑亦或通有之。占城相傳其種自占城國來。大中祥符五年。淮浙微旱。遣福建取種三萬斛。分給令種蒔之。今土俗謂之百日黃是也。（按宋徐經孫詩。湖田稻重收穀。許敦仁詩。負郭潮田插兩收。皆言閩事。）閩書云。左思三都賦。國稅再熟之稻。宋馬益詩。兩熟潮田天下無。蓋美閩稻也。說文謂稻爲秔。秔。稌屬也。稉亦名秫。字林云。稉稻黏。而秔稻不黏。今之食米皆秔稻。釀酒則稉稻也。閩中記云。閩人以稉稻釀酒。其餘蹂粉。歲時以爲糍粽糗糕之屬。福州曰秔。曰秫。春種夏熟曰早稻。秋種冬熟曰晚稻。歲一熟者曰大冬。山田冬種者曰早占。霜降後熟者曰天降來。曰薰提。與早稻同熟者曰黃芒。與晚稻同熟者曰占城。曰稐。又曰土稐。歲再熟者曰金洲。曰白香秫。又曰稉。與早稻同熟者曰早秋。與晚稻同熟者曰晚秋。與大冬同熟者曰大冬秋。

天工開物云。凡稻穀形有長芒短芒。（江南名長芒者曰劉陽早。短芒者曰吉安早。長粒尖粒，圓頂扁面不一，其中米色有雪白、牙黃、大赤、半紫、雜黑不一。浸種之期，最早者春分以前，名爲社種，最遲者後於清明。凡播種，先以稻麥稭包浸數日，俟其生芽，撒於田中，生出寸許，其名曰秧。秧生三十日，卽拔起分栽。若田畝逢旱乾、水溢，不可插秧，秧過期老而長節，卽栽於畝中，生穀數粒，結果而已。凡秧田一畝所生秧，供栽二十五畝。凡秧既分栽後，早者七十日卽收穫（秔有救公饑、喉下急，稌有金包銀之類，方語百千，不可殫述），最遲者歷夏及冬，二百日方收穫。其冬季播種，仲夏卽收者，則廣南之稻，地無霜故也。凡稻旬日失水，卽愁旱乾。夏種秋收之穀，



必由泖源水不絶之畝，其穀種亦耐久，其土脈亦寒，不催苗也。湖濱之田，待夏潦已過，六月方栽者，其秧立夏播種，撒藏高畝之上，以待時也。南方平原田多一歲兩栽兩穫者，其再栽秧，俗名晚秧，非秔類也。六月刈初禾，耕治老藁田，插再生秧。其秧清明時已偕早秧撒佈，早秧一月無水卽死，此秧歷四五兩月，任從烈日暵乾，無憂，此一異也。凡再種稻，遇秋多晴，則汲灌與稻相終始。

農田條話云：閩廣之地，稻收再熟，人以爲穫而再種，非也。其鄉以清明前下種，穀雨蒔苗，一壠之間，稀行密蒔，先種其早者，旬日後復蒔晚苗於行間，俟立秋成熟，刈去早禾，乃鉏理培壅其晚者，盛茂秀實，然後收其再熟也。（按：吾閩早稻，六月熟，俗有小暑小食，大暑大食之語。廣西則夏至已熟，皆不及秋也。此云立秋成熟，誤矣。）

異物志云：交阯稻夏熟，農者一歲再種。

爲越外紀云：稻一年再熟。今浙江温州稻一歲兩種。廣東又有三種田，地氣暖故也。

理生玉鏡云：烏秈粒大而芒長，秸柔而韌，飯之香美。浙中以供賓客及老疾孕婦。三月種，七月收。其田以蒔晚稻，可再熟。

欽定廣羣芳譜云：撫稻春種夏穫，七月再插，十月熟。烏口稻，一名冷水結，再蒔而晚熟，色黑而耐水與寒。



福建福州府志云：歲再熟者爲金洲、爲白香。

福建莆田縣志云：早稻穫後卽插晚稻，歲可兩收。

福建仙遊縣志云：年兩收者，春種夏熟爲早稻；秋種冬熟爲晚稻。

福建惠安縣志云：平原之地暖，常多驚蟄後卽漬種，至秋初而熟，謂之早稻。又翻治其田種冬稻。

廣東番禺縣志云：稉米有兩熟，早熟五月收，晚熟十月收。

廣東會同縣志云：秔稻長芒，百箭，俱二熟。

廣西梧州府志云：粵稻多早熟，春分前秧，小暑前穫，名

五月黏。諺云。小暑小收。大暑大收。皆早禾。早禾收再犁田種晚禾。夏秧秋穫。亦有十月穫者。皆晚禾。即吳都賦國稅再熟之稻。郭義恭廣志。南方地氣暑熱。一歲田三穫。故交州有三熟之米。上農膏壤。或間有之。蒼梧岑溪又有雪種。十月種。二月穫。即一歲三田。冬種春熟也。

又云。梧州府月令。孟春之月。田功既興。仲春之月。農功畢作。季春之月。催耕鳴。仲夏之月。早禾登。季夏之月。新穀既登。亟播晚種。孟秋之月。秧針重碧。仲秋之月。黏始穫。

廣西通志云。陸川縣月令。正月。土膏動。農治耕具。二月



春分早種。四月早稻秀。晚種播。五月早稻實。六月溽暑。早稻登。塲插晚禾。農事忙。八月八白禾熟。九月晚稻始穫。十月農事畢。

廣西武宣縣志云。早稻即早造。清明種。小暑收。亦名夏至白。又名蟬鳴稻。大暑收成者。名百日稻。晚稻八月收成者。為一造。其早稻收後。翻稾復種。霜降後收成。俗名二苗。

廣西恩恩府志云。稻有稉秫黏三種。惟黏禾最早。有五六月熟者。名夏至禾。六月熟者。曰六禾。獨夏至禾收後可復種。

又云。黏禾之種。有穇禾。七月穫。有夏至禾。六月穫。每年可種兩次。

又云。早禾收後。更種晚禾。九月末旬再熟。又有晚稻收後。十月復種。至次年四月收者。謂之寒稻。言耐寒也。有粒長色深黃。禾高穗長而晚熟者。謂之交秈。蓋其種自南交來也。秈之類推此為上品。又有一種五月種。十月收者。謂之十月稻。收番稻後種此最宜。是歲亦再熟也。

又云。賓州上林縣有種兩造禾者。武祿縣方言謂之餜番。亦名番禾。謂歲種兩番也。即再熟稻。三月插秧。六月熟。復種之。九月再熟。



又云。上林縣種大禾與六禾。多一年一造。俗以一種更為一造。有兩造者。正二月下秧。三月插田。六月收穫。收後復插。至秋冬之交。則又熟矣。俗謂前一造為夏至禾。後一造為二苗。

廣西賓州志云。一種春分時撒種。穀雨後插。小暑後熟。謂之夏至早禾。刈後復種。謂之晚禾。一種立夏插。至立秋收。謂之六禾。又一種清明始撒種。小滿插。秋分收。謂之七禾。八黏。一歲之中。四五八九數月。謂之農忙月。

又云。賓稻有稉秫秈三種。水旱二類。稉秫皆八月前後熟。惟秈有早中晚三收。五月熟謂之早禾。六月熟謂之七禾。八黏。早禾收後可復種。故一歲兩熟。

思恩府志云有與番穀攪勻下秧其種止叅番穀十之一及分種後其苗抽在番禾中一本只一二芽番禾熟則並刈之刈後乃抽芽大發至十月乃熟者土人謂之攪番稻其穀細長無芒米精白而黏亦秫類也

又云一名混交穀下秧時與穋穀交勻齊種可省兩次犁田之勞至七月穋穀既穫混交穀即大發九月始收一名野穀撒在曠野間穫有秋俗呼爲無糧穀

又云叅雜稻以兩種叅半種之六月收時養其苗九月再收米多漿汁有秫味

廣東石城縣志云芮稻二月與早種拌播刈早禾後乃芮生按以上四條皆一本而再秀再實者此稻之異種也



按周禮土方氏辨土宜注云土宜謂九穀植穉所宜毛詩大全孔氏曰重穋植穉生熟早晚之異稱此即早晚稻再熟之始通雅云詩十月穫稻今晚稻也六月收者曰早稻稻品云三月種秔四月種秫皆謂之稻秔之小者謂之秈秈之熟也早故曰早稻秔之熟也晚故曰晚稻但此特論早晚二稻之別非言再熟也余謂二十四氣周公所定其於三月也繫以穀雨節考孝經緯云斗指辰爲穀雨言雨生百穀也故魏高陽太守賈思勰以穀雨種稻爲中時知古者已以穀雨種早稻矣其於五月也繫以芒種節考三禮義宗云五月芒種爲節者言時可以種有芒之穀故以芒種名余按地官稻人夏以水殄草而芟夷之澤草所生種之芒種註謂稻之有芒者今晚稻多有芒正與此合知古者又以芒種種晚稻矣用天之道制農之時再種再收其當即權輿於此乎若夫背陰國有浹日稻一月三熟婆登國有月熟稻每月一熟南海晉安有九熟之稻一歲九登天竺烏萇二國稻皆一歲四熟儋耳旱稻曰山禾一歲連收三四熟或謂其地



皆在炎方異域土暖易生荒遠無稽固勿論已以余所知浙東閩南廣東廣西及江西安徽歲種再熟田居其大半近聞兩湖四川在在亦漸蓺此今之所有勝於古之所無必猶拘拘於穀性土宜有是理耶余居福州親見吾鄉附郭田畝白地種稻者歲兩熟麥地種稻者歲三收四體既勤利亦倍焉萬歷間福州府志云駛田中下宜稻畝歲再穫其高田間種麥今俗以不種麥者爲白地種麥者爲麥地每於四月刈麥之後仍種早晚兩稻故歲有三熟而農力之勤可知矣又嘗聞之臺灣百餘年以前種稻歲只一熟自民食日衆地利日興今則三種而三熟矣憶在粵西時行部上

林賓州之間農人爲余言。其地數十年前亦惟一熟。近則漸種兩造。其俗以一種爲一造。兩種爲兩造。按管子云。凡草土之道。各有穀造。註云。造。成也。義當取此。無不歲倍收矣。盡人事以補天時。地利之偏。美利盡有極乎。今特舉之以爲農勸。而敘夫古今再熟之種。皆於篇中以類相從。願世之僇力治田者。不畏難。不惜費。毋輟工。毋違時。其始雖若繁勞。而早晚並栽。工本有限。及其先後皆熟。一年之計。抵兩年焉。亦在爲之而已。至若再撩之發苗。芮生之拌擋。混交穀之穫而始秀。黍雜稻之養而復抽。異種旅生。同稱再熟。而其品僅見。亦並存焉。



江南再熟之稻

吳都賦云。國稅再熟之稻。

山堂肆考云。唐元宗開元十九年。揚州奏再熟稻一千八百頃。其粒與常粒無異。

蘇州府志云。百日種一名喇㾓稻。又名西番秈。三月種。五月熟。一歲兩收。粒長而色赤。作飯有香。如香秔。舊志有百日赤稻。芒赤米小而白殼。亦此類。康熙五十五年。頒種葑門外二十四都六七圖常佃之。兩熟。按康熙間以御稻米一歲兩種能成。命頒給其種於江浙督撫織造。令民間種之。即此稻也。

崑山縣志云。稻之屬三十六。有再熟稻。



按江南再熟之稻。首見於左太沖吳都賦。李善注云。農者一歲再種。張銑注云。南人種稻一歲再熟。由此觀之。此邦再種再熟事最古矣。宋時江南又止一收。眞宗以占城早稻種給江淮。遂與晚稻先後並種。方以智謂江淮以南田多三收。可知江左土宜。尚有不止於兩熟者。惟昔之農夫克敏。必有古法相承。顧乃日久而失其傳。吁可異也。我

聖祖仁皇帝重農勸穡。凡於各省穀種之宜。耕穫之候。無不周知。嘗

詔頒御稻米之種於江浙兩省蒔之。並有一歲兩種之

諭。降之播種。利莫大焉。今蘇州府志所載百日種。一名喇嘛稻。一名西番秈。三月種。五月熟。一歲兩收。相傳爲康熙五十五年所頒。當即御稻米之種。葑門外二十四都六七圖間尚有蓺之者。惜不多耳。有人言江北下河州縣前數十年稻兩熟。余去秋以防河駐名伯埭。親見早中晚稻之種皆備。而竟無再種者。心嘗疑之。以詢老農。皆謂嘉慶九年以前。罕水災。種稻一歲得兩熟。九年以後。湖水秋漲。五壩輒開。田惟恐淹。故但倖其一收。而不可以再種。此乃信由水患之相阻。而非關於風土之不宜。江南地暖土腴。豈尚下河諸邑之不若乎。余爲此勸以早稻。始而以再熟之稻。終皆必諉以此邦所固有之田功。告以此邦所可愛之土物。民如我信。庶幾易知易從乎。伏讀

聖祖仁皇帝聖諭。有曰。夏秋之間。麥禾不接。得此早稻。利民非小。若更一歲兩種。則畝有倍石之收。將來蓋藏漸可充實。

上之所以爲民思深慮遠者若此。樂其樂而利其利。當如何每飯不忘耶。昔河陽無稻。陳襄以種稻之法教之。而田不蕪。魯山無早稻。江翱以建安之種授之。而歲倍熟。所謂視已成事。余尤願有司董之用休也。漢書謂周制種穀必雜五種。以備災害。大學衍義補謂人力之至可以勝天。所謂民生在勤。余尤願吾農勞而不舍也。

# 金薯傳習錄

（清）陳世元　彙刊

《金薯傳習錄》，（清）陳世元彙刊。陳世元（約一七〇五—一七八五），字捷先，號覺齋，祖籍福建長樂，後遷居福州府閩縣（今福州）。貢生。陳氏先人曾於明末引種番薯，傳於中國。清乾隆年間，陳氏繼承祖志，與子孫利用經商之便，攜帶番薯種廣爲傳播，並教授種植之法，頗有成效。撰有《金薯傳習錄》《捕蝗傳習錄》等書。

此書約成於清乾隆中期，廣輯明萬曆二十一年（一五九三）至清乾隆三十三年（一七六八）番薯推廣與傳播史料，共二卷。全書以上卷爲重，輯錄各地番薯引種文獻、檔案與招貼，並錄陳氏子陳雲《金薯論》。又將番薯引種與傳播經過及栽種管理技術融入其中，包含番薯生物學特性、食用方法、適宜土地、繁殖栽培技術及藏種方法等。亦闡述番薯引種意義及藥用價值，突出强調其抗災備荒功能。下卷彙集與番薯相關之詩詞歌賦，盛讚番薯之功，多追述番薯引種與傳播過程，亦不乏番薯生物學特性、功能及種植技術等描寫。

全書重在輯錄文獻與詩詞歌賦，技術散見於各篇之中，系統性與邏輯性稍欠。但此書爲早期番薯專書，輯錄、總結番薯傳播過程、種植技術及文化，不失爲一部重要文獻。

此書在清代流傳不廣，有清乾隆三十三年刻本等，今據清乾隆三十三年刻本影印。

（熊帝兵）

# 金薯傳習錄序

番薯一名地瓜種生呂宋明臺使者金公撫閩得長邑庠生陳經綸所獻種教民植之民德其利因呼其薯爲



金薯云經綸五世孫捷先克承祖志暨三男雲燮樹商鄞携種以教浙之人其後運種往來青豫流播浸廣因以濟五穀之不及豈非事雖瑣而功博者歟董生曰皇皇求仁義惟恐不及者士大夫之行也捷先乃有是耶捷先捧其教種書曰傳習錄余題其端云



乾隆戊子臘月

賜進士出身翰林院庶吉士

兼掌教鼇峰書院朱

仕琇撰

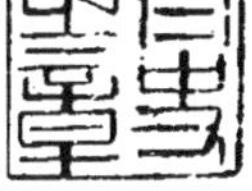

金薯傳習錄卷上

晉安陳世元捷先氏彙刊

福州府志

蔬之屬

番薯

閩書番薯皮紫味甘於蕷芋尤易蕃郡本無此種明萬歷甲午歲荒巡撫金學曾從外番匄種歸教民種之以當穀食荒不為災



山東膠州物產志

番薯閩人陳世元余瑞元劉曦移種於膠漸息適合土宜因詳其傳焉

稽含草木狀有甘藷形如蕷芋實大如甌皮紫肉白可蒸食之即番薯也

五雜組謝肇淛著百穀之外有可以當穀者芋也薯蕷也而閩中有番薯似山藥而肥白過之種沙地易生而極蕃衍饑饉之歲民多賴以全活此物北方亦可種也

採錄閩侯合志

按番薯種出海外呂宋明萬歷間閩人陳振龍貿易其地得藤苗及栽種之法入中國值閩中旱饑振龍子經綸白于巡撫金學曾令試為種時大有收獲可充穀食之半自是磽确之地徧行栽播迨入

國朝其後裔陳世元又種之膠州開封諸處傳布寖廣大河以北皆食其利矣本名朱薯亦曰地瓜以得自番國故曰番薯以金公始種之故又曰金薯世元撰有金薯



傳習錄

羣芳譜鹿森序

方輿之内山陬海澨麗土之毛足以活人者多矣或隱弗章即章矣近之人習用之以為澤居之魚鱉山居之麋鹿也遠之人逖聞之以為踰汶之貉踰淮之橘也坐是兩者弗獲相通焉余不佞獨持迂論以為能相通者什九不者什一人人務相通即世可無虞不足民可無道殣或嗤笑之固陋之心終不能移每聞他方之産可以利濟人者往往欲得而藝之同志者或不遠千里而



致耕獲菑畬時時利賴其用以此持論頗益堅歲戊申江以南大無麥禾欲以樹藝佐其急且備異日也有言閩越之利甘藷者客莆田徐生為予三致其種種之生且蕃略無異彼土庶幾哉橘逾淮弗為枳矣余不敢以麋鹿自封也欲徧布之恐不可户説輙以是疏先焉

福清縣藝文誌

明都御史金學曾報功祠記　陳文昊

昔厲山氏之有天下也其子名柱能種五穀為農官厥後周棄繼之粒我烝民祀以為稷記曰法施於民則祀之蓋食其德者不忘其報也吾融山海之區東南土瘠而燥不蕃禾稻雨澤稍愆田苗立槁明萬歷間旱魃為虐野草無青都御史金勘災至止相厥土宜將外國所傳曰地瓜者教民種之是物喜沙土得其地則蘩藤茂葉氣下注纍結如蹲鴟所收視禾稻有加即逢旱亦可收其半數百年來民資以不困者公之功也邇來傳益遠且作上方之貢



天子嘉納召融人赴北地教民樹藝法利並及四宇矣撥厥自始公之功不在后稷下如之何其可忘耶邑士民議建祠祀公以誌不朽因鳩工庀材卜地於涵閣臨海依山左傍玉灣之麓右起東林之坡於茲奉俎豆薦馨香藉公之靈歲其大有飽公之德其永無窮於祠之成而為之記

元五世祖先獻薯藤種法後獻番薯禀帖

具禀長邑生員陳經綸為敬陳種薯之利益並呈法則

以濟民食事切綸父振龍歷年貿易呂宋久駐東夷目
覩彼地土產朱薯被野生熟可茹詢之夷人咸稱著有
六益八利功同五穀乃伊國之寶民生所賴但此種禁
入中國未得栽培綸父時思閩省隘山阨海土瘠民貧
暘雨少愆饑饉洊至偶遭歉歲待食嗷嗷致歷
憲轅急切民瘼多方設法救濟情殷綸父目擊朱薯可
濟民食捐貲陰買並得島夷傳種法則帶歸閩地不揣
冒昧將薯藤茵種及法則匍獻
憲轅俯察薯堪與穀並濟民食行知各屬效法栽種功
成食足永垂 憲德於不朽矣切稟
計粘法則一紙見後
萬歷二十一年六月初一日具稟長樂縣生員陳經綸
奉
撫憲金批 據稟夷國之薯氣味甘平可補穀食之不
逮該生涉險帶種而歸事屬義舉誠恐土性不合所
獻薯藤是否可種可傳爾父既為民食計速即覓地



試栽俟收成之日果有成效將薯呈驗另行通飭
具稟長邑生員陳經綸為試栽果有成效謹效獻芹呈
驗事緣綸父久在東夷呂宋國深知朱薯功同五穀利
益民生是以捐資買種并得島夷傳受法則由舟而歸
猶幸本年五月中開棹七日抵廈此皆仰叨
皇恩憲德福庇所及也第念率土皆臣咸思報國薯豈獨
利於邦若中國得種與法傳習栽培荒年無飢饉之憂
不揣於六月初一日以敬陳種薯之利益等事併呈種
薯法則獻叩 憲轅察驗奉批據稟夷國之薯氣味甘
平可補穀食之不逮該生涉險帶種而歸事屬義舉誠
恐土性不合所獻薯藤是否可種可傳爾父既為民食
計速即覓地試栽俟收成之日果有成效將薯呈驗另
行通飭可也仰見 憲仁廣慮周詳至意遵批即在本
屋後門紗帽池邊隙地試栽甫及四月啟土開掘子母
鈎連小者如臂大者如拳味同梨棗食可充飢且生熟
煨煮均隨其便南北東西各得其宜是嘉種雖降自天

而通飭習種惟賴　憲恩遠播不已將薯呈驗禀懇
仁憲大老爺俯察獻芹之虔乞廣生民之計通飭各屬效
法栽種以裕民食以誌甘棠俾得户習家傳頌德銘
恩與山海永垂不朽切禀
萬歷二十一年十一月　日具禀長邑生員陳經綸
奉
撫憲金　批深洋涉險七日返棹雖曰人事實獲　天
恩所呈地瓜剖煮而食味果甘平可佐穀食該生瀝

金薯傳習録　九

陳六益八利洵不虛也如禀准飭各屬依法栽種第
查禀内東西南北無地不宜之語但南方氣煖易於
栽培北地嚴寒恐難生發如果西北咸宜其功不在
樹藝之下俟各屬造報再有效驗另行具
題可也

青豫等省栽種番薯始末寔録

番薯種本呂宋國國不用糞治被山蔓野皮丹如朱夏
秋成卵夷人隨地掘取以佐穀食在本國極賤然珍其
種不與中國人元五世祖經綸公之父振龍公賈於呂
宋啗夷人以利得其籐數尺併得刈植藏種法歸私治
畦於紗帽池舍傍隙地依法栽植滋息蕃衍其傳遂廣
明萬歷甲午歲荒巡撫金公學會籌備荒策經綸公為
金公門下士上其種與法因飭所屬如法授種復取其
法刊為海外新傳徧給農民後見秋収大獲遠近食裕荒
不為害民德公深故復名爲金薯云康熙初年元先大
人客於鄞縣鄞多曠土先大人陰栽種凡地通斥鹵及

金薯傳習録　十

諸磽确教其土人如法布種初猶疑與土宜不協經秋
成卵大逾閩地乾隆十四年元客膠州時東省旱潦蝗
蝻三載為灾
皇恩蠲帑賑恤數百餘萬元夙貿易其地頗諳其氣候寒
暄與土宜物性因念先大人舊蔵金公種薯海外新傳
遺編會教鄞縣業有成效中有東西南北無地不宜語
與同伴佘友瑞元劉友曦諆於次年捐資運種及應用
犂鋤鐵鈀等器復募習慣種薯數人同往膠之古鎮依

法試栽始人猶不信可佐穀食秋間發掘子母鈎連如拳如臂乃各駭異咸樂受種蓋地屬沙土且力厚物性與土宜兩相得也但地早寒人不知藏種至春萌生十僅二三十五十六兩年僱人四關趕運補其缺乏因刊金公海外新傳舊本教以藏種之法十七年東省薦饑李公訪知薯利有益民生復取金公舊刻再為詳晰發明見後以種薯為救荒第一義自此家傳戶習菁葱欝勃被野連崗則人事盡天時地利交出而應荷鋤治地後



先相屬又不止古鎮一隅已也十八年元命長男雲移種於膠州州治時有本籍舉人紀在譜等聞庄傳種受法適収州乘木州尊宋彙收入誌十九年移種濰縣原任泌水縣王君暨其親鄰競來傳習到處収穫俱視穀利數倍自此土人藏種得法始免運費方敢出具投帖二十年冬元偕遊歸次年元長男雲次男燮移種河南朱仙鎮又移種河北等縣兩河南北雖傳薯種未諳栽植法大不盈把復取李憲金公所刊諸法廣為指授秋

遂大獲牛車載道矣二十二年男雲偕三男樹仝余劉二友又由膠州運種前至　京師齊化門外通州一帶俱各教以按法布種地縱屢遷效皆不爽其餘身所未歷無由率先引導但以金公東西南北無地不宜語及李公以種薯為救荒第一義推之其可以裕蓋藏備凶荒不獨東南利西北尤利也夫后稷之德上可配天惟在教稼而金公所須薯利溥海內外悉受其養功可配稷夫享公之利當報公之德則建　特祠以昭崇報能



無望於　當事大人及縉紳先生哉爰書所錄俾鰌車採焉

乾隆三十三年歲次戊子臘月望後晋安陳世元謹識

附古鎮地方呈請栽薯案

具呈福建福州府閩縣監生商人陳世元仝伴余瑞元劉曦等為報明栽薯以充民食法期繼起　恩乞示禁事切元閩地枕山襟海土瘠民貧暘雨稍愆饑饉洊至明萬歷甲午歲荒都御史金諱學曾撫閩　元五世祖諱

經綸乃金公門下士得外番呂宋國薯種並傳其法獻之金公業經飭行各屬刋有海外新編種薯諸法徧授農民地無論高下肥磽有種必生時不患旱澇颶蝗到秋自轉歉賴以濟民資以生東南一帶享其美利已二百年於茲元客山東十有餘載目擊丙寅丁卯等年凶荒相仍失業逃亡仰沐

皇恩發賑帑金數百餘萬不揣冒昧於十四年偕伴余瑞元等由閩捐貲運種及諸農器遠詣轄下古鎮地方寓



所餘地掘町試栽歷運兩載菜茂寔累物土相得業有成效理合呈明　臺下誠恐風俗歎生或任童稺馬牛肆意作踐不已匍叩　老父臺俯念事關民食　恩准申詳、列憲凡種薯地通行示禁仍請給照採買農具等物依法授種俾凶荒有備樂利永垂又不獨東南徧坻被金公之德已也切呈

計粘　金公種薯法則

應用農具　鐵犁　鐵耙　鐵鋤　鐵爬每樣各二件　併給照採募善圃十人教習

乾隆十六年五月　日呈

東省膠州知州周　批番薯之物性本甘溫植易生蕃原可補穀食之不足閩南獨多流傳未廣今該生等遠來試栽導民以法事屬義舉情有可嘉准飭示禁至採擇善圃給照之處姑俟下年苗種可留栽植果有成效另行議詳所呈薯利詩賦留閱可也

附膠州古鎮地方種薯招帖



具招帖福建福州府閩縣監生陳世元為招種番薯以佐穀食上昭　憲德下廣傳習事切元住居閩省先代貿易海外得紅薯種於呂宋國併其栽種法則萬歷甲午閩省歲荒時　撫閩都御史金公學曾籌策備荒元五世祖經綸公為金公門下士因上薯種並栽植法則飭行各屬秋收所獲數倍穀食至今東南一帶資佐饔飧貧富俱賴元久客膠州丁卯戊辰等年目擊此方凶祲為災失業逃亡因想薯之種植宜於沙土與同伴余

友瑞元劉友曦於乾隆十四年諆捐貲自閩移種試栽
於古鎮地方今已二年秋成發掘不異閩地近本地及
外方到寓傳種授法實繁有徒倘外府州縣肯来傳習
將種給與併法指授共享樂利同慶昇平幸勿観望謹
佈
乾隆二十年歲次乙亥端月　　日具招帖福建福州
府閩縣監生陳世元
附青豫等省種薯招帖



具招帖福建福州府閩縣貢生陳雲為種薯有效成法
宜遵合再申明以均美利事切雲父世元於乾隆十四
年自閩運載薯種於膠州古鎮地方導人栽植業已物
性土宜秋收無異十七年東省　藩憲李公訪知薯利
有益民食復將　金公種薯諸法條晰須行嗣於二十
二十一等年雲承父命凡經商所歷於豫之南北及通
州一帶無不載種刊法轉相傳授咸慶有年但治町有
宜淺宜深揷種有宜疎宜密稍不如法則外添藤蔓根

不入土結卵無力事倍功半經秋發掘多寡相懸難以
數計今膠州薯地業經依法指授家慶豊盈而豫之南
北及通州一帶事屬創始雲身歷目擊未盡如法合將
藩臺李公及　廵撫金公所刊種薯法則捐貲廣行刋
布凡欲傳習到寓給與依法栽種則人與事習自貽樂
利於無窮矣謹佈
乾隆三十二年歲次丁亥蒲月　　日具招帖福建福
州府閩縣貢生陳雲



海外新傳七則萬歷癸巳入閩甲午通飭栽種
明福建廵撫金學曾錢塘人

一薯傳外番因名番薯形如玉瓜藕臂如拳如指如卵
如棗大小不一實同種別皮有紫有白有深淺紅有
濃淡黄肉亦如之蒸熟勻膩如脂甘平益胃性同藷
蕷海隅人供饔飧蔓延極速節節有根入地即結每
畝可得數千觔勝種五穀幾倍
一薯初結即可食味淡多汁及時則甜煨食蒸食煿食

烝食亦可生食切片曬乾碾作饘粥磨作粉餌滚水灼作丸拌麵可作酒舂細水濾去渣澄晒成粉葉可作蔬

一苗入地即活東西南北無地不宜得沙土高地結尤多其餘土性結畧小出天時旱潦俱能有秋

一養苗地宜鬆耕過須起町高四五寸春分後取薯種斜置町内發土薄蓋縱横相去尺許半月即發芽日漸延蔓〻長一丈或五六尺割七八寸為一莖勿割盡留半寸許當割處復發生生不息若養蔓作苗須用稍長尺許密密竪栽如養葱韭法畏霜畏寒冬月以土蓋之亦有取近根老蔓陰乾收温煖處次年亦萌發

一栽莖使牛耕町寬二尺許高五六寸將莖斜插町心約以七分在町内三分在町外町内者結實町外者滋蔓每莖相去一尺餘十餘日町兩傍使牛耕開令晒又七八日以糞壅之仍使牛培土每莖可得薯三四觔若雨多須將蔓撥町上無令浮根匝地然實結地内蟲不能灾葉如食盡亦能復發



一莖早栽宜稀晚栽宜密三四月栽者實粗大七八月栽者寔細小秋末寔始加大冬至前當掘盡不掘盡亦不能大熟時須先割蔓置町下俟乾捲起冬月剉喂牲畜若北地早寒則遲一箇月栽早一箇月掘宜遲宜早亦看天氣寒煖耳

一存薯不一其法在人變通存木斛中草囤中磁甕中竹籠中俱可但性畏寒又畏熱置避風和煖處用草浮蓋俾通氣若蓋封固則發熱壞爛始末因由皆得諳番舶云按薯八月開掘延冬至結愈大穀成熟不刈則穗脫落遇風亦然久而即生芽敗爛

種植紅薯法則十二條乾隆十七年十二月刋

山東布政使李　渭直隸人

一紅薯一名番薯又名金薯形圓而長本末皆鋭肉白皮紫質理膩潤氣味甘平無毒補虛乏益氣力健脾胃强腎陰與薯蕷同功久食益人卵如杯如拳亦有

大如甌者蒸熟氣味極香似薔薇露一莖蔓延至數
十百莖節節生根一畝秋収可得數千觔勝種穀十
倍閩廣人以當米穀今江南一帶人亦知種有謂性
冷者非二三月及七八月俱可種但卵有大小耳卵
八九月始大冬至乃止始生便可食未食者勿頓掘
令居土中日漸大到冬至須盡掘出否則敗爛
一種薯宜高地沙地町起脊尺餘種在脊上遇旱可汲
水澆灌即遇潦年若水退在七月中氣候既不及種



五穀即當剪藤種薯至於蝗蝻為害草木蕩盡惟薯
根埋地中蝗食不及即令莖葉皆盡尚能發生若蝗
信到時急令人發土掩覆蝗去之後漸生更易是天
災物害皆不能為之損人家凡有隙地但只數尺仰
見天日便可種得石許此救荒第一義也
一薯地須歲前深耕以大糞壅之春分後下種若地非
沙土先用柴灰或牛馬糞和匀土中使地脉散緩與
沙土同庶能行根町中間要高兩傍要深薯藤每段

截三四寸長用土覆之須深半寸許相去縱七八尺
橫二三尺（以上是薯種初入地種法）俟蔓生極盛苗長一丈留二
尺作老根餘剪三葉為一段插入地中每丈相去一
尺大約二分入土一分在外即又生薯隨長隨剪隨
種隨生蔓延與原種不異
一栽薯種須於所剪各段依法順栽若倒栽則不生節
藤在土上則逐節生葉在土下則隨株結卵根附節
見即從其連綴處斷之令各成根苗每節可得卵三



五枚
一藏種法九月十月間掘薯卵揀近根先生者勿令損
根用輭草包裹掛通風處陰乾可作次年之種
一法於八月中揀近根老藤剪七八寸長每七八根作
一小束擇耕地作畦將藤束栽畦內如栽韭法過月
餘每條下生小卵如蒜頭冬月畏寒稍用草蓋覆至
來春分種若老藤原卵在土中無不壞爛
一法於霜降前取近根卵稍堅實者陰乾以輭艸襯內

另以軟草褁外置無風和暖不近霜雪不受氷凍處

一法於霜降前收取根藤晾令乾於竈下掘窖約深一尺五六寸先下稻糠三四寸次置種其上更加稻糠三四寸以土覆之

一法於七八月取老藤種入木桶或磁瓦器中至霜降前置草薦中仍以稻糠内襯置向陽近火處至春分後依前法種

一凡藤蔓已遍地不能容者即為游藤宜剪去之使氣下聚結卵自大掘卵時割去藤蔓可飼猪牛羊或曬乾冬月喂畜亦令肥腯



一凡種薯二三月種者每株種用地方二步有半而卵徧焉每官畝約用種三十六株此是薯於乘時者凡薯布根所在即結卵所在故用種少而秋收多四五月種者用地方二步而卵徧焉每官畝約用種六十株六月種者用地方一步有半而卵徧焉每官畝約用種一百六株有奇七月種者用地方一步而卵徧焉每官畝約用種二百四十株八月種者用地方三尺以內得卵細小矣每官畝約用種九百六十株種之疎密畧以此準之九月種者所生之卵如箸如棗不堪作糧以備來歲之種此松江法也北方早寒布種宜早一月天氣寒煖隨地不同總在臨時通變耳

一薯可生食可蒸食可煑食可煨食可切為米晒乾可作粥飯可磨為粉晒乾團為餅餌其造粉之法取薯卵洗净和水磨細仍以大缸貯水淘去浮渣做法同藕粉渣可飼豕將其粉作丸與彌珠細穀米無異作粉雖利虧損民食似宜禁止　按薯有紅白黃不同皆由地土而色變但人食之性則相同也



元按李公所刊種薯諸法本羣芳譜視金公刊於閩中者大同小異但因地制宜亦存乎人之通變耳

附管見種薯八利　　陳世元

一番薯土名地瓜又名金薯藤本蔓生實結土內割蔓一尺結薯數觔三尺五尺游蔓則節節盤根十圳八圳原苗復生生不已視地力之肥磽課收成之多寡種傳閩粵

利遍閭閻若原若野若沙若堤若山坡若海岸若斥鹵若墳埴各遂其生皆能有秋其利一也

一天時有旱潦之殊凡播百穀必雨暘時若因時下種俄延氣候雖種無収而薯則不拘乎時始於立夏終於立秋九十陰晴任憑栽植不穗而寔雨不能損深培而結旱不能侵風狂而藤惟貼地蝗過而葉可復萌儉歲亦收災行不眚其利二也

一地氣有寒煖之別南方氣暖霜雪固殊北地風高炎熱則一而薯則種之於夏成之於秋入土生根隔宿即長得四時之中氣計百日而成功霜威下降秋寔已登春凍初消新芽便茁放速於蒲盧功多於菽粟其利三也

一人力有勞逸之分窮簷襏襫暴髮頳膚火耨水耕沾體塗足農之為農亦良苦矣而薯則揷苗入地俾之自蕃薙草以犁培而待熟荷鋤無耘耔之勞滌場無刈穫之瘁始播西疇終殿南畝工力未半於農功豈



登自倍於百穀其利四也

一割地以栽薯則似妨穀竭力以栽薯則似妨功而薯則不擇地而生不計時而種補不宜種粟之曠區以栽薯則地力彌廣分已經耕耘之暇日以栽薯則人功更逸地無荒廢家有餘饒其利五也

一百穀登場必待成熟而薯則發生即熟採取隨人雖非穀比却有穀功藉其寔為饔飧饑可果腹摘其寔以淹葅饘可充蔬性得中和脾胃兼補潤同脂髓童叟咸宜藤蔓以喂牲畜樵爇不待芻蕘其利六也

一薯既掘食不一端可生可熟可截可羮可為餅餌可製圜飴可如麪以絲可如米以碓可連皮以造酒可搗粉以調羮可作脯以資糧可晒片以積囷味同梨棗功並稻梁其利七也

一查西北省各州縣凡膏腴上地更際豐年每畝共收穀子一大擔計官斗三十餘斗連稃不滿五百觔如大麥小麥膏梁蕎麥到秋収成輕重大畧相等而薯

上地一畝約收萬餘觔中地約收七八千觔下地約收五六千觔不煩碾臼且無糠粃其利八也按薯每萬觔晒乾三千五百觔零

按此種薯八利已附見於乾隆二十年招帖中當時尚恐土宜不協雖連年遲種未敢必有成效今青豫各屬一帶種植不異東南將事蹟先後彚刻成帙故將六益八利附於金李二公之後俾海內　君子知薯利寔可佐穀食之不逮彼此傳習於元寔有厚望焉

乾隆三十三年歲次戊子仲秋望日識　陳雲



附載番薯療病六益

一治痢疾下血

凡痢疾之起多因脾腎先虚而後積滯成痢其有脾氣虛甚欲健其中焦者必宜甘温之藥其有命門不暖欲寔其下焦者必宜純熱之藥至若濕熱所致煩熱口燥腹痛純紅小水黃赤以及下血者用此薯蒸熟以芍藥黃湯頻頻嚼服或薯粉調冬蜜服亦愈

一治酒積熱瀉

泄瀉之症不一或水土相亂併歸大腸而瀉者或土不制水清濁不分而瀉者或小腸受傷氣化無權而瀉者或真陰虧損元陽枯涸而瀉者此皆各從其類治之若酒濕入脾因而飧泄者用此薯煨熟食

一治濕熱黃疸

黃疸之症大要有四一曰陰黃由氣血敗也一曰表邪發黃即傷寒症也一曰胆黃驚恐所致也更有陽黃一症或風濕外感或酒食內傷因濕成熱因熱成黃者用此薯煮食其黃自退



一治遺精淋濁

遺精之與淋濁症有不同故治亦不同然大要責在心脾腎故凡遇此症無論有夢無夢有火無火或氣淋血淋膏淋勞淋石淋總宜調養心脾每早晚用此粉調服尤有奇功

一治血虛經亂
婦人血虛或遲或早經多不定故陽虛補其陽陰虛
補其陰氣滯順其氣其有不宜於辛燥寒涼而宜於
清和者用此薯飱頻服調養其脾使脾健生化經
期自定
一治小兒疳疾
按疳者乾也在小兒為五疳在大人為五癆其病由
於哺食乾燥之品嗜食甘肥之物妄服峻厲之藥以



致津液乾涸延而成疳此薯最能潤燥生津安神養
胃使常服之則舊積化而疳愈矣又凡跌破出血咬生薯數上即愈如無即薯粉亦可
附種蕹菜芥菜二則
雲按青豫各屬土鬆而肥薯園餘地可以種蔬豳風
月令脩詳其種是蔬亦民間日用所必需者甕芥二
種獨缺其傳二十八年攜種移植今與西北嘉蔬俎
宴同薦矣
一蕹菜本東夷古倫國番舶以甕盛之又名甕菜蔓生
花白莖中虛摘其苗不拘長短以土蓋之輙活秋末
取其老莖移藏於沙土之高燥者以為來種亦有以
子種者布蔓於夏隨來隨生性清涼而不傷脾味平
淡而不濃濁解烟毒潤血燥退蒸熱生搗爛可已兒
童頭面諸瘡此蔬中之妙品者
一芥菜種甚多有青芥白芥南芥紫芥花芥然品雖不
一性則相同發生於冬盛於春青豫早寒秋初便可
入種冬刈食之鹽淹用甕藏固經歲不壞切食羮食



俱佳閩中最珍其品味辛辣而無毒氣溫和而兼補
可以佐穀可以充饑能安五臟不忌娠產之人不忌
以上八利六益原稟尚未聲明茲父親與雲採集衆
說各抒管見歷陳利益效驗附載于右
乾隆二十九年仲秋晉安陳雲識
續刻佈詞興薯利除蝗害
具佈詞福建福州府閩縣監生陳世元爲歷陳傳習
遍告遐方以廣 憲恩以蕃民食事切元四世祖諱
振龍公於明萬歷初年航海經商呂宋諸番邦見其

崇尚廣野遍栽地瓜狀如薯芋而味甘若飴有六益
八利秝以為食但夷人怯甚種禁不傳中國時元高
祖諱經綸公年方弱冠為長邑諸生巡撫金諱 學
曾公撫閩每以閩地負山阻海土狹人稠雨暘稍愆
饑饉荐至為憂適觀風問俗荒策擢公案首公因父
艷稱番民佐穀有種特奇乃懇其携歸明年遂往截
其蔓數百莖並探得種法潛携以返授經綸公獻之
金公名曰番薯公特喜遂按法刊成海外新傳一編

金薯傳習錄　卅九

檄屬郡教民栽種然但知其宜於沿海諸鹵壤而已
迨入
國朝康熙年間先父 諱以柱公凜遵家訓將薯種並金公
所刊之書親授莆邑係璞携往江浙傳植此外省栽
著之所由起也乾隆十四年元同夥余瑞元等挈種
至山東膠之古鎮賃地試栽收穫不異南土十六年
呈報州官發蒙批獎十七年東省 藩憲李諱渭公
訪聞廣為十二法則飭各屬遵行樹藝又聞明金公
所刊書中之法也十八年彼處舉人紀在譜及諸鄉
彥咸樂乞種十九年遂秝入重修膠乘二十年元又
廣刊招帖遍告膠之隣境二十一年遣長男雲偕次
男燮移種河南朱仙鎮又移種河北等縣二十二年
復遣男雲偕三男樹運種至 京師齊化門外傳授
法則去年長男雲再到青豫又具招帖聲明各郡業
已遍栽薯之蕃於京畿青豫江浙等省也源流又加
此今元年已衰朽倦遊矣而諸男或遊學或經商舟

金薯傳習錄　卌

車所至遐陬僻壤猶見栽有未遍者用是重刊金李
二公法則裒集明
監察御史蘓諱琰疏頌薯利有益民生無如飛
蝗害苗薯葉剪陷本朝御史周諱燾茂念切民瘼稼穡
艱難念四年投奏蘖蝗害稼最烈設法撲捕條例賞
罰分明部須通飭各省遵行如仝捕盜不分疆界隣
縣協捕其種薯明季未遍故未投奏前後兩朝諸紳
士賦頌詩詞薯疏筆記彙訂成卷但取印刷徽費徽

置東西南北各省書坊俾就近得以購覽較之昔人
所著齊民要術食物本草致富諸書尤見簡切而利
賴無窮焉誠李寔所採群芳譜以種薯為救荒第一
義也大抵薯非種無以致其栽培非法更無以豐其
收穫往往見有種同地同至成熟之時而所穫十不
及二三者是皆未詳於法耳苟知種而不知法所生
之薯如指如棗徒費工力所以前朝種薯寥寥而今
昔不同也哉



國家重熙累洽天不愛道地不愛寶百昌告成之時而薯
亦迭見旺產是以薄海內外地無曠土國無游民富
庶之盛邁於前古此皆李寔指示種法之功也竊念
古人每飯必祭而金李二公之功不在樹藝之下獨
泯沒無聞尚望
當道大人及鄉先達名公鉅卿軫念民食考獻徵文採
以入
告特祠崇祀庶無忘金李二公開萬世佐穀之利貽四

海足食之息也更經綸公於明季時因得薯種進學
江湖教人種薯以佐穀食目擊蝗蝻蚕害禾苗赤地
皆空薯葉亦被剪盡閲之埤雅蝗乃魚子所化又史
載飛鳥數千下而啄之公觸類旁通驅鴨啖除治有
成效第事屬創見未敢遍傳祗筆記存稿在家值家
大兄諱九振選蕪湖丞適有捕蝗之役再用此法屢
有實效列　寔即擢署含山令命元續刻附於金薯錄
之末是否有益國計民生以備採擇而行區區鄙忱



特此佈聞

乾隆歲次丙申年仲夏續刻日具佈詞福建陳世元

## 金薯論

陳雲

嘗讀孟子有曰五穀種之美者也夫美固莫美於五穀矣而又繼之曰苟為不熟不如荑稗是非熟之斷斷不可也雖然熟豈易言哉獨觀乎金薯而種之美與其所以熟之者皆若有踰乎五穀之上焉試得條析之而著為論蓋彼之出產有謂六益八利不限天時不擇地利詳於金




公李憲新編法則及諸紳士序賦詩詞可不復贅而竊有未及述者茲特與穀屑屑而較之穀之種有數紅白不一而薯之種亦有數紅白不一穀味甘而宜人薯味甘而益壽穀之種於南地者早晚二冬薯之栽於鹵壤者亦早晚而候穀之成熟以百日為期薯之成熟亦以三月為候此固其大較也若夫穀當刈穫之時不得踰延旬日風雨皆得而害之暴風則穗盡脫落積雨則粒盡生芽而薯則時日不為限早掘可食遲掘更見肥大卵藏土中風既不防雨亦無損穀熟須築場以晒之而或簸或舂經時始獲炊爨而薯則出土便可入口生熟皆宜至於疵殘服食亦有與穀殊者穀已成粢非芻豢不為佐非珍羞不得下者有之而薯則隨其適口不必




兼味惟斂藏有不及乎穀者穀積數載陳而不腐而薯則鮮者匝月乾者經歲踰期則爛而味變然此又有其妙用存焉何也世俗趨利未有不糶賤而糴貴者也惟於薯則隨掘隨賣周流以濟食無所積囤即或切而為錢屑而為米乾之亦可以興販于四方要皆隨時低昂穀價輒為之減較之穀易於積頓恐其高擡不又有別

乎凡此数者謂之美美何如耶謂之熟熟又何如耶本造化之仁而功侔千秋之教稼造民生之福而基植萬禩之太平夫孰有踰於此也哉

## 金薯論

昔神農始為耒耜而五穀之利以開后稷教民稼穡而五穀之利益溥故神農紀為炎帝后稷紀為穀神崇德報功直與天地今其悠久矣若乃類不屬於五穀偏能佐五穀以養人者莫如金薯金薯者明萬歷間吾宗捷先凡高祖邑諸生諱經綸得之呂宋獻于巡撫金公而教民以



植之者也溯其傳之由於金公故名金薯原其種之出于番夷故曰番薯而世俗以其滋生蕃盛則謂之蕃薯其義更廣謂之薯者何謝在杭五雜組云凡植物皆正生惟蕉側生故其字從庶猶人之庶出者也然薯蕷亦側生于義何取在杭引而不發予申其旨蓋蕷者預也薯者署也預者預其謀也署者署其職也按之六書之

義不由乎蕨乎但薯之種不一山藥捷薯雖側
生蔓蕻皆出于根而番薯則根莖條榦俱能蕻
生五穀必待熟食而番薯則可生可熟可鮮可
乾為錢為粉為米為絲根既可以佐糧葉亦可
以為羹是合五穀菓食而一之者也且其生也
不限於天時不拘于地利并不甚賴乎人功故
其用也或調乎飴餳或合為餅餌或釀為酒漿



淂之甚易措之咸宜夫非備四氣之和而具百
物之精者乎始僅植于閩中今撓先諸令嗣後
流傳吳楚青豫間行見漸推漸布遍四海而皆
蒙其利則薯蕃而人物亦蕃何啻瓜瓞之綿椒
聊之衍耶金公因是種而傳之固為神農后稷
之功臣而提先兄之乃祖經綸公當年獻種有
率土皆臣之稟帖將共嘉植遠播于四方不猶

金公之功臣也哉余思莫為之前雖美弗彰莫
為之後雖盛弗傳宜其特祠崇報並垂不朽是
為金薯之論云

弟寅軒承書拜撰

金薯傳習錄下卷

附諸家詩詞歌賦

晉安陳世元捷先氏彙輯

男　雲德水

次　燮德文

三　樹德書

孫　代鳴仝校刊

金薯歌　并引

神宗甲午臺使者金公撫閩得長邑庠生陳經綸所獻呂宋外番薯種磥砢草宅蜿蜒沙磧非蔬非菓不幹不支飯可充𩛿可鼓可饌可糧課植諸毗邦人利之弗忘所自咸稱金薯焉夫閩僻處南服土瘠民稠火耨水耕僅資糊口若逢旱潦凶歉相仍乃今三十年來濵海相沿而不聞災眚者是金公大造之功於此邦弟子都門待罪奔走靡寧歲甲子疏凡六十餘上始獲乞骸歸里嘗扶杖作野



外遊因數薯利美其用力少而取功多入土生根㭊宿即長藤蔓可煨牲畜樵蘇不待芻蕘孰知傳種一書生疇及國計民生之大利歟賴以濟民貧以食寧千百載下不與五穀並傳哉爰為之歌曰

帝德廣運上格天心萬寶珠玉百穀琳琅士名璀璨應瑞遥岑誕厥嘉植山隈水潯既旨且旨匪古伊今壺飧以濟災荒弗侵麟哉炳哉帝德高深

金薯頌　并序

度閩海而南有呂宋國度海而西為西洋多產金銀行銀如中國行錢西洋諸國金銀皆轉載於此以通商故閩人多賈呂宋焉其國有朱薯被野連山不待種植夷人率取食之其莖葉蔓生如瓜蔞黃精之屬而潤澤可食或煑或磨為粉其根如山藥山蕷如蹲鴟者其皮薄如朱可去皮生食亦可熟食亦可釀為酒生食如食葛熟食色如蜜其味如食荸薺器貯之有香氣閟室中夷人惟蔓生不

嘗省然憾不與中國人中國人截取其蔓咫許挾小籃中以歸於是入閩十餘年矣其蔓雖萎剪插種之下地數日即榮故可歸而種其初入閩時值閩饑得是而人足一歲其種也不與五穀爭地凡瘠鹵沙岡皆可以長糞治之則加大天雨根益奮滿即大旱不糞治亦不失徑寸圍泉人鬻之觔不直一錢二觔已可飽矣於是耄耆童孺行道鬻乞之人皆可以食饑焉得充多焉而不傷下至雞犬皆食之爰為之頌曰



不需天澤不與人功能守困者也不爭肥壤能守讓者也無根而生久不枯萎能守氣者也子向行江北天大旱五穀不登民食草木之寔今乃佐五穀能助仁者也可以粉可以為酒可祭可賓能助禮者也莖葉皆無可棄其直甚輕其飽易充能助儉者也耄耆食之而不患哽噎能養老者也童免食之止其啼能慈幼者也行道鬻乞之人食之能平等者也下至雞犬能及物者也其於士君子也以代匱焉所以固其廉以廣施焉所以助其惠而諸德備矣而吾邑梁肉之家猶駭然而不敢食食之則謂同於窶與賤於是何子掘而出之浴之清泉薦之潔冎盛之陶匏沃以濁酒而為之歌曰

令珠而如沙人以之彈雀令金而如泥人以之塗雍令朱薯而如玉山之禾瑤池之菽人以之為不死之大藥雖不死藥不足以佐五穀吾亦不忍其



禾玉山菽瑤池獨從羽人於丹邱坐視下界之人痒饑啾啾而不得一嚼

## 金薯賦并引　　陳騮

金薯者何明萬歷間大中丞金公撫閩得種於畨分植九郡至今濵海享其遺利予居邑之南鄉禾嘗不足尤賴乎薯先是海水入內地民田半為潮淹。沙壓里人患之僉籲於公公為之題蠲故公之撫閩余邑被澤為更深衆父老欲建祠祀之崇禎

已卯邑大夫雲間夏 諱瑗公下車課士咏古五題
金公薯其一焉邑之紳士後先歌咏以紀其事詠
秋吳航集社復拈是題余得分賦自知下里巴詞
無以導揚前烈聊脩輿頌箋言藝林鼓吹云爾
天德好生誕降嘉珍不華而寔不獲而困未詳於
草未頌於豳清和詔令南陸聿新蘼草丹蘼苦菜
碧塵蚯蚓振野蟪蛄叢昀麥秋已告稻花未辰惟
我嘉植芽蕨胚脈繁莖卒偃嫩葉初陳爰顧農人



南東事揭耕耨迫殊勤勞弗輟或負歌而載芟或
餉甾而理穮時作息乎畚區亦棲佖乎草茇各揠
蔓以類抽互分葉而爭割布碧畹以發生鹿綠披
而鱗越始林下以附蘿旋谷中而施葛翳晴嵐而
粹和薰溽暑而明谿應氣候以調劑運精華而鬱
勃非蔣蘢以膏凝豈蓰苓而蟬脫初枕籍以潛漸
漸纍〻而莫過未幾風高九野序迭三秋草木隕
碧塲圃蕭颼地寒而忽翻瓜瓞土裂而亂舞蜒蚰

錯落丹芝於藁壤點綴朱房於塽陬有截如筒有
溜如篝有削焉圭而拱焉璧有舒焉戟而屈焉鉤
乍涉園而顧瞻復扶策而踟躕疑蝶蝀之縮伸乎
畝畝寧熒星之散落乎邛邛豈勾漏丹砂之結而
未礙抑遂壺冰藕之撒而不收於是樂冬無恙卒
歲有方歲如百穀積亦千倉美造物之韡始開庭
碩之悠長雪土脂而暈潔沃水華而旨昌味甘脆
而更液性中正而毗涼療饑窘而庇蔫滌煩渴而



露嘗水火濟為乾餱甘逾鹿心馬乳粳蘖和為佳
醞香同蟻綠鵝黃刓片剉圓越青英於菱芡澄膏
擣粉發精采於桄榔䨏篩長調試割烹於匪既筐
筥載寔信觳用之無疆苟異種之不傳斯顓蒙之
莫則鴻雁起而于飛溝壑填於奚極顧當饑饉之
臻倍享壺飧之德念灌溉以栽培不拮据於稼穡
彼若白菱綠葵青藙紫薑秋菘春韭夏筍冬蔣蔬
臛擅其辛旨殖醞蔚其芬芳究徒奐乎口腹總無

資乎稻粱撈厥先民敢忘所自於乎金公秉樞閫
地兆萬姓之休徵創百年之美利息瀚海之風濤
搜山林之瑰異凡水納夜光浮磬寶弓超駿巨鷲
赤豹元熊旁及喬夭擁腫葯藪蒙茸無不駢宗明
盛快覩遭逢是故孤桐降嶧陽之藪篠簜生荊揚
之琁葡萄獻大宛之外橘柚貢淮海之東廼薯而
曰金南國丕生恩垂奕禩澤匝編氓秋聯萬頃貴
匹專城一人荷鍤八口豊盈薄賜齊公之胙賤視



漢侯之鯖按張梨之得願憶梁柿之馳聲橙慰心
於蕉轍瓜寄志於邵平土芝借晦翁而有賦甘棠
為召伯而留名因感吾閩之有造爰思登岱而勒
銘

金薯賦　　施　楠

天朝秀幹呂宋靈根種托平沙不擇土肥土瘠葉蕃南
國奚分時冷時溫疑秦洞之紅花行行火齊恍玉
盤之碧藕處處冰痕工不煩乎耕耨用可備乎饔
飧禾黍既登奚必靈苗海國恩膏遍布聿傳嘉種
名園爾乃節屆朱明兮麥雲乍起時當維夏兮梅
雨初晴碧草斜陽芳塍秀捲菜花平野綺陌香生
或抱耰鋤以往或負畚鍤而行或類抽而行蔓或
爭割而分藥或向谷中而播種或從林下而勾萌
或布平疇而發育或雜沙地而纍纍采燁燁以含
芳千條嫩葉影離離而映帶滿地繁莖已而序過
三秋場滌南畝土膏凝結兮蕃衍靡窮地氣薰蒸



兮滋生自廣如珪如璧不論高原下隰之區如戟
如鉤遍生斥鹵墳壚之壤十雙璧種方傳瑪瑙於
疇中兒子粽成已獲珊瑚於隴上千町雲掛冰魂
渾碧壤雙雙四野高風玉幹遍沙痕雨雨其生而
咲之也半彎玉臂劈開皎皎之姿一點櫻唇爰上
田田之口摘來華峰寒雪齒濺幽香探彼上苑青
梨味同白藕固知種生沙礫難稱席上之奇珍還
肴宴等葡萄堪向筵中以佐酒其晒而為餅也恍

布地之金錢訝連山之趙壁銀刀剪過紙窓沉碧月之輝雪片涵時深院奪梨花之魄喜編坻之各足村村廻赤仄之文知蔀屋之非貧處處擁青蚨之迹其碎而為粉也藉天孫之杼搗去紅衣憑月窟之春澄殘香髓水晶盤內翻來雪浪三千碧玉碾中戦過銀濤百萬秦楼月掛粧臺之落粉初沉梁苑雲殘雪檻之氷花乍噴真石乳之可幾豈胡麻之尚遜其妍而供饌也賓嘉烹香雪後之天漿



自別氷壺煮味霜中之石蜜遥須當一飯再飯之功無虞哽噎勝食麦食麻之味寧類茅菅童稚皆歡齊歌鼓腹介眉有慶共羨酡顏凡此皆金薯之可朝饔夕飧而取携甚便凡此皆金薯之可療饑養胃而益人甚深也彼夫梁柿張梨雖云雅品烹葵剎棗不廢謳吟孰若海外傳来功留僻壤昔賢樹處澤溥蒼黔因為之歌曰靈莖誰種潮山岑惠政流傳遍古今欲繪豳風圖一幅金薯久已作棠

陰

金薯頌有序　陳琮

閩玫畨薯種匂吕宋稽含草木狀云廿藷藷蕷之類即畨薯也萎来中國何序云其蔓雖萎下地数日即榮種遡明朝閩書云郡本無此種萬曆歲饑十閩人餓死悲地毋活祝金公閩書云巡撫金學曾教民種之荒不為灾蔓咫芟四何序云中國人截取其蔓咫許藤隨植茁何序云瘠鹵沙岡皆可以長閩書云于芋薯尤易蕃挿蒔南畝何序云剪插種之又云不與五穀爭地剪許東榮旱魃寸圍何序云即大旱亦不失徑寸圍糞治碩大何序



云糞治之則加大始而漸蔓終乃吐根貌似大甌草木狀云大如拳甌葉同紫莧色朱皮薄肉白味甘烏芋汁漿何序云其味如芋薺本草綱要云芋薺一名烏芋今俗呼尾薺鵓鶉精氣陶隱居云芋名鵓鶉正字通云鵓鶉如鵓鶉坐生如葛食蒸類蜜香何序云生食如食葛粉食如蜜又云香聞窀中粉傳何郎醉醺妃子何序云或磨為粉又云亦可釀為酒童孺適口曲唱紅兒耄耋充腸年忘終縣何序云耄耆童孺行道鬻乞之人皆可以食飭療錢數何序云泉人鬻之斤不值一錢物賤命尊鄰乘誌詳前人序悉憶予生晚恨獨運無縑輒硯田

榛蕪藝圃宮苑空，採野苓未賡早悵珠米昂今欣
玉獻諸糧飛艫（舟運省治往返晨夕）地瓜（官吾土者皆呼番薯為地瓜）疊
山類聚彩分（朱□□一種因土變色有紫皮紅肉俗名番葡薯者有皮紅肉白名桔薯者有皮肉俱黴黃名鶯哥薯者此薯人藏食之又有皮淡黃肉濃黃勺粉團香且鬆如芋魁者名芋薯朱薯外推芋薯味最佳甚至見賓承忝相向遺者味有濃淡亦隨地土）筒便（何序云器貯之有窑氣今人乃有藍貯又貯之瓦器出產地竟以木檝貯當來歲穀食）家給糕題（近有磨切蒸作糕名齒薯粿以售者）酒酌火齊丹砂鼓腹粮充（草木状云以充）
粮雪堆瓊碎（草木状云蒸切暴收）廉坪勝國（今谷地一斤價亦一錢不獨明



（時泉人鬻然）鈇溢野城赤帝離離黃軒穰穰頌章有咏
興代同賡壤擊興歌康衢並盛頌曰
維薯之蔓先短八寸（咫曰八寸）截扶籃中（何序云扶籃中以歸）同芹之
獻（陳氏先世獻於金公）隨地插蒔衍午而萬其衆油油亨屯藕困
維薯之葉澤潤而燁山藥山蕷葉乃相協（何序云其莖葉蔓生如瓜萎黃精之屬而潤澤可食）蓁蓁美盛南畝是饁旨酒嘉殽佐食疊疊
維薯之根如拳（注見前）如蹲（何序云其根如山藥山蕷又如蹲鴟）章美內食
可饔可飧一觔隻錢二觔飽溫（何序云二斤而可飽矣）廉而不貪

下飼雞豚（何序云下、至雞犬皆食之）

金薯歌　方廷珪

丹素質兮（皮有紅白二色）冰液翡翠叠兮紫莖鈎連兮子
母蔓衍兮兩坪不爭三時兮刈插（春夏秋皆可種）無分九
土兮縱橫（地高下俱宜）利不遺兮磽确食可配兮稻秔
粿麴蘗兮宜釀和鹽梅兮調羹碾霏微兮雪屑（可為粉）
羅寶瑀兮玉精（蒸熟色通明如玉）薦盤飧兮至足（長福等屬縣比戶儲以作糧）
益腸胃兮惟清（能療六病）挈予裘兮賈客



（賈人傳自呂宋）廣予類兮榕城（陳氏之先試種於臺南紗帽池）遂永彝兮
島服爰隨貢兮
帝京（乾入貢品）佐秋收兮棲畝匪王稅兮賦平惟金公兮
廣愛（明撫軍金公教民栽植防饑）布良法兮覩成（刊有栽薯諸法）歌有
年兮在昔奏衢頌兮編氓喜四隩兮均利（陳友世元移種）
（西北近有成效）戶永息兮呼庚承降康兮惟億報明德兮
薦馨

金薯歌（栢梁體）　林瑞泉

昔日来莛天降康豊年有賜遺澤長負鋤荷鍤遍
遐方潤枯蘇槁資糗糧熙熙生齒聚井疆陽驕陰
戰空築場哀此羣黎食粃糠鴻雁集野仰稻粱撫
閩使者著循良得茲嘉植於海洋割藤剪蔓儲筐
筐治畦布種依高岡秋收不用斗石量牛車前後
遙相望珊瑚累寔孕天漿饔飧佐食熙春陽釀隨
梯醑薦馨香民思功德久不忘始自東南裕蓋藏
至今西北步周行吾友陳君惠音琅頻年運種膠
乗詳蒱蔔肯蒱侈漢皇無関民食徒徬徨豈若茲
產流澤滂家家鼓腹樂未央諸葛有菜召有棠金
薯名應與俱揚

金薯歌　葉觀國

四隩既宅人物熙教民稼穡鬻伊耆水耕火耨隨
土宜普將樂利中古時土物不貴貴珍奇丹砂玳
瑁輸島夷遂有鳴鴻集中坻視將斗粟同珠璣閩
中土瘠物產稀萬歷甲午歲凶饑誰堪為國作羽



儀金公開府駐纖鷁傳來嘉種似蹲鴟朱皮玉液
卉服貽剪藤刈蔓伏蛟螭降原陟巘若置棊牛車
滿載逐鋤犂寔纍不問地瘠肥
聖朝廑念在民依近来移種遍京畿陳家繼志有佳兒
能將舊乗播良規其種與法乃陳氏先世得之呂宋獻之金公教民栽種裔孫捷
先買於青齊復携種刊傳錄轉以其法教青齊之人習東西南北銘口碑金
公明德於繹思

番薯歌　劉應聲

於戲異哉奇寶稱海上明珠翠羽紅珊瑚寒不可
襦饑不可食胡為乎重價千金買一握有之如此
不如無吾聞山東列樹棗纍纍亦有水國菱芡雞
頭模山谿劚蕨拾橡斗江東茭茵稱菰蒩佐食充
饑聊一飽有口歉歲伏汝餬尚恨不得比五穀千
倉萬箱難為圖乃知造物何可測養人美利東夷
隅千古未曾入中土百年始衍閩南隅紫藤綠葉
忞布地如拳如臂丹砂膚肌如白玉漿如醴截肪

瑩雪詎能逾，芭茁斥壤千百萬，掘之纍纍進嘉厨。蒸之浮浮香始升，色味恍與簝（？）糒俱。食之小人果其腹，君子奚翅飱松腴。異哉至寶來海外，功比諸穀無差殊。連岡叠嶺有隙土，磽确皆可成墳壚。大畦小畛參差出，揮鉏牵蔓究勤劬。遍弥野綠遠彌碧，那數瓜疇及芋區。水潦不愁頗耐旱，夏種秋登生慛愉。海國水田稻再藝，增此曷足輕麥麩。兩錢一斤再三飽，長飱直可欺芋奴。長年儲胥廣蓄積。南畝竟歲常代餔，既多且旨廉厥值。黎甿容易寬卒瘏，孰食況薯可生噉。甘蔗來服如其徒，孺童黃耇争忻悅。和中益胃亡憂虞，強健筋力比參朮。八珍不足誇，淳毋憶我北遊。歷豫晉，初春窮子號妻孥。榔稊榆莢競抉剔，淪鶩豈止剥枌榆。我為嘗之再嘆息，羨斥敢笑野人愚。念我朱薯（閩俗呼薯平聲），足閩海，清芬輭美沿道途。小坊曲巷奏艱食，一錢可買晨達晡。閭閻力作無多事，數文便足養命軀。山甿



土窖敵輪囷。販夫儋石連舳艫，或為玉屑或瓊粢，或釀清冽驚醍醐。窗室三飱厭梁肉，咀嚼何必分酪酥。清齋古鼎茶初熟，我亦時時薦一盂。茯苓琥珀列柈榼，磊落滿腹行于于。濯以清泉雪以紵，佐以利七西鋙鋙。小切大嚼隨意可，秋風到處思蓴鱸。古人獨未嘗其味，此物今真日所需。果蓏還惜未及此，豳風八月空斷壺。鮭菜忽分田野興，山澤頓改列仙臞。賓筵有酒式燕衎，橘柚錫貢吾君須。

海中珍錯夥奇異，南食見者多怪吁。佳種安得播天下，新味略與新意孚。高秋長鑱穿雲去，盡日春山趂釆蕪。燕代頻聞多教習，塞邊風靜鼓無枹。民依自古足軫念，民生一一煩廟謨。異哉至寶遍海嶠，君子不鄙之曰麤。

地瓜賦　徐輝

瓜以地名，厥類孔醜，種出珠崖之濵，性宜沙礫之畝。同薯蕷以滋生，與菓蓏而為偶。烝黎乃粒，埒於

九穀之登甘脆是供充乎八家之口既東漸而西
被亦左宜而右有彼夫初夏分栽及秋並茁匪緱
圃之堪誇匪孫園之可匹匪會稽之五色稱奇匪
積石之三年始出隨地可種易於蒲蒿生泥托瓜
為名勝乎水芝含察傳自外國萬歷之年方來入
乎中邦八閩之疆漸溢蔓山遍野不待花而能生
匝畦盈壟郁緑根而有寔爾其紫莖藷衍翠葉紛
披生喜就暖性畏凄其雨來而蔓抽軋軋秋去而
寔結纍纍入地潛藏宛蟠龍而屈蠖乖藤比附若
探菱而拔茨列諸几筵品更隆於蒲鴿盈乎海甸
用還溥於蹲鴟其種則有南芋東藷之殊其名則
有黄鸝粉蝶之類其色則或白如脂或淡如醉或
與琥珀爭光或與胭脂並媚詭形殊態羊骸虎頭
之奇玉乳瓊肌獸掌龍啼之異乘雕盤而薦席可
當學士芋羹寔筠籃以療饑豈讓齊州麥飼食粟
而外唯此堪佳含哺有需宜宏儲積至若栽歸南



畝告成西畹婦子任其取携朝夕資以繾綣剝膚
見髓如剖氷瓠之鮮沁齒餘甘若啖雪藕之嫩磨
下霏霏細膩玉粉如塵削來片片團圓銀刀不頓
和麴而千日斟醇逢朋而一杯可勸出之不竭豈
待餘九餘三用也多方不知以千以萬是其宜饔
飧佐黍稷偹荒凶供兆億腹可鼓歌人無菜色或
燔或炙不須倚月而舂予取予求寧虞納屨之惑
濟中得味儒士藉以鎮心交際相投農家因之報
德若夫粟代餔以為供筍作飧以自給雖佳味之
可陳亦片時之偶及何若薯之蕃〇廡陌阡繽紛
原隰植於一畝之地將暗長以潛滋歷乎三時之
天遂黄紆而紫拾甘香可駕衆菓之先京坻倍多
五穀之入標佳品於南閩播芳名於上邑稽諸古
乘未紀神農之經進厥農書可賡豳風之什歌曰
維薯嘉種萬億及秭其大如拳其小如指食我農
夫既多且旨祝屢豐兮今以始樂太平兮媪

天子其利溥哉惟地瓜耳
賦金薯三十六韵　　黃翔鳳
稽古神農嘗百草朱薯未入羣芳譜特留嘉種在
番邦天地全功有待補相承后稷事耕耘胼胝勤
勞黍稷分啟廸三農生九穀烝民粒食戴元勲素
王大道傳悠久富教循環誠善誘立言立德與立
功宇宙稱為三不朽掟君世祖諱振龍貿易呂宋
駐番封目覩朱薯生被野捐貲帶種暗歸農厥子



肯堂尤汲汲補員食餼居長邑大名不愧作經綸
秀才已解生民急金公奉　　詔撫南閩樹德籌荒
感士民門下書生欣獻策故將嘉種普同仁薯藤
種法呈金撫撫公又恐非宜土紗帽池邊餝試栽
秋成纍纍無計數如拳如臂恣耰鋤生蘖蕡煨均
可茹氣味和平堪佐穀羣黎誌喜號金薯遺編訓
導垂今古衍息蕃滋寰海宇歆和食德百餘年繼
志孫曾繩祖武初從鄞縣植薯苗次向膠州播大

收河北河南皆廣佈祖孫父子著鴻庥種薯利澤
誰與匹懿厥崇功侔黍稷紀時紀地紀新傳立言
仍藉斯文筆不分南北與西東無地非宜運不窮
寔得救荒第一義千秋兆姓賴其功

五言古　　邱振芳

維帝育我民稼穡肇皇古旁講種植書蔬果列園
圃苟可佐粒食理財均有取每慨井地更遂多旱
潦苦圖易在思艱祁寒與暑雨怨乃户口滋何得



容曠土有薯產呂宋甘腴同稷黍栽不患确磽性
復宜斥鹵磈砑遍山村馨香薦筐筥以配三農生
於鑠天所予狀得諸嵇含教傳於閩府携種本陳
生如法俾藝樹遂令澤國癯含哺腹畫鼓遠邇明
中葉率育貽來許偹荒法最良充飽功亦鉅提先
陳雲仍足跡遍燕魯輙載厥種行欲遺孫澤普祗
今河南北西成爭快覩於物良有濟攸行率乃祖
痌瘝本吾儕今乃出良賈誰為我民牧採之獻

當宁

金薯咏　莊　琰

璽根産異域，中夏㳺其息。沿襲百餘載，從未溯来跡。莊誦傳習録，方知始萬歷。金公引其緒，陳子廣其績。譬如古盛時，先農繼以稷。代天洩其秘，為地逞其力。四時堪補助，百穀賴羽翼。生䔧無不宜，隙土儘可植。工省易於農，利多厚於穡。有心民瘼者，特任為己職。推己廣及人，由南暨自北。旣播以嘉種，復授以法則。歳歳收其功，家家食其德。有益於民生，宜償以厚寔。

　

金薯詩　鄭洛英

生齒日以繁，原田或不足。兼之水旱虐，無乃生理促。偉哉造物仁，異種佐百穀。其始吕宋中，繁生被岩陸。引蔓分町畦，纍生相連屬。剪莖覆撮土，枝葉漫柔緑。既不淩春榮，亦甯委秋肅。一畝之所收，連箕溢華較。之秬秠種，什伯倍其獲。黄者色如蕉，丹者色如麴。浮浮而於蒸，甘㮕如米粟。糝糝而於羹，豊香如脯肉。或粉而如膏，或屑而如玉。渴可以生津，饑可以果腹。剪葉當圃蔬，抱藤資牧畜。雪藕少其温，氷瓠遜其速。百利具此中，易生謝灌沃。其邦頗厲禁，不得通販鬻。往者陳經綸，浮梁至海曲。藏種筐篋中，飄然飛艫軸。大長怒羣酋，悵望空踖跼。天意之所全，生長但倏倏。遂令我閩中，青葱等蓫萹。萬歷閒以来，百有餘年倍。一歳半藉此，可以免育鞠。佳名云金薯，金公時吾牧。有善歸之尊，至今猶尸祝。吁嗟父母心，廣厦萬間屋。誰紹我陳公，念彼饑頻顑。世元今秀者，於公雲孫服。辛苦嗣箕裘，江淮相徃復。相彼青豫閒，慈心一悵觸。刋書兼載種，教之栽林麓。輾轉數年閒，連阡皆蓼蓼。磽确無棄遺，甸墾及巒谷。其功豈尋常，祖武妙能續。憶昔吾童年，奔走事軺轂。河南及山東，膏腴極遥矚。一歳三年儲，豈遂無積畜。如何偶災祲，流離禍尤

　

酷長官飛　奏章　給金偹饘粥豈免漏遺多仍
敎老稱哭天高地厚恩博濟未敢卜其時有此薯
萬或免顛覆救荒寧在多但今無窘慼年歲或不
登薯可補其縮勝於芡在湖勝於米生竹充食類
蹲鴟救饑不面鵠靜待秋成期自然起偃伏吾聞
大宛城所致但苜蓿又聞交趾車薏苡招讒讟究
竟於民生無補此品俅玆薯若徧栽天壤間之福
賦詩偹歌謠誰采之　入告無令太平民斗米珠



一斛

前題　張錫麟

君居古之閩貽我種薯編種得自異域功歸於昔
賢金公洎李公二百有餘年民瘼深動念遺澤相
後先金公教栽植海外播新傳李公藩東肖法則
尤詳鎸煌煌今再見興利樂八埏緬彼厥嘉種乃
祖寔獻焉閩乘暨咏歌未及紀其全況君喬梓勤
廣援不辭蹶衛生既有本飲水當有源應附二公

後食報同弗諼

前題　穆元春

西番有嘉種資我中國糧波濤萬頃海道路阻且
長悋秘不吾與智者密珍藏截取蔓莖好兼詳種
植方旱澇非所患磽确不為傷歉歲無饑餒豐年
足倉箱稻粱堪媲美黍稷有餘香昔歲入閩地課
行可偹荒而今推教化斯種遂播揚浙土重開曠
豫青廣築場能補古不逮力省功倍償誰歟傳厥



美竹策久彌光前有金臺使後有陳膠庠

前題　陳經邦

嘉種何從得移根呂宋國高山與水湄原濕盡蕃
植播種清明時秋並嘉禾寔生榦皆朶頤紅白相
間色不比棗與栗腹如黍稷金公蒞閩疆一一
傳法則二百有餘年生民尚資食遙憶創業難功
宜金石勒擱筆愧才踈無以頌公德

金薯傳習録

五言排律

賦得金薯五言排律十六韻　曾琢章

百穀標千古金薯獨繼之只依瓜作偶雅共栗相資殊域分嘉種隨方協土宜南邦初蓺植北地漸蕃滋畦町無遺曠栽培不慮遲引藤常莫莫結子盡纍纍按色濃兼淡呈功渴與饑果然形似蕷乃爾味如飴玉質園中歛瓊漿咽後知切雲凝露液奪雪亮冰肌已給饔飧好還堪醖釀奇多途開噬嗑庶類荷由頤歉歲倉箱慶長年樂利貽農經增美備荒政佐敷施未許誇榛栗何須獻棗梨中丞留舊法珍重勸鋤犂

前題　梁上治

閩海滋壟種傳来自外加滿園青葉茂匝地紫莖長並載羣芳譜常叅百穀塲生飧喉舌冷熟啖齒牙香細切冰花落輕舂雪浪揚貯盤疑玉藕釀酒



即瓊漿萬井多生計千村足歲糧金公遺澤遠南國頌甘棠

前題　莊紹

異域生嘉種佐農益蓋藏金公施遠惠列子費加詳立法傳編户刊書播四方豐年增大有歉歲免凶荒易植同蒲蕎取囷倍稻粱士民沾厚貺特祀薦馨香

前題　莊大圭

金公敷善政歷歷恤蒸民傳取殊方種薯教海内人豫州沾厚澤寰宇沐深仁歲稔能加裕年荒足救貧勤勞宜享祀功德倍難湮簡帙精神在千秋俎豆新

前題　林敉良

嘉種何年降移栽始自明来經呂宋險食佐黍禾平遍植隨山野蕃滋任雨晴瘠田存美利歉歲獲豐盈掘地珊瑚秀連篝琥珀瑩葳蕤分劈指剖削

碎瑤瓊饌列葩花飯穀尤玉筍羹晒錢月晛淨澄
粉雪花清不假鹽梅和還看酒醴成秋收欺芋栗
南食陋薑橙利普安期棗功多諸葛菁安脾宜老
稚鼓腹快蒼生產始通閩粵苗旋播豫荊康衢聞
擊壤下里樂重賡

前題　李玉山

誰挾金薯種搭荷播九垓槎枒膠鎮茁磥砢豫河
堆芟刈籌逾穀凶荒計莫灾山東人鮮植薊北地
思栽更遣免曾去為㧑農輦来先疇鄞邑肇舊德
古燕扳跋涉寧忘苦饔飧異類推含哺欣食飽鼓
腹歷鳴哀經世傳商賈留耕蘊孕胎祖孫頻嬲囉
喬梓任徘徊療化城前種通州壤内培蒲蘆同椽
敏境土競呈材從此相效佈何方肯獨灰庠生貽
法則國子遍逵撻后稷功長祝中丞律共祺後先
斯善奉遠近樂登臺昔句閩中產金嶽海外限
輶軒勤採訪康擊悠悠哉



金薯傳習録

五言律

金薯八咏　鄭應俟

薯栽

嘉植傳南畝垂聞第一功纖羅牽葉碧嫩粉褁紉
紅雨足分農隙秋深佐歲豐海邦金姓字樂利頌
無窮

生啖

半劈霞裳腿金根帶液春氷壺香濺齒玉玦冷侵
脣上苑青梨長華峰白藕新欲知甘脆質海外問
前因

供饌

誰試鹽梅手調和紫石英天然金谷藝風味楚江
萍香暖銀絲膾春深玉糝羹山殽羅卻席錯認五
侯鯖

晒錢

萬選金圜脆千叢玉片香夜分深抱月秋曉淡團
霜傍草鯨文合窺人鵝眼長村農真富足擲地不
收藏

造脯

一東山家脯三冬比户糧小鮮烹處異社肉割來
方雪後天漿凍霜中石窖香乾餱餱野味不長水
雲鄉

澄粉



嫩質和根碾山盤薦水晶齊紈懸月皎謝練展天
晴細膾銀羅合調羹玉液清何郎如得此輕傳更
多情

釀酎

不藉稻梁力祗憑麯蘖功金梭𧂐甕底冰繭瀉山
中色泛松花冽香生竹葉融葡萄重進釀還與抗
春風

擷蔬

來禾依畦畔傾帶露烹炰葵空折甲鴻蒼尚孤
莖月淡和盤現霜勻助禹清根苗齊地軸餓饉獨
豐盈

金薯咏其一　林龍友

執導薯充穀南邦文獻存種先來外國栽已遍中
原教稼功堪並貽年利不言何時崇廟祀伏臘薦
雞豚

其二

下國無饑困何殊粒我民神農遺本草后稷有功
臣覓種煩先哲傳栽賴後人只今青豫省樂利憶
南閩

其三

旱潦都無患高低隨所宜底須爭地利妙不限天
時作苦農差逸分莖稲更滋我
朝始蕃植天錫太平基

前題　莊朝爵

憲澤貽佳種閩南佐九農功堪奴百日寔不待三冬穎栗偏殊類饔飧儘可供分敷周禹甸應念始吾榕

前題　莊上呂

神物由天降天心默誘人清英分海島滋蔓匝原昀苜蓿真凡卉葡萄豈異珍占城傳旱稻嗟莫足相倫

其二

不佔膏腴壤無憂旱澇天新梢充旨蓄枯梗牧牲牷玉杵舂為粉金刀斲作錢蹲鴟雖可飯難及此純全

其三

異域攜藤蔓豐功佐稻粱饔飧遂宿飽倉庾貯餘糧遍種閩南壤盛傳河朔鄉農家欽報賽應祀以馨香



金薯傳習録

七言古

詠金薯　孫桂

閩南嘉種異菽麥相傳種出中丞賜中丞體國豫籌荒廣為蒼生貽樂利金薯遠自海邦來子母鈎連沙磧地丹皮水液纍然生紅塵不擾郵傳騎閭閻咸慶大有年宰讓稷黍充餱糧迄今中丞安在哉閩人咀恩思不置豈徒郤伯有甘棠蒸食猶懷金姓字

前題　鄭兆元

昔賢嘗言一介士存心利物必有濟況乎佐縠表殊功幾比來牟偏樹蓺吾閩挺出潁川君翔步雍宮稱儁嵬海濱瘠确民食艱殷勤每切豊凶計粵稽明代巡撫金救荒籌畫多神智廿藷致自番舶来布種蔓生蕃困救君家栽植有祖傳幾世修明法則倫更思分種惠遐方囊篋奴藏聊一試自青

而豫而幽燕壤卤墳壚咸暢遂爾来傳授蕃衍多
用佐饔飧同粔餌蝗蝻旱潦可無虞拾種宣揚自
君始重鋟金公海外篇務使千年垂勿替只今僉
請立專祠應與先農祠並置披圖想見宏濟心僻
處窮村畫翹企

前題　吳肇文

朱薯種本呂宋地前明賈客駕航至吾閩得薯勝
得金亦越金公法始倫相資五穀可壽人徧植四



隅昭美利歲豊收薯畝樓糧歲歉收薯饑可飼燥
濕剛柔土異宜秋成掘取同拳臂水耕火耨惰農
愁起町插苗隨布置痌瘝在抱金公心力省功多
澤永被知者創法能者述海疆刊布馳星使纍纍
癯瘠起溝中歌功詩賦琳瑯比二百餘年愷澤滂
公名僅乃見郡誌七則未收入藝文咄哉陳篇可
焚棄闡幽先輩葉與何歌咏始詳閩書記至今刹
澤匪東南荷鍤負鋤徧兗冀古来教稼在育民后

稷神農公繼志堪叅一座祀春秋遺愛千秋留姓
字峴山代遠尚有碑何忽今人與古異長歌慷慨
寄遙思應有輶軒達驛騎

前題　吳肇深

美哉薯乎饑可食東南徧植延兗冀呂宋傳来自
前明吾閩先得為民利創法始伊誰金公莅閩地
新編海外傳七則垂布示山陬及海隅荷鍤習稼
事曠土游民兩俱無夏作秋成最易易不奪農功



不害時力半耕耘息倍萃為脯為醅粉與餞多端
制造隨人意葉可蔬兮莖可薪方之百穀無遺棄
無煩碾臼無秕糠渣滓猶充牲畜飼旱潦颶蝗亦
有秋李憲則法更詳倫二百餘年能嚼薯荒不為
災有特異報德宜祀祠虛名僅郡誌甘棠尚歌思
矧乃澤永被姓留町畹閲世長食德村民不忘自
古人每飯祭先民報本猶存燹食賜名官鄉賢未
稱勳應有專祠另位置從明迄今事缺傳喜有陳

君家乘記刋布徵詩文始表金公勳歌頌各揮毫森森珠玉比巴音何以賡陽春聊同口碑廣揚翊

前題　吳常吉

稷視天下由己饑教民辨種力耘耔播厥百穀民人有往往水旱尚齎咨安得嘉種殊黍稌不擇地利與天時皇天養人何可測早降此種東南東南夷號吕宋國海濱珠寶多珍奇九州賈客恣貿易獨此嘉種不相貽良賈經綸閩中傑剪藤秘篋逐風馳烟波萬里飛于櫂歸来初種紗帽池紗帽池邊土物宜九月十月稻梁熟短鐮穫罷執長鑱剔莖掘卵光纍纍淡紅厚赤凝琥珀擁腫屈曲起蛟螭小如拼拇大如臂閩人見之爭驚疑此物原来佐百穀欣奔報與金公知金公命薦玉盤上細切片片耀琉璃甘脆已入啖蔗境痊疴何必雪藕絲烝之浮浮香始升婦子飽嚼各嘻嘻自嘆數年勤撫粤救荒畫策空憂心早得玆薯入中國凶年



省卻萬民疲遞播七則青郊外往来傳種飛相追溪隈山角無遺壤窮簷歡歲有朶頤皇天養人何可測彼都厲禁那得私通来頴川多述事更傳青豫達京師后稷于天稱有相相稷應勒金公碑幽齋夜讀常飽德高歌一曲續豳詩

前題　黄鳳翔

有明萬歷之甲午外域携来青如縷不需天澤不爭肥物性偏宜我中土敷榮蕃碩遍閩中盈筐盈箱樂比户迄今冬夏二百年豐歉頻佐穀之五磨粉聊可糁為羮釀酒殊不薄於魯八蜡以外欲報功金公李公田之祖當年渡海倘携金懷寳僅堪稱大賈一家溫飽千家饑於世於人終何補只此靈苗尺許長黄精山藥難為伍因地之利乘天時行看窮簷腹可鼓

前題　萬紹祖

去年客從海舶歸傳言青豫土脉肥中凝異物恍

閩產皮朱穰黃甘且甜齡齡曾讀閩小紀詳載朱
薯浮海始遠携嘉種遍閩越惜哉未曾登姓氏今
春鷺島宴遊頻良友投來紀載新粵稽萬歷當甲
午金公學曾初撫閩誰識尺蔓來呈獻陳氏高祖
名經綸海外新篇廣刊布（金公所著）培豐補歉功效神
吠進今
上十七載東藩李憲流忠愛（李公名渭）詳推金法布窮簷家
諭戶曉如親誨蕃生無間嶽東西靈根周遍河內
外吁嗟金李二巨公二百餘年共仁風陳生世元
偕三子到處贊襄收全功在昔明農恩浩蕩種薯
佐穀差無兩不憂天時任旱澇不爭地利隨長養
南金北李應廟祀千秋俎豆與天壤

前題　　莊琚

嘉種傳來呂宋國僻壤遐陬今栽植家羨金公遺
澤多農氓野老戴公德今君繼美自吾閩海外新
傳廣播揚生聚盡可資西穀羨利因之遍五方君



不見先農初播種粢香薦無極金公功與后稷參
前後歌頌爲懃懃不知此日食德者猶溯原來恩
意湛

前題　　藍乾

範疇八政食爲魁有濟民艱俱力培五穀首推次
佐食無如佳種有薯栽薯栽不讓磽确土沙白水
清尤肥膴八寸根舒萬丈纏纍纍玉外行無數團
團露積陌阡頭筐筥盛來舟載浮免女生次俱喜
嗜饕飧飽食日休休剖開玉乳氷肌洌調羹薄鹽
解饑渴稚子初服壯筋骸老人入口無哽噎中和
性殊交趾米甘脆還同萍實旨釀以麯蘖盛之匏
娛賓速舅飲之几嗟哉蒴栗功乾坤誰物敢持並
等論一旦歲荒來佐食朱薯活命萬民恩洞㲉雖
䅟幾人仙茯苓雖獻幾人沾唯有金薯處處播閩
南冀北瀚無邊問茲種自何方至呂宋航洋萬歷
始種不自來必有因陳公返國姑先試一試蕃行

色盈掬再試蕃衍遍郊麓特獻金公表
帝京一時海內通錢鬻通錢鬻圃圃足一餉兩文舉家
粟醉飽莫知所自來幾忘今日有人續

前題　盧遂

我聞萊不熟曰饑功比穀植方與芭老圃傳示不
一種補助之法同秦抄吾閩薯産始呂宋其足率
育無肥磽如卵如棗如拳指宜酒宜脯宜餳膠閩
中生齒日以衆山田水田分營巢蕪之水旱畜菑



食稻廬輸賦空飯糒有明金公作民牧賑念民隱
澇卯郊乃與門士經綸于種薯良法頻來教只今
雲孫能嗣業服賈歷遍河沐交往來青豫惠嘉種
芟却萬拂蕙蘿梢平疇縱橫羃蓑蔓草囷木斛盈
堂坳其功足以補不足寧等莪草和芃菁我想金
公自千古陳子継之心云髣吾儕雖弗學老圃穡
事寧忍全輕拋細爲良賈爲色喜不獨橘柚詳厥
包韶年軫轂未遠焉聞此亦足欣衡茅雖能育物

昔此意萬井生趣盈炯鈍田田相距無歉歲漫飫
薤釀西鄰庖種薯一節自歌頌誠能擴之民吾胞
終歲不饑奚有饑化日長與義和敲

前題　郭可敬

百穀由來惠孔長别傳嘉種佐平康原從殊域來
南土遂得移根到四方名與卵平瓜作耦譽同諸
葛菜流芳引藤帶雨看睞密穎實經秋足蓋藏得
趣偎隨湯餅列薦新常在露葵傍初疑切玉通盤



白旋訝炊金溢甑黃共説清甜逾粔籹獨誇芬馥
勝菰粱郇廚不羨調羹美漢寢何愁乞飯忙倘附
鶉飛誰後啖如登麥穀定齊嘗釀醪欲脫陶公幘
食餌還依王子牀下咽儘教筋力健加飧遍繞齒
牙香只今按法相傳處炯火長資萬户糧

七言律

金薯咏　江朝賓

中丞偉績播南方，異種傳来備歲荒。鱗甲露中分地力，龍蛇霜下飽天漿。漫言剥後無梨棗，不信秋深雜稻粱。水耨火耕渾省却，千年海國咏甘棠。

前題二章　董譙吉

霜後纍纍報有年，枌榆里社樂堯天。乍疑紅稻来鸚鵡，初綻青田起蜿蜒。灌圃桔槔徒過計，重農稼穡任為先。盤飧歲晚欣金玉，不是張騫海外傳。

低護烟蘿雨露含，遺迻德政布閩南。三秋玉屑依誰和，五穀精華直與叅。禹貢當年惟有土，幽風上世未分甘。棠陰漸長循行後，愷澤高深萬户啣。

前題　林起騰

海外靈根帶晓霞，何年移種入中華。滿含雪艷和冰液，深隱山限與水涯。蔬食謾傳諸葛菜，庖厨不





事邵陵瓜。生成甘占霜前宝，每協倉箱足萬家。

前題　陳九振

不奪膏腴不害時，相宜人地補春犁。黄梅雨歇含金瓜，青女霜寒綻玉肌。天使憂心勤國計，儒生義氣為防饑。年来佳種分甘遍，水角山限有口碑。

前題　陳聖炅

鈎連母子伏沙洲，翠蓋重重傍晚疇。雨偃赤文根衛密，雲移油幕蓴陰抽。甘分苜蓿盤中味，軼共来

麰陌上収。數稔不聞呼夜吏，盈溝棲畝僦車牛。

前題　周時權

紫莖緑蔓滿平疇，沙磧埋根纍宝周。遺利姓隨町畹永，降康種向島夷収。不隨九穀爭先播，也向三農占晚秋。磽确東南培植遍，更傳良法到中州。友陳提先栽種廣傳其法於膠東等郡近有成效

前題其一　施楠

海國靈根報有年，編氓比户樂堯天。始知佳種来

三島猶勝中田取十千雲液作凝平圃月露痕輕
噴鹿埸烟車篝有咏秋風早父老扶犁頌昔賢
其二
不須擇地自敷榮異種傳来佐歲成半圃銀漿生
甲折連銖氷液長勻前邵平未敢矜瓜㼖諸葛猶
當遜蔓菁環海至今皆被澤一年耕有十年耕
其三
當年咫蔓入閩中紗帽池頭溥惠風霞腿半含氷


餉脆天漿輕裹絳綃紅十州被澤傳何遠百越垂
休利靡窮今日貽留到青豫此中培植更誰功
前題　　　　　　　　　　　張念祖
番薯已入羣芳譜海舶傳来始自明利盡三農徐
稼穡宜隨九土結菁英占時不用憂金歲課穫何
須問水耕異代至今貽樂利名棠同一錫嘉名
前題其一　　　　　　　　　鄧爲綱
盤根蔓節偃平阿沙裹金莖玉郊多夜月傍堤勻
露濕曉風吹葉帶烟過香分比櫛倉中粒功等郊
原壠上禾閩土百年收樂利含哺時聽野人歌
其二
何年嘉種入中原曾說金公鎮撫恩携得靈苗来
海國溥將槩寔到山村盤堆玉粒青絲飯膳佐香
厨碧黍飧百穀譜中應别訂好教田叟細評論
前題　　　　　　　　　　　雷文增
傳来嘉種自蠻方苜蓿甘分併作糧葉滿平沙龍


甲徧根盤淺土虎牙長調羹不待鹽梅濟辨種寧
輸菽麥良海國至今留姓氏應將明德薦馨香
前題　　　　　　　　　　　陳玉田
朱薯種始布閩南呂宋芟歸挾小籃憶昔撫軍能
辨物喜今國子樂分甘推移楚豫羣知利傳佈燕
齊衆已湛教有　孔朱養有稷金公功已位參三
詠金諸　　　　　　　　　　史丹書
誰為工省利偏饒海國朱諸衍泒遥携種不殊林

邑稻命名應並漢州栽三旬。梅雨滋紅蔓萬顆瓚
槃裹紫綃喜得納禾時節過又看硗确起歌謠
其二
山園胃不費劬勞盈厠偏能飽老饕和餌已如飧
籹粔釀糟兼欲壓葡萄炊金飯擬青精飿糁玉羹
疑碧澗毛最是腐儒粗糲缺地爐煨火樂陶陶
其三
野場爭自寔離離南國猶存名伯思青瑑誰教詳
學圃村墟長使足生涯堪憐肯着空肥馬不羨岷
峨有蹲鴟漫説陶朱能致富種魚經未濟斯饑

前題　吴大焕

金薯種是外邦来傳到南閩得譜栽有土何分肥
瘠壤大田亦讓稻粱堆饔飧日給長相濟豐歉年
更可樂灾移植廣敎東北地功参造化配蘭莹

前題　陳遵爍

金薯出産在殊方移種南邦到處良隴上偏宜寒



與暑町中那辨白和黄分培李憲恩波渥傳植金
公惠澤長漫道馨香輸黍稷農夫頻藉四時糧

前題　吴常吉

嶺角溪隈結外奇長年佐穀飽東夷海舟尺蔓銜
波出粤隴枯藤帶露嶼沙裏秋成鷩伏蝀盤中日
食厭蹲鴟金公到處開歌詠留待何人為勒碑

前題　莊騰芳

金公有志切民依遠載殊方異種歸樹揷不憂時
旱澇栽培無碍地硗肥特傳良法教充膳並勒成
書導救饑功德永垂流奕禩春秋崇祀仰芳徽

前題　黄名香

一自珠崖到海濱蔓山遍野每相因托根得地能
蕃衍結實隨時任屈伸甘比水芝堪佐酒功逾山
藥可療貧南邦處處傳佳種荒歉常供世上人

前題　梁上寶

藍輿分種入閩中培植南來處處同碧葉紅藤舒

玉露紫莖綠蔓拂金風托根不與禾爭地獲利偏
隨穀並功自是中丞多偉績三農從此慶年豐

前題　張為鈞

漫羨西疇慶有秋金薯佐穀遍山陬冰盤貯出丹
霞映碧甕蒸來玉露浮火耨水耕趨往聖豳吹蜡
飲邁前休金公惠溥明昭賜餘一餘三遍九州

前題　陳大述

種自殊方到海濱當年指授有高人天漿已得分



甘美耕具無須費苦辛野外平鋪堪作歲秋深滌
蔓也宜民金公惠澤還流衍千載應知俎豆陳

前題　陳雲章

紗帽池邊亦夙因靈根培植最宜民島原布種來
番舶青豫分甘始古閩晚圃堆金千歲稔香廚切
玉萬家春須知利濟無窮處舊錄新傳賴有人

# 御題棉花圖

（清）方觀承　編繪

《御題棉花圖》，（清）方觀承編繪。方觀承（一六九八—一七六八），字遐穀，號問亭，一號宜田，安徽省安慶府桐城縣人。清雍正九年（一七三一），被定邊大將軍平郡王福彭選爲謀士，後經舉薦，任内閣中書。清乾隆時歷任要職，官至直隸總督。該書是方氏命人編繪的一套反映棉花栽培和紡織的圖譜，原名《棉花圖》。乾隆三十年（一七六五）弘曆南巡時，方氏以該書進獻，乾隆帝爲其題詩。後方氏將原本呈進，以摹本付刻，因名爲《御題棉花圖》。

全書插圖共十六幅，依次題名爲：布種、灌溉、耘畦、摘尖、採棉、揀曬、收販、軋核、彈花、拘節、紡綫、挽經、布漿、上機、織布、練染。每圖均有乾隆帝和方觀承的七言詩，還有簡要文字説明。圖前有方氏所呈的奏摺，後有跋和康熙《木棉賦》。書中涉及棉花栽培的圖示雖衹有五幅，但是所包含的内容卻非常重要。如『布種』圖提到『種選青黑核』，就是要求選用當時冀中一帶種植的『青核』及『黑核』兩個優良棉種。『布種』圖涉及四項重要技術，即整地保墒，『沃以沸湯』的種子處理，『種欲深，覆土欲實』的播種技術及趁墒播種的『雨足清明方布種』。再如『摘尖』圖所描繪的打頂尖和打群尖的技術，雖早在《農桑輯要》等書中已有叙述，方氏對此依然有新的見解，認爲打頂尖是『要使莖枝垂四面，得分雨露自中央』。打群尖『勿令交揉』，可以防止棉田鬱蔽引起的倒伏。此外，該書還提到『棉之核壓油可以照夜，其滓可以肥田，而秸稿亦中爨，有火力，無遺利云』，即棉籽壓油、棉籽餅肥田和棉稈做薪柴，反映了當時棉花副産品的加工利用情况。

該書出現於乾隆年間的河北地區，並非偶然。當時河北植棉很普遍，棉産已經『富於東南』。植棉業的發達必然促進棉紡織手工業的興旺，河北棉布品質『多精好，何止中品』，可與上海等地棉布媲美。

清嘉慶十三年（一八〇八），嘉慶帝命大學士董浩等所編的《授衣廣訓》，其實是在《御題棉花圖》中再增入嘉慶帝的御題棉花詩、表文和跋而成。僞滿洲國和日本都曾出版過《御題棉花圖》的拓片，一九八六年河北科學技術出版社出版的注釋本，品質更佳。《御題棉花圖》的石刻現存河北省博物館。今據國家圖書館藏刻本影印。

（惠富平）

御題棉華圖

御題棉花圖

布種　灌溉　耘畦　摘尖
采棉　揀曬　收販　軋核

御題棉花圖

彈華　拘節　紡綫　挽經
布漿　上機　織布　練染

布種

種選青黑核冬月收而曝之清明後淘取堅實者沃以沸湯
俟其冷和以柴灰種之宜夾沙之土秋後春中頻犁取細列
作溝塍種欲深覆土欲實虛淺則苗出易萎種在穀雨前者
為植棉過穀雨為晚棉

本從外域入中原
聖賦金聲實探源雨
足清明方佈種功資
耕織燠黎元

細將青核選春農會見霜機集婦功千古桑
麻文字外特摛
睿藻補豳風

種棉必先鑿井一井可溉四十畝種越旬日萌乃畢達農民仰占陰晴俯瞰燥濕引水分流自近徹遠杜甫詩云農務村村急春流岸岸深情景略似北地植棉多在高原鮮溪池自然之利故人力之滋培尤亟耳

土厚由來產物良
却艱致水異南方
轆轤汲井分畦溉
嗟我農民總是忙

辟水無閒汲井譁
桔槔聲裏潤頻加
千畦自界瓜蔬色
一雨同抽菽豆芽

苗密宜芟苗長宜耘古法一步留兩苗雖不可盡拘大要欲使根科疏朗耳時維夏至午鋤畢興一月三耘七耘而花繁葉細猶之穀五耘而糠秕悉除也苗有壯碩異於常苗者為雄本不結實然不可盡去備其種斯有助於結實者又或雜植脂麻云能利棉

芟密耘長遍野皋夏畦增此郵辭勞白家少傅瞑寒中但識加棉厚絮袍

科要分明行要疏春經屢雨夏晴初村墟槐柳人排立傭趁花田第幾鉏

苗高一二尺視中莖之翹出者摘去其尖又曰打心俾枝皆旁達旁枝尺半以上亦去尖勿令交揉則花繁而實厚實多者一本三十許甚少者十五六摘時宜晴忌雨趁事多在三伏時則炎風畏景青蓑縞袂相率作勞視南中之脩桑摘茗勤殆過之如或失時入秋候晚雖摘不復生枝矣

尖去條抽始暢然趁晴避雨摘芟天憂之能勿勞乎亦萬事由来一理詮

也如摘茗與條桑長養為功別有方要使莖枝垂四面得分雨露自中央

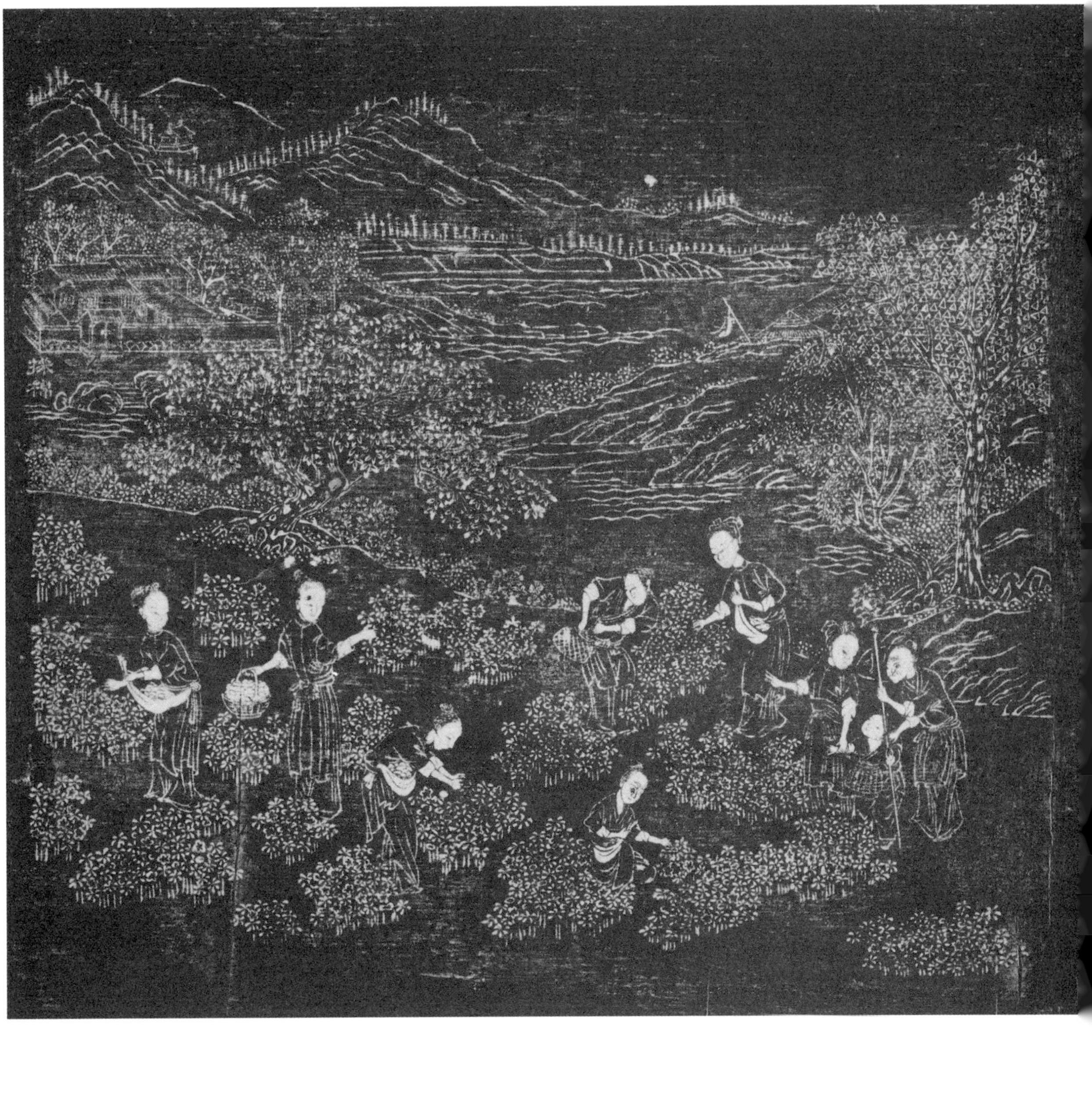

花落實生實亦稱花惟棉為然花似葵而小有三色黃白為上
紅則結棉有色為紫花不貴也實攢三瓣間有四瓣者函絮
其中呼為花桃桃裂絮見為棉熟隨時采之此枝已絮彼枝
猶花相錯如錦自八月後婦子日有采擷盈筐襭衽與南畝之
饁相望霜後葉乾采摘所不及者黏枝墜隴是為賸棉至十月
朔則任人拾取無禁猶然遺秉滯穗之風益徵畿俗之厚焉

實亦稱花花實同攜
筐婦子共趨功非虛
觀却資真用植物依
稀庶子風

入手凝筐𤎯更妍裒成衣被晚秋天誰家十
月寒風起猶向枝頭拾賸棉

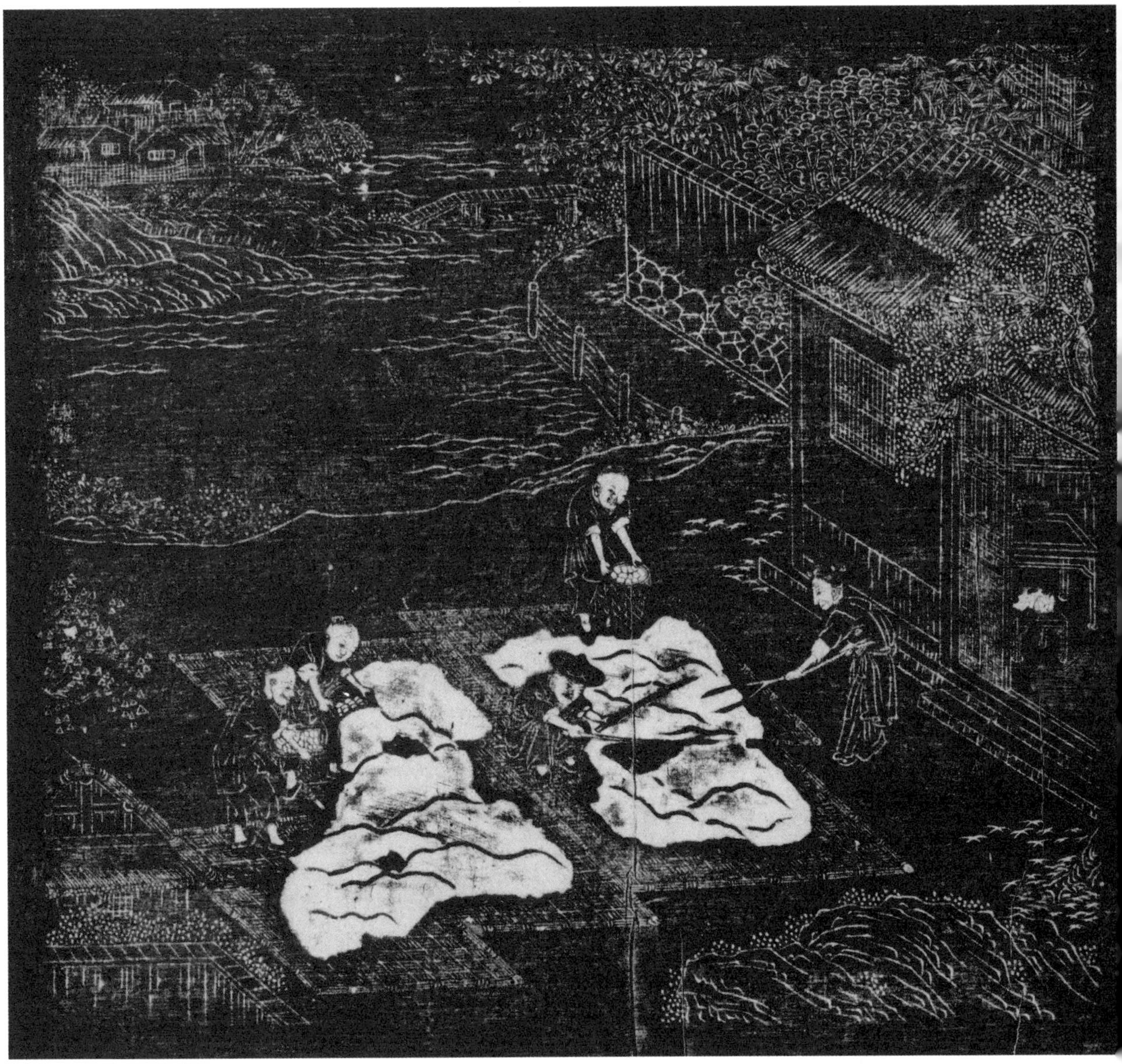

自種迄收田功畢而人事起矣棉貴純白土黃色者亦可織
而直賤水浥者惟供雜用爰類擇之以分差等曝布之以資
久貯時當秋穫場圃畢登野則京坻盈望户則筐筥紛羅擘
絮如雲堆光若雪蓋至是而禦寒之計無虞卒歲已農占以
十月朔晴主棉賤故俗有賣絮婆子看冬朝之諺驗之良信

納稼惟時棉亦成等
差黃白辨粗精絲羅
真有如雲慶吉語猶
占冬朔晴

秉稌場邊午日暉堆雲劈絮正紛霏廣南有
樹何曾采任逐晴空鳥毳飛

三輔神皋沃衍粱稷來麰麥麻之屬靡不蕃殖種棉之地約居什之二三歲恒充羨輸溉四方每當新棉入市遠商翕集肩摩踵錯居積者列肆以斂之懋遷者牽車以赴之村落趁虛之人莫不負挈紛如售錢緡易鹽米樂利匪獨在三農也棉有定價不視豐歉為增減惟於斤衡論輕重凡物十六兩為一斤棉則以二十兩為斤豐收加重至二十四兩仍二十兩之直也轉鬻之小販則斤循十六兩而取贏焉

粮食惟斯佐化居
列廛負販為紛如
價常有定斤無定
巨屨言同記子輿

衡稱由来增歲稔舟車不獨向南多
聖朝物力需無外又作高麗貢紙䭾

軋車之制爲鐵木二軸上下疊置之中留少罅上以轂引鐵下以鈎持木左右旋轉餧棉於罅中則核左落而棉右出有核曰子花核去曰瓤花瓤之精者曰淨花核多而細者棉重上棉一辮七八核故有七子八棉之諺稔歲畝收子花百二十斤次亦八九十斤子花三得瓤花一其名大小白鈴者最爲佳植

轉轂持鈎左右旋
左惟落核右惟棉
始由粗末精斯得
耞杵同農豈不然

疊軸拳鈎互轉旋考工記繪授時編繅星踏足紛多製爭似瓤花落手便

淨花曬令極乾曲木為弓彈之弓長四尺許上彎環而下短勁蠟絲為弦椎弦以合棉聲錚錚然與鄰舂相應移時結者開實者揚手茸蒙熟著手生溫疊而卷之謂之花衣裹以取㬉則輕勻而熨貼也紡織者資其柔韌縫之綸之無不如志矣

木弓曲引蠟弦彌開
結揚茸白疊成村舍
比鄰聞相杵錚錚唱
答合斯聲

似入蘆花舞處深一彈再擊有餘音何人善
學棼絲理此際如添挾纊心

渙者必合而後可以引其緒南中曰擦條其法條棉於几以
筳卷而扞之出其筳成筩縷縷如束取以牽紡易曰束帛戔
戔或謂帛即古棉字猶酉為酒之類薄物淺小而有白賁之
義意象似之用備一說

擦條拘節異方言総
是斯民衣食源幾許
工夫成處密紡紗絡
緒事猶煩

花筩一卷寸筳纖素几生寒輾玉尖抽綴略
同新繭子條條付與紡車拈

紡車之制植木以駕輪衡木以銜鋌紡者當軠左握棉條右轉輪弦鋌隨弦動自然抽緒如繅絲然曰紡綫單緒獨引四日而得一斤以供織絡合兩緒三緒以供縫紩綫之直加所紡一棉十之三勻不毛起者加十之五吳淞間曰紡紗以足運輪一手嘗引三紗五紗用力較省

相將抽緒轉軠車工與繅絲一例加聞道吳淞別生巧運輪却解引三紗

絡緯聲中夜漏迫輕勻綫績比絲繅茅檐新婦詩身手得似絲織價合高

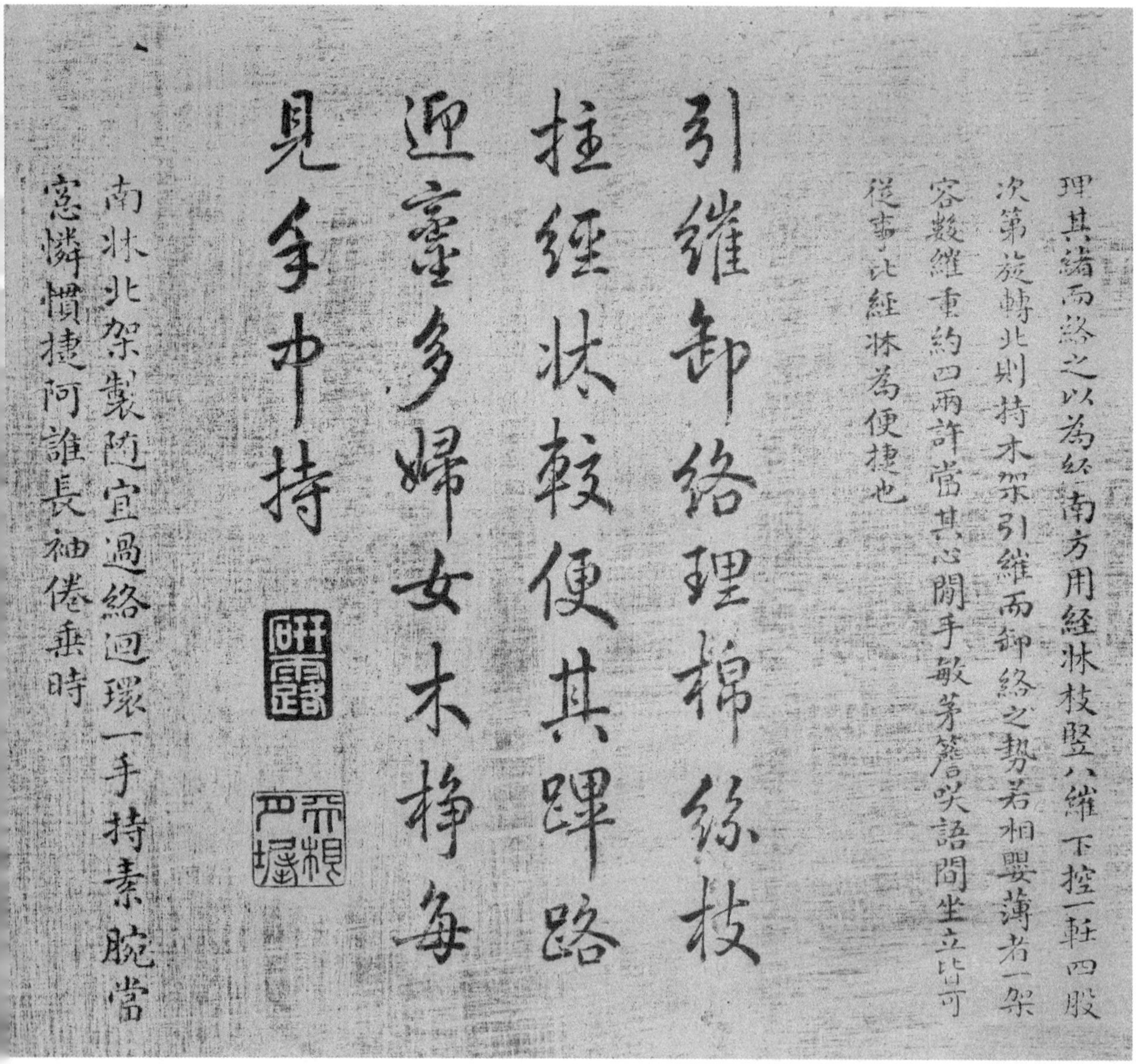
理其緒而絡之以爲紝南方用經牀枝豎八維下控一軒四股次第旋轉北則持木架引維而卸絡之勢若相嬰薄者一架容數維重約四兩許當其心閒手敏茅簷笑語間坐立皆可從事此經牀爲便捷也

引維卸絡理棉絲枝挂經牀較便其踝路迴室多婦女木棒每見手中持

南牀北架製隨宜過絡迴環一手持素腕當窗憐慣捷阿誰長袖倦垂時

布漿

布漿有二法先用糊而後作紝者為漿紗先成紝而後用糊者為刷紗北地則將已合之經束如索絇鬻以沸湯入糊盆或米汁度過稍乾用撥車一名支稜絡之成揔乃上軸轤引兩端以帚刷之柴衍陸離有條而不紊或漿氣未勻紛綸繾綣復加爬梳俾縉緒胥直無或不伸自拘節後功莫密於此

經緯相資南北方耕
知物性亦如強刷紗
束絲俾成緒骨力停
勻在布漿

縷縷看陳燥濕宜糊盆度後撥車施爬梳莫
使沾塵污想到衣成薄澣時

機之制與絲織同杣受經二人理之杼受緯一人行之經必鬻必漿而緯則否引繩高下手足並用盡一日之力成一布長二十尺纑者倍之拙工得半而已昔傳元時有黄道婆者自崖州至松江為織具教人多巧異所製遂甲他處今松婁間祀之於花神廟祈棉之廟也稱花即知是棉產棉之地皆然猶之洛陽人稱花即知是牡丹是可以觀所尚矣

豈止千絲與萬絲女郎徐自引伸之可知事在挈端要諸緒從心無不宜

種棉直與勞桑同抱布何知綺繡工月杼星機名任好不將巧製羨吳東

南織有納文綿積之巧織人弗重也惟以縝密勻細為貴志稱肅寧人家穿地窖就長檐為窗以織布埒松之中品今如保定正定冀趙深定諸郡邑所出布多精好何止中品亦不皆作自窖中也棉之核壓油可以照夜其滓可以肥田而秸槀亦中爨有火力無遺利云

橫緯縱經織帛同
夜深軋軋那停工
一般機杼無花樣
大輅椎輪自古風

軋軋機聲地窖中
窗低曉日户藏風
一燈更沃深宵餤
半匹寧酬竟日功

織既成端精麤中度廣狹中量乃授染人聿施五色水以漂
之日以晅之則鮮明而不浥敗于是加刀尺為襦裳質有其
文服之無斁蓋積終歲之勤苦而得之農家珍惜之情不殊
絲綺也夫麻枲之織不可以禦冬寒帛纊之溫不能以逮貧
賤惟棉之用功宏利溥既以補蠶枲之不及而鋤耘溉穫其
事直與稼穡相終始蓋合耕與織並致其勤焉

五色無論精與粗茅簷
卒歲此殷需布棉題句
厪民瘼敬纘
神堯耕織圖
乙酉清和月御題

元黃朱綠比絲新自昔蠶封儉俗淳
聖詠益昭民用切屢豐澤徧授衣人
臣方觀承敬題

太子太保直隷總督臣方觀承謹

奏為恭

進棉花圖冊仰祈

聖鑒事竊惟五十非帛不煖王政首重夫蠶桑一女不織則寒婦功莫亟於絲枲然民用未能以徧給斯地利因之而日闢惟棉種別菅麻功同菽粟根陽和而得氣苞大素以含章有質有文即花即實先之以耰鉏襏襫春種夏耘繼之以紡績組紝晨機夜杼蓋一物而兼耕織之務亦終歲而集婦子之劬日用尤切於生民衣被獨周乎天下仰惟我

皇上

深仁煦育

久道化成

巡芳甸以勸農

播薰風而阜物攬此嘉生之蕃殖同於寶稼之滋昌臣
不揣鄙陋條舉棉事十六則繪圖列説裒潢成册恭
呈
御覽夙在
深宮之洛度授衣時詠豳風冀邀
睿藻以品題博物增編爾雅為此恭摺具
奏伏祈
聖鑒
乾隆三十年四月十一日
奏奉
旨册留覽欽此
臣方觀承謹
奏為恭繳
御題棉花圖册奏謝

天恩事竊臣前於
行營繪列棉花圖説恭呈
黼座仰蒙
睿鑒品題特賁
天章炳煥伏承
宣示欣幸難名欽惟我
皇上
德備文明
思參造化
虞絃播煦慶觧愠以歌風
豳管迎寒釐授衣而奏雅千載補農桑之政洵稱比縠
比絲
九重悉耕織之謀詎曰問奴問婢
章成十六義蘊萬千觸類旁通秋實春華之並採仰觀俯

察經天緯地以為文增神農耒耜之經古今未有繼
聖祖木棉之賦先後同揆臣以弁鄙竊忝賡颺兹奉
諭旨准臣將所作詩句書於每幅之末圖冊繳進摹本付
刻念奇溫之植功益著於
表章顧已細之鳴
恩並承夫
觀聽臣不勝感激榮幸之至謹
奏
乾隆三十年七月十六日
奏奉
旨知道了欽此

臣
謹案棉古作緜凡絲絮者之通稱今緜從木以
別於絲而其名乃有專屬稽之載籍實曰吉貝亦
稱古貝禹貢揚州厥篚織貝傳謂貝即吉貝木棉
之精好者蓋自草衣作革桑土初蠶其事已與稼
穡並興矣周官典婦功之職既絲枲並掌又別設
典枲掌布絲縷紵之麻草之物明其為類衆多所
治非一務也而箋疏者胥略焉迨齊梁間職方始
能詳其物土與其名類迄於唐而木棉多見歌詠
然大抵言樹高尋丈者耳今之庳枝弱莖花如葵
而實似桃春種秋斂者民間但呼曰棉故謂布為
棉布唐宋時滄邪趙貝諸州嘗貢之而明人王象
晉謂北土廣樹藝而昧於織南土精織紝而寡於
藝似亦未為篤論也洪惟我
聖祖仁皇帝省方勤民幾餘

閲覽謂棉之功不在五穀下摛揚
天藻著為
鴻篇昭垂萬古恭逢
皇上御治之初纂緝授時通考一書特以桑餘之利木
棉最廣詳加采錄以輔農功其事益與耕桑並重
國家際
重熙累洽之會
濊澤涵濡太和亭育地不愛寶厥生益蕃臣備員
畿輔伏見冀趙深定諸州屬農之藝棉者什八九産
既富於東南而其織紝之精亦遂與松婁匹仰賴
聖主福佑頻歲告登畿民席豐履厚煦嘔於如春之溫
更以其餘輸溉大河南北憑山負海之區外至朝
鮮亦仰資賈販以供褚布之用蓋其本土所出疏
浮而不韌不中紝綀也夫西域之屈眴高昌之白

疊海南之烏驎文縟皆木棉類耳而前史豔稱之
非以產自遐陬梯航難致哉今者
聲教四訖天方大食自古不賓之人重譯獻琛蜀錦氷
絲充斥外府等諸常珍惟此黃穰青核含暄抱陽
日滋阜於周原膴膴之間人習耕鉏家勤織作使
夫林林總總者不繭絲不纊不狐貉而衣豈非扶
輿之瑞產昌生之靈貺耶古者樹墻下以桑而五
十可以衣帛時猶未能徧澤也今則無老幼貧富
取不窮而求易給衣被天下之利博於隆古矣臣
職在宣畝謹以咨茹所及自棉之始藝以至成章
受采列為十六事各繪為圖圖系以說恭錄
聖祖仁皇帝御製賦於冊首上呈
黼座以仰承
聖主茂時育物為斯民開衣食之源者至周悉爾直隸

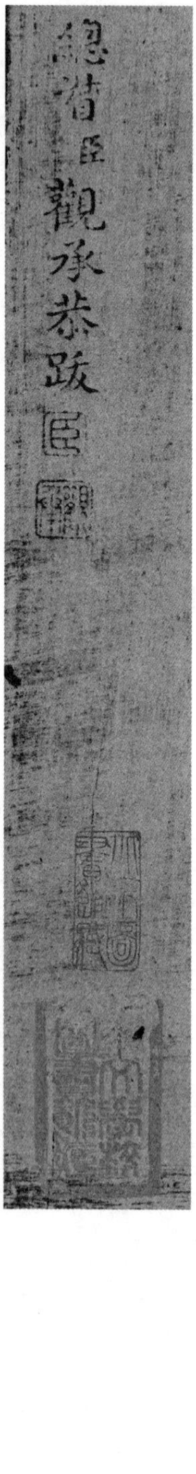
總督臣觀承恭跋

# 木棉譜

（清）褚華 撰

《木棉譜》，（清）褚華撰。褚華，字秋萼，一作秋岳，號文洲，江蘇松江（今上海）人。清廩生，約生活於清乾嘉時期。生性傲睨，縱情於詩酒，好留心海隅軼事及經濟名物，撰有《木棉譜》《水蜜桃譜》等。

此書約成於清嘉慶前期，《清史稿·藝文志》農家類著錄。全書多參引前人成説，考證其詳，以輯錄徐光啓《農政全書》中『木棉説』的内容最多，也有諸多經驗來自褚氏觀察，區域性特徵明顯。褚氏結合上海棉花種植實際，載錄乾嘉時期當地棉花生産狀況，首先考證植棉起源與發展，及上海棉花種植的源流；然後總結棉花的種植技術要領及加工工藝，還涉及棉花與棉製品貿易等内容；書末輯植棉、用棉軼事。

全書乃棉業生産技術集成，有用内容盡收其中，時時參以己見，涉及辨種、選種、棉田耕作、壅糞、播種，輪作、换茬、種植密度等細節。採花、軋花、彈花、紡紗、織染工序以及所涉工具論述亦詳。此書體現了乾嘉時期上海地區棉花生産與紡織業技術水平，對後世棉書影響較大。清道光年間，曾於福建刊刻；同治年間的《棉書》輯錄了其内容。任樹森曾以俗語改編此書，撰成《種棉法》，在貴州推廣實行。然此書未立條目，層次與結構略顯淩亂。

此書傳刻較廣，有《藝海珠塵》本、《昭代叢書》本等。今據清嘉慶間聽彝堂刻《藝海珠塵》本影印。

（熊帝兵）

南滙　吳　省蘭　泉之　輯
奉賢　吳　祖泰　裕傳　校

# 木棉譜

褚　華　纂　華字秋岳號文洲江蘇上海人諸生

裴淵廣州記曰蠻夷不蠶采木棉爲絮范敏政遯齋閑覽曰林邑等國出吉貝布木棉爲之方勺泊宅編曰南海蠻人以木棉紡織爲布布上出細字雜花尤工巧名曰吉貝布即古白疊布也諸番雜志曰木棉占城闍婆國皆有之今已爲中國珍貨但不自本土所

產不能足用邱濬大學衍義補曰漢唐之世木棉雖入貢中國未有其種民未以爲服官未以爲調宋元間傳其種關陝閩廣首得其利蓋閩廣海舶通商關陝接壤西域故也然是時猶未以爲征賦故宋元食貨志皆不載至我朝乃徧布於天下利視絲枲蓋百倍焉

趙翼陔餘叢考曰謝枋得有謝劉純父惠木棉詩云嘉樹種木棉天何厚八閩厥土不宜桑蠶事殊艱辛木棉收千株八口不憂貧江東易此種亦可致富殷柰何來瘴癘或者畏蒼旻吾知饒信間蠶月如岐豳兒

童皆衣帛豈但奉老親婦女賤羅綺賣絲買金銀角齒不兼與天道斯平均所以木棉利不畀江東人據此則宋末棉花之利尚在閩中而江南無此種也元人陳高有種棉花詩云炎方有種樹衣被代蠶桑舍西得閒園種之漫成行苗生初夏時料理晨夕忙揮鋤向烈日洒汗成流漿培根澆灌頻高者三尺強鮮鮮綠葉茂燦燦金英黃結實吐秋繭皎潔如雪霜及時以收斂采之動盈筐緝治入機杼裁翦為衣裳禦寒類挾纊老稚免淒涼陳高元末人而隙地初學種之則其來未久可知

元始祖本紀至元二十六年置浙東江東江西湖廣福建木棉提舉司明史食貨志明太祖立國初即下令民田五畝至十畝者栽桑麻木棉各半畝十畝以上倍之令稅糧俱編爲條銀而所種多少則聽民自便

邑種棉花自海嶠來初於邑之烏泥涇種之今徧地皆是農家賴其利與稻麥等孟祺苗好謙暢師文王禎之屬謂地之高仰者無往不宜洵非誣矣今棉花有白有紫自瀕海所種轉販至邑中者曰沙花邑產曰杜花杜之爲言土也邑人於棉花止謂之花而不言棉此猶閩人呼薦以葉子越人號柑爲果樹夫人而

知之也

江花出楚中棉不甚重二十而得五性強緊北花出畿輔山東柔細中紡織棉稍輕二十而得四浙花出餘姚棉少重二十而得七吳下種大都類此更有數種稍異者一曰黃蔕穰蔕有黃色如粟米大棉重一曰青核核色青細於他種棉重一曰黑核核亦細純黑色棉重一曰寬大衣核白而穰浮棉重此四者皆二十而得九黃蔕稍強緊餘皆柔細中紡織又一種曰紫花浮細而核大棉輕二十而得四

種者於清明前以溼灰拌花子布之鋤鬆地上上覆以

十三四月間生苗其根獨而直葉形銳而有角盛夏葉漸漸黑開小花如錦葵色鵝黄中復有紅紫暈一層甚可觀結實時每穗作三兩房房之嫩者曰花蕾老者曰花鈴子花未熟透而堅結如澀絮者曰僵瓣凡花早收者曰早花晚收者曰晚花花經霜而采色微糙者曰霜黃花

種植農桑輯要栽木棉法擇兩和不下澄肥地於正月地氣透時深耕一二遍作成畦町每畦長八尺濶一步內半步作畦面半步作畦背下種先一日將地連澆三次以水淘過子粒瓦盆覆一夜次日用小灰搓

得伶俐撒畦內上覆厚一指勿再澆待六七日苗出齊時旱則澆灌

王禎農桑通訣云收子下種初收者未實近霜之子不可用惟於中間時月采取爲上既經日曬帶棉收貯種時碾出老農云棉種必於冬月碾取生氣收斂曬燥上車不傷萌芽春時生意茁發便不宜近日先洩其生氣矣凡棉子碾過用臘雪水浸則花不蛀亦能旱或云鰻魚汁亦佳

凡田來年擬種稻者可種麥種棉者勿種也諺曰歇田當一熟言息地力即古代田之義若人稠地狹萬不

得已可種大麥或稞麥仍以糞壅力補之決不可種小麥凡高仰田可棉可稻者種棉二年翻稻一年卽草根潰爛土氣肥厚蟲螟不生多不得過三年過則生蟲三年而無力種稻者收棉後周田作岸浸水過冬入春凍解放水候乾耕鋤如法可種亦不生蟲

棉田秋耕爲良穫稻後卽用人耕又不宜耙細須大墢岸起令其凝沍來年凍釋土脈細潤正月初轉耕或用牛轉二月初轉此轉必撈蓋令細淸明前作畦畛欲濶溝欲深雨後更於白地上鋤三四次則土細而草除除白一當鋤靑二去草自其萌芽故

南北虛浮亦濕翻耕首年十全無患三年以後土仍虛浮復生地蠶或過梅雨濯露根遂多萎壞苟地蠶斷根食葉一蟲之害亦地數武翻耕不辦亦宜如前法冬灌春耕以實其田

凡棉田於種前下壅或糞或灰或豆餅或生泥多寡量田肥瘠剉豆餅切勿委地仍分定畦畛勻布之吾鄉密種者切勿過十餅以上糞不過十石以上懼太肥虛長不實實亦生蟲又有草壅法秋種苕饒草於田中刈菜壅稻留根壅棉若草不甚盛將大麥蠶豆等並掩覆之其收有倍他壅者

水土氣過寒糞力盛峻熱惟生泥能解水土之寒亦能去糞之熱使實繁而不蠹諺曰生泥好棉花甘國老但下糞須在壅泥前泥上加糞并泥無力若餘姚法壅豆後仍上生泥生泥不止去熱亦令蟲少種壟地花者不可不知

種棉之法有二將子隨手撒畦內上覆以土用木碡碌滾實者漫種也將木椿打地成眼量子多少放入用足踐之者穴種也吾鄉皆漫種甚密間有穴種者亦不聞倍收而諸家皆力言密種少收之害豈水土各有所宜耶抑習俗相沿不能驟返也為備錄數說於

後以俟課耕者擇其利病焉便民圖纂種法云用水浸子片時漉出以灰拌匀候芽生於糞地上每一尺作一穴種六七粒待苗出時密者芟去止留旺者二三科常掐去苗尖勿令太高高則不結子元扈先生曰木棉一步留兩苗三尺一株此相傳古法依此則能雨能旱肥而多收圖纂作於近代云一尺一穴者者太密此邇來密種少收之濫觴也俗云千穊萬穊不如密花此言最害事稀不如密者就極瘠下田言之所謂瘠田欲稠也田之肥瘠在糞多寡在人勤惰耳若田肥自不得密密即青酣不實實亦生蟲故稀

種則能肥肥則實繁而多收棉之榦長數尺枝間數尺子百顆畝收二三石其本性也今人密種少收皆其夭閼不遂者耳又曰齊魯人種棉者旣壅田下種率三尺留一科苗長後籠乾糞視苗之瘠者輒壅之畝收二三百斤以爲常餘姚海壖之人種棉極勤亦二三尺一科長枝布葉科百餘子收極早亦畝得二三百斤其爲畦廣丈許中高旁下畦間有溝深廣二三尺秋葉落積溝中爛壞冬則就溝中起生泥壅田歲種蠶豆至春翻罨作壅節地虛行根極易又極深則能久雨能大旱大風故肥而多收如吾鄉之密種

而又用齊魯之糞餅之草安得不青酣而茁壯耶張五典山東信陽人明萬歷乙卯按吳行部至海上時六月初察視田間花苗多羸弱三五爲簇根以上尺許無苔蘚曰江左賦役繁重全賴田收而樹藝無法歲得半入此傷農之大者手書種法刻而傳之曰種之時在清明穀雨節以霜氣既止也或生地用糞耕盍後種句或花苗到鋤三遍句高聳每根苗邊用熟糞半升培植鋤非六七遍盡去艸茸不可句種之疎密苗初頂兩葉時止剗去草顆宜密留以備死傷再鋤尚宜少密三鋤則定苗顆宜疎不宜密大約每

花苗一顆相距八九寸遠斷不可兩顆連並苗之去心在伏中晴日三伏各一次有苗未長大者隨時去之花性忌燥燥則溼蒸而桃易脫落花忌苗並並則直起而無旁枝中下少桃種不宜晚晚則秋寒早桃多不成實即成亦不甚大而花軟無絨去心不宜於雨暗日雨暗日去心則灌壟而多空幹此北方種花法也北方地高寒尚宜若此況此中地溼燥何不可以此法行之農政全書曰漫種者子粒浮露根不入土故雨澀其根風寒中其根多死更悔時鋤却一兩遍苗葉有餘根力不足遇淒風寒雨旱種十日半月

者中寒盡萎遲種者種苗俱觧與艸同生已入盛夏不畏寒凍可得苟全而生計薄矣今括四句訣曰精揀核早下種深根短幹稀科肥壅又元扈先生曰棉花密種有四害苗長不作蓓蕾花開不作子一也開花結子雨後鬱蒸一時墮落二也行根淺近不能風與旱三也結子暗蛀四也種棉不熟之故有四病一秕二密三瘠四蕪秕者種不實密者苗不孤瘠者糞不多蕪者鋤不數

凡種植以早爲良吾邑瀕海多患風潮若比常時先種十許日到八月潮信有傍根成實者數顆即小收矣

但早種遇寒苗出多死今得一法於舊冬或新春初耕後畝下大麥種數升臨種棉并麥苗稚覆之麥根在上棉根遇之即不畏寒用此法可先他田半月十日種

棉花遇大水淹沒七日以下水退尚能發生若過八九日必須翻種矣遇大旱戽水後得雨復損苗須較量陰晴方可凡棉性不宜驟雨驟熱滂沱方歇而驕陽繼照則根爛花脫其初生時多雨而草長過之者不害農家謂之草沒花

種棉者或共大麥下種夏穫麥秋則穫棉謂之麥雜花

溝中隙地皆種豆謂之豆溝元扈先生曰田溝側勿種豆疑慮傷災利其微穫者下農夫也尺寸空餘少俟即枝葉森布禰豆一簇害苗十數赤豆更甚由此觀之麥雜花亦不可種

苗初生時天有雨則草生叢中幾不可辨是須以鋤頭細細去之名曰脫花貧者一家并力合作則壯丁健婦相雜於道至有女舉趾而男爲之餉食者每當酷熱之時流汗沾衣最爲勤苦大抵鋤棉須七次以上又須及夏至前多鋤乃佳諺云鋤花要趁黃梅信鋤頭落地長三寸

方制府觀承云苗有壯碩異於常叢者爲雄本不結實然不可盡去備其種斯有助於結實者

棉花漫種者易種難鋤穴種者反之漫種者下種宜密鋤時簡別而痛芟之令疏穴種者穴四五核鋤時簡別去留之留不得過二苗二者高五六寸以塊壓其中而平分之使根幹相去面面生枝簡別之法老農云一二次鋤去大葉者此巨核少棉種也三鋤後去小葉者此秕不實種而油浥病種也右說亦出農政全書

花熟時人攜一袋取之曰捉花捉花宜小兒蓋花之高

者不過二尺許偉丈夫則傴僂矣凡日色晴爽捉花者既往他處而回顧已經采摘之花又復開放謂之前捉後白如是者倍收捉花既已其幹可用爲薪燒之勝於蘆葦名花萁萁未拔時遊手輩竊其零星綴枝上者以博一醉相遇於野田草露間爲物主所呵而不讓至有鬥毆成訟者俗謂之捉落花

農政全書曰壯士吉貝賤而布貴南方反是吉貝則汎舟而鬻諸南布則汎舟而鬻諸北今邑之販戶皆自崇明海門兩沙來土人惟碾去其子賣於諸處以性強緊不中紡織也邑產者另有行戶晨挂一稱於門

俟買者攢集戶外乃爲之別其美惡而貿易焉少者以籃盛之多者以蒲包一包如盤兩包如合數年中祇以亢旱故間有自丹陽販至謂佳於沙産然江北絕無至者豈時會之不同與

花不曬不可碾以有溼氣則子粘不脫也曬花之具以篛箔張於衣桁上薄薄攤之翻騰數遍至日暮方可取用若遇陰雨以竹格安火盆上烘透俟冷再烘始不還性貧家或有趁炊飯罷去鬴烘之者然此二法易令色不明潔

攪車今謂之軋車以木爲之形如三足几坐則高與胸

齊上有兩耳卓立空耳之中置木軸一徑三寸有奇在車之左以右手運其機向外復置鐵軸一徑半寸有輪在車之右以左足運其機向內皆用木楔籠緊中留尺許地取花剝兩軸之隙而手足胥運則子自內落無子之花自外出若雲靉靆然名花衣

按軋車古制甚鉅而無足止高二尺許軸端俱有掉拐即柄也曲而便于捩捩其末皆不透兩人對坐其旁一人喂花輪隙其用力勞而所得不多故易以四足車厥工祇一人兼之然其坐也一足偏左而用力不專所得又不能多故易以三足車車制之大小相似惟四足者

其輪如十字三足者只一木段劖其中隆其兩頭以搖轉取勢耳往見一說云今之攪車一人可當三人句容式二人可當四人或郎三足四足之分又云太倉式兩人可當六人者不知何似

彈花弓剡木所爲長五尺許上圓而鋭下方而闊弦粗如五股線觜弓花衣中以槌擊弦作響則驚而騰起散若雲輕如煙名熟花衣於是約熟花衣作帶形削細竹一莖爲心一手執其末一手執木板如絲矩者絲矩絕類方斂蒸筲有系可執用張繭絲覆之一推一却花衣乃捲竹上即拙出此竹其狀外員而中空名條子

方言曰趙魏間謂之歷鹿車東齊海岱之間謂之道軌或謂之維車即今紡車也制此紡苧麻者差大以木爲之有背有足首置木鋌三形鋭而長刻木爲承其末以皮絃襻連一輪上復以横木名踏條者置輪之竅中將兩足抑揚運之取向所成之條子粘於舊纏隨手牽引如繅繭絲皆繞鋌而積是名棉紗

古人稱紡紗者謂輪動絃轉續於苧維皆成緊纑按通俗文曰織纖謂之維受緯曰苧苧蘆管也今紡者將就經緯時始從木鋌上翻紡於蘆管以去其粗斷不勻之纑從無所謂續於苧維者或昔無木鋌之制故

紗有紡成經緯者有止賣紗者夜以繼日得斤許卽可餬口善紡者能四緯三緯爲常兩緯爲下江西樂安人聞能五緯往見四緯者已將棉條併執食指中不知五緯又用何法

手車有兩耳豎立矮木牀上夾一大竹輪於中其鋌有木承承之鋌後以粗綫環鋌末及輪輪心有軸穿耳端出入以一手搖輪一手曳棉條而成一縷小兒女用以消夜併織而已若郡城有紡鐵鋌者紗極緊細而價亦甚貴

以棉紗成絍古用撥車持一緯周匝蟠竹方架上日得

無幾纖用軖牀制如交椅其上豎列八維以掉枝叢引分布成絍較便於前今則取所謂如交椅者令一人負之而趨一人隨理其緒往來數過項刻可就名其所負者曰經車

成絍後次乃用漿漿必須細白好麪調法不可大熟熟則令紗色黑不可太生生則令紗不緊在糊盆浸過一夕備聽露水晞或天陰不雨晴植竹架於廣場縴其兩端以竹帚痛刷候乾於分絍處間以交竹捲如牛腰然後上機此種最貴名刷紗次則捲之成餅列肆買之名布經闊燥者多斷濕者多霉鮑又有以棉

紗作絞入漿水不復帚刷而成紝名漿紗最下
吾邑以百里所產常供數省之用非種植獨饒人力獨
稠抑亦地氣使然也燕北方風日高燥棉纖斷續不
得成縷縱能作布亦稀疏不堪用南人寓都下者朝
夕就露下紡或遇日中陰雨亦紡不則徙業矣肅寧
人穿地窖數尺作屋其上簷高於平地二尺許穿櫺
以透陽光人居其中借溼氣紡之始能得南中什之
一二

傅子曰舊機五十綜者五十躡六十綜者六十躡馬生
者天下之名巧也患其遺日喪巧乃易以十二躡今

女紅惟用二繦又爲筒要拔繦俗呼踏腳或一或二或三或四繦之多寡視布之花文爲增減不定二繦也凡布密而狹短者爲小布松江謂之扣布疎而潤長者爲稀布產邑中極細者爲飛花布卽丁孃子布產邑之三林塘文側理者爲斜文文方勝者爲整文文稜起者爲高麗皆邑產他處亦間有之若染成而以刀刮布有芒如瑠璃者爲刮絨非女紅也

明季從六世祖贈長史公精於陶猗之術秦晉布商皆主於家門下客常數十人爲之設肆收買俟其將戒行李時始估銀與布捆載而去其利甚厚以故富甲

一邑矣　國初猶然近商人乃自募會計之徒出銀采擇而邑之所利者惟房屋租息而已然都人士或有彩自搜羅至他處覓售者謂之水客或有零星購得而轉售於他人者謂之袱頭小經紀

染工有藍坊染天青淡青月下白紅坊染大紅露桃紅漂坊染黃糙爲白雜色坊染黃綠黑紫古銅水墨血牙駝絨蝦青佛面金等其以灰粉滲膠礬塗作花樣隨意染何色而後刮去灰粉則白章爛然名刮印花或以木版刻作花卉人物禽獸以布蒙板而砑之用五色刷其砑處華采如繪名刷印花

有踹布坊下置磨光石版爲承取五色布捲木軸上上壓大石如凹字形者重可千斤一人足踏其兩端往來旋轉運之則布質緊薄而有光此西北風日高燥之地欲其勿著沙土非邑人所貴也

閩粤人於二三月載糖霜來賣秋則不買布而止買花衣以歸樓船千百皆裝布囊累累蓋彼中自能紡織也每晨至午小東門外爲市鄉農負擔求售者肩相磨袂相接焉至被褥衣袴所用棉絮皆取黄晦不中經緯者土人搗羊腸爲弦彈之價不甚貴或有收裝過販絮補綴成片以巨艇趨江淮間買之貧民籍以

御寒價愈賤矣

木棉子性解毒能治惡瘡乳癰榨爲油其渣可飼牛羊及糞田油色紫而渾以之注鐙則不明以之和蔬則味酵但其直廉賤市肆間私買之以爲茶油豆油之屬亭價不

黃道婆本邑人流落崖州海嶠間元元貞中攜紡織具歸傳其法於烏泥涇人人皆大獲其利婆死立祠祀之明張之象復塑其像於寧國寺今城中渡鶴樓西北小巷內亦立廟祀之邑之女紅歲時群往拜禱呼之曰黃孃孃但所塑者如三十許好女子殊失實矣

舊傳黄道婆能於被褥帶帨上作折枝團鳳棊局花文邑人化而爲象眼爲綾文爲雲朵爲膝襴胸背明成化間流聞禁廷遂織造龍鳳斗牛麒麟袍服而染大紅真紫赭黄等色工作胥隷並緣爲姦一疋有費至白金百兩者宏治改元首罷之此種遂絶今郡中綾布以絲爲經以木棉爲緯亦多有花文但價不甚貴

禹貢曰島夷卉服厥篚織貝蔡註云葛越木棉之屬葢以卉服來貢而吉貝之精者則入篚焉至史稱梁武帝送木棉皁帳爲儉朴似非當日所尚而唐詩所詠光明白氎巾者則又甚珍之或布有粗細不同也今

木棉布之佳者每尺未嘗過錢五十而西藏佛布有至白金數十一端其即古之白氎歟

張勃吳錄云交趾安定縣有木棉樹高數丈實如酒杯有綿如蠶可作布名白緤而陳繼儒雜誌云粵中木棉極高大開花紅如佛桑結子作絮但可當裀褥中所説與吳錄異當以陳說爲是

沈懷遠南越志桂州出古終藤結實如鵝毳核如珠珣治出其核紡如絲綿染爲斑布又云南詔諸蠻不養蠶惟收娑羅木子中白絮紉爲絲織爲幅名娑羅籠段祝穆方輿志云平緬出娑羅樹大者高三五丈結

子有紡絲織爲白疊名兜羅綿與娑羅籠段疑一物今吳楚間有草蔓生俗名麻雀冠結子亦可紡爲木棉布綿光白如銀按王磐野菜譜云雀兒綿單二月熟可作齏不知卽此否按數者皆木棉類

孟子七十者可以衣帛矣當時通用之布只是苧麻類耳冬月衣苧麻則寒衣帛則煖故老人年至七十血氣既衰必藉絲纊以温其體若今木棉之安燠反過於帛而無所嫌爲布矣物美而適宜直賤而易得其利溥哉

# 授衣廣訓

（清）愛新覺羅·顒琰 定
董誥等 撰

《授衣廣訓》，（清）愛新覺羅・顒琰定，（清）董誥等撰。顒琰（一七六〇—一八二〇），初名永琰，清第七帝，一七九五—一八二〇年在位，年號嘉慶，廟號仁宗，謚『受天興運敷化綏猷崇文經武光裕孝恭勤儉端敏英哲睿皇帝』。在位期間，懲治貪官，整飭吏治，提倡節儉，繼續推行傳統經濟政策。

董誥（一七四〇—一八一八），字庶林，浙江省杭州府富陽縣人。清乾隆二十八年（一七六三）進士，改庶吉士，遷内閣學士，歷乾隆、嘉慶兩朝，累官户部、刑部尚書，謚文恭。撰有《皇清職貢圖》，主編《全唐文》等。

此書成於清嘉慶十三年（一八〇八），是董誥等奉敕編撰。《清史稿・藝文志》農家類著録。全書以方觀承進呈的《棉花圖》爲基礎，增補御題詩文而成，分爲上、下二卷，冠以嘉慶帝上諭、董誥表、康熙帝聖製《木棉賦》並序、乾隆帝御題棉花圖序及纂修諸臣銜名。上卷爲布種、灌溉、耘畦、摘尖、採棉、揀曬、收販、軋核；下卷爲彈花、拘節、紡綫、挽經、布漿、上機、織布、練染，計十六圖。每圖之前，首載康熙帝《木棉賦》，次録乾隆帝、嘉慶帝有關棉花、衣被題詩。圖後收方觀承棉花種植及加工諸説。從播種、耘畦到織布成匹，整套棉花生産、加工工序盡收其中。

書中插圖有仿《耕織圖》之意，然較之康熙《耕織圖》《圖書集成》，其繪刻鐫法相去較遠，但仍不失爲嘉慶時期京派版刻之重要作品，兼具較高農學價值與藝術價值。

此書有清嘉慶十三年刻本、《喜詠軒叢書》本等。今據清嘉慶武英殿刻本影印。

（熊帝兵）

嘉慶十三年九月二十四日內閣奉
上諭朕勤求民事念切授衣編氓禦寒所需
惟棉之用最廣其種植紡務兼耕織從
前
聖祖仁皇帝曾製木棉賦迨乾隆年間直隸總
督方觀承恭繪棉花圖撰說進呈
皇考高宗純皇帝嘉覽之餘按其圖說十六事
親製詩章體物抒吟功用悉備朕紹衣



先烈軫念民依近於幾暇敬依
皇考聖製原韻作詩十六首誠以衣被之原講
求宜切生民日用所繫實與稼穡蠶桑並
崇本業著交文穎館敬謹輯為一書命名
授衣廣訓首載
聖祖仁皇帝聖製賦次載
皇考高宗純皇帝聖製詩再將朕御製和韻詩
載入其方觀承所進圖幅並發交如意館

仿照鈎摹同原冊所進圖說等件一併存
載俟書成呈覽刊刻頒行以垂永久欽此

大學士臣董誥等跪
奏臣等奉
勅編輯授衣廣訓告成謹奉
表上
進者伏以
皇春播煦五絃叶薰阜之風
聖澤覃津萬彙被曣溫之氣
釆古奏於明堂月令



治拱垂裳
課廣生於蔀屋歲功
恩醲挾纊
變陰陽而調五趧祁寒釐衣褐之咨
教樹藝而兆四秋重煥佐檿桑之用俾宜物
土實裨民生臣等誠懽誠忭稽首頓首
上言竊惟貢登卉服厥篚紀自夏書種
釋木棉異品疏於蔡傳草衣乍革卽彰

貝錦之文桑土既蠶兼釆島夷之制細
纑紛繭更傳艸實於高昌斑布抽絲爰
擷花樹於林邑訶羅單國借貝葉以齊
來中大通年儷葯香而入獻腰邊橫幅
宋祁載筆於唐編口外吹緜張勃纂言
於吳錄字區古吉莫詳繁露之書種別
吳滇誰唱班枝之曲鷓鴣飛畔憶度嶺
之年時鶗鴂鳴餘值播沙之節序梵夾



分從西域曾志睒婆法衣傳自南宗亦
名屈眴輕逾織羽合號烏驎軟勝氄茸
特珍鵝毳唐昌一樹瓊枝並玉蕊之花
河鼓七襄白緤勝明光之錦春風雙袖
著來定是奇溫冬月複襦不信猶餘纊
冷是則耘逢鳥緯程功分東作之餘貺
比龍精利用在西陵而外蘭干蒲練遜
此純禮葛越橦華懃其麗密然而白旄

紕罽爻閬祇蔡昆侖黄潤比筒任土僅
聞梁益是以班書四十五日但詡績絇
唐代長短中功不關庸調此等於一女
不織而或受之寒將何以九州同貫而
永享其利也欽惟
皇帝陛下
化協甄陶
功隆亭育



慶雲溥圜吉輝騰建木之邱
瑞日亀暾靈曜燭榑桑之國地不愛寶芸
生胥効其功能天必因材百族咸歸於
煦嫗開物成務乃亦有秋率事勸功所
其無逸盡人性斯及物性一民寒而曰
已寒嘉玆吉貝之名實冠羣芳之譜
丹毫揆賦三百言全摛天地之文
瑯管題詩十六章兼備春秋之氣圖呈寶鑑丹

青進豳館之篇歌贊
彤廷珉石勒畺臣之作欣際
重華纘服
念
先烈而蹟炳金繩
繼照敷綸
眷民依而怗繙翠墨鉤摹粉本邀
乙夜之披吟番疊瑶牋布



辰猶於題品析諸門而授簡賚全帙以編蒲
擺圖用暢其觚攬系說首詳於種植選
來青核禁烟趁百五之辰撥稿白沙泠
風帥中央之勢蓬蓬曉翠入來方野畦
邊岸岸春流樹靜枯槔聲裏功同除莠
行疏籉笠之間事等決芸影動鉏犁之
外似摘茗而不聞伐鼓餘椵挺之三椏
類修桑而無俟提筐賸莽衛之四布作

花作絮後先分南北之枝宜白宜黃採
擷戒霜風之信景催西顥披殘萬朶晴
雲曝向南榮堆作一庭飛雪抱絲貿得
載從秋水估航策蹇馱來歸趁斜陽墟
市軸膏轉處既左旋而右抽珠顆拋餘
用取材而落實蠟絃揚抑皆引商刻羽
之音縕絮溟濛有擘柳搖蘆之態箸箸
細卷乍撚氷條紥几匀排新授玉箸熒



熒篝火蟋蟀入而庭戸寒軋軋繅星絡
緯鳴而機杼急南牀北架鬬牽鞴扇之
輪五躡七綜機引轆轤之緒支稜絡處
澣稱漿淸盆手繅時濕宜風戾受經持
緯縱橫出自駕梭挈綫攀花熨帖平於
鳳鑷彈棋織就剪裁傳黃媼之遺鈿粟
量來尺幅準吳淞之樣精曰氍而麤曰
貝美自含章三入纁而五入緅白宜受

采此皆
執纆抱表關
宵旰之經綸
裁法絜仁熏
宮廷之制度面觭乎入官物曲半織半耕酌
劑乎佩實銜華至纖至悉詠歌勤苦迎
寒息臘之詩軫恤艱難被毳荷旃之侶
氣迴陽曉儼賜褚以章身候釋凜威詎



澼洸而皸手密迺五緘非關靡於良裘
煥過八蠶異徵祥於獨繭風敦賁素珍
吹綸吹絮之奇物斥騈華祛浣火浣灰
之製
裁成造化書豈僅農家者流
茂育羣生術本是齊民之要臣等幸忝館局
獲與編摩欽
寶思之集大成軼珍鏞而快先睹

宸章炳煥源
彝訓以垂訓詞德產精微本
紹衣以宏衣被補桑餘於通考徵名晰草木
之蕃攬芸帙而周知
譜韻挈風謠之細從此課饑萌隸徧播琴於
麻土絹鄉志陋梧潯逾纂組於氷紈雲
錦福原富本咸思纖纊之遺崇樸黜奢
遠軼弋綈之儉曰安且燠服其服而彌
感在躬惟愛斯臧布似布而漫矜博物
秩肇示式
於
幬八極於祥風和氣之中襦袴興歌躋一世
化寓春臺之上臣等無任瞻
天仰
聖踴躍懽忭之至謹奉
表隨



進以
聞
嘉慶十三年十二月十二日大學士臣
董誥協辦大學士臣戴衢亨工部尚
書臣曹振鏞吏部左侍郎臣潘世恩
戸部左侍郎臣英和禮部左侍郎臣
桂芳禮部右侍郎臣秀寧刑部右侍
郎臣周兆基工部左侍郎臣陳希曾
等稽首頓首謹上

欽定授衣廣訓

聖祖仁皇帝聖製木棉賦并序

木棉之爲利於人溥矣衣被禦寒實有賴焉夫既紡以爲布復擘以爲絖卒歲之謀出之隴畝功不在五穀下嘗稽之載籍島夷卉服註以爲吉貝即其種也然止以充遠方之貢而未嘗遍植於中土故周禮婦功惟治蠶枲唐徵庸調但及絲麻至木棉之種後世由外蕃始入於關陝閩粵今則遠邇貴賤咸資其利而昔人篇什罕有及之者故爲之賦曰

考吉貝之佳種披邱索以窮源道伽毘而遠來由秦粵而行蕃倣崖州之紡織製七襄而無痕倣宋人之洴澼比八絺而同温先麥秋而播種齊壺棗而登原宿黃雲於萬莖墮白雪於千村落秋實於露晞軋機柚於星昏燧



佐耆年之帛陽回寒女之門幸卒歲之可娛乃民力之普存若應鍾之司律正薄寒之中人月照牛衣之夜霜侵蔦屨之辰家挾千箱之纊路絶百結之鶉曝茅簷而歌愛日賽田祖而洽比鄰謝履絲之靡麗免子貉之艱辛故夫八口之家九十之氓無沍寒之膚裂罕疾風之條鳴時和年豐火耨水耕歲落三鍾之棉場登百畝之秔同彼婦子樂此太平奚羨纂組之巧與夫縞紵之輕慨風詩之未錄省方問俗將以補豳什而續授衣之經

皇帝御製題棉花圖序

衣被繫民生之命條桑事重豳圖諮諏廣物土之宜服卉制原禹貢名沿吉貝植異木而呼棉譜冠羣芳莖作花而吐雪溯自

奎文首煥賦心涵宇宙之春洎夫畫吏臚陳繪事絢穠纖之采荷

宸篇於黼座十六標題

軫民莫於沙區



九重洞矚貞珉細勒圖系說以增輝

寶墨珍函賡載歌而不朽緬心臧之

垂訓寧一夫或受之寒廑力作以

授時惟大地不愛其寶祗繙舊帙宛覩熙臺含下隰而就高壤功每同夫穮蓘竢取材而期落實利遂溥於垓埏若乃選核培根種分晚植疏畦汲井候驗陰晴由三耘以逮七耘似良苗之去莠許一摘而仍再摘如佳茗之抽萌實亦稱花架含苞而簇錦暄還待曝場溢箔以堆雲入市肩赬販易直參菽粟踏車子淨簸揚似絕秕糠彈木弓而引蠟弦和鄰舂之相杵卷花筩而扞竹管凭食案以搓條絡緯聲喧綫隨輪其軋軋經床影直維列架兮紜紜漿與刷相須湯經幾沸杼隨機互運緒豈虞棼縱橫合以文成依然太素練染深而質判美矣合



章綜半耕半織之勞非一手一足之烈圖披甲乙本閭閻襦袴之源課閱春秋寓廊廟經綸之用比絲人之納賦繭繅皆出自寒閨匪園客之呈奇刀尺預謀夫晚歲麗密數純綿之美八蠶詎侈江鄉勤劬類終畝之艱九扈交資農正憶昔深憐裋褐窮檐敷挾纊之仁撫兹轉厭羅紈前殿躔焚裘之詔處細旃廣厦而不忘皸瘃曰寒燠

相彼小民合近畿遠服而共煦温暾維宵旰敦斯本計拈毫寫韻陋海隅空羨紫茸體物擒詞冀日下同歡黃襖敬成七字敢繼

元音



嘉慶十三年九月二十五日奉

旨纂輯授衣廣訓諸臣銜名

監理

和碩儀親王臣永璇

經筵講官太子太師領侍衛內大臣大學士世襲輕車都尉臣慶桂

文穎館正總裁

經筵講官太子太師文華殿大學士管理刑部事務世襲騎都尉加三級臣董誥

經筵講官太子少師協辦大學士戶部尚書武英殿總裁翰林院掌院學士世襲雲騎尉加五級臣戴衢亨

經筵講官工部尚書加二級臣曹振鏞

副總裁

經筵講官吏部左侍郎加二級臣潘世恩

經筵講官戶部右侍郎內務府大臣兼署鑲黃旗滿洲副都統文淵閣提舉閣事武英殿總裁管理樂部咸安宮官學總裁加二級臣英和

經筵講官禮部左侍郎兼署鑲黃旗滿洲副都統世襲雲騎尉加二級臣覺羅桂芳

經筵講官禮部右侍郎正白旗漢軍副都統兼佐領加二級臣秀寧

經筵講官刑部右侍郎加二級臣周兆基

工部左侍郎教習庶吉士加二級臣陳希曾

提調官
翰林院侍讀咸安宫總裁加一級臣繼昌
翰林院編修教習庶吉士加一級臣席煜
翰林院編修武英殿纂修加一級臣徐松
總閲官
翰林院編修加一級臣文寧
纂校官
翰林院編修武英殿纂修加一級臣孫爾準
翰林院編修國史館協修加一級臣陳鴻墀



監造
内務府慎刑司郎中兼參領佐領加五級臣長申
内務府掌儀司員外郎兼佐領加五級臣克蒙額
正監造員外郎加一級臣永清
副監造副内管領加一級臣經文
委署主事加六級臣敏謙
六品銜庫掌加五級臣和興

庫掌加三級臣善元
庫掌加二級臣光裕

棉花圖卷上目錄





棉花圖第一

佈種

高宗純皇帝聖製

本從外域入中原

聖賦金聲實探源雨足清明方佈種功資耕織燠黎元

皇帝御製恭和

高宗純皇帝元韻

祖賦

考題重本原勤求民瘼溯

心源冬收還核待春布候應清明木德元

欽定授衣廣訓 卷上 三

佈種說

種選青黑核冬月收而曝之清明後淘取堅實者沃以沸湯俟其冷和以柴灰種之宜夾沙之土秋後春中頻犁取細列作溝塍種欲深覆土欲實虛淺則苗出易萎種在穀雨前者爲稙棉過穀雨爲晚棉

細將青核選春農會見霜機集婦功千

睿藻補豳風

古桑麻文字外特摛

臣方觀承敬題

欽定授衣廣訓 卷上 四

棉花圖第二

灌溉

高宗純皇帝聖製

土厚由來產物良却艱致水異南方轆轤汲井分畦溉嗟我農民總是忙

皇帝御製恭和

高宗純皇帝原韻

種擇高原脈土良功先鑿井利殊方欲期吉

貝被身煖不憚勤劬運臂忙

灌溉說

種棉必先鑿井一井可溉四十畝種越旬日萌乃畢達農民仰占陰晴俯瞰燥濕引水分流自近徹遠杜甫詩云農務村村急春流岸岸深情景畧似北地種棉多在高原鮮溪池自然之利故人力之滋培尤亟耳

戽水兼聞汲井譁桔槔聲裏潤頻加千

畦自界瓜蔬色一雨同抽黍豆芽

臣方觀承敬題



棉花圖第三

耘畦

高宗純皇帝聖製

芟密耘長遍野皋夏畦增此那辭勞白家少傅暝寒中但識加棉厚絮袍

皇帝御製恭和

高宗純皇帝原韻

花繁茸細茂平皋長日鋤耘力作勞念此艱辛厭纂組時看在笥舊綈袍

耘畦說

苗密宜芟苗長宜耘古法一步留兩苗雖不可盡拘大要欲使根科疏朗耳時維夏至千鋤畢興一月三耘七耘而花繁茸細猶之穀五耘而穮秠悉除也苗有壯碩異於常莖者爲雄本不結實然不可盡去備其種斯有助於結實者又或雜植脂麻云能利棉

科要分明行要疏春經屢雨夏晴初村
墟槐柳人排立傭趁花田第幾鉏

臣方觀承敬題



棉花圖第四

摘尖

高宗純皇帝聖製

尖去條抽始暢然趨晴避雨摘炎天愛之能
勿勞乎爾萬事由來一理詮

皇帝御製恭和

高宗純皇帝原韻

旁達尖除始判然冒炎羣趁雨餘天勤勞婦

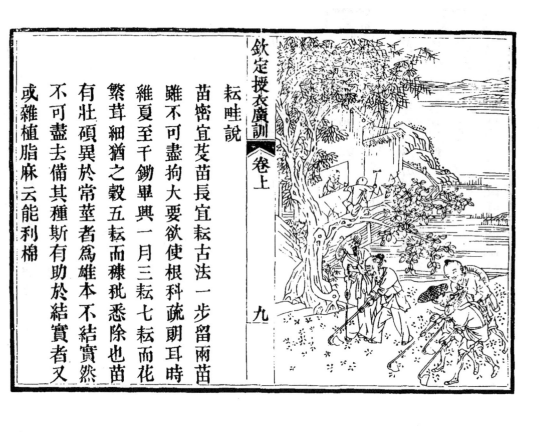

女同蠶事南北土風著象詮

摘尖說

苗高一二尺視中莖之翹出者摘去其尖又曰打心俾枝皆旁達旁枝尺半以上亦去尖勿令交揉則花繁而實厚實多者一本三十許甚少者十五六摘時宜晴忌雨趨事多在三伏時則炎風畏景青裠縞袂相率作勞視南中之條桑摘茗勤殆過之如或失時入秋候晚雖

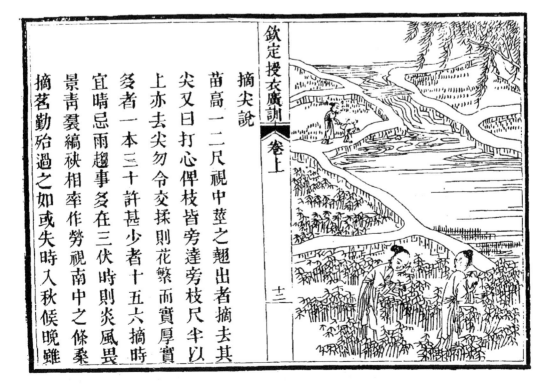

摘不復生枝矣

也如摘茗與條桑長養爲功則有方要使莖枝垂四面得分雨露自中央

臣方觀承敬題



棉花圖第五

採棉

高宗純皇帝聖製

實亦稱花花實同擕筐婦子共趨功非虛觀郤貧真用植物依稀庶子風

皇帝御製恭和

高宗純皇帝原韻

實生花落用胥同盈畝共襄採摘功春種夏耘秋始結繪圖題什補豳風

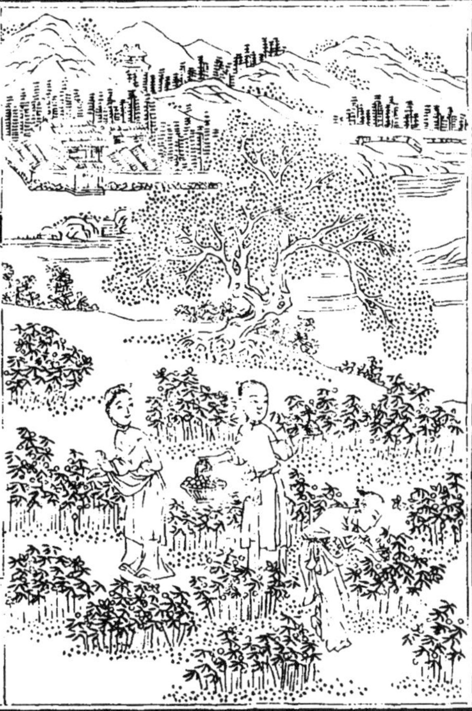



採棉說

花落實生實亦稱花惟棉爲然花似葵而小有三色黃白爲上紅則結棉有色爲紫花不貴也實攢三瓣間有四瓣者函絮其中呼爲花桃桃裂絮見爲棉熟隨時采之此枝已絮彼枝猶花相錯如錦自八月後婦子日有采摘盈筐襭衽與南畝之饁相望霜後葉乾采摘所不及者黏枝墜隴是爲賸棉至十月朔則任人拾取無禁猶然遺秉滯穗之風益徵畿俗之厚焉

入手凝筐煖更妍裝成衣被晚秋天誰家十月寒風起猶向枝頭拾賸棉

臣方觀承敬題



棉花圖第六

揀曬

高宗純皇帝聖製

納稼惟時棉亦成等差黃白辨粗精紛羅眞有如雲慶吉語猶占冬朔晴

皇帝御製恭和

高宗純皇帝原韻

廣場曝曬慶西成黃白紛羅擇必精積雪鋪

雲溢庭院符占更願孟冬晴

揀曬說

自種迄收田功畢而人事起矣棉貴純白土黃色者亦可織而直賤水浥者惟供雜用爰類擇之以分差等曝布之以資久貯時當秋穫場圃畢登野則京坻盈望戶則葦箔紛羅擘絮如雲堆光若雪蓋至是而禦寒之計無虞卒歲已農占以十月朔晴主棉賤故俗有賣絮婆

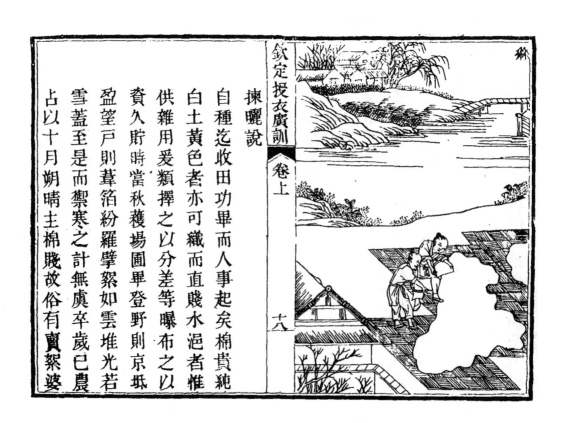

予看冬朝之謠驗之良信
稌黍場邊午日曬堆雲劈絮正紛霏廣
南有樹何曾采任逐晴空鳥毳飛
臣方觀承敬題



棉花圖第七

收販

高宗純皇帝聖製

艱食惟斯佐化居列鄽負販各紛如價常有
定斤無定巨屨言同記子輿

皇帝御製恭和
高宗純皇帝原韻

新棉充羨入廛居價值有恒每歲如爲市日
中皆樂利懋遷轉運徧車輿



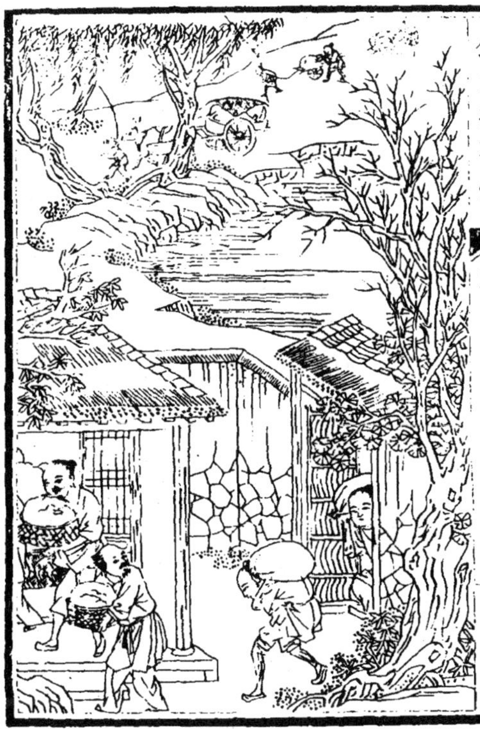

收販說

三輔神皋沃衍梁稷黍菽麥麻之屬靡不蓄殖種棉之地約居什之二三歲恒充羨輸溉四方每當新棉入市遠商翕集肩摩踵錯居積者列肆以斂之懋遷者牽車以赴之村落趁虛之人莫不負挈紛如售錢緡易鹽米樂利匪獨在三農也棉有定價不視豐歉爲增減惟於斤衡論輕重凡物十六兩爲一斤棉則以二十兩爲斤豐收加重至二十四兩仍二十兩之直也轉鬻之小販則斤循十六兩而取贏焉

衡稱由來增歲稔舟車不獨向南多
聖朝物力需無外又作高麗貢紙馱

臣方觀承敬題



棉花圖第八

軋核

高宗純皇帝聖製

轉轂持鉤左右旋左惟落核右惟棉始由粗末精斯得枷杵同農豈不然

皇帝御製恭和
高宗純皇帝原韻

上轂下鉤互轉旋核分花細出輕棉工同碾

軸農家器利用厚生本自然

軋核說

軋車之制爲鐵木二軸上下疊置之中留少罅上以轂引鐵下以鈎持木左右旋轉餧棉於罅中則核左落而棉右出有核曰子花核去曰瓤花瓤之精者曰淨花核多而細者棉重上棉一瓣七八核故有七子八棉之諺稔歲畝收子花百二十斤次亦八九十斤子花三得瓤

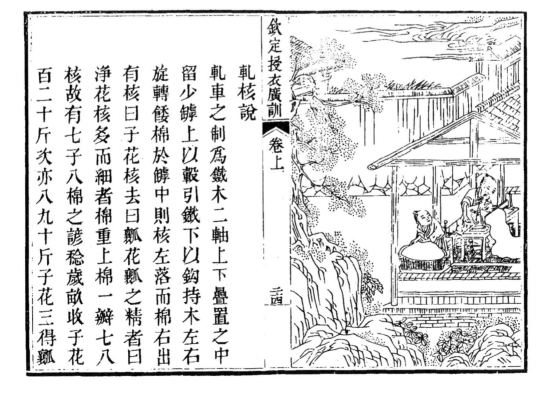

花一其名大小白鈴者最爲佳植
疊軸拳鈎互轉旋考工記繪
授時編纀星踏足紛多製爭似瓢花落手便
臣方觀承敬題



棉花圖卷下目錄

彈花　拘節
紡綫　挽經
布漿　上機
織布　練染



棉花圖第九

彈花

高宗純皇帝聖製
木弓曲引蠟弦掤開結揚茸白氎成村舍比
鄰閭相杵𦁆𦁆唱答合斯聲
皇帝御製恭和
高宗純皇帝原韻
弓彎短勁蠟弦掤彈擊花衣應手成晝杵宵

砧相倡和連村總是太平聲

彈花說

淨花曝令極乾曲木爲弓彈之弓長四尺許上彎環而下短勁蠟絲爲弦椎弦以合棉聲錚錚然與鄰舂相應移時結者開實者揚丰茸緐熟著手生溫疊而卷之謂之花衣衷以取煖則輕勻而熨貼也紡織者資其柔靭經之緯之無不如志矣

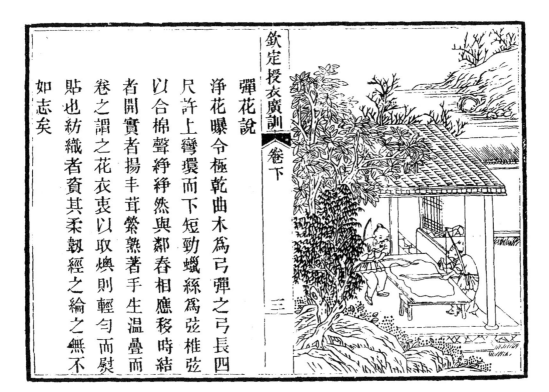

似入蘆花舞處深一彈再擊有餘音何
人善學勞絲理此際如添挾纊心
臣方觀承敬題



棉花圖第十

拘節

高宗純皇帝聖製

擦條拘節異方言總是斯民衣食源幾許工
夫成麗密紡紗絡緒事猶煩

皇帝御製恭和

高宗純皇帝原韻

東帛卽棉本易言條分筳卷紡車源引端抽
緒渙斯合進步用功豈憚煩

拘節說

湏者必合而後可以引其緒南中曰擦條其法條棉於几以筳卷而扞之出其筳成筩褸褸如束取以牽紡易曰束帛戔戔或謂帛卽古棉字猶酉爲酒之類薄物淺小而有白賁之義意象似之用備一說

花筩一卷寸筳纖素几生寒碾玉尖抽緞畧同新繭子條條付與紡車拈

臣方觀承敬題



棉花圖第十一

紡綫

高宗純皇帝聖製

相將抽緒轉軖車工與繅絲一例加聞道吳淞別生巧運輪却解引三紗

皇帝御製恭和

高宗純皇帝原韻

握條轉鋌運輕車引緒成斤逐日加念切民

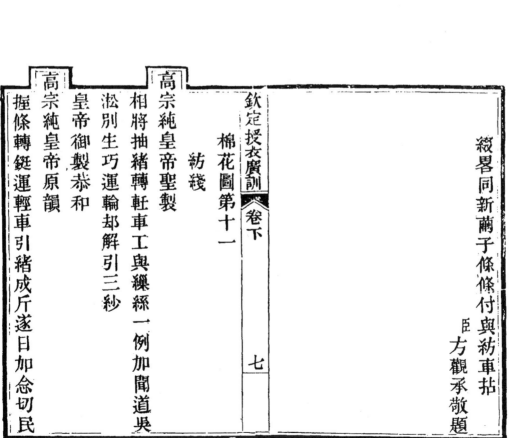

依重本計應嗤富室炫羅紗

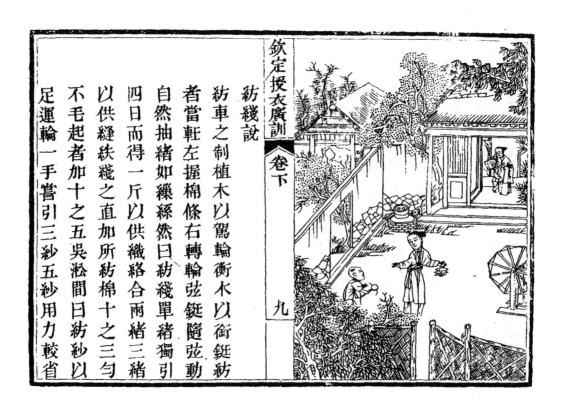

紡綫說

紡車之制植木以駕輪衡木以銜鋌紡者當軒左握棉條右轉輪弦鋌隨弦動自然抽緒如繅絲然曰紡綫單緒獨引四日而得一斤以供織絡合兩緒三緒以供縫紩綫之直加所紡棉十之三匀不毛起者加十之五吳淞間曰紡紗以足運輪一手嘗引三紗五紗用力較省

絡緯聲中夜漏迢輕勻䉡積比絲纖茅
簷新婦誇身手得似絲纖價合高

臣方覲承敬題



棉花圖第十二

挽經

高宗純皇帝聖製

引維卸絡理棉絲枝挂經牀較便其蹕路迎
鑾多婦女木柈每見手中持

皇帝御製恭和
高宗純皇帝原韻

牽經理緒萬千絲北架南牀俗尚其旋繞縱
橫自不紊心閒手敏便操持

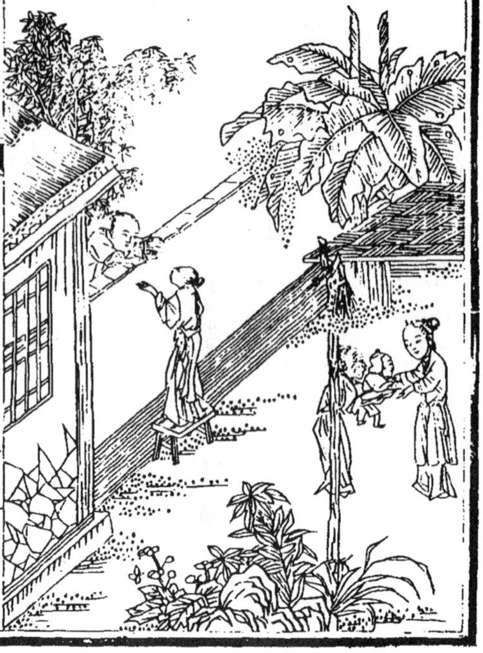



挽經說

理其緒而絡之以爲經南方用經牀枝豎八維下控一軒四股次第旋轉北則持木架引維而御絡之勢若相嬰薄者一架容數維重約四兩許當其心閒手敏茅簷笑語閒坐立皆可從事比經牀爲便捷也

南牀北架制隨宜過絡迴環一手持素

腕當窗憐慣捷阿誰長袖倦垂時

臣方觀承敬題



棉花圖第十三

布漿

高宗純皇帝聖製

經緯相資南北方藉知物性亦如強刷紗束絡俾成緒骨力停勻在布漿

皇帝御製恭和

高宗純皇帝原韻

束絢沃汁異南方絡以支稜旋轉強桊衍平

鋪兩端直功加帚刷益匀漿

布漿說

布漿有二法先用糊而後作紝者爲漿紗先成紝而後用糊者爲刷紗北地則將已合之經束如索綯鬻以沸湯入糊盆或米汁度過稍乾用擬車一名支稜絡之成總乃上軸轤引兩端以帚刷之索衍陸離有條而不紊或漿氣未勻紛綸縺綣復加爬梳俾縒緒胥直無或不

伸自拘節後功莫密於此
縷縷看陳燥濕宜糊盆度後撥車施爬
梳莫使沾塵汚想到衣成薄澣時
臣方觀承敬題



棉花圖第十四

上機

高宗純皇帝聖製

豈止千絲與萬絲女郎徐自引伸之可知事
在挈端要諸緒從心無不宜

皇帝御製恭和

高宗純皇帝原韻

柚經杼緯理千絲高下相環徐引之要領手

持息紛擾尋端就緒事咸宜

上機說

機之制與絲織同柚受經二人理之杼受緯一人行之經必嚮必衆而緯則否引繩高下手足並用盡一日之力成一布長二十尺麤者倍之拙工得半而已昔傳元時有黃道婆者自崖州至松江爲織具教人多巧異所製遂甲他處今松婁間祀之於花神廟祈棉之廟也稱花卽知是棉產棉之地皆然猶之洛陽人稱花卽知是牡丹是可以觀所尚矣種棉直與苧桑同抱布何知綺繡工月杼星機名任好不將巧製羨吳東

臣方觀承敬題



棉花圖第十五

織布

高宗純皇帝聖製

橫緯縱經織帛同夜深軋軋那停工一般機杼無花樣大輅椎輪自古風

皇帝御製恭和

高宗純皇帝原韻

縱橫梭織用功同績密不求花樣工布帛製

寒勝錦纊黃棉普被播淳風

織布說

南織有納文緆積之巧譏八弗重也惟以緽密勻細爲貴志稱肅寧人家穿地窖就長檐爲窗以織布埒松之中品今如保定正定冀趙深定諸郡邑所出布多精好何止中品亦不沓作自窖中也棉之核壓油可以照夜其滓可以肥田而秸稾亦中爨有火力無遺利云

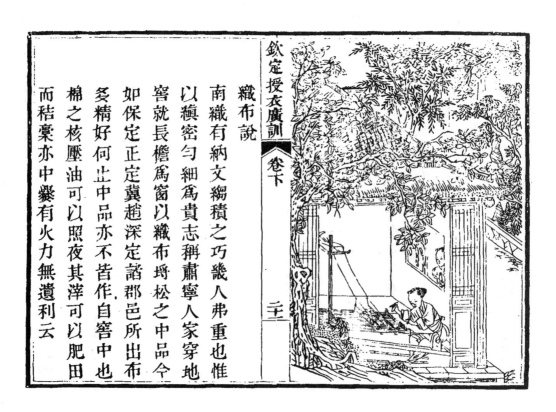

軋軋機聲地窨中窗低曉日戶藏風一
燈更沃深宵燄半匹寧酬竟日功
臣方觀承敬題



棉花圖第十六
練染
高宗純皇帝聖製
五色無論精與粗茅簷卒歲此殷需布棉題
句屢民廑敬纘
神堯耕織圖
皇帝御製恭和
高宗純皇帝原韻

染成五色合精粗耕織功兼比戶需敦俗勸
民纖
先志載賡
天藻續題圖

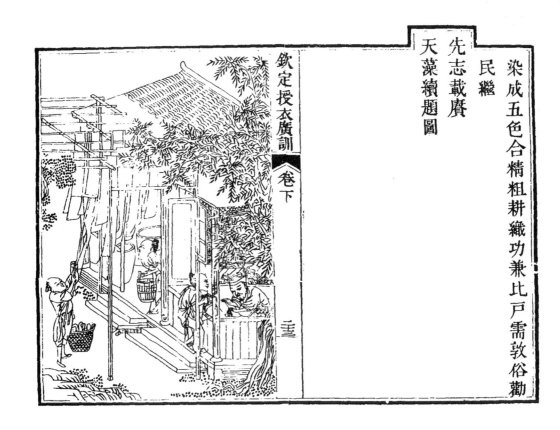

練染說

織既成端精麤中度廣狹中量乃授染人聿施五色水以漂之日以晅之則鮮明而不涅敗於是加刀尺爲襦裳質有其文服之無斁蓋積終歲之勤苦而得之農家矜惜之情不殊紈綺也夫麻枲之織不可以禦冬寒帛纊之溫不能以逮貧賤惟棉之用功宏利溥旣以補蠶桑之不及而鋤耘溉穫其事直與稼穡相終始蓋合耕與織並致其勤焉

元黃朱綠比絲新自昔譏封儉俗淳
聖詠益昭民用切屢豐澤徧授衣人

臣方觀承敬題

太子太保直隸總督臣方觀承謹
奏爲恭
進棉花圖冊仰祈
聖鑒事竊惟五十非帛不煖王政首重夫蠶桑一女不織則寒婦功莫亟於絲枲然民用未能以徧給斯地利因之而日開惟棉種別菅麻功同菽粟根陽和而得氣苞大素以含章有質有文即花即實先



之以耰鉏襏襫春種夏耘繼之以紡績組紝晨機夜杼蓋一物而兼耕織之務亦終歲而集婦子之劬日用尤切於生民衣被獨周乎天下仰惟我
皇上
深仁煦育
久道化成
巡芳甸以勤農
播薰風而阜物攬此嘉生之蕃殖同於寶稼之滋昌臣不揣鄙陋條舉棉事十六則繪圖列說裝潢成冊恭呈
御覽夙在
深宮之咨度授衣時詠豳風冀邀
睿藻以品題博物增編爾雅爲此恭摺具
奏伏祈
聖鑒



乾隆三十年四月十一日
奏奉
旨冊留覽欽此

太子太保直隸總督臣方觀承謹

奏爲恭繳

御題棉花圖冊奏謝

天恩事竊臣前於

行營繪列棉花圖說恭呈

黼座仰蒙

睿鑒品題特賁

天章炳煥伏承



宣示欣幸難名欽惟我

皇上

德備文明

思參造化

賡絃播煦慶解愠以歌風

豳管迎寒屢授衣而奏雅千載補農桑之政

洵稱比轂比絲

九重悉耕織之謀詎曰問奴問婢

章成十六義藴萬千觸類旁通秋實春華之並

採仰觀俯察經天緯地以爲文增神農

耒耜之經古今未有繼

聖祖木棉之賦先後同揆臣以弇鄙竊忝賡颺

兹奉

諭旨准臣將所作詩句書於每幅之末圖冊繳

進摹本付刻念奇温之植功益著於

表章顧已細之鳴



恩並承夫

觀聽臣不勝感激榮幸之至謹

奏

乾隆三十年七月十六日

奏奉

旨知道了欽此

臣謹案棉古作緜凡純密者之通稱今隸從木以別於絲而其名乃有專屬稽之載籍實曰吉貝亦稱古貝禹貢揚州厥篚織貝傳謂貝即吉貝木棉之精好者蓋自草衣卉革桑土初蠶其事已與稼穡並興矣周官典婦功之職旣絲枲並掌又別設典枲掌布絲縷紵之麻草之物明其爲類衆多所治非一務也而



箋疏者皆畧焉迨齊梁間職方始能詳其物土與其名類迄於唐而木棉多見歌詠然大抵言樹高尋丈者耳今之庳枝弱莖花如葵而實似桃春種秋斂者民間但呼曰棉故謂布爲棉布唐宋時滄邢趙貝諸州嘗貢之而明人王象晉謂北土廣樹藝而昧於織南土精織紝而寡於藝似亦未爲篤論也洪惟我

聖祖仁皇帝省方勤民幾餘
閱覽謂棉之功不在五穀下摛揚
天藻著爲
鴻篇昭垂萬古恭逢
皇上御治之初纂緝授時通考一書特以桑餘之利木棉最廣詳加采錄以輔農功其事益與耕桑並重
國家際



重熙累洽之會
瀛壖涵濡太和亭育地不愛寶厥生益蕃臣備員
畿輔伏見冀趙深定諸州屬農之藝棉者什八九產旣富於東南而其織紝之精亦遂與松婁匹仰賴
聖主福佑頻歲告登畿民席豐履厚煦嫗於如春之溫更以其餘輸溉大河南北憑山

負海之區外至朝鮮亦仰資賈販以供楮布之用蓋其本土所出疏浮而不穀不中紝練也夫西域之屈眴高昌之白疊海南之烏驎文縟皆木棉類耳而前史藍稱之非以產自遐陬梯航難致哉今者

聲教四訖天方大食自古不賓之人重譯獻琛蜀錦氷絲充斥外府等諸常珍惟此黃



穫青核含暄抱陽日滋阜於周原膴膴之間人習耕鉏家勤織作使夫林林總總者不藺絲而纊不狐貉而裘豈非扶輿之瑞產昌生之靈貺耶古者樹墻下以桑而五十可以衣帛時猶未能徧澤也今則無老幼貧富取不窮而求易給衣被天下之利博於隆古矣臣職在宣畝謹以杏茆所及自棉之始藝以至成



章受采列為十六事各繪為圖圖系以說恭錄

聖祖仁皇帝御製賦於冊首上呈

黼座以仰承

聖主茂時育物為斯民開衣食之源者至周悉

爾直隸總督臣觀承恭跋

欽惟我
皇上知依無逸丕顯
前猷頃陳耕織之圖方攄羅
奎章上繼
累朝寶諭
聖思愈恢彌廣以棉事繫民夙垂
鴻旨
紹衣載切



宸藻渙揚日新富有至矣哉古者物土宜而布利有稗乎閭閻衣食必周諮旁採博民於生殖之途故聚斂疏材既用益三農輔九穀而纑紵麻草諸足以佐婦功職在典枲曷嘗不豫謀纖悉然歌詩所勗未聞徧計若棉爲織貝姒氏以來僅陳篚貢非如條桑載績于豳取貍爲廟堂賦授衣歌卒歲之所徵及者我

聖祖仁皇帝秉開物成務之模緯文幾暇體物徵名而厥種與五穀比崇焉
高宗純皇帝欽若授時編列桑餘之業屬畺吏
進繪寵弁
璿題程功紀緒而厥課與八蠶並著焉
睿製引伸紬繹縷其原委悉其形質罄其功用沙土之胼胝葺箔之拮据
化工肖象匪繪所及猶敷民事靡重於今日



矣夫利開萬世者必事經數聖庖犧化蠶爲絲神農耕桑究年受福軒皇紹之稱織維以勸蠶稼而後服用迺臻大備今
聖
聖相承式廣厥訓經綸之溥衣被之周奚啻啟鴻濛神天造哉易曰束帛戔戔或謂棉即帛廣雅釋帛以紬訓棉釋名曰棉

猶涵涵柔而無文緊博物諸儒約畧見

聞茂由折衷仰稟

作述顯蒙昭曠矧際

重熙累洽天和咸受穀雨梅信序以不愆

惠液所被瀛壤遐均桃裂絮現者畦畛一色

黃葵丹荼珠珣鵝毳吉貝古終之殊攣

枝娑羅之別取質於野夫三緒五繰南



牀北架伽毗濤梧之法烏驎白氎之文

諳習於紅女穀入絲入實兼其利荷勦

秉杼何以加玆伏誦

高廟聖製其十六章有敬纘

神堯耕織圖之句明乎事相表裏也玆

賡和抒吟適踵耕織

先

後之揆昭然合符而本計並足豐穰騈致倉

庾簠簋充牣蔀屋挾纊嬉娛者春溫倍

增

化日彌永臣等敬仰

纘

緒延洪覩阜康而慶昌遂敢罄愚槃燭以奉揚

聖世無疆之庥臣慶桂臣董誥臣戴衢亨臣

托津臣趙秉沖臣英和拜手稽首恭跋

# 栽苧麻法略

（清）黄厚裕 撰

《栽苧麻法略》，又題《種麻説》《種苧麻法》《種苧麻法略》，（清）黄厚裕撰。黄厚裕，安徽滁州人。據《東方雜誌》宣統元年十月號附録『各省咨議局議員名録』知其曾爲安徽省咨議局議員。

此書約成於清光緒二十五年（一八九九）。《清史稿・藝文志》農家類誤著録其撰者爲『李厚裕』。鑒於滁州多山、多旱地，土壤宜麻，然而當地人尚未掌握種植技術，黄氏撰『栽苧麻法略』二十九則與『栽麻利益淺説』八則，前面冠以柯逢時、滁州知州熊祖詒二序，合爲此書，自播種以至剝麻，詳著其法。書中分根繁殖、栽植株距、冬季培育管理、收穫時間判定等論述尤精。此書結合當地農業實際，從盡地利、省牛力、宜女紅、獲厚利等方面詳陳栽麻之利，其中『栽麻可消暗害』條言以栽麻遏制種罌粟之風，頗具啓示意義。

全書篇幅不大，立足傳統，不引西法，簡明易懂，便於鄉民取法，在麻類專著中尤顯重要。此書對清末江西麻業影響較大。河南推行實政，農工商總局所擬『農務十條』之『種麻』條即祖於此編，稍予裁正。鎮洋汪曾保亦輯其内容入《藝麻輯要》，施於浙江。

此書有清光緒二十七年（一九〇一）抄本、光緒二十七年刻本、光緒三十一年（一九〇五）鉛印本等，書名略異。今據清光緒二十七年刻本影印。

（熊帝兵）

吾鄉農年來多藝麻言比稻獲數倍歲連檣輸漢上得金數十萬顧用力勤則所獲多非坐而致也豫章織績是布工緻甲天下爲土產大宗所種麻無幾半由鄂運至費且不貲婦女勤績者日僅得數十錢益以轉運稅釐之費故其利益薄適滁州刺史熊鞠生前輩以是刻見貽讀竟爲書其後曰利之出於己與貴於人其厚薄雖至愚能辨也物之備於己與取於人其勞逸雖至愚亦能辨也不求厚而利豐不過勞而物阜爲江右民計其孰便於藝麻哉嘗稽海關出口貨物之數夏布歲或少減而治麻以爲繩索其數日增若夫義甯之茶樂平之靛漸就衰耗則蘇麻其

收利之權與乎詩曰邱中有麻彼留子嗟毛氏以爲邱中
墝埆之處盡有麻麥乃留大夫子嗟之所治此其所以爲
賢鞠生刺史既倡於滁且有效矣吾知章貢間必有聞風
興起者爰付剞氏以資流布其課督而勸諭之則良有司
之責也光緒二十七年十月武昌柯逢時

序

棉花至元始入中國古者無是也所爲布皆以麻上自端冕下訖草服咸於是乎資之故三百篇中一則曰蓺麻再則曰漚麻蓋其制爲詳矣自木棉之布盛行而麻遂微自絲價日昂賈人以之充贋而麻漸興滁之爲地多山其土宜麻數年來販客麕至人始知麻之爲利而種植之法未詳愚民苟安憚改作焉己亥之秋詔重蒞斯土得州人黃君厚裕所著種麻法一書自播種以至剝麻詳著其法又暢陳利益冀種蓺衆者改而從善亮哉仁人之用心哉方擬籌款設立官麻局以爲之倡適奉

大憲亟詢物土之宜因鋟版以進近時士大夫風氣好引西書往往同是一物而名目改變所述農學皆怪幻離奇耳目爲育抑知中國自有之利未及講求者固尚多哉如麻者又其顯焉者已

光緒二十有七年仲夏知滁州事青浦熊祖詒敘

# 栽苎麻法略二十九則

滁州黄厚裕著

一麻有數種如綠麻火麻等名目甚夥類多以子種者兹則謂之紵麻開花而不結實其質尤堅其用益廣麻類中巨擘也

一麻性喜乾燥而惡淤溼栽處須在山地或在料田

一未經開墾之老荒田地以多茅根不宜遽栽麻坡畏茅一被滋擾永不可拔蒜茅根之深能與麻俱也

一向北之處不甚相宜然苟有山環繞遮蔽似亦不妨緣麻性畏風而尤畏北風當其驟發時枝榦柔嫩經風狂吹最易損折一說北風性寒故尤畏之亦近於理

一須於正二月間先將土全行刨劚極鬆而尤以深爲妙至淺總須一尺外俾其根易於生發而滋蔓一栽之後其根可歷三十年無須移動圖始難而守成易不可草率從事也

一須將周圍及中間抽深溝一以洩水一以杜茅根不使侵入

一劚土之器須用兩齒鐵扒約重四五斤濶四五寸齒長近尺或有用四齒者較重耳

一挖劚田地每一畝約計十工有零

一自春分後立夏前皆可栽植

一栽時只將嫩根分劈取用其老根下垂如芋者俗謂之麻肚棄之不用以其無萌芽之可生發也

一去淨麻肚之嫩根每一斤約可劈栽五株每百斤約可劈栽五百株計每株約重三兩餘

一每株相離至密不得在一尺五寸內至疏不得越二尺外縱橫對待無或參差二三年後根行已徧便如竹成林矣

一按五尺見方爲一弓積二百四十弓爲一畝如一尺五寸對方栽一株計一畝應栽二千六百六十六株有零如二尺對方栽一株計一畝應栽一千五百株

一每年春三月麻初長時及五月麻甫剝後須薅耡一次

一每年冬必挑土以培其根約兩株須土一担以塘泥爲最好年年如此不可間斷蓋麻根向上行不培則不生發也

一麻性受肥宜上糞餅其法用餅研細末冬令灑於其上旋挑土以覆壓之毋令被風吹散按每畝可用餅百斤之譜

一每年收剝兩次夏令剝麻約在五月栽秧後秋令剝麻約在九月割稻後

一視麻之皮色轉灰黑至梢則可剝儘半月內須剝盡過

早則太嫩過遲則漿乾
一本年春新栽之麻至五月間僅長尺許宜盡行砍伐至
秋始可剝
一本年春新栽之麻至秋約長三尺餘尚屬瘦弱剝工多
而售價廉似鮮利益然從此日有長進至三四年後長
可六尺餘粗如細竹每畝每季約可剝乾麻百斤倘再
上糞餅尤當格外加增
一麻在稭之外皮之裏
一剝法用手平根折斷先連皮取之而棄其稭旋用清水
洗滌一過再用鐵管一約長二寸餘粗於指鐵刀一約

長二寸餘闊近寸其式如圓竹劈開之半兩面皆有鋒刃而不取其甚利其端有短柄曲而下垂將管套於右手大指將刀壓於右手食指而握其柄於掌其刀口向上形同仰瓦俾兩指用力以箝其連皮之麻然後用左手抽之而其皮得以盡去此事似細而實易辦極愚之人亦必一望而知

一將皮去盡後急宜置太陽處曬乾不可稍緩

一天陰則不宜剝恐久不得乾則麻色黑滯而價值遂減

一連皮之溼麻至皮去淨及曬乾後約三折如溼麻百斤僅獲乾麻三十斤之譜

一每人每日約能剝乾麻十二三斤至或多或少則工之巧拙不同耳

一麻至秋深後開花而不結實其花可用以飼猪

一麻稭可用以當爨薪

一麻歷三十年後叢根交错勢必更栽

一麻皮剥後用竹竿晒起置於房内取煤之帯硫黄氣味者為燒燒之局閉房門使暖氣充滿一室半日即能脱除天氣之塞且麻得硫黄蓋過色極白亮其價較黄暗者為高漢口洋莊非此不售

## 栽麻利益淺說八則

一栽麻可盡地利而無曠土也土生萬物即尺寸皆爲有用若夫平原曠野高阜崇岡隙地正多本非不毛而使之久於廢棄可乎滁境山田參半乾嘉道咸間人煙稠密田野盡闢竹苞松茂林木叢盛四境皆然迨兵燹後戶族凋零土人稀少而徐泗潁鳳光固客民寄居者多大半藉砍柴爲生涯肩荷斧斤不時戕伐是以若彼濯濯幾類牛山當此而欲倡種樹之說期復當年景象雖使郭橐駝復生恐亦驟難收效無已則惟有栽麻之獲利速而享利長也舉凡高田平地及深崖大壑但得尺

深之土皆可栽植縱有向北畏風之說然不過收成略減若不遇狂風亦並無損折當此地廣人稀元氣未復欲開利源惟盡地利欲盡地利舍栽麻無有勝於此者一栽麻可添花利而免絶荒也滁地向稱出産土産以糧食爲大宗花利則惟藥材然土人恃藥材爲利者絶少類皆客民藉以糊口耳惟糧食千家萬戶給求麥谷皆取資焉一遇年穀不登微特　國課無以完即民間所謂食一用三皆無所出而市面頓成冷淡故情殷望歲非僅農家爲然也尤可慮者往往歲即豐稔收穫較多而糧價太低猶不免穀賤傷農之慨若絶荒更不待言

矣其故何在曰無花利耳惟栽麻以添花利遇旱潦之年縱或減收萬不致一無所獲近來小西鄉栽麻者不少類多爲安慶人其得力於此已有明徵矣

一栽麻可使塘日深也秧苗賴水以生故蓄水之塘以深爲貴農民有力之家禾稼既登多乘餘隙以挑挖塘埸兵燹後人力不足塘多淤塞非淺即漏一雨則漲溢一晴則旋涸挹注無資是有塘與無塘同惟栽麻則每年冬間挑塘泥以培麻根以有餘之土易不足之水一舉兩得如此雖非專用力於塘而塘之日見其深可屈指計矣

一栽麻可省牛力也按一牛之力足耕田三十餘畝非僅從事於耕而已也葢自播種以至收穫無往而非用牛之力數年前瘟疫太甚所傷實多近來又以私宰盛行不法之徒只貪厚利官吏禁止悉爲具文牛因是日益少而價日益昂民間患牛不足之家十常八九甚至傾一家之所有而不足購一牛者以故已墾之田多因之而復荒蕪而未墾者更無望其漸次開闢留心世道者能不於此而深嗟歎耶無已惟有栽麻可以省其力葢麻自栽至剝皆用人功不假牛力多栽一畝麻則少耕一畝地牛不過於勞苦且將日漸滋生矣非計之至善

者歟。

一栽麻不妨農事也民以食爲天古者重農貴粟又以蠶爲衣帛之源故復樹桑於牆下而麻則在所後焉今使分其力於麻或疑有顧此失彼之虞不幾有妨農事乎不知麻之功惟重在冬令培土晚歲閒暇無害三時至於剝功則有如五穀已熟僅須收割耳苟樹他穀若耕耙若播種若芸耔若刈穫粒粒辛苦殊非一手一足之烈栽麻則事半功倍省事多矣果何患乎妨農事哉

一栽麻有益女紅也麻之爲用比於棉絲滁境棉絲所産甚少故女紅未及講求按麻可以爲布夫人而知之矣

然布之中又大有分別近來有以麻伴絲而織者有以麻伴棉而織者愈精愈密各適其宜而花樣一新故其爲用也日益廣他如細可爲綫粗可爲繩更有織成麻袋而便於盛物者要皆可以女紅成之也栽者愈多則消路益廣而女紅即可漸次講求何莫非生財之一助乎

一栽麻可消府害也通商以來洋烟之流入中國其害無窮民間吸食者多而又貪獲利之厚往往舍稼穡而種罌粟饑不足當食寒不足當衣病國損民莫此爲甚以近地言江蘇之徐州安徽之潁鳳泗等處種植徧野土

產日多滌境近亦漸染其習所幸尚未廣耳考罌粟之性亦喜燥而惡溼故亦必種於旱地而其利極厚然亦不過與麻等誠能徧處栽麻則將來旱地漸少而種罌粟之風不致大開則弭患於無形者多矣故曰栽麻可以消癮害也

一栽麻可獲厚利也前七條所言之利皆屬有益於地方猶未詳言麻之專利之厚茲故終申其說按田一畝如春季小麥約可收數斗如大麥約可收石餘然麥皆惡溼水田低窪其收數恆稍遜於旱田至於秋季則惟水田方可栽稻每一畝約可收二石餘旱田一畝如種黃

菜青紅豇各豆及蘆秫芝麻蘇子山芋蕎麥等種種雜糧皆不及水田栽稻收穫之半故民間以水田多者爲膏腴產以秋季所收之勝於旱田多矣不知麻利之厚綜核兩季不惟旱田無以過之即水田亦尚未及也即論近時糧價昂貴然充小麥數斗之價約不過值洋二圓充大麥石餘之價亦不過值洋二圓充稻二石餘之價約不過值洋三圓有零充豆穀雜糧不及水田收穫之半之價更不過值洋一元有零若麻則每畝每季可收百斤即時價最賤亦應值洋六圓以外以夏麻百斤所值較麥價則多兩倍以秋麻百斤所值較旱田豆穀

雜糧之價則多三四倍即較水田稻價亦多一倍數重
雖輕不昭然乎或曰麻利之厚固矣民間苟日趨於利
舍本逐末將來麻愈多而旱糧愈少一遇旱年將以麻
充饑乎豈若種旱糧之猶可糊口乎且價之低昂每視
物之多少物少則貴物多則賤自然之理也設使每百
斤僅值洋一二元其利安在其流弊伊胡底乎曰是不
通工易事之謂也夫歲之豐凶本由天定設遇小歉以
麻易粟可也若遇大旱赤地千里即將栽麻之地盡種
旱糧而亦同歸於無所收穫即收穫矣而一州一邑能
濟無窮之飢饉乎且產麻之區向以江西爲最皖省則

安慶之桐潛廬州之舒巢六安之英霍獲其利非只一日未聞受其害也大凡有山之處皆可興栽滁為童山環繞顧獨令其向隅乎豈以滁之一屬遂能使麻價日賤乎果使物多用少價值將賤則改弦更張亦甚易易而又何患也況麻之為用甚廣今洋務大開其價方蒸蒸日上數十年間不致遽賤不待知者而知也或又曰利之所在人必爭趨焉豈人皆醉而予獨醒乎胡爽足不前者之猶復多多也其故安在曰其故有三一則畏難而熟視無覩也惰之故一則未學而無所師承也惑之故一則無力而有志未逮也貧之故必欲開此利源

則植有發款創設官麻局給發麻根俾領栽植以助其貧並將栽劄各專宜刊刻簡明易知之法以啟其愚定限徵銀償還本利以策其惰如是三年必有小效不須十年必有大效安得不仰望賢有司開此風氣毅然舉而行之哉

七一

# 出版後記

早在二〇一四年十月，我們第一次與南京農業大學農遺室的王思明先生取得聯繫，商量出版一套中國古代農書，一晃居然十年過去了。

十年間，世間事紛紛擾擾，今天終於可以將這套書奉獻給讀者，不勝感慨。

當初確定選題時，經過調查，我們發現，作爲一個有著上萬年農耕文化歷史的農業大國，我們整理的農業古籍叢書只有兩套，且規模較小，一是農業出版社自一九五九年開始陸續出版的《中國古農書叢刊》，收書四十多種；一是農業出版社一九八二年出版的《中國農學珍本叢刊》，收書三種。其他點校整理的單品種農書倒是不少。基於這一點，王思明先生認爲，我們的項目還是很有價值的。

經與王思明先生協商，最後確定，以張芳、王思明主編的《中國農業古籍目錄》爲藍本，精選一百五十二種中國古代最具代表性的農業典籍，影印出版，書名初訂爲『中國古農書集成』。接下來就是正常的流程，先確定編委會，確定選目，再確定底本。看起來很平常，實際工作起來，卻遇到了不少困難。

古籍影印最大的困難就是找底本。本書所選一百五十二種古籍，有不少存藏於南農大等高校圖書館。但由於種種原因，不少原來准備提供給我們使用的南農大農遺室的底本，當時未能順利複製。最後所有底本均由出版社出面徵集，從其他藏書單位獲取。

本書所選古農書的提要撰寫工作，倒是相對順利。書目確定後，由主編王思明先生親自撰寫樣稿，副主編惠富平教授（現就職於南京信息工程大學）、熊帝兵教授（現就職於淮北師範大學）及編委何彦超博士（現就職於江蘇開放大學）及時拿出了初稿，爲本書的順利出版打下了基礎。

本書於二〇二三年獲得國家古籍整理出版資助，二〇二四年五月以『中國古農書集粹』爲書名正式出版。

二〇二二年一月，王思明先生不幸逝世。没能在先生生前出版此書，是我們的遺憾。本書的出版，或可告慰先生在天之靈吧。

是爲出版後記。

鳳凰出版社

二〇二四年三月

# 《中國古農書集粹》總目

## 一



## 二



## 三



## 四



## 五

## 十三



## 十四



## 十五

## 十六



## 十七

養魚經　（明）黄省曾　撰

異魚圖贊　（明）楊慎　撰

閩中海錯疏　（明）屠本畯　撰　（明）徐𤊹　補疏

蟹譜　（宋）傅肱　撰

糖霜譜　（宋）王灼　撰

酒經　（宋）朱肱　撰

飲膳正要　（元）忽思慧、常普蘭奚　撰

## 十八

救荒活民補遺書　（宋）董煟　撰　（元）張光大　增
（明）朱熊　補遺

荒政叢書　（清）俞森　撰

荒政輯要　（清）汪志伊　纂

救荒簡易書　（清）郭雲陞　撰

## 十九

孚惠全書　（清）彭元瑞　撰

## 二十

欽定康濟錄　（清）陸曾禹　原著　（清）倪國璉　編錄

救荒本草　（明）朱橚　撰

野菜譜　（明）王磐　撰

野菜博錄　（明）鮑山　撰

## 二十一

全芳備祖　（宋）陳詠　撰

南方草木狀　（晉）嵇含　撰

## 二十二

植物名實圖考（全二册）　（清）吴其濬　撰